固体力学

尹 祥 础

地 震 出 版 社

图书在版编目（CIP）数据

固体力学/尹祥础.—北京：地震出版社，2011.12

ISBN 978-7-5028-3944-4

Ⅰ.①固…　Ⅱ.①尹…　Ⅲ.①固体力学　Ⅳ.O34

中国版本图书馆 CIP 数据核字（2011）第 215147 号

地震版　XM2466

固体力学

尹祥础

责任编辑：王　伟

责任校对：庞亚萍　孔景宽

出版发行：地震出版社

北京民族学院南路 9 号　　邮编：100081

发行部：68423031　68467993　　传真：88421706

门市部：68467991　　传真：68467991

总编室：68462709　68423029　　传真：68455221

专业图书事业部：68721991　68467982

E-mail：68721991@sina.com

经销：全国各地新华书店

印刷：九洲财鑫印刷有限公司

版（印）次：2011 年 12 月第一版　2011 年 12 月第一次印刷

开本：787×1092　1/16

字数：723 千字

印张：28.25

印数：0001～3000

书号：ISBN 978-7-5028-3944-4/O（4613）

定价：80.00 元

初版序言

现代科学的发展趋势之一是各门学科间的相互渗透。

力学与地学之间的相互渗透，可以追溯到很远的年代。例如，弹性波理论，在很长一段时期里，一直是地震学的主要理论基础；反过来，也正是由于地震学研究的需要，推动了弹性波理论的发展。与此相联系的一个有意义的事实是：历史上不少杰出的力学家，如拉甫（Love A E H）等，曾致力于地球物理问题的研究；另一方面，不少优秀的地球物理学家，如古登堡（Gutenberg B）、杰弗瑞斯（Jeffreys H）等，大都在力学上有很深的造诣，有的还在力学上做出过贡献。

但是在过去，这种情况只限于地球科学领域内的少数分支。随着科学的迅速发展，近年来，大量数理科学的研究方法与成果已应用到地球科学的许多领域。固体力学就是其中一个很重要的方面。面对这种情况，不少从事地球科学的研究人员及高等院校师生都有进一步深入学习固体力学的愿望，并希望见到一本这样的书。本书就是针对这一需要而撰写的。几年来作者在中国科学院研究生院讲授了固体力学，对象主要是地球科学中与力学关系较密切的有关专业（如地震学、地球动力学、岩石力学等）的研究生，另外还有力学、物理学及工程科学等专业的研究生、科研人员及青年教师。本书就是在该院授课讲义的基础上修改补充而成的。

感谢傅承义教授对于写作本书的热情鼓励与支持。感谢王敏同志为本书付出的辛勤劳动。

如何结合地球科学来系统地讲授固体力学，作者深感经验不足。书中不妥之处在所难免，恳切期望有关专家学者及广大读者批评指正。

尹祥础

1984 年 5 月于北京

第 二 版 序

本书第一版出版于1985年，承蒙广大读者的厚爱，于次年即售罄。不少高等院校和科研单位的同行催促再版，因为忙于科研和教学，一直无暇及此。但有些高校（如中国科技大学等）仍一直选用本书为教材，有些单位（如中国地震局地球物理研究所等）则指定为历届考研用书，因此，再版的需求依然。在地震出版社的帮助下，下决心出第二版。

从本书初版到现在已过去20余年，好在固体力学这样成熟的学科，变化不像一些新兴学科那样快。为了满足有些读者的迫切需求，这次再版时，在格局上未做大的改动，主要是改正了初版中的印刷错误，以及初版中有些显然需要修改的地方，竟达数百处之多。

感谢中国科学院力学研究所非线性力学国家重点实验室（LNM）刘月等同学、地震出版社王伟同志、中国地震台网中心彭克银同志和中国地震局地球物理研究所马淑田、葛洪魁同志的帮助。

尹祥础

2011年于中国地震局地震预测研究所

中国科学院力学研究所非线性力学国家重点实验室（LNM）

目　录

第三篇　塑性力学

第四篇　流　变　学

第五篇　断裂力学基础

主要符号表

$\bar{u}(u_i)$	位移矢量
u、v、w 或 u_1、u_2、u_3	位移矢量在直角坐标系中的分量
u_r、u_θ、u_z	位移矢量在柱坐标系中的分量
u_r、u_θ、u_φ	位移矢量在球坐标系中的分量
f_i	体积力在 x_i 轴上的投影
T_i	应力矢量在 x_i 轴上的投影
$\tilde{\sigma}$	应力张量
σ_{ij}	应力分量
S_{ij}	应力偏量分量，$S_{ij}=\sigma_{ij}-\sigma_0\cdot\delta_{ij}$
σ_0	八面体上的正应力或平均应力，$\sigma_0=\frac{1}{3}\sigma_{ii}$
τ_0	八面体上的剪应力
σ_1、σ_2、σ_3	主应力
I_1、I_2、I_3	应力张量不变量
J_1、J_2、J_3	应力偏量不变量
$\bar{\sigma}$	应力强度
σ_y	单轴拉伸屈服强度
ε_{ij}	应变分量，$\varepsilon_{ij}=\frac{1}{2}(u_{i,i}+u_{i,i})$
ϵ_{ij}	应变偏量分量，$\epsilon_{ij}=\varepsilon_{ij}-\varepsilon_0\cdot\delta_{ij}$
ε_1、ε_2、ε_3	主应变
τ_{max}	最大剪应力
I'_1、I'_2、I'_3	应变张量不变量
J'_1、J'_2、J'_3	应变偏量不变量
$\bar{\varepsilon}$	应变强度
θ 或 Δ	体积应变，$\theta=\varepsilon_{ii}$
A	功
Q	热量
U_E	弹性应变能
W	弹性应变能密度
W_f	形状改变应变能密度

W_v	体积改变应变能密度
λ、μ	拉梅弹性常数
E	杨氏弹性模量
K	体积弹性模量
v	泊桑比
$J(t)$	蠕变柔度
$G(\omega)$	复柔度
K_{I}、K_{II}、K_{III}	Ⅰ、Ⅱ、Ⅲ型裂纹的应力强度因子
G	能量释放率

译名对照表

Airy	艾雷
Andrade	安德烈
Bauschinger	鲍辛格
Beltrami	贝尔脱拉密
Betti	贝蒂
Bingham	宾汉
Boussinesq	波西涅斯克
Bridgman	布里奇曼
Broberg	布罗贝格
Castigliano	卡斯提杨诺
Cauchy	柯西
Clapeyron	克拉贝龙
Davis	戴维斯
Drucker	杜拉克
Dugdale	达格德尔
Erdogan	厄多根
Eshelby	埃歇比
Euler	欧拉
Filon	菲隆
Freund	福鲁德
Galiliao	伽利略
Goodier	古地尔
Graham	格雷哈姆
Green	格林
Griffith	格里菲斯
Gutenberg	古登堡
Hanks	汉克斯
Hencky	汉奇
Hooke	胡克
Hussin	候赛因
Hutchinson	哈特钦森
Inglis	英格里斯
Irwin	欧文
Jeffreys	杰弗瑞斯
Kárman	卡门
Kelvin	开尔文
Kirchhoff	克希霍夫
Lamé	拉梅
Levy	利维
Lode	罗地
Lomnitz	罗姆尼兹
Love	拉甫
Michell	密迄尔
Mises	米塞斯
More	莫尔
Mott	莫特
Murrell	米勒
Nadai	纳迪
Naghdi	纳迪
Nuismer	纽斯曼
Ohashi	奥哈西
Orowan	奥罗万
Osgood	奥斯古德
Palaniswamy	帕兰尼斯威米
Paris	帕里斯
Poisson	泊桑
Prandtle	普朗特尔
Price	普赖斯
Quinney	奎乃
Ramberg	兰姆伯格
Reuss	劳埃斯
Rice	赖斯
Rosengren	罗森兰
Saint-Venant	圣维南
Steketee	斯蒂克蒂
Tada	塔德

Taylor	泰勒
Tresca	屈瑞斯卡
Volterra	伏特拉
Wells	威尔斯
Westergaard	威斯特噶尔德
Wiliiams	威廉斯
Zoback	佐巴克
Баренблатт	巴伦布拉特
Галёркин	伽辽金
Жуков	茹可夫
Илюшин	伊留辛
Колосов	柯洛索夫
Костров	柯斯特洛夫
Мусхелишвили	木斯海里斯维里
Новожинов	诺沃日诺夫

第一篇　固体力学基础

固体力学属于连续介质力学范畴，它是从宏观观点研究固体受力后的变形、运动及强度等问题的一门科学。

固体力学的基本假设是连续性假设，即假设固体是连续介质。在固体力学发展的早期阶段，在建立这一假设时，并不认为这是一个假说，当时认为连续性是固体的当然本质。但是随着近代科学的发展，人们对微观世界的认识日益深化。现在大家都知道固体是一种晶体（非晶体的“固体”实质上是固溶体）。实际上，大多数固体材料是多晶体，它由许多晶粒组成。晶粒由分子或原子组成，原子又由原子核及外层电子组成……这样，连续性假设似乎与物质的原子理论相矛盾，但是这个矛盾可以用统计平均的概念把它们统一起来。

在固体力学中，我们所研究的体积微元（有时简称为“点”）的尺度自然应该远比所研究固体的尺度小，但也绝不是数学上的无限小（即几何学中的“点”），而应该远大于固体的微观尺度。今后我们所谓的某点的某一物理量（如应力、变形、密度等）都是指这样的体积微元中的统计平均值。

本篇共分两章，分别研究固体力学中的两个基本物理量——应力与应变，固体力学中的两组基本方程——运动方程（在静力学问题中则简化为平衡方程）与变形协调方程。这两个基本物理量及两组基本方程对于任何固体力学分支都是适用的。它们在整个固体力学范围内起着十分重要的作用，是固体力学的基础。

第一章　应 力 分 析

本章中我们将研究固体受力后体内一点的应力状态，由此引出应力张量的概念，并且介绍固体力学中的基本方程组之一，即运动方程（在平衡条件下，则简化为平衡方程）。

§1－1　外力与内力，体力与面力

作用在固体上的力可以分为外力与内力。外力是指所取的研究对象（通常称之为隔离体）以外的物体作用于隔离体上的力，而内力则是隔离体内部各部分之间相互作用的力。外力与内力在一定的条件下是可以互相转化的。例如，为了研究物体中的内力，常常用假想的截面将物体截开，从而把物体分成几部分（例如在图 1－1a 中，截面 S 将物体截成 A、B 两部分），弃去一部分（例如 B），而考虑留下的部分(A)。B 部分作用于 A 部分上的力 F_{BA}，对于整个物体来讲属于内力。但是对于 A 部分来讲，则可看作是外力。

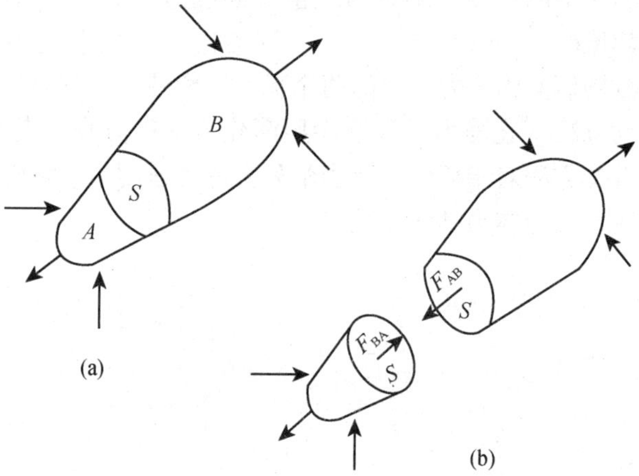

图 1－1　外力与内力

需要强调说明的是，刚体力学中关于力系简化的有些结论（我国通常在理论力学课程及相应的书籍中讨论这些内容），在固体力学中常常不能普遍应用。例如，在刚体力学中，关于力可以沿其作用线滑动，力系可以用其合力代替等结论就不能在固体力学中随便使用。

此外，按力的作用方式，力又可分为体（积）力与面（积）力两种，连续作用在物体每一个体积微元上的力称为体（积）力，如重力、惯性力等都是体力。在本书中以后用

$$\boldsymbol{f} = f_1\boldsymbol{e}_1 + f_2\boldsymbol{e}_2 + f_3\boldsymbol{e}_3 \tag{1-1}$$

表示体力（其量纲为［力×长度$^{-3}$］）。式（1－1）中，$\boldsymbol{e}_1$、$\boldsymbol{e}_2$、$\boldsymbol{e}_3$ 分别表示直角坐标轴 x_1、x_2、x_3 方向的单位矢量；f_1、f_2、f_3 分别表示体力在三个坐标上的投影。

作用在物体表面上的力称为面力，如水压力、接触力等，其量纲为［力×长度$^{-2}$］。

§1－2 应力矢量

用假想截面将物体截开后，截面上各点的力一般是不同的。在截面上一点 P 的周围取一微面元 ΔS，设 ΔS 的外法线为 $\boldsymbol{n}$，P 恒在 ΔS 内，ΔS 上的力为 $\Delta \boldsymbol{T}$，如极限 $\lim\limits_{\Delta S \to 0} \dfrac{\Delta \boldsymbol{T}}{\Delta S} = \boldsymbol{T}^{(n)}$ 存在，则 $\boldsymbol{T}^{(n)}$ 称为 P 点在该截面上的应力矢量。

一般情况下，$\boldsymbol{T}^{(n)}$ 与截面的法线 $\boldsymbol{n}$ 不相重合，通常将 $\boldsymbol{T}^{(n)}$ 分解为沿 $\boldsymbol{n}$ 方向与垂直于 $\boldsymbol{n}$ 方向（即在 ΔS 面内）两个分量。前者称为正应力，后者称为剪应力。

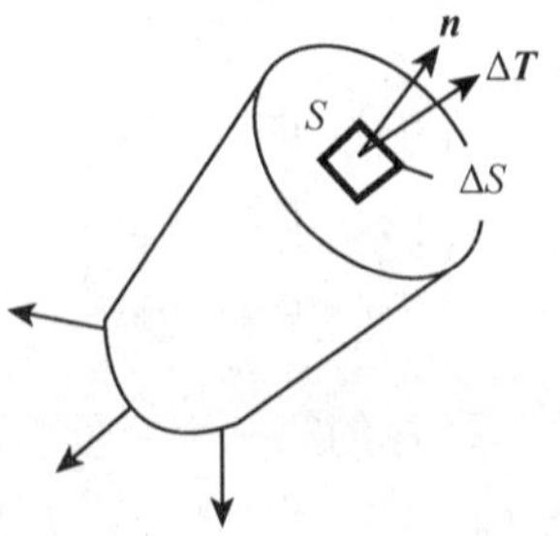

图 1－2　应力矢量

应力的单位与压强的单位相同。在厘米-克-秒制中，应力的单位为达因/厘米^2。但这个单位太小，使用起来不方便，实际上采用巴（bar），1 巴 $=10^6$ 达因/厘米^2。今后，全世界都趋向国际单位制（SI），在国际单位制中，应力的单位是帕斯卡（Pascal），简称帕（Pa）。1 帕 =1 牛顿/米^2。但帕的单位很小，所以有时用兆帕（MPa）。各种应力单位的换算关系见表 1－1。在换算中取重力加速度 $g=980.7$ 厘米/秒^2。

表 1－1　各种应力单位换算表

	帕（Pa）	工程大气压（kg/cm^2）	标准大气压（atm）	磅/英寸^2（psi）
1 帕	1	1.0197×10^{-5}	0.9869×10^{-5}	1.4504×10^{-4}
1 工程大气压	0.98067×10^{5}	1	0.9678	14.218
1 标准大气压	1.0133×10^{5}	1.0332	1	14.696
1 磅/英寸^2	6.895×10^{3}	0.07031	0.06805	1

§1－3 一点的应力状态，应力张量

如上节所述，过 P 点作一截面 S（通常以此面的法线方向 $\boldsymbol{n}$ 表示此面的方向），得应力

矢量 $\boldsymbol{T}^{(n)}$。过同一点 P，作不同的截面，则得到不同的应力矢量 $\boldsymbol{T}^{(n)}$。所谓一点的应力状态，就是指过此点所作各个截面上应力情况的总和。

我们先来研究与三个坐标面平行的截面（即以 x_1、x_2、x_3 三个坐标轴为法线的三个截面）上的应力矢量 $\boldsymbol{T}^{(1)}$、$\boldsymbol{T}^{(2)}$、$\boldsymbol{T}^{(3)}$ *。每一个应力矢量又分解为沿三个坐标轴方向的应力分量，如图 1-3 所示。

$$
\begin{aligned}
\boldsymbol{T}^{(1)} &= \sigma_{11}\boldsymbol{e}_1 + \sigma_{12}\boldsymbol{e}_2 + \sigma_{13}\boldsymbol{e}_3 \\
\boldsymbol{T}^{(2)} &= \sigma_{21}\boldsymbol{e}_1 + \sigma_{22}\boldsymbol{e}_2 + \sigma_{23}\boldsymbol{e}_3 \\
\boldsymbol{T}^{(3)} &= \sigma_{31}\boldsymbol{e}_1 + \sigma_{32}\boldsymbol{e}_2 + \sigma_{33}\boldsymbol{e}_3
\end{aligned}
\tag{1-2}
$$

于是可得到 9 个应力分量如下：

$$
\begin{pmatrix}
\sigma_{11} & \sigma_{12} & \sigma_{13} \\
\sigma_{21} & \sigma_{22} & \sigma_{23} \\
\sigma_{31} & \sigma_{32} & \sigma_{33}
\end{pmatrix}
\tag{1-3}
$$

这些应力分量的标号规则如下：下标的第一个字母表示截面的法线方向；下标的第二个字母表示与该应力分量平行的坐标轴方向。例如，应力分量 σ_{12} 表示以 x_1 轴为法线的截面上，平行于 x_2 轴的应力分量。

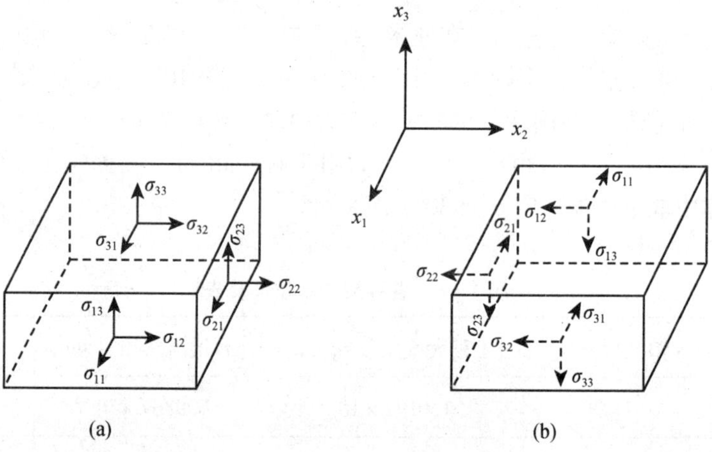

图 1-3　应力分量

（a）以坐标轴正方向为外法线方向的三个截面上的应力分量；

（b）以坐标轴负方向为外法线方向的三个截面上的应力分量

很容易看出：凡是两个附标字母相同的应力分量均为正应力，而两个附标字母不同的应力分量则为剪应力。

注：$\boldsymbol{T}^{(1)}$、$\boldsymbol{T}^{(2)}$、$\boldsymbol{T}^{(3)}$ 分别表示以 x_1、x_2、x_3 轴为外法线的三个截面上的**应力矢量**，而不是应力矢量 $\boldsymbol{T}$ 在 x_1、x_2、x_3 方向的投影。

应力分量的符号（正负号）规定如下：对于正应力，我们规定拉应力为正，压应力为负。对于剪应力，如果截面的外法线方向与坐标轴的正方向一致，则沿坐标轴正方向的剪应力为正，反之为负。如果截面外法线方向与坐标轴正向相反，则沿坐标轴反方向的剪应力为正。图 1－3 中所示的应力分量全部为正。

现在进一步研究过 P 点的外法线为 $\boldsymbol{n}$ 的斜截面上（图 1－4）的应力情况，以下简称外法线为 $\boldsymbol{n}$ 的斜截面为斜截面 n。外法线 $\boldsymbol{n}$ 的方向可由其方向余弦 $\cos(n,\ x_1)$、$\cos(n,\ x_2)$、$\cos(n,\ x_3)$来表示。以后简写为 α_{n1}、α_{n2}、α_{n3}。在不致引起混淆的情况下，则记为 α_1、α_2、α_3。

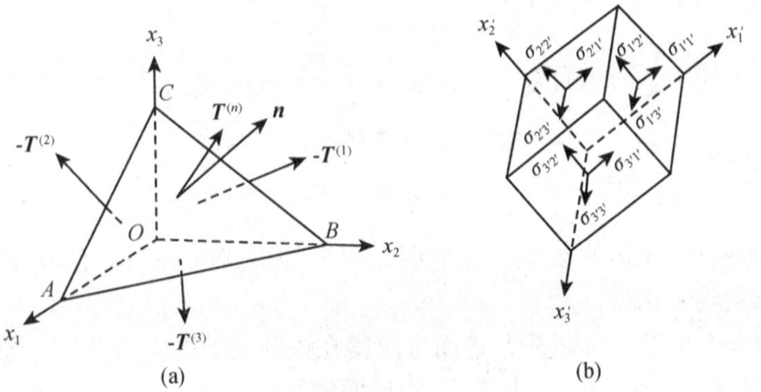

图 1－4

（a）任意斜截面上的应力矢量；（b）新坐标系中的应力分量

设此斜截面△ABC 的面积为 S，则如图 1－4 所示，过此点所取的小四面体 $OABC$ 的另外三个面的面积为

$$\left.\begin{aligned}\triangle OBC:&\quad S_1 = S\cdot\cos(n,x_1) = S\cdot\alpha_{n1}\\ \triangle OAC:&\quad S_2 = S\cdot\cos(n,x_2) = S\cdot\alpha_{n2}\\ \triangle OAB:&\quad S_3 = S\cdot\cos(n,x_3) = S\cdot\alpha_{n3}\end{aligned}\right\}\tag{1-4}$$

此截面上的应力矢量记为 $\boldsymbol{T}^{(n)}$；另外三个面上的应力矢量分别为 $-\boldsymbol{T}^{(1)}$、$-\boldsymbol{T}^{(2)}$、$-\boldsymbol{T}^{(3)}$。

考虑此微元（四面体 $OABC$）的平衡，其平衡方程为

$$\boldsymbol{T}^{(n)}\cdot S-(\boldsymbol{T}^{(1)}\cdot S_1+\boldsymbol{T}^{(2)}\cdot S_2+\boldsymbol{T}^{(3)}\cdot S_3)+\boldsymbol{f}\cdot\frac{1}{3}Sh = 0$$

式中，$\boldsymbol{f}$ 为作用于此体元上的体积力；h 为 O 点至截面 ABC 的垂直距离；$\frac{1}{3}Sh$ 为此微元的体积。当此四面体微元无限缩小时，上式中最后一项为更高阶的无穷小量，可略去不计，从而得

$$\boldsymbol{T}^{(n)} = T^{(1)}\cdot\alpha_{n1}+\boldsymbol{T}^{(2)}\cdot\alpha_{n2}+\boldsymbol{T}^{(3)}\cdot\alpha_{n3}\tag{1-5}$$

将式（1－2）代入上式得

$$
\begin{aligned}
\boldsymbol{T}^{(n)} = & (\alpha_{n1}\sigma_{11} + \alpha_{n2}\sigma_{21} + \alpha_{n3}\sigma_{31})\boldsymbol{e}_1 \\
& + (\alpha_{n1}\sigma_{12} + \alpha_{n2}\sigma_{22} + \alpha_{n3}\sigma_{32})\boldsymbol{e}_2 \\
& + (\alpha_{n1}\sigma_{13} + \alpha_{n2}\sigma_{23} + \alpha_{n3}\sigma_{33})\boldsymbol{e}_2
\end{aligned}
\tag{1-6}
$$

将应力矢量 $\boldsymbol{T}^{(n)}$ 沿坐标轴 x_1、x_2、x_3 方向分解 *：

$$
\boldsymbol{T}^{(n)} = T_1^{(n)}\boldsymbol{e}_1 + T_2^{(n)}\boldsymbol{e}_2 + T_3^{(n)}\boldsymbol{e}_3
$$

则将上式与式（1 -6）比较可得

$$
\left.
\begin{aligned}
T_1^{(n)} &= \alpha_{n1}\sigma_{11} + \alpha_{n2}\sigma_{21} + \alpha_{n3}\sigma_{31} \\
T_2^{(n)} &= \alpha_{n1}\sigma_{12} + \alpha_{n2}\sigma_{22} + \alpha_{n3}\sigma_{32} \\
T_3^{(n)} &= \alpha_{n1}\sigma_{13} + \alpha_{n2}\sigma_{23} + \alpha_{n3}\sigma_{33}
\end{aligned}
\right\}
\tag{1-7}
$$

上式称为柯西（Cauchy）公式。它表明，只要知道式（1 -3）的 9 个应力分量，则斜截面上的应力矢量均可求得。

求得斜截面 n 上的应力矢量后，进而可求得在该截面上的应力分量。为此必须建立坐标系（n，t，b）或（x_1'，x_1'，x_3'），其中 x_1' 为截面的法线，x_2'、x_3' 均在截面内，且令 x_1'、x_2'、x_3' 互相垂直。设新坐标相对于原坐标（x_1、x_2、x_3）的方向余弦为

	x_1	x_2	x_3
x_1'	$\alpha_{1'1}$	$\alpha_{1'2}$	$\alpha_{1'3}$
x_2'	$\alpha_{2'1}$	$\alpha_{2'2}$	$\alpha_{2'3}$
x_3'	$\alpha_{3'1}$	$\alpha_{3'2}$	$\alpha_{3'3}$

则

$$
\left.
\begin{aligned}
\sigma_{1'1'} &= T_1^{(1')}\alpha_{1'1} + T_2^{(1')}\alpha_{1'2} + T_3^{(1')}\alpha_{1'3} \\
&= \sigma_{11}\alpha_{1'1}\alpha_{1'1} + \sigma_{12}\alpha_{1'1}\alpha_{1'2} + \sigma_{13}\alpha_{1'1}\alpha_{1'3} \\
&\quad + \sigma_{21}\alpha_{1'2}\alpha_{1'1} + \sigma_{22}\alpha_{1'2}\alpha_{1'2} + \sigma_{23}\alpha_{1'2}\alpha_{1'3} \\
&\quad + \sigma_{31}\alpha_{1'3}\alpha_{1'1} + \sigma_{32}\alpha_{1'3}\alpha_{1'2} + \sigma_{33}\alpha_{1'3}\alpha_{1'3} \\
\text{同理}\quad \sigma_{1'2'} &= \sigma_{11}\alpha_{1'1}\alpha_{2'1} + \sigma_{12}\alpha_{1'1}\alpha_{2'2} + \sigma_{13}\alpha_{1'1}\alpha_{2'3} \\
&\quad + \sigma_{21}\alpha_{1'2}\alpha_{2'1} + \sigma_{22}\alpha_{1'2}\alpha_{2'2} + \sigma_{23}\alpha_{1'2}\alpha_{2'3} \\
&\quad + \sigma_{31}\alpha_{1'3}\alpha_{2'1} + \sigma_{32}\alpha_{1'3}\alpha_{2'2} + \sigma_{33}\alpha_{1'3}\alpha_{2'3} \\
\sigma_{1'3} &= \sigma_{11}\alpha_{1'1}\alpha_{3'1} + \sigma_{12}\alpha_{1'1}\alpha_{3'2} + \sigma_{13}\alpha_{1'1}\alpha_{3'3} \\
&\quad + \sigma_{21}\alpha_{1'2}\alpha_{3'1} + \sigma_{22}\alpha_{1'2}\alpha_{3'2} + \sigma_{2}3\alpha_{1'2}\alpha_{3'3} \\
&\quad + \sigma_{31}\alpha_{1'3}\alpha_{3'1} + \sigma_{32}\alpha_{1'3}\alpha_{3'2} + \sigma_{33}\alpha_{1'3}\alpha_{3'3}
\end{aligned}
\right\}
\tag{1-8}
$$

注：$T_1^{(n)}$、$T_2^{(n)}$、$T_3^{(n)}$ 为应力矢量 $\boldsymbol{T}^{(n)}$ 在 x_1、x_2、x_3 方向上的投影，不要与 $T^{(1)}$、$T^{(2)}$、$T^{(3)}$ 相混淆。

上式表明：只要知道过一点三个互相垂直的平面上的9个应力分量，则过此点的任意截面上的应力分量便可完全确定。

更为重要的是，式（1-8）表明：一点的应力状态可用一个二阶张量来表达，因为新旧坐标系（x_1'，x_1'，x_3'）与（x_1，x_2，x_3）中应力分量间的变换关系式（1-8）符合二阶张量的定义。从历史上看，正是由于研究一点的应力状态才引出了张量的概念，后来进而发展成为一门新的数学分支——张量理论，并且在力学，尤其是在固体力学中得到日益广泛的应用。

运用张量运算的最明显的优点是书写的简洁性与形式的对称性，当然运用张量运算还有其他方面的优点。在本书中将首先应用通常的（非张量的）方法分析讨论问题。在得出结论后，再同时给出其张量形式。这样做，使对张量不够熟悉的读者，在阅读本书时不致感到困难，同时通过这样的方法可以逐步习惯与熟悉张量的表示法。

运用张量表示法，式（1-5）、式（1-7）及式（1-8）可以极其简洁地写成为

$$\boldsymbol{T}^{(n)} = \boldsymbol{T}^{(j)}\alpha_{jn} \tag{1-5'}$$

$$T_i^{(n)} = \alpha_{nj}\sigma_{ji} \tag{1-7'}$$

$$\sigma_{i'j'} = \sigma_{ij}\alpha_{i'i}\alpha_{j'i} \tag{1-8'}$$

这里体现了“求和约定”。即凡是同一指标字母在乘积中出现两次时，则理解为对所有同类项求和，即 $\alpha_{nj}\sigma_{ji}$ 应理解为 $\sum\limits_{j=1}^{3}\alpha_{nj}\sigma_{ji}$，而 $\sigma_{ij}\alpha_{i'i}\alpha_{j'j}$ 应理解为 $\sum\limits_{i=1}^{3}\sum\limits_{j=1}^{3}\sigma_{ij}\alpha_{i'i}\alpha_{j'j}$。这样的求和指标［如式（1-7′）中的 j 及式（1-8′）中的 i、j］称为假指标或哑指标。哑指标的字母可以更换而不影响结果，甚至可以在公式等号左边用某个字母作为哑指标，而在同一公式的右边却用另一字母作为哑指标。例如：

$$T_i^{(n)} = \alpha_{nj}\sigma_{ji} = \alpha_{nk}\sigma_{ki}$$

剪应力互等定理：

在图1-3中，设体积微元（小长方体）的三个边长各为 $\mathrm{d}x_1$、$\mathrm{d}x_2$、$\mathrm{d}x_3$，作用于此体积微元上所有的力（包括惯性力）对于任一轴的矩的代数和必为零。

先考虑对 OC 轴的矩（图1-4），其平衡条件为

$$(\sigma_{12}\cdot \mathrm{d}x_2\mathrm{d}x_3)\mathrm{d}x_1 - (\sigma_{21}\cdot \mathrm{d}x_1\mathrm{d}x_3)\mathrm{d}x_2 - (f_1\cdot \mathrm{d}x_1\mathrm{d}x_2\mathrm{d}x_3)\cdot\frac{\mathrm{d}x_2}{2} + (f_2\cdot \mathrm{d}x_1\mathrm{d}x_2\mathrm{d}x_3)\cdot\frac{\mathrm{d}x_1}{2} = 0$$

式中，f_1、f_2 为体积力（包括惯性力）在 x_1、x_2 轴上的分量。显然，体积力引起的力矩比面力引起的力矩为更高阶无穷小量，可以略去不计，因而得

$$\sigma_{12} = \sigma_{21}$$

同理可得

$$\left.\begin{aligned}\sigma_{12} &= \sigma_{21}\\ \sigma_{23} &= \sigma_{32}\\ \sigma_{31} &= \sigma_{13}\end{aligned}\right\} \tag{1-9}$$

或者写为

$$\sigma_{ij} = \sigma_{ji} \tag{1-9'}$$

上述结果表明：二互相垂直的截面上相应的剪应力分量彼此相等。这一结论称之为剪应力互等定理。由剪应力互等定理可知，9 个应力中有三对两两相等。因此应力张量式（1-3）为一对称张量（与主对角线对称的应力分量两两相等），所以 9 个应力分量中只有 6 个独立的应力分量。只要知道这 6 个分量，根据式（1-8）就能求出过此点任意截面上的应力。

§1-4　柯西应力曲面

本节中我们研究如下的问题：已知一点的 9 个应力分量（其中 6 个是独立的），如何用几何的方法求过此点任意截面上的应力矢量。

设介质中一点 P 的应力分量为

$$\begin{pmatrix} \sigma_{11} & \sigma_{12} & \sigma_{13} \\ \sigma_{21} & \sigma_{22} & \sigma_{23} \\ \sigma_{31} & \sigma_{32} & \sigma_{33} \end{pmatrix}$$

求过 P 点法线为 $\boldsymbol{n}$ 的截面 S 上的应力矢量（图 1-5）。

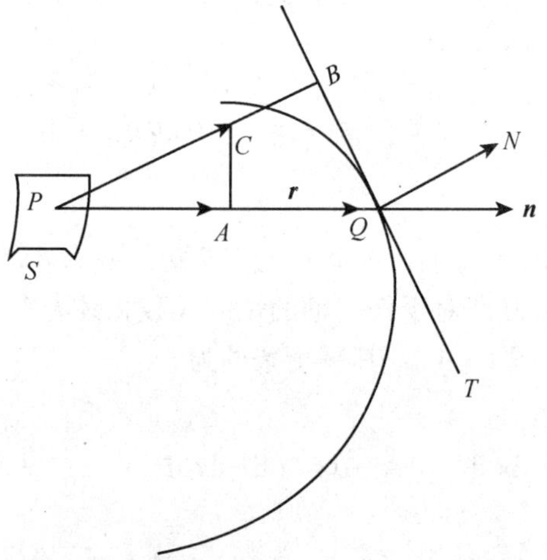

图 1-5　柯西应力曲面

设法线 $\boldsymbol{n}$ 的三个方向余弦为

$$\alpha_{n1},\ \alpha_{n2},\ \alpha_{n3}$$

则按照式（1-8），在此截面 S 上的正应力为

$$\sigma_{nn}=\sigma_{11}\alpha_{n1}^2+\sigma_{22}\alpha_{n2}^2+\sigma_{33}\alpha_{n3}^2+2[\sigma_{12}\alpha_{n1}\alpha_{n2}+\sigma_{23}\alpha_{n2}\alpha_{n3}+\sigma_{31}\alpha_{n3}\alpha_{n1}] \tag{1-10}$$

以 P 为原点作图：令矢径 $\boldsymbol{r}$ 与截面的法线 $\boldsymbol{n}$ 同向，而矢径的大小（模）为

$$r=\frac{C}{\sqrt{|\sigma_{nn}|}} \quad 或 \quad \sigma_{nn}=\pm\frac{C^2}{r^2} \tag{1-11}$$

其中 C 为任意选定的常数，而

$$\boldsymbol{r}=x_1\boldsymbol{e}_1+x_2\boldsymbol{e}_2+x_3\boldsymbol{e}_3=r(\alpha_{n1}\boldsymbol{e}_1+\alpha_{n2}\boldsymbol{e}_2+\alpha_{n3}\boldsymbol{e}_3)$$

所以

$$\alpha_{ni}=\frac{x_i}{r} \tag{1-12}$$

把式（1-11）及式（1-12）代入式（1-10），得

$$\sigma_{11}x_1^2+\sigma_{22}x_2^2+\sigma_{33}x_3^2+2(\sigma_{12}x_1x_2+\sigma_{23}x_2x_3+\sigma_{31}x_3x_1)=\pm C^2$$

函数

$$\begin{aligned}\varphi(x_1,x_2,x_3)&=\sigma_{11}x_1^2+\sigma_{22}x_2^2+\sigma_{33}x_3^2+2(\sigma_{12}x_1x_2+\sigma_{23}x_2x_3+\sigma_{31}x_3x_1)\pm C^2\\&=0\end{aligned} \tag{1-13}$$

是一个二次曲面方程。常数 C 前的正负号的选取，以使该曲面是实曲面为原则（如果正、负号二者都为实曲面，则二者都要）。这个曲面反映了该点的应力状态，因最早由柯西提出，所以通常称之为柯西应力曲面。

现在来分析这个曲面的性质。我们首先求矢径 $\boldsymbol{r}$ 端点 Q 处此曲面的法线 $\boldsymbol{N}$（注意：不要将 $\boldsymbol{n}$ 与 $\boldsymbol{N}$ 互相混淆。）$\boldsymbol{N}$ 的方向余弦为

$$\left.\begin{aligned}\frac{\partial\varphi}{\partial x_1}&=2(\sigma_{11}x_1+\sigma_{12}x_2+\sigma_{13}x_3)\\\frac{\partial\varphi}{\partial x_2}&=2(\sigma_{21}x_1+\sigma_{22}x_2+\sigma_{23}x_3)\\\frac{\partial\varphi}{\partial x_3}&=2(\sigma_{31}x_1+\sigma_{32}x_2+\sigma_{33}x_3)\end{aligned}\right\} \tag{1-14}$$

比较公式（1-4）与式（1-7）后，可以得知

$$\frac{\partial\varphi}{\partial x_1}:\frac{\partial\varphi}{\partial x_2}:\frac{\partial\varphi}{\partial x_3}=T_1^{(n)}:T_2^{(n)}:T_3^{(n)}$$

这说明：矢径 $\boldsymbol{r}$ 的端点 Q 处应力曲面的法线 $\boldsymbol{N}$ 与 S 截面上的应力矢量 $\boldsymbol{T}^{(n)}$ 同向。根据这一性质，我们可以用几何方法求出过 P 点各个截面上的应力矢量 $\boldsymbol{T}^{(n)}$，其步骤如下：

（1）根据给定的应力分量 σ_{ij} 按式（1-13）作出柯西应力曲面。

（2）作截面 S 的法线 $\boldsymbol{n}$，交应力曲面于 Q 点。

（3）按公式 $\sigma_{nn}=\pm\dfrac{C^2}{r^2}$算出 σ_{nn}的值，并在 PQ 线上截取线段 PA，使 $\sigma_{nn}=PA$。

（4）过 Q 点作应力曲面的切面 QT。

（5）过 P 点作 QT 的垂线 PB。

（6）过 A 点作 PQ 的垂线，交 PB 于 C，矢量 PC 即所求的应力矢量 $\boldsymbol{T}^{(n)}$。

在下节的末尾，我们还将对应于曲面做进一步的分析讨论。

§1－5 主应力与应力张量不变量

在前一节，我们讨论了如何利用柯西应力曲面求任意方向截面上的应力矢量 $\boldsymbol{T}^{(n)}$。如果在某一方向上恰巧 $\boldsymbol{T}^{(n)}$ 与 $\boldsymbol{n}$ 方向一致，也即 $\boldsymbol{N}$ 与 $\boldsymbol{n}$ 二者方向一致，则在此截面上剪应力为零，这一方向 $\boldsymbol{n}$ 称为主方向，相应的截面称为**主平面**。主平面的正应力称为**主应力**。

在空间解析几何中已经证明：式（1－13）所代表的二次曲面一定有三个互相垂直的主方向存在。相应的三个主应力分别用符号 σ_1、σ_2、σ_3 表示，而且习惯上按代数值排列，使 $\sigma_1\geqslant\sigma_2\geqslant\sigma_3$ 分别称之为最大主应力、中间主应力及最小主应力。

利用应力曲面可以用几何方法决定主方向及主应力。凡矢径 $\boldsymbol{r}$ 与 $\boldsymbol{N}$（图 1－5）同向时，此矢径 $\boldsymbol{r}$ 的方向即为主方向，进而可按公式 $\sigma_{nn}=\pm\dfrac{C^2}{r^2}$求出主应力。

下面我们用分析的方法来求主方向及主应力。设方向 $\boldsymbol{n}$ 为主方向，其方向余弦为（α_1、α_2、α_3）此面上的主应力为 σ，则

$$\left.\begin{aligned}T_1^{(n)}&=\sigma a_1\\T_2^{(n)}&=\sigma a_2\\T_3^{(n)}&=\sigma a_3\end{aligned}\right\}\qquad(1-15\text{a})$$

或写成 $T_i^{(n)}=\sigma\alpha_i$。

将上式代入柯西公式（1－7），得

$$\left.\begin{aligned}(\sigma_{11}-\sigma)a_1+\sigma_{12}a_2+\sigma_{13}a_3&=0\\\sigma_{21}a_1+(\sigma_{22}-\sigma)a_2+\sigma_{23}a_3&=0\\\sigma_{31}a_1+\sigma_{32}a_2+(\sigma_{33}-\sigma)a_3&=0\end{aligned}\right\}\qquad(1-15\text{b})$$

这是一组关于 α_i 的线性齐次代数方程组。显然 $\alpha_i\equiv0$ 是这组方程的解。但与 $\alpha_i\cdot\alpha_i=1$ 相矛盾。如有非零解，其系数行列式必定为零，即

$$\begin{vmatrix}(\sigma_{11}-\sigma)&\sigma_{12}&\sigma_{13}\\\sigma_{21}&(\sigma_{22}-\sigma)&\sigma_{23}\\\sigma_{31}&\sigma_{32}&(\sigma_{33}-\sigma)\end{vmatrix}=0\qquad(1-16\text{a})$$

将上面的行列式展开后得

$$\sigma^3 - I_1\sigma^2 + I_2\sigma - I_3 = 0 \tag{1-16b}$$

方程（1－16）称为应力状态的特征方程，其三个系数分别为

$$\left.\begin{aligned} I_1 &= \sigma_{11} + \sigma_{22} + \sigma_{33} = \sigma_{ii} \\ I_2 &= \begin{vmatrix} \sigma_{11} & \sigma_{12} \\ \sigma_{21} & \sigma_{22} \end{vmatrix} + \begin{vmatrix} \sigma_{22} & \sigma_{23} \\ \sigma_{32} & \sigma_{33} \end{vmatrix} + \begin{vmatrix} \sigma_{33} & \sigma_{31} \\ \sigma_{13} & \sigma_{11} \end{vmatrix} \\ I_3 &= \begin{vmatrix} \sigma_{11} & \sigma_{12} & \sigma_{13} \\ \sigma_{21} & \sigma_{22} & \sigma_{23} \\ \sigma_{31} & \sigma_{32} & \sigma_{33} \end{vmatrix} \end{aligned}\right\} \tag{1-17a}$$

显然特征方程（1－16）在变换坐标系时保持不变，即它的三个系数 I_1、I_2、I_3 不随坐标系的变化而改变，所以 I_1、I_2、I_3 分别称为应力张量的第一、第二、第三不变量。三个应力不变量在应力状态理论中起着重要的作用。

在解特征方程求得主应力 σ_1、σ_2、σ_3 后，将其值代入方程组（1－15b）再加上条件 $\alpha_i^2 = 1$，即可求得对于每一个主应力 σ_i 的主方向。

如果选择主方向为坐标轴 x_1、x_2、x_3，则应力张量不变量的表达式（1－17a）可简化为

$$\left.\begin{aligned} I_1 &= \sigma_1 + \sigma_2 + \sigma_3 \\ I_2 &= \sigma_1\sigma_2 + \sigma_2\sigma_3 + \sigma_3\sigma_1 \\ I_3 &= \sigma_1\sigma_2\sigma_3 \end{aligned}\right\} \tag{1-17b}$$

而柯西应力曲面的方程简化为

$$\sigma_1 x_1^2 + \sigma_2 x_2^2 + \sigma_2 x_3^2 = \pm C^2$$

当 $\sigma_1 \geqslant \sigma_2 \geqslant \sigma_3 \geqslant 0$ 时，上式右侧取正号；当 $0 \geqslant \sigma_1 \geqslant \sigma_2 \geqslant \sigma_3$ 时，上式右侧取负号。这两种情况下曲面均为椭球面。如 $\sigma_1 > \sigma_2 > 0$，$\sigma_3 < 0$，此时二次曲面分别为

$$\sigma_1 x_1^2 + \sigma_2 x_2^2 + \sigma_3 x_3^2 = C^2$$
$$\sigma_1 x_1^2 + \sigma_2 x_2^2 + \sigma_3 x_3^2 = -C^2$$

前者是单叶双曲面，后者是双叶双曲面，如图 1－6 所示。

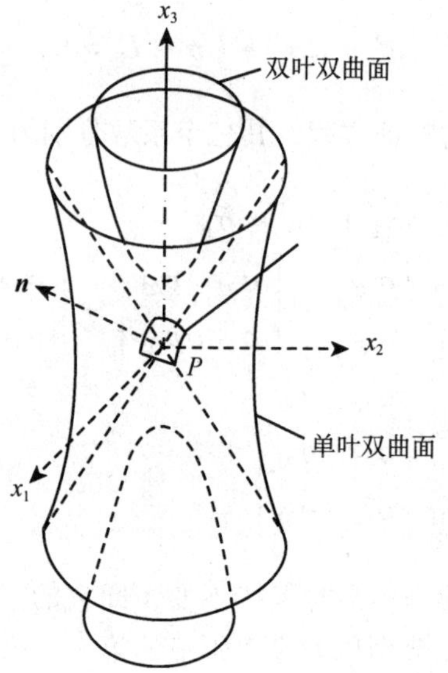

图 1-6　$\sigma_1>\sigma_2>0$，$\sigma_3<0$ 时的柯西应力曲面

§1-6　最大剪应力

如果以主方向为坐标轴方向，如图 1-7 所示，则法线为 $\boldsymbol{n}(\alpha_1,\ \alpha_2,\ \alpha_3)$ 的斜截面上的应力矢量 $\boldsymbol{T}^{(n)}$ 的模 $T^{(n)}$ 为

$$(T^{(n)})^2=(\sigma_1\alpha_1)^2+(\sigma_2\alpha_2)^2+(\sigma_3\alpha_3)^2$$

而该面上的正应力 σ 按公式（1-8）为

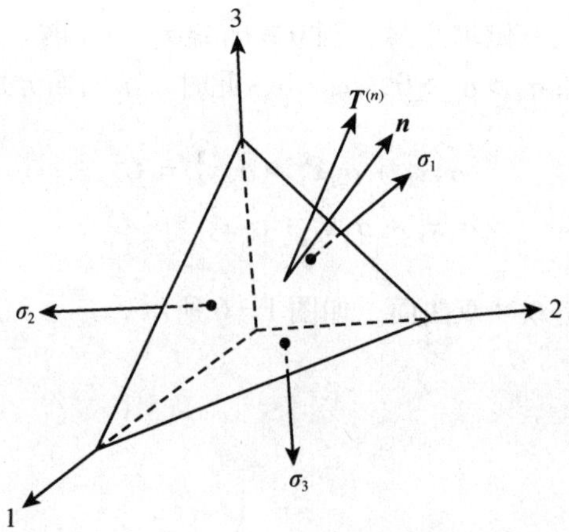

图 1-7　以主方向为坐标轴方向时斜截面上的应力

$$\sigma = \sigma_1\alpha_1^2 + \sigma_2\alpha_2^2 + \sigma_3\alpha_3^2$$

因而该面上的剪应力τ为

$$\tau^2 = (T^{(n)})^2 - \sigma^2 = [(\sigma_1\alpha_1)^2 + (\sigma_2\alpha_2)^2 + (\sigma_3\alpha_3)^2] - [\sigma_1\alpha_1^2 + \sigma_2\alpha_2^2 + \sigma_3\alpha_3^2]^2$$

利用关系式 $\alpha_3^2 = 1 - \alpha_1^2 - \alpha_2^2$ 代入上式消去 α_3 后，得

$$\tau^2 = [(\sigma_1^2 - \sigma_3^2)\alpha_1^2 + (\sigma_2^2 - \sigma_3^2)\alpha_2^2 + \sigma_3^2] - [(\sigma_1 - \sigma_3)\alpha_1^2 + (\sigma_2 - \sigma_3)\alpha_2^2 + \sigma_3]^2$$

上式中的τ为 α_1 及 α_2 的函数，其极值条件为

$$\frac{\partial(\tau^2)}{\partial\alpha_1} = 0 \qquad \frac{\partial(\tau^2)}{\partial\alpha_2} = 0$$

于是得到下列方程组：

$$\alpha_1(\sigma_1 - \sigma_3)[(\sigma_1 - \sigma_3)\alpha_1^2 + (\sigma_2 - \sigma_3)\alpha_2^2 - \frac{1}{2}(\sigma_1 - \sigma_3)] = 0$$

$$\alpha_2(\sigma_2 - \sigma_3)[(\sigma_1 - \sigma_3)\alpha_1^2 + (\sigma_2 - \sigma_3)\alpha_2^2 - \frac{1}{2}(\sigma_2 - \sigma_3)] = 0$$

上面的方程组的 6 组可能解答及其相应的 τ 值列于表 1－2。

表 1－2　最大剪应力及其作用面的方向余弦

	1	2	3	4	5	6
α_1	± 1	0	0	0	$\pm\sqrt{\frac{1}{2}}$	$\pm\sqrt{\frac{1}{2}}$
α_2	0	± 1	0	$\pm\sqrt{\frac{1}{2}}$	0	$\pm\sqrt{\frac{1}{2}}$
α_3	0	0	± 1	$\pm\sqrt{\frac{1}{2}}$	$\pm\sqrt{\frac{1}{2}}$	0
τ	0	0	0	$\pm\frac{(\sigma_2 - \sigma_3)}{2}$	$\pm\frac{(\sigma_3 - \sigma_1)}{2}$	$\pm\frac{(\sigma_1 - \sigma_2)}{2}$

其中前三组解答对应于主方向上的剪应力，后三组给出的是三个最大剪应力，它们分别为

$$\left.\begin{aligned} \tau_{12} &= \pm\left(\frac{\sigma_1 - \sigma_2}{2}\right) \\ \tau_{23} &= \pm\left(\frac{\sigma_2 - \sigma_3}{2}\right) \\ \tau_{31} &= \pm\left(\frac{\sigma_3 - \sigma_1}{2}\right) \end{aligned}\right\} \qquad (1-18)$$

这些剪应力所在的截面平行某一主轴而与另外两个主轴成45°夹角，如图1－8所示。例如τ_{31}所在的平面平行于2轴而与1轴及3轴成45°夹角。

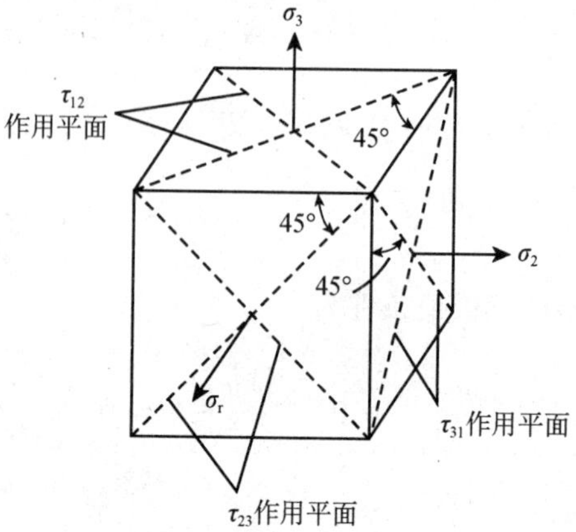

图1－8　最大剪应力作用平面

§1－7　应力圆（莫尔圆）

应力圆是分析一点的应力状态的非常有效的工具。

一、平面应力状态及其应力圆

平面应力状态是指应力分量中$\sigma_{31}=\sigma_{32}=\sigma_{33}=0$的情形，其应力张量呈如下形式：

$$\begin{pmatrix} \sigma_{11} & \sigma_{12} & 0 \\ \sigma_{21} & \sigma_{22} & 0 \\ 0 & 0 & 0 \end{pmatrix}$$

关于平面应力问题将在§5－2中详细讨论。这里我们只讨论在平面应力状态下，不同坐标系中应力分量之间的关系，这类问题有很大的实际意义，而且从这种简单情形便于引出应力圆的概念。

现在讨论外法线$\boldsymbol{n}$与x_1轴成α角（与x_3轴垂直）的截面（以后简称为$\boldsymbol{n}$方向的截面）上的正应力σ_{nn}及剪应力σ_{nt}（图1－9）。σ_{nn}及σ_{nt}以下简记为σ及τ。

新坐标系（n，t）与旧坐标系（x_1，x_2）之间的方向余弦如下表。

	x_1	x_2
n	$\cos\alpha$	$\sin\alpha$
t	$-\sin\alpha$	$\cos\alpha$

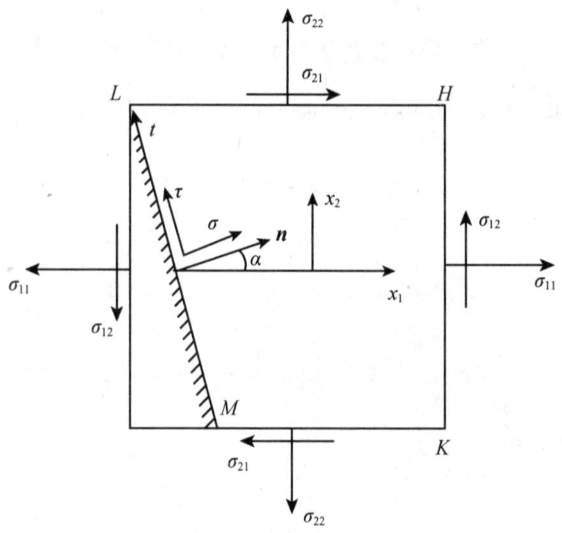

图 1-9　平面应力的应力分析

由式（1-8）得

$$\sigma = \sigma_{11}\cos^2\alpha + \sigma_{22}\sin^2\alpha + 2\sigma_{12}\cos\alpha \cdot \sin\alpha$$
$$\tau = -\sigma_{11}\sin\alpha \cdot \cos\alpha + \sigma_{22}\sin\alpha \cdot \cos\alpha + \sigma_{12}(\cos^2\alpha - \sin^2\alpha)$$

上式可改写为

$$\left.\begin{aligned}\sigma &= \frac{\sigma_{11}+\sigma_{22}}{2} + \frac{\sigma_{11}-\sigma_{22}}{2}\cos 2\alpha + \sigma_{12}\sin 2\alpha \\ \tau &= -\frac{\sigma_{11}-\sigma_{22}}{2}\sin 2\alpha + \sigma_{12}\cos 2\alpha\end{aligned}\right\} \tag{1-19}$$

令 $\tau=0$，可得剪应力为零的平面所对应的 α 的值，此值用 α' 表示：

$$\tan 2\alpha' = \frac{2\sigma_{12}}{\sigma_{11}-\sigma_{22}} \tag{1-20}$$

以上式代入（1-19）第一式，得两个主应力 σ_1、σ_2 分别为

$$\begin{Bmatrix}\sigma_1 \\ \sigma_2\end{Bmatrix} = \frac{\sigma_{11}+\sigma_{22}}{2} \pm \sqrt{\left(\frac{\sigma_{11}-\sigma_{22}}{2}\right)^2 + \sigma_{12}^2} \tag{1-21}$$

令 $\frac{d\sigma}{d\alpha}=0$，得

$$\tan 2\alpha' = \frac{2\sigma_{12}}{\sigma_{11}-\sigma_{12}}$$

这个结果与式（1－20）一致，说明主应力正是正应力的极值。

再令 $\dfrac{d\tau}{d\alpha}=0$，得最大剪应力平面与 x_2 轴之间的夹角 α'' 为

$$\tan 2\alpha'' = -\left(\frac{\sigma_{11}-\sigma_{22}}{2\sigma_{12}}\right) \tag{1-22}$$

所对应的最大剪应力为

$$\tau_{max} = \pm\sqrt{\left(\frac{\sigma_{11}-\sigma_{22}}{2}\right)^2+\sigma_{12}^2} = \pm\left(\frac{\sigma_1-\sigma_2}{2}\right)^2 \tag{1-23}$$

再由式（1－20）和式（1－22）可得

$$\tan 2\alpha' \tan 2\alpha'' = -1$$

这说明 $2\alpha'$ 与 $2\alpha''$ 的差值为 $\dfrac{\pi}{2}$，因而 α' 与 α'' 之间的差值为 $\dfrac{\pi}{4}$，即最大剪应力截面与主平面的夹角为 45°。

上面我们讨论了在平面应力条件下，已知一点的应力分量 σ_{11}、σ_{22}、σ_{12} 时，如何用解析的方法分析这一点的应力状态（如求主应力、主方向、最大剪应力等）。

下面我们来介绍莫尔（Mohr）在 1900 年提出的一种分析平面应力的几何方法。在方程组（1－19）中消去变量 α，得方程

$$\left(\sigma-\frac{\sigma_{11}+\sigma_{22}}{2}\right)^2+\tau^2 = \left(\frac{\sigma_{11}-\sigma_{22}}{2}\right)^2+\sigma_{12}^2 \tag{1-24}$$

现在我们在 $\sigma-\tau$ 平面（称为应力平面）上作图，以 σ 为横轴，τ 为纵轴，显然方程（1－24）是一个圆。称之为应力圆或莫尔圆，其圆心坐标为 $\left(\dfrac{\sigma_{11}+\sigma_{22}}{2},\ 0\right)$，其半径为 $\sqrt{\left(\dfrac{\sigma_{11}-\sigma_{22}}{2}\right)^2+\sigma_{12}^2}$。而圆上的一点表示某一截面上的应力（该点的横坐标表示该截面上的正应力，纵坐标表示剪应力）。如图 1－10 所示。

图中 A 点代表以 x_1 轴为法线的截面（图 1－9 中 HK 面）上的应力（σ_{11}，σ_{12}）。从 A 点顺时针沿圆周移动，扫过圆心角 2α 后至 B 点。现在让我们来计算 B 点的坐标（σ，τ）的值。

$$\begin{aligned}\sigma &= OC + CF = OC + CB\cos(2\alpha' - 2\alpha)\\ &= OC + \frac{OF}{\cos 2\alpha'}\cdot\cos(2\alpha'-2\alpha)\\ &= \frac{\sigma_{11}+\sigma_{22}}{2} + \left(\frac{\sigma_{11}-\sigma_{22}}{2\cos 2\alpha'}\right)\cdot(\cos 2\alpha'\cos 2\alpha + \sin 2\alpha'\cdot\sin 2\alpha)\end{aligned}$$

$$= \frac{\sigma_{11} + \sigma_{22}}{2} + \frac{\sigma_{11} - \sigma_{22}}{2}\cos 2\alpha + \frac{\sigma_{11} - \sigma_{22}}{2}\tan 2\alpha' \cdot \sin 2\alpha$$

$$= \frac{\sigma_{11} + \sigma_{22}}{2} + \frac{\sigma_{11} - \sigma_{22}}{2}\cos 2\alpha + \sigma_{12} \cdot \sin 2\alpha$$

$$\tau = CB \cdot \sin(2\alpha' - 2\alpha)$$

$$= \left(\frac{\sigma_{11} - \sigma_{22}}{2\cos 2\alpha'}\right)(\sin 2\alpha' \cdot \sin 2\alpha - \cos 2\alpha' \cdot \cos 2\alpha)$$

$$= -\frac{\sigma_{11} - \sigma_{22}}{2}\sin 2\alpha + \sigma_{12} \cdot \cos 2\alpha$$

将上面两个公式中算出的 σ 与 τ 的值与式（1－19）比较，可以看出，B 点正代表图 1－9 中 HK 而逆时针转过 α 角后的 LM 截面上的应力情况。

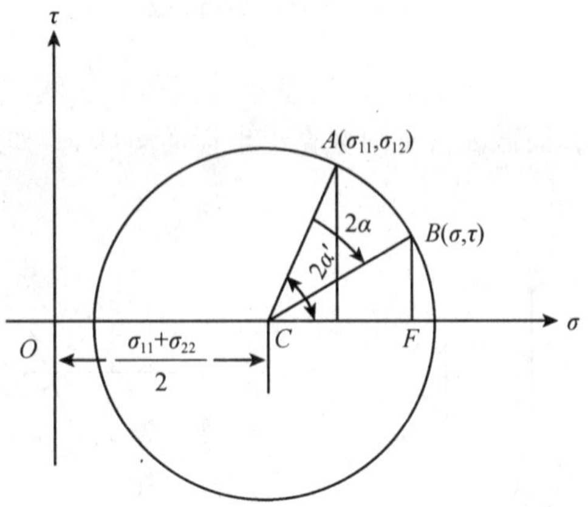

图 1－10　平面应力的应力图

因此，在平面应力状态下，知道一点的三个独立的应力分量 σ_{11}、σ_{22}、σ_{12} 后，即可做出此点的应力圆（圆心、半径均已知）及代表 x_1 方向的截面（HK）上应力的 A 点。然后如果需要求与此截面成任意夹角 α（由 HK 面逆时针转动时为正）的截面上的应力，只需在应力圆上由 A 点反方向（顺时针）转动 2α 角（圆心角）至 B 点，B 点的坐标就代表所求截面上的正应力与剪应力 * 。

用这样的方法分析平面应力的应力状态是非常方便的。因此得到极为广泛的应用。做出一点的应力圆后，就对该点的应力给出了一幅非常清晰的图像。例如随着角度 α 的变化，相应截面上的正应力及剪应力的变化情况就了如指掌。

二、三维应力圆

取三个主方向为坐标轴，如图 1－7 所示。设三个主应力 σ_1、σ_2、σ_3 已给定，且规定

注：本书中关于应力圆的介绍，与一般材料力学书籍中对于应力圆的介绍略有差异，这主要是因为在弹性力学及材料力学中关于剪应力符号的规定不相同的缘故。

$\sigma_1 \geqslant \sigma_2 \geqslant \sigma_3$。则有下列关系：

$$\left.\begin{aligned}(T^{(n)})^2 &= \sigma^2 + \tau^2 = \sigma_1^2\alpha_1^2 + \sigma_2^2\alpha_2^2 + \sigma_3^2\alpha_3^2 \\ \sigma &= \sigma_1\alpha_1^2 + \sigma_2\alpha_2^2 + \sigma_3\alpha_3^2 \\ 1 &= \alpha_1^2 + \alpha_1^2 + \alpha_3^2\end{aligned}\right\}$$

由上面的方程组可得

$$\alpha_1^2 = \frac{\tau^2 + (\sigma - \sigma_2)(\sigma - \sigma_3)}{(\sigma_1 - \sigma_2)(\sigma_1 - \sigma_3)} \tag{1-25a}$$

$$\alpha_2^2 = \frac{\tau^2 + (\sigma - \sigma_3)(\sigma - \sigma_1)}{(\sigma_2 - \sigma_3)(\sigma_2 - \sigma_1)} \tag{1-25b}$$

$$\alpha_3^2 = \frac{\tau^2 + (\sigma - \sigma_1)(\sigma - \sigma_2)}{(\sigma_3 - \sigma_1)(\sigma_3 - \sigma_2)} \tag{1-25c}$$

我们先研究式（1－25c）。令 $\alpha_3 = 0$，这意味着截面的法线与主轴 3 垂直，位于主轴 1 与主轴 2 所构成的平面内，而截面自身则垂直于坐标面 x_1Ox_2，如图 1－11 所示，也就是绕主轴 3 旋转的平面族 S。

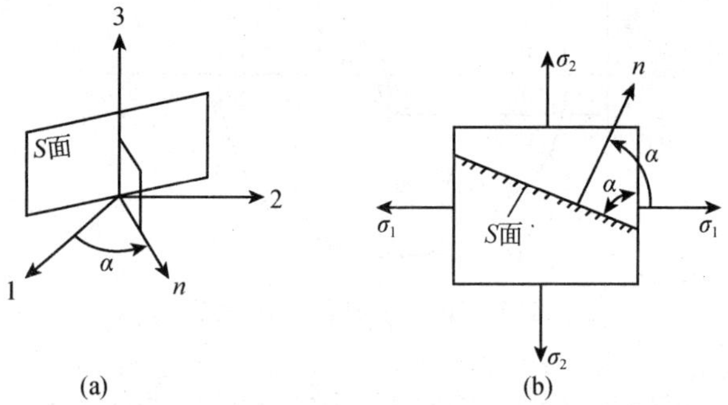

图 1－11 $a_3 = 0$ 截面的空间位置（a）及平面位置（b）

当 $\alpha_3 = 0$ 时，式（1－25c）成为

$$\tau^2 + (\sigma - \sigma_1)(\sigma - \sigma_2) = 0$$

上式可改写为

$$\left(\sigma - \frac{\sigma_1 + \sigma_2}{2}\right)^2 + \tau^2 = \left(\frac{\sigma_1 - \sigma_2}{2}\right)^2 \tag{1-26c}$$

上式表明 $\alpha_3 = 0$ 的所有截面上的正应力 σ 与剪应力 τ 在应力平面上构成一应力圆，其圆心为$\left(\frac{\sigma_1 + \sigma_2}{2}, 0\right)$，半径为$\left(\frac{\sigma_1 - \sigma_2}{2}\right)$，并且通过（$\sigma_1$，0）、（$\sigma_2$，0）两点（图 1－12）。

同理可得 $\alpha_2 = 0$ 的应力圆的方程为

$$\left(\sigma-\frac{\sigma_1+\sigma_3}{2}\right)^2-\tau^2=\left(\frac{\sigma_1-\sigma_3}{2}\right)^2 \tag{1-26b}$$

它对应于图 1－12 中通过（σ_1，0）、（σ_3，0）两点的圆。

而 $\alpha_1=0$ 时的应力圆的方程为

$$\left(\sigma-\frac{\sigma_2+\sigma_3}{2}\right)^2+\tau^2=\left(\frac{\sigma_2-\sigma_3}{2}\right)^2 \tag{1-26a}$$

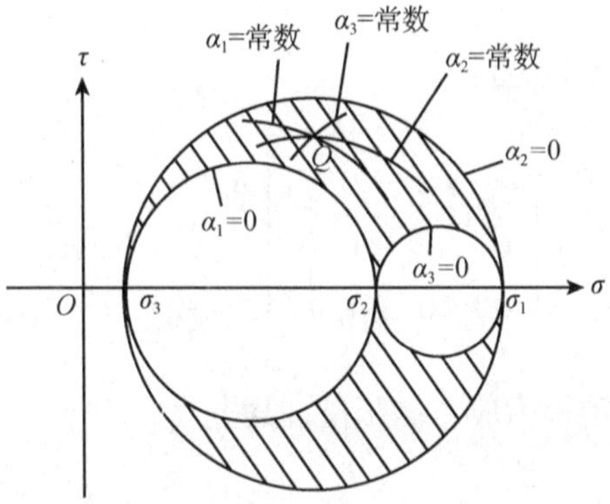

图 1－12　三维应力圆

进一步考察式（1－25）的普遍情况，即 $\alpha_i \neq 0$ 的情形，它们可以改写成：

$$\tau^2+\left(\sigma-\frac{\sigma_2+\sigma_3}{2}\right)^2=\left(\frac{\sigma_2-\sigma_3}{2}\right)^2+[(\sigma_1-\sigma_2)(\sigma_1-\sigma_3)]\alpha_1^2 \tag{1-27a}$$

$$\tau^2+\left(\sigma-\frac{\sigma_3+\sigma_1}{2}\right)^2=\left(\frac{\sigma_3-\sigma_1}{2}\right)^2-[(\sigma_2-\sigma_3)(\sigma_1-\sigma_2)]\alpha_2^2 \tag{1-27b}$$

$$\tau^2+\left(\sigma-\frac{\sigma_1+\sigma_2}{2}\right)^2=\left(\frac{\sigma_1-\sigma_2}{2}\right)^2+[(\sigma_1-\sigma_3)(\sigma_2-\sigma_3)]\alpha_3^2 \tag{1-27c}$$

当 α_1、α_2、α_3 为常数时，式（1－27）中的三个方程仍然是 $\sigma-\tau$ 平面上的圆，与式(1－26)中三个方程比较，其圆心不变，改变的只是圆的半径。由 $\sigma_1 \geqslant \sigma_2 \geqslant \sigma_3$ 的规定可知，式（1－27）中方括号内的量均为正数。因此，式（1－27a）、（1－27c）所对应的圆比式(1－26a)、(1－26c) 所对应的应力圆要大（圆心不变，半径增大）。而式（1－27b）所对应的圆则比式（1－26b）所对应的应力圆小。当确定某一截面后，其法线 $\boldsymbol{n}$ 的三个方向余弦 α_1、α_2、α_3 即已确定，代入式（1－27）中，可作出三个圆，三个圆的交点 Q（图 1－12）的坐标，即为该截面上的正应力与剪应力。由上面的讨论可知，任意截面上的应力所对应的点必在图 1－12 中的阴影区内，即在两个小应力圆之外和大应力圆之内所包含的区域内。

画出了应力圆后，就对一点的应力状态的全貌有一个清晰透彻的了解。例如其最大正应力为 σ_1；最小正应力为 σ_3（这一结论也可用解析方法证明，但从应力圆上看则一目了然）。

如果 $\sigma_3<0$，则它是最大压应力；最大剪应力 $\tau_{\max}=\frac{(\sigma_1-\sigma_3)}{2}$，其所在截面的方向余弦为 $\alpha_1=\alpha_3=\pm\frac{1}{\sqrt{2}}$，$\alpha_2=0$。建议读者从应力圆的角度回忆一下前面讲过的内容，就会感到许多结论更加清楚且易于理解。

总之，应力圆是一个很有效的工具，在应力分析中得到了广泛的应用。

§1-8 应力张量的分解，应力球张量与偏（斜）张量

应力张量可以进行如下的分解：

$$\begin{pmatrix}\sigma_{11} & \sigma_{12} & \sigma_{13}\\ \sigma_{21} & \sigma_{22} & \sigma_{23}\\ \sigma_{31} & \sigma_{32} & \sigma_{33}\end{pmatrix}=\begin{pmatrix}\sigma_0 & 0 & 0\\ 0 & \sigma_0 & 0\\ 0 & 0 & \sigma_0\end{pmatrix}+\begin{pmatrix}\sigma_{11}-\sigma_0 & \sigma_{12} & \sigma_{13}\\ \sigma_{21} & \sigma_{22}-\sigma_0 & \sigma_{23}\\ \sigma_{31} & \sigma_{32} & \sigma_{33}-\sigma_0\end{pmatrix} \quad (1-28)$$

式（1-28）中右侧的第一项称为应力球张量，其中

$$\sigma_0=\frac{1}{3}(\sigma_{11}+\sigma_{22}+\sigma_{33})=\frac{1}{3}\sigma_{ii} \quad (1-29)$$

称为平均应力，而其第二项称为应力偏（斜）张量，简称应力偏量。以下分别讨论这两个张量。

1. 应力球张量

这是一种三个主应力彼此相等即 $\sigma_1=\sigma_2=\sigma_3=\sigma_0$ 的特殊应力状态。它的应力圆蜕化为一点。因此任意方向均为主方向，且其主应力恒为 σ_0。因此任意截面上的应力情况都相同。有时称之为静水压应力状态（静止流体中各点的应力状态也具有各个截面上应力相同的特性。但这时恒为压应力，即 $\sigma_0<0$。在固体力学中当然没有这种限制，σ_0 可以大于零，只是借用这一术语而已）。另外，应力球张量的柯西应力曲面显然是一个球面。

2. 应力偏张量

常用 S_{ij} 表示其各个分量：

$$\begin{pmatrix}S_{11} & S_{12} & S_{13}\\ S_{21} & S_{22} & S_{23}\\ S_{31} & S_{32} & S_{33}\end{pmatrix}$$

显然有

$$S_{ij}=\sigma_{ij}-\sigma_0\delta_{ij}$$

其中

$$\delta_{ij}=\begin{cases}0 & i\neq j\\ 1 & i=j\end{cases} \quad (1-30)$$

对于应力偏量，其特征方程为

$$S^3 - J_1S^2 - J_2S - J_3 = 0 \tag{1-31}$$

式中，S 为应力偏张量的主应力；J_1、J_2、J_3 为应力偏张量的三个不变量。

不难证明

$$\left.\begin{aligned}J_1 &= 0\\ J_2 &= \frac{1}{6}[(\sigma_{11}-\sigma_{22})^2+(\sigma_{22}-\sigma_{33})^2+(\sigma_{33}-\sigma_{11})^2]+(\sigma_{12}^2+\sigma_{23}^2+\sigma_{31}^2)\\ &= \frac{1}{6}[(\sigma_1-\sigma_2)^2+(\sigma_2-\sigma_3)^2+(\sigma_3-\sigma_1)^2]\\ &= 3\sigma_0^2 - I_2 = \frac{3}{2}\tau_0^2\\ J_3 &= I_3 - I_2\sigma_0 + 2\sigma_0^3\end{aligned}\right\} \tag{1-32}$$

上式中的τ_0为八面体上的剪应力，将在下节中介绍。式中的 J_1、J_2、J_3 称为应力偏量的第一、第二、第三不变量，且可以证明

$$J_2 = \frac{1}{2}S_{ij}\cdot S_{ij} \tag{1-33}$$

以后将会看到，这个量在塑性力学中起着十分重要的作用。

应力偏量又可以进一步分解为 5 个纯剪应力状态。

$$\begin{pmatrix}S_{11} & S_{12} & S_{13}\\ S_{21} & S_{22} & S_{23}\\ S_{31} & S_{32} & S_{33}\end{pmatrix}=\begin{pmatrix}0 & S_{12} & 0\\ S_{21} & 0 & 0\\ 0 & 0 & 0\end{pmatrix}+\begin{pmatrix}0 & 0 & S_{13}\\ 0 & 0 & 0\\ S_{31} & 0 & 0\end{pmatrix}+\begin{pmatrix}0 & 0 & 0\\ 0 & 0 & S_{23}\\ 0 & S_{32} & 0\end{pmatrix}+\begin{pmatrix}S_{11} & 0 & 0\\ 0 & -S_{11} & 0\\ 0 & 0 & 0\end{pmatrix}+\begin{pmatrix}0 & 0 & 0\\ 0 & -S_{33} & 0\\ 0 & 0 & S_{33}\end{pmatrix}$$

由此可以进一步看出应力偏量的性质。这一点将在第三篇中作进一步讨论。

§1-9　八面体上的正应力与剪应力

如果取三个主方向为坐标轴，法线 $\boldsymbol{n}$ 与三个坐标轴夹角相等的截面称为等倾面。显然等倾面法线的三个方向余弦相等，即 $\alpha_1=\alpha_2=\alpha_3=\alpha$。根据 $\alpha_i\cdot\alpha_i=1$ 可得 $\alpha=\pm\frac{1}{\sqrt{3}}$。在空间共有 8 个这样的等倾面。它们组成一个正八面体。如图 1-13 所示。

由式（1-8）可知此八面体各面上的正应力均相等，以 σ_0 表示，则

$$\sigma_0 = \frac{1}{3}(\sigma_1+\sigma_2+\sigma_3) = \frac{1}{3}\sigma_{ii} = \frac{I_1}{3} \tag{1-34}$$

即八面体上各面的正应力恰等于平均应力。

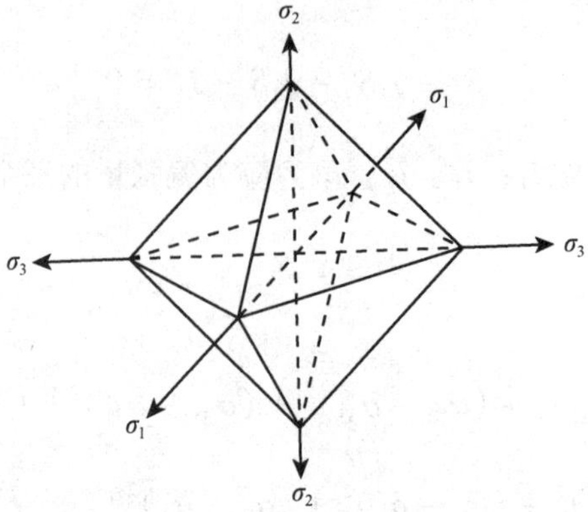

图 1－13　等倾面组成的八面体

各等倾面的应力矢量 $\boldsymbol{T}^{(n)}$ 的模为

$$(T^{(n)})^2 = (\sigma_1\alpha_1)^2 + (\sigma_2\alpha_2)^2 + (\sigma_3\alpha_3)^2 = \frac{1}{3}(\sigma_1^2 + \sigma_2^2 + \sigma_3^2)$$

各等倾面上的剪应力 τ_0 为

$$\tau_0^2 = (T^{(n)})^2 - \sigma_0^2 = \frac{1}{3}(\sigma_1^2 + \sigma_2^2 + \sigma_3^2) - \sigma_0^2 = \frac{2}{3}J_2 \tag{1-35}$$

可见八面体上的剪应力 τ_0 是一个很重要的量。它的平方与应力偏量的第二不变量成正比。在塑性力学中（见第三篇）我们还将看到它被作为材料的塑性条件；在材料力学中则作为强度准则来应用。

§1－10　平衡方程与运动方程

在此以前，我们研究了一点的应力状态。在这一节里，我们将研究固体中任一点 O 与其相邻点的应力间的关系，从而导出固体力学中的一组基本方程——运动方程或平衡方程。

如图 1－14 所示，以 O 点为顶点，作边长为 dx_1、dx_2、dx_3 的长方体微元。设 $OBEC$ 面上的应力分量为 σ_{11}、σ_{12}、σ_{13}（图 1－14d），则在面 $ADGF$ 上，由于沿 x_1 轴变化了 dx_1，其应力分量为

$$\sigma_{11} + \frac{\partial\sigma_{11}}{\partial x_1}dx_1, \quad \sigma_{12} + \frac{\partial\sigma_{12}}{\partial x_1}dx_1, \quad \sigma_{13} + \frac{\partial\sigma_{13}}{\partial x_1}dx_1$$

同理 $BDGE$ 面上与 $CEGF$ 面上的应力分量各为

$$\sigma_{21} + \frac{\partial\sigma_{21}}{\partial x_2}dx_2, \quad \sigma_{22} + \frac{\partial\sigma_{22}}{\partial x_2}dx_2, \quad \sigma_{23} + \frac{\partial\sigma_{23}}{\partial x_2}dx_2$$

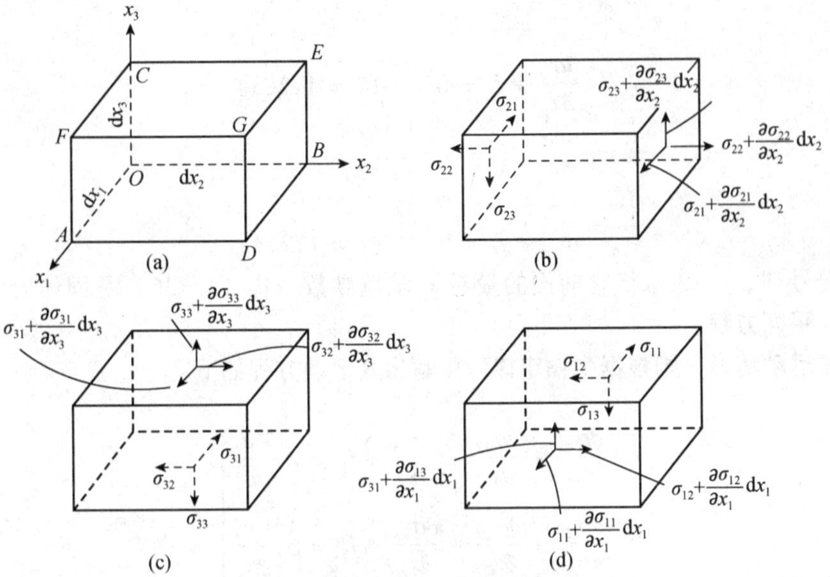

图 1－14　相邻截面上应力的变化

$$\sigma_{31}+\frac{\partial\sigma_{31}}{\partial x_3}\mathrm{d}x_3,\quad \sigma_{32}+\frac{\partial\sigma_{32}}{\partial x_3}\mathrm{d}x_3,\quad \sigma_{33}+\frac{\partial\sigma_{33}}{\partial x_3}\mathrm{d}x_3$$

并设其体积力为 $f(f_1, f_2, f_3)$。

考虑此微元在 x_1 方向的平衡，其平衡方程为

$$\left(\sigma_{11}+\frac{\partial\sigma_{11}}{\partial x_1}\mathrm{d}x_1-\sigma_{11}\right)\mathrm{d}x_2\mathrm{d}x_3+\left(\sigma_{21}+\frac{\partial\sigma_{21}}{\partial x_2}\mathrm{d}x_2-\sigma_{21}\right)\mathrm{d}x_3\mathrm{d}x_1$$
$$+\left(\sigma_{31}+\frac{\partial\sigma_{31}}{\partial x_3}\mathrm{d}x_3-\sigma_{31}\right)\mathrm{d}x_1\mathrm{d}x_2+f_x\cdot\mathrm{d}x_1\mathrm{d}x_2\mathrm{d}x_3=0$$

化简后得 x_1 方向的平衡方程为

$$\frac{\partial\sigma_{11}}{\partial x_1}+\frac{\partial\sigma_{12}}{\partial x_2}+\frac{\partial\sigma_{13}}{\partial x_3}+f_1=0$$

同理可得 x_2 及 x_3 方向的平衡方程。将平衡方程归纳如下：

$$\left.\begin{aligned}\frac{\partial\sigma_{11}}{\partial x_1}+\frac{\partial\sigma_{12}}{\partial x_2}+\frac{\partial\sigma_{13}}{\partial x_3}+f_1=0\\\frac{\partial\sigma_{21}}{\partial x_1}+\frac{\partial\sigma_{22}}{\partial x_2}+\frac{\partial\sigma_{23}}{\partial x_3}+f_2=0\\\frac{\partial\sigma_{31}}{\partial x_1}+\frac{\partial\sigma_{32}}{\partial x_2}+\frac{\partial\sigma_{33}}{\partial x_3}+f_3=0\end{aligned}\right\}\qquad(1-36\text{a})$$

或写成

$$\frac{\partial \sigma_{ij}}{\partial x_j} + f_i = 0 \qquad (i = 1,2,3) \tag{1-36b}$$

还可写成

$$\sigma_{ij,j} + f_i = 0 \qquad (i = 1,2,3) \tag{1-36c}$$

上式中的符号“, j”表示将它前面的量对 x_j 求偏导数。式（1－36）是固体力学中的基本方程组——**平衡方程**。

若考虑运动情形，则根据牛顿定律，可写出其运动方程如下：

$$\left.\begin{aligned} \frac{\partial \sigma_{11}}{\partial x_1} + \frac{\partial \sigma_{12}}{\partial x_2} + \frac{\partial \sigma_{13}}{\partial x_3} + f_1 &= \rho \frac{\partial^2 u_1}{\partial t^2} \\ \frac{\partial \sigma_{21}}{\partial x_1} + \frac{\partial \sigma_{22}}{\partial x_2} + \frac{\partial \sigma_{23}}{\partial x_3} + f_2 &= \rho \frac{\partial^2 u_2}{\partial t^2} \\ \frac{\partial \sigma_{31}}{\partial x_1} + \frac{\partial \sigma_{32}}{\partial x_2} + \frac{\partial \sigma_{33}}{\partial x_3} + f_3 &= \rho \frac{\partial^2 u_2}{\partial t^2} \end{aligned}\right\} \tag{1-37}$$

式中，u_i 为质点沿 x_i 方向的位移。

第二章　应变分析

在这一章中我们要讨论的是如何描述物体内一点或者说一个体积微元的变形情况，从而引出应变张量。此外还要讨论应变分量之间的约束关系——连续性方程或变形协调方程，这是固体力学中的另一组基本方程。物体的变形是由于物体受力后各点发生位移所引起的。所以本章首先研究位移。

§2－1　位移矢量及应变张量

如图 2－1 所示，设物体在受力后，由受力前的位置Ⅰ变动到位置Ⅱ。现考察物体中一点 P，设在受力前 P 点的矢径为 $\boldsymbol{r}(x_1, x_2, x_3)$；受力后 P 点运动到新位置 P'。矢量 $\overrightarrow{PP'}$ 称为 P 点的位移矢量 $\boldsymbol{u}(u_1, u_2, u_3)$。$\boldsymbol{u}=\boldsymbol{u}(\boldsymbol{r})$，即 $\boldsymbol{u}$ 为矢量 $\boldsymbol{r}$ 的函数。因为，一般说来，不同点的位移是不同的。

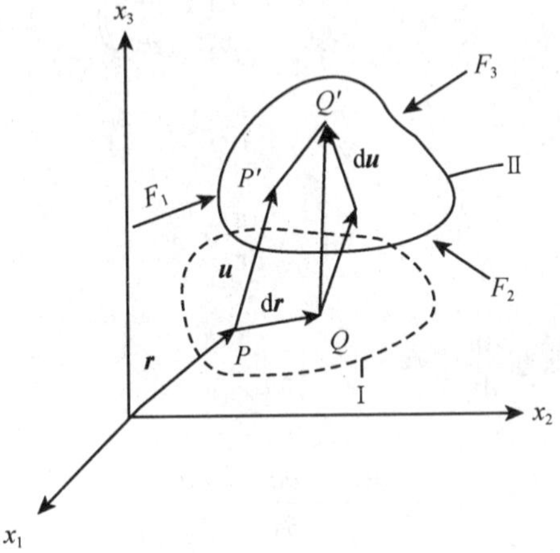

图 2－1　位移矢量

再考察 P 点附近另一点 Q，Q 点的矢径为 $\boldsymbol{r}+\mathrm{d}\boldsymbol{r}$，$PQ=\mathrm{d}\boldsymbol{r}$。物体受力后，$Q$ 点移至新位置 Q'，Q 点的位移（如图 2－1）为

$$\boldsymbol{u}(\boldsymbol{r}+\mathrm{d}\boldsymbol{r}) = \overrightarrow{QQ'} = \boldsymbol{u} + \mathrm{d}\boldsymbol{u} \tag{2-1}$$

$$\mathrm{d}\boldsymbol{u} = \mathrm{d}u_1\boldsymbol{e}_1 + \mathrm{d}u_2\boldsymbol{e}_2 + \mathrm{d}u_3\boldsymbol{e}_3 \tag{2-2}$$

其中 $\boldsymbol{e}_1$、$\boldsymbol{e}_2$、$\boldsymbol{e}_3$ 为 x_1、x_2、x_3 方向的单位矢量。而

$$
\left.\begin{aligned}
du_1 &= \frac{\partial u_1}{\partial x_1}dx_1 + \frac{\partial u_2}{\partial x_2}dx_2 + \frac{\partial u_3}{\partial x_3}dx_3 \\
du_2 &= \frac{\partial u_2}{\partial x_1}dx_1 + \frac{\partial u_2}{\partial x_2}dx_2 + \frac{\partial u_2}{\partial x_3}dx_3 \\
du_3 &= \frac{\partial u_3}{\partial x_1}dx_1 + \frac{\partial u_3}{\partial x_2}dx_2 + \frac{\partial u_3}{\partial x_3}dx_3
\end{aligned}\right\} \tag{2-3}
$$

或

$$
du_i = \frac{\partial u_1}{\partial x_j}dx_j \tag{2-3a}
$$

按张量的定义，式（2-3）的系数组成一个张量，称之为位移的导数张量，以符号$\frac{d\boldsymbol{u}}{d\boldsymbol{r}}$表示：

$$
\frac{d\boldsymbol{u}}{d\boldsymbol{r}} = \begin{pmatrix}
\frac{\partial u_1}{\partial x_1} & \frac{\partial u_1}{\partial x_2} & \frac{\partial u_1}{\partial x_3} \\
\frac{\partial u_2}{\partial x_1} & \frac{\partial u_2}{\partial x_2} & \frac{\partial u_3}{\partial x_3} \\
\frac{\partial u_3}{\partial x_1} & \frac{\partial u_3}{\partial x_2} & \frac{\partial u_3}{\partial x_3}
\end{pmatrix} \tag{2-4}
$$

因此，式（2-3）可简写为

$$
d\boldsymbol{u} = \frac{d\boldsymbol{u}}{d\boldsymbol{r}}d\boldsymbol{r}
$$

上式表示向量 d$\boldsymbol{r}$ 从右侧与张量$\frac{d\boldsymbol{u}}{d\boldsymbol{r}}$相乘。

$$
d\boldsymbol{u} = \begin{pmatrix}
\frac{\partial u_1}{\partial x_1} & \frac{\partial u_1}{\partial x_2} & \frac{\partial u_1}{\partial x_3} \\
\frac{\partial u_2}{\partial x_1} & \frac{\partial u_2}{\partial x_2} & \frac{\partial u_2}{\partial x_3} \\
\frac{\partial u_3}{\partial x_1} & \frac{\partial u_3}{\partial x_2} & \frac{\partial u_3}{\partial x_3}
\end{pmatrix}
\begin{pmatrix}
du_1 \\ du_2 \\ du_3
\end{pmatrix} \tag{2-5}
$$

张量代数中有如下定理：任一张量恒可分解为两个张量（对称张量及反对称张量）之和。设 $\boldsymbol{T}$ 表示任意张量。则

$$
\boldsymbol{T} = \boldsymbol{S} + \boldsymbol{A}
$$

而

$$
\boldsymbol{S} = \frac{1}{2}（\boldsymbol{T} + \boldsymbol{T}_c）
$$

$$\boldsymbol{A}=\frac{1}{2}\left(\boldsymbol{T}-\boldsymbol{T}_{\mathrm{c}}\right)$$

其中 $\boldsymbol{S}$、$\boldsymbol{A}$ 各表示相应的对称张量及反对称张量；$\boldsymbol{T}_{\mathrm{c}}$ 表示张量 $\boldsymbol{T}$ 的共轭张量。

根据上述定理，将位移的导数张量分解为对称张量与反对称张量

$$\frac{\mathrm{d}\boldsymbol{u}}{\mathrm{d}\boldsymbol{r}}=\begin{pmatrix}\frac{\partial u_1}{\partial x_1} & \frac{\partial u_1}{\partial x_2} & \frac{\partial u_1}{\partial x_3}\\ \frac{\partial u_2}{\partial x_1} & \frac{\partial u_2}{\partial x_2} & \frac{\partial u_2}{\partial x_3}\\ \frac{\partial u_3}{\partial x_1} & \frac{\partial u_3}{\partial x_2} & \frac{\partial u_3}{\partial x_3}\end{pmatrix}=\begin{pmatrix}\frac{\partial u_1}{\partial x_1} & \frac{1}{2}\left(\frac{\partial u_1}{\partial x_2}+\frac{\partial u_2}{\partial x_1}\right) & \frac{1}{2}\left(\frac{\partial u_1}{\partial x_3}+\frac{\partial u_3}{\partial x_1}\right)\\ \frac{1}{2}\left(\frac{\partial u_2}{\partial x_1}+\frac{\partial u_1}{\partial x_2}\right) & \frac{\partial u_2}{\partial x_2} & \frac{1}{2}\left(\frac{\partial u_2}{\partial x_3}+\frac{\partial u_3}{\partial x_2}\right)\\ \frac{1}{2}\left(\frac{\partial u_3}{\partial x_1}+\frac{\partial u_1}{\partial x_3}\right) & \frac{1}{2}\left(\frac{\partial u_3}{\partial x_2}+\frac{\partial u_2}{\partial x_3}\right) & \frac{\partial u_3}{\partial x_3}\end{pmatrix}$$

$$+\begin{pmatrix}0 & \frac{1}{2}\left(\frac{\partial u_1}{\partial x_2}-\frac{\partial u_2}{\partial x_1}\right) & \frac{1}{2}\left(\frac{\partial u_1}{\partial x_3}-\frac{\partial u_3}{\partial x_1}\right)\\ \frac{1}{2}\left(\frac{\partial u_2}{\partial x_1}-\frac{\partial u_1}{\partial x_2}\right) & 0 & \frac{1}{2}\left(\frac{\partial u_2}{\partial x_3}-\frac{\partial u_3}{\partial x_2}\right)\\ \frac{1}{2}\left(\frac{\partial u_3}{\partial x_1}-\frac{\partial u_1}{\partial x_3}\right) & \frac{1}{2}\left(\frac{\partial u_3}{\partial x_2}-\frac{\partial u_2}{\partial x_3}\right) & 0\end{pmatrix}=\boldsymbol{D}+\boldsymbol{R} \qquad (2-6)$$

因此，式（2－5）可改写为

$$\mathrm{d}\boldsymbol{u}=\mathrm{d}\boldsymbol{u}_{\mathrm{D}}+\mathrm{d}\boldsymbol{u}_{\mathrm{R}}=\boldsymbol{D}\cdot\mathrm{d}\boldsymbol{r}+\boldsymbol{R}\cdot\mathrm{d}\boldsymbol{r} \qquad (2-5\mathrm{a})$$

式（2－6）中等式右边的第一个张量是对称张量，以符号 $\boldsymbol{D}$ 表示。第二个张量是反对称张量，以 $\boldsymbol{R}$ 表示。$\boldsymbol{D}$、$\boldsymbol{R}$ 分别反映了该点（或体积微元）的变形情况及刚体转动。前者称为变形张量或应变张量，后者称为转动张量。而式（2－5a）中的 $\mathrm{d}\boldsymbol{u}_{\mathrm{D}}=\boldsymbol{D}\cdot\mathrm{d}\boldsymbol{r}$ 及 $\mathrm{d}\boldsymbol{u}_{\mathrm{R}}=\boldsymbol{R}\cdot\mathrm{d}\boldsymbol{r}$ 分别表示由于微元的变形及刚体转动引起的位移。在下面两节中将分别进行讨论。

§2－2　应变张量及应变分量

应变张量 $\boldsymbol{D}$ 的各个元素称为应变分量，每一个应变分量分别表示体积微元变形的一个侧面。

我们从物体中取出一个以 P、Q 为一对顶点的长方体微元（图 2－2），进行考察。

为了研究方便，将此长方体分别投影到三个坐标面上（图 2－2 中表示投影到 x_1Ox_2 平面上的情形），然后通过三个面上的投影研究此体积微元的变形。

下面以 x_1Ox_2 面上的投影为例，进行考察（图 2－3）。

首先讨论平行于 x_1 轴的线段微元 AB 的位移。A 点的坐标为（x_1，x_2），变形后 AB 移至 $A'B'$，A 点在 x_1、x_2 方向的位移各为 u_1、u_2，而 B 点在 x_1、x_2 轴方向的位移各为

$$u_1+\frac{\partial u_1}{\partial x_1}\mathrm{d}x_1 \quad 及 \quad u_2+\frac{\partial u_2}{\partial x_1}\mathrm{d}x_1$$

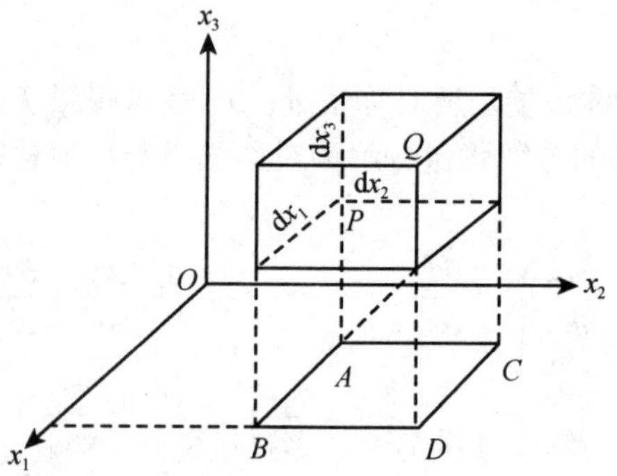

图 2－2　体积微元在坐标面上的投影

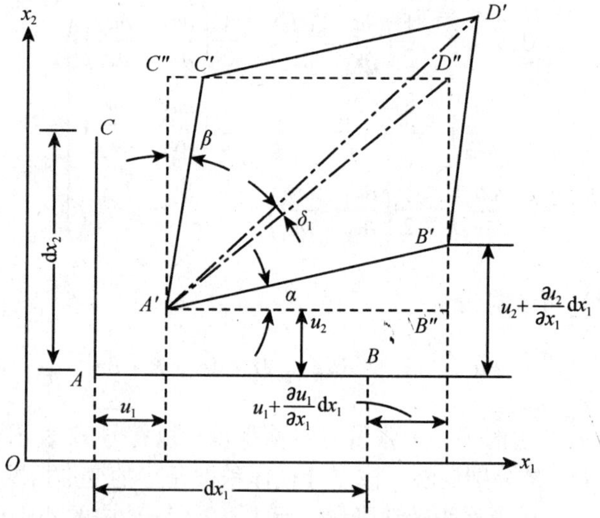

图 2－3　体积微元在 x_1Ox_2 面上的投影

所以，线元 AB 的伸长量在 x_1 轴上的投影为

$$\frac{\partial u_1}{\partial x_1}dx_1$$

现在引入“小变形”的概念。如果式（2－6）中的变形张量 $\boldsymbol{D}$ 的每一个元素（应变分量）均远小于1，则称之为小变形。本书除个别章节特别加以说明外，均认为满足小变形条件。

对于小变形情形，可以认为 AB 的伸长量本身也等于$\frac{\partial u_1}{\partial x_1}dx_1$。于是，与 x_1 轴平行的线元 AB 的应变（相对伸长）为$\frac{\partial u_1}{\partial x_1}$，用符号 ε_{11} 表示 x_1 轴方向的应变，则

同理可得

$$
\left.\begin{aligned}
\varepsilon_{11} &= \frac{\partial u_1}{\partial x_1} \\
\varepsilon_{22} &= \frac{\partial u_2}{\partial x_2} \\
\varepsilon_{33} &= \frac{\partial u_3}{\partial x_3}
\end{aligned}\right\} \tag{2-7}
$$

ε_{22}、ε_{33}分别表示在 x_2 及 x_3 轴方向的应变。ε_{11}、ε_{22}、ε_{33}称之为线应变。

其次，我们来研究直角$\angle BAC$（分别与 x_1、x_2 轴平行的线元组成的夹角）的变化。变形后，直角$\angle BAC$ 变为$\angle B'A'C'$。角度的改变量（减小量为正）为 $\alpha+\beta$。由图 2－3 可知：

$$
\alpha = \arctan \frac{\frac{\partial u_2}{\partial x_1}\mathrm{d}x_1}{\mathrm{d}x_1(1+\varepsilon_{11})}
$$

根据小变形条件，$\varepsilon_{11} \ll 1$，$(1+\varepsilon_{11}) \approx 1$，因而

$$
\alpha = \frac{\partial u_2}{\partial x_1}
$$

同理

$$
\beta = \frac{\partial u_1}{\partial x_2}
$$

令符号 $\varepsilon_{12}=\varepsilon_{12}=\frac{1}{2}\left(\frac{\partial u_2}{\partial x_1}+\frac{\partial u_1}{\partial x_2}\right)$，它表示 P 点处分别平行于 x_1 及 x_2 轴的线元组成的直角在变形时的角度变化（减少）的一半。同理还可得出：

$$
\left.\begin{aligned}
\varepsilon_{23} = \varepsilon_{32} &= \frac{1}{2}\left(\frac{\partial u_3}{\partial x_2}+\frac{\partial u_2}{\partial x_3}\right) \\
\varepsilon_{31} = \varepsilon_{13} &= \frac{1}{2}\left(\frac{\partial u_1}{\partial x_3}+\frac{\partial u_3}{\partial x_1}\right) \\
\varepsilon_{12} = \varepsilon_{21} &= \frac{1}{2}\left(\frac{\partial u_2}{\partial x_1}+\frac{\partial u_1}{\partial x_2}\right)
\end{aligned}\right\} \tag{2-8}
$$

ε_{12}、ε_{23}、ε_{31}称为该点的剪应变。

现在再来讨论式（2－6）的应变张量 $\boldsymbol{D}$ 的 9 个应变分量。主对角线上的元素代表该点的线应变，非对角线上的元素代表该点的角应变，而且对称于对角线。所以应变张量也是对称张量。因而可写为

$$
\boldsymbol{D} = \begin{pmatrix}
\varepsilon_{11} & \varepsilon_{12} & \varepsilon_{13} \\
\varepsilon_{21} & \varepsilon_{22} & \varepsilon_{23} \\
\varepsilon_{31} & \varepsilon_{32} & \varepsilon_{33}
\end{pmatrix} \tag{2-9}
$$

其中各应变分量可由式（2－7）及式（2－8）来确定。还可进一步将式（2－7）及式（2－8）概括为下面一个公式：

$$\varepsilon_{ij} = \frac{1}{2}\left(\frac{\partial u_i}{\partial x_j} + \frac{\partial u_j}{\partial x_i}\right) \tag{2-10}$$

不少弹性力学书籍及材料力学书籍采用如下的应变分量符号系统：

$$\begin{pmatrix} \varepsilon_{xx} & \frac{1}{2}\gamma_{xy} & \frac{1}{2}\gamma_{xz} \\ \frac{1}{2}\gamma_{yx} & \varepsilon_{yy} & \frac{1}{2}\gamma_{yz} \\ \frac{1}{2}\gamma_{zx} & \frac{1}{2}\gamma_{zy} & \varepsilon_{zz} \end{pmatrix} \tag{2-11}$$

式中，

$$\gamma_{ij} = \left(\frac{\partial u_j}{\partial x_i} + \frac{\partial u_i}{\partial x_j}\right) = 2\varepsilon_{ij}$$

为区别起见，我们称 ε_{12}、ε_{23}、ε_{31} 为剪应变，而称 γ_{12}、γ_{23}、γ_{31} 为角应变。注意不要将剪应变 ε_{ij} 与角应变 γ_{ij} 混淆，二者概念相同，但数量上相差一倍。

再回到式（2－5）及式（2－5a），

$$\mathrm{d}\boldsymbol{u} = \frac{\mathrm{d}\boldsymbol{u}}{\mathrm{d}\boldsymbol{r}} \cdot \mathrm{d}\boldsymbol{r} = \boldsymbol{D} \cdot \mathrm{d}\boldsymbol{r} + \boldsymbol{R} \cdot \mathrm{d}\boldsymbol{r} = \mathrm{d}\boldsymbol{u}_{\mathrm{D}} + \mathrm{d}\boldsymbol{u}_{\mathrm{R}} \tag{2-5b}$$

式中，

$$\begin{aligned} \mathrm{d}\boldsymbol{u}_{\mathrm{D}} = \boldsymbol{D} \cdot \mathrm{d}\boldsymbol{r} &= \begin{pmatrix} \varepsilon_{11} & \varepsilon_{12} & \varepsilon_{13} \\ \varepsilon_{21} & \varepsilon_{22} & \varepsilon_{23} \\ \varepsilon_{31} & \varepsilon_{32} & \varepsilon_{33} \end{pmatrix} \cdot \begin{pmatrix} \mathrm{d}x_1 \\ \mathrm{d}x_2 \\ \mathrm{d}x_3 \end{pmatrix} \\ &= (\varepsilon_{11}\mathrm{d}x_1 + \varepsilon_{12}\mathrm{d}x_2 + \varepsilon_{13}\mathrm{d}x_3)\boldsymbol{e}_1 \\ &\quad + (\varepsilon_{21}\mathrm{d}x_1 + \varepsilon_{22}\mathrm{d}x_2 + \varepsilon_{23}\mathrm{d}x_3)\boldsymbol{e}_2 \\ &\quad + (\varepsilon_{31}\mathrm{d}x_1 + \varepsilon_{32}\mathrm{d}x_2 + \varepsilon_{33}\mathrm{d}x_3)\boldsymbol{e}_3 \end{aligned} \tag{2-12}$$

$\mathrm{d}\boldsymbol{u}_{\mathrm{D}}$ 代表由于体积微元的变形而引起的位移，而 $\mathrm{d}\boldsymbol{u}_{\mathrm{R}}$ 则代表由于体积微元的刚体转动而引起的位移，这将在下一节中进行讨论。

§2－3　转动张量及转动位移

式（2－6）的转动张量

$$
\boldsymbol{R}=\begin{pmatrix} 0 & \frac{1}{2}\left(\frac{\partial u_1}{\partial x_2}-\frac{\partial u_2}{\partial x_1}\right) & \frac{1}{2}\left(\frac{\partial u_1}{\partial x_3}-\frac{\partial u_3}{\partial x_1}\right) \\ \frac{1}{2}\left(\frac{\partial u_2}{\partial x_1}-\frac{\partial u_1}{\partial x_2}\right) & 0 & \frac{1}{2}\left(\frac{\partial u_2}{\partial x_3}-\frac{\partial u_3}{\partial x_2}\right) \\ \frac{1}{2}\left(\frac{\partial u_3}{\partial x_1}-\frac{\partial u_1}{\partial x_3}\right) & \frac{1}{2}\left(\frac{\partial u_3}{\partial x_2}-\frac{\partial u_2}{\partial x_3}\right) & 0 \end{pmatrix}
$$

可以表示为

$$
\boldsymbol{R}=\begin{pmatrix} \omega_{11} & \omega_{12} & \omega_{13} \\ \omega_{21} & \omega_{22} & \omega_{23} \\ \omega_{31} & \omega_{32} & \omega_{33} \end{pmatrix}=(\omega_{ij}) \tag{2-13}
$$

式中，

$$
\left.\begin{aligned} \omega_{12} &= \frac{1}{2}\left(\frac{\partial u_1}{\partial x_2}-\frac{\partial u_2}{\partial x_1}\right) \\ \omega_{23} &= \frac{1}{2}\left(\frac{\partial u_2}{\partial x_3}-\frac{\partial u_3}{\partial x_2}\right) \\ \omega_{31} &= \frac{1}{2}\left(\frac{\partial u_3}{\partial x_1}-\frac{\partial u_1}{\partial x_3}\right) \end{aligned}\right\} \tag{2-14}
$$

上面三个式子可概括为

$$
\omega_{ij}=\frac{1}{2}\left(\frac{\partial u_i}{\partial x_j}-\frac{\partial u_j}{\partial x_i}\right) \tag{2-14a}
$$

由于（ω_{ij}）是反对称张量，所以

$$
\omega_{ij}=-\omega_{ji}
$$

且当 $i=j$ 时，$\omega_{ij}=0$。

因此反对称张量（ω_{ji}）只有 3 个独立的分量。一个三维空间中的反对称张量总对应一个对偶矢量，（ω_{ij}）的对偶矢量以 ω 表示之，$\boldsymbol{\omega}=\omega_k\boldsymbol{e}_k$。$\boldsymbol{\omega}$ 的分量 ω_k 与转动张量的分量 ω_{ij} 间有如下关系式：

$$
\omega_k=\frac{1}{2}e_{ijk}\omega_{ij} \tag{2-15}
$$

式中，e_{ijk}称为置换符号，

$$
\begin{aligned} & e_{111}=e_{222}=e_{333}=e_{112}=e_{113}=e_{221}=e_{223}=e_{331}=e_{332}=0 \\ & e_{123}=e_{231}=e_{312}=1 \end{aligned}
$$

$$e_{213} = e_{321} = e_{132} = -1$$

即

$$\left.\begin{aligned}\omega_1 &= \frac{1}{2}\left(\frac{\partial u_3}{\partial x_2} - \frac{\partial u_2}{\partial x_3}\right) = \omega_{32}\\ \omega_2 &= \frac{1}{2}\left(\frac{\partial u_1}{\partial x_3} - \frac{\partial u_3}{\partial x_1}\right) = \omega_{13}\\ \omega_3 &= \frac{1}{2}\left(\frac{\partial u_2}{\partial x_1} - \frac{\partial u_1}{\partial x_2}\right) = \omega_{21}\end{aligned}\right\} \tag{2-16}$$

由上式可知

$$\boldsymbol{\omega} = \omega_i \boldsymbol{e}_i = \frac{1}{2}\mathrm{curl}\boldsymbol{u} \tag{2-17}$$

因此，式（2－5a）中的 $\mathrm{d}\boldsymbol{u}_{\mathrm{R}}$ 现在可以表为

$$\mathrm{d}\boldsymbol{u}_{\mathrm{R}} = \boldsymbol{R}\cdot\mathrm{d}\boldsymbol{r} = \omega\times\mathrm{d}\boldsymbol{r} \tag{2-18}$$

由此可以清楚地看出，$\mathrm{d}\boldsymbol{u}_{\mathrm{R}}$ 是由于体积微元作刚体转动所造成的位移。另外还可以从图2－3中进一步看出这方面的意义。图中 $\alpha = \frac{\partial u_2}{\partial x_1}$ 表示 AB 边变形后的角度偏转（逆时针），$\beta = \frac{\partial u_1}{\partial x_2}$ 表示 AC 边变形后的角度偏转（顺时针）。而 $\delta = \frac{1}{2}(\alpha+\beta) = \frac{1}{2}\left(\frac{\partial u_2}{\partial x_1} - \frac{\partial u_1}{\partial x_2}\right)$ 则为对角线 AD 的角度偏转。它表示该体积微元绕 x_3 轴的转动，并且恰好与式（2－16）中的 ω_3 一致。

§2－4　转轴时应变分量的变换及其相应的推论

设物体内一点 P 的6个独立的应变分量已给定。现在要求出任意其他方向上的应变分量，也就是将原坐标系 $x_1x_2x_3$ 转轴，转到新坐标系 $x_1'x_1'x_3'$ 时，求新坐标系中的应变分量。

新坐标系的位置可由其各个坐标轴对于旧坐标系的方向余弦来表示，如下表。

	x_1	x_2	x_3
$x_{1'}$	$\alpha_{1'1}$	$\alpha_{1'2}$	$\alpha_{1'3}$
$x_{2'}$	$\alpha_{2'1}$	$\alpha_{2'2}$	$\alpha_{2'3}$
$x_{3'}$	$\alpha_{3'1}$	$\alpha_{3'2}$	$\alpha_{3'3}$

上表中 $\alpha_{i'j} = \cos(\widehat{x_{i'}, x_j}) = \cos(\widehat{x_j, x_{i'}}) = \alpha_{ji'}$。

利用矢量的基本关系式可得

$$\left.\begin{aligned} u_{1'} &= u_1\alpha_{1'1} + u_2\alpha_{1'2} + u_3\alpha_{1'3} \\ u_{2'} &= u_1\alpha_{2'1} + u_2\alpha_{2'2} + u_3\alpha_{2'3} \\ u_{3'} &= u_1\alpha_{3'1} + u_2\alpha_{3'2} + u_3\alpha_{3'3} \end{aligned}\right\} \tag{2-19}$$

或

$$u_{i'} = u_j \cdot \alpha_{i'j} \tag{2-19a}$$

根据微分学中关于方向导数的熟知的关系式

$$\begin{aligned} \frac{\partial}{\partial n} &= \cos(n,x_1)\frac{\partial}{\partial x_1} + \cos(n,x_2)\frac{\partial}{\partial x_2} + \cos(n,x_3)\frac{\partial}{\partial x_3} \\ &= \alpha_{n1}\frac{\partial}{\partial x_1} + \alpha_{n2}\frac{\partial}{\partial x_2} + \alpha_{n3}\frac{\partial}{\partial x_3} \end{aligned}$$

可得

$$\begin{aligned} \frac{\partial u_{1'}}{\partial x_{1'}} &= \left(\alpha_{1'1}\frac{\partial}{\partial x_1} + \alpha_{1'2}\frac{\partial}{\partial x_2} + \alpha_{1'3}\frac{\partial}{\partial x_3}\right)(u_1\alpha_{11'} + u_2\alpha_{21'} + u_3\alpha_{31'}) \\ &= \frac{\partial u_1}{\partial x_1}\alpha_{11'}^2 + \frac{\partial u_2}{\partial x_2}\alpha_{21'}^2 + \frac{\partial u_3}{\partial x_3}\alpha_{31'}^2 + \left(\frac{\partial u_2}{\partial x_1} + \frac{\partial u_1}{\partial x_2}\right)\alpha_{11'}\alpha_{21'} \\ &\quad + \left(\frac{\partial u_3}{\partial x_2} + \frac{\partial u_2}{\partial x_3}\right)\alpha_{21'}\alpha_{31'} + \left(\frac{\partial u_1}{\partial x_3} + \frac{\partial u_3}{\partial x_1}\right)\alpha_{31'}\alpha_{11'} \end{aligned}$$

将式（2-7）或式（2-8）代入上式得

$$\varepsilon_{1'1'} = \frac{\partial u_{1'}}{\partial x_{1'}} = \varepsilon_{11}\alpha_{11'}^2 + \varepsilon_{22}\alpha_{21'}^2 + \varepsilon_{33}\alpha_{31'}^2 + 2\varepsilon_{12}\alpha_{11'}\alpha_{21'} + 2\varepsilon_{23}\alpha_{21'}\alpha_{31'} + 2\varepsilon_{31}\alpha_{31'}\alpha_{11'} \tag{2-20a}$$

同理

$$\begin{aligned} \varepsilon_{2'2'} &= \frac{\partial u_{2'}}{\partial x_2'} = \varepsilon_{11}\alpha_{12'}^2 + \varepsilon_{22}\alpha_{22'}^2 + \varepsilon_{33}\alpha_{31'}^2 + 2\varepsilon_{12}\alpha_{12'}\alpha_{22'} \\ &\quad + 2\varepsilon_{23}\alpha_{22'}\alpha_{32'} + 2\varepsilon_{31}\alpha_{32'}\alpha_{12'} \end{aligned} \tag{2-20b}$$

$$\begin{aligned} \varepsilon_{3'3'} &= \frac{\partial u_{3'}}{\partial x_{3'}} = \varepsilon_{11}\alpha_{13'}^2 + \varepsilon_{22}\alpha_{23'}^2 + \varepsilon_{33}\alpha_{33'}^2 + 2\varepsilon_{12}\alpha_{13'}\alpha_{23'} \\ &\quad + 2\varepsilon_{23}\alpha_{23'}\alpha_{33'} + 2\varepsilon_{31}\alpha_{33'}\alpha_{13'} \end{aligned} \tag{2-20c}$$

$$\begin{aligned} \varepsilon_{1'2'} &= \frac{1}{2}\left(\frac{\partial u_{2'}}{\partial x_{1'}} + \frac{\partial u_{1'}}{\partial x_{2'}}\right) = \varepsilon_{11}\alpha_{11'}\alpha_{12'} + \varepsilon_{22}\alpha_{21'}\alpha_{22'} + \varepsilon_{33}\alpha_{31'}\alpha_{32'} \\ &\quad + \varepsilon_{12}(\alpha_{11'}\alpha_{22'} + \alpha_{12'}\alpha_{21'}) + \varepsilon_{23}(\alpha_{21'}\alpha_{32'} + \alpha_{22'}\alpha_{31'}) \\ &\quad + \varepsilon_{31}(\alpha_{31'}\alpha_{12'} + \alpha_{32'}\alpha_{11'}) \end{aligned} \tag{2-20d}$$

$$\varepsilon_{2'3'} = \frac{1}{2}\left(\frac{\partial u_{3'}}{\partial x_{2'}} + \frac{\partial u_{2'}}{\partial x_{3'}}\right) = \varepsilon_{11}\alpha_{12'}\alpha_{13'} + \varepsilon_{22}\alpha_{22'}\alpha_{23'} + \varepsilon_{33}\alpha_{32'}\alpha_{33'}$$
$$+ \varepsilon_{12}(\alpha_{12'}\alpha_{23'} + \alpha_{13'}\alpha_{22'}) + \varepsilon_{23}(\alpha_{22'}\alpha_{33'} + \alpha_{23'}\alpha_{32'})$$
$$+ \varepsilon_{31}(\alpha_{32'}\alpha_{13'} + \alpha_{33'}\alpha_{12'}) \quad (2-20e)$$

$$\varepsilon_{3'1'} = \frac{1}{2}\left(\frac{\partial u_{1'}}{\partial x_{3'}} + \frac{\partial u_{3'}}{\partial x_{1'}}\right) = \varepsilon_{11}\alpha_{13'}\alpha_{11'} + \varepsilon_{22}\alpha_{23'}\alpha_{21'} + \varepsilon_{33}\alpha_{33'}\alpha_{31'}$$
$$+ \varepsilon_{12}(\alpha_{13'}\alpha_{21'} + \alpha_{11'}\alpha_{23'}) + \varepsilon_{23}(\alpha_{23'}\alpha_{31'} + \alpha_{21'}\alpha_{33'})$$
$$+ \varepsilon_{31}(\alpha_{33'}\alpha_{11'} + \alpha_{31'}\alpha_{13'}) \quad (2-20f)$$

式（2－20）中的6个式子可以简洁地表示为

$$\varepsilon_{i'j'} = \varepsilon_{kl} \cdot \alpha_{ki'}\alpha_{lj'} \quad (2-21)$$

上式表明：一点的应变状态也是一个张量，只要知道三个互相垂直方向上的线应变及其剪应变，则该点任意方向的线应变与剪应变均可求出。比较式（1－8）与式（2－20），可见二者形式上完全一致。因此，第一章中在式（1－8）的基础上得出的一系列结论，我们都可以从式（2－20）出发得出相应的结论。例如与应力曲面相对应，在应变分析中有应变曲面；与应力圆相对应有应变圆；此外，如应变张量的不变量、主应变、主方向、最大剪应变等都与应力分析中相应的内容完全相似，只需在有关的公式中，将应力分量 σ_{ij} 改成应变分量 ε_{ij} 就行了。如果用角应变 γ_{ij}，则其对应关系就没有这样简单。下面简要介绍一些重要结果。

一、主应变及应变张量不变量

令主应变为 ε，则 ε 可由下列方程求得

$$\begin{vmatrix} \varepsilon_{11}-\varepsilon & \varepsilon_{12} & \varepsilon_{13} \\ \varepsilon_{21} & \varepsilon_{22}-\varepsilon & \varepsilon_{23} \\ \varepsilon_{31} & \varepsilon_{32} & \varepsilon_{33}-\varepsilon \end{vmatrix} = 0 \quad (2-21a)$$

上式可写成如下的形式

$$\varepsilon^3 - I'_1\varepsilon^2 + I'_2\varepsilon - I'_3 = 0 \quad (2-21b)$$

其中各项系数 I'_1、I'_2、I'_3 分别称为应变张量的第一、第二、第三不变量。而方程的三个根即为三个主应变 ε_1、ε_2、ε_3。

$$\left.\begin{aligned} I'_1 &= \varepsilon_{11} + \varepsilon_{22} + \varepsilon_{33} = \varepsilon_1 + \varepsilon_2 + \varepsilon_3 \\ I'_2 &= \begin{vmatrix} \varepsilon_{11} & \varepsilon_{12} \\ \varepsilon_{21} & \varepsilon_{22} \end{vmatrix} + \begin{vmatrix} \varepsilon_{22} & \varepsilon_{23} \\ \varepsilon_{32} & \varepsilon_{33} \end{vmatrix} + \begin{vmatrix} \varepsilon_{33} & \varepsilon_{31} \\ \varepsilon_{13} & \varepsilon_{11} \end{vmatrix} \\ I'_3 &= \begin{vmatrix} \varepsilon_{11} & \varepsilon_{12} & \varepsilon_{13} \\ \varepsilon_{21} & \varepsilon_{22} & \varepsilon_{23} \\ \varepsilon_{31} & \varepsilon_{32} & \varepsilon_{33} \end{vmatrix} \end{aligned}\right\} \quad (2-22)$$

需要指出的是：应变张量的第一不变量 I_1' 等于该点的体积膨胀系数 θ，

$$\theta = \frac{V' - V}{V}$$

其中 V、V'各代表体积微元变形前后的体积。为方便起见，沿三个主方向取出一个小长方体元，如图 2－4 所示。

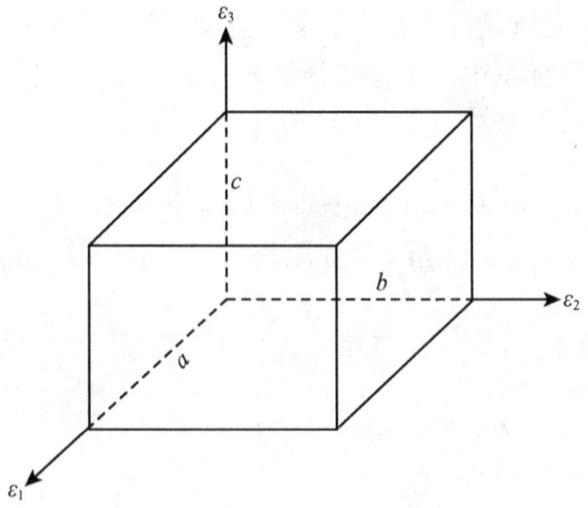

图 2－4　体积变形系数 θ 的推导

设体元三个边的边长（变形前）分别为 a、b、c。

则 $v = abc$

$$\begin{aligned} v' &= a(1+\varepsilon_1)\cdot b(1+\varepsilon_2)\cdot c(1+\varepsilon_3) \\ &= abc(1+\varepsilon_1+\varepsilon_2+\varepsilon_3+\varepsilon_1\varepsilon_2+\varepsilon_1\varepsilon_3+\varepsilon_3\varepsilon_1+\varepsilon_1\varepsilon_2\varepsilon_3) \end{aligned}$$

根据小变形条件 $\varepsilon_i \ll 1$，略去高阶小量后得

$$v' = abc(1+\varepsilon_1+\varepsilon_2+\varepsilon_3)$$

代入 θ 的公式中得

$$\theta = \varepsilon_1 + \varepsilon_2 + \varepsilon_3 = I'_1 \tag{2-23}$$

从矢量分析的角度，

$$I_1' = \varepsilon_{11} + \varepsilon_{22} + \varepsilon_{33} = \frac{\partial u_1}{\partial x_1} + \frac{\partial u_2}{\partial x_2} + \frac{\partial u_3}{\partial x_3} = \mathrm{div}\boldsymbol{u}$$

即 I_1' 等于位移场的散度。由此可看出 I_1' 表示该点的体积膨胀率。

求得主应变 ε_1、ε_2、ε_3 的值后，分别代入下列方程组中：

$$
\begin{bmatrix} \varepsilon_{11}-\varepsilon & \varepsilon_{12} & \varepsilon_{13} \\ \varepsilon_{21} & \varepsilon_{22}-\varepsilon & \varepsilon_{23} \\ \varepsilon_{31} & \varepsilon_{32} & \varepsilon_{33}-\varepsilon \end{bmatrix} \begin{bmatrix} \alpha_{n1} \\ \alpha_{n2} \\ \alpha_{n3} \end{bmatrix} = 0 \tag{2-24}
$$

求得的 α_{ni} 即为对应于该点主应变主方向的方向余弦。

二、平面应变的转换公式，应变花

当 6 个独立的应变分量中 $\varepsilon_{13}=\varepsilon_{23}=\varepsilon_{33}=0$ 时，称之为平面应变情形。这时只剩下 ε_{11}、ε_{12}、ε_{22} 三个分量不为零。这种情形有很大的实际意义，详见 §5-1。

如果知道对于 Ox_1x_2 坐标系中三个应变分量 ε_{11}、ε_{12}、ε_{22}，则在坐标轴旋转 θ 角后的新坐标系 $Ox_1'x_2'$ 中的应变分量可按式（2-20）求得。

$$
\left.\begin{aligned} \varepsilon_{1'1'} &= \varepsilon_{11}\cos^2\theta + 2\varepsilon_{12}\sin\theta\cos\theta + \varepsilon_{22}\sin^2\theta \\ \varepsilon_{1'2'} &= -\varepsilon_{11}\sin\theta\cos\theta + \varepsilon_{12}(\cos^2\theta - \sin^2\theta) + \varepsilon_{22}\sin\theta\cos\theta \end{aligned}\right\} \tag{2-25a}
$$

当 x_1、x_2 是主方向时，则

$$
\varepsilon_{11}=\varepsilon_1,\quad \varepsilon_{22}=\varepsilon_2,\quad \varepsilon_{12}=0
$$

于是得

$$
\left.\begin{aligned} \varepsilon_{1'1'} &= \varepsilon_1\cos^2\theta + \varepsilon_2\sin^2\theta \\ &= \frac{1}{2}(\varepsilon_1+\varepsilon_2) + \frac{1}{2}(\varepsilon_1-\varepsilon_2)\cos2\theta \\ \varepsilon_{1'2'} &= -\frac{(\varepsilon_1-\varepsilon_2)}{2}\sin2\theta \end{aligned}\right\} \tag{2-25b}
$$

在实际测量中，最方便的是利用电阻应变片测量一点在某一方向上的线应变。为了测得一点的整个平面应变状态，需要测量该点在三个不同方向上的线应变。因而将电阻应变片，隔一定的角度粘贴在被测物体的表面上，称之为应变花（图 2-5）。贴有电阻片的 Ox_1'、OQ、OP 方向（O 为原点坐标）应变花的三个方向与主方向 ε_1（Ox_1 方向）间的夹角分别为 θ、$\theta+\alpha$ 及 $\theta+\alpha+\beta$。按式（2-25b），在此三个方向上的线应变分别为

$$
\left.\begin{aligned} \varepsilon_R &= \frac{1}{2}(\varepsilon_1+\varepsilon_2) + \frac{1}{2}(\varepsilon_1-\varepsilon_2)\cos2\theta \\ \varepsilon_Q &= \frac{1}{2}(\varepsilon_1+\varepsilon_2) + \frac{1}{2}(\varepsilon_1-\varepsilon_2)\cos2(\theta+\alpha) \\ \varepsilon_P &= \frac{1}{2}(\varepsilon_1+\varepsilon_2) + \frac{1}{2}(\varepsilon_1-\varepsilon_2)\cos2(\theta+\alpha+\beta) \end{aligned}\right\} \tag{2-26}
$$

α 与 β 是已知的，ε_R、ε_Q、ε_P 可以测得。由上式可以求出 ε_1、ε_2 及 θ。

常用的情况有下列两种：

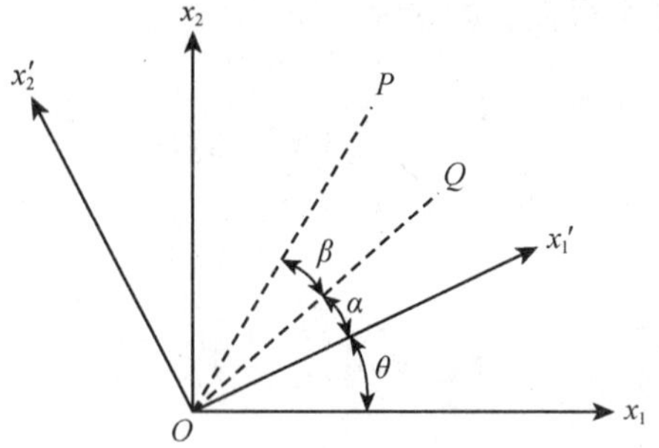

图 2－5　用应变花测量线应变的示意图

（1）$\alpha=\beta=45°$，这时由式（2－26）解得

$$\left.\begin{aligned}\varepsilon_1+\varepsilon_2&=\varepsilon_P+\varepsilon_R\\\varepsilon_1-\varepsilon_2&=[(\varepsilon_P-2\varepsilon_Q+\varepsilon_R)^2+(\varepsilon_P-\varepsilon_R)^2]^{1/2}\\\tan2\theta&=(\varepsilon_P-2\varepsilon_Q+\varepsilon_R)/(\varepsilon_P-\varepsilon_R)\end{aligned}\right\}\tag{2-26a}$$

（2）$\alpha=\beta=60°$，对于这种情形

$$\left.\begin{aligned}\varepsilon_1+\varepsilon_2&=\frac{2}{3}(\varepsilon_P+\varepsilon_Q+\varepsilon_R)\\\varepsilon_1-\varepsilon_2&=\left[\frac{4}{3}(\varepsilon_Q-\varepsilon_R)^2+\frac{4}{9}(2\varepsilon_P-\varepsilon_R-\varepsilon_Q)^2\right]^{1/2}\\\tan2\theta&=\sqrt{3}(\varepsilon_Q-\varepsilon_R)/(\varepsilon_Q+\varepsilon_R-2\varepsilon_P)\end{aligned}\right\}\tag{2-26b}$$

三、应变圆与最大剪应变

与应力圆相对应，也可作出应变圆。如图 2－6 所示。横坐标为线应变 ε，纵坐标为剪应变 E 或 $\gamma/2$。

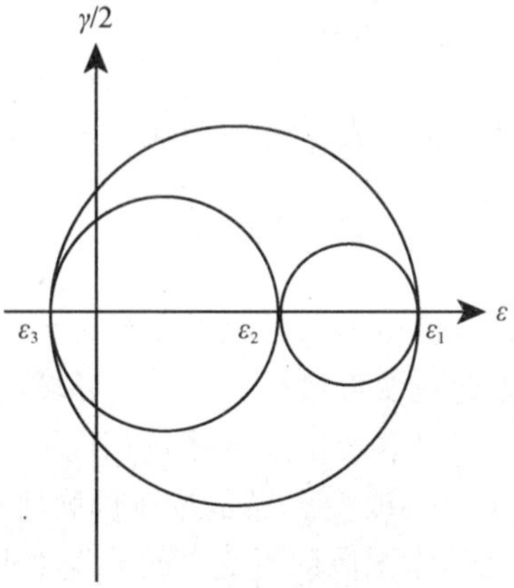

图 2－6　三维应变圆

由图中可清楚地看出三个最大剪应变的值为

$$E_{12} = \frac{1}{2}(\varepsilon_1 - \varepsilon_2)$$

$$E_{23} = \frac{1}{2}(\varepsilon_2 - \varepsilon_3)$$

$$E_{31} = \frac{1}{2}(\varepsilon_3 - \varepsilon_1)$$

四、应变张量分解为球张量和偏斜张量

应变张量可分解为球张量与偏斜张量的和，

$$\begin{pmatrix} \varepsilon_{11} & \varepsilon_{12} & \varepsilon_{13} \\ \varepsilon_{21} & \varepsilon_{22} & \varepsilon_{23} \\ \varepsilon_{31} & \varepsilon_{32} & \varepsilon_{33} \end{pmatrix} = \begin{pmatrix} \varepsilon_0 & 0 & 0 \\ 0 & \varepsilon_0 & 0 \\ 0 & 0 & \varepsilon_0 \end{pmatrix} + \begin{pmatrix} \varepsilon_{11} - \varepsilon_0 & \varepsilon_{12} & \varepsilon_{13} \\ \varepsilon_{21} & \varepsilon_{22} - \varepsilon_0 & \varepsilon_{23} \\ \varepsilon_{31} & \varepsilon_{32} & \varepsilon_{33} - \varepsilon_0 \end{pmatrix} \tag{2-27}$$

上式中等式右侧第一个张量是应变张量球张量，

$$\varepsilon_0 = \frac{I_1'}{3} = \frac{\theta}{3}$$

应变张量的这一部分说明了一点（体积微元）的体积变化。

式（2－27）右侧的第二个张量称为应变偏（斜张）量，以（ϵ_{ij}）表示，

$$(\epsilon_{ij}) = \begin{pmatrix} \epsilon_{11} & \epsilon_{12} & \epsilon_{13} \\ \epsilon_{21} & \epsilon_{22} & \epsilon_{23} \\ \epsilon_{31} & \epsilon_{32} & \epsilon_{33} \end{pmatrix}$$

这时显然可以得出

$$\epsilon_{ij} = \varepsilon_{ij} - \varepsilon_0 \cdot \delta_{ij} \tag{2-28}$$

应变偏量的三个不变量分别以 J_1'、J_2'、J_3' 表示，且第一不变量

$$J_1' = \epsilon_{ij} = 0$$

所以应变偏量不包含体积变化，就像应力偏量可以分解为 5 个纯剪应力一样，应变偏量也可分解为 5 个纯剪切变形之和。因此应变偏量反映了一点邻域内的形状改变。

如果一个物体发生均匀变形（即各点的应变张量相同），且应变张量只存在球张量部分（偏量为零），则此物体的形状不发生改变。只是按比例膨胀或收缩；当其应变张量只存在偏量部分（球张量为零）时，则其体积保持不变，而只发生形状的变化。

五、位移矢量与应力矢量的对应关系

在第一章中关于一点的应力状态的讨论中有两个基本公式，式（1－7）及式（1－8）。式（1－8）规定了不同坐标系间应力分量的转换关系。而式（1－7）则规定了任意截面上的应力矢量与三个坐标轴平面上的应力分量及该截面的方向余弦间的关系。在讨论一点的应变状态时，式（2－20）与式（1－8）相对应。那么，有没有与式（1－7）相对应的公式？或者说，在应变状态理论中与应力矢量相对应的量是什么？下面对这些问题进行一些分析。

让我们回到公式（2－5a）：

$$\mathrm{d}\boldsymbol{u} = \boldsymbol{D}\cdot\mathrm{d}\boldsymbol{r} + \boldsymbol{R}\cdot\mathrm{d}\boldsymbol{r} = \mathrm{d}\boldsymbol{u}_{\mathrm{D}} + \mathrm{d}\boldsymbol{r}_{\mathrm{R}}$$

我们只研究 $\mathrm{d}\boldsymbol{u}_{\mathrm{D}}$，即与变形有关的位移矢量。并且从图 2－1 中知道 $\mathrm{d}\boldsymbol{r}$ 是物体中相邻两点间的矢径差，$\mathrm{d}\boldsymbol{r}=\overrightarrow{PQ}$。如果令 $|\mathrm{d}\boldsymbol{r}|=1$，则

$$\mathrm{d}\boldsymbol{u}_{\mathrm{D}} = \boldsymbol{D}\cdot\mathrm{d}\boldsymbol{r} = \begin{pmatrix}\varepsilon_{11} & \varepsilon_{12} & \varepsilon_{13}\\ \varepsilon_{21} & \varepsilon_{22} & \varepsilon_{23}\\ \varepsilon_{31} & \varepsilon_{32} & \varepsilon_{33}\end{pmatrix}\begin{pmatrix}\alpha_1\\ \alpha_2\\ \alpha_3\end{pmatrix} \tag{2-29a}$$

或者写成

$$\mathrm{d}\boldsymbol{u}_{\mathrm{D}i} = \varepsilon_{ij}\alpha_j \tag{2-29b}$$

式中，α_j 为 $\mathrm{d}\boldsymbol{r}$ 的方向余弦。

对比式（2－29）与式（1－7）可见二者形式一致，即 $\mathrm{d}\boldsymbol{u}_{\mathrm{D}}$ 与应力矢量 $\boldsymbol{T}^{(n)}$ 相对应。

§2－5　变形协调方程

由式（2－10）可知，6 个独立的应变分量 ε_{ij} 是通过三个位移函数对坐标的偏导数来表示的。如果给定 $\varepsilon_{ij}(\boldsymbol{r})$，则可通过积分式（2－10）的方法来求得位移 $u_i(\boldsymbol{r})$。但是很自然的会提出这样的问题：$\varepsilon_{ij}(\boldsymbol{r})$ 满足什么样的条件时，求出的 $u_i(\boldsymbol{r})$ 才是单值的。这些条件就是本节所要研究的变形协调方程，又称**连续性方程**或**相容条件**。它们由圣维南在 1860 年首次得到，因此又称为圣维南协调方程。它们是固体力学的基本方程组之一。

我们先从比较直观的角度来讨论这个问题。设想将一个物体切割成许多微小的正立方体体积微元（像玩具魔方那样），而在物体边界上则成为微小的四面体。这时这些体积微元的边界是完全贴合的。现在对每个体积微元编号后，将此物体拆开成一个个单独的体积微元。然后使每一个体积微元发生变形（由正方体变为不同形状的平行六面体）。变形后再将这些体积微元按原来的次序（编号）组装起来。不难想象，很可能它们之间不再完全贴合，即物体内部产生空隙或物体的连续性遭到破坏。因此要保持物体的连续性，各体积微元的变形不能随便给出，而必须满足一定的条件。这正是本节所要研究的问题。下面再从数学上分析这个问题。

由式（2－10）

$$\varepsilon_{ij} = \frac{1}{2}\left(\frac{\partial u_j}{\partial x_i} + \frac{\partial u_i}{\partial x_j}\right) = \frac{1}{2}(u_{i,j} + u_{j,i})$$

可得

$$\varepsilon_{ij,kl} = \frac{1}{2}(u_{i,jkl} + u_{j,ikl})$$

$$\varepsilon_{kl,ij} = \frac{1}{2}(u_{k,lij} + u_{l,kij})$$

$$\varepsilon_{jl,ik} = \frac{1}{2}(u_{j,lik} + u_{l,jik})$$

$$\varepsilon_{ik,jl} = \frac{1}{2}(u_{i,kjl} + u_{k,ijl})$$

从以上四个式子可得

$$\varepsilon_{ij,kl} + \varepsilon_{kl,ij} = \varepsilon_{ik,jl} + \varepsilon_{jl,ik} \tag{2-30a}$$

上式就是变形协调方程。从形式上看共有81个方程，但其中有很大一部分是重复的或者是 $0\equiv0$ 的恒等式。所以实际上只有下列6个方程是独立的：

$$\left.\begin{aligned}
\frac{\partial^2\varepsilon_{11}}{\partial x_2\partial x_3} &= \frac{\partial}{\partial x_1}\left(-\frac{\partial\varepsilon_{23}}{\partial x_1} + \frac{\partial\varepsilon_{31}}{\partial x_2} + \frac{\partial\varepsilon_{12}}{\partial x_3}\right)\\
\frac{\partial^2\varepsilon_{22}}{\partial x_3\partial x_1} &= \frac{\partial}{\partial x_2}\left(\frac{\partial\varepsilon_{23}}{\partial x_1} - \frac{\partial\varepsilon_{31}}{\partial x_2} + \frac{\partial\varepsilon_{12}}{\partial x_3}\right)\\
\frac{\partial^2\varepsilon_{33}}{\partial x_1\partial x_2} &= \frac{\partial}{\partial x_3}\left(\frac{\partial\varepsilon_{23}}{\partial x_1} + \frac{\partial\varepsilon_{31}}{\partial x_2} - \frac{\partial\varepsilon_{12}}{\partial x_3}\right)\\
2\frac{\partial^2\varepsilon_{12}}{\partial x_1\partial x_2} &= \frac{\partial^2\varepsilon_{11}}{\partial x_2^2} + \frac{\partial^2\varepsilon_{22}}{\partial x_1^2}\\
2\frac{\partial^2\varepsilon_{23}}{\partial x_2\partial x_3} &= \frac{\partial^2\varepsilon_{22}}{\partial x_3^2} + \frac{\partial^2\varepsilon_{33}}{\partial x_2^2}\\
2\frac{\partial^2\varepsilon_{31}}{\partial x_3\partial x_1} &= \frac{\partial^2\varepsilon_{33}}{\partial x_1^2} + \frac{\partial^2\varepsilon_{11}}{\partial x_3^2}
\end{aligned}\right\} \tag{2-30b}$$

上面我们讨论了变形协调方程的必要性，即由式（2－10）一定能导出式（2－30）；下面我们进而讨论变形协调方程的充分性：即如果单连域内的应变分量 $\varepsilon_{ij}(\boldsymbol{r})$ 满足变形协调条件，则一定可以得到单值的位移。证明如下：

设物体内各点的应变分量（应变场）已知，且物体内一定点 $P(x_1^0, x_2^0, x_3^0)$ 处的位移 $u_0(u_1^0, u_2^0, u_3^0)$ 及转动张量分量 ω_{ij}^0 均已知，现在求物体内另一点 $P_1(\boldsymbol{r})$ 的位移 $\boldsymbol{u}_{P_1} = \boldsymbol{u}(\boldsymbol{r})$。

$$\boldsymbol{u}(\boldsymbol{r}_1) = \boldsymbol{u}^0 + \int_{P_0}^{P_1} \mathrm{d}\boldsymbol{u}$$

而位移矢量 $\boldsymbol{u}(\boldsymbol{r}_1)$ 的分量 $\boldsymbol{u}_i(\boldsymbol{r}_1)$ 可写出类似的关系式

$$\boldsymbol{u}_i(\boldsymbol{r}_1) = u_i^0 + \int_{P_0}^{P_1} \mathrm{d}u_i = u_i^0 + \int_{P_0}^{P_1} \frac{\partial u_i}{\partial x_j}\mathrm{d}x_j \tag{a}$$

上式中的积分表示沿某一条从 P_0 到 P_1 的简单连续曲线（积分路径）的线积分。从 P_0 到 P_1 的积分路径可以有任意多条。一般说来，线积分的值与积分路径有关，因而不同的积分路径求出的 $\boldsymbol{u}_i(\boldsymbol{r}_1)$ 不同，即 $\boldsymbol{u}_i(\boldsymbol{r}_1)$ 不是单值函数。这当然与变形的连续性相矛盾。因此由变形的连续性，要求 $\boldsymbol{u}_i(\boldsymbol{r}_1)$ 是单值函数，因而上述线积分必须与积分路径无关。可以证明上述线积分在单连域内（多连域的情形，稍后再加以讨论）与积分路径无关的条件，正是变形协调条件式（2-30）。

为方便起见，先讨论 $\boldsymbol{u}_i(\boldsymbol{r}_1)$ 的一个分量 $u_1(\boldsymbol{r}_1)$

$$u_1 = u_1^0 + \int_{P_0}^{P_1}\left(\frac{\partial u_1}{\partial x_1}\mathrm{d}x_1 + \frac{\partial u_1}{\partial x_2}\mathrm{d}x_2 + \frac{\partial u_1}{\partial x_3}\mathrm{d}x_3\right) \tag{b}$$

利用式（2-6）中的关系，上式可写为

$$\begin{aligned} u_1 &= u_1^0 + \int_{P_0}^{P_1}[\varepsilon_{11}\mathrm{d}x_1 + (\varepsilon_{12} + \omega_{12})\mathrm{d}x_2 + (\varepsilon_{13} + \omega_{13})\mathrm{d}x_3] \\ &= u_1^0 + \int_{P_0}^{P_1}[\varepsilon_{11}\mathrm{d}x_1 + (\varepsilon_{12} - \omega_3)\mathrm{d}x_2 + (\varepsilon_{13} - \omega_2)\mathrm{d}x_3] \\ &= u_1^0 + \int_{P_0}^{P_1}(A_1\mathrm{d}x_1 + A_2\mathrm{d}x_2 + A_3\mathrm{d}x_3) \end{aligned} \tag{c}$$

式中，

$$A_1 = \varepsilon_{11}, \quad A_2 = \varepsilon_{12} - \omega_3, \quad A_3 = \varepsilon_{13} + \omega_2 \tag{d}$$

保证 u_1 为单值函数的充要条件为

$$\frac{\partial A_1}{\partial x_2} = \frac{\partial A_2}{\partial x_1}, \quad \frac{\partial A_2}{\partial x_3} = \frac{\partial A_3}{\partial x_2}, \quad \frac{\partial A_3}{\partial x_1} = \frac{\partial A_1}{\partial x_3} \tag{e}$$

将式（d）代入式（e）得

$$\begin{aligned} \frac{\partial \omega_3}{\partial x_1} &= \frac{\partial \varepsilon_{12}}{\partial x_1} - \frac{\partial \varepsilon_{11}}{\partial x_2} \\ \frac{\partial \omega_2}{\partial x_1} &= \frac{\partial \varepsilon_{11}}{\partial x_3} - \frac{\partial \varepsilon_{23}}{\partial x_1} \\ \frac{\partial \omega_2}{\partial x_2} &= \frac{\partial \varepsilon_{12}}{\partial x_3} - \frac{\partial \varepsilon_{23}}{\partial x_1} \end{aligned} \tag{f}$$

用同样的方法讨论 u_2、u_3 也可写得与式（f）类似的关于 ω_i 对坐标的偏导数的另外 6 个关系式。将这几个关系式整理后，重新排列如下：

$$\left.\begin{aligned}\frac{\partial\omega_1}{\partial x_1}&=\frac{\partial\varepsilon_{31}}{\partial x_2}-\frac{\partial\varepsilon_{12}}{\partial x_3}\\\frac{\partial\omega_1}{\partial x_2}&=\frac{\partial\varepsilon_{23}}{\partial x_2}-\frac{\partial\varepsilon_{22}}{\partial x_3}\\\frac{\partial\omega_1}{\partial x_3}&=\frac{\partial\varepsilon_{33}}{\partial x_2}-\frac{\partial\varepsilon_{23}}{\partial x_3}\end{aligned}\right\}\tag{g}$$

$$\left.\begin{aligned}\frac{\partial\omega_2}{\partial x_1}&=\frac{\partial\varepsilon_{11}}{\partial x_3}-\frac{\partial\varepsilon_{31}}{\partial x_1}\\\frac{\partial\omega_2}{\partial x_2}&=\frac{\partial\varepsilon_{12}}{\partial x_3}-\frac{\partial\varepsilon_{23}}{\partial x_1}\\\frac{\partial\omega_2}{\partial x_3}&=\frac{\partial\varepsilon_{31}}{\partial x_3}-\frac{\partial\varepsilon_{33}}{\partial x_1}\end{aligned}\right\}\tag{h}$$

$$\left.\begin{aligned}\frac{\partial\omega_3}{\partial x_1}&=\frac{\partial\varepsilon_{12}}{\partial x_1}-\frac{\partial\varepsilon_{11}}{\partial x_2}\\\frac{\partial\omega_3}{\partial x_2}&=\frac{\partial\varepsilon_{33}}{\partial x_1}-\frac{\partial\varepsilon_{12}}{\partial x_2}\\\frac{\partial\omega_3}{\partial x_3}&=\frac{\partial\varepsilon_{23}}{\partial x_1}-\frac{\partial\varepsilon_{31}}{\partial x_2}\end{aligned}\right\}\tag{i}$$

积分式（g）、（h）、（i）可以求得 ω_1、ω_2、ω_3，要保证位移 u_i 为单值函数，必须使 ω_1、ω_2、ω_3 为单值函数，而

$$\omega_1=\int_{P_0}^{P_1}\left(\frac{\partial\omega_1}{\partial x_1}\mathrm{d}x_1+\frac{\partial\omega_1}{\partial x_2}\mathrm{d}x_2+\frac{\partial\omega_1}{\partial x_3}\mathrm{d}x_3\right)$$

因此上述积分必须与积分路径无关。因而要求：

$$\begin{aligned}\frac{\partial}{\partial x_2}\left(\frac{\partial\omega_1}{\partial x_1}\right)&=\frac{\partial}{\partial x_1}\left(\frac{\partial\omega_1}{\partial x_2}\right)\\\frac{\partial}{\partial x_3}\left(\frac{\partial\omega_1}{\partial x_2}\right)&=\frac{\partial}{\partial x_2}\left(\frac{\partial\omega_1}{\partial x_3}\right)\\\frac{\partial}{\partial x_1}\left(\frac{\partial\omega_1}{\partial x_3}\right)&=\frac{\partial}{\partial x_3}\left(\frac{\partial\omega_1}{\partial x_1}\right)\end{aligned}\tag{j}$$

同理

$$\frac{\partial}{\partial x_2}\left(\frac{\partial\omega_2}{\partial x_1}\right)=\frac{\partial}{\partial x_1}\left(\frac{\partial\omega_2}{\partial x_2}\right)$$

$$\frac{\partial}{\partial x_3}\left(\frac{\partial \omega_2}{\partial x_2}\right) = \frac{\partial}{\partial x_2}\left(\frac{\partial \omega_2}{\partial x_3}\right)$$

$$\frac{\partial}{\partial x_1}\left(\frac{\partial \omega_2}{\partial x_3}\right) = \frac{\partial}{\partial x_3}\left(\frac{\partial \omega_2}{\partial x_1}\right) \tag{k}$$

$$\frac{\partial}{\partial x_2}\left(\frac{\partial \omega_3}{\partial x_1}\right) = \frac{\partial}{\partial x_1}\left(\frac{\partial \omega_3}{\partial x_2}\right)$$

$$\frac{\partial}{\partial x_3}\left(\frac{\partial \omega_3}{\partial x_2}\right) = \frac{\partial}{\partial x_2}\left(\frac{\partial \omega_3}{\partial x_3}\right)$$

$$\frac{\partial}{\partial x_1}\left(\frac{\partial \omega_3}{\partial x_3}\right) = \frac{\partial}{\partial x_2}\left(\frac{\partial \omega_3}{\partial x_1}\right) \tag{l}$$

将（g）、（h）、（i）分别代入（j）、（k）、（l）可得到

$$\left.\begin{aligned}
\frac{\partial^2 \varepsilon_{22}}{\partial x_1 \partial x_3} &= \frac{\partial}{\partial x_2}\left(\frac{\partial \varepsilon_{23}}{\partial x_1} - \frac{\partial \varepsilon_{31}}{\partial x_2} + \frac{\partial \varepsilon_{12}}{\partial x_3}\right) \\
\frac{\partial^2 \varepsilon_{33}}{\partial x_1 \partial x_2} &= \frac{\partial}{\partial x_3}\left(\frac{\partial \varepsilon_{23}}{\partial x_1} + \frac{\partial \varepsilon_{31}}{\partial x_2} - \frac{\partial \varepsilon_{12}}{\partial x_3}\right) \\
2\frac{\partial^2 \varepsilon_{23}}{\partial x_2 \partial x_3} &= \frac{\partial^2 \varepsilon_{22}}{\partial x_3^2} + \frac{\partial^2 \varepsilon_{33}}{\partial x_2^2}
\end{aligned}\right\}$$

$$\left.\begin{aligned}
\frac{\partial^2 \varepsilon_{11}}{\partial x_2 \partial x_3} &= \frac{\partial}{\partial x_1}\left(-\frac{\partial \varepsilon_{23}}{\partial x_1} + \frac{\partial \varepsilon_{31}}{\partial x_2} + \frac{\partial \varepsilon_{12}}{\partial x_3}\right) \\
\frac{\partial^2 \varepsilon_{33}}{\partial x_1 \partial x_2} &= \frac{\partial}{\partial x_3}\left(\frac{\partial \varepsilon_{23}}{\partial x_1} + \frac{\partial \varepsilon_{31}}{\partial x_2} - \frac{\partial \varepsilon_{12}}{\partial x_3}\right) \\
2\frac{\partial^2 \varepsilon_{31}}{\partial x_3 \partial x_1} &= \frac{\partial^2 \varepsilon_{33}}{\partial x_1^2} + \frac{\partial^2 \varepsilon_{11}}{\partial x_3^2}
\end{aligned}\right\}$$

$$\left.\begin{aligned}
\frac{\partial^2 \varepsilon_{11}}{\partial x_2 \partial x_3} &= \frac{\partial}{\partial x_1}\left(-\frac{\partial \varepsilon_{23}}{\partial x_1} + \frac{\partial \varepsilon_{31}}{\partial x_2} + \frac{\partial \varepsilon_{12}}{\partial x_3}\right) \\
\frac{\partial^2 \varepsilon_{22}}{\partial x_3 \partial x_1} &= \frac{\partial}{\partial x_2}\left(\frac{\partial \varepsilon_{23}}{\partial x_1} - \frac{\partial \varepsilon_{31}}{\partial x_2} + \frac{\partial \varepsilon_{12}}{\partial x_3}\right) \\
2\frac{\partial^2 \varepsilon_{12}}{\partial x_1 \partial x_2} &= \frac{\partial^2 \varepsilon_{11}}{\partial x_2^2} + \frac{\partial^2 \varepsilon_{22}}{\partial x_1^2}
\end{aligned}\right\}$$

上面的 9 个方程中第一式与第八式相同，第二式与第五式相同，第四式与第七式相同。因此，只有 6 个独立的方程。比较一下立刻可以看出它们正是式（2－30）中的 6 个变形协调方程。这样就可证明：对于单连通物体，变形协调方程是从应变分量求得单值位移的充分必要条件。

对于多连通域物体（如图 2－7 中所示的复连通域物体）可以用一组截面将多连通域割开，成为单连域。如图 2－7 中沿截面 ab 将复连通域物体割开成单连域。这样，仍旧可以用上述方法进行讨论。当从 P_0 到 P_1 的积分路径不经过截面 ab 时，上述结论仍然有效。即：

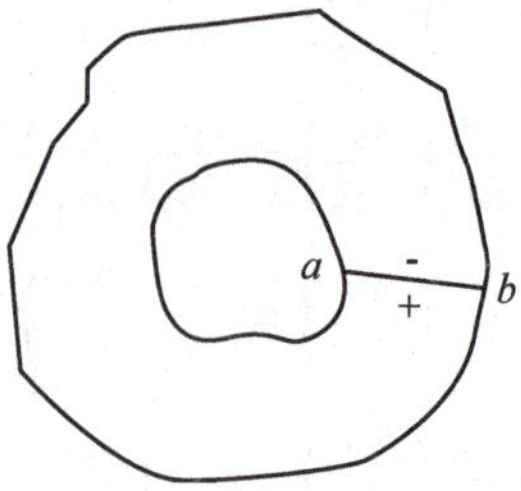

图 2－7　多连通域内连续性的补充条件

如果满足变形协调条件式（2－30），除截面上各点外，物体其余部分的连续性可得到保证。为了进一步保证截面上各点的连续性，要求从截面两侧（分别称之为“+”侧及“-”侧）趋近于截面时，位移的极限值相等

$$u_i^+ = u_i^- \quad （截面上） \tag{2-31}$$

式（2－31）就是对于多连通域物体连续性的补充条件。

§2－6　有限变形介绍

在此之前，我们只限于研究小变形的情形，即变形张量的各个分量 $\varepsilon_{ij} \ll 1$ 的情形。通常称之为小变形条件。小变形条件加上线性应力-应变关系（广义胡克定律——见第三章），使弹性力学方程组成为线性方程组，问题得到很大的简化。因此，小变形条件是很重要的。

在弹性范围内，在绝大多数情况下，小变形假设是满足的。例如碳钢的杨氏弹性模量 $E \approx 2\times10^5$MPa。剪切弹性模量 $\mu \approx 8\times10^4$MPa（各种弹性模量的意义及相互关系详见第三章）。低碳钢单向拉伸时的弹性极限 $\sigma_e \approx 200$MPa。因此在应力达到弹性极限时的应变 $\varepsilon_{11} \approx 10^{-3} \ll 1$。当剪应力 $\sigma_{12} \approx \dfrac{\sigma_e}{2} \approx 100$MPa，其角应变 $\varepsilon_{12} \approx \sigma_{12}/2\mu \approx 100/2\times8\times10^4 < 10^{-3} \ll 1$。对岩石来说，虽然种类繁多，性质各异，但进行单向拉伸实验时，直到岩石破坏为止，其应变一般为几个毫应变（10^{-3}），也远小于 1。

但是在许多地质过程中，小变形假设就不一定满足。例如那些“高岸为谷，深谷为陵”的地壳变化，显然是不符合小变形假设的。这种变形称之为有限变形。此外工业上的压延、轧制、锻造等工艺问题中也都会遇到有限变形问题。

有限变形将导致问题的非线性（参照下面的公式（2－33）及式（2－35）），因此解决考虑有限变形的固体力学问题是相当困难的。但是正如前面谈到的，不少地质过程属于有限变形。所以有限变形理论可能是解决许多地质问题的发展方向之一。因此下面扼要地介绍一下有限变形的基本理论。

在介绍有限变形内容之前，先介绍一下描写连续介质变形的两种基本方法——拉格朗日方法与欧拉方法。拉格朗日方法以变形前物体内各点的坐标作为自变量，而欧拉方法则以变形后的坐标为自变量。应该说采用欧拉方法比拉格朗日方法更合理些。因而在流体力学中多采用欧拉方法。不过，在固体力学中，对于小变形情形，两种方法得到的结果是一致的，其差别可以略而不计。但是对于有限变形来说，两种方法将导致不同的结果。

设物体内一点 P 在变形前的坐标为（x_1，x_2，x_3），变形后的坐标为（x_1'，x_2'，x_3'），而坐标系本身在空间的位置则始终是不变的（图 2－8）。通常（x_1，x_2，x_3）称为拉格朗日坐标，而（x_1'，x_2'，x_3'）则称为欧拉坐标。

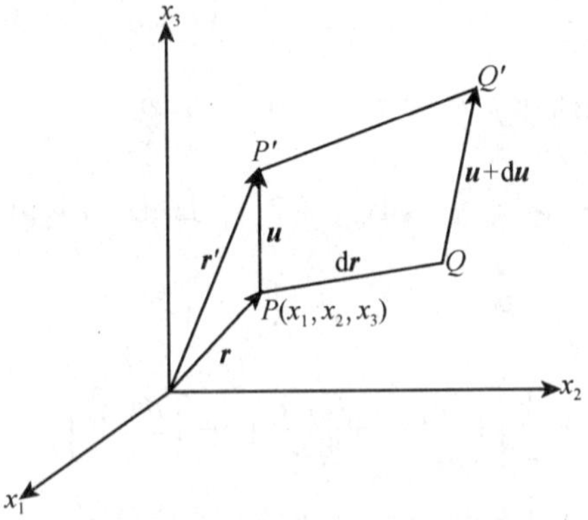

图 2－8　拉格朗日坐标与欧拉坐标

现在考察过 P 点的线段微元 $\boldsymbol{PQ}=\mathrm{d}\boldsymbol{r}$。其长度为

$$\mathrm{d}S^2 = |\mathrm{d}\boldsymbol{r}|^2 = \mathrm{d}x_1^2 + \mathrm{d}x_2^2 + \mathrm{d}x_3^2 \tag{a}$$

变形后，P 点经过位移 $\boldsymbol{u}$ 运动至 P'点，Q 点则经过位移 $\boldsymbol{u}+\mathrm{d}\boldsymbol{u}$ 运动至 Q'点。

$$\mathrm{d}\boldsymbol{u}(\mathrm{d}u_1,\mathrm{d}u_2,\mathrm{d}u_3) = \boldsymbol{u}_{\mathrm{Q}} - \boldsymbol{u}_{\mathrm{P}}$$

$$\mathrm{d}u_1 = \frac{\partial u_1}{\partial x_1}\mathrm{d}x_1 + \frac{\partial u_1}{\partial x_2}\mathrm{d}x_2 + \frac{\partial u_1}{\partial x_3}\mathrm{d}x_3$$

或

$$\left.\begin{aligned}\mathrm{d}u_1 &= \frac{\partial u_1}{\partial x_i}\mathrm{d}x_i \\ \mathrm{d}u_2 &= \frac{\partial u_2}{\partial x_i}\mathrm{d}x_i \\ \mathrm{d}u_3 &= \frac{\partial u_3}{\partial x_i}\mathrm{d}x_i\end{aligned}\right\} \tag{b}$$

同理

变形后线元 $P'Q'$的长度记为 $\mathrm{d}S'$，则

$$\mathrm{d}S'^2 = \mathrm{d}x'^2_1 + \mathrm{d}x'^2_2 + \mathrm{d}x'^2_3 = \mathrm{d}x_i' \cdot \mathrm{d}x_i' \tag{c}$$

$$\mathrm{d}x_1' = x_{1Q'} - x_{1P'} = x_1 + \mathrm{d}x_1 + u_1 + \mathrm{d}u_1 - (x_1 + u_1)$$

$$= \mathrm{d}x_1 + \mathrm{d}u_1 = \mathrm{d}x_1 + \frac{\partial u_1}{\partial x_i}\mathrm{d}x_i$$

即

同理

$$\left.\begin{aligned}
\mathrm{d}x_1' &= \left(1+\frac{\partial u_1}{\partial x_1}\right)\mathrm{d}x_1+\frac{\partial u_1}{\partial x_2}\mathrm{d}x_2+\frac{\partial u_1}{\partial x_3}\mathrm{d}x_3\\
\mathrm{d}x_2' &= \frac{\partial u_2}{\partial x_1}\mathrm{d}x_1+\left(1+\frac{\partial u_2}{\partial x_2}\right)\mathrm{d}x_2+\frac{\partial u_2}{\partial x_3}\mathrm{d}x_3\\
\mathrm{d}x_3' &= \frac{\partial u_3}{\partial x_1}\mathrm{d}x_1+\frac{\partial u_3}{\partial x_2}\mathrm{d}x_2+\left(1+\frac{\partial u_3}{\partial x_3}\right)\mathrm{d}x_3
\end{aligned}\right\} \tag{d}$$

变形后线元长度平方与变形前线元长度平方差为

$$\mathrm{d}S'^2-\mathrm{d}S^2=2[e_{11}'\mathrm{d}x_1^2+e_{22}'\mathrm{d}x_2^2+e_{33}'\mathrm{d}x_3^2]+2(e_{12}'\mathrm{d}x_1\mathrm{d}x_2+e_{23}'\mathrm{d}x_2\mathrm{d}x_3+e_{31}'\mathrm{d}x_3\mathrm{d}x_1) \tag{2-32}$$

式中，

$$\left.\begin{aligned}
e_{11}' &= \frac{\partial u_1}{\partial x_1}+\frac{1}{2}\left[\left(\frac{\partial u_1}{\partial x_1}\right)^2+\left(\frac{\partial u_2}{\partial x_1}\right)^2+\left(\frac{\partial u_3}{\partial x_1}\right)^2\right]\\
e_{22}' &= \frac{\partial u_2}{\partial x_2}+\frac{1}{2}\left[\left(\frac{\partial u_1}{\partial x_2}\right)^2+\left(\frac{\partial u_2}{\partial x_2}\right)^2+\left(\frac{\partial u_3}{\partial x_2}\right)^2\right]\\
e_{33}' &= \frac{\partial u_3}{\partial x_3}+\frac{1}{2}\left[\left(\frac{\partial u_1}{\partial x_3}\right)^2+\left(\frac{\partial u_2}{\partial x_3}\right)^2+\left(\frac{\partial u_3}{\partial x_3}\right)^2\right]\\
e_{12}' &= \frac{1}{2}\left[\frac{\partial u_2}{\partial x_1}+\frac{\partial u_1}{\partial x_2}+\frac{\partial u_1}{\partial x_1}\cdot\frac{\partial u_1}{\partial x_2}+\frac{\partial u_2}{\partial x_1}\cdot\frac{\partial u_2}{\partial x_2}+\frac{\partial u_3}{\partial x_1}\cdot\frac{\partial u_3}{\partial x_2}\right]\\
e_{23}' &= \frac{1}{2}\left[\frac{\partial u_3}{\partial x_2}+\frac{\partial u_2}{\partial x_3}+\frac{\partial u_1}{\partial x_2}\cdot\frac{\partial u_1}{\partial x_3}+\frac{\partial u_2}{\partial x_2}\cdot\frac{\partial u_2}{\partial x_3}+\frac{\partial u_3}{\partial x_2}\cdot\frac{\partial u_3}{\partial x_3}\right]\\
e_{31}' &= \frac{1}{2}\left[\frac{\partial u_1}{\partial x_3}+\frac{\partial u_3}{\partial x_1}+\frac{\partial u_1}{\partial x_3}\cdot\frac{\partial u_1}{\partial x_1}+\frac{\partial u_2}{\partial x_3}\cdot\frac{\partial u_2}{\partial x_1}+\frac{\partial u_3}{\partial x_3}\cdot\frac{\partial u_3}{\partial x_1}\right]
\end{aligned}\right\} \tag{2-33}$$

式（2－33）也可写成

$$e_{ij}'=\frac{1}{2}\left(\frac{\partial u_j}{\partial x_i}+\frac{\partial u_i}{\partial x_j}+\frac{\partial u_k}{\partial x_i}\cdot\frac{\partial u_k}{\partial x_j}\right) \tag{2-33a}$$

e_{ij}' 称为拉格朗日应变分量，因为它是用拉格朗日坐标表达的有限变形应变分量。

现在，我们再用欧拉方法处理这一问题。其方法步骤与前面都大致相同，最主要的差别在于：现在所有的量都改用欧拉坐标（变形后的坐标）来表示。

参照图 2－8。P 点变形前的矢径 $\boldsymbol{r}(x_1, x_2, x_3)$ 可由变形后的矢径 $\boldsymbol{r}'(x_1', x_2', x_3')$ 减去位移矢量 $\boldsymbol{u}(\boldsymbol{r}')$ 得到，

$$\boldsymbol{r}=\boldsymbol{r}'-\boldsymbol{u}(\boldsymbol{r}')$$

或 $$x_{iP}=x_i'-u_i$$

同理 $$x_{iQ}=x_i'+\mathrm{d}x_i'-(u_i+\mathrm{d}u_i)$$

所以 $$dx_i = x_{iQ} - x_{iP} = dx'_i - du_i = dx'_i - \frac{\partial u_i}{\partial x'_i}dx'_i$$

为清楚起见，全部写出如下：

$$dx_1 = \left(1 - \frac{\partial u_1}{\partial x'_1}\right)dx'_1 - \frac{\partial u_1}{\partial x'_2}dx'_2 - \frac{\partial u_1}{\partial x'_3}dx'_3$$

$$dx_2 = -\frac{\partial u_2}{\partial x'_1}dx'_1 + \left(1 - \frac{\partial u_2}{\partial x'_2}\right)dx'_2 - \frac{\partial u_2}{\partial x'_3}dx'_3$$

$$dx_3 = -\frac{\partial u_3}{\partial x'_1}dx'_1 - \frac{\partial u_3}{\partial x'_2}dx'_2 + \left(1 - \frac{\partial u_3}{\partial x_3}\right)dx'_3$$

$$\begin{aligned} dS'^2 - dS^2 &= dx'_i \cdot dx'_i - dx_i \cdot dx_i \\ &= 2[e''_{11}dx'^2_1 + e''_{22}x'^2_2 + e''_{33}dx'^2_3] \\ &\quad + 2(e''_{12}dx'_1dx'_2 + e''_{23}dx'_2 \cdot dx'_3 + e''_{31}dx'_3dx'_1) \end{aligned} \tag{2-34}$$

式中，

$$\left.\begin{aligned} e''_{11} &= \frac{\partial u_1}{\partial x'_1} - \frac{1}{2}\left[\left(\frac{\partial u_1}{\partial x'_1}\right)^2 + \left(\frac{\partial u_2}{\partial x'_1}\right)^2 + \left(\frac{\partial u_3}{\partial x'_1}\right)^2\right] \\ e''_{22} &= \frac{\partial u_2}{\partial x'_2} - \frac{1}{2}\left[\left(\frac{\partial u_1}{\partial x'_2}\right)^2 + \left(\frac{\partial u_2}{\partial x'_2}\right)^2 + \left(\frac{\partial u_3}{\partial x'_2}\right)^2\right] \\ e''_{33} &= \frac{\partial u_3}{\partial x'_3} - \frac{1}{2}\left[\left(\frac{\partial u_1}{\partial x'_3}\right)^2 + \left(\frac{\partial u_2}{\partial x'_3}\right)^2 + \left(\frac{\partial u_3}{\partial x'_3}\right)^2\right] \\ e''_{12} &= \frac{1}{2}\left[\frac{\partial u_2}{\partial x'_1} + \frac{\partial u_1}{\partial x'_2} - \left(\frac{\partial u_1}{\partial x'_1} \cdot \frac{\partial u_1}{\partial x'_2} + \frac{\partial u_2}{\partial x'_1} \cdot \frac{\partial u_2}{\partial x'_2} + \frac{\partial u_3}{\partial x'_1} \cdot \frac{\partial u_3}{\partial x'_3}\right)\right] \\ e''_{23} &= \frac{1}{2}\left[\frac{\partial u_3}{\partial x'_2} + \frac{\partial u_2}{\partial x'_3} - \left(\frac{\partial u_1}{\partial x'_2} \cdot \frac{\partial u_1}{\partial x'_3} + \frac{\partial u_2}{\partial x'_2} \cdot \frac{\partial u_2}{\partial x'_3} + \frac{\partial u_3}{\partial x'_2} \cdot \frac{\partial u_3}{\partial x'_3}\right)\right] \\ e''_{31} &= \frac{1}{2}\left[\frac{\partial u_1}{\partial x'_3} + \frac{\partial u_3}{\partial x'_1} - \left(\frac{\partial u_1}{\partial x'_3} \cdot \frac{\partial u_1}{\partial x'_1} + \frac{\partial u_2}{\partial x'_3} \cdot \frac{\partial u_2}{\partial x'_1} + \frac{\partial u_3}{\partial x'_3} \cdot \frac{\partial u_3}{\partial x'_1}\right)\right] \end{aligned}\right\} \tag{2-35}$$

或 $$e''_{ij} = \frac{1}{2}\left(\frac{\partial u_j}{\partial x'_i} + \frac{\partial u_i}{\partial x'_j} - \frac{\partial u_R}{\partial x_i} \cdot \frac{\partial u_R}{\partial x_j}\right) \tag{2-35a}$$

e''_{ij}称为欧拉应变分量。

比较式（2－33）及式（2－35）可知，当$\frac{\partial u_R}{\partial x_i} \ll 1$时，上述两式中，位移对坐标的偏导数的二次项比一次项为高阶小量，可略去不计。因而拉格朗日分量与欧拉分量没有差别，并且与小变形的应变分量一致。

小变形的应变分量ε_{ij}有非常直接的几何意义：ε_{11}、ε_{22}、ε_{33}分别表示沿x_1、x_2、x_3三个方向上的线段微元的伸长率。而ε_{12}、ε_{23}、ε_{31}则表示变形前与坐标轴平行的两个线元所夹直

角的变化量的一半。但是对于有限变形，其应变分量 e'_{ij} 及 e''_{ij} 都没有如此简单明了的几何解释。下面对这个问题略加讨论。

首先讨论 e'_{11}、e'_{22}、e'_{33} 的几何意义。

研究当线元 PQ 平行于 x_1 轴的情形。这时

$$dx_1 = dS, \quad dx_2 = dx_3 = 0$$

变形后此线段微元的长度由 dS 变为 dS'，按定义其伸长率为

$$\varepsilon_{11} = \frac{dS' - dS}{dS}$$

或

$$dS' = (1 + \varepsilon_{11})\, dS$$

将上式代入式（2－32）得

同理

$$\left.\begin{aligned} \varepsilon_{11} &= \sqrt{1 + 2e'_{11}} - 1 \\ \varepsilon_{22} &= \sqrt{1 + 2e'_{22}} - 1 \\ \varepsilon_{33} &= \sqrt{1 + 2e'_{33}} - 1 \end{aligned}\right\} \tag{2-36}$$

显然，当 e'_{11}、e'_{22}、e'_{33} 远小于 1 时，将上式中的根式展开成幂级数并略去高次项得

$$\varepsilon_{11} = e'_{11}, \quad \varepsilon_{22} = e'_{22}, \quad \varepsilon_{33} = e'_{33}$$

再来讨论 e'_{12}、e'_{23}、e'_{31} 的几何意义。

考察平行于 x_1 轴的线段微元 PQ（图 2－9）Q 点对于 P 点的相对位移为

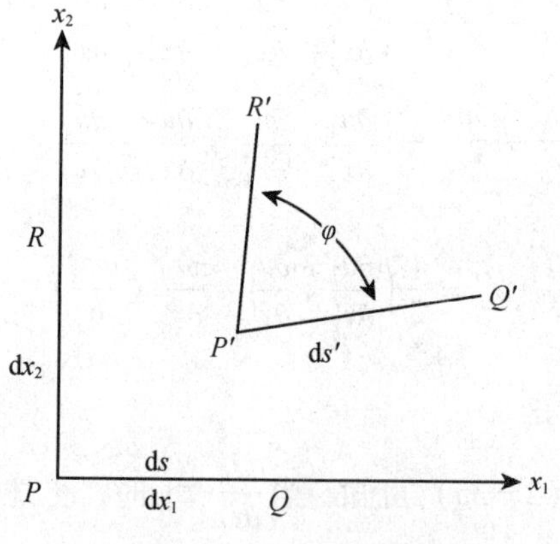

图 2－9 e'_{12} 的几何意义

$$du_1 = \frac{\partial u_1}{\partial x_1}dx_1$$

$$du_2 = \frac{\partial u_2}{\partial x_1}dx_1$$

$$du_3 = \frac{\partial u_3}{\partial x_1}dx_1$$

因而对于以 P' 为原点的坐标系中 Q 点的坐标 dx'_1、dx'_2、dx'_3 为

$$dx'_1 = dx_1 + \frac{\partial u_1}{\partial x_1}dx_1$$

$$dx'_2 = \frac{\partial u_2}{\partial x_1}dx_1$$

$$dx'_3 = \frac{\partial u_3}{\partial x_1}dx_1$$

$P'Q'$ 对于 x_1、x_2、x_3 轴的方向余弦分别为

$$\frac{dx'_1}{ds'} = \frac{dx_1}{ds'}\left(1 + \frac{\partial u_1}{\partial x_1}\right)$$

$$\frac{dx'_2}{ds'} = \frac{dx_1}{ds'}\left(\frac{\partial u_2}{\partial x_1}\right)$$

$$\frac{dx'_3}{ds'} = \frac{dx_1}{ds'}\left(\frac{\partial u_3}{\partial x_1}\right)$$

由

$$\varepsilon_{11} = \frac{ds' - ds}{ds} = \frac{ds'}{ds} - 1 = \frac{ds'}{dx_1} - 1$$

得

$$\frac{dx_1}{ds'} = \frac{1}{1 + \varepsilon_{11}}$$

再由式（2－36）可得

$$\frac{dx_1}{ds'} = \frac{1}{\sqrt{1 + 2e'_{11}}}$$

因而 $P'Q'$ 对于 x_1、x_2、x_3 三个坐标轴的方向余弦分别为

$$\frac{1 + \frac{\partial u_1}{\partial x_1}}{\sqrt{1 + 2e'_{11}}},\quad \frac{\frac{\partial u_2}{\partial x_1}}{\sqrt{1 + 2e'_{11}}},\quad \frac{\frac{\partial u_3}{\partial x_1}}{\sqrt{1 + 2e'_{11}}}$$

同理可得，变形前平行于 x_2 轴的线段微元 PR（图 2－9），变形后运动至 $P'R'$，$P'R'$ 对于三个坐标轴的方向余弦为

$$\frac{\dfrac{\partial u_1}{\partial x_2}}{\sqrt{1+2e'_{22}}},\quad \frac{1+\dfrac{\partial u_2}{\partial x_2}}{\sqrt{1+2e'_{22}}},\quad \frac{\dfrac{\partial u_3}{\partial x_2}}{\sqrt{1+2e'_{22}}}$$

令$\angle Q'P'R'=\varphi$，则

$$\cos\varphi = \frac{\left(1+\dfrac{\partial u_1}{\partial x_1}\right)\left(\dfrac{\partial u_1}{\partial x_2}\right)+\left(\dfrac{\partial u_2}{\partial x_1}\right)\left(1+\dfrac{\partial u_2}{\partial x_2}\right)+\dfrac{\partial u_3}{\partial x_1}\cdot\dfrac{\partial u_3}{\partial x_2}}{\sqrt{1+2e'_{11}}\cdot\sqrt{1+2e'_{22}}}$$

由式（2-33）可知，上式中的分子恰为$2e'_{12}$，所以得

$$\cos\varphi=\frac{2e'_{12}}{\sqrt{(1+2e'_{11})\ (1+2e'_{22})}}$$

令
$$\psi=\frac{\pi}{2}-\varphi$$

则
$$\cos\varphi=\sin\psi=\sin2\varepsilon_{12}=\frac{2e'_{12}}{\sqrt{(1+2e'_{11})\ (1+2e'_{22})}}$$

因此得：

$$\left.\begin{aligned}2e'_{12}&=\sin2\varepsilon_{12}\cdot\sqrt{(1+2e'_{11})(1+2e'_{22})}\\2e'_{23}&=\sin2\varepsilon_{23}\cdot\sqrt{(1+2e'_{22})(1+2e'_{33})}\\2e'_{31}&=\sin2\varepsilon_{31}\cdot\sqrt{(1+2e'_{33})(1+2e'_{11})}\end{aligned}\right\}\qquad(2-37)$$

这就是e'_{12}、e'_{23}、e'_{31}的几何意义，在小变形条件下e'_{11}、e'_{22}、e'_{33}均远小于1，而$\sin\alpha\approx\alpha$。因而式（2-37）退化为

$$e'_{12}=\varepsilon_{12},\quad e'_{23}=\varepsilon_{23},\quad e'_{31}=\varepsilon_{31}$$

§2-7　可加应变（汉奇应变）

如果深入分析一下，对于非微小变形的情况，应变（伸长度）定义的本身首先就值得研究。

为简单起见，现以单向拉伸试件为例，进行分析。

设试件原长为l_0，受力后长度为l_2，则其伸长度

$$E=\frac{\text{伸长量}}{\text{原长}}=\frac{l_2-l_0}{l_0}\qquad(2-38)$$

但是，如果加载分两阶段进行，先将试件由l_0拉伸至长度l_1，再由l_1拉长至l_2，则在此

二过程中之伸长度及总伸长度各为

$$\left.\begin{aligned} E_1 &= \frac{l_1 - l_0}{l_0} \\ E_2 &= \frac{l_2 - l_1}{l_1} \\ E &= \frac{l_2 - l_0}{l_0} \end{aligned}\right\} \tag{2-39}$$

因而

$$E \neq E_1 + E_2 \tag{2-40}$$

只有当变形很小，$l_0 \approx l_1$ 时，才得到

$$E \approx E_1 + E_2 \tag{2-41}$$

所以，以式（2－38）这种方法定义伸长度有一定的局限性，故称之为条件应变。

为了克服上述矛盾，有人提出采用如下的定义：设在试件长度为 l 的瞬时伸长为 $\mathrm{d}l$，则 $\mathrm{d}l$ 与 l 的比值，定义为可加应变。

即

$$\mathrm{d}\tilde{E} = \frac{\mathrm{d}l}{l} \tag{2-42}$$

于是

$$\tilde{E} = \int_{l_0}^{l} \frac{\mathrm{d}l}{l} = \ln\left(\frac{l}{l_0}\right) \tag{2-43}$$

现在再来研究试件由 $l_0 \to l_1$，$l_1 \to l_2$ 这个过程，

$$\tilde{E}_1 = \ln(l_1/l_0) \tag{2-44}$$

$$\tilde{E}_2 = \ln(l_2/l_1) \tag{2-45}$$

而

$$\tilde{E} = \ln(l_2/l_0) = \tilde{E}_1 + \tilde{E}_2$$

定义式（2－42）最早由卢多维克提出，尔后由汉奇（Hencky）进行了系统的研究，所以称为汉奇应变，或可加应变。

在研究体积膨胀 θ 时，按式（2－22）

$$\theta = \varepsilon_1 + \varepsilon_2 + \varepsilon_3 + \varepsilon_1\varepsilon_2 + \varepsilon_2\varepsilon_3 + \varepsilon_3\varepsilon_1 + \varepsilon_1\varepsilon_2\varepsilon_3 = I'_1 + I'_2 + I'_3 \tag{2-46}$$

可见，在有限变形中，θ 与应变张量的三个不变量有关，这样在计算时必然相当麻烦。

只有在微小变形情况下，I_2'、I_3' 与 I_1' 相比可以忽略时才能得到

$$\theta = I_1' = \varepsilon_{ij} \tag{2-47}$$

这样的简单结果。

如采用可加应变，则按图 2-4，

$$V_0 = a \cdot b \cdot c$$
$$V = a_1 \cdot b_1 \cdot c_1$$
$$\tilde{\theta} = \ln \frac{V}{V_0} = \ln \frac{a_1 b_1 c_1}{abc} = \tilde{E}_1 + \tilde{E}_2 + \tilde{E}_3 \tag{2-48}$$

这样，即使对于有限应变的情况，体积应变的表达式也很简单。

第二篇 弹性力学

弹性力学是固体力学中发展得最早也最为成熟，且在实际中得到广泛应用的一个分支。正因为如此，弹性力学在固体力学中占有重要的地位。弹性力学的许多原理和方法，对固体力学的其他分支也有很大的影响。

在整个弹性力学部分，只研究材料处于弹性状态下的有关问题。除个别章节做特殊说明外，还假设介质为均匀的、各向同性的，且满足小变形条件。

第三章　应力-应变关系

在前面两章中，我们分别研究了应力和应变。要解决固体力学的问题，还须研究应力与应变的关系。这种关系通常称之为本构关系或本构方程。在弹性力学中，这种本构方程的形式最简单，应力分量与应变分量间成一一对应的关系，且通常为线性关系，称之为广义胡克定律。

弹性与线性是两个不同的概念，不能混淆。弹性是指应力分量本身与应变分量本身之间存在有一一对应的函数关系。但这种关系不一定是线性的。在少数情况下，材料是弹性的，但却是非线性的。这类问题称为非线性弹性力学问题，是弹性力学中一类比较特殊的问题。本书中着重介绍线性弹性力学。

§3－1　弹性变形过程热力学

物体受力时发生变形，外力对此物体做功，同时该物体与外界还可能有热量交换，物体的动能与内能也发生变化。因此这是一个热力学过程，必须遵从热力学定律。

我们首先从热力学的观点讨论固体的变形过程，再利用这些结论进一步去研究应力-应变关系。

弹性变形的最本质的特征是：它是一个可逆过程。

设物体在时间 t 到 $t+\mathrm{d}t$ 期间内发生弹性变形，在此过程中，按照热力学第一定律有：

$$\frac{\mathrm{d}A}{\mathrm{d}t}+\frac{\mathrm{d}Q}{\mathrm{d}t}=\frac{\mathrm{d}U_i}{\mathrm{d}t}+\frac{\mathrm{d}K}{\mathrm{d}t} \tag{3-1}$$

式中，$\frac{\mathrm{d}A}{\mathrm{d}t}$为单位时间内外力对此物体所做的功；$\frac{\mathrm{d}Q}{\mathrm{d}t}$为单位时间内传入此物体的热量；$\frac{\mathrm{d}K}{\mathrm{d}t}$为物体的动能增加率；$\frac{\mathrm{d}U_i}{\mathrm{d}t}$为物体的内能增加率。

下面首先计算变形过程中外力所做的功。

设物体的体积为 V，表面为 S，体力为 $\boldsymbol{f}(f_1,\ f_2,\ f_3)$，面积力为 $\boldsymbol{T}(T_1,\ T_2,\ T_3)$，这两种力对物体所做的功分别为 A_1 及 A_2，则

$$A=A_1+A_2$$

当物体处于自然状态（即未受外力作用）时，物体中任一点 P 的初始位置（$t=0$）为 $P(x_1,\ x_2,\ x_3)$，受力后，在时间为 t 时该点的位置为 $P(x_1+\mathrm{d}u_1,\ x_2+\mathrm{d}u_2,\ x_3+\mathrm{d}u_3)$。从时间 t 到 $t+\Delta t$ 的时间间隔 Δt 内，P 点的位移分量为

$$\frac{\partial u_1}{\partial t}\mathrm{d}t,\quad \frac{\partial u_2}{\partial t}\mathrm{d}t,\quad \frac{\partial u_3}{\partial t}\mathrm{d}t$$

于是

$$\begin{aligned}\frac{\mathrm{d}A}{\mathrm{d}t}\mathrm{d}t &= \frac{\mathrm{d}A_1}{\mathrm{d}t}\mathrm{d}t + \frac{\mathrm{d}A_2}{\mathrm{d}t}\mathrm{d}t \\ &= \iiint_V \left(f_1 \frac{\partial u_1}{\partial t}\mathrm{d}t + f_2 \frac{\partial u_2}{\partial t}\mathrm{d}t + f_3 \frac{\partial u_3}{\partial t}\mathrm{d}t\right)\mathrm{d}v \\ &\quad + \iint_S \left(T_1 \frac{\partial u_1}{\partial t}\mathrm{d}t + T_2 \frac{\partial u_2}{\partial t}\mathrm{d}t + T_3 \frac{\partial u_3}{\partial t}\mathrm{d}t\right)\mathrm{d}s \\ &= \iiint_V f_i \frac{\partial u_i}{\partial t}\mathrm{d}t\mathrm{d}v + \iint_S T_i \frac{\partial u_i}{\partial t}\mathrm{d}t\mathrm{d}s\end{aligned} \tag{3-2}$$

利用柯西公式（1－7）及应力张量的对称性，

$$\begin{aligned}\frac{\mathrm{d}A_2}{\mathrm{d}t} &= \iint_S [(\sigma_{11}\alpha_1 + \sigma_{12}\alpha_2 + \sigma_{13}\alpha_3)\frac{\partial u_1}{\partial t} + (\sigma_{21}\alpha_1 + \sigma_{22}\alpha_2 + \sigma_{23}\alpha_3)\frac{\partial u_2}{\partial t} \\ &\quad + (\sigma_{31}\alpha_1 + \sigma_{32}\alpha_2 + \sigma_{33}\alpha_3)\frac{\partial u_3}{\partial t}]\mathrm{d}s \\ &= \iint_S [\left(\sigma_{11}\frac{\partial u_1}{\partial t} + \sigma_{12}\frac{\partial u_2}{\partial t} + \sigma_{13}\frac{\partial u_3}{\partial t}\right)\alpha_1 + \left(\sigma_{21}\frac{\partial u_1}{\partial t} + \sigma_{22}\frac{\partial u_2}{\partial t} + \sigma_{23}\frac{\partial u_3}{\partial t}\right)\alpha_2 \\ &\quad + \left(\sigma_{31}\frac{\partial u_1}{\partial t} + \sigma_{32}\frac{\partial u_2}{\partial t} + \sigma_{33}\frac{\partial u_3}{\partial t}\right)\alpha_3]\mathrm{d}s\end{aligned}$$

再利用高斯公式，

$$\iint_S (A\alpha_1 + B\alpha_2 + C\alpha_3)\mathrm{d}s = \iiint_V \left(\frac{\partial A}{\partial x_1} + \frac{\partial B}{\partial x_2} + \frac{\partial C}{\partial x_3}\right)\mathrm{d}v$$

$$\begin{aligned}\frac{\mathrm{d}A_2}{\mathrm{d}t} &= \iiint_V [\frac{\partial}{\partial x_1}\left(\sigma_{11}\frac{\partial u_1}{\partial t} + \sigma_{12}\frac{\partial u_2}{\partial t} + \sigma_{13}\frac{\partial u_3}{\partial t}\right) + \frac{\partial}{\partial x_2}\left(\sigma_{21}\frac{\partial u_1}{\partial t} + \sigma_{22}\frac{\partial u_2}{\partial t} + \sigma_{23}\frac{\partial u_3}{\partial t}\right) \\ &\quad + \frac{\partial}{\partial x_3}\left(\sigma_{31}\frac{\partial u_1}{\partial t} + \sigma_{32}\frac{\partial u_2}{\partial t} + \sigma_{33}\frac{\partial u_3}{\partial t}\right)]\mathrm{d}v \\ &= \iiint_V [\left(\frac{\partial \sigma_{11}}{\partial x_1} + \frac{\partial \sigma_{12}}{\partial x_2} + \frac{\partial \sigma_{13}}{\partial x_3}\right)\frac{\partial u_1}{\partial t} + \left(\frac{\partial \sigma_{21}}{\partial x_1} + \frac{\partial \sigma_{22}}{\partial x_2} + \frac{\partial \sigma_{23}}{\partial x_3}\right)\frac{\partial u_2}{\partial t} \\ &\quad + \left(\frac{\partial \sigma_{31}}{\partial x_1} + \frac{\partial \sigma_{32}}{\partial x_2} + \frac{\partial \sigma_{33}}{\partial x_3}\right)\frac{\partial u_3}{\partial t}]\mathrm{d}v + \iiint_V [\sigma_{11}\frac{\partial \varepsilon_{11}}{\partial t} + \sigma_{12}\frac{\partial \varepsilon_{12}}{\partial t} + \sigma_{13}\frac{\partial \varepsilon_{13}}{\partial t} \\ &\quad + \sigma_{21}\frac{\partial \varepsilon_{21}}{\partial t} + \sigma_{22}\frac{\partial \varepsilon_{22}}{\partial t} + \sigma_{23}\frac{\partial \varepsilon_{23}}{\partial t} + \sigma_{31}\frac{\partial \varepsilon_{31}}{\partial t} + \sigma_{32}\frac{\partial \varepsilon_{32}}{\partial t} + \sigma_{33}\frac{\partial \varepsilon_{33}}{\partial t}]\mathrm{d}v \\ &= \iiint_V \frac{\partial \sigma_{ij}}{\partial x_j}\cdot\frac{\partial u_i}{\partial t}\mathrm{d}v + \iiint_V \sigma_{ij}(\varepsilon_{ij,t})\mathrm{d}v\end{aligned} \tag{3-3}$$

再利用运动方程（1－37）代入上式及式（3－2）可得

$$\frac{\mathrm{d}A}{\mathrm{d}t}=\iiint_V\rho\left(\frac{\partial^2 u_1}{\partial t^2}\cdot\frac{\partial u_1}{\partial t}+\frac{\partial^2 u_2}{\partial t^2}\cdot\frac{\partial u_2}{\partial t}+\frac{\partial^2 u_3}{\partial t^2}\cdot\frac{\partial u_3}{\partial t}\right)\mathrm{d}v+\iiint_V\sigma_{ij}(\varepsilon_{ij,t})\mathrm{d}v \tag{3-4}$$

其次讨论动能项，

$$K=\frac{1}{2}\iiint_V\rho\left[\left(\frac{\partial u_1}{\partial t}\right)^2+\left(\frac{\partial u_2}{\partial t}\right)^2+\left(\frac{\partial u_3}{\partial t}\right)^2\right]\mathrm{d}v$$

$$\frac{\mathrm{d}K}{\mathrm{d}t}=\iiint_V\rho\left(\frac{\partial^2 u_1}{\partial t^2}\cdot\frac{\partial u_1}{\partial t}+\frac{\partial^2 u_2}{\partial t^2}\cdot\frac{\partial u_2}{\partial t}+\frac{\partial^2 u_3}{\partial t^2}\cdot\frac{\partial u_3}{\partial t}\right)\mathrm{d}v \tag{3-5}$$

由上式可知$\frac{\mathrm{d}K}{\mathrm{d}t}$正是式（3－4）中等号右侧的第一项，因而得到

$$\frac{\mathrm{d}A}{\mathrm{d}t}-\frac{\mathrm{d}K}{\mathrm{d}t}=\iiint_V\sigma_{ij}(\varepsilon_{ij,t})\mathrm{d}v \tag{3-6}$$

物体的弹性变形过程有下列两种典型情况：

（1）加载速度很快，变形在极短时间内完成。因此，在变形过程中，来不及发生热交换。在这种情况下，式（3－1）中

$$\frac{\mathrm{d}Q}{\mathrm{d}t}=0 \tag{3-7}$$

它属于热力学中的绝热过程。

（2）加载过程极为缓慢，变形过程也极为缓慢，致使变形体与外界的热交换有充分的时间进行。因而属于热力学中的等温过程，所以

$$T=常数$$

以下我们分别研究这两种情况。

（1）绝热过程：

将式（3－6）、（3－7）代入式（3－1）得

$$\frac{\mathrm{d}U_i}{\mathrm{d}t}=\iiint\sigma_{ij}(\varepsilon_{ij,t})\mathrm{d}v$$

设单位体积内的内能（内能密度）为U_i^*，则

$$\frac{\mathrm{d}U_i^*}{\mathrm{d}t}=\sigma_{ij}\cdot\varepsilon_{ij,t}$$

$$\mathrm{d}U_i^*=\sigma_{ij}\cdot\mathrm{d}\varepsilon_{ij} \tag{3-8}$$

众所周知，内能 U_i^* 为态函数，即它是应变分量的单值函数。因此 dU_i^* 必定是全微分。所以一定存在一个势函数 $W(\varepsilon_{ij})$。

$$\begin{aligned} dW &= \sigma_{ij}d\varepsilon_{ij} \\ &= \sigma_{11}d\varepsilon_{11} + \sigma_{12}d\varepsilon_{12} + \varepsilon_{13}d\varepsilon_{13} \\ &\quad + \sigma_{21}d\varepsilon_{21} + \sigma_{22}d\varepsilon_{22} + \sigma_{23}d\varepsilon_{23} \\ &\quad + \sigma_{31}d\varepsilon_{31} + \sigma_{32}d\varepsilon_{32} + \sigma_{33}d\varepsilon_{33} \end{aligned} \tag{3-9}$$ *

因为 dW 为全微分，所以

$$\begin{aligned} dW &= \frac{\partial W}{\partial \varepsilon_{11}}d\varepsilon_{11} + \frac{\partial W}{\partial \varepsilon_{12}}d\varepsilon_{12} + \frac{\partial W}{\partial \varepsilon_{13}}d\varepsilon_{13} + \frac{\partial W}{\partial \varepsilon_{21}}d\varepsilon_{21} + \frac{\partial W}{\partial \varepsilon_{22}}d\varepsilon_{22} + \frac{\partial W}{\partial \varepsilon_{33}}d\varepsilon_{23} \\ &= \frac{\partial W}{\partial \varepsilon_{ij}}d\varepsilon_{ij} \end{aligned}$$

将上式与式（3-9）相比较可得：

$$\left.\begin{aligned} \sigma_{11} &= \frac{\partial W}{\partial \varepsilon_{11}}, & \sigma_{12} &= \frac{\partial W}{\partial \varepsilon_{12}}, & \sigma_{13} &= \frac{\partial W}{\partial \varepsilon_{13}} \\ \sigma_{21} &= \frac{\partial W}{\partial \varepsilon_{21}}, & \sigma_{22} &= \frac{\partial W}{\partial \varepsilon_{22}}, & \sigma_{23} &= \frac{\partial W}{\partial \varepsilon_{23}} \\ \sigma_{31} &= \frac{\partial W}{\partial \varepsilon_{31}}, & \sigma_{32} &= \frac{\partial W}{\partial \varepsilon_{32}}, & \sigma_{33} &= \frac{\partial W}{\partial \varepsilon_{33}} \end{aligned}\right\} \tag{3-10}$$

或

$$\sigma_{ij} = \frac{\partial W}{\partial \varepsilon_{ij}} \tag{3-10'}$$

式（3-10）被称之为**格林关系**式。函数 W 称为弹性势或应变能密度函数，它代表由于弹性变形而储存在单位体积内的弹性势能。对于绝热过程，它就是物体的内能。

（2）等温过程：

设系统（这里系统就是所研究的弹性体）的熵为 S，则根据热力学，

$$dS = dQ/T$$

或

$$dQ = dS \cdot T$$

由于在等温过程中，T = 常数，所以

$$dQ = d(T \cdot S)$$

注：关于式（3-9）。在有些弹性力学文献中（特别是弹性力学问题的有限元计算中）习惯于表示为

$$dW = \sigma_{11}d\varepsilon_{11} + \sigma_{22}d\varepsilon_{22} + \sigma_{33}d\varepsilon_{33} + \sigma_{12}d\gamma_{12} + \sigma_{23}d\gamma_{23} + \sigma_{31}d\gamma_{31} \tag{3-9'}$$

式中，$\gamma_{ij} = 2\varepsilon_{ij}$

将上式代入式（3－1）得

$$\begin{aligned} dA - dK &= dU_i - dQ = dU_i - d(TS) \\ &= d(U_i - TS) = dF \end{aligned}$$

上式中，$F = U_i - TS$ 为系统的自由能。热力学告诉我们：等温过程中的自由能 F，其作用与绝热过程中的内能相当，它也是一个态函数。因此也必定存在弹性势函数。

$$dW = \sigma_{ij} d\varepsilon_{ij} = dF \tag{3-11}$$

因而仍然有格林关系式

$$\sigma_{ij} = \frac{\partial W}{\partial \varepsilon_{ij}}$$

实际的弹性变形过程往往既不是绝热过程，也不是等温过程，而是处于这两种极端的典型过程之间的可逆过程。由热力学可知，任何可逆过程都可以分解为许多个绝热过程与等温过程之和，因此它仍然必定存在态函数-应变能密度 $W(\varepsilon_{ij})$，即 W 为应变分量 ε_{ij} 的单值函数，且存在格林关系式 $\sigma_{ij} = \frac{\partial W}{\partial \varepsilon_{ij}}$。因而应力分量 σ_{ij} 必定为应变分量 ε_{ij} 的单值函数。反之，ε_{ij} 也是 σ_{ij} 的单值函数。也就是说，σ_{ij} 与 ε_{ij} 之间有一一对应关系，而与加载过程及变形过程无关，或者说与历史无关（无记忆性）。这正是弹性变形的最本质的特征。

应变能密度函数 W 代表弹性变形过程中储存于单位体积内的弹性能。对于绝热过程，它恰好等于其内能 U_i^*，对于等温过程，它恰好等于物体的自由能。对于静力学问题，因为 $dK = 0$，所以

$$dU = \iiint_V dW dv = dA \tag{3-12}$$

即物体的应变能在数值上等于外力对该物体所做的功。

§3－2　广义胡克定律

在上节中，由弹性变形过程是一个可逆过程这个前提出发，依据热力学的分析，得到应力分量 σ_{ij} 是应变分量 ε_{ij} 的单值函数这个重要的结论。再加上小变形假设（应变分量 ε_{ij} 是远小于 1 的小量），可将此函数按泰勒级数展开，并略去二阶及二阶以上的高阶小量，得到

$$\sigma_{ij} = c_{ijkl} \varepsilon_{kl} \tag{3-13}$$

按泰勒级数展开时，本应为 $\sigma_{ij} = a_{ij} + c_{ijkl}\varepsilon_{kl}$，常数项 a_{ij} 代表全部应变分量为零时的应力，但是根据固体力学中关于应力的概念，当物体未变形（即处于“自然状态”）时其应力应该为零。物体处于自然状态时，物体内分子的布局处于热力学的稳定平衡状态，物体各部分也都处于力学平衡状态。物体变形后，分子的布局发生变化。各分子离开原来的平衡位

置，因而必定出现使物体恢复平衡状态的力，在固体力学中所研究的应力正是这种在变形时出现的“附加”应力。因此，我们认为物体未变形时内部没有应力，故取 $a_{ij}=0$。

如果将式（3－13）中各项一一写出，颇为冗长，如写成如下矩阵形式，更为简洁。

$$\begin{Bmatrix} \sigma_{11} \\ \sigma_{12} \\ \sigma_{13} \\ \sigma_{21} \\ \sigma_{22} \\ \sigma_{23} \\ \sigma_{31} \\ \sigma_{32} \\ \sigma_{33} \end{Bmatrix} = \begin{pmatrix} c_{1111} & c_{1112} & c_{1113} & c_{1121} & c_{1122} & c_{1123} & c_{1131} & c_{1132} & c_{1133} \\ c_{1211} & c_{1212} & c_{1213} & c_{1221} & c_{1222} & c_{1223} & c_{1231} & c_{1232} & c_{1233} \\ c_{1311} & c_{1312} & c_{1313} & c_{1321} & c_{1322} & c_{1323} & c_{1331} & c_{1332} & c_{1333} \\ c_{2111} & c_{2112} & c_{2113} & c_{2121} & c_{2122} & c_{2123} & c_{2131} & c_{2132} & c_{2133} \\ c_{2211} & c_{2212} & c_{2213} & c_{2222} & c_{2223} & c_{2231} & c_{2232} & c_{2232} & c_{2233} \\ c_{2311} & c_{2312} & c_{2313} & c_{2321} & c_{2322} & c_{2323} & c_{2331} & c_{2332} & c_{2333} \\ c_{3111} & c_{3112} & c_{3113} & c_{3121} & c_{3122} & c_{3123} & c_{3131} & c_{3132} & c_{3133} \\ c_{3211} & c_{3212} & c_{3213} & c_{3221} & c_{3222} & c_{3223} & c_{3231} & c_{3232} & c_{3233} \\ c_{3311} & c_{3312} & c_{3313} & c_{3321} & c_{3322} & c_{3323} & c_{3331} & c_{3332} & c_{3333} \end{pmatrix} \times \begin{Bmatrix} \varepsilon_{11} \\ \varepsilon_{12} \\ \varepsilon_{13} \\ \varepsilon_{21} \\ \varepsilon_{22} \\ \varepsilon_{23} \\ \varepsilon_{31} \\ \varepsilon_{32} \\ \varepsilon_{33} \end{Bmatrix} \tag{3-13'}$$

式（3－13）称之为广义胡克定律。胡克根据单向拉伸实验结果在 1678 年首次发表了这个定律。以后由柯西推广到三维情况。式中的 c_{ijkl} 称为广义弹性常数。这是一个三维空间中的四阶张量，共 81 个元素（分量），可用式（3－13′）中的 9×9 矩阵来表示。但是由于存在应变能密度函数 W 及相应的格林关系式（3－10）

$$\frac{\partial^2 W}{\partial\varepsilon_{ij}\partial\varepsilon_{kl}} = \frac{\partial^2 W}{\partial\varepsilon_{kl}\partial\varepsilon_{ij}}$$

所以

$$\frac{\partial\sigma_{ij}}{\partial\varepsilon_{kl}} = \frac{\partial\sigma_{kl}}{\partial\varepsilon_{ij}}$$

因此有

$$c_{ijkl} = c_{klij} \tag{3-14}$$

也就是说，矩阵 c_{ijkl} 是一个对称矩阵，对主对角线对称的元素两两相等。因此 81 个弹性常数中只有 45 个是独立的。

进一步，由于应力张量及应变张量均为对称张量

$$\sigma_{ij} = \sigma_{ji}$$
$$\varepsilon_{ij} = \varepsilon_{ji}$$

因此

$$c_{ijkl} = c_{klij} = c_{jikl} = c_{ijlk} \tag{3-15}$$

这样一来，独立的弹性常数的个数，就由 45 减为 21。因此，对极端各向异性的材料，也只有 21 个独立的弹性常数。实际上大多数材料的弹性性质总具有一定的对称性。因而独

立的弹性常数的数目还要进一步减少。许多材料则可以当作是各向同性材料。在§3-4中将要证明：各向同性材料只有两个独立的弹性常数。

式（3-13）也可以改写为以应力分量表示应变分量的形式

$$\varepsilon_{ij} = b_{ijkl}\sigma_{kl} \tag{3-16}$$

b_{ijkl}称之为柔性系数。显而易见，对于柔性系数，也存在关系

$$b_{ijkl} = b_{klij} = b_{lkij} = b_{jikl}$$

也就是说，对于最普遍的情况具有21个独立的柔性系数。

具有式（3-13）或（3-16）形式的应力-应变关系的物体称之为线弹性体或胡克体。

§3-3 线弹性体的应变能

将广义胡克定律$\sigma_{ij}=c_{ijkl}\varepsilon_{kl}$代入公式

$$\mathrm{d}W = \sigma_{ij}\mathrm{d}\varepsilon_{ij}$$

得

$$\mathrm{d}W = c_{ijkl}\varepsilon_{kl}\mathrm{d}\varepsilon_{ij}$$

$$W = \int_0^{\varepsilon_{ij}} c_{ijkl}\varepsilon_{kl}\mathrm{d}\varepsilon_{ij}$$

这是一个六元函数（六个独立的应变分量ε_{ij}）的线积分。在一般情况下，此积分与积分路径有关，但这里W是全微分，因而与积分路径无关。可以选择最简单的积分路径进行积分，得

$$W = \frac{1}{2}c_{ijkl}\varepsilon_{ij}\varepsilon_{kl} \tag{3-17}$$

由上式可知，线弹性体的应变能密度W是应变分量的二次齐次函数。

根据齐次函数的欧拉定理，如果$F(x_1, x_2, \cdots, x_m)$是x_i的n次齐次函数，则

$$nF(x_1,x_2,\cdots,x_i,\cdots,x_m) = \sum_{i=1}^{m}\frac{\partial F}{\partial x_i}\cdot x_i$$

所以

$$2W = \frac{\partial W}{\partial \varepsilon_{ij}}\varepsilon_{ij} = \sigma_{ij}\varepsilon_{ij}$$

$$W = \frac{1}{2}\sigma_{ij}\varepsilon_{ij} \tag{3-18}$$

式（3－18）是计算应变能的重要公式，称之为克拉贝龙公式。其物理意义是很显然的。

将式（3－16）代入式（3－18）得

$$W = \frac{1}{2} b_{ijkl} \sigma_{ij} \sigma_{kl} \tag{3-19}$$

所以线弹性体的 W 也是应力分量的二次齐次函数，再一次应用欧拉定理

$$2W = \frac{\partial W}{\partial \sigma_{ij}} \sigma_{ij}$$

将上式与式（3－18）比较得

$$\varepsilon_{ij} = \frac{\partial W}{\partial \sigma_{ij}} \tag{3-20}$$

上式称之为**卡斯提扬诺公式**。它与格林关系式（3－10）形式上很相似。但是应该指出的是，二者的适用范围是不同的。格林关系式适用于所有弹性体；而卡斯提扬诺公式只适用于线弹性体，因为它的存在是以广义胡克定律为前提的。

§3－4　各向同性物体的广义胡克定律

大部分材料，从宏观观点看，是各向同性或近似于各向同性的。即在物体的任何方向上，其弹性性质都是相同的。对于各向同性物体，独立的弹性常数将从 21 个减少至 2 个。下面就来讨论这个问题。

为了讨论方便起见，先将广义胡克定律式（3－13）及应变能表达式（3－17）在形式上做些改变。

在式（3－13）、式（3－17）中，我们采用了张量符号形式，这样做使上面许多公式书写简洁、形式对称，从而便于记忆掌握，但是在实际计算中，则力求减少公式中的项数，以减少计算工作量及存贮量。因此在不少弹性力学书刊及有限元计算程序中，广义胡克定律及应变能表达式可写成如下形式：

$$\left.\begin{aligned}
\sigma_{11} &= c_{11}\varepsilon_{11} + c_{12}\varepsilon_{22} + c_{13}\varepsilon_{33} + c_{14}\gamma_{23} + c_{15}\gamma_{31} + c_{16}\gamma_{12} \\
\sigma_{22} &= c_{21}\varepsilon_{11} + c_{22}\varepsilon_{22} + c_{23}\varepsilon_{33} + c_{24}\gamma_{23} + c_{25}\gamma_{31} + c_{26}\gamma_{12} \\
\sigma_{33} &= c_{31}\varepsilon_{11} + c_{32}\varepsilon_{22} + c_{33}\varepsilon_{33} + c_{34}\gamma_{23} + c_{35}\gamma_{31} + c_{36}\gamma_{12} \\
\sigma_{23} &= c_{41}\varepsilon_{11} + c_{42}\varepsilon_{22} + c_{43}\varepsilon_{33} + c_{44}\gamma_{23} + c_{45}\gamma_{31} + c_{46}\gamma_{12} \\
\sigma_{31} &= c_{51}\varepsilon_{11} + c_{52}\varepsilon_{22} + c_{53}\varepsilon_{33} + c_{54}\gamma_{23} + c_{55}\gamma_{31} + c_{56}\gamma_{12} \\
\sigma_{12} &= c_{61}\varepsilon_{11} + c_{62}\varepsilon_{22} + c_{63}\varepsilon_{33} + c_{64}\gamma_{23} + c_{65}\gamma_{31} + c_{66}\gamma_{12}
\end{aligned}\right\} \tag{3-21}$$

$$
\left.\begin{aligned}
W = \frac{1}{2}c_{11}\varepsilon_{11}^{2} &+ c_{12}\varepsilon_{11}\varepsilon_{22} + c_{13}\varepsilon_{11}\varepsilon_{33} + c_{14}\varepsilon_{11}\gamma_{23} + c_{15}\varepsilon_{11}\gamma_{31} + c_{16}\varepsilon_{11}\gamma_{12} \\
&+ \frac{1}{2}c_{22}\varepsilon_{22}^{2} + c_{23}\varepsilon_{22}\varepsilon_{33} + c_{24}\varepsilon_{22}\gamma_{23} + c_{25}\varepsilon_{22}\gamma_{31} + c_{26}\varepsilon_{22}\gamma_{12} \\
&+ \frac{1}{2}c_{33}\varepsilon_{33}^{2} + c_{34}\varepsilon_{33}\gamma_{23} + c_{35}\varepsilon_{33}\gamma_{31} + c_{36}\varepsilon_{33}\gamma_{12} \\
&+ \frac{1}{2}c_{44}\gamma_{23}^{2} + c_{45}\gamma_{23}\gamma_{31} + c_{46}\gamma_{23}\gamma_{12} \\
&+ \frac{1}{2}c_{55}\gamma_{31}^{2} + c_{56}\gamma_{31}\gamma_{12} \\
&+ \frac{1}{2}c_{66}\gamma_{12}^{2}
\end{aligned}\right\} \qquad (3-22)
$$

在下面的讨论中，我们将采用上述形式的表达式。这时的弹性常数 c_{ij} 可表为

$$
\begin{bmatrix}
c_{11} & c_{12} & c_{13} & c_{14} & c_{15} & c_{16} \\
c_{21} & c_{22} & c_{23} & c_{24} & c_{25} & c_{26} \\
c_{31} & c_{32} & c_{33} & c_{34} & c_{35} & c_{36} \\
c_{41} & c_{42} & c_{43} & c_{44} & c_{45} & c_{46} \\
c_{51} & c_{52} & c_{53} & c_{54} & c_{55} & c_{56} \\
c_{61} & c_{62} & c_{63} & c_{64} & c_{65} & c_{66}
\end{bmatrix}
$$

而胡克定律可表为如下的矩阵形式：

$$
\begin{Bmatrix}
\sigma_{11} \\ \sigma_{22} \\ \sigma_{33} \\ \sigma_{23} \\ \sigma_{31} \\ \sigma_{12}
\end{Bmatrix}
=
\begin{pmatrix}
c_{11} & c_{12} & c_{13} & c_{14} & c_{15} & c_{16} \\
c_{21} & c_{22} & c_{23} & c_{24} & c_{25} & c_{26} \\
c_{31} & c_{32} & c_{33} & c_{34} & c_{35} & c_{36} \\
c_{41} & c_{42} & c_{43} & c_{44} & c_{45} & c_{46} \\
c_{51} & c_{52} & c_{53} & c_{54} & c_{55} & c_{56} \\
c_{61} & c_{62} & c_{63} & c_{64} & c_{65} & c_{66}
\end{pmatrix}
\begin{Bmatrix}
\varepsilon_{11} \\ \varepsilon_{22} \\ \varepsilon_{33} \\ \gamma_{23} \\ \gamma_{31} \\ \gamma_{12}
\end{Bmatrix} \qquad (3-21a)
$$

（1）首先设材料的弹性性质对 x_1Ox_2 平面对称。因此，当 x_3 变为相反的方向时（图 3-1），应变能 W 应该保持不变。

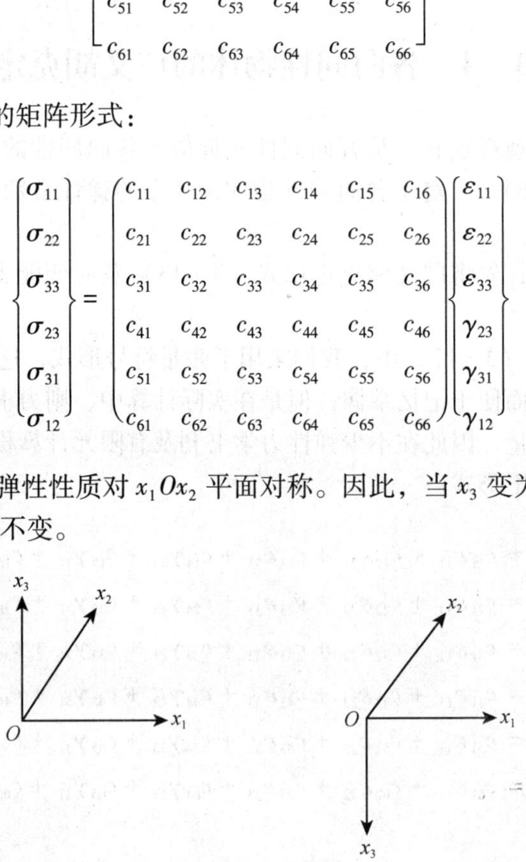

图　3-1

但是，当 x_3 反向时，x_3 与 u_3 均变号，因此应变分量中

$$\gamma_{23} = 2\sigma_{23} = \frac{\partial u_2}{\partial x_3} + \frac{\partial u_3}{\partial x_2}$$

$$\gamma_{31} = 2\varepsilon_{31} = \frac{\partial u_3}{\partial x_1} + \frac{\partial u_1}{\partial x_3}$$

将改变符号，而其余四个应变分量不变。因此，为了使式（3－22）中的 W 不因 x_3 反向而变化，式中脚标带 3 的 γ 只出现一次的项，其系数必须为零，即

$$c_{14} = c_{15} = c_{24} = c_{25} = c_{34} = c_{35} = c_{46} = c_{45} = 0$$

于是独立的弹性常数从 21 个变为 13 个。

根据同样的道理，材料的弹性性质对于 x_2Ox_3 平面对称时，必然有

$$c_{16} = c_{26} = c_{36} = c_{45} = 0$$

当材料的弹性性质对于 x_1Ox_3 平面对称时，其独立的弹性常数的数目将不因此而继续减少。

因此，具有三个正交的弹性对称面的物体具有 9 个独立的弹性常数。这样的物体称为正交各向异性体。如斜方晶系单晶即属于这类情形。

对于正交各向异性的弹性系数矩阵具有如下的形式：

$$\begin{pmatrix} c_{11} & c_{12} & c_{13} & 0 & 0 & 0 \\ & c_{22} & c_{23} & 0 & 0 & 0 \\ & & c_{33} & 0 & 0 & 0 \\ & \text{对称} & & c_{44} & 0 & 0 \\ & & & & c_{55} & 0 \\ & & & & & c_{66} \end{pmatrix}$$

（2）对于各向同性物体，材料的弹性性质对上述三个对称面应该完全一样。因此当坐标轴轮换时，即 $x_1 \to x_2$，$x_2 \to x_3$，$x_3 \to x_1$ 时，应变能 W 仍然应该保持不变。但是当坐标轴轮换时

$$\varepsilon_{11} \to \varepsilon_{22}, \quad \varepsilon_{22} \to \varepsilon_{33}, \quad \varepsilon_{33} \to \varepsilon_{11}$$

$$\gamma_{23} \to \gamma_{31}, \quad \gamma_{31} \to \gamma_{12}, \quad \gamma_{12} \to \gamma_{23}$$

这就要求

$$c_{11} = c_{22} = c_{33} = c_1$$

$$c_{12} = c_{23} = c_{31} = c_2$$

$$c_{44} = c_{55} = c_{66} = c_3$$

因此独立的弹性常数从 9 个进一步减为 3 个，其应力-应变关系为

$$\begin{Bmatrix}\sigma_{11}\\\sigma_{22}\\\sigma_{33}\\\sigma_{23}\\\sigma_{31}\\\sigma_{12}\end{Bmatrix}=\begin{pmatrix}c_1 & c_2 & c_2 & 0 & 0 & 0\\ & c_1 & c_2 & 0 & 0 & 0\\ & & c_1 & 0 & 0 & 0\\ & & & c_3 & 0 & 0\\ & \text{对称} & & & c_3 & 0\\ & & & & & c_3\end{pmatrix}\begin{Bmatrix}\varepsilon_{11}\\\varepsilon_{22}\\\varepsilon_{33}\\\gamma_{23}\\\gamma_{31}\\\gamma_{12}\end{Bmatrix} \tag{3-23}$$

（3）根据各向同性的要求，沿任何方向的弹性性质都应相同，因而坐标轴可以任意选取。由式（3－23）得

$$\left.\begin{aligned}\sigma_{11} &= (c_1-c_2)\varepsilon_{11}+c_2\theta\\ \sigma_{22} &= (c_1-c_2)\varepsilon_{22}+c_2\theta\\ \sigma_{33} &= (c_1-c_2)\varepsilon_{33}+c_2\theta\\ \sigma_{23} &= c_3\gamma_{23}\\ \sigma_{31} &= c_3\gamma_{31}\\ \sigma_{21} &= c_3\gamma_{12}\end{aligned}\right\} \tag{3-23a}$$

使坐标轴绕 x_3 轴转动 φ 角（图 3－2）。根据各向同性的要求在新坐标系内式（3－13）仍然应该成立，因而

$$\sigma'_{12} = c_3\gamma'_{12}$$

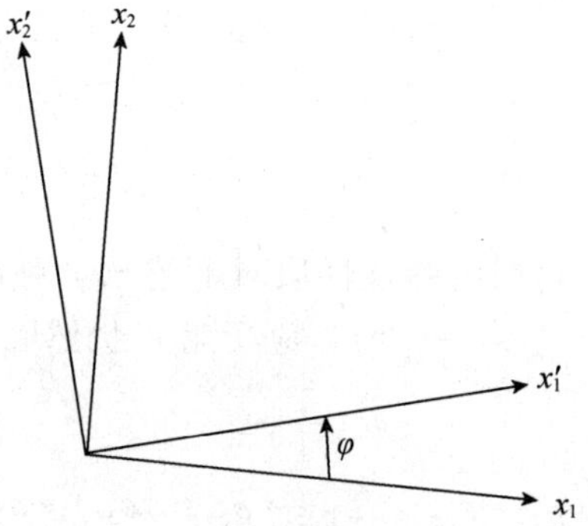

图 3－2

根据不同坐标系中应力分量及应变分量的转换关系

$$\sigma'_{12} = \frac{1}{2}(\sigma_{11}-\sigma_{22})\sin 2\varphi+\sigma_{12}\cos 2\varphi$$

$$\varepsilon'_{12} = \frac{1}{2}(\varepsilon_{11} - \varepsilon_{22})\sin 2\varphi + \varepsilon_{12}\cos 2\varphi$$

$$\gamma'_{12} = (\varepsilon_{11} - \varepsilon_{22})\sin 2\varphi + \gamma_{12}\cos 2\varphi$$

因此

$$\frac{1}{2}(\sigma_{11} - \sigma_{22})\sin 2\varphi + \sigma_{12}\cos 2\varphi = c_3[(\varepsilon_{11} - \varepsilon_{22})\sin 2\varphi + \gamma_{12}\cos 2\varphi]$$

由式（3－23a）得 $\sigma_{12} = c_3\gamma_{12}$，代入上式得

$$\frac{1}{2}(\sigma_{11} - \sigma_{22}) = c_3(\varepsilon_{11} - \varepsilon_{22}) \tag{a}$$

再将式（3－23a）中的第一式减以第二式得

$$(\sigma_{11} - \sigma_{22}) = (c_1 - c_2)(\varepsilon_{11} - \varepsilon_2) \tag{b}$$

比较（a）、（b）两式得

$$2c_3 = (c_1 - c_2)$$

可见 c_1、c_2、c_3 中只有两个弹性常数是独立的，这说明：各向同性物体只有两个独立的弹性常数。

如令

$$c_2 = \lambda, \quad c_3 = \mu$$

则

$$c_1 = \lambda + 2\mu$$

所以弹性常数矩阵为

$$\begin{pmatrix} \lambda + 2\mu & \lambda & \lambda & 0 & 0 & 0 \\ & \lambda + 2\mu & \lambda & 0 & 0 & 0 \\ & & \lambda + 2\mu & 0 & 0 & 0 \\ & \text{对称} & & \mu & 0 & 0 \\ & & & & \mu & 0 \\ & & & & & \mu \end{pmatrix}$$

于是各向同性材料的广义胡克定律可写为

$$
\left.\begin{aligned}
\sigma_{11} &= 2\mu\varepsilon_{11} + \lambda\theta \\
\sigma_{22} &= 2\mu\varepsilon_{22} + \lambda\theta \\
\sigma_{33} &= 2\mu\varepsilon_{33} + \lambda\theta \\
\sigma_{23} &= 2\mu\varepsilon_{23} = \mu\gamma_{23} \\
\sigma_{31} &= 2\mu\varepsilon_{31} = \mu\gamma_{31} \\
\sigma_{12} &= 2\mu\varepsilon_{12} = \mu\gamma_{12}
\end{aligned}\right\} \tag{3-24}
$$

或者简写为

$$
\sigma_{ij} = 2\mu\varepsilon_{ij} + \lambda\theta \cdot \delta_{ij} \tag{3-24'}
$$

式中，λ、μ 称为拉梅常数；$\theta = \varepsilon_{ij} = \varepsilon_{11} + \varepsilon_{22} + \varepsilon_{33}$，即体积应变或应变张量的第一不变量 I_1'，而

$$
\delta_{ij} = \begin{cases} 1 & (i = j) \\ 0 & (i \neq j) \end{cases}
$$

广义胡克定律也可以写成如下形式（以应力分量表示应变分量）：

$$
\left.\begin{aligned}
\varepsilon_{11} &= \frac{\sigma_{11}}{2\mu} - \frac{\lambda}{2\mu(3\lambda + 2\mu)} I_1 \\
\varepsilon_{22} &= \frac{\sigma_{22}}{2\mu} - \frac{\lambda}{2\mu(3\lambda + 2\mu)} I_1 \\
\varepsilon_{33} &= \frac{\sigma_{33}}{2\mu} - \frac{\lambda}{2\mu(3\lambda + 2\mu)} I_1 \\
\varepsilon_{23} &= \frac{\sigma_{23}}{2\mu} \\
\varepsilon_{31} &= \frac{\sigma_{31}}{2\mu} \\
\varepsilon_{12} &= \frac{\sigma_{12}}{2\mu}
\end{aligned}\right\} \tag{3-25}
$$

或

$$
\varepsilon_{ij} = \frac{1}{2\mu}\left[\sigma_{ij} - \frac{\lambda}{(3\lambda + 2\mu)} \cdot I_1\delta_{ij}\right] \tag{3-25'}
$$

其中 $I_1 = \sigma_{ij} = \sigma_{11} + \sigma_{22} + \sigma_{33}$ 为应力张量的第一不变量。

§3－5　弹性常数的测定及其相互关系

上节已证明：对于各向同性物体，只存在两个独立的弹性常数。在不同的情况下，采用不同的弹性常数较为方便。常用的有 λ、μ、E、ν、K。其中 λ、μ 称为拉梅常数，μ 又称为

剪切模量或刚性模量；E 称为杨氏弹性模量；ν 称为泊桑比或横向变形系数；K 称为体积弹性模量。由于只存在两个独立的弹性常数，所以这 5 个弹性常数之间存在一定的关系，只要知道其中两个，就可以求出其余 3 个弹性常数。

常用的测定弹性常数的方法及其意义简介如下：

（1）纯剪试验：在这种试验中使

$$\sigma_{12} = \tau$$
$$\sigma_{11} = \sigma_{22} = \sigma_{33} = \sigma_{23} = \sigma_{31} = 0$$

由广义胡克定律式（3－24）

$$\gamma_{12} = 2\varepsilon_{12} = \tau/\mu$$

由实验中测出 γ_{12} 及 τ，即可求得试件材料的 μ 值。所以 μ 又称为剪切弹性模量。实际上常常利用圆柱试件的扭转实验测定剪切弹性模量 μ。

（2）单向拉伸试验，试验时使

$$\sigma_{11} = \sigma$$
$$\sigma_{22} = \sigma_{33} = \sigma_{23} = \sigma_{31} = \sigma_{12} = 0$$

令

$$\varepsilon_{11} = \frac{1}{E}\sigma_{11}$$

$$\varepsilon_{22} = \varepsilon_{33} = -\nu\varepsilon_{11} = -\frac{\nu}{E}\sigma_{11}$$

式中，E 为杨氏弹性模量；ν 为泊桑比。

由广义胡克定律（3－24）

$$\left.\begin{aligned} \sigma_{11} &= 2\mu\varepsilon_{11} + \lambda\theta \\ 0 &= 2\mu\varepsilon_{22} + \lambda\theta \\ 0 &= 2\mu\varepsilon_{33} = \lambda\theta \end{aligned}\right\} \tag{3-26}$$

将上面三式相加得

$$\theta = \sigma_{11}/(3\lambda + 2\mu)$$

将上式代入式（3－26）中第一式得

$$E = \frac{\mu(3\lambda + 2\mu)}{\lambda + \mu} \tag{3-27}$$

代入式（3－26）中第二式或第三式得

$$\nu = \frac{\lambda}{2(\lambda + \mu)} \tag{3-28}$$

式（3-27）、(3-28）也可化为

$$\left.\begin{aligned} \lambda &= \frac{E\nu}{(1+\nu)(1-2\nu)} \\ \mu &= \frac{E}{2(1+\nu)} \end{aligned}\right\} \tag{3-29}$$

利用式（3-29）可将胡克定律表示为如下更常用的形式

$$\left.\begin{aligned} \varepsilon_{11} &= \frac{1}{E}[\sigma_{11} - \nu(\sigma_{22} + \sigma_{33})] \\ \varepsilon_{22} &= \frac{1}{E}[\sigma_{22} - \nu(\sigma_{33} + \sigma_{11})] \\ \varepsilon_{33} &= \frac{1}{E}[\sigma_{33} - \nu(\sigma_{11} + \sigma_{22})] \\ \varepsilon_{23} &= \frac{1+\nu}{E}\sigma_{23} \\ \varepsilon_{31} &= \frac{1+\nu}{E}\sigma_{31} \\ \varepsilon_{12} &= \frac{1+\nu}{E}\sigma_{12} \end{aligned}\right\} \tag{3-30}$$

或

$$\varepsilon_{ij} = \frac{1+\nu}{E}\sigma_{ij} - \frac{\nu}{E}I_1\delta_{ij} \tag{3-30'}$$

（3）各向均匀压缩试验：试验时使

$$\sigma_{11} = \sigma_{22} = \sigma_{33} = -p$$
$$\sigma_{23} = \sigma_{31} = \sigma_{12} = 0$$

定义体积变形模量 K 为

$$K = -p/\theta \tag{3-31}$$

将上述应力分量的值代入广义胡克定律表达式（3-24）中得

$$-p = 2\mu\varepsilon_{11} + \lambda\theta$$
$$-p = 2\mu\varepsilon_{22} + \lambda\theta$$
$$-p = 2\mu\varepsilon_{33} + \lambda\theta$$

三式相加得

$$-3p=(3\lambda+2\mu)\theta$$

上式与式（3－31）比较后得

$$K=\lambda+\frac{2}{3}\mu \tag{3-32}$$

根据式（3－29）至式（3－32）可推出五个弹性常数之间的关系。结果如下：

$$\left.\begin{aligned}
\lambda &= \frac{2\mu\nu}{1-2\nu}=\frac{\mu(E-2\mu)}{3\mu-E}=K-\frac{2}{3}\mu\\
&=\frac{E\nu}{(1+\nu)(1-2\nu)}=\frac{3K(3K-E)}{9K-E}=\frac{3K\nu}{1+\nu}\\
\mu &= \frac{\lambda(1-2\nu)}{2\nu}=\frac{3}{2}(K-\lambda)=\frac{E}{2(1+\nu)}\\
&=\frac{3K(1-2\nu)}{2(1+\nu)}=\frac{3KE}{9K-E}\\
\nu &= \frac{\lambda}{2(\lambda+\mu)}=\frac{\lambda}{3K-\lambda}=\frac{E}{2\mu}-1\\
&=\frac{3K-2\mu}{2(3K+\mu)}=\frac{3K-E}{6K}\\
E &= \frac{\mu(3\lambda+2\mu)}{\lambda+\mu}=\frac{\lambda(1+\nu)(1-2\nu)}{\nu}=\frac{9K(K-\lambda)}{3K-\lambda}\\
&=2\mu(1+\nu)=\frac{9K\mu}{3K+\mu}=3K(1-2\nu)\\
K &= \lambda+\frac{2}{3}\mu=\frac{\lambda(1+\nu)}{3\nu}=\frac{2\mu(1+\nu)}{3(1-2\nu)}\\
&=\frac{\mu E}{3(3\mu-E)}=\frac{E}{3(1-2\nu)}
\end{aligned}\right\} \tag{3-33}$$

另外再补充两个很有用的关系式

$$\left.\begin{aligned}
\frac{\mu}{\lambda+\mu}&=1-2\nu\\
\frac{\lambda}{\lambda+2\mu}&=\frac{\nu}{1-\nu}
\end{aligned}\right\} \tag{3-34}$$

§3－6　体积改变定律与形状改变定律

在前面两章中，我们曾讨论过应力张量及应变张量的分解，二者都可以分解为球张量及偏张量。

应力：

$$\begin{pmatrix}\sigma_{11} & \sigma_{12} & \sigma_{13}\\ \sigma_{23} & \sigma_{22} & \sigma_{23}\\ \sigma_{31} & \sigma_{32} & \sigma_{33}\end{pmatrix}=\begin{pmatrix}\sigma_0 & 0 & 0\\ 0 & \sigma_0 & 0\\ 0 & 0 & \sigma_0\end{pmatrix}+\begin{pmatrix}s_{11} & s_{12} & s_{13}\\ s_{21} & s_{22} & s_{23}\\ s_{31} & s_{32} & s_{33}\end{pmatrix}$$

式中，$\sigma_0=\frac{1}{3}I_1=\frac{1}{3}\sigma_{ii}$；$s_{ij}=\sigma_{ij}-\sigma_0\cdot\delta_{ij}$

应变：

$$\begin{pmatrix}\varepsilon_{11} & \varepsilon_{12} & \varepsilon_{13}\\ \varepsilon_{21} & \varepsilon_{22} & \varepsilon_{23}\\ \varepsilon_{31} & \varepsilon_{32} & \varepsilon_{33}\end{pmatrix}=\begin{pmatrix}\varepsilon_0 & 0 & 0\\ 0 & \varepsilon_0 & 0\\ 0 & 0 & \varepsilon_0\end{pmatrix}+\begin{pmatrix}e_{11} & e_{12} & e_{13}\\ e_{21} & e_{22} & e_{23}\\ e_{31} & e_{32} & e_{33}\end{pmatrix}$$

式中，

$$\varepsilon_0=\frac{1}{3}\theta=\frac{1}{3}\varepsilon_{ii}$$

$$e_{ij}=\varepsilon_{ij}-\varepsilon_0\cdot\delta_{ij}$$

这样的分解代表着深刻的物理内容。一方面，它说明一点的变形可以分解为体积变化与形状变化两部分，应变张量的球张量部分代表着其体积变化，而其偏量部分则对应于其形状改变部分。

另一方面，应力张量分解为两个相应的部分。对于各向同性物体，应力的球张量部分（静水压应力状态）只引起体积的改变，不会引起形状的改变。而其偏应力部分则只导致物体的形状改变，而不导致其体积的变化。因此应力球张量与应变球张量成正比。应力偏张量与应变偏张量成正比。分别称之为体积改变定律与形状改变定律。

（1）体积改变定律：应力球张量与应变球张量成正比，比例系数为 $3K$。即

$$\begin{pmatrix}\sigma_0 & 0 & 0\\ 0 & \sigma_0 & 0\\ 0 & 0 & \sigma_0\end{pmatrix}=3K\begin{pmatrix}\varepsilon_0 & 0 & 0\\ 0 & \varepsilon_0 & 0\\ 0 & 0 & \varepsilon_0\end{pmatrix} \tag{3-35}$$

上式与式（3-31）实质上是一致的。

（2）形状改变定律：应力偏量与应变偏量成正比，比例系数为 2μ。即

$$\begin{pmatrix}s_{11} & s_{12} & s_{13}\\ s_{21} & s_{22} & s_{23}\\ s_{31} & s_{32} & s_{33}\end{pmatrix}=2\mu\begin{pmatrix}e_{11} & e_{12} & e_{13}\\ e_{21} & e_{22} & e_{23}\\ e_{31} & e_{32} & e_{33}\end{pmatrix} \tag{3-36}$$

现证明由胡克定律可以导出上式。上式中非对角线元素间的关系就是广义胡克定律式（3-24）中的后面三个方程。现在来研究对角线元素间的关系。由广义胡克定律式（3-24）的第一式减去式（3-35）

$$\sigma_0 = 3K\varepsilon_0 = K\theta$$

得

$$\sigma_{11} - \sigma_0 = 2\mu\varepsilon_{11} + \lambda\theta - K\theta = 2\mu\varepsilon_{11} + (\lambda - K)\theta$$

由式（3－33）

$$\lambda - K = -\frac{2}{3}\mu$$

$$(\lambda - K)\theta = -\frac{2}{3}\mu\theta = -2\mu\varepsilon_0$$

所认

$$\sigma_{11} - \sigma_0 = 2\mu\ (\varepsilon_{11} - \varepsilon_0)$$

同理

$$\sigma_{22} - \sigma_0 = 2\mu\ (\varepsilon_{22} - \varepsilon_0)$$

$$\sigma_{33} - \sigma_0 = 2\mu\ (\varepsilon_{33} - \varepsilon_0)$$

这正是张量方程（3－36）的对角线元素之间的关系。

相应地，单位体积内的应变能 W 也可以分解为体积变形的应变能 W_v 与形状变化的应变能 W_F（简称畸变能）两部分。

将广义胡克定律式（3－24）代入克拉贝龙公式（3－18）中整理得

$$\begin{aligned} W &= \frac{1}{2}\lambda\theta^2 + \mu[(\varepsilon_{11}^2 + \varepsilon_{22}^2 + \varepsilon_{33}^2) + 2(\varepsilon_{12}^2 + \varepsilon_{23}^2 + \varepsilon_{31}^2)] \\ &= \frac{1}{2E}[\sigma_{11}^2 + \sigma_{22}^2 + \sigma_{33}^2 - 2\nu(\sigma_{11}\sigma_{22} + \sigma_{22}\sigma_{33} + \sigma_{33}\sigma_{11}) \\ &\quad + 2(1+\nu)(\sigma_{12}^2 + \sigma_{23}^2 + \sigma_{31}^2)] \end{aligned} \tag{3-37}$$

上式可改写为

$$W = \frac{1}{2}\lambda\theta^2 + \mu\varepsilon_{ij}\cdot\varepsilon_{ij} = \frac{1}{2}\left(\lambda + \frac{2}{3}\mu\right)\theta^2 + \mu e_{ij}\cdot e_{ij} = \frac{1}{2}K\theta^2 + \mu e_{ij}e_{ij}$$

显然

$$W_V = \frac{1}{2}K\theta^2 \tag{3-38}$$

所以

$$\begin{aligned} W_F &= \mu\epsilon_{ij}\epsilon_{ij} \\ &= \frac{\mu}{3}[(\varepsilon_{11} - \varepsilon_{22})^2 + (\varepsilon_{22} - \varepsilon_{33})^2 \\ &\quad + (\varepsilon_{33} - \varepsilon_{11})^2 + 6(\varepsilon_{12}^2 + \varepsilon_{23}^2 + \varepsilon_{31}^2)] \end{aligned} \tag{3-39}$$

由热力学可以证明应变能密度 W 具有正定性*，即

$$W \geqslant 0$$

而 $W=\frac{1}{2}K\theta^2+\mu\epsilon_{ij}\epsilon_{ij}$，并且由§3-6的讨论可知，体积变形 θ 与形状变化部分，二者可看成是相互独立的。因此由 W 的正定性可以推知

$$K>0,\quad \mu>0$$

由式（3-33）中

$$E=\frac{9K\mu}{3K+\mu}$$

可知

$$E>0$$

再由式（3-33）中

$$K=\frac{E}{3(1-2\nu)}=\frac{2\mu(1+\nu)}{3(1-2\nu)}$$

可推知

$$-1\leqslant\nu\leqslant\frac{1}{2}$$

但迄今为止还没发现 $\nu<0$ 的材料，所以可以认为 $0\leqslant\nu\leqslant\frac{1}{2}$。可见 ν 的变化范围不大。金属铍的 ν 值很小（0.01~0.06），而铅的 ν 值相当大（≈0.45）。但绝大多数材料的 ν 值在0.2~0.4之间，对普通碳钢 $\nu\approx0.25$，对大多数岩石及多种其他材料 ν 的值也常常近似为0.25或相差不太多。$\nu=0.25$ 称之为泊桑假设。当材料符合泊桑假设时，$\lambda=\mu$，$K=\frac{5}{3}\mu$，$E=2.5\mu$，纵波速度/横波速度 $=\sqrt{3}$。

当 $\nu>0$ 时，从式（3-33）很容易证明

$$\lambda>0$$

注：任何物体的自然状态都是一种稳定状态，而且处于自然状态时 $W=0$，W 必为极小值。由这一事实也很容易理解 W 的正定性。

§3-7 考虑温度（膨胀）效应时的广义胡克定律

设初始温度为 T_0，温度升高至 T 时必定产生膨胀。广义胡克定律式（3-30）可改写为

$$\varepsilon_{ij} = \frac{1+\nu}{E}\sigma_{ij} - \frac{\nu}{E}I_1\delta_{ij} + \alpha(T - T_0)\delta_{ij} \tag{3-40}$$

或

$$\sigma_{ij} = 2\mu\varepsilon_{ij} + \lambda\theta\delta_{ij} - \beta(T - T_0)\delta_{ij} \tag{3-41}$$

式（3-40）、(3-41）称之为胡克定律的杜哈默-纽曼形式。其中 α 为各向同性材料的线膨胀系数。α、β 间有如下关系：

$$\beta = \frac{E\alpha}{1-2\nu} \tag{3-42}$$

此时应变能为

$$W = \frac{\lambda}{2}\theta^2 + \mu\varepsilon_{ij}\cdot\varepsilon_{ij} - \beta(T - T_0)\theta \tag{3-43}$$

第四章　弹性力学问题的建立及其一般原理

在前几章中我们讨论了弹性力学的全部基本方程，这样就可能用它来解决具体的弹性力学问题。但是在此以前，我们在这一章里首先要讨论弹性力学问题的建立及它的一般原理，这些原理对于以后解决弹性力学问题是极其重要的。

§4－1　弹性力学的基本方程

为以后应用方便起见，现在把已经学过的全部弹性力学基本方程汇集于下，并归纳为三组。

一、力学方程（平衡方程或运动方程）

$$\left.\begin{aligned}
&\frac{\partial\sigma_{11}}{\partial x_1}+\frac{\partial\sigma_{12}}{\partial x_2}+\frac{\partial\sigma_{13}}{\sigma x_3}+f_1=0\left(\rho\frac{\partial^2 u_1}{\partial t^2}\right)\\
&\frac{\partial\sigma_{21}}{\partial x_1}+\frac{\partial\sigma_{22}}{\partial x_2}+\frac{\partial\sigma_{23}}{\sigma x_3}+f_2=0\left(\rho\frac{\partial^2 u_2}{\partial t^2}\right)\\
&\frac{\partial\sigma_{31}}{\partial x_1}+\frac{\partial\sigma_{32}}{\partial x_2}+\frac{\partial\sigma_{33}}{\sigma x_3}+f_3=0\left(\rho\frac{\partial^2 u_3}{\partial t^2}\right)\\
\text{或}\quad&\sigma_{ij,j}+f_i=0\left(\rho\frac{\partial^2 u_i}{\partial t^2}\right)
\end{aligned}\right\}\tag{4-1}$$

方程右侧为零时为平衡方程，方程右侧取括号内的惯性项时为运动方程。

二、几何方程

（1）应变分量与位移分量间的关系为

$$\left.\begin{aligned}
&\varepsilon_{11}=\frac{\partial u_1}{\partial x_1},\quad \varepsilon_{23}=\frac{1}{2}\left(\frac{\partial u_3}{\partial x_2}+\frac{\partial u_2}{\partial x_3}\right)\\
&\varepsilon_{22}=\frac{\partial u_2}{\partial x_2},\quad \varepsilon_{31}=\frac{1}{2}\left(\frac{\partial u_1}{\partial x_3}+\frac{\partial u_3}{\partial x_1}\right)\\
&\varepsilon_{33}=\frac{\partial u_3}{\partial x_3},\quad \varepsilon_{12}=\frac{1}{2}\left(\frac{\partial u_2}{\partial x_1}+\frac{\partial u_1}{\partial x_2}\right)\\
\text{或}\quad&\varepsilon_{ij}=\frac{1}{2}(u_{i,j}+u_{i,i})
\end{aligned}\right\}\tag{4-2}$$

（2）变形协调方程：

$$\left.\begin{aligned}
&\frac{\partial^2 \varepsilon_{11}}{\partial x_2^2} + \frac{\partial^2 \varepsilon_{22}}{\partial x_1^2} = 2\frac{\partial^2 \varepsilon_{12}}{\partial x_1 \partial x_2} \\
&\frac{\partial^2 \varepsilon_{22}}{\partial x_3^2} + \frac{\partial^2 \varepsilon_{33}}{\partial x_2^2} = 2\frac{\partial^2 \varepsilon_{23}}{\partial x_2 \partial x_3} \\
&\frac{\partial^2 \varepsilon_{33}}{\partial x_1^2} + \frac{\partial^2 \varepsilon_{11}}{\partial x_3^2} = 2\frac{\partial^2 \varepsilon_{31}}{\partial x_3 \partial x_1} \\
&\frac{\partial}{\partial x_1}\left(-\frac{\partial \varepsilon_{23}}{\partial x_1} + \frac{\partial \varepsilon_{31}}{\partial x_2} + \frac{\partial \varepsilon_{12}}{\partial x_3}\right) = \frac{\partial^2 \varepsilon_{11}}{\partial x_2 \partial x_3} \\
&\frac{\partial}{\partial x_2}\left(\frac{\partial \varepsilon_{23}}{\partial x_1} - \frac{\partial \varepsilon_{31}}{\partial x_2} + \frac{\partial \varepsilon_{12}}{\partial x_3}\right) = \frac{\partial^2 \varepsilon_{22}}{\partial x_3 \partial x_1} \\
&\frac{\partial}{\partial x_3}\left(\frac{\partial \varepsilon_{23}}{\partial x_1} + \frac{\partial \varepsilon_{31}}{\partial x_2} - \frac{\partial \varepsilon_{12}}{\partial x_3}\right) = \frac{\partial^2 \varepsilon_{33}}{\partial x_1 \partial x_2}
\end{aligned}\right\} \tag{4-3}$$

或

$$\varepsilon_{ij,kl} + \varepsilon_{kl,ij} = \varepsilon_{ih,jl} + \varepsilon_{il,ik}$$

三、物理方程（应力–应变关系）

（1）以应变表示应力：

各向异性材料：

$$\sigma_{ij} = C_{ijkl}\varepsilon_{kl} \tag{4-4}$$

其中

$$C_{ijkl} = C_{klij} = C_{jikl} = C_{ijlk}$$

各向同性材料（以下均讨论各向同性情形），通常写成如下形式

$$\left.\begin{aligned}
\sigma_{11} &= 2\mu\varepsilon_{11} + \lambda\theta \\
\sigma_{22} &= 2\mu\varepsilon_{22} + \lambda\theta \\
\sigma_{33} &= 2\mu\varepsilon_{33} + \lambda\theta \\
\sigma_{23} &= 2\mu\varepsilon_{23} \\
\sigma_{31} &= 2\mu\varepsilon_{31} \\
\sigma_{12} &= 2\mu\varepsilon_{12}
\end{aligned}\right\} \tag{4-5'}$$

或

$$\sigma_{ij} = 2\mu\varepsilon_{ij} + \lambda\theta\delta_{ij} \tag{4-5''}$$

其中

$$\theta = \varepsilon_{11} + \varepsilon_{22} + \varepsilon_{33} = \varepsilon_{ii} = I_1'$$

（2）以应力表示应变：

$$
\left.\begin{aligned}
\varepsilon_{11} &= \frac{1}{E}[\sigma_{11} - \nu(\sigma_{22} + \sigma_{33})] \\
\varepsilon_{22} &= \frac{1}{E}[\sigma_{22} - \nu(\sigma_{33} + \sigma_{11})] \\
\varepsilon_{33} &= \frac{1}{E}[\sigma_{33} - \nu(\sigma_{11} + \sigma_{22})] \\
\varepsilon_{23} &= \frac{1+\nu}{E}\sigma_{23} \\
\varepsilon_{31} &= \frac{1+\nu}{E}\sigma_{31} \\
\varepsilon_{12} &= \frac{1+\nu}{E}\sigma_{12}
\end{aligned}\right\} \tag{4-6}
$$

或

$$
\varepsilon_{ij} = \frac{1+\nu}{E}\sigma_{ij} - \frac{\nu}{E}I_1\delta_{ii} \tag{4-6'}
$$

或

$$
\varepsilon_{ij} = \frac{1+\nu}{E}\sigma_{ij} - \frac{3\nu}{E}\sigma_0\delta_{ij} \qquad (\sigma_0 = I_1/3) \tag{4-6''}
$$

§4-2　边界条件，弹性力学问题的建立及分类

上述方程组中共包含有15个待求的未知量——3个位移分量（u_1、u_2、u_3），6个独立的应变分量（ε_{11}、ε_{22}、ε_{33}、ε_{23}、ε_{31}、ε_{12}）及6个独立的应力分量（σ_{11}、σ_{22}、σ_{33}、σ_{23}、σ_{31}、σ_{12}）。解弹性力学问题就是在已知物体形状、材料性质（如弹性常数等）及体积力后，寻求满足给定的边界条件（如果是动力学问题则还要给出初始条件）下，上述方程组（4-1）、（4-2）及（4-5）的解。

弹性力学的边界条件分为三类。

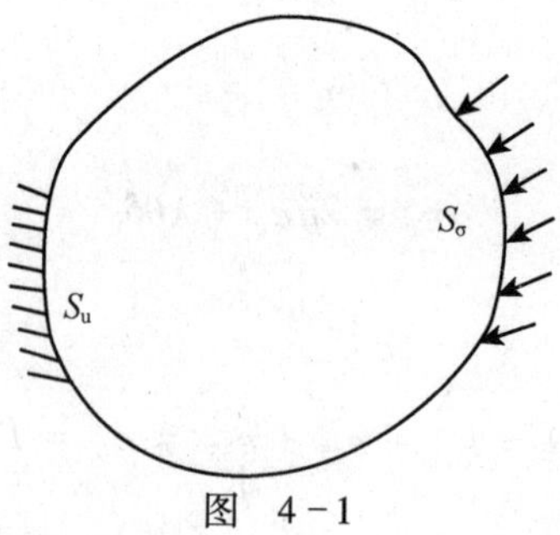

图　4-1

（1）应力边界条件：

在边界（S_σ）上规定其应力矢量 T_i。

按柯西公式（1-7），边界上各点的应力矢量 T_i 与该点的应力分量间存在关系为

$$\left.\begin{aligned} T_1 &= \alpha_1\sigma_{11} + \alpha_2\sigma_{12} + \alpha_3\sigma_{13} \\ T_2 &= \alpha_1\sigma_{21} + \alpha_2\sigma_{22} + \alpha_3\sigma_{23} \\ T_3 &= \alpha_1\sigma_{31} + \alpha_2\sigma_{32} + \alpha_3\sigma_{33} \end{aligned}\right\} \tag{4-7}$$

或

$$T_i = \alpha_i\sigma_{ij}$$

式中，a_j 为边界上各点的外法线 $\boldsymbol{n}$ 的方向余弦。

（2）位移边界条件：

在部分或全部边界（S_u）上，给定其位移分量

$$\left.\begin{aligned} u_1 &= f_1(x_1、x_2、x_3) \\ u_2 &= f_2(x_1、x_2、x_3) \\ u_3 &= f_3(x_1、x_2、x_3) \end{aligned}\right\} \tag{4-8}$$

式中，f_i 为已知函数。

（3）边界条件包括力及位移：

例如弹性支承的情况。

根据给定的边界条件的类型：弹性力学问题可以分为下面三类。

第一类问题：已知体积力及作用在弹性体表面上各点的外力（如式（4-7））时，求解弹性体内各点的位移、应变及应力。

第二类问题：已知体积力及表面上各点的位移（如式（4-8））时，求解弹性体内各点的位移、应变及应力。

第三类问题：上述两类问题的混合，在部分边界（S_σ）上给定外力，而在另外的部分边界（S_u）上给定位移，或者边界条件中同时包含位移及力。这类问题也称为混合问题。

§4-3　弹性力学问题的位移解法，拉梅方程

在位移解法中，选择各点的位移分量（u_1，u_2，u_3）作为基本未知量。设法先求出 u_1、u_2、u_3。求出 u_1、u_2、u_3 后可利用式（4-2）求得全部应变分量，再利用广义胡克定律（式（4-6））求出全部应力分量。

利用 u_1、u_2、u_3 为基本未知变量解弹性力学问题时，变形协调方程（4-3）自然满足，现在剩下的问题是以位移来表示平衡方程。办法是将平衡方程中的应力分量通过广义胡克定律表示为应变分量，再利用式（4-2）将应变分量表示为位移分量。现具体推导如下：

以式（4-1）中的第一式为例

$$\frac{\partial\sigma_{11}}{\partial x_1}+\frac{\partial\sigma_{12}}{\partial x_2}+\frac{\partial\sigma_{13}}{\partial x_3}+f_1=0 \tag{a}$$

由广义胡克定律

$$\begin{aligned}\sigma_{11}&=2\mu\varepsilon_{11}+\lambda\theta\\ \sigma_{12}&=2\mu\varepsilon_{12}\\ \sigma_{13}&=2\mu\varepsilon_{13}\end{aligned}$$

可得 σ_{11}、σ_{12}及 σ_{13}分别对 x_1、x_2 及 x_3 的偏导数如下：

$$\begin{aligned}\frac{\partial\sigma_{11}}{\partial x_1}&=2\mu\frac{\partial\varepsilon_{11}}{\partial x_1}+\lambda\frac{\partial\theta}{\partial x_1}=2\mu\frac{\partial^2 u_1}{\partial x_1^2}+\lambda\frac{\partial\theta}{\partial x_1}\\ \frac{\partial\sigma_{12}}{\partial x_2}&=2\mu\frac{\partial\varepsilon_{12}}{\partial x_2}=\mu\left(\frac{\partial^2 u_2}{\partial x_1\partial x_2}+\frac{\partial^2 u_1}{\partial x_2^2}\right)\\ \frac{\partial\sigma_{13}}{\partial x_3}&=2\mu\frac{\partial\varepsilon_{13}}{\partial x_3}=\mu\left(\frac{\partial^2 u_3}{\partial x_1\partial x_3}+\frac{\partial^2 u_1}{\partial x_3^2}\right)\end{aligned}$$

代入平衡方程第一式（a）中得

$$\begin{aligned}\frac{\partial\sigma_{11}}{\partial x_1}+\frac{\partial\sigma_{12}}{\partial x_2}+\frac{\partial\sigma_{13}}{\partial x_3}+f_1&=\mu\frac{\partial}{\partial x_1}\left(\frac{\partial u_1}{\partial x_1}+\frac{\partial u_2}{\partial x_2}+\frac{\partial u_3}{\partial x_3}\right)\\ &\quad+\mu\left(\frac{\partial^2 u_1}{\partial x_1^2}+\frac{\partial^2 u_1}{\partial x_2^2}+\frac{\partial^2 u_1}{\partial x_3^2}\right)+\lambda\frac{\partial\theta}{\partial x}+f_1=0\end{aligned}$$

整理后得

同理

$$\left.\begin{aligned}(\lambda+\mu)\frac{\partial\theta}{\partial x_1}+\mu\nabla^2 u_1+f_1=0\\ (\lambda+\mu)\frac{\partial\theta}{\partial x_2}+\mu\nabla^2 u_2+f_2=0\\ (\lambda+\mu)\frac{\partial\theta}{\partial x_3}+\mu\nabla^2 u_3+f_3=0\end{aligned}\right\} \tag{4-9}$$

或者表示为

$$(\lambda+\mu)\theta_{,i}+\mu\nabla^2 u_i+f_i=0 \tag{4-9′}$$

其中 ∇^2 为拉普拉斯算符，在直角坐标中

$$\nabla^2=\frac{\partial^2}{\partial x_1^2}+\frac{\partial^2}{\partial x_2^2}+\frac{\partial_2}{\partial x_3^2} \tag{4-10}$$

式（4－9）还可表示为矢量形式：

$$(\lambda+\mu)\mathbf{grad}(\operatorname{div}\boldsymbol{u})+\mu\nabla^2\boldsymbol{u}+\boldsymbol{f}=0 \tag{4-9''}$$

对于动力学问题则为

$$(\lambda+\mu)\mathbf{grad}\operatorname{div}\boldsymbol{u}+\mu\nabla^2\boldsymbol{u}+\boldsymbol{f}=\rho\frac{\partial^2\boldsymbol{u}}{\partial t^2} \tag{4-9'''}$$

式（4-9）是以位移形式表示的平衡方程，是弹性力学问题位移解法的基本方程，最早由拉梅求得，故称之为**拉梅方程**。

如果问题的边界条件给定的是边界上的位移，如式（4-8）所示，则弹性力学问题简化为：求满足边界条件式（4-8）及方程（4-9）的3个位移分量（u_1、u_2、u_3）的数学物理边值问题。如果全部边界或部分边界上给出的是应力边界条件式（4-7），就要将应力形式的边界条件转化为位移形式。其方法与将应力形式的平衡方程转化为拉梅方程的方法大致相同。

例如，

$$\begin{aligned}T_1&=\sigma_{11}\alpha_1+\sigma_{12}\alpha_2+\sigma_{13}\alpha_3\\&=\left(2\mu\frac{\partial u_1}{\partial x_1}+\lambda\theta\right)\alpha_1+\mu\left(\frac{\partial u_2}{\partial x_1}+\frac{\partial u_1}{\partial x_2}\right)\alpha^2+\mu\left(\frac{\partial u_3}{\partial x_1}+\frac{\partial u_1}{\partial x_3}\right)\alpha_3\end{aligned}$$

整理后得

$$T_1=\lambda\theta\alpha_1+\mu\frac{\partial u_1}{\partial n}+\mu\left(\frac{\partial u_1}{\partial x_1}\alpha_1+\frac{\partial u_2}{\partial x_1}\alpha_2+\frac{\partial u_3}{\partial x_1}\alpha_3\right)$$

同理

$$\left.\begin{aligned}T_2&=\lambda\theta\alpha_2+\mu\frac{\partial u_2}{\partial n}+\mu\left(\frac{\partial u_1}{\partial x_2}\alpha_1+\frac{\partial u_2}{\partial x_2}\alpha_2+\frac{\partial u_3}{\partial x_2}\alpha_3\right)\\T_3&=\lambda\theta\alpha_3+\mu\frac{\partial u_3}{\partial n}+\mu\left(\frac{\partial u_1}{\partial x_3}\alpha_1+\frac{\partial u_2}{\partial x_3}\alpha_2+\frac{\partial u_3}{\partial x_3}\alpha_3\right)\end{aligned}\right\} \tag{4-11}$$

§4-4 弹性力学问题的应力解法，拜尔脱拉密-密迄尔方程

在这种解法中，我们选取6个独立的应力分量作为基本未知量。这6个应力分量除了必须满足平衡方程（4-1）外，为了保证物体变形后的连续性，还必须满足变形协调方程（4-3）。变形协调方程（4-3）是用应变分量表示的，但是根据广义胡克定律，应力分量与应变分量之间有完全确定的一一对应关系，所以这意味着应力分量也必须满足相应的关系。将广义胡克定律代入变形协调方程（4-3）中，再利用平衡方程（或运动方程），并经过适当整理后即得

$$
\left.\begin{aligned}
&\nabla^2\sigma_{11}+\frac{1}{1+\nu}\frac{\partial^2 I_1}{\partial x_1^2}+\frac{\nu}{1-\nu}\left(\frac{\partial f_1}{\partial x_1}+\frac{\partial f_2}{\partial x_2}+\frac{\partial f_3}{\partial x_3}\right)+2\frac{\partial f_1}{\partial x_1}=0\\
&\left[=\frac{2(1+\nu)\rho}{E}\frac{\partial^2\sigma_{11}}{\partial t^2}-\frac{\rho\nu}{(1-\nu)E}\frac{\partial^2 I_1}{\partial t^2}\right]\\
&\nabla^2\sigma_{22}+\frac{1}{1+\nu}\frac{\partial^2 I_1}{\partial x_2^2}+\frac{\nu}{1-\nu}\left(\frac{\partial f_1}{\partial x_1}+\frac{\partial f_2}{\partial x_2}+\frac{\partial f_3}{\partial x_3}\right)+2\frac{\partial f_2}{\partial x_2}=0\\
&\left[=\frac{2(1+\nu)\rho}{E}\cdot\frac{\partial^2\sigma_{22}}{\partial t^2}-\frac{\rho\nu}{(1-\nu)E}\frac{\partial^2 I_1}{\partial t^2}\right]\\
&\nabla^2\sigma_{33}+\frac{1}{1+\nu}\frac{\partial^2 I_1}{\partial x_3^2}+\frac{\nu}{1-\nu}\left(\frac{\partial f_1}{\partial x_1}+\frac{\partial f_2}{\partial x_2}+\frac{\partial f_3}{\partial x_3}\right)+2\frac{\partial f_3}{\partial x_3}=0\\
&\left[=\frac{2(1+v)\rho}{E}\cdot\frac{\partial^2\sigma_{33}}{\partial t^2}-\frac{\rho\nu}{(1-v)E}\frac{\partial^2 I_1}{\partial t^2}\right]\\
&\nabla^2\sigma_{23}+\frac{1}{1+\nu}\frac{\partial^2 I_1}{\partial x_2\partial x_3}+\left(\frac{\partial f_3}{\partial x_2}+\frac{\partial f_2}{\partial x_3}\right)=0\\
&\left[=\frac{2\rho(1+\nu)}{E}\cdot\frac{\partial^2\sigma_{23}}{\partial t^2}\right]\\
&\nabla^2\sigma_{31}+\frac{1}{1+\nu}\frac{\partial^2 I_1}{\partial x_3\partial x_1}+\left(\frac{\partial f_1}{\partial x_3}+\frac{\partial f_3}{\partial x_1}\right)=0\\
&\left[=\frac{2\rho(1+\nu)}{E}\cdot\frac{\partial^2\sigma_{31}}{\partial t^2}\right]\\
&\nabla^2\sigma_{12}+\frac{1}{1+\nu}\frac{\partial^2 I_1}{\partial x_1\partial x_2}+\left(\frac{\partial f_2}{\partial x_1}+\frac{\partial f_1}{\partial f_2}\right)=0\\
&\left[=\frac{2\rho(1+\nu)}{E}\cdot\frac{\partial^2\sigma_{12}}{\partial t^2}\right]
\end{aligned}\right\}\qquad(4-12)
$$

上述方程组实质上是以应力分量表示的变形协调方程。右端取零时对应于静力学问题，右端取方括号内的值时适用于动力学问题。拜尔脱拉密于 1892 年得到无体力存在时的上述方程组，而密迄尔在 1900 年得到包含体力项的上述方程，所以通常称之为**拜尔脱拉密-密迄尔方程**。

式（4－1）及（4－12）为弹性力学问题中应力解法的基本方程组。弹性力学问题的应力解法，就是要寻求满足方程（4－1）、（4－12）及边界条件式（4－7）的解。

由于大量弹性力学问题是给定应力边界条件，因此应力解法在弹性力学中得到广泛的应用。所以拜尔脱拉密-密迄尔方程在弹性力学中占有相当重要的地位。

§4－5　应变能定理（克拉贝龙定理）

应变能定理可表述如下：如果弹性体在无限缓慢加载的条件下，始终处于平衡状态时，弹性体内的应变能等于外力在变形过程中所作的功。

现在来证明应变能定理。

$$外力功 A = \frac{1}{2}\iiint\limits_V (f_1 u_1 + f_2 u_2 + f_3 u_3)\mathrm{d}v + \frac{1}{2}\iint\limits_S (T_1 f_1 + T_2 f_2 + T_3 f_3)\mathrm{d}s$$

$$= A_1 + A_2$$

体力面力所作的功分别为 A_1 和 A_2。利用柯西公式

$$T_1 = \sigma_{11}\alpha_1 + \sigma_{12}\alpha_2 + \sigma_{13}\alpha_3$$
$$T_2 = \sigma_{21}\alpha_1 + \sigma_{22}\alpha_2 + \sigma_{23}\alpha_3$$
$$T_3 = \sigma_{31}\alpha_1 + \sigma_{32}\alpha_2 + \sigma_{33}\alpha_3$$

式中，α_1、α_2、α_3 为边界上一点外法线的方向余弦。面力所作的功 A_2 为

$$A_2 = \frac{1}{2}\iint\limits_S [(\sigma_{11}u_1 + \sigma_{12}u_2 + \sigma_{13}u_3)\alpha_1 + (\sigma_{21}u_1 + \sigma_{22}u_2 + \sigma_{23}u_3)\alpha_2$$
$$+ (\sigma_{31}u_1 + \sigma_{32}u_2 + \sigma_{33}u_3)\sigma_3]\mathrm{d}s$$

利用高斯定理

$$\iint\limits_S (P\alpha_1 + Q\alpha_2 + R\alpha_3)\mathrm{d}s = \iiint\limits_V \left(\frac{\partial P}{\partial x_1} + \frac{\partial Q}{\partial x_2} + \frac{\partial R}{\partial x_3}\right)\mathrm{d}v$$

$$A_2 = \frac{1}{2}\iiint\limits_V [\frac{\partial}{\partial x_1}(\sigma_{11}u_1 + \sigma_{12}u_2 + \sigma_{13}u_3)$$
$$+ \frac{\partial}{\partial x_2}(\sigma_{21}u_1 + \sigma_{22}u_2 + \sigma_{23}u_3)$$
$$+ \frac{\partial}{\partial x_3}(\sigma_{31}u_1 + \sigma_{32}u_2 + \sigma_{33}u_3)]\mathrm{d}v$$
$$= \frac{1}{2}\iiint\limits_V [\left(\frac{\partial\sigma_{11}}{\partial x_{11}} + \frac{\partial\sigma_{12}}{\partial x_2} + \frac{\partial\sigma_{13}}{\partial x_3}\right)u_1$$
$$+ \left(\frac{\partial\sigma_{21}}{\partial x_1} + \frac{\partial\sigma_{22}}{\partial x_2} + \frac{\partial\sigma_{23}}{\partial x_3}\right)u_2$$
$$+ \left(\frac{\partial\sigma_{31}}{\partial x_1} + \frac{\partial\sigma_{32}}{\partial x_2} + \frac{\partial\sigma_{23}}{\partial x_3}\right)u_3]\mathrm{d}v$$
$$+ \frac{1}{2}\iiint\limits_V [\sigma_{11}\frac{\partial u_1}{\partial x_1} + \sigma_{12}\frac{\partial u_2}{\partial x_1} + \sigma_{13}\frac{\partial u_3}{\partial x_1}$$
$$+ \sigma_{21}\frac{\partial u_1}{\partial x_2} + \sigma_{22}\frac{\partial u_2}{\partial x_2} + \sigma_{23}\frac{\partial u_3}{\partial x_2}$$
$$+ \partial_{31}\frac{\partial u_1}{\partial x_3} + \sigma_{32}\frac{\partial u_2}{\partial x_3} + \partial_{33}\frac{\partial u_3}{\partial x_3}]\mathrm{d}v$$

由平衡方程可知

$$\frac{\partial\sigma_{11}}{\partial x_1}+\frac{\partial\sigma_{12}}{\partial x_2}+\frac{\partial\sigma_{13}}{\partial x_3}=-f_1$$

$$\frac{\partial\sigma_{21}}{\partial x_1}+\frac{\partial\sigma_{22}}{\partial x_2}+\frac{\partial\sigma_{23}}{\partial x_3}=-f_2$$

所以得

$$\frac{\partial\sigma_{31}}{\partial x_1}+\frac{\partial\sigma_{32}}{\partial x_2}+\frac{\partial\sigma_{33}}{\partial x_3}=-f_3$$

$$A_2=-\frac{1}{2}\iiint_V(f_iu_i)\mathrm{d}v+\frac{1}{2}\iiint_V\sigma_{ij}\varepsilon_{ij}\mathrm{d}V$$

因此

$$\begin{aligned}A&=A_1+A_2\\&=\frac{1}{2}\iiint_V\sigma_{ij}\varepsilon_{ij}\mathrm{d}V=\frac{1}{2}\iiint_V w\mathrm{d}v=U^*\end{aligned}\tag{4-13}$$

利用克拉贝龙应变能定理计算体内的应变能常常非常简便。

例1 无限大的平板内有一圆孔，半径为 R，厚度为1，孔壁受有均匀压力 p，其解为（参阅§5－8式（5－60））

$$\sigma_{rr}=-\frac{pR^2}{r^2}$$

$$\sigma_{\theta\theta}=\frac{pR^2}{r^2}$$

$$\sigma_{r\theta}=0$$

$$u_r=\frac{pR^2}{2\mu r}$$

$$u_\theta=0$$

求整个板内的应变能。

解 按第三章的应变能公式可求出每点的应变能，再对整个体积微元积分，可求得整个板内的应变能。但这样比较麻烦，如利用应变能定理则简单得多。

$$u_r|_{r=R}=pR/2\mu$$

$$A_p=p\cdot 2\pi R\cdot pR/2\mu=\pi p^2R^2/\mu$$

由式（4－13′）

$$U=A_p/2=\pi p^2R^2/2\mu$$

注：克拉贝龙定理原来的表述方式并非如此。这里按钱伟长、叶开源著《弹性力学》中的表述方法，这种表述方法可能更容易接受些。

按克拉贝龙原来的表达方式为：在不变力的作用下，外力的功等于弹性体内应变能的两倍。即

$$A_F=2U\tag{4-13'}$$

式中，A_F 代表不变的外力作用下，外力对弹性体所作的功。

§4-6 唯一性定理（克希霍夫定理及纽曼定理）

当我们用某种方法（特别是用所谓“试解法”——参看第五章）得到某一弹性力学问题的解时，很自然地会提出这样的问题：所得到的解是否是唯一的？或者换句话说，对于该问题是否还存在另外的解？这个问题无论在理论上还是实际上都具有重大的意义。它已由克希霍夫（Kirchhoff）所证明的**唯一性定理**作了明确的回答。

克希霍夫唯一性定理可表述如下：在已知外力作用下，如弹性体处于平衡状态，则在给定边界条件下弹性体内各点的应力分量与应变分量的解是唯一的。这里假定物体在受力前处于自然状态。

证明 我们先假设对同一问题存在两组解。这两组解当然都必须满足§4-1中的方程及§4-2中的边界条件（应力边界条件或位移边界条件或混合边界条件）。设这两组解各为

$$u_i',\quad \varepsilon_{ij}',\quad \sigma_{ij}'$$

及

$$u_i'',\quad \varepsilon_{ij}'',\quad \sigma_{ij}''$$

如前所述，这两组解都必须满足平衡方程（4-1），因此有：

$$\sigma_{ij,j}'+f_i=0 \tag{a$'$}$$

$$\sigma_{ij,j}''+f_i=0 \tag{a$''$}$$

也必须满足所有边界条件，所以

在 S_σ 上，

$$T_i=\sigma_{ij}'\cdot\alpha_j \tag{b$'$}$$

$$T_i=\sigma_{ij}''\cdot\alpha_j \tag{b$''$}$$

在 S_u 上，

$$u_i'=f_i(x_i) \tag{c$'$}$$

$$u_i''=f_i(x_i) \tag{c$''$}$$

现在我们来考察一下，如果将上面两组解的差作为另一组解，它将具有什么样的特性。令这组解为

$$\bar{u}_i,\quad \bar{\varepsilon}_{ij},\quad \bar{\sigma}_{ij} \tag{d}$$

则

$$\left.\begin{aligned}\bar{u}_i&=u_i'-u_i''\\ \bar{\varepsilon}_{ij}&=\varepsilon_{ij}'-\varepsilon_{ij}''\\ \bar{\sigma}_{ij}&=\sigma_{ij}'-\sigma_{ij}''\end{aligned}\right\} \tag{e}$$

令（a′）-（a″），（b′）-（b″），（c′）-（c″）得

$$\bar{\sigma}_{ij,j} = 0$$

$$\bar{\sigma}_{ij} \cdot \alpha_j = 0 \qquad (在 S_\sigma 上)$$

$$\bar{u}_i = 0 \qquad (在 S_u 上)$$

这意味着解式（e）是这样一个问题的解：该问题中弹性体所受体力为零。弹性体表面上所受面力为零或位移为零，显然这正对应着弹性体的自然状态。根据前一节所讲的应变能定理

$$U = A$$

在这种情况下显然 $A=0$，由应变能定理可得 $U=0$，再根据应变能的正定性

$$U \geqslant 0$$

当且仅当所有的应变分量（以及应力分量）全等于零时，才能使 $U=0$。所以得

$$\bar{\varepsilon}_{ij} = 0$$

$$\bar{\sigma}_{ij} = 0$$

也即

$$\varepsilon'_{ij} = \varepsilon''_{ij}$$

$$\sigma'_{ij} = \sigma''_{ij}$$

从而证明了解的唯一性。

需要补充说明的是，唯一性定理只是确定同一问题的两组解中的应变分量及应力分量相等，从未提及位移分量。如果所讨论的问题包含有位移边界条件式（4－16），则两组解中的位移分量也必定相同，即

$$u'_i = u''_i$$

如果该问题只有应力边界条件，则两组位移解可以不相同，其差值 $\bar{u}_i$ 对应于刚体位移部分。

克希霍夫唯一性定理解决了弹性平衡问题解的唯一性问题。对于弹性动力学问题纽曼也证明了其解答的唯一性，称之为**纽曼定理**，表述如下：满足运动方程（4－1）或（4－9′）

$$(\lambda + \mu)\theta_{,i} + \mu \nabla^2 u_i + f_i = 0 \qquad (平衡方程)$$

$$(\lambda + \mu)\theta_{,j} + \mu \nabla^2 u_i + f_i = \rho \frac{\partial^2 u_i}{\partial t^2} \qquad (运动方程)$$

及下述动力学定解条件

在 S_u 上，　　$u_i = f_i(x_i, t) \qquad (t > 0)$

在 S_σ 上，

$$\sigma_{ij}\alpha_j = T_i(x_i, t) \qquad (t > 0)$$

$$u_i = g_i(x_i)$$

$$\dot{u}_i = h_i(x_i) \qquad (t = 0)$$

的解 $u_i(x_i, t)$ 是唯一的。其中 $\dot{u}_i$ 为 u_i 对时间 t 的导数。

其证明方法与克希霍夫定理的证明方法大致相同。在证明过程中除了要利用应变能的正定性条件外，还要用到物体动能的正定性条件。

§4-7 圣维南原理（局部影响原理）

圣维南最早提出如下的假定：在一物体内，距外载荷作用点相当远的地方，只要载荷的主矢（合力）与主矩（合力偶）不变，其应力分布与载荷作用的具体方式关系不大。换句话说，在两组静力等效的力系作用下，在距离载荷作用区域较远的地方，其应力分布相同。通常称之为圣维南原理。举例说明如下：

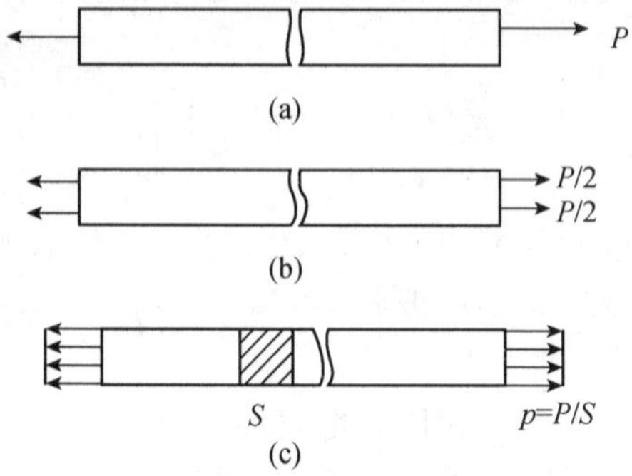

图 4-2 说明圣维南原理的例子

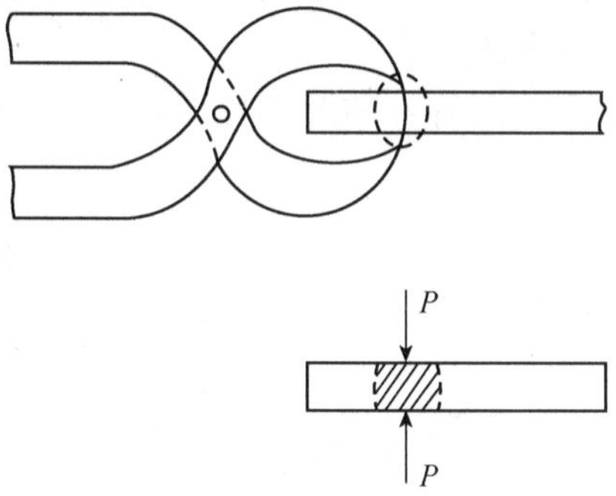

图 4-3 局部影响原理应用的实例

如图 4-2 所示，一细杆两端的外载荷按（a）、（b）、（c）三种方式作用。由于这三种载荷是静力等效的（主矢都等于 P，主矩皆为零），因此，在距杆端较远处，三种情况下的应力分布情况是相同的。

按照理论力学中的力系简化理论，两个静力等效力系的差一定是一个平衡力系。故圣维南原理可用另一种形式表述如下：在物体的某一部分上作用了一个平衡力系，则由于此平衡力系所引起的应力，只局限于此力系作用区域的附近，因此，圣维南原理又称为局部影响原理。这可用图 4－3 的例子予以说明，用钳子夹细杆，等于在细杆上作用以一对平衡力 P。根据局部作用原理，在这对力的作用下，即使 P 力很大（直至大到足以剪断这根细杆），由它所产生的应力场，只限于力的作用点附近的局部区域内。

圣维南原理是一个非常重要的原理。无论在求解弹性静力学问题，还是在设计安排实验，或在分析许多实际问题时都是大有用处的。经过长时期大量实际检验，证明它是正确的。但从理论上对它进行严格的证明到现在为止还未能实现，这种努力也一直在继续中。

在上面关于圣维南原理的表述中，有不少地方不够确切。例如在第一种表达式中，怎样才算“相当远的地方”？所谓“关系不大”究竟有多大关系？问题的实质在于：在平衡力系的作用下，距力系作用区距离增大时，应力的衰减情况到底如何？这个问题经过波西涅斯克、米塞斯、斯特贝格等人的努力得到如下的结果：一个半无限体（参看 §6－6 波西涅斯问题），如其表面上受到一个力系的作用，这个力系作用范围的最大线性尺寸为 l，且力系的应力矢量值是有限值，则物体内距离此力系为 L 处一点的应变 ε_{ij} 的数量级为

$$\frac{\varepsilon_{ij}}{\overline{\varepsilon}_{ij}}(L,l) = 0\left[\left(\frac{l}{L}\right)^n\right] \tag{4-14}$$

式中，$\overline{\varepsilon}_{ij}$ 为受力区中的特征应变（例如平均应变），而 n 的值取决于力系的特性。

（1）当此力系的主矢不为零时，一般为 $n \geqslant 2$。

（2）当此力系的主矢为零时，$n \geqslant 3$。

（3）当此力系的主矢、主矩均为零时，也为 $n \geqslant 3$。

（4）当此力系为一个“无向性平衡”力系时，则 $n \geqslant 4$。

所谓无向性平衡力系，是指这样一种平衡力系，当这个力系中的每一个力保持其作用点不变，而将其方向都旋转同一角度后，力系仍保持为平衡力系。显然图 4－4a 为无向性平衡力系，而图 4－4b 则不是无向性平衡力系。

一般认为圣维南原理不仅适用于弹性体及小变形问题，也适用于非弹性体及有限变形问题。

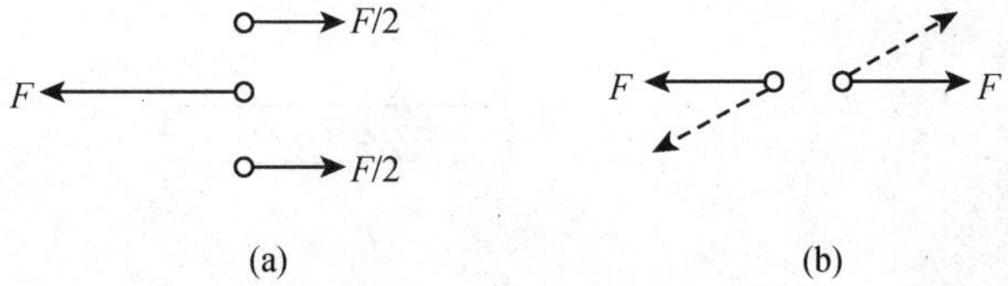

图 4－4　关于无向性平衡力系的说明

（a）无向性平衡力系；（b）非无向性平衡力系

需要指出的是圣维南原理不适用于动力学问题。此外，在静力平衡问题中，霍夫等曾研究过一些例子，结果表明：对于薄壁构件及空间桁架系等问题，圣维南原理是不适用的。

§4-8 功的互换定理（贝蒂定理及马克斯威尔定理）

设有两组力（包括体积力及边界上的面积力）作用于同一弹性体上，在力的作用下各自产生相应的应力、应变及位移。第一组力及其相应的应力、应变与位移在其右上角以“ ′ ”表示，而第二组力则加“ ″ ”以示区别。

（1）第一组力：

面力：T'_i；

体积力：f'_i；

位移：u'_i；

应变：ε'_{ij}；

应力：σ'_{ij}。

（2）第二组力：

面力：T''_i；

体积力：f''_i；

位移：u''_i；

应变：ε''_{ij}；

应力：σ''_{ij}。

贝蒂证明了下述功的互换定理：第一组力对第二组力产生的位移（指在第一组力的各个作用点上的位移）所做的功，等于第二组力对第一组力产生的位移所作的功。

证明如下：

第一组力对第二组力产生的位移所做的功为 A_{12}，

$$A_{12} = \iiint_V (f'_1 u''_1 + f'_2 u'' + f'_3 u''_3)\,\mathrm{d}r + \iint_S (T'_1 u''_1 + T'_2 u''_2 + T'_3 u''_3)\,\mathrm{d}s$$

$$= \iiint_V f'_i u''_i \mathrm{d}v + \iint_S T'_i u''_i \mathrm{d}s$$

按照前面几节中的推导方法（利用高斯定理将面积分化为体积分，利用平衡方程及 σ_{ij}、ε_{ij} 的对称性），可得

$$A_{12} = \iiint_V \sigma'_{ij}\varepsilon''_{ij}\mathrm{d}v$$

同理可得第二组力对第一组力产生的位移所作的功为

$$A_{21} = \iiint_V \sigma''_{ij}\varepsilon'_{ij}\mathrm{d}v$$

利用广义胡克定律

$$\sigma'_{ij} = C_{ijkl}\varepsilon'_{kl}$$

$$\sigma''_{ij} = C_{ijkl}\varepsilon''_{kl}$$

$$A_{12} = \iiint_V C_{ijkl}\varepsilon'_{kl}\varepsilon''_{ij}\mathrm{d}v$$

$$A_{21} = \iiint_V C_{ijkl}\varepsilon''_{kl}\varepsilon'_{ij}\mathrm{d}v$$

因为 $C_{ijkl} = C_{klij}$，所以

$$A_{12} = A_{21}$$

定理证毕。

在许多理论推导中经常要用到**贝蒂互换定理**。此外利用贝蒂互换定理常常可以巧妙地解决一些用其他方法难以解决的问题。略举数例以示说明。

例 2　一等截面弹性杆，在横向受到一对互相平衡的力 P_1 的作用，如图 4-5 所示。求杆的端部伸长 δ_1。设 h、P_1 及杆的横截面面积 F、杨氏弹性模量 E、泊松比 v 均已知。

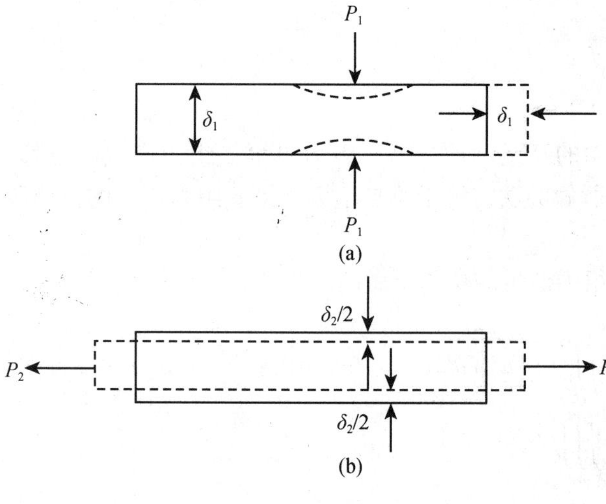

图 4-5　应用贝蒂定理的例子

（a）第一组力作用；（b）第二组力作用

利用贝蒂定理可以很容易地解决这个问题。

将 P_1 作为第一组力系，在 P_1 的作用下杆的变形如图 4-5a 所示。选择一对轴向拉力 P_2 作为第二组力系，如图 4-5b 所示。在 P_2 的作用下，力 P_1 的作用点处的位移为

$$\delta_2 = \frac{\nu P_2 h}{EF}$$

$$A_{12} = P_1\delta_2 = \frac{\nu h}{EF}P_1P_2$$

$$A_{21} = P_2 \cdot \delta_1$$

根据贝蒂定理

$$A_{12} = A_{21}$$

从而得

$$\delta_1 = \frac{\nu h}{EF} P_1$$

例 3 如图 4-6 所示，一弹性体受到一对平衡力的作用，已知两受力点 A、B 间的距离为 l，弹性体的体积弹性模量为 K。求弹性体的体积缩小量。

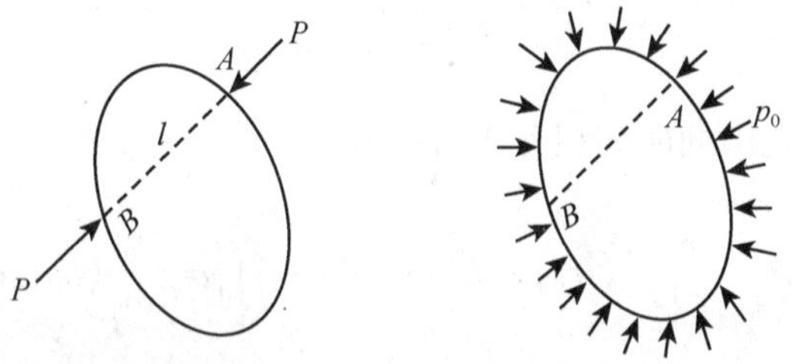

图 4-6

以一对 P 力为第一组力系，在物体上加上一组均匀的静水压力 p_0 作为第二组力。在这组力的作用下，物体均匀收缩，按式（3-31）。

$$\theta = p_0/k$$

在静水压力作用下，物体各方向的线应变 ε 是均匀的，$\varepsilon = \theta/3$，因此 A、B 间距离的变化为

$$\Delta_{AB} = l \cdot \varepsilon = \frac{p_0 l}{3k}$$

$$A_{12} = P\Delta_{AB} = P \cdot \frac{p_0 l}{3k}$$

而
$$A_{21} = p_0 \cdot \Delta V$$
令
$$A_{12} = A_{21}$$
得
$$\Delta V = \frac{PL}{3k}$$

当贝蒂互换定理中的外载荷限于表面集中力时，就得到在结构力学及材料力学中广泛应用的马克斯威尔互换定理。

§4-9 虚功原理

设弹性体在外力作用下处于平衡状态，其各点的位移为 $u_i(x_i)$。现使弹性体内各点发生一虚位移 $\delta u_i(x_i)$ ——δu_1、δu_2、δu_3（所谓虚位移又称可能位移，是指符合物体的连续条件

及位移边界条件的位移），则外力对虚位移作功，称之为虚功。此虚功等于虚位移所引起的弹性体应变能的增量。这就是有名的弹性力学中的**虚功原理或虚位移原理**。

现证明如下：先计算外力对虚位移所作的功——虚功 δA

$$\begin{aligned}\delta A &= \iiint_V (f_1\delta u_1 + f_2\delta u_2 + f_3\delta u_3)\,\mathrm{d}v + \iint_{S_u} (T_1\delta u_1 + T_2\delta u_2 + T_3\delta u_3)\,\mathrm{d}s \\ &= \iiint_V f_i\delta u_i\,\mathrm{d}v + \iint_{S_\sigma} T_i\delta u_i\,\mathrm{d}s\end{aligned}$$

利用柯西公式

$$T_i = \sigma_{ij}\cdot\alpha_j$$

及高斯定理，将上述公式中的曲面积分化为体积分，得

$$\delta A = \iiint_V [(\sigma_{ij,j} + f_i)\delta u_i]\,\mathrm{d}v + \iiint_V \sigma_{ij}\frac{\partial}{\partial x_i}(\delta u_j)\,\mathrm{d}v$$

根据平衡方程，上式中右侧第一项为零。又根据虚应变与虚位移间的关系

$$\delta\varepsilon_{ij} = \frac{1}{2}(\delta u_{i,j} + \delta u_{j,i})$$

及应变张量、应力张量的对称性，可得

$$\delta A = \iiint_V \sigma_{ij}\delta\varepsilon_{ij}\,\mathrm{d}v = \iiint_V \frac{\partial W}{\partial\varepsilon_{ij}}\delta\varepsilon_{ij}\,\mathrm{d}v = \iiint_V \delta W\,\mathrm{d}v = \delta\iiint_V W\,\mathrm{d}v = \delta U \qquad (4-15)$$

定理证毕。

虚位移原理是力学中最根本的原理之一，许多理论推导或近似解法都是以它为理论基础的。

§4－10　最小势能原理、最小余能原理、里茨（Ritz）法

式（4－15）可以改写为

$$\delta U - \delta A = \delta(U - A) = 0$$

定义 $U-A$ 为弹性体的总势能，并以符号 Π 表示，则

$$\Pi = U - A \qquad (4-16)$$

$$\delta\Pi = 0 \qquad (4-17)$$

上式说明，弹性体处于平衡状态时，其总势能取驻值。进而可以证明，在平衡状态时的总势能 Π 取最小值。设平衡位置时的总势能为

$$\Pi = U - A$$

令弹性体内各点产生一虚位移 δu_i，因之总势能变为 Π'

$$\begin{aligned}
\Pi' &= U' - A' \\
&= \iiint w' \mathrm{d}v - \iiint f_i u_i \mathrm{d}v - \iint T_i u_i' \mathrm{d}s \\
&= \iiint \frac{1}{2} C_{ijkl} \varepsilon'_{ij} \varepsilon'_{kl} \mathrm{d}v - \iiint f_i (u_i + \delta u_i) \mathrm{d}v - \iint T_i (u_i + \delta u_i) \mathrm{d}s \\
&= \iiint \frac{1}{2} C_{ijkl} (\varepsilon_{ij} + \delta\varepsilon_{ij})(\varepsilon_{kl} + \delta\varepsilon_{kl}) \mathrm{d}v - \iiint f_i (u_i + \delta u_i) \mathrm{d}v - \iint T_i (u_i + \delta u_i) \mathrm{d}s \\
&= \iiint \left[\frac{1}{2} C_{ijkl} \cdot \varepsilon_{ij} \cdot \varepsilon_{kl} + \frac{1}{2} C_{ijkl} (\varepsilon_{ij} \cdot \delta\varepsilon_{kl} + \varepsilon_{kl} \cdot \delta\varepsilon_{ij}) + \frac{1}{2} \delta\varepsilon_{ij} \cdot \delta\varepsilon_{kl} \right] \mathrm{d}v \\
&\quad - \left[\iiint f_i u_i \mathrm{d}v + \iint T_i u_i \mathrm{d}s \right] - \left[\iiint f_i \delta u_i \mathrm{d}v + \iint T_i \delta u_i \mathrm{d}s \right]
\end{aligned}$$

因为 $C_{ijkl} = C_{klij}$，

所以 $$\iiint \frac{1}{2} C_{ijkl} (\varepsilon_{ij} \delta\varepsilon_{kl} + \varepsilon_{kl} \delta\varepsilon_{ij}) \mathrm{d}v = \iiint f_i \delta u_i \mathrm{d}v + \iint T_i \delta u_i \mathrm{d}s$$

因此得

$$\Pi' - \Pi = \frac{1}{2} \iiint C_{ijkl} \cdot \delta\varepsilon_{ij} \cdot \delta\varepsilon_{kl} \mathrm{d}v = U(\delta\varepsilon_{ij})$$

根据应变能函数的正定性，$U(\delta\varepsilon_{ij}) \geqslant 0$，且只有 $\delta\varepsilon_{ij} = 0$ 时 $U(\delta\varepsilon_{ij}) = 0$。所以 $\Pi' - \Pi \geqslant 0$。

因而证明了弹性体处于平衡位置时的总势能取最小值，称之为**最小势能定理**。最小势能定理是弹性力学中一个很重要的定理。可以以它为出发点建立弹性力学的理论体系。另一方面，最小势能定理又是弹性力学中近似解法的重要理论基础，如有限元法的理论体系就可以在最小势能定理的基础上建立起来。另外在最小势能定理的基础上还发展了一系列直接近似解法，如瑞利法、里茨法及伽辽金法等。

下面简要介绍一下里茨法：根据问题的边界条件，取如下近似的位移函数

$$u_1 = \sum_{m=1}^{r} a_m u_{1m}$$

$$u_2 = \sum_{m=1}^{s} b_m u_{2m}$$

$$u_3 = \sum_{m=1}^{t} c_m u_{3m}$$

式中，u_{1m}、u_{2m}、u_{3m}为满足位移边界条件的位移函数；a_m、b_m、c_m 为待定参数，根据 Π 取极值的条件

令

$$\frac{\partial \Pi}{\partial a_m} = 0 \qquad (m = 1,2,\cdots,r)$$

$$\frac{\partial \Pi}{\partial b_m} = 0 \qquad (m = 1,2,\cdots,s)$$

$$\frac{\partial \Pi}{\partial c_m} = 0 \qquad (m = 1,2,\cdots,t)$$

由于 Π 是 a_m、b_m、c_m 的二次函数，所以上式为 $r+s+t$ 个线性方程组，由此解为 a_m、b_m、c_m。只要函数 u_{im}选择得适当，项数也足够多，就可以得到足够精确的结果。

在前面的讨论中，我们以位移为基本变量。这样求得的近似解对位移来说误差比较小。但由此求得应变及应力（经过微分运算得到应变分量）往往可能误差较大。因此在很多情况下人们希望直接得到应力的近似解。这种近似解法的理论基础是**最小余能原理**，现介绍如下：

设弹性体在外力 f_i、T_i 的作用下，满足下列边界条件

$$T_i = \sigma_{ij} \cdot \alpha_j \qquad (S_\sigma)$$

$$u_i = g_i(x_i) \qquad (S_u)$$

的真正解（精确解）为 u_i 及 σ_{ij}。

证明：

现在考虑一组与上述应力分布相近的应力状态 $\sigma_{ij}+\delta\sigma_{ij}$。仿照虚位移的概念，可以称$\delta\sigma_{ij}$为虚应力。这组应力满足平衡方程及力的边界条件，因此

$$(\sigma_{ij} + \delta\sigma_{ij})_{,j} + f_i = 0$$

$$T_i = (\sigma_{ij} + \delta\sigma_{ij}) \cdot \alpha_j \qquad (S_\sigma)$$

因为

$$\sigma_{ij,j} + f_i = 0$$

$$T_i = \sigma_{ij} \cdot \alpha_j \qquad (S_\sigma)$$

所以有

$$\delta\sigma_{ij,j} = 0$$

$$\delta\sigma_{ij} \cdot \alpha_j = 0 \qquad (S_\sigma)$$

如果考虑从 $\sigma_{ij}+\delta\sigma_{ij}$过程中外力的功（推导方法与前类似，从略），

则 $$\delta A_C = \iiint_{S_u} u_i \delta T_i \mathrm{d}s = \iiint_V \varepsilon_{ij} \delta\sigma_{ij} \mathrm{d}v$$

$$= \iiint \frac{\partial W_C}{\partial \sigma_{ij}} \delta \sigma_{ij} \mathrm{d}v = \delta \iiint W_C \mathrm{d}v = \delta U_C \tag{4-18}$$

式中，U_C 称为余应变能；W_C 称为余应变能密度；A_C 称为余虚功。其意义以后再作解释

令

$$\Pi_C = U_C - A_C \tag{4-19}$$

Π_C 称为余能，则由式（4－18）可得

$$\delta \Pi_C = 0 \tag{4-20}$$

这就是有名的余能原理，其意义为：在弹性静力学问题中，所有满足平衡方程及力的边界条件的应力解 $\sigma_{ij}(x_i)$ 中，真正的解使余能 Π_C 取驻值。进而可以用类似的方法证明在稳定平衡时，真正的应力解 $\sigma_{ij}(x_i)$ 使余能取最小值。

现在来解释 W_C 的意义，为此我们研究一弹性细杆的单向拉伸情形。设此材料的载荷—位移曲线为一单值曲线（图4－7a），则外力的功 W（根据应变能定理，它等于弹性体的应变能 U）可用力-伸长曲线与横坐标之间的面积来表示。而 U_C 则以曲线与纵坐标之间的面积来表示。在应力-应变图（图4－7b）上，二者分别为 W 及 W_C。二者之和正好等于图中的矩形面积（在外载不变条件下，此矩形面积代表外力所作的功）。对于三维应力的一般情况，有

$$W_C + W = \sigma_{ij} \cdot \varepsilon_{ij} \tag{4-21}$$

正因为如此，才称 W_C 为余应变能密度

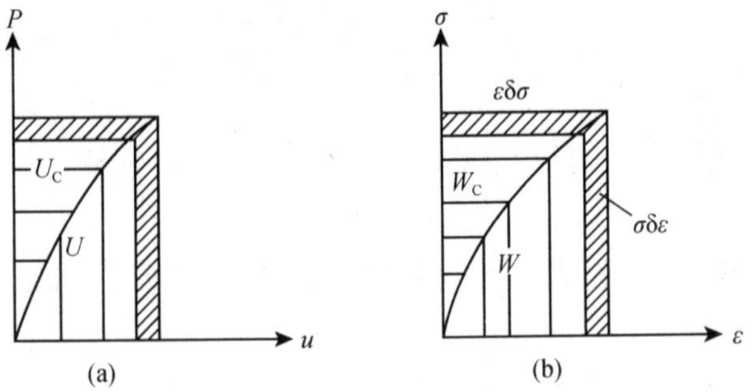

图4－7　余能的意义

显然对于线弹性材料来说，

$$W_C = W \tag{4-22}$$

最小势能定理与最小余能定理在概念上和方法上都很相似，有时统称为最小能原理，前者称为最小能原理的位移形式，后者称为最小能原理的应力形式。钱令希教授早在解放初期就对最小余能原理在结构力学上的应用做出了重要的贡献（钱令希，1950），随后不久胡海

昌（1954）提出了广义变分原理，将这方面的工作大大推进了一步，称之为胡海昌变分原理。

弹性力学的变分解法内容极其丰富。从理论体系上讲，由最小势能原理出发，将势能 Π 作为位移分量的泛函，由泛函的驻值条件可得出平衡方程，由余能原理可以得出连续性方程。因此，可以将这些变分原理作为弹性力学理论的出发点。正因为如此，人们才分别称之为最小势能原理及最小余能原理；在实用上这些变分原理更是一系列近似计算方法的理论基础。

自从电子计算机迅速发展及有限元法建立以来，更使这方面的工作得到迅猛的发展，有兴趣的读者请参阅专著（钱伟长，1956；胡海昌，1954，吴永礼，2003）。

在弹性动力学问题中，则有与此相应的哈密尔顿（Hamilton）原理，限于篇幅本书中不作介绍。

§4－11　卡斯提扬诺定理

在一弹性体上加上两组力。

第一组：体力 f_i 及面力 T_i 所引起的位移记为 u'_i。

第二组：体力 f_i 及面力 $T_i+\delta T_i$ 所引起的位移记为 u''_i。

利用贝蒂功的互换定理，

$$A_{12} = A_{21}$$

$$A_{12} = \iiint_V f_i u''_i \mathrm{d}v + \iint_S T_i u''_i \mathrm{d}s$$

$$A_{21} = \iiint_V f_i u'_i \mathrm{d}v + \iint_S (T_i + \delta T_i) u'_i \mathrm{d}s$$

即

$$\iiint_V f_i u''_i \mathrm{d}v + \iint_S T_i u''_i \mathrm{d}s = \iiint_V f_i u'_i \mathrm{d}v + \iint_S (T_i + \delta T_i) u'_i \mathrm{d}s \tag{a}$$

再根据应变能定理，第一组力及第二组力作用于物体时所对应的应变能分别为 U'、U''。

$$U' = \frac{1}{2}\iiint_V f_i u'_i \mathrm{d}v + \frac{1}{2}\iint_S T_i u'_i \mathrm{d}s \tag{b}$$

$$U'' = \frac{1}{2}\iiint_V f_i u'_i \mathrm{d}v + \frac{1}{2}\iint_S (T_i + \delta T_i) u''_i \mathrm{d}s \tag{c}$$

将式（b）、（c）代入式（a）得

$$2(U'' - U') = \iint_S \delta T_i (u'_i + u''_i) \mathrm{d}s$$

当 dT_i 趋近于零时，$U'' - U' = \delta U$，$U_i' \to u_i''$。
因此得

$$\delta U = \iint_S \delta T_i \cdot u_i \mathrm{d}s \tag{4-23}$$

这就是**卡斯提扬诺定理**的普遍形式。集中力作用下的卡斯提扬诺定理也是很常用的。设集中力 F_i（F_1，F_2，F_3）作用于弹性体，令 $F_i \to F_i + \delta F_i$，而其余面力、体力均不发生变化，则式（4-23）将变为如下的形式（$\delta T_i \mathrm{d}s \to \delta F_i$）

$$\delta U = u_i \cdot \delta F_i$$

从而得

$$u_i = \frac{\partial U}{\partial F_i} \tag{4-24}$$

这就是集中力 F_i 作用时的卡斯提扬诺定理。在结构力学及材料力学中经常使用这种形式的卡斯提扬诺定理。

第五章　弹性力学的平面问题

任何弹性力学问题都是空间问题。但是在某些条件下，它们可以简化为平面问题。弹性力学的平面问题包括平面应变问题和平面应力问题两大类。平面问题相对来说比较简单（待求未知量减少，方程也随之减少并简化），研究得也相当充分，而且它具有很大的实用意义，因此在弹性力学中占有非常重要的地位。

解决弹性力学平面问题有很多方法，本章中我们首先介绍常用的艾雷应力函数，通过它可将弹性力学平面问题简化为一个解双调和方程的边值问题。我们将分别在直角坐标系和极坐标系中讨论一些平面问题的解。其次我们以较大的篇幅介绍弹性力学平面问题的复变函数解法，因为它具有很多优点，所以得到日益广泛的应用。

在本章中，我们以 x、y、z 表示直角坐标系的三个坐标，以 u、v、w 表示相应的位移分量，而以 σ_{xx}、σ_{xy}、……和 ε_{xx}、ε_{xy}、……分别表示相应的应力分量和应变分量。

§5－1　平面应变问题

在弹性体沿某一方向（通常取此方向为 z 方向）的尺度远大于其余两个方向的尺度（抽象为数学语言即为 z 方向的尺寸无穷大），而且物体形状及载荷沿 z 方向不变的情况下（图 5－1 中的输油管即属于这种情形），因此在任一远离端部且与 xOy 平行的平面内，物体的变形都是相同的。此外，由于 z 方向尺度极大，不能产生 z 方向的位移，即 $w=0$，因此，物体的变形只发生在与 xOy 平行的平面内。这类弹性力学问题称为平面应变问题。

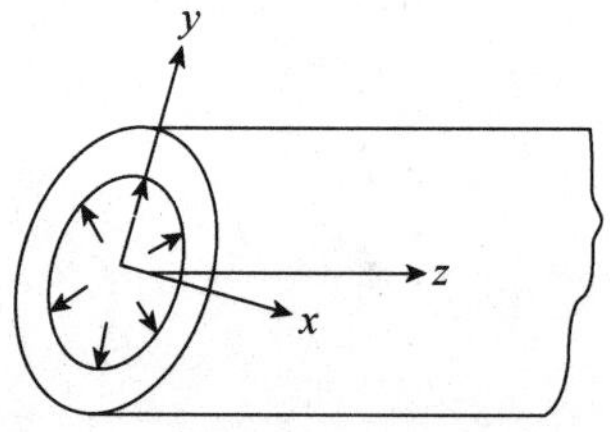

图 5－1　平面应变问题的例子

下面来分析平面应变问题中位移、应变和应力的特点。

（1）位移：

$$\left.\begin{aligned} u &= u(x,y) \\ v &= v(x,y) \\ w &= 0 \end{aligned}\right\} \tag{5-1}$$

（2）应变：

$$
\left.\begin{aligned}
\varepsilon_{xx} &= \frac{\partial u}{\partial x} \\
\varepsilon_{yy} &= \frac{\partial v}{\partial y} \\
\varepsilon_{xy} &= \frac{1}{2}\left(\frac{\partial v}{\partial x} + \frac{\partial u}{\partial y}\right) \\
\varepsilon_{xz} &= \frac{1}{2}\left(\frac{\partial u}{\partial z} + \frac{\partial w}{\partial x}\right) = 0 \\
\varepsilon_{yz} &= \frac{1}{2}\left(\frac{\partial v}{\partial z} + \frac{\partial w}{\partial y}\right) = 0 \\
\varepsilon_{zz} &= \frac{\partial w}{\partial z} = 0
\end{aligned}\right\} \tag{5-2}
$$

所以 6 个独立的应变分量中，3 个应变分量（凡脚标含有 z 者）恒为零。剩下 3 个待求的应变分量 ε_{xx}、ε_{yy}、ε_{xy}都只是 x、y 的函数，与 z 无关。

（3）应力：

根据胡克定律，有

$$
\left.\begin{aligned}
\varepsilon_{xx} &= \frac{1}{E}[\sigma_{xx} - \nu(\sigma_{yy} + \sigma_{zz})] \\
\varepsilon_{yy} &= \frac{1}{E}[\sigma_{zz} - \nu(\sigma_{xx} + \sigma_{zz})] \\
\varepsilon_{zz} &= \frac{1}{E}[\sigma_{zz} - \nu(\sigma_{xx} + \sigma_{yy})] = 0 \\
\varepsilon_{xy} &= \frac{1}{2\mu}\sigma_{xy} \\
\varepsilon_{yz} &= \frac{1}{2\mu}\sigma_{yz} = 0 \\
\varepsilon_{zx} &= \frac{1}{2\mu}\sigma_{zx} = 0
\end{aligned}\right\} \tag{5-3}
$$

因此

$$
\left.\begin{aligned}
\sigma_{yz} &= \sigma_{zx} = 0 \\
\sigma_{zz} &= \nu(\sigma_{xx} + \sigma_{yy})
\end{aligned}\right\} \tag{5-4}
$$

而

即 σ_{zz}不是独立的。所以，6 个应力分量中只剩下 3 个待求了。

下面再来看平面应变问题中的弹性力学方程的简化情况。

（1）平衡方程。可简化为如下形式：

$$
\left.\begin{aligned}
\frac{\partial \sigma_{xx}}{\partial x} + \frac{\partial \sigma_{xy}}{\partial y} + f_x = 0 \\
\frac{\partial \sigma_{xy}}{\partial x} + \frac{\partial \sigma_{yy}}{\partial y} + f_y = 0
\end{aligned}\right\} \tag{5-5}
$$

（2）变形协调方程。变形协调方程（4－3）中6个方程只剩下1个（其余全部自动满足）：

$$\frac{\partial^2 \varepsilon_{xx}}{\partial y^2} + \frac{\partial^2 \varepsilon_{yy}}{\partial x^2} = 2\frac{\partial^2 \varepsilon_{xy}}{\partial x \partial y} \tag{5-6}$$

胡克定律在式（5－3）中已列出。在式（5－3）中消去σ_{zz}得

$$\varepsilon_{xx} = \frac{1-\nu^2}{E}\left(\sigma_{xx} - \frac{\nu}{1-\nu}\sigma_{yy}\right)$$

$$\varepsilon_{yy} = \frac{1-\nu^2}{E}\left(\sigma_{yy} - \frac{\nu}{1-\nu}\sigma_{xx}\right)$$

$$\varepsilon_{xy} = \frac{1}{2\mu}\sigma_{xy} = \frac{1+\nu}{E}\sigma_{xy}$$

引入符号

$$\left.\begin{aligned} E' &= \frac{E}{1-\nu^2} \\ \nu' &= \frac{\nu}{1-\nu} \end{aligned}\right\} \tag{5-7}$$

则上式可写成更为简洁的形式：

$$\left.\begin{aligned} \varepsilon_{xx} &= \frac{1}{E'}(\sigma_{xx} - \nu'\sigma_{yy}) \\ \varepsilon_{yy} &= \frac{1}{E'}(\sigma_{yy} - \nu'\sigma_{xx}) \\ \varepsilon_{xy} &= \frac{1}{2\mu}\sigma_{xy} = \frac{1+\nu'}{E'}\sigma_{xy} \end{aligned}\right\} \tag{5-8}$$

将式（5－8）代入式（5－6）中，则得到以应力分量形式表达的变形协调方程

$$\frac{\partial^2 \sigma_{xx}}{\partial y^2} - \nu'\frac{\partial^2 \sigma_{yy}}{\partial y^2} + \frac{\partial^2 \sigma_{yy}}{\partial x^2} - \nu'\frac{\partial^2 \sigma_{xx}}{\partial x^2} = 2(1+\nu')\frac{\partial^2 \sigma_{xy}}{\partial x \partial y}$$

上式可以改写为

$$\nabla^2(\sigma_{xx} + \sigma_{yy}) = -(1+\nu')\left(\frac{\partial f_x}{\partial x} + \frac{\partial f_y}{\partial y}\right) \tag{5-9}$$

式中，

$$\nabla^2 = \left(\frac{\partial^2}{\partial x^2} + \frac{\partial^2}{\partial y^2}\right) \tag{5-10}$$

表示二维直角坐标系中的拉普拉斯算符。

式（5-5）、（5-9）中的三个方程是平面应变问题中的三个基本方程，可解出三个基本未知量 σ_{xx}、σ_{yy}、σ_{xy}。

体力常常为有势力（例如重力），因此可表示为

$$\left.\begin{aligned} f_x &= -\frac{\partial V}{\partial x} \\ f_y &= -\frac{\partial V}{\partial x} \end{aligned}\right\} \tag{5-11}$$

其中 V 为体力的势函数。于是，平衡方程可写成

$$\left.\begin{aligned} \frac{\partial}{\partial x}(\sigma_{xx} - V) + \frac{\partial \sigma_{xy}}{\partial y} = 0 \\ \frac{\partial \sigma_{xy}}{\partial x} + \frac{\partial}{\partial y}(\sigma_{yy} - V) = 0 \end{aligned}\right\} \tag{5-12}$$

我们引入两个函数 Ψ 和 χ，使

$$\left.\begin{aligned} \sigma_{xx} - V &= \frac{\partial \Psi}{\partial y} \\ \sigma_{xy} &= -\frac{\partial \Psi}{\partial x} \end{aligned}\right\} \tag{5-13}$$

$$\left.\begin{aligned} \sigma_{xy} &= \frac{\partial \chi}{\partial y} \\ \sigma_{yy} - V &= -\frac{\partial \chi}{\partial x} \end{aligned}\right\} \tag{5-14}$$

式（5-13）使式（5-12）的第一式自动满足，式（5-14）使式（5-12）的第二式自动满足。

由式（5-13）、（5-14）得

$$\sigma_{xy} = -\frac{\partial \Psi}{\partial x} = \frac{\partial \chi}{\partial y}$$

所以

$$\frac{\partial \Psi}{\partial x} + \frac{\partial \chi}{\partial y} = 0 \tag{5-15}$$

可以再引入一个函数 $U(x, y)$ 令

$$\left.\begin{aligned} \Psi &= \frac{\partial U}{\partial y} \\ \chi &= -\frac{\partial U}{\partial x} \end{aligned}\right\} \tag{5-16}$$

这样可满足式（5－15），此时

$$\left.\begin{aligned}\sigma_{xx} &= \frac{\partial^2 U}{\partial y^2} + V \\ \sigma_{yy} &= \frac{\partial^2 U}{\partial x^2} + V \\ \sigma_{xy} &= -\frac{\partial^2 U}{\partial x \partial y}\end{aligned}\right\} \tag{5-17}$$

可见，如能找到一函数 $U(x, y)$，则平衡方程就自动满足，而应力分量 σ_{xx}、σ_{yy}、σ_{xy} 如式（5－17）所示。函数 $U(x, y)$ 称为艾雷应力函数，简称应力函数。

再将式（5－17）代入式（5－9），得

$$\nabla^2(\nabla^2 U) = \nabla^4 U = -\left(\frac{1-2\nu}{1-\nu}\right)\nabla^2 V \tag{5-18}$$

式中，

$$\nabla^2 = \frac{\partial^2}{\partial x^2} + \frac{\partial^2}{\partial y^2}$$

$$\nabla^4 = \nabla^2(\nabla^2) = \frac{\partial^4}{\partial x^4} + 2\frac{\partial^4}{\partial x^2 \partial y^2} + \frac{\partial^4}{\partial y^4} \tag{5-19}$$

式（5－18）的实质是协调方程，应力函数必须满足此方程。

在实际问题中遇到的体积力不外乎重力和惯性力两种类型，以下分别予以讨论。

（1）重力：取 y 轴铅直向上，则

$$\left.\begin{aligned}V &= \rho g y \\ f_x &= -\frac{\partial V}{\partial x} = 0 \\ f_y &= -\frac{\partial V}{\partial y} = -\rho g\end{aligned}\right\} \tag{5-20}$$

式中，ρ 为质量密度。

由式（5－20）可得

$$\nabla^2 V = 0$$

于是，式（5－18）成为

$$\nabla^4 U = 0 \tag{5-21}$$

式（5－21）称为双调和方程，满足此方程的函数称为双调和函数。

（2）惯性力：设物体绕垂直于平面 xOy 且通过 O 点的轴匀速转动，角速度为 ω，则惯性力为

$$
\begin{aligned}
f_x &= \rho\omega^2 x \\
f_y &= \rho\omega^2 y
\end{aligned}
$$

当物体只受到上述惯性力时，问题的解为

$$
\left.
\begin{aligned}
\sigma_{xx} &= -\frac{2\lambda+\mu}{4(\lambda+2\mu)}\rho\omega^2(x^2+y^2) - \frac{\mu}{2(\lambda+2\mu)}\rho\omega^2 x^2 \\
\sigma_{yy} &= -\frac{2\lambda+\mu}{4(\lambda+2\mu)}\rho\omega^2(x^2+y^2) - \frac{\mu}{2(\lambda+2\mu)}\rho\omega^2 y^2 \\
\sigma_{xy} &= -\frac{\mu\rho\omega^2}{2(\lambda+2\mu)}xy \\
u &= -\frac{\rho\omega^2}{8(\lambda+2\mu)}(x^2+y^2)x \\
v &= -\frac{\rho\omega^2}{8(\lambda+2\mu)}(x^2+y^2)y
\end{aligned}
\right\}
\tag{5-22}
$$

任何一个受到惯性力及其他外力作用的平面应变问题都可以分解为两个问题的叠加：一个为只受惯性力作用的问题，其解为式（5－22）；另一个为只受边界上面力的作用，而体积力为零的问题，它的解必须满足双调和方程（5－21）。因此，寻求平面应变问题的解都归结为在给定的边界条件下解双调和方程（5－21）的边值问题。

§5－2　平面应力问题

所谓平面应力问题，与平面应变问题正好相反，发生在物体某一方向（z 方向）的尺寸远小于其余两个方向尺寸的物体中，即物体是一个很薄的平板，此外还要求板的厚度均匀，所有外力都作用在板的中面内，或者所有外力都作用在与中面平行的平面内，且载荷对中面对称。凡符合上述条件的就属于平面应力问题，如图 5－2 所示。

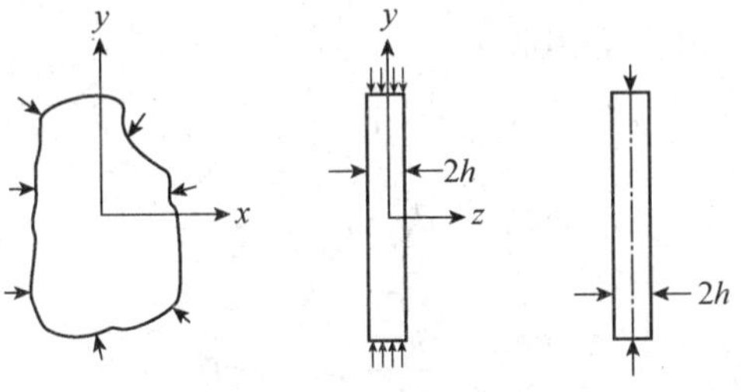

图　5－2

显然，根据平面应力问题的前提条件，在物体的两个端面（上下底面）上 σ_{zx}、σ_{zy} 及

σ_{zz}三个应力分量为零：

$$\sigma_{zz}=\sigma_{yz}=\sigma_{xz}=0$$

进而我们假定在整个物体内应力分量 $\sigma_{zz}=\sigma_{yz}=\sigma_{zx}=0$，而 σ_{xx}、σ_{yy}、σ_{xy}只是 x、y 的函数。

在上述假定的前提下，平面应力问题的弹性力学方程，除胡克定律稍有不同外，其余方程与平面应变方程相似。

（1）胡克定律，在平面应力情况下，

$$\left.\begin{aligned}\varepsilon_{xx}&=\frac{1}{E}(\sigma_{xx}-\nu\sigma_{yy})\\ \varepsilon_{yy}&=\frac{1}{E}(\sigma_{yy}-\nu\sigma_{xx})\\ \varepsilon_{zz}&=-\frac{\nu}{E}(\sigma_{xx}+\sigma_{yy})\\ \varepsilon_{xy}&=\frac{1}{2\mu}\sigma_{xy}\\ \varepsilon_{yz}&=\frac{1}{2\mu}\sigma_{yz}\\ \varepsilon_{zx}&=\frac{1}{2\mu}\sigma_{zx}\end{aligned}\right\}\tag{5-23}$$

比较式（5-8）与（5-23），可见若将 E 换成 E'，ν 换成 ν'，则二者基本相同，差别只在于

平面应变：$\varepsilon_{zz}=0$，$\sigma_{zz}=\nu(\sigma_{xx}+\sigma_{yy})$

平面应力：$\sigma_{zz}=0$，$\varepsilon_{zz}=-\dfrac{\nu}{E}(\sigma_{xx}+\sigma_{yy})$

（2）协调方程：将式（5-23）代入式（4-3），就得到以应力分量表示的协调方程，即

$$\frac{\partial^2\sigma_{xx}}{\partial y^2}-\nu\frac{\partial^2\sigma_{yy}}{\partial y^2}+\frac{\partial^2\sigma_{yy}}{\partial x^2}-\nu\frac{\partial^2\sigma_{xx}}{\partial x^2}=2(1+\nu)\frac{\partial^2\sigma_{xy}}{\partial x\partial y}\tag{5-24}$$

式（5-24）与式（5-9）也完全相似。

（3）平衡方程：

$$\left.\begin{aligned}\frac{\partial\sigma_{xx}}{\partial x}+\frac{\partial\sigma_{xy}}{\partial y}+f_x=0\\ \frac{\partial\sigma_{xy}}{\partial x}+\frac{\partial\sigma_{yy}}{\partial y}+f_y=0\end{aligned}\right\}\tag{5-25}$$

式（5-25）与式（5-5）完全相同。

采用与平面应变问题相同的方法，引入艾雷函数 $U(x,y)$，

$$
\left.\begin{aligned}
\sigma_{xx} &= \frac{\partial^2 U}{\partial y^2} + V \\
\sigma_{yy} &= \frac{\partial^2 U}{\partial x^2} + V \\
\sigma_{xy} &= -\frac{\partial^2 U}{\partial x \partial y}
\end{aligned}\right\} \tag{5-26}
$$

将上式代入式（5－9），得

$$
\nabla^4 U = -(1-\nu)\ \nabla^2 V \tag{5-27}
$$

按前一节的讨论，对于无体力及重力的情形，均有

$$
\nabla^2 V = 0
$$

而对惯性力作用的情形，其解为双调和方程

$$
\nabla^4 U = 0 \tag{5-28}
$$

的解与式（5－22）所代表的特解的和。所以，对于平面应力问题，恒可归结为求双调函数 U 的问题。

从平面应力问题和平面应变问题的对比中可以看出，当外力情况及物体在 xOy 平面中的形状相同，且 $\nabla^2 V=0$ 时，平面应力问题与平面应变问题中应力 σ_{xx}、σ_{yy}、σ_{xy} 的分布相同，并且应力分布与材料性质无关。这意味着截面形状相同而材料不同的弹性体，当边界条件相同时，其应力分布也相同。这正是光弹性实验及其他一些实验应力分析方法的理论基础。

以上我们在 $\sigma_{zz}=\sigma_{zx}=\sigma_{yz}=0$ 及 σ_{xx}、σ_{yy}、σ_{xy} 仅是 x、y 的函数这样两个假定的前提下，对平面应力问题进行了研究，并导出与平面应变问题一样的双调和方程，但是对这两个假定的合理性需要加以讨论。

菲隆曾提出广义平面应力的概念，较好地解释了这个问题。其主要思路是：将所有的位移分量、应变分量和应力分量对于坐标 z 平均化，这意味着不考虑这些量随 z 的变化，而

$$
\begin{aligned}
\bar{u} &= \frac{1}{2h}\int_{-h}^{h} u(x,y,z)\,\mathrm{d}z \\
\bar{v} &= \frac{1}{2h}\int_{-h}^{h} v(x,y,z)\,\mathrm{d}z \\
\bar{w} &= \frac{1}{2h}\int_{-h}^{h} w(x,y,z)\,\mathrm{d}z \\
\bar{\sigma}_{xx} &= \frac{1}{2h}\int_{-h}^{h} \sigma_{xx}(x,y,z)\,\mathrm{d}z \\
\bar{\sigma}_{yy} &= \frac{1}{2h}\int_{-h}^{h} \sigma_{yy}(x,y,z)\,\mathrm{d}z \\
\bar{\sigma}_{xy} &= \frac{1}{2h}\int_{-h}^{h} \sigma_{zy}(x,y,z)\,\mathrm{d}z
\end{aligned}
$$

对 z 平均化后的值，当然就只是 x、y 的函数，$\overline{u}=\overline{u}$（$x$，$y$），$\overline{v}=\overline{v}$（$x$，$y$），且由于问题对于中面（$xOy$ 平面）的对称性可知，$\overline{w}=0$

进而分析 $\overline{\varepsilon}_{zx}$ 和 $\overline{\varepsilon}_{zy}$：

$$\overline{\varepsilon}_{zx} = \frac{1}{2h}\int_{-h}^{h}\varepsilon_{zx}\mathrm{d}z = \frac{1}{2h}\int_{-h}^{h}\frac{1}{2}\left(\frac{\partial u}{\partial z}+\frac{\partial w}{\partial x}\right)\mathrm{d}z = \frac{1}{2}\left(\frac{\partial \overline{u}}{\partial z}+\frac{\partial \overline{w}}{\partial x}\right) = 0$$

同理可得 $\overline{\varepsilon}_{zy}=0$

根据胡克定律，

$$\sigma_{zx} = 2\mu\varepsilon_{zx}$$
$$\sigma_{zy} = 2\mu\varepsilon_{zy}$$

将上式两端对 z 做定积分 $\int_{-h}^{h}(\quad)\mathrm{d}z$ 后得

$$\overline{\sigma}_{zx} = 2\mu\overline{\varepsilon}_{zx} = 0$$
$$\overline{\sigma}_{zy} = 2\mu\overline{\varepsilon}_{zy} = 0$$

下面分析 $\overline{\sigma}_{zz}$。由平面应力的前提可知

$$\sigma_{zz}\big|_{z=\pm h} = 0$$

而且在 $z=\pm h$ 面上，$\sigma_{zx}=\sigma_{zy}=0$，$\frac{\partial\sigma_{zx}}{\partial x}=\frac{\partial\sigma_{zy}}{\partial y}=0$。这样，由平衡方程式（4－1）中的第三个式子（根据平面应力的前提 $f_2=0$）可推出

$$\left.\frac{\partial\sigma_{zz}}{\partial z}\right|_{z=\pm h} = 0$$

因此，在平板的两个端面上不仅 $\sigma_{zz}=0$，而且 $\frac{\partial\sigma_{zz}}{\partial z}=0$。又因 h 很小（与其余两个方向的尺度相比），所以推知在板内各点 σ_{zz} 都很小，如图 5－3 所示。这样就有更充分的理由认为 $\overline{\sigma}_{zz}=0$ *。

这样我们就证实了平面应力的基本假定（A），不同的是现在讨论的三个应力 $\overline{\sigma}_{zx}$、$\overline{\sigma}_{yz}$、$\overline{\sigma}_{zz}$ 都是对 z 平均化后的应力。至于假定（B），对 z 取平均值后，它显然成立，即 $\overline{\sigma}_{xx}$、$\overline{\sigma}_{yy}$、$\overline{\sigma}_{xy}$ 只是 x、y 的函数。

现在再来看平面应力的三个基本方程：两个平衡方程和一个变形协调方程。将各方程中

注：进一步可以证明 $(\sigma_{zz})_{max}/\sigma_0\propto(h/L)^2$，其中 σ_0 为问题中的特征应力值（例如边界力 T），L 为问题中的特征长度。可见当 $h/L\ll1$ 时，σ_{xz}/σ_0 将很小（钱伟长、叶开源，1956）。

的每一项进行积分$\int_{-h}^{h}(\quad)\mathrm{d}z$，便得到

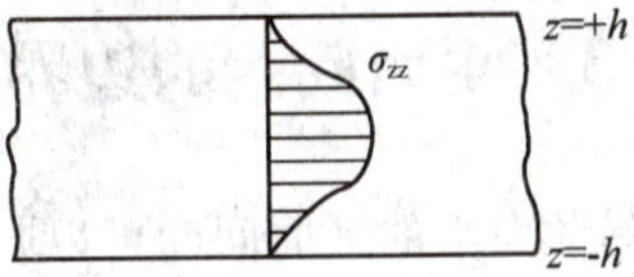

图 5-3

$$\frac{\partial\bar{\sigma}_{xx}}{\partial x}+\frac{\partial\bar{\sigma}_{xy}}{\partial y}+\bar{f}_x=0$$

$$\frac{\partial\bar{\sigma}_{xy}}{\partial x}+\frac{\partial\bar{\sigma}_{yy}}{\partial y}+\bar{f}_y=0$$

$$\frac{\partial^2\bar{\sigma}_{xx}}{\partial y^2}-\nu\frac{\partial^2\bar{\sigma}_{yy}}{\partial y^2}+\frac{\partial^2\bar{\sigma}_{yy}}{\partial x^2}-\nu\frac{\partial^2\bar{\sigma}_{xx}}{\partial x^2}=2(1+\nu)\frac{\partial^2\bar{\sigma}_{xy}}{\partial x\partial y}$$

其中

$$\left.\begin{aligned}\bar{f}_x&=\frac{1}{2h}\int_{-h}^{h}f_x\mathrm{d}z\\ \bar{f}_y&=\frac{1}{2h}\int_{-h}^{h}f_y\mathrm{d}z\end{aligned}\right\}\tag{5-29}$$

和

表示体积力沿 z 平均化后的平均值。

上述方程与方程（5-24）、（5-25）的形式几乎完全相同，不同的是，其中的应力都是对 z 平均化后的平均值。因而可以采用类似的解法。

取应力函数$\bar{U}(x,\ y)$，令

$$\sigma_{xx}=\frac{\partial^2\bar{U}}{\partial y^2}+\bar{V}$$

$$\sigma_{yy}=\frac{\partial^2\bar{U}}{\partial x^2}+\bar{V}$$

$$\sigma_{xy}=-\frac{\partial^2\bar{U}}{\partial x\partial y}$$

从而得

$$\nabla^4\bar{U}=-(1-\nu)\ \nabla^2\bar{V}$$

当 $\nabla^2\bar{V}=0$ 时，得

$$\nabla^4\bar{U}=0$$

以下凡遇平面应力问题，都按广义平面应力概念来理解，虽然为了书写简便起见，不再

在每个应力、应变分量上加上符号“ - ”，但我们一律把它们理解为对 z 平均化后的值。

§5 - 3　平面问题的边界条件

根据前面两节中的结果，解弹性力学的平面问题可以归结为解应力函数 U 的双调和方程的问题。但是要解双调和方程 $\nabla^4 U=0$，必须知道适当的边界条件。弹性力学平面问题的边界条件有三类：

（1）位移边界条件。给定边界 L 上各点的位移

$$u|_L = f_1(x,y)$$
$$v|_L = f_2(x,y)$$

式中，f_1、f_2 为边界 L 上的已知函数。

对于广义平面应力问题，u、v、f_1、f_2 均应理解为 $\bar{u}$、$\bar{v}$、$\bar{f}_1$、$\bar{f}_2$ 的简记符号。

（2）力的边界条件。给定边界 L 上各点的应力矢量 $T(T_x$、$T_y)$。根据柯西公式，在边界 L 上

$$\left.\begin{aligned} \sigma_{xx}\cos(\boldsymbol{n},x)+\sigma_{xy}\cos(\boldsymbol{n},y) &= T_x(x,y) \\ \sigma_{yx}\cos(\boldsymbol{n},x)+\sigma_{yy}\cos(\boldsymbol{n},y) &= T_y(x,y) \end{aligned}\right\} \tag{5-30}$$

其中 $\boldsymbol{n}$ 为边界上各点的外法线。

对于广义平面应力问题，σ_{xx}、σ_{xy}、σ_{yy}、T_x、T_y 都应理解为对 z 的平均值，即

$$\left.\begin{aligned} \bar{\sigma}_{xx}\cdot\cos(\boldsymbol{n},x)+\bar{\sigma}_{xy}\cdot\cos(\boldsymbol{n},y) &= \bar{T}_x \\ \bar{\sigma}_{xy}\cdot\cos(\boldsymbol{n},x)+\bar{\sigma}_{yy}\cdot\cos(\boldsymbol{n},y) &= \bar{T}_y \end{aligned}\right\} \tag{3-31}$$

其中

$$\left.\begin{aligned} \bar{T}_x &= \frac{1}{2h}\int_{-h}^{h} T_x(x,y,z)\,\mathrm{d}z \\ \bar{T}_y &= \frac{1}{2h}\int_{-h}^{h} T_y(x,y,z)\,\mathrm{d}z \end{aligned}\right\} \tag{5-32}$$

用平均值的边界条件当然可能引起误差，但是根据圣维南原理，它只影响边缘局部而不影响离边界较远处解的正确性。

（3）混合边界条件。部分边界上给定应力矢量，部分边界上给定位移。

§5 - 4　用多项式应力函数解平面问题

如前所述，弹性静力学的平面问题，可化为在已知边界条件下求解双调和函数的问题。问题的难易主要取决于边界条件（物体的形状及外力情况）的复杂程度。从解决问题的技巧看，一方面有赖于对问题的物理本质认识的深刻程度，另一方面有赖于对函数性质掌握的熟练程度。

多项式是最简单的函数，我们首先利用多项式来解决一些较简单的平面问题。

由式（5－17）可知，U 必须是二次以上的多项式，因为一次多项式 $U=Ax+By+C$ 算不出应力。

在以下的讨论中，都认为 $V=0$。

取二次及三次多项式

$$U = \frac{1}{2}a_2x^2 + b_2x\cdot y + \frac{1}{2}c_2y^2$$

或

$$U = \frac{1}{3\times 2}a_3x^3 + \frac{1}{2}b_3x^2y + \frac{1}{2}c_3xy^2 + \frac{1}{3\times 2}d_3y^3$$

显然二次及三次多项式的每一项都是双调和函数，都可取为应力函数。

表5－1列出了取二次及三次多项式中的一项为应力函数时的应力分布。各函数相应的边界条件如图5－4所示。

表5－1

	应力函数 U	应力
1	$\frac{1}{2}a_2x^2$	$\sigma_{xx}=0$ $\sigma_{yy}=a_2$ $\sigma_{xy}=0$
2	$\frac{1}{2}c_2y^2$	$\sigma_{xx}=c_2$ $\sigma_{yy}=0$ $\sigma_{xy}=0$
3	b_2xy	$\sigma_{xx}=0$ $\sigma_{yy}=0$ $\sigma_{xy}=-b_2$
4	$\frac{1}{2}b_3x^2y$	$\sigma_{xx}=0$ $\sigma_{yy}=b_3y$ $\sigma_{xy}=-b_3x$
5	$\frac{1}{3\times 2}d_3y^3$	$\sigma_{xx}=d_3y$ $\sigma_{yy}=0$ $\sigma_{xy}=0$

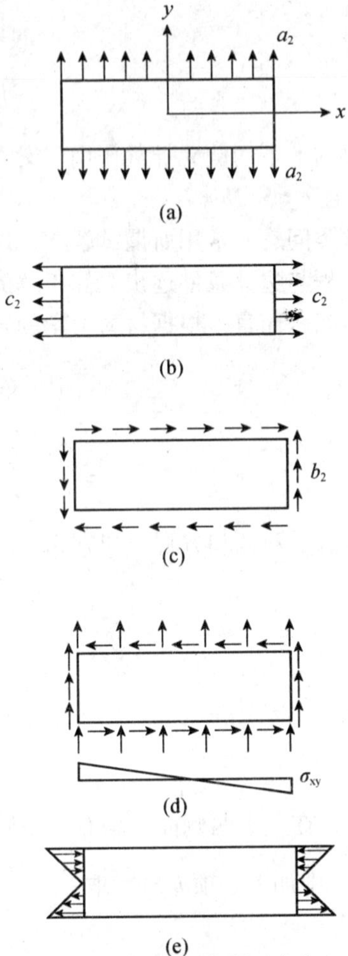

图5－4　表5－1中所列应力函数对应的边界条件示意

当 U 是四次或四次以上的多项式时，则不能任取一项，例如将

$$U = \frac{a_4}{4 \times 3}x^4 + \frac{b_4}{3 \times 2}x^3 y + \frac{c_4}{2}x^2 y^2 + \frac{d_4}{3 \times 2}xy^3 + \frac{e_4}{4 \times 3}y^4 \tag{a}$$

代入双调和方程中得

$$a_4 + 2c_4 + e_4 = 0 \tag{b}$$

这说明必须满足条件式（b），函数式（a）才能取为应力函数。

下面我们利用多项式来解几个具体问题。

例 1　悬臂梁的弯曲问题，如图 5－5 所示。

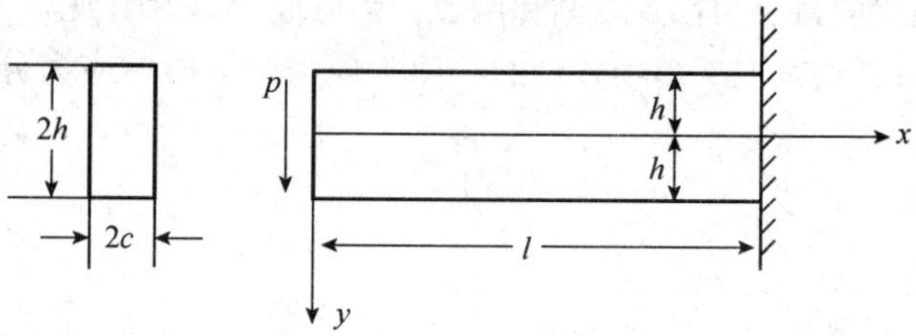

图 5－5　悬臂梁的弯曲

在梁的上下两侧无外载作用，梁左端受一载荷 p 作用，右端固定，其几何尺寸如图 5－5 所示，且 $c \ll h$，$h \ll l$。

解这类问题，常用所谓试解法，即依据对该问题的认识，先假设应力函数的大致形式，再根据方程与边界条件逐步去修正解的形式，最后解答完全满足方程与边界条件。

对本问题而言，根据材料力学的知识，弯矩 $M = px$，而 $\sigma_{xx} \propto My$，所以 $\sigma_{xx} \propto pxy$。因此可取

$$U = \frac{d_4}{3 \times 2}xy^3$$

上式满足双调和方程。与它相应的应力分布是

$$\sigma_{xx} = d_4 xy$$
$$\sigma_{yy} = 0$$
$$\sigma_{xy} = -\frac{d_4}{2}y^2$$

这样，在上下两侧面上均有 $-\frac{d_4}{2}h^2$ 的剪应力，这不满足本问题的边界条件。参考表 5－1，可在 U 中加上一项 b_2xy，取

$$U = b_2 xy + \frac{d_4}{3 \times 2}xy^3$$

上式仍然满足 $\nabla^4 U = 0$，其应力为

$$
\left.\begin{aligned}
\sigma_{xx} &= d_4 xy \\
\sigma_{yy} &= 0 \\
\sigma_{xy} &= -b_2 - \frac{d_4}{2}y^2
\end{aligned}\right\} \tag{c}
$$

为满足 $y=\pm h$ 时 $\sigma_{xy}=0$ 的条件，可令

$$
-b_2 - \frac{d_4}{2}h^2 = 0
$$

得

$$
d_4 = -\frac{2b_2}{h^2}
$$

为满足 $x=0$ 处的边界条件，令

$$
p = 2c\int_{-h}^{h}\sigma_{xy}\mid_{(x=0)}\mathrm{d}y
$$

于是得

$$
d_4 = -\frac{2b_2}{h^2} = -\frac{3}{4}\frac{p}{ch^3}
$$

再代入（c）式中得最后的解答为：

$$
\left.\begin{aligned}
U &= \frac{3}{8}\frac{p}{ch}xy - \frac{1}{8}\frac{p}{ch^3}xy^3 \\
\sigma_{xx} &= -\frac{3}{4}\frac{pxy}{ch^3} = -\frac{pxy}{J} \\
\sigma_{yy} &= 0 \\
\sigma_{xy} &= -\frac{p}{2J}(h^2 - y^2)
\end{aligned}\right\} \tag{5-33}
$$

其中 $J=\frac{4}{3}ch^3$ 为矩形梁截面上的惯性矩。上述解答要求在 $x=0$ 处的端面上，外力（剪力）按抛物线规律分布。但实际上 p 力的作用方式不一定满足这样的要求。不过根据圣维南原理，只是在端部（$x=0$）附近，实际的应力分布与理论解之间可能有较大的差异，在离端部较远处，解（5－33）是足够精确的。

求得梁内的应力场后，由胡克定律很容易求得各点的应变分量。

$$
\left.\begin{aligned}
\varepsilon_{xx} &= \frac{\sigma_{xx}}{E} = -\frac{pxy}{EJ} \\
\varepsilon_{yy} &= -\frac{\nu}{E}\sigma_{xx} = \frac{\nu pxy}{EJ} \\
\varepsilon_{xy} &= \frac{\sigma_{xy}}{2\mu} = -\frac{p(h^2 - y^2)}{4\mu J}
\end{aligned}\right\} \tag{5-34}
$$

下面进一步求各点的位移。

由$\frac{\partial u}{\partial x}=\varepsilon_{xx}=-\frac{pxy}{EJ}$，得

$$u=-\int\frac{pxy}{EJ}dx=-\frac{px^2y}{2EJ}+f_1(y) \tag{d}$$

其中$f_1(y)$为待求的y的函数。

再由$\frac{\partial v}{\partial y}=\varepsilon_{yy}=\frac{\nu pxy}{EJ}$，得

$$v=\int\frac{\nu pxy}{EJ}dy=\frac{\nu pxy^2}{2EJ}+f_2(x) \tag{e}$$

再由$2\varepsilon_{xy}=\frac{\partial v}{\partial x}+\frac{\partial u}{\partial y}$，将式（5-34）、(d)、(e)代入上式得

$$-\frac{ph^2}{2\mu J}=-\frac{py^2}{2\mu J}+\frac{\nu py^2}{2EJ}+f'_1(y)+f'_2(x)-\frac{px^2}{2EJ}$$

其中$f'_2(x)=\frac{df_2(x)}{dx}$；$f'_1(y)=\frac{df_1(y)}{dy}$。要使上式成立，必须使

$$f'_1(y)-\frac{py^2}{2\mu J}+\frac{\nu py^2}{EJ}=a \tag{f}$$

$$f'_2(x)-\frac{px^2}{2EJ}=b \tag{g}$$

其中a、b均为常数，且

$$a+b=-\frac{ph^2}{2\mu J}=-\frac{p(1+\nu)h^2}{EJ} \tag{h}$$

将式（f）、(g)积分得

$$f_1(y)=\frac{py^3}{6\mu J}-\frac{\nu py^3}{6EJ}+ay+c$$

$$f_2(x)=\frac{px^3}{6EJ}+bx+d$$

将上面两个式子分别代入（d）、(e)式得

$$u=-\frac{px^2y}{EJ}+\frac{(1+v)py^3}{3EJ}-\frac{\nu py^3}{6EJ}+ay+c$$

$$v=\frac{\nu pxy^2}{2EJ}+\frac{px^3}{6EJ}+bx+d$$

其中a、b、c、d为待定常数。利用条件

当 $x=l$，$y=0$ 时

$$\left.\begin{aligned} u &= 0 \\ v &= 0 \\ \frac{\partial v}{\partial x} &= 0 \end{aligned}\right\}$$

及条件式（h），可定出

$$a = \frac{pl^2}{2EJ} - \frac{ph^2(1+\nu)}{EJ}$$

$$b = -\frac{pl^2}{2EJ}$$

$$c = 0$$

$$d = \frac{pl^2}{3EJ}$$

最后得

$$\left.\begin{aligned} u &= -\frac{px^2y}{2EJ} - \frac{\nu py^3}{6EJ} + \frac{(1+\nu)py^3}{3EJ} + \left[\frac{pl^2}{2EJ} - \frac{ph^2(1+\nu)}{EJ}\right]y \\ v &= \frac{\nu pxy^2}{2EJ} + \frac{px^3}{6EJ} - \frac{pl^2x}{2EJ} + \frac{pl^3}{3EJ} \end{aligned}\right\} \tag{5-35}$$

由上面的结果可得

$$v|_{y=0} = \frac{px^3}{6EJ} - \frac{pl^2x}{2EJ} + \frac{pl^3}{3EJ} \qquad \text{（梁的中线的挠曲线）}$$

$$u|_{x=l} = \frac{(1+\nu)py^3}{3EJ} - \frac{\nu py^3}{6EJ} - \frac{(1+\nu)ph^2y}{EJ} \qquad \text{（固定端截面的翘曲）}$$

$$\left.\frac{\partial u}{\partial y}\right|_{x=l} = -\frac{\nu py^2}{2EJ} + \frac{(1+\nu)py^2}{EJ} - \frac{(1+\nu)ph^2}{EJ}$$

$$\left.\frac{\partial u}{\partial y}\right|_{\substack{x=l\\y=0}} = -\frac{(1+v)ph^2}{EJ} = \theta_0$$

固定端（$x=l$）横截面的翘曲情况，示于图 5－6。

例 2　作为第二个例子，我们讨论简支梁受均布载荷的情形（图 5－7）。

边界条件：

$y=-h/2$：　　$\sigma_{yy} = -q/b$，$\sigma_{xy} = 0$

$y=h/2$：　　$\sigma_{yy} = 0$，$\sigma_{xy} = 0$

$x=\pm l/2$：　　$\int_{-h/2}^{h/2} b\sigma_{xy}\,dy = -ql/2$

$$\int_{-h/2}^{h/2} b\sigma_{xx}\,dy = 0$$

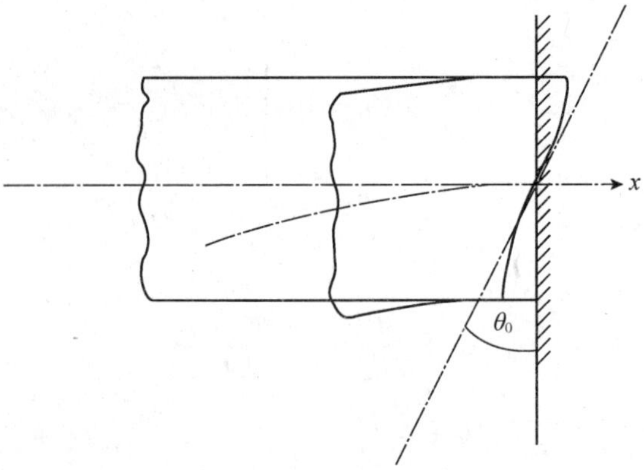

图 5-6　悬臂梁固定端截面的翘曲

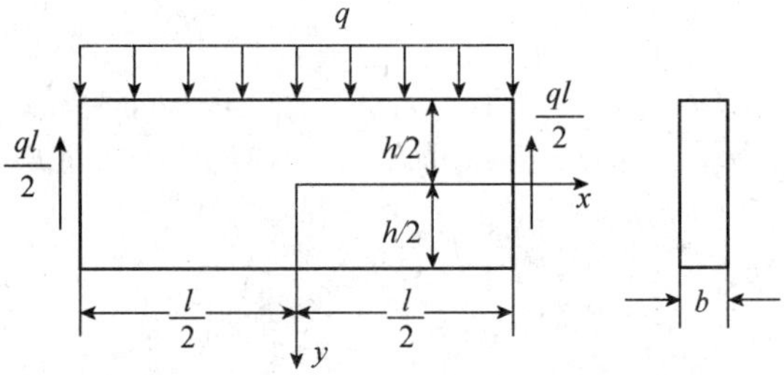

图 5-7　受均布载荷的简支梁

按照上面的方法，可以求得应力函数为

$$U=\frac{q}{5bh^3}y^5-\frac{q}{bh^3}x^2y^3-\left(\frac{q}{10bh}-\frac{ql^2}{4bh^3}\right)y^3+\frac{3}{4}\frac{q}{bh}x^2y-\frac{q}{4b}x^2 \tag{5-36}$$

此应力函数满足双调和方程，与之相应的应力为：

$$\left.\begin{aligned}\sigma_{xx}&=-\frac{6q}{bh^3}x^2y-\frac{3q}{5bh}y+\frac{3ql^2}{2bh^3}y+\frac{4q}{bh^3}y^3\\ \sigma_{yy}&=-\frac{2q}{bh^3}y^3+\frac{3}{2}\frac{q}{bh}y-\frac{q}{2b}\\ \sigma_{xy}&=\frac{6q}{bh^3}xy^2-\frac{3}{2}\frac{q}{bh}x\end{aligned}\right\} \tag{5-37}$$

上述解完全满足边界条件，读者可以做为练习，自己去校核。

如果令原点的位移为零，即

$x=0$，$y=0$ 时，$u=0$，$v=0$

则各点的位移场为

$$
\left.\begin{aligned}
u &= \frac{q}{8EJ}\left[\left(l^2x - \frac{x^3}{3}\right)y + \left(\frac{8}{3}y^3 - \frac{2}{5}yh^2\right)x + \nu x\left(\frac{4}{3}y^3 - h^2y + \frac{1}{3}h^2\right)\right] \\
v &= \frac{q}{8EJ}\left[-\frac{1}{3}y^4 + \frac{1}{2}h^2y^2 - \frac{1}{3}h^3y + \nu\left(\frac{1}{2}x^2y^2 + \frac{1}{5}h^2y^2 - \frac{1}{2}l^2y^2 - \frac{2}{3}y^4\right)\right] \\
&\quad + \frac{q}{8EJ}\left[\frac{1}{3}x^4 - \left(\frac{\nu}{2} + \frac{4}{5}\right)h^2x^2 - \frac{1}{2}l^2x^2\right]
\end{aligned}\right\} \quad (5-38)
$$

其中 $J = bh^3/12$。

例 3 图 5-8 所示的山字形构造为一东西长 $2l$、南北长 $2w$ 的矩形水平地块。

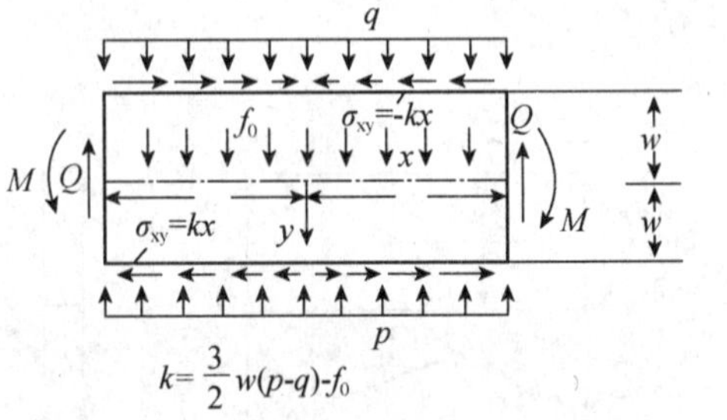

图 5-8

它所受的外力有：①体力 f_0，它反映了地球自转加速引起的体积力；②在东西两端，按圣维南原理只考虑其所受的合力 Q 及合力偶 M；③在南北两端边分别受到均匀分布的压力 p 和 q，以及线性变化的剪应力 σ_{xy}。

对于这样的边界条件，可以取如下的应力函数：

$$
U = -\frac{1}{4}(p+q)x^2 - \frac{2}{4w^3}(p-q)x^2y^3 + \frac{1}{20w^3}(p-q)y^5 \quad (5-39)
$$

相应的应力分布为

$$
\left.\begin{aligned}
\sigma_{xx} &= -\frac{3(p-q)}{2w^3}\left(x^2y - \frac{2}{3}y^3\right) \\
\sigma_{yy} &= -\frac{3(p-q)}{2w^3}y^3 - \frac{1}{2}(p+q) \\
\sigma_{xy} &= -\frac{3(p-q)}{2w^3}xy^2 - f_0x
\end{aligned}\right\} \quad (5-40)
$$

不难验证上述解满足双调和方程及边界条件。而且与之相应的应力场及变形情形同这一类地质构造的实际情况是相符的。

§5-5 平面问题的傅立叶级数解法

上一节中我们讨论了用多项式应力函数解矩形梁的问题。若载荷形式比较简单，这种方法是比较有效的；但如载荷比较复杂，则用这种方法就相当困难，这时傅立叶级数形式的应力函数更为有效和简便。

对于狭长条形的矩形梁（图5-9），由于梁的高度远小于梁的长度，边界条件主要属于上、下两个长边上应力分布的情况，而对于两端则只需满足合力及合力矩的条件即可。

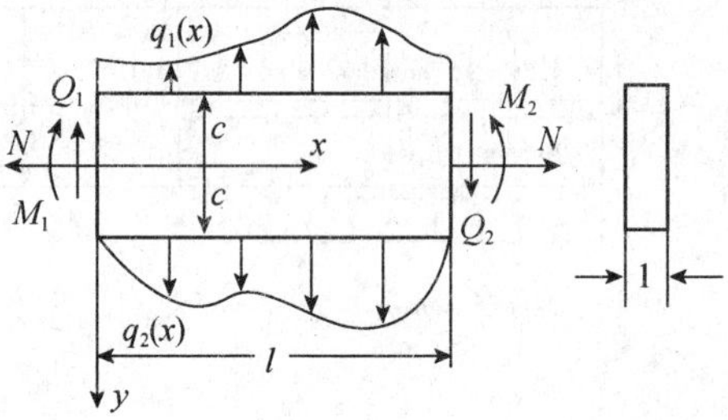

图 5-9

边界条件具体列出如下：

$$
\left.\begin{aligned}
y=-c:&\quad \sigma_{yy}=q_1(x)\\
&\quad \sigma_{xy}=0\\
y=+c:&\quad \sigma_{yy}=q_2(x)\\
&\quad \sigma_{xy}=0\\
x=0:&\quad \int_{-c}^{c}\sigma_{xx}\mathrm{d}y=N\\
&\quad \int_{-c}^{c}\sigma_{xy}\mathrm{d}y=Q_1\\
&\quad \int_{-c}^{c}\sigma_{xx}y\mathrm{d}y=M_1\\
x=l:&\quad \int_{-c}^{c}\sigma_{xx}\mathrm{d}y=N\\
&\quad \int_{-c}^{c}\sigma_{xy}\mathrm{d}y=Q_2\\
&\quad \int_{-c}^{c}\sigma_{xx}y\mathrm{d}y=-M_2
\end{aligned}\right\}\tag{a}
$$

在讨论这一问题之前，我们先讨论如图 5－10 所示的简单情形。它的边界条件为

$$\left.\begin{aligned} y=-c:\quad \sigma_{yy}=-A\cdot\sin\alpha_m x,\quad \sigma_{xy}=0 \\ y=+c:\quad \sigma_{yy}=-B\cdot\sin\alpha_m x,\quad \sigma_{xy}=0 \end{aligned}\right\}\tag{b}$$

其中 $\alpha_m=\dfrac{m\pi}{l}$，m 为正整数，图 5－10 中，$m=4$。试取 $U=\sin\alpha_m x\cdot f(y)$，代入 $\nabla^4U=0$ 中，得

$$\alpha_m^4\cdot f(y)-2\alpha_m^2 f''(y)+f^{(\mathrm{IV})}(y)=0$$

上式的解为

$$f(y)=C_1\mathrm{ch}\alpha_m y+C_2\mathrm{sh}\alpha_m y+C_3 y\mathrm{ch}\alpha_m y+C_4 y\mathrm{sh}\alpha_m y$$

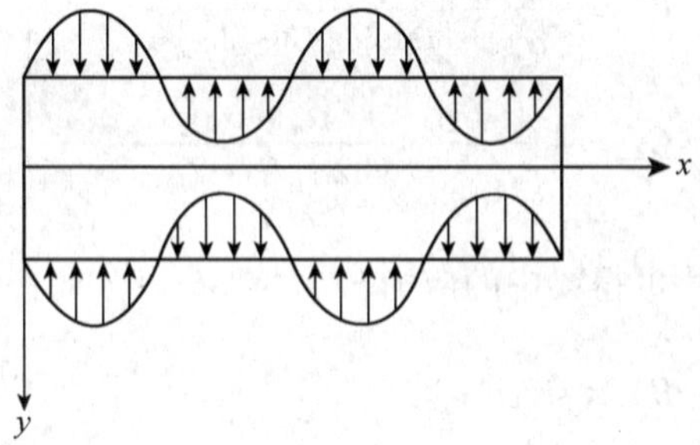

图 5－10

因此

$$U=\sin\alpha_m x[C_1\mathrm{ch}\alpha_m y+C_2\mathrm{sh}\alpha_m y+C_3 y\mathrm{ch}\alpha_m y+C_4 y\mathrm{sh}\alpha_m y]$$

于是可求得相应的应力分量为

$$\left.\begin{aligned} \sigma_{xx}&=\frac{\partial^2U}{\partial y^2}=\sin\sigma_m x[C_1\alpha_m^2\mathrm{ch}\alpha_m y+C_2\alpha_m^2\mathrm{sh}\alpha_m y+C_3\alpha_m(2\mathrm{sh}\alpha_m y+\alpha_m y\mathrm{ch}\alpha_m y) \\ &\qquad+C_4\cdot\alpha_m(2\mathrm{ch}\alpha_m y+\alpha_m y\mathrm{sh}\alpha_m y)] \\ \sigma_{yy}&=\frac{\partial^2U}{\partial x^2}=-\alpha_m^2\sin\alpha_m x[C_1\mathrm{ch}\alpha_m y+C_2\mathrm{sh}\alpha_m y+C_3 y\mathrm{ch}\alpha_m y+C_4 y\mathrm{sh}\alpha_m y] \\ \sigma_{xy}&=-\frac{\partial^2U}{\partial x\partial y}=-\alpha_m\cos\alpha_m x[C_1\alpha_m\mathrm{sh}\alpha_m y+C_2\alpha_m\mathrm{ch}\alpha_m y+C_3(\mathrm{ch}\alpha_m y+\alpha_m y\mathrm{sh}\alpha_m y) \\ &\qquad+C_4(\mathrm{sh}\alpha_m y+\alpha_m y\mathrm{ch}\alpha_m y)] \end{aligned}\right\}\tag{c}$$

将上式代入边界条件式（b）中，可得到四个对于常数 C_1、C_2、C_3、C_4 的联立方程组如下：

$$
\left.\begin{array}{l}
C_1\mathrm{ch}\alpha_m C + C_2\mathrm{sh}\alpha_m C + C_3 C\mathrm{ch}\alpha_m C + C_4 C\mathrm{sh}\alpha_m C = A/\alpha_m \\
C_1\mathrm{ch}\alpha_m C - C_2\mathrm{sh}\alpha_m C + C_3 C\mathrm{ch}\alpha_m C - C_4 C\mathrm{sh}\alpha_m C = A/\alpha_m \\
C_1\alpha_m\mathrm{sh}\alpha_m C + C_2\alpha_m\mathrm{ch}\alpha_m C + C_3(\mathrm{ch}\alpha_m C + \alpha_m C\mathrm{sh}\alpha_m C) \\
\qquad + C_4(\mathrm{sh}\alpha_m C + \alpha_m C\mathrm{ch}\alpha_m C) = 0 \\
-C_1\alpha_m\mathrm{sh}\alpha_m C + C_2\alpha_m\mathrm{ch}\alpha_m C + C_3(\mathrm{ch}\alpha_m C + \alpha_m C\mathrm{sh}\alpha_m C) \\
\qquad - C_4(\mathrm{sh}\alpha_m C + \alpha_m C\mathrm{ch}\alpha_m C) = 0
\end{array}\right\} \tag{d}
$$

解上述代数方程组得

$$
\left.\begin{array}{l}
C_1 = \dfrac{A+B}{\alpha_m{}^2}\cdot\dfrac{\mathrm{sh}\alpha_m C + \alpha_m C\mathrm{ch}\alpha_m C}{\mathrm{sh}2\alpha_m C + 2\alpha_m C} \\
C_2 = -\dfrac{A-B}{\alpha_m{}^2}\cdot\dfrac{\mathrm{ch}\alpha_m C + \alpha_m C\mathrm{sh}\alpha_m C}{\mathrm{sh}2\alpha_m C + 2\alpha_m C} \\
C_3 = \dfrac{A-B}{\alpha_m{}^2}\cdot\dfrac{\alpha_m\mathrm{ch}\alpha_m C}{\mathrm{sh}2\alpha_m C - 2\alpha_m C} \\
C_4 = -\dfrac{A+B}{\alpha_m{}^2}\cdot\dfrac{\alpha_m\mathrm{sh}\alpha_m C}{\mathrm{sh}2\alpha_m C + 2\alpha_m C}
\end{array}\right\} \tag{e}
$$

再将式（e）代回（c）中，可得梁中的应力

$$
\left.\begin{array}{l}
\sigma_{xx} = (A+B)\times\sin\alpha_m x \\
\qquad \times\dfrac{(\alpha_m C_{\mathrm{ch}}\alpha_m C - \mathrm{sh}\alpha_m C)\mathrm{ch}\alpha_m y - \alpha_m y\mathrm{sh}\alpha_m y\mathrm{sh}\alpha_m C}{\mathrm{sh}2\alpha_m C + 2\alpha_m C} \\
\qquad + (A-B)\sin\alpha_m x \\
\qquad \times\dfrac{(\alpha_m C\mathrm{sh}\alpha_m C - \mathrm{ch}\alpha_m C)\mathrm{sh}\alpha_m y - \alpha_m y\mathrm{ch}\alpha_m y\mathrm{ch}\alpha_m C}{\mathrm{sh}2\alpha_m C - 2\alpha_m C} \\
\sigma_{yy} = -(A+B)\cdot\sin\alpha_m x \\
\qquad \times\dfrac{(\alpha_m C\mathrm{ch}\alpha_m C + \mathrm{sh}\alpha_m C)\mathrm{ch}\alpha_m y - \alpha_m y\mathrm{sh}\alpha_m y\mathrm{sh}\alpha_m C}{\mathrm{sh}2\alpha_m C + 2\alpha_m C} \\
\qquad - (A-B)\times\sin\alpha_m x \\
\qquad \times\dfrac{(\alpha_m C\mathrm{sh}\alpha_m C + \mathrm{ch}\alpha_m C)\mathrm{sh}\alpha_m y - \alpha_m y\mathrm{ch}\alpha_m y\mathrm{ch}\alpha_m C}{\mathrm{sh}2\alpha_m C - 2\alpha_m C} \\
\sigma_{xy} = -(A+B)\times\cos\alpha_m x \\
\qquad \times\dfrac{\alpha_m C\mathrm{ch}\alpha_m C\mathrm{sh}\alpha_m y - \alpha_m y\mathrm{ch}\alpha_m y\mathrm{sh}\alpha_m C}{\mathrm{sh}2\alpha_m C + 2\alpha_m C} \\
\qquad - (A-B)\cdot\cos\alpha_m x \\
\qquad \times\dfrac{\alpha_m C\mathrm{sh}\alpha_m C\mathrm{ch}\alpha_m y - \alpha_m y\mathrm{sh}\alpha_m y\mathrm{ch}\alpha_m C}{\mathrm{sh}2\alpha_m C - 2\alpha_m C}
\end{array}\right\} \tag{5-41a}
$$

现在再来讨论如图 5－9 所示的问题，即梁的上、下面受一般载荷的情形，这时可将 $q_1(x)$ 及 $q_2(x)$ 分别展为正弦级数

$$q_1 = A_0 + \sum_{m=1}^{\infty} A_m \cdot \sin\frac{m\pi x}{l}$$

$$q_2 = B_0 = \sum_{m=1}^{\infty} B_m \cdot \sin\frac{m\pi x}{l}$$

其中

$$A_m = \frac{1}{\pi}\int_0^l q_1(x) \cdot \sin\frac{m\pi x}{l}\mathrm{d}x$$

$$B_m = \frac{1}{\pi}\int_0^l q_2(x) \cdot \sin\frac{m\pi x}{l}\mathrm{d}x$$

A_0、B_0 代表均匀载荷，它的解在上一节中已经讨论过，其余各项的解正是式（5－41a）。所以整个问题的解可通过这些解的叠加而成，从而得：

$$\left.\begin{aligned}
\sigma_{xx} = & \sum_{m=1}^{\infty}(A_m + B_m)\cdot\sin\alpha_m x \\
& \times\frac{(\alpha_m C\mathrm{ch}\alpha_m C - \mathrm{sh}\alpha_m C)\mathrm{ch}\alpha_m y - \alpha_m y\mathrm{sh}\alpha_m y\mathrm{sh}\alpha_m C}{\mathrm{sh}2\alpha_m C + 2\alpha_m C} \\
& + \sum_{m=1}^{\infty}(A_m - B_m)\cdot\sin\alpha_m x \\
& \times\frac{(\alpha_m C\mathrm{sh}\alpha_m C - \mathrm{ch}\alpha_m C)\mathrm{sh}\alpha_m y - \alpha_m y\mathrm{ch}\alpha_m y\mathrm{ch}\alpha_m C}{\mathrm{sh}2\alpha_m C - 2\alpha_m C} \\
\sigma_{yy} = & \sum_{m=1}^{\infty} -(A_m + B_m)\cdot\sin\alpha_m x \\
& \times\frac{(\alpha_m C\mathrm{ch}\alpha_m C + \mathrm{sh}\alpha_m C)\mathrm{ch}\alpha_m y - \alpha_m y\mathrm{sh}\alpha_m y\mathrm{sh}\alpha_m C}{\mathrm{sh}2\alpha_m C + 2\alpha_m C} \\
& + \sum_{m=1}^{\infty}(A_m - B_m)\cdot\sin\alpha_m x \\
& \times\frac{(\alpha_m C\mathrm{sh}\alpha_m C + \mathrm{ch}\alpha_m C)\mathrm{sh}\alpha_m y - \alpha_m y\mathrm{ch}\alpha_m y\mathrm{ch}\alpha_m C}{\mathrm{sh}2\alpha_m C - 2\alpha_m C} \\
\sigma_{xy} = & \sum_{m=1}^{\infty} -(A_m + B_m) \\
& \times\frac{\alpha_m C\mathrm{ch}\alpha_m C\mathrm{sh}\alpha_m y - \alpha_m y\mathrm{ch}\alpha_m y\mathrm{sh}\alpha_m C}{\mathrm{sh}2\alpha_m C + 2\alpha_m C}\cos\alpha_m x \\
& - \sum_{m=1}^{\infty}(A_m - B_m) \\
& \times\frac{\alpha_m C\mathrm{sh}\alpha_m C\mathrm{ch}\alpha_m y - \alpha_m y\mathrm{sh}\alpha_m y\mathrm{ch}\alpha_m C}{\mathrm{sh}2\alpha_m C + 2\alpha_m C}\cos\alpha_m x
\end{aligned}\right\}\tag{5-41b}$$

当梁的上下面单独受到任何分布的剪应力 $\sigma_{xy}(x)$ 作用时，只需改变边界条件式（b），再用与上面完全相同的方法得到这种情况下问题的解。进一步可以求得更一般情况下（上下面受任意分布的正应力 $\sigma_{yy}(x)$ 及剪应力 $\sigma_{xy}(x)$ 作用）问题的解。

§5-6 平面问题的变分近似解法

对于边界条件复杂的平面问题，寻求精确解相当困难，故可采用近似解法或数值解法，常用的有变分法，差分法及有限元法。有限元法在近年来得到极为广泛的应用，在这方面出版的书颇多，可参阅已出版的专著。

本节中我们介绍平面问题的变分近似解法，因为我们一直利用应力函数方法解平面问题，所以我们采用最小能原理的应力形式，即最小余能原理。根据§4-10中的余能原理，在所有满足平衡方程及力的边界条件的应力中，真正的解使余能 Π_C 取最小值，即

$$\delta\Pi_C = \delta U_C - \delta A_C = 0 \tag{a}$$

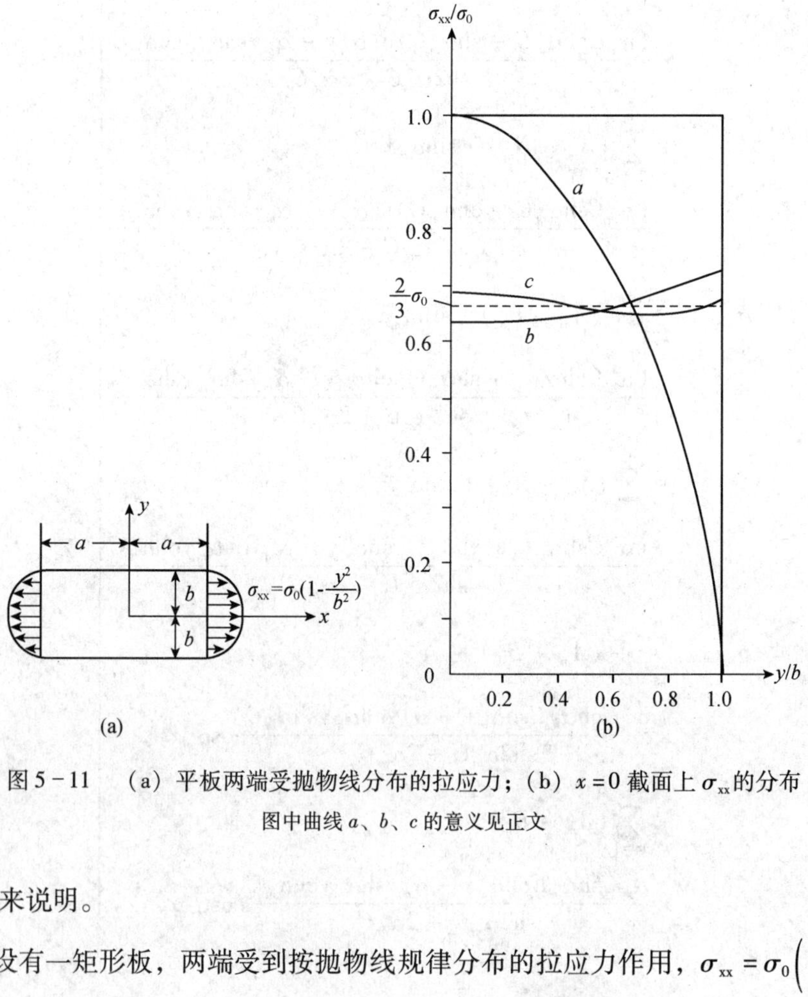

图5-11 （a）平板两端受抛物线分布的拉应力；（b）$x=0$ 截面上 σ_{xx} 的分布

图中曲线 a、b、c 的意义见正文

现通过实例来说明。

例4 设有一矩形板，两端受到按抛物线规律分布的拉应力作用，$\sigma_{xx}=\sigma_0\left(1-\dfrac{y^2}{b^2}\right)$，如

图5-11（a）所示。

其边界条件为：

$$\left.\begin{aligned} x=\pm a\text{ 时，}\quad & \sigma_{xx}=\sigma_0\left(1-\frac{y^2}{b^2}\right) \\ & \sigma_{xy}=0 \\ y=\pm b\text{ 时，}\quad & \sigma_{yy}=0 \\ & \sigma_{xy}=0 \end{aligned}\right\} \tag{b}$$

当问题全部边界条件为力的边界条件时，$\delta A_C=0$；对于线弹性体，$U_C=U$。这样，式（a）转化为

$$\delta U=\delta\iint w\mathrm{d}x\mathrm{d}y=0 \tag{5-42}$$

即真正应力解使 U 取最小值。

对于平面应力情形，式（3-37）

$$W=\frac{1}{2E}[\sigma_{xx}^2+\sigma_{yy}^2-2\nu\sigma_{xx}\cdot\sigma_{yy}+2(1+\nu)\sigma_{xy}^2] \tag{c}$$

从前面的讨论已经知道，对于单连域的弹性力学平面问题，其应力分布与弹性常数无关。为简化运算起见，令泊松比 $\nu=0$，则

$$W=\frac{1}{2E}[\sigma_{xx}^2+\sigma_{yy}^2+2\sigma_{xy}^2]=\frac{1}{2E}\left[\left(\frac{\partial^2\phi}{\partial x^2}\right)^2+\left(\frac{\partial^2\phi}{\partial y^2}\right)^2+2\left(\frac{\partial^2\phi}{\partial x\partial y}\right)^2\right] \tag{d}$$

真正的解必须使物体的弹性应变能

$$U_E=\frac{1}{2E}\iint\left[\left(\frac{\partial^2\phi}{\partial x^2}\right)^2+\left(\frac{\partial^2\phi}{\partial y^2}\right)^2+\left(\frac{\partial^2\phi}{\partial z^2}\right)^2\right]\mathrm{d}x\mathrm{d}y \tag{5-43}$$

取最小值。

设解为

$$U=\varphi_0+\alpha_1\varphi_1+\alpha_2\varphi_2+\alpha_3\varphi_3+\cdots+\alpha_n\varphi_n=\phi_0+\sum_{i=1}^{n}\alpha_i\varphi_i \tag{e}$$

这个解中所有的 φ_i 都必须满足边界条件式（b）。一般说来不会恰巧是问题的解，因而不能使 U_E 取最小值，但调整参数 α_i，使 U_E 尽量小，则解式（e）必然接近真正的解。

于是令

$$\frac{\partial U_E}{\partial\alpha_i}=0$$

这是一组关于 α_i 的代数方程。解这组方程可求得 α_i。再代回式（e）中，就得到问题的

近似解。当项数取得比较多时，一般可得到满足精度要求的近似解。

对图 5－11 所示的问题，我们取应力函数为

$$U = \varphi_0 = \frac{1}{2}\sigma_0 y^2\left(1 - \frac{y^2}{6b^2}\right) \tag{f}$$

显然，它能满足边界条件式（b）。另外取函数 φ_i 使每个函数中都包含因子

$$(x^2 - a^2)^2(y^2 - b^2)^2 \tag{g}$$

则这样选取的 U 恒能满足边界条件式（b），因为它对 x 的二阶偏导数（σ_{yy}）在 $y = \pm b$ 处恒为零。对 y 的二阶偏导数（σ_{xx}）在 $x = \pm a$ 处恒为零。而其二阶偏导数$\frac{\partial^2 U}{\partial x \partial y}$（对应于应力分量 σ_{xy}）在整个周边恒为零。

例如取解为

$$U_1 = \varphi_0 + \varphi_1 = \frac{1}{2}\sigma_0 y_2\left(1 - \frac{y^2}{6b^2}\right) + \alpha_1(x^2 - a^2)^2(y^2 - b^2)^2 \tag{h}$$

将式（h）代入式（5－43）中，令

$$\frac{\partial U_E}{\partial \alpha_1} = 0 \tag{i}$$

得

$$\alpha_1\left(\frac{64}{7} + \frac{256}{49}\cdot\frac{b_2}{a_2} + \frac{64}{7}\cdot\frac{b_4}{a_4}\right) = \frac{\sigma_0}{a^2 b^2}$$

设 $a = 2b$，则

$$\alpha_1 = 5.6713 \times 10^{-3}\sigma_0/b^6$$

由此算得的 $x = 0$ 截面上的 σ_{xx} 如下表。它相应于图 5－11b 中曲线 b。而取 $U = \varphi_0$ 时，$x = 0$ 截面上 σ_{xx} 的分布相应于图中的曲线 a。

y/b	0	0.2	0.4	0.6	0.8	1.0
σ_{xx}/σ_0	0.6370	0.6406	0.6513	0.6690	0.6939	0.7259

如果要求结果更精确些，进一步可取

$$U_2 = \frac{1}{2}\sigma_0 y^2\left(1 - \frac{y^2}{6b^2}\right) + (x^2 - a^2)^2(y^2 - b^2)^2 \times (\alpha_1 + \alpha_2 x^2 + \alpha_3 y^2) \tag{j}$$

将式（j）代入式（5－43）并令

$$\frac{\partial U}{\partial \alpha_1}=0,\quad \frac{\partial U}{\partial \alpha_2}=0,\quad \frac{\partial U}{\partial \alpha_3}=0$$

得

$$\alpha_1\left(\frac{64}{7}+\frac{256}{49}\cdot\frac{b^2}{a^2}+\frac{64}{7}\frac{b^4}{a^4}\right)+\alpha_2 a^2\left(\frac{64}{77}+\frac{64}{49}\cdot\frac{b^4}{a^4}\right)+\alpha_3 a^2\times\left(\frac{64}{49}+\frac{64}{77}\cdot\frac{b^6}{a^6}\right)=\frac{\sigma_0}{a^4b^2}$$

$$\alpha_1\left(\frac{64}{11}+\frac{64}{7}\cdot\frac{b^4}{a^4}\right)+\alpha_2 a^2\left(\frac{192}{143}+\frac{256}{77}\cdot\frac{b^2}{a^2}+\frac{192}{7}\cdot\frac{b^4}{b^4}\right)+\alpha_3 a^2\left(\frac{64}{77}\cdot\frac{b^2}{a^2}+\frac{64}{77}\cdot\frac{b^6}{a^6}\right)=\frac{\sigma_0}{a^4b^2}$$

$$\alpha_1\left(\frac{64}{7}+\frac{64}{7}\cdot\frac{b^4}{a^4}\right)+\alpha_2 a^2\left(\frac{64}{77}+\frac{64}{77}\cdot\frac{b^4}{a^4}\right)+\alpha_3 a^2\left(\frac{192}{7}\cdot\frac{b^2}{a^2}+\frac{256}{77}\cdot\frac{b^4}{a^4}+\frac{192}{143}\cdot\frac{b^6}{a^6}\right)=\frac{\sigma_0}{a^4b^2}$$

解上面的方程组得

$$\alpha_1=4.98938\times10^{-3}\sigma_0/b^6,\quad \alpha_2=1.95313\times10^{-3}\sigma_0/b^8$$
$$\alpha_3=2.8531\times10^{-4}\sigma_0/b^8$$

相应地，可以计算得出下表。此结果相应于图 5－11b 中的曲线 c，图中的虚线则代表整个截面上 σ_{xx}的平均值$\frac{2}{3}\sigma_0$。

y/b	0	0.2	0.4	0.6	0.8	1.0
σ_{xx}/σ_0	0.690	0.684	0.669	0.653	0.649	0.675

可见 σ_{xx}/σ_0 与 σ_{xx}的平均值 0.6670 相差很小，这也说明了圣维南原理的正确性。

§5－7　极坐标系中平面问题的基本方程

在以上各节中，我们在直角坐标系中求解了某些弹性力学平面问题。不同类型的问题需要采用不同的坐标系。一般来说，对于矩形边界的平面问题，利用直角坐标系比较方便。而对于含有圆或圆弧边界的平面问题，往往用极坐标系更为方便。

在这一节中，我们将讨论极坐标中弹性力学平面问题的基本方程及有关的概念：

一、应力

在极坐标中，应力分量的标号如图 5－12 所示。图中所画的都是各应力分量的正方向。标号和符号规则原则上与直角坐标系相同。应力分量的第一个脚标表示该应力分量所作用的平面的外法线方向，第二个脚标表示应力分量的指向。若截面的外法线方向与坐标轴指向相同，则截面上指向与坐标轴的正方向相同的应力分量为正；若截面的外法线方向与坐标轴指向相反，则截面上与坐标轴反向的应力分量为正。

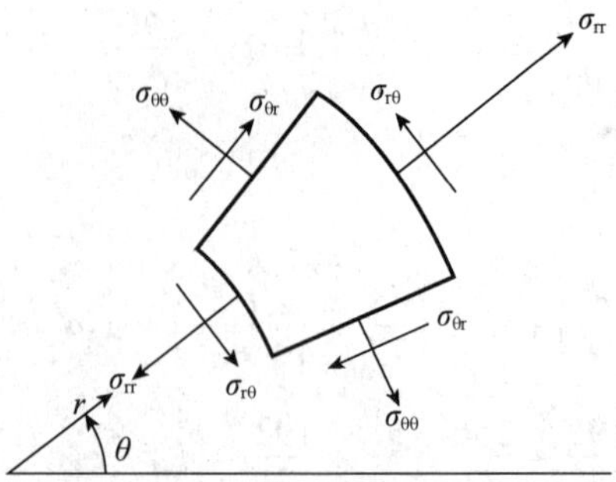

图 5－12　极坐标系中的应力标号

根据第一章的结论，可得出极坐标系中应力分量与直角坐标系中应力分量的转换关系：

$$\left.\begin{aligned}\sigma_{rr} &= \sigma_{xx}\cos^2\theta + \sigma_{yy}\sin^2\theta + 2\sigma_{xy}\sin\theta\cos\theta \\ \sigma_{\theta\theta} &= \sigma_{xx}\sin^2\theta + \sigma_{yy}\cos^2\theta - 2\sigma_{xy}\sin\theta\cos\theta \\ \sigma_{r\theta} &= (\sigma_{yy} - \sigma_{xx})\sin\theta\cos\theta + \sigma_{xy}(\cos^2\theta - \sin^2\theta)\end{aligned}\right\} \tag{5-44a}$$

或

$$\left.\begin{aligned}\sigma_{rr} &= \left(\frac{\sigma_{xx} + \sigma_{yy}}{2}\right) + \left(\frac{\sigma_{xx} - \sigma_{yy}}{2}\right)\cos2\theta + \sigma_{xy}\sin2\theta \\ \sigma_{\theta\theta} &= \left(\frac{\sigma_{xx} + \sigma_{yy}}{2}\right) - \left(\frac{\sigma_{xx} - \sigma_{yy}}{2}\right)\cos2\theta - \sigma_{xy}\sin2\theta \\ \sigma_{r\theta} &= \sigma_{xy}\cos2\theta - \left(\frac{\sigma_{xx} - \sigma_{yy}}{2}\right)\sin2\theta\end{aligned}\right\} \tag{5-44b}$$

或

$$\left.\begin{aligned}\sigma_{xx} &= \sigma_{rr}\cos^2\theta + \sigma_{\theta\theta}\sin^2\theta - 2\sigma_{r\theta}\sin\theta\cos\theta \\ \sigma_{yy} &= \sigma_{rr}\sin^2\theta + \sigma_{\theta\theta}\cos^2\theta + 2\sigma_{r\theta}\sin\theta\cos\theta \\ \sigma_{xy} &= (\sigma_{rr} - \sigma_{\theta\theta})\sin\theta\cos\theta + \sigma_{r\theta}(\cos^2\theta - \sin^2\theta)\end{aligned}\right\} \tag{5-44c}$$

或

$$\left.\begin{aligned}\sigma_{xx} &= \frac{\sigma_{rr} + \sigma_{\theta\theta}}{2} + \frac{\sigma_{rr} - \sigma_{\theta\theta}}{2}\cos2\theta - \sigma_{r\theta}\sin2\theta \\ \sigma_{yy} &= \frac{\sigma_{rr} + \sigma_{\theta\theta}}{2} + \frac{\sigma_{rr} - \sigma_{\theta\theta}}{2}\cos2\theta + \sigma_{r\theta}\sin2\theta \\ \sigma_{xy} &= \sigma_{r\theta}\cos2\theta + \frac{\sigma_{rr} - \sigma_{\theta\theta}}{2}\sin2\theta\end{aligned}\right\} \tag{5-44d}$$

由（5－44a）还可得到下面的关系式：

$$\left.\begin{aligned}\sigma_{\theta\theta} + \sigma_{rr} &= \sigma_{xx} + \sigma_{yy} \\ (\sigma_{\theta\theta} - \sigma_{rr} + 2i\sigma_{r\theta}) &= (\sigma_{yy} - \sigma_{xx} + 2i\sigma_{xy})e^{2i\theta}\end{aligned}\right\} \tag{5-44e}$$

这个关系式在以后将要用到。

二、平衡方程

取一微元（小扇形块）如图 5 - 13。设其厚度为 1，此微元各面上所受的应力如图所示。

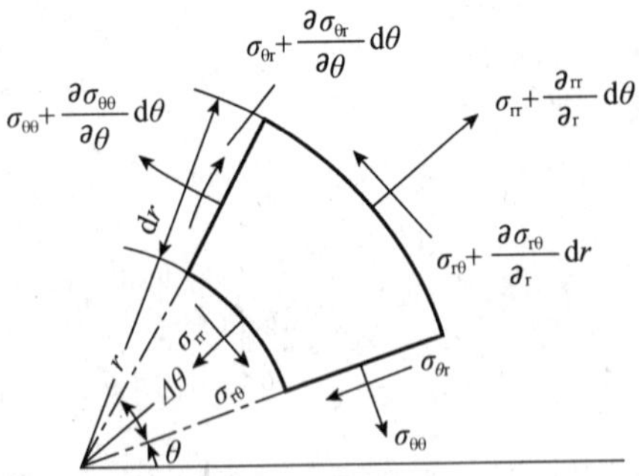

图 5 - 13

因为 $\Delta\theta$ 很小，所以

$$\sin\frac{\Delta\theta}{2}\approx\frac{\Delta\theta}{2}$$

$$\cos\frac{\Delta\theta}{2}\approx 1$$

列出 r 方向的平衡方程如下：

$$\left(\sigma_{rr}+\frac{\partial\sigma_{rr}}{\partial r}dr\right)(r+dr)d\theta-\sigma_{rr}d\theta-\sigma_{r\theta}dr-\sigma_{\theta\theta}dr\frac{d\theta}{2}$$

$$+\left(\sigma_{r\theta}+\frac{\partial\sigma_{r\theta}}{\partial\theta}d\theta\right)dr-\left(\sigma_{\theta\theta}+\frac{\partial\sigma_{\theta\theta}}{\partial\theta}d\theta\right)dr\frac{d\theta}{2}+f_r r dr d\theta=0$$

化简后得

同理

$$\left.\begin{aligned}&\frac{\partial\sigma_{rr}}{\partial r}+\frac{\sigma_{rr}-\sigma_{\theta\theta}}{r}+\frac{1}{r}\frac{\partial\sigma_{r\theta}}{\partial\theta}+f_r=0\\&\frac{\partial\sigma_{r\theta}}{\partial r}+\frac{2\sigma_{r\theta}}{r}+\frac{1}{r}\frac{\partial\sigma_{\theta\theta}}{\partial\theta}+f_\theta=0\end{aligned}\right\}\qquad(5-45)$$

式中，f_r、f_θ 为体积力 f 在 r 与 θ 方向的分量。

三、应力函数

我们可以用与 §5 - 1 和 §5 - 2 中相同的方法引入艾雷应力函数 U，它与应力分量间的关系为

$$\left.\begin{aligned}\sigma_{rr} &= \frac{1}{r}\frac{\partial U}{\partial r} + \frac{1}{r^2}\frac{\partial^2 U}{\partial \theta^2} + V \\ \sigma_{\theta\theta} &= \frac{\partial^2 U}{\partial r^2} + V \\ \sigma_{r\theta} &= \frac{1}{r^2}\frac{\partial U}{\partial \theta} - \frac{1}{r}\frac{\partial^2 U}{\partial r \partial \theta} = -\frac{\partial}{\partial r}\left(\frac{1}{r}\frac{\partial U}{\partial \theta}\right)\end{aligned}\right\} \tag{5-46}$$

式中，V 为体积力 f 的势函数，即

$$\left.\begin{aligned}f_r &= -\frac{\partial V}{\partial r} \\ f_\theta &= -\frac{\partial V}{r\partial \theta}\end{aligned}\right\}$$

当应力分量用应力函数 U 表示时，平衡方程（5－45）自动满足。这可以将式（5－46）代入（5－45）中进行验证。

四、位移与应变分量间的关系

令 u_r、u_θ 分别代表沿半径方向（r）及切线方向（θ）的位移，它们分别称为径向位移和切向位移。

极坐标的位移分量 u_r、u_θ 与直角坐标系中的位移分量间有如下的关系：

$$\left.\begin{aligned}u_r &= u\cos\theta + v\sin\theta \\ u_\theta &= -u\sin\theta + v\cos\theta\end{aligned}\right\} \tag{5-47a}$$

式中，θ 为极角。上式也可表为

$$(u_r + \mathrm{i}u_\theta) = (u + \mathrm{i}v)\mathrm{e}^{-\mathrm{i}\theta} \tag{5-47b}$$

以后在不致引起混淆的前提下，u_r、u_θ 简写为 u、v。

现在来导出位移与应变分量间的几何方程。为使导出过程易于理解，我们先分别讨论如下两种位移情形。

（1）只有径向位移 u，而没有切向位移（$v=0$）：如图 5－14a 所示，变形前径向线元 $AB=\mathrm{d}r$，切向线元 $AC=r\mathrm{d}\theta$。变形后，$AB \to A'B'$，$AC \to A'C'$。

$$AA' = u$$

$$BB' = u + \frac{\partial u}{\partial r}\mathrm{d}r$$

$$CC' = u + \frac{\partial u}{\partial \theta}\mathrm{d}\theta$$

于是可以求得相应的应变分量 ε'_{rr}、$\varepsilon'_{\theta\theta}$、$\varepsilon'_{r\theta}$。其中 ε_{rr}、$\varepsilon_{\theta\theta}$ 分别为径向和切向线元的伸长率，$\varepsilon_{r\theta}$ 表示径向线元和切向线元所夹角度（变形前为直角）改变量的一半（角度变小时，

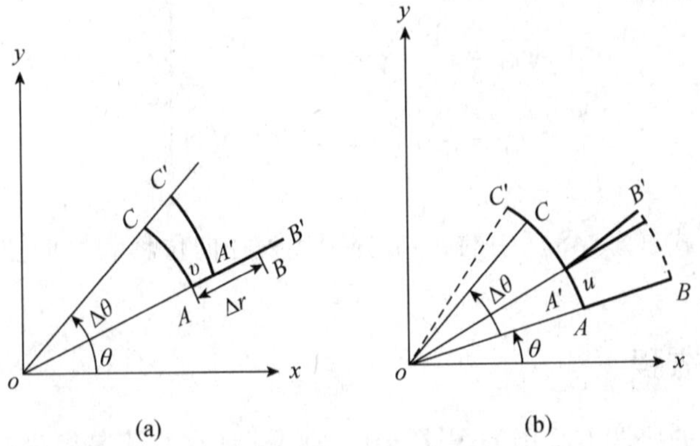

图 5－14　两种简单的位移情形

（a）$v=0$；（b）$u=0$

$\varepsilon_{r\theta}$取为正），而“ ′ ”表示应变分量是对图 5－14a 所示的变形情况而言的。

$$\varepsilon'_{rr}=\frac{A'B'-AB}{AB}=\frac{BB'-AA'}{AB}=\frac{u+\dfrac{\partial u}{\partial r}\mathrm{d}r-u}{\mathrm{d}r}=\frac{\partial u}{\partial r} \tag{a′}$$

$$\varepsilon'_{\theta\theta}=\frac{A'C'-AC}{AC}=\frac{(r+u)\mathrm{d}\theta-r\mathrm{d}\theta}{r\mathrm{d}\theta}=\frac{u}{r} \tag{b′}$$

$$\varepsilon'_{\theta r}=\frac{1}{2}\cdot\frac{u+\dfrac{\partial u}{\partial\theta}\mathrm{d}\theta-u}{r\mathrm{d}\theta}=\frac{1}{2r}\cdot\frac{\partial u}{\partial\theta} \tag{c′}$$

（2）只有切向位移 v，而没有径向位移（$u=0$），如图 5－14b 所示。与此相应的应变分量为

$$\varepsilon''_{rr}=0 \tag{a″}$$

$$\varepsilon''_{\theta\theta}=\frac{A''C''-AC}{AC}=\frac{CC''-AA''}{AC}=\frac{v+\dfrac{\partial v}{\partial\theta}\mathrm{d}\theta-v}{r\mathrm{d}\theta}=\frac{1}{r}\frac{\partial v}{\partial\theta} \tag{b″}$$

$$\varepsilon''_{r\theta}=\frac{1}{2}\left(\frac{BB''-AA''}{AB}-\frac{v}{r}\right)=\frac{1}{2}\left(\frac{v+\dfrac{\partial v}{\partial r}\mathrm{d}r-v}{\mathrm{d}r}-\frac{v}{r}\right)=\frac{1}{2}\left(\frac{\partial v}{\partial r}-\frac{v}{r}\right) \tag{c″}$$

当径向位移 u 和切向位移 v 同时存在时，应变力量为上述两种情况下应变分量的和，即 $\varepsilon_{rr}=\varepsilon'_{rr}+\varepsilon''_{rr}$，……于是可得

$$
\left.\begin{aligned}
\varepsilon_{rr} &= \frac{\partial u}{\partial r} \\
\varepsilon_{\theta\theta} &= \frac{1}{r}\frac{\partial v}{\partial \theta} + \frac{u}{r} \\
\varepsilon_{r\theta} &= \frac{1}{2}\left(\frac{\partial v}{\partial r} + \frac{1}{r}\frac{\partial u}{\partial \theta} - \frac{v}{r}\right)
\end{aligned}\right\} \tag{5-48}
$$

但是应该注意，式（5－48）中的 u、v 分别代表径向位移和切向位移，而不是 x、y 轴方向的位移。

五、变形协调方程

用应力函数表示的协调方程仍为 $\nabla^4 U=0$。但 ∇^2 现在应该是极坐标系中的拉普拉斯算符。推导如下：

$$
\left.\begin{aligned}
\frac{\partial U}{\partial x} &= \frac{\partial U}{\partial r}\cdot\frac{\partial r}{\partial x} + \frac{\partial U}{\partial \theta}\cdot\frac{\partial \theta}{\partial x} \\
\frac{\partial U}{\partial y} &= \frac{\partial U}{\partial r}\cdot\frac{\partial r}{\partial y} + \frac{\partial U}{\partial \theta}\cdot\frac{\partial \theta}{\partial y}
\end{aligned}\right\} \tag{a}
$$

由于

$$
\left.\begin{aligned}
r^2 &= x^2 + y^2 \\
\theta &= \arctan\frac{y}{x}
\end{aligned}\right\} \tag{b}
$$

所以，

$$
\left.\begin{aligned}
&\frac{\partial r}{\partial x} = \frac{x}{r} = \cos\theta, \quad \frac{\partial r}{\partial y} = \frac{y}{r} = \sin\theta \\
&\frac{\partial \theta}{\partial x} = -\frac{y}{r^2} = -\frac{\sin\theta}{r}, \quad \frac{\partial \theta}{\partial y} = \frac{x}{r^2} = \frac{\cos\theta}{r}
\end{aligned}\right\} \tag{c}
$$

将上式收入式（a），得

$$
\frac{\partial U}{\partial x} = \cos\theta\frac{\partial U}{\partial r} - \frac{\sin\theta}{r}\frac{\partial U}{\partial \theta}
$$

$$
\begin{aligned}
\frac{\partial^2 U}{\partial x^2} &= \left(\cos\theta\frac{\partial}{\partial r} - \frac{\sin\theta}{r}\frac{\partial}{\partial \theta}\right)\left(\cos\theta\frac{\partial U}{\partial r} - \frac{\sin\theta}{r}\frac{\partial U}{\partial \theta}\right) \\
&= \cos^2\theta\frac{\partial^2 U}{\partial r^2} + \sin^2\theta\left(\frac{1}{r}\frac{\partial U}{\partial r} + \frac{1}{r^2}\frac{\partial^2 U}{\partial \theta^2}\right) - 2\sin\theta\cos\theta\frac{\partial}{\partial r}\left(\frac{1}{r}\frac{\partial U}{\partial \theta}\right)
\end{aligned}
$$

同理

$$
\frac{\partial^2 U}{\partial y^2} = \sin^2\theta\frac{\partial^2 U}{\partial r^2} + \cos^2\theta\left(\frac{1}{r}\frac{\partial U}{\partial r} + \frac{1}{r^2}\frac{\partial^2 U}{\partial \theta^2}\right) + 2\sin\theta\cos\theta\frac{\partial}{\partial r}\left(\frac{1}{r}\frac{\partial U}{\partial \theta}\right)
$$

因而得

$$\nabla^2 U = \left(\frac{\partial^2}{\partial r^2} + \frac{1}{r}\frac{\partial}{\partial r} + \frac{1}{r^2}\frac{\partial^2}{\partial \theta^2}\right)U \tag{5-49}$$

$$\nabla^4 U = \nabla^2 \nabla^2 U = \left(\frac{\partial^2}{\partial r^2} + \frac{1}{r}\frac{\partial}{\partial r} + \frac{1}{r^2}\frac{\partial^2}{\partial \theta^2}\right)\left(\frac{\partial^2 U}{\partial r^2} + \frac{1}{r}\frac{\partial U}{\partial r} + \frac{1}{r^2}\frac{\partial^2 U}{\partial \theta^2}\right) \tag{5-50}$$

六、应力-应变关系

因为极坐标也是正交坐标系，所以其中的应力-应变关系与直角坐标系中的形式类似。对于平面应力情形，

$$\left.\begin{aligned}
\varepsilon_{rr} &= \frac{1}{E}(\sigma_{rr} - \nu\sigma_{\theta\theta}) \\
\nu_{\theta\theta} &= \frac{1}{E}(\sigma_{\theta\theta} - \nu\sigma_{rr}) \\
\varepsilon_{r\theta} &= \frac{1}{2\mu}\sigma_{r\theta} = \frac{1+\nu}{E}\sigma_{r\theta}
\end{aligned}\right\} \tag{5-51}$$

对于平面应变情形，

$$\left.\begin{aligned}
\varepsilon_{rr} &= \frac{1}{E'}(\sigma_{rr} - \nu'\sigma_{\theta\theta}) \\
\varepsilon_{\theta\theta} &= \frac{1}{E'}(\sigma_{\theta\theta} - \nu'\sigma_{rr}) \\
\varepsilon_{r\theta} &= \frac{1}{2\mu}\sigma_{r\theta} = \frac{1+\nu'}{E'}\sigma_{r\theta}
\end{aligned}\right\} \tag{5-52}$$

式中，

$$E' = \frac{E}{1-\nu^2}$$

$$\nu' = \frac{\nu}{1-\nu}$$

与在直角坐标系中的情形相似，在极坐标中解平面问题也归结为在给定的条件下，解双调和方程（5－50）的问题。在极坐标系中，当 r 一定，θ 转过 2π 后，点回到原来的位置，而同一点的应力必须相同，因此应力函数 U 应该是 θ 的以 2π 为周期的函数，为此取

$$U = f_n(r)\cos n\theta$$

或

$$U = f_n(r)\sin n\theta$$

式中，n 为整数。以下均以 $\cos n\theta$ 为例进行讨论。

更一般的情况，可以取 U 为上述各项的组合，即

$$U = \sum_{n=1}^{m} A_n f_n(r)\cos n\theta \tag{5-53}$$

将上式代入式（5－50）得

$$\nabla^4 U = \sum_{n=1}^{m} \cos n\theta \times \left[\frac{d^2}{dr^2} + \frac{1}{r}\frac{d}{dr} - \frac{n^2}{r^2}\right]^2 f_n(r) = 0$$

从而得 f_n（r）的常微分方程：

$$\left(\frac{d^2}{dr^2} + \frac{1}{r}\frac{d}{dr} - \frac{n^2}{r}\right)^2 f_n(r) = 0 \tag{5-54}$$

它的解为

$$f_n(r) = a_n r^n + a'_n r^{-n} + b_n r^{n+2} + b'_n r^{-n+2} \tag{5-55}$$

§5－8　应力与幅角无关的问题（拉梅问题、曲梁问题）

这一节中我们讨论应力函数 U 与幅角 θ 无关的特殊情况，这时方程（5－47）简化为

$$\left(\frac{d^2}{dr^2} + \frac{1}{r}\frac{d}{dr}\right)^2 U = 0 \tag{5-56a}$$

或者写成

$$\frac{1}{r}\frac{d}{dr}\left\{r\frac{d}{dr}\left[\frac{1}{r}\frac{d}{dr}\left(r\frac{dU}{dr}\right)\right]\right\} = 0 \tag{5-56b}$$

上式可以逐步积分，其解为

$$U = A\ln r + Br^2\ln r + Cr^2 + D \tag{5-57}$$

式中，A、B、C、D 为待定常数，常数 D 无实际意义（对应力不起作用），故令其为零。

当体力势 $V=0$ 时，由式（5－46）得

$$\left.\begin{aligned}\sigma_{rr} &= \frac{1}{r}\frac{dU}{dr} = \frac{A}{r^2} + B(1 + 2\ln r) + 2C\\ \sigma_{\theta\theta} &= \frac{d^2U}{dr^2} = -\frac{A}{r^2} + B(3 + 2\ln r) + 2C\end{aligned}\right\} \tag{5-58}$$

式中，A、B、C 决定于问题的边界条件。下面讨论几个例子。

例 5　一半径为 R 的圆盘（或圆柱）周边受均匀压应力 p 的简单问题。根据 $r=0$ 处应力应为有限值的条件可判定 $A=0$，$B=0$。在周边上（$r=R$），

$$\sigma_{rr} = -p$$

$$\sigma_{r\theta} = 0$$

由此得

$$C = -p/2$$

所以整个物体内为一均匀应力状态，即

$$\sigma_{rr} = \sigma_{\theta\theta} = -p, \quad \sigma_{r\theta} = 0$$

在假三轴实验中，围压为 p，试件的受力状态就是这种情形。

例 6 现讨论一个在科学技术中得到广泛应用的问题——厚壁筒问题。

此问题最早由拉梅所解决，所以又称为拉梅问题，如图 5-15 所示。

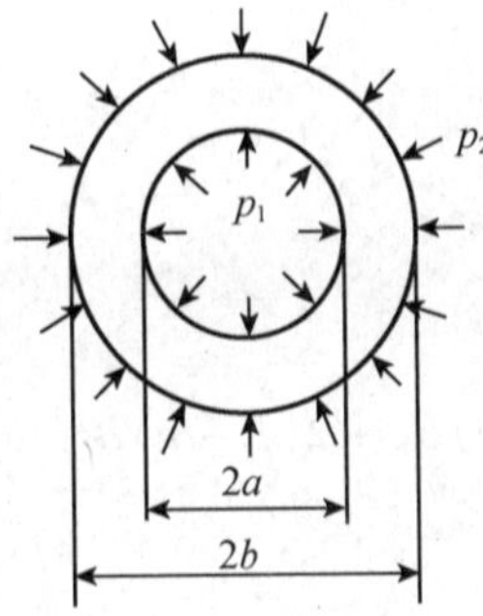

图 5-15

其应力函数 U 及各应力分量仍由式（5-57）及（5-58）给出。现根据本问题的具体条件来决定常数 A、B、C。

边界条件为

$$\begin{aligned} r = a: \quad & \sigma_{rr} = -p_1 \\ & \sigma_{r\theta} = 0 \\ r = b: \quad & \sigma_{rr} = -p_2 \\ & \sigma_{r\theta} = 0 \end{aligned}$$

代入式（5-58）得

$$\left.\begin{aligned} -p_1 &= \frac{A}{a^2} + B(1 + 2\ln a) + 2C \\ -p_2 &= \frac{A}{b^2} + B(1 + 2\ln b) + 2C \end{aligned}\right\} \tag{a}$$

式（a）中只有两个方程式，不能决定 A、B、C 三个常数，所以必须进而研究其变形情况。

由胡克定律式（5-51）可得

$$
\left.\begin{aligned}
\varepsilon_{rr} &= \frac{1}{E}\left[\frac{(1+\nu)}{r^2}A+(1+3\nu)B+2(1-\nu)B\ln r+2(1-\nu)C\right]\\
\varepsilon_{\theta\theta} &= \frac{1}{E}\left[-\frac{(1+\nu)}{r^2}A+(1-3\nu)B+2(1-\nu)B\ln r+2(1-\nu)C\right]\\
\varepsilon_{r\theta} &= 0
\end{aligned}\right\}\tag{b}
$$

可见应变分量也与 θ 无关（对 z 轴对称）。

将式（b）代入式（5-48）中，得

$$
\left.\begin{aligned}
&\frac{\partial u}{\partial r}=\frac{1}{E}\left[(1+\nu)\frac{A}{r^2}+(1-3\nu)B+2(1-\nu)B\ln r+2(1-\nu)C\right]\\
&\frac{u}{r}+\frac{1}{r}\frac{\partial v}{\partial \theta}=\frac{1}{E}\left[-\frac{(1+\nu)}{r^2}A+(3-\nu)B+2(1-\nu)\times B\ln r+2(1-\nu)C\right]\\
&\frac{1}{r}\frac{\partial u}{\partial \theta}+\frac{\partial v}{\partial r}-\frac{v}{r}=0
\end{aligned}\right\}\tag{c}
$$

由上式中的第一式积分，得

$$
u=\frac{1}{E}\left[-\frac{(1+\nu)}{r}A+(1-3\nu)Br+2(1-\nu)Br(\ln r-1)+2(1-\nu)Cr\right]+f(\theta)\tag{d}
$$

式中，$f(\theta)$ 为 θ 的任意函数。

对式（c）中的第二式及式（d）积分后得

$$
v=\frac{4Br\theta}{E}-\int f(\theta)\,\mathrm{d}\theta+f_1(r)\tag{e}
$$

式中，$f_1(r)$ 为 r 的任意函数。将式（d）、（e）同时代入式（c）中的第三式，得

$$
\frac{1}{r}\frac{\mathrm{d}f(\theta)}{\mathrm{d}\theta}+\frac{1}{r}\int f(\theta)\,\mathrm{d}\theta+\frac{\mathrm{d}f_1(r)}{\mathrm{d}r}-\frac{f_1(r)}{r}=0
$$

上式可改写为

$$
f_1(r)-r\frac{\mathrm{d}f_1(r)}{\mathrm{d}r}=\frac{\mathrm{d}f(\theta)}{\mathrm{d}\theta}+\int f(\theta)\,\mathrm{d}\theta
$$

这意味着上式左、右侧都必须等于某一常数 F，即

$$
\left.\begin{aligned}
f_1(r)-r\frac{\mathrm{d}f_1(r)}{\mathrm{d}r}&=F\\
\frac{\mathrm{d}f(\theta)}{\mathrm{d}\theta}+\int f(\theta)\,\mathrm{d}\theta&=F
\end{aligned}\right\}\tag{f}
$$

解上述方程得

$$
\left.\begin{aligned}
f_1(r) &= Hr + F \\
f(\theta) &= I\cos\theta + K\sin\theta
\end{aligned}\right\} \tag{g}
$$

式中，H、I，K 为待定常数。

将式（g）代入式（d）、（e）得

$$
\left.\begin{aligned}
u &= \frac{1}{E}\left[-\frac{(1+\nu)}{r}A + 2(1+\nu)Br(\ln r - 1) + (1-3\nu)Br + 2(1-\nu)Cr\right] \\
&\quad + I\cos\theta + K\sin\theta \\
v &= \frac{4Br\theta}{E} + Hr - I\sin\theta + K\cos\theta
\end{aligned}\right\} \tag{5-59}
$$

其中 v 的表达式中有$\frac{4Br\theta}{E}$项，当 r 不变而 θ 每增加 2π（实际上回到同一个点）时，v 将增加 $\frac{4Br}{E}\times 2\pi$。对于 θ 的变化范围无限制的情况（本例题就属于这种情况）B 必定为零，否则将得到不合理的多值位移。于是由式（a）得

$$
\left.\begin{aligned}
A &= \frac{a^2b^2(p_2-p_1)}{b^2-a^2} \\
2C &= \frac{p_1a^2-p_2b^2}{b^2-a^2}
\end{aligned}\right\} \tag{h}
$$

对于厚壁筒问题，由于问题的轴对称性，位移与 θ 无关，因此，

$$
I = K = 0
$$

式（5-59）中，H 项代表刚体转动位移，可令 $H=0$，则得位移的表达式为

$$
\begin{aligned}
u &= \frac{1}{E(b^2-a^2)}\left[(1-\nu)(p_1a^2-p_2b^2)r - (1+\nu)a^2b^2(p_2-p_1)/r\right] \\
v &= 0
\end{aligned}
$$

上面的位移公式是按平面应力条件推导的，对于平面应变情形，只需将 E 换以 $E/(1-\nu^2)$，ν 换以 $\nu/(1-\nu)$ 即可。

将式（h）代入式（5-58）中得应力分布情况为

$$
\left.\begin{aligned}
\sigma_{rr} &= \frac{a^2b^2(p_2-p_1)}{b^2-a^2}\frac{1}{r^2} + \frac{p_1a^2-p_2b^2}{b^2-a^2} \\
\sigma_{\theta\theta} &= -\frac{a^2b^2(p^2-p_1)}{b^2-a^2}\frac{1}{r^2} + \frac{p_1a^2-p_2b^2}{b^2-a^2} \\
\sigma_{r\theta} &= 0
\end{aligned}\right\} \tag{5-60}
$$

当 $p_2=0$ 时，

$$\left.\begin{aligned}\sigma_{rr}&=\frac{a^2p_1}{b^2-a^2}\left(1-\frac{b^2}{r^2}\right)\\ \sigma_{\theta\theta}&=\frac{a^2p_1}{b^2-a^2}\left(1+\frac{b^2}{r^2}\right)\\ (\sigma_{\theta\theta})_{\max}&=\sigma_{\theta\theta}\big|_{r=a}=\frac{p_1(b^2+a^2)}{b^2-a^2}=p_1\frac{(1+a^2/b^2)}{(1-a^2/b^2)}\end{aligned}\right\}\tag{5-61}$$

其应力分布如图 5-16 所示。由图可知，当内压 p_1 较高时，在内壁处径向受到很大的压应力（$\sigma_{rr}=-p_1$），环向受到更大的拉应力 $\sigma_{\theta\theta}=\frac{1+a^2/b^2}{1-a^2b^2}\cdot p_1>p_1$，因而，其最大剪应力也很大，$r-\theta$ 平面内的最大剪应力 $\tau_{\max}=\frac{p_1}{1-a^2/b^2}$，因此在内壁处容易产生塑性变形，甚至进一步发生剪切破坏。要减少 $(\sigma_{\theta\theta})_{\max}$ 的值单靠增加壁厚（例如在 a 不变的条件下，增大外径 b）往往收效甚微。因为即使 $b\to\infty$，$\tau_{\max}=p_1$，说明剪应力仍然很大。这时常常采用在筒外再加一层或多层套筒（必要时用紧配合或热配合等工艺），以便产生较大的 p_2（压力），使受力状态得到改善，不少高压容器、炮筒均采用这样的设计。另外在许多工程结构中如输油管、油井套管、压力隧洞中则由于结构的需要，内筒之外存在着由另一种材料组成的外筒（或者是无限介质），如图 5-17 所示。下面的例子就属于这种情形。

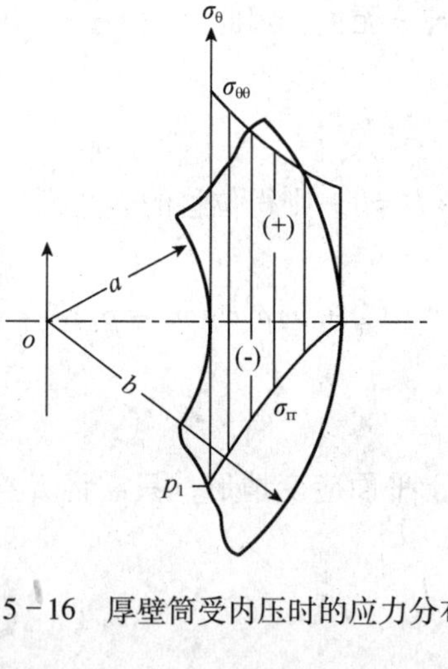

图 5-16　厚壁筒受内压时的应力分布

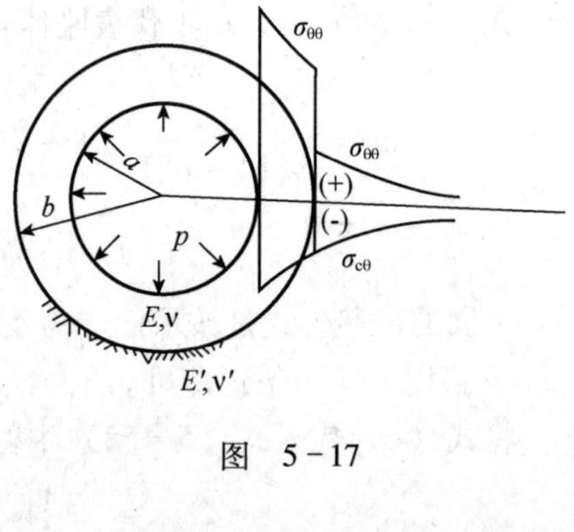

图　5-17

例 7　设内筒的杨氏弹性模量为 E，泊桑比为 ν。外筒（本题中设外筒的外径为无限大）材料杨氏弹性模量为 E'，泊桑比为 ν'。

显然本问题的应力仍是轴对称的，与幅角无关。按式（5-58），取内筒的应力为

$$
\left.\begin{aligned}
\sigma_{rr} &= \frac{A}{r^2} + 2C \\
\sigma_{\theta\theta} &= -\frac{A}{r^2} + 2C \\
\sigma_{r\theta} &= 0
\end{aligned}\right\} \tag{i}
$$

外部介质内的应力为

$$
\left.\begin{aligned}
\sigma'_{rr} &= \frac{A'}{r^2} + 2C' \\
\sigma'_{\theta\theta} &= -\frac{A'}{r^2} + 2C' \\
\sigma'_{r\theta} &= 0
\end{aligned}\right\} \tag{j}
$$

上面的解中共有 A、C、A'、C'四个待定常数。

边界条件为

$$
\left.\begin{aligned}
r = a: &\quad \sigma_{rr} = -p \\
&\quad (\sigma_{r\theta} = 0) \\
r = b: &\quad \sigma_{rr} = \sigma'_{rr} \\
r \to \infty &\quad \sigma_{rr} \to 0
\end{aligned}\right\} \tag{k}
$$

将式（i）、（j）代入（k）中，得

$$
\left.\begin{aligned}
\frac{A}{a^2} + 2C &= -p \\
\frac{A}{a^2} + 2C &= \frac{A'}{b^2} + 2C' \\
2C' &= 0
\end{aligned}\right\} \tag{l}
$$

式（k）中只有三个方程，不能决定四个常数。但内外筒接触面上的径向位移应该相等，由此可以得到下面的补充条件：

$$
u\,|_{r=b} = u'\,|_{r=b}
$$

将式（5－59）代入上式（仍取 $B=0$）得

$$
\begin{aligned}
&\frac{(1+\nu)}{E'}\left[2(1-2\nu)Cb - \frac{A}{b}\right] + I\cos\theta + K\sin\theta \\
=\ &\frac{(1+\nu')}{E'}\left[2(1-2\nu')C'b - \frac{A'}{b}\right] + I'\cos\theta + K'\sin\theta
\end{aligned}
$$

要上面的方程成立，必须

$$\left.\begin{aligned}&\frac{1+\nu}{E}\left[2(1-2\nu)Cb-\frac{A}{b}\right]=\frac{1+\nu'}{E}\left[2(1-\nu')C'b-\frac{A'}{b}\right]\\&I=I'\\&K=K'\end{aligned}\right\}\qquad\text{(m)}$$

由式（m）及（l）可解出 A、C、A'、C'，再代入式（h）、(i）中得

$$\left.\begin{aligned}\sigma_{rr}&=-p\frac{[1+(1-2\nu)m]\dfrac{b^2}{r^2}-(1-m)}{[1+(1-2\nu)m]\dfrac{b^2}{a^2}-(1-m)}\\\sigma_{\theta\theta}&=p\frac{[1+(1-2\nu)m]\dfrac{b^2}{r^2}+(1-m)}{[1+(1-2\nu)m]\dfrac{b^2}{a^2}-(1-m)}\\\sigma'_{rr}=-\sigma'_{\theta\theta}&=-p\frac{2(1-\nu)m\dfrac{b^2}{r^2}}{[1+(1-2\nu)m]\dfrac{b^2}{a^2}-(1-m)}\end{aligned}\right\}\qquad(5-62)$$

式中，
$$m=\frac{E'\ (1+\nu)}{E\ (1+\nu')}$$

当 $m<1$ 时，应力分布的大致情况如图 5-17 所示。

当 $m=0$ 时，式（5-62）还原为式（5-61）。

例 8　曲梁的纯弯问题。

圆环的一部分称为曲梁。设其内径为 a，外径为 b，当两端各受到一个弯矩（力偶）M 作用时，称之为纯弯。

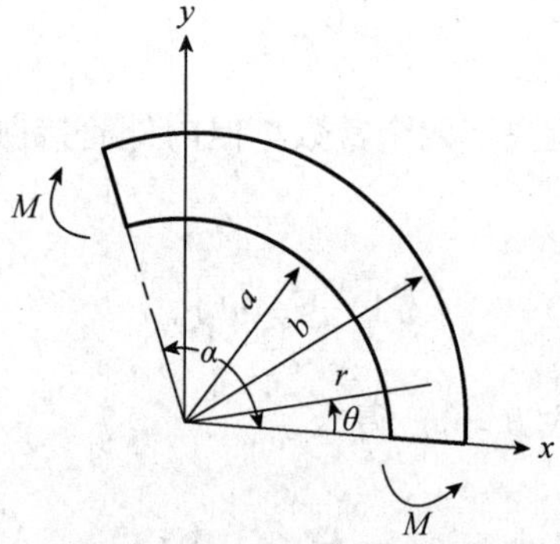

图 5-18　曲梁的纯弯问题

因为是纯弯，每个截面上的弯矩均为 M，所以各个截面上的应力分布相同，仍然属于应力与幅角无关的类型。前面讨论过的式（5-57）、(5-58）仍然适用。即

$$U = A\ln r + Br^2\ln r + Cr^2 + D \tag{5-57}$$

$$\left.\begin{aligned}\sigma_{rr} &= \frac{A}{r^2} + B(1 + 2\ln r) + 2C\\ \sigma_{\theta\theta} &= -\frac{A}{r^2} + B(3 + 2\ln r) + 2C\\ \sigma_{r\theta} &= 0\end{aligned}\right\} \tag{5-58}$$

边界条件如下：

$$\left.\begin{aligned}&当 r = a \quad \sigma_{rr} = 0\\ &当 r = b \quad \sigma_{rr} = 0\end{aligned}\right\} \tag{n}$$

当 θ = 常数时，

$$\int_a^b \sigma_{\theta\theta}\mathrm{d}r = 0 \tag{p}$$

$$\int_a^b \sigma_{\theta\theta} r\mathrm{d}r = M \tag{q}$$

此外还要求全部边界上剪应力为零。但是因为 $\sigma_{r\theta}=0$，这些边界条件已经得到满足，所以不再列出。

将式（5－57）代入式（n）、（p）、（q）中得

$$\left.\begin{aligned}&\frac{A}{a^2} + B(1 + 2\ln a) + 2C = 0\\ &\frac{A}{b^2} + B(1 + 2\ln b) + 2C = 0\\ &A\ln\frac{b}{a} + B(b^2\ln b - a^2\ln a) + C(b^2 - a^2) = M\end{aligned}\right\} \tag{r}$$

由式（r）可解得 A、B、C（注意：这时 $B\neq0$），再代回式（5－58）中得

$$\left.\begin{aligned}\sigma_{rr} &= -\frac{4M}{Wa^2}\left(\frac{b^2}{a^2}\ln\frac{b}{r} + \ln\frac{r}{a} - \frac{b^2}{r^2}\ln\frac{b}{a}\right)\\ \sigma_{\theta\theta} &= \frac{4M}{Wa^2}\left(\frac{b^2}{a^2} - 1 - \frac{b^2}{a^2}\ln\frac{b}{r} - \ln\frac{r}{a} - \frac{b^2}{r^2}\ln\frac{b}{a}\right)\\ \sigma_{r\theta} &= 0\end{aligned}\right\} \tag{5-63}$$

式中，

$$W = \left(\frac{b^2}{a^2 - 1}\right)^2 - 4\frac{b^2}{a^2}\left(\ln\frac{b}{a}\right)^2$$

欲求梁的位移，可将 A、B、C 之值代入式（5－59）中，再根据端部约束条件求得常数

H、I、K。具体的计算就不再赘述了。要说明的是，I、K 现在不再恒为零了，前已指出 $B \neq 0$，所以位移 u、v 在这种情况下是 θ 的函数，也就是说，位移与幅角有关。但是因为 θ 的变化范围只能在 $0-\alpha$（$\alpha<2\pi$）之间，所以不会引起多值位移。

§5－9 应力函数的复变函数表示

从本节开始，我们介绍弹性力学平面问题的复变函数的解法。由于木斯海里斯维里（Мусхелишвили，1958）等人的系统研究，形成了一整套完整的解法，成为解决弹性力学平面问题的有效工具。这一工具在断裂力学中也得到广泛的应用。

在§5－1及§5－2中，已经证明了弹性力学的平面问题可以转化为求应力函数 U 的问题。U 必须满足双调和方程 $\nabla^4 U=0$。

令
$$P = \sigma_{xx} + \sigma_{yy} = \frac{\partial^2 U}{\partial x^2} + \frac{\partial^2 U}{\partial x^2} = \nabla^2 U \tag{5-64}$$

显然，
$$\nabla^2 P = \nabla^2 \nabla^2 U = \nabla^4 U = 0$$

所以 $P(x, y)$ 是调和函数。以 $P(x, y)$ 为实部，以 $P(x, y)$ 的共轭调和函数为虚部，可构成一个解析函数 $f(z)$，

$$f(z) = P(x,y) + \mathrm{i}Q(x,y) \tag{a}$$

式中，
$$z = x + \mathrm{i}y$$

再考虑函数：

$$\varphi(z) = \frac{1}{4}\int f(z)\,\mathrm{d}z = p(x,y) + \mathrm{i}q(x,y) \tag{5-65}$$

显然，

$$\varphi'(z) = \frac{1}{4}f(z) \tag{b}$$

$\varphi(z)$ 必定是解析函数，因而其实部与虚部都是调和函数，即

$$\nabla^2 p = 0,\ \nabla^2 q = 0 \tag{c}$$

由式（b）可得

$$\frac{\partial p}{\partial x} + \mathrm{i}\frac{\partial q}{\partial x} = \frac{1}{4}(P + \mathrm{i}Q)$$

所以，
$$\frac{\partial p}{\partial x} = \frac{P}{4}$$

再由柯西-黎曼条件：

$$\frac{\partial p}{\partial x}=\frac{\partial q}{\partial y},\quad \frac{\partial p}{\partial y}=-\frac{\partial q}{\partial x}$$

得

$$\frac{\partial p}{\partial x}=\frac{\partial q}{\partial y}=\frac{P}{4} \tag{d}$$

现在研究实函数 p_1，

$$p_1 = U - px - qy \tag{e}$$

并证明 p_1 为调和函数，即

$$\nabla^2 p_1 = 0$$

这只要将式（e）对 x、y 分别求导两次：

$$\frac{\partial^2 p_1}{\partial x^2}=\frac{\partial^2 U}{\partial x^2}-2\frac{\partial p}{\partial x}-x\frac{\partial^2 p}{\partial x^2}-y\frac{\partial^2 q}{\partial x^2}$$

$$\frac{\partial^2 p_1}{\partial y^2}=\frac{\partial^2 U}{\partial y^2}-2\frac{\partial q}{\partial y}-y\frac{\partial^2 q}{\partial y^2}-x\frac{\partial^2 p}{\partial y^2}$$

于是，

$$\nabla^2 p_1=\frac{\partial^2 p_1}{\partial x^2}+\frac{\partial^2 p_1}{\partial y^2}=\nabla^2 U-2\left(\frac{\partial p}{\partial x}+\frac{\partial q}{\partial y}\right)-x\,\nabla^2 p-y\,\nabla^2 q$$

式中，

$$\nabla^2 p=\nabla^2 q=0$$

由式（5-64），$\nabla^2 U=P$。由式（d），$2\left(\frac{\partial p}{\partial x}+\frac{\partial q}{\partial y}\right)=P$，

而证明了 $\nabla^2 p_1=0$。

由式（e）可将 U 表示为

$$U = px + qy + p_1 \tag{f}$$

式（f）又可表示为

$$U=\mathrm{Re}[\bar{z}\varphi(z)+g(z)] \tag{5-66}$$

式中，$\bar{z}=x-\mathrm{i}y$，$g(z)=p_1+\mathrm{i}q_1$。Re 表示复变函数的实部，Im 表示其虚部。式（5-66）也可改写为

$$U = \frac{1}{2}[\bar{z}\varphi(z) + z\overline{\varphi(z)} + g(z) + \overline{g(z)}] \tag{5-66a}$$

上式称为古莎公式，$\overline{\varphi(z)}$、$\overline{g(z)}$分别表示$\varphi(z)$、$g(z)$ 的共轭函数。将$\varphi(z)$、$g(z)$ 中所有的 i 换成 $-i$，即分别得$\overline{\varphi(z)}$及$\overline{g(z)}$。

式（5－66）表示，双调和函数 U 总可以由两个解析函数$\varphi(z)$、$g(z)$ 来表示。即只要$\varphi(z)$、$g(z)$ 为复变量 z 的解析函数（更严格些说是全纯函数，即单值的解析函数），则由式（5－66）所构成的实函数 U，一定为双调和函数，即 $\nabla^4 U=0$。这一点也可以直接验证如下：

$$\left.\begin{aligned}
\frac{\partial U}{\partial x} &= \frac{1}{2}[\varphi(z) + \bar{z}\varphi'(z) + \overline{\varphi(z)} + \overline{z\varphi'(z)} + g'(z) + \overline{g'(z)}] \\
\frac{\partial U}{\partial y} &= \frac{i}{2}[-\varphi(z) + \bar{z}\varphi'(z) + \overline{\varphi(z)} - \overline{z\varphi'(z)} + g'(z) - \overline{g'(z)}] \\
\frac{\partial^2 U}{\partial x^2} &= \frac{1}{2}[2\varphi'(z) + \bar{z}\varphi''(z) + 2\overline{\varphi'(z)} + \overline{z\varphi''(z)} + g''(z) + \overline{g''(z)}] \\
\frac{\partial U}{\partial y^2} &= \frac{1}{2}[2\varphi'(z) - \bar{z}\varphi''(z) + 2\overline{\varphi'(z)} - 2\overline{\varphi''(z)} - g''(z) - \overline{g''(z)}] \\
\frac{\partial^2 U}{\partial x\partial y} &= \frac{i}{2}[\bar{z}\varphi''(z) - \overline{z\varphi''(z)} + g''(z) - \overline{g''(z)}]
\end{aligned}\right\} \tag{5-67}$$

由上式可得

$$\nabla^2 U = \frac{\partial^2 U}{\partial x^2} + \frac{\partial^2 U}{\partial^2 y} = P = 2[\varphi'(z) + \overline{\varphi'(z)}] = 4\,\mathrm{Re}[\varphi'(z)] \tag{5-68}$$

因此 $\nabla^2 U$ 是调和函数，所以

$$\nabla^4 U = \nabla^2\nabla^2 U = 0$$

这意味着只要选择任意两个解析函数，按式（5－66）构成的应力函数 U，它一定是双调和函数，既满足平衡方程又满足变形协调条件，也满足了平面问题的全部方程，剩下的问题就是要满足问题的边界条件。由此条件可确定$\varphi(z)$ 与 $g(z)$ 的具体形式。

§5－10　应力与位移的复变函数表示（柯洛索夫公式）

根据应力函数的定义：

$$\sigma_{xx} = \frac{\partial^2 U}{\partial y^2},\quad \sigma_{yy} = \frac{\partial^2 U}{\partial x^2},\quad \sigma_{xy} = \frac{\partial^2 U}{\partial x\partial y}$$

由式（5－67）可得用复变函数$\varphi(z)$、$g(z)$ 及其共轭函数与导数表示的各应力分量的表达式：

$$\left.\begin{aligned}\sigma_{xx} &= \frac{\partial^2 U}{\partial y^2} = \frac{1}{2}[2\varphi'(z) - \bar{z}\varphi''(z) + 2\overline{\varphi'(z)} - z\overline{\varphi''(z)} - g''(z) - \overline{g''(z)}]\\ \sigma_{yy} &= \frac{\partial^2 U}{\partial x^2} = \frac{1}{2}[2\varphi'(z) + \bar{z}\varphi''(z) + 2\overline{\varphi'(z)} + z\overline{\varphi''(z)} + g''(z) + \overline{g''(z)}]\\ \sigma_{xy} &= -\frac{\partial^2 U}{\partial x\partial y} = -\frac{\mathrm{i}}{2}[\bar{z}\varphi''(z) - z\overline{\varphi''(z)} + g''(z) - \overline{g''(z)}]\end{aligned}\right\}$$

利用上式由应力函数 $\varphi(z)$ 及 $g(z)$ 求应力时，因为项数较多，计算不便，因而改用另外的表示法。由上式可以看出，各应力分量的表示式中，项数虽多，但组成它们的项大体相同，不同的主要是这些项的正负号不同，如果将其中第一、二式相加，则大多数项互相抵消，而得到一个非常简单的表达式。

$$\sigma_{xx} + \sigma_{yy} = 2[\varphi'(z) + \overline{\varphi'(z)}] = 4\mathrm{Re}[\varphi'(z)]$$

同理

$$\left.\begin{aligned}\sigma_{yy} - \sigma_{xx} + 2\mathrm{i}\sigma_{xy} = 2[\bar{z}\varphi''(z) + g''(z)]\end{aligned}\right\} \quad (5-69\mathrm{a})$$

在以后的计算中，用到的都是 $g(z)$ 的导数，而不是 $g(z)$ 本身，因此，引入函数 $\psi(z) = g'(z)$。

式（5－69a）可改写为

$$\left.\begin{aligned}\sigma_{yy} + \sigma_{xx} &= 4\mathrm{Re}[\varphi'(z)]\\ \sigma_{yy} - \sigma_{xx} + 2\mathrm{i}\sigma_{xy} &= 2[\bar{z}\varphi''(z) + \psi'(z)]\end{aligned}\right\} \quad (5-69\mathrm{b})$$

有时再引入函数 $\Phi(z)$ 及 $\Psi(z)$，它们分别是 $\varphi(z)$ 与 $\psi(z)$ 的导数，

$$\Phi(z) = \varphi'(z), \quad \Psi(z) = \psi'(z)$$

则式（5－69b）又可表示为

$$\left.\begin{aligned}\sigma_{yy} + \sigma_{xx} &= 4\mathrm{Re}[\Phi(z)]\\ \sigma_{yy} - \sigma_{xx} + 2\mathrm{i}\sigma_{xy} &= 2[\bar{z}\Phi'(z) + \Psi(z)]\end{aligned}\right\} \quad (5-69\mathrm{c})$$

式（5－69）称为**柯洛索夫**公式，是用复变函数表示应力的基本公式。当 $\varphi(z)$ 及 $\psi(z)$ 已知后，将式（5－69）中第二式右方的实部及虚部分开，由虚部可求出 σ_{xy}，由实部得出 $\sigma_{yy}-\sigma_{xx}$，再根据式（5－69）中第一式，可得 $\sigma_{yy}+\sigma_{xx}$，这样可求得 σ_{yy} 及 σ_{xx}。

其次再来求位移的复变函数表示。

由胡克定律（平面应力情形）：

$$\begin{aligned}\frac{\partial u}{\partial x} = \varepsilon_{xx} &= \frac{1}{E}[\sigma_{xx} - \nu\sigma_{yy}] = \frac{1}{E}[\sigma_{xx} + \sigma_{yy} - (1+\nu)\sigma_{yy}]\\ &= \frac{1}{E}\left[P - (1+\nu)\frac{\partial^2 U}{\partial x^2}\right] = \frac{1}{E}\left[4\frac{\partial p}{\partial x} - (1+\nu)\frac{\partial^2 U}{\partial x^2}\right]\end{aligned}$$

同理 $$\frac{\partial v}{\partial y} = \frac{1}{E}[4\frac{\partial q}{\partial y} - (1+\nu)\frac{\partial^2 U}{\partial y^2}]$$

将上面两式积分得

$$\left.\begin{aligned} u &= \frac{1}{E}\left[4p - (1+\nu)\frac{\partial U}{\partial x}\right] + f_1(y) \\ v &= \frac{1}{E}\left[4q - (1+\nu)\frac{\partial U}{\partial y}\right] + f_2(x) \end{aligned}\right\} \tag{a}$$

式中，$f_1(y)$、$f_2(x)$ 分别为 y 及 x 的任意函数。

胡克定律的第三公式，$\sigma_{xy} = 2\mu\varepsilon_{xy}$可改写为

$$-\frac{\partial^2 U}{\partial x \partial y} = \mu\left(\frac{\partial v}{\partial x} + \frac{\partial u}{\partial y}\right)$$

将式（a）代入上式，并利用关系式

$$\frac{\partial p}{\partial y} + \frac{\partial q}{\partial x} = 0$$

可得 $$f'_1(y) + f'(x) = 0$$

由此得

$$\left.\begin{aligned} f_1(y) &= 2\mu(-\varepsilon y + \alpha) \\ f_2(x) &= 2\mu(\varepsilon x + \beta) \end{aligned}\right\} \tag{b}$$

式中，ε、α、β 均为常数（因为 2μ 是考虑到以后的方便而特意引入的）。可见 $f_1(y)$、$f_2(x)$ 代表着刚体位移，它对应力、应变不起影响，在一般情况下可不予考虑而令此三常数均为零。

现计算（$u + \mathrm{i}v$），利用式（a）及式（5－67）得

$$2\mu(u + \mathrm{i}v) = \kappa\varphi(z) - z\overline{\varphi'(z)} - \overline{\psi(z)} \tag{5-70}$$

式中，

$$\left.\begin{aligned} \kappa &= \frac{3-\nu}{1+\nu} \quad （平面应力） \\ \kappa &= 3 - 4\nu \quad （平面应变） \end{aligned}\right\} \tag{5-71}$$

式（5－70）也称为**柯洛索夫**公式。它是由复应力函数 $\varphi(z)$、$\psi(z)$ 求位移的基本公式。已知复应力函数 $\varphi(z)$ 及 $\psi(z)$ 后，代入式（5－70）右侧，再将实部与虚部分开，即可分别求得位移 u 及 v。

利用式（5-44c）、（5-47）还可以很方便地得到在极坐标系中的柯洛索夫公式如下：

$$\left.\begin{aligned}\sigma_{rr}+\sigma_{\theta\theta}&=2[\varphi'(z)+\overline{\varphi'(z)}]=4\mathrm{Re}\varphi'(z)\\ \sigma_{\theta\theta}-\sigma_{rr}+2\mathrm{i}\sigma_{r\theta}&=2[\bar{z}\varphi''(z)+\psi'(z)]\mathrm{e}^{2\mathrm{i}\theta}\\ 2\mu(u+\mathrm{i}v)&=[\kappa\varphi(z)-z\overline{\varphi'(z)}-\psi'(z)]\mathrm{e}^{-\mathrm{i}\theta}\end{aligned}\right\}\tag{5-72}$$

将上式中的第一式减第二式得另一个相当常用的公式：

$$\sigma_{rr}-\mathrm{i}\sigma_{r\theta}=\varphi'(z)+\overline{\varphi'(z)}-[\bar{z}\varphi''(z)+\psi'(z)]\mathrm{e}^{2\mathrm{i}\theta}\tag{5-72a}$$

§5-11 用复变函数方法解弹性力学平面问题的实例

为了初步掌握用复变函数解决弹性力学平面问题的方法和步骤，并熟悉它的一些基本公式，本节首先讨论几个比较简单的问题，接着在以下几节中利用复变函数方法解决几个著名的平面问题，随后再讨论一些用复变函数方法解弹性力学平面问题的一般理论及解法。

一、均匀应力场

取如下的复应力函数：

$$\left.\begin{aligned}\varphi&=\Gamma z\\ \psi&=\Gamma' z\end{aligned}\right\}\tag{5-73}$$

式中，Γ、Γ'为复常数，

$$\Gamma=B+\mathrm{i}C$$
$$\Gamma'=B'+\mathrm{i}C'$$

式中，B、B'、C、C'为实常数。在本章以后各节中，如未特殊说明，常数一律理解为复常数。按柯洛索夫公式

$$\left.\begin{aligned}\sigma_{yy}+\sigma_{xx}&=4\mathrm{Re}\varphi'(z)=4B\\ \sigma_{yy}-\sigma_{xx}+2\mathrm{i}\sigma_{xy}&=2[\bar{z}\varphi''(z)+\psi'(z)]=2\Gamma'=2(B'+\mathrm{i}C')\end{aligned}\right\}$$

由上式可得到

$$\left.\begin{aligned}\sigma_{xx}&=2B-B'\\ \sigma_{yy}&=2B+B'\\ \sigma_{xy}&=C'\end{aligned}\right\}\tag{5-74a}$$

可见，应力函数式（5-73）代表均匀应力场。适当选择各常数的值，可以得到不同的应力状态。另外由式（5-74a）可知，C 的值对应力没有任何影响，故可取 $C=0$。

以下讨论几种特殊的应力场：

(1) 沿 x 方向的单向拉伸，拉应力为 σ_1。

令 $\sigma_{xx}=\sigma_1$，$\sigma_{yy}=\sigma_{xy}=0$，代入式 (5-74a) 中得

$$B=\sigma_1/4,\quad B'=-\sigma_1/2,\quad C'=0$$

因此复应力函数为

$$\left.\begin{aligned}\varphi(z)&=\frac{\sigma_1}{4}z\\ \psi(z)&=-\frac{\sigma_1}{2}z\end{aligned}\right\}\tag{5-74b}$$

(2) 沿 x、y 两个方向双向拉伸，拉应力分别为 σ_1 及 σ_2。

$$\sigma_{xx}=\sigma_1,\quad \sigma_{yy}=\sigma_2,\quad \sigma_{xy}=0$$

代入式 (5-74a) 中得

$$B=(\sigma_1+\sigma_2)/4,\quad B'=(\sigma_2-\sigma_1)/2,\quad C'=0$$

因此其复应力函数为

$$\left.\begin{aligned}\varphi(z)&=\left(\frac{\sigma_1+\sigma_2}{4}\right)z\\ \psi(z)&=\left(\frac{\sigma_2-\sigma_1}{2}\right)z\end{aligned}\right\}\tag{5-74c}$$

(3) 纯剪，剪应力为τ_0。

$$\sigma_{xx}=\sigma_{yy}=0,\quad \sigma_{xy}=\tau_0$$

因而，

$$B=B'=0,\ C'=\tau_0$$

复应力函数为

$$\left.\begin{aligned}\varphi(z)&=0\\ \psi(z)&=\mathrm{i}\tau z\end{aligned}\right\}\tag{5-74d}$$

(4) 最一般情况。主应力为 σ_1、σ_2，σ_1 与 x 轴的夹角为 α。

由柯洛索夫公式

$$\sigma_{yy}+\sigma_{xx}=\sigma_1+\sigma_2=4B$$
$$\sigma_{yy}-\sigma_{xx}+2\mathrm{i}\sigma_{xy}=(\sigma_2-\sigma_1)\mathrm{e}^{-2\mathrm{i}\alpha}=2(B'+\mathrm{i}C')$$

解之得

$$
\left.\begin{aligned}
B &= \frac{\sigma_1 + \sigma_2}{4} \\
B' &= \frac{\sigma_2 - \sigma_1}{2}\cos 2\alpha \\
C' &= -\frac{\sigma_2 - \sigma_1}{2}\sin 2\alpha
\end{aligned}\right\} \tag{5-74e}
$$

相应的复应力函数为

$$
\left.\begin{aligned}
\varphi(Z) &= \frac{\sigma_1 + \sigma_2}{4} \cdot z \\
\psi(Z) &= \frac{\sigma_2 - \sigma_1}{2} \cdot z e^{-2i\alpha}
\end{aligned}\right\} \tag{5-74f}
$$

位移：将式（5－73）代入位移的柯洛索夫公式

$$
2\mu(u + iv) = K\varphi(z) - z\overline{\varphi'(z)} - \overline{\psi(z)}
$$

得

$$
\begin{aligned}
2\mu(u + iv) = &\{[B(K-1) - B']x - [C(K+1) - C']y\} \\
&+ i\{[C(K+1) + C']x + [B(K-1) + B']y\}
\end{aligned}
$$

将实部与虚部分开后得

$$
\begin{aligned}
u &= \frac{1}{2\mu}\{[B(K-1) - B']x - [C(K+1) - C']y\} \\
v &= \frac{1}{2\mu}\{[C(K+1) + C']x + [B(K-1) + B']y\}
\end{aligned}
$$

二、无限大平板中有一圆孔，孔壁受均匀压力 *P*（图 5－19），如油井受内压的情况就可简化为这类问题

取

$$
\left.\begin{aligned}
\varphi(z) &= 0 \\
\psi(z) &= \alpha/z
\end{aligned}\right\} \tag{5-75}
$$

按柯洛索夫公式

$$
\sigma_{rr} + \sigma_{\theta\theta} = 4\mathrm{Re}\varphi'(z) = 0
$$

$$
\sigma_{\theta\theta} - \sigma_{rr} + 2i\sigma_{r\theta} = 2[\bar{z}\varphi''(z) + \psi'(z)]e^{2i\theta} = 2\psi'(z)e^{2i\theta} = -2\alpha r^{-2}
$$

$$
2\mu(u + iv) = [K\varphi(z) - z\overline{\varphi'(z)} - \overline{\psi(z)}]e^{-i\theta} = -\frac{\alpha}{r}
$$

解之得

$$\sigma_{rr} = \frac{\alpha}{r^2}$$

$$\sigma_{\theta\theta} = -\frac{\alpha}{r^2}$$

$$\sigma_{r\theta} = 0$$

$$u = -\frac{\alpha}{2}\mu r$$

$$v = 0$$

图 5 - 19　无限大介质中，圆孔受均匀内压的问题

利用边界条件：

$$r = R\text{ 时}\quad \sigma_{rr} = -p \quad \text{得 } \alpha = -pR^2$$

最后得到：

$$\left.\begin{aligned}\sigma_{rr} &= -pR^2/r^2\\ \sigma_{\theta\theta} &= pR^2/r^2\\ \sigma_{r\theta} &= 0\\ u &= pR^2/2\mu r\\ v &= 0\end{aligned}\right\} \tag{5-76}$$

在孔壁上 $r=R$，$-\sigma_{\theta\theta}=\sigma_{rr}=-p$

利用公式 $u|_{r=R}=pR/2\mu$。在岩体中钻孔后加压力 p，只要能测出在 p 作用下孔壁的径向位移 $u|_{r=R}$，则可求出 μ。这样测出的 μ 比实验室中用岩石样品测出的 μ，在一定的程度上更能代表整个岩体的弹性性质。

§5 - 12　带圆孔无限大平板的拉伸问题

如图 5 - 20 所示，在无限大平板中有一圆孔，半径为 R。在无限远处受到单向拉应力 σ_1 的作用，并取此方向为 x 轴。

根据圣维南原理，在离孔很远处，必为均匀的单向拉伸应力状态。由图 5 - 19 的解，可知当 $z\to\infty$ 时的渐近解的形式应该是

$$\left.\begin{aligned}\varphi(z) &= \frac{1}{4}\sigma_1 z\\ \psi(z) &= -\frac{1}{2}\sigma_1 z\end{aligned}\right\}$$

为此我们取如下的解：

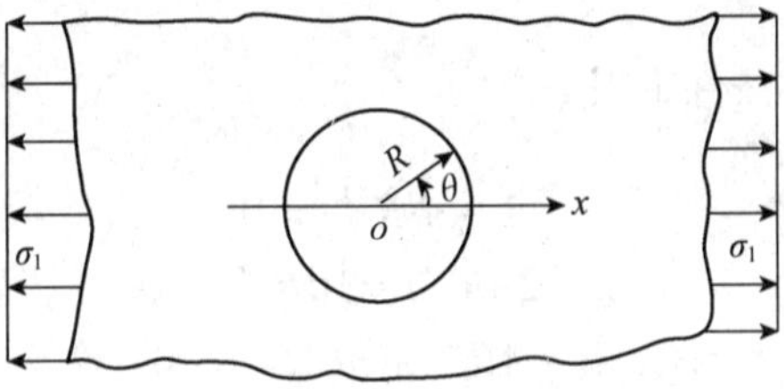

图 5-20　带圆孔平板的受拉问题

$$\left.\begin{aligned}\varphi(z) &= \frac{\sigma_1}{4}\left(z + \frac{A}{z}\right) \\ \psi(z) &= -\frac{\sigma_1}{2}\left(z + \frac{B}{z} + \frac{C}{z^3}\right)\end{aligned}\right\} \tag{a}$$

式中，A、B、C 均为实常数，先计算下列各项导数：

$$\varphi'(z) = \frac{\sigma_1}{4}\left(1 - \frac{A}{z^2}\right)$$

$$\varphi''(z) = \frac{A\sigma_1}{2z^3}$$

$$\psi'(z) = -\frac{\sigma_1}{2}\left(1 - \frac{B}{z^2} - \frac{3C}{z^4}\right)$$

然后代入柯洛索夫公式中

$$\begin{aligned}\sigma_{\theta\theta} + \sigma_{rr} = \sigma_{yy} + \sigma_{xx} &= 4\mathrm{Re}\varphi'(z) = 4\mathrm{Re}\left[\frac{\sigma_1}{4}(1 - Ar^{-2} \cdot \mathrm{e}^{-2i\theta})\right] \\ &= \sigma_1(1 - Ar^{-2}\cos 2\theta) \\ \sigma_{\theta\theta} - \sigma_{rr} + 2i\sigma_{r\theta} &= (\sigma_{yy} - \sigma_{xx} + 2i\sigma_{xy})\mathrm{e}^{2i\theta} = 2[\bar{z}\varphi''(z) + \varphi'(z)]\mathrm{e}^{2i\theta} \\ &= \sigma_1[r\mathrm{e}^{-i\theta} \cdot Ar^{-3}\mathrm{e}^{-3i\theta} - 1 + Br^{-2}\mathrm{e}^{-2i\theta} + 3Cr^{-4}\mathrm{e}^{-4i\theta}]\mathrm{e}^{2i\theta} \\ &= \sigma_1[Br^{-2} - \mathrm{e}^{2i\theta} + (Ar^{-2} + 3Cr^{-4})\mathrm{e}^{-2i\theta}]\end{aligned}$$

从而得

$$\left.\begin{aligned}\sigma_{rr} &= \frac{\sigma_1}{2}[(1 - Br^{-2}) + (1 - 2Ar^{-2} - 3Cr^{-4})\cos 2\theta] \\ \sigma_{r\theta} &= -\frac{\sigma_1}{2}[(1 + Ar^{-2} + 3Cr^{-4})\sin 2\theta]\end{aligned}\right\} \tag{b}$$

本问题的边界条件为

$r = R$ 时　　　　$\sigma_{rr} = 0$

$$\sigma_{r\theta} = 0$$

将式（b）代入上面的边界条件中得

$$1 - BR^{-2} = 0$$
$$1 - 2AR^{-2} - 3CR^{-4} = 0$$
$$1 + AR^{-2} + 3CR^{-4} = 0$$

解上述代数方程组可求出

$$A = 2R^2,\quad B = R^2,\quad C = -R^4 \tag{c}$$

最后得

$$\left.\begin{aligned}
\sigma_{rr} &= \frac{\sigma_1}{2}\left(1 - \frac{R^2}{r^2}\right) + \frac{\sigma_1}{2}\left(1 - \frac{4R^2}{r^2} + \frac{3R^2}{r^4}\right)\cos 2\theta \\
\sigma_{\theta\theta} &= \frac{\sigma_1}{2}\left(1 + \frac{R^2}{r^2}\right) - \frac{\sigma_1}{2}\left(1 + \frac{3R^4}{r^4}\right)\cos 2\theta \\
\sigma_{r\theta} &= -\frac{\sigma_1}{2}\left(1 + \frac{2R^2}{r^2} - \frac{3R^4}{r^2}\right)\sin 2\theta
\end{aligned}\right\} \tag{5-77}$$

最使人感兴趣的是孔边的周向应力 $\sigma_{\theta\theta}|_{r=R}$，在式（5－77）第二式中令 $r=R$，得 $\sigma_{\theta\theta}|_{r=R}=\sigma_1$（$1-2\cos 2\theta$）。

当 $\theta=\pm 90°$，（图5－21 中 A、B 两点）$\sigma_{\theta\theta\max}=3\sigma_1$，即应力集中系数 σ 为3（最大应力与平均应力之比）。

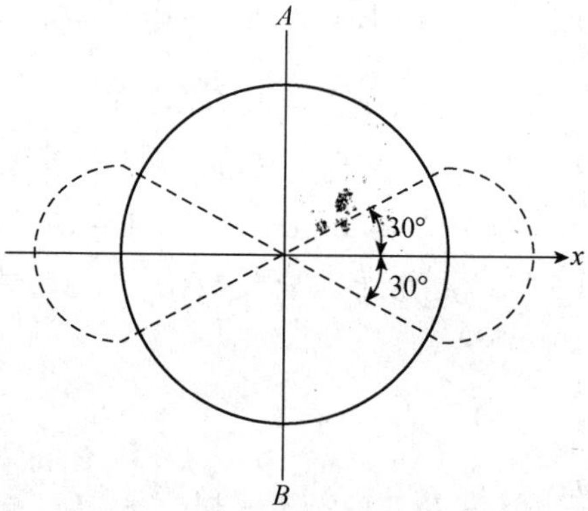

图 5－21

另外当 $\theta<30°$时，$\sigma_{\theta\theta}$与 σ_1 异号。这意味着当 σ_1 为压应力时，在 $\theta<30°$范围内 $\sigma_{\theta\theta}$为拉应力。$\theta=0°$时，$\sigma_{\theta\theta}=-\sigma_1$。这些都是在分析考虑有关问题时很重要的结论。

再将式（a）、（c）代入柯洛索夫公式中，可求得位移为

$$\left.\begin{aligned}\frac{8\mu u}{R\sigma_1} &= (\kappa - 1 + 2\cos 2\theta)\frac{r}{R} + \frac{2R}{r}\left[1 + \left(\kappa + 1 - \frac{R^2}{r^2}\right)\cos 2\theta\right] \\ \frac{8\mu v}{R\sigma_1} &= \left[-\frac{2r}{R} + \frac{2R}{r}\left(1 - \kappa - \frac{R^2}{r^2}\right)\right]\sin 2\theta\end{aligned}\right\} \tag{5-78}$$

孔壁的径向位移 $u|_{r=R}$（记为 u_R）是特别令人感兴趣的。将 $r=R$ 代入上式即可得

$$\frac{u_R}{R} = \frac{(1+\kappa)\sigma_1}{8\mu}(1 + 2\cos 2\theta) \tag{5-79}$$

当沿 x 方向作用主应力 σ_1，沿 y 方向同时作用主应力 σ_2 时，利用叠加原理，可得其应力分布及孔壁径向位移分别为

$$\left.\begin{aligned}\sigma_{rr} &= \frac{1}{2}(\sigma_1 + \sigma_2)\left(1 - \frac{R^2}{r^2}\right) + \frac{1}{2}(\sigma_1 - \sigma_2) \times \left(1 - \frac{4R^2}{r^2} + 3\frac{R^4}{r^4}\right)\cos 2\theta \\ \sigma_{\theta\theta} &= \frac{1}{2}(\sigma_1 + \sigma_2)\left(1 + \frac{R^2}{r^2}\right) - \frac{1}{2}(\sigma_1 - \sigma_2) \times \left(1 + \frac{3R^4}{r^4}\right)\cos 2\theta \\ \sigma_{r\theta} &= -\frac{1}{2}(\sigma_1 - \sigma_2)\left(1 + \frac{2R^2}{r^2} - \frac{3R^4}{r^4}\right)\sin 2\theta\end{aligned}\right\} \tag{5-80}$$

$$\frac{u_R}{R} = \frac{(1+\kappa)}{8\mu}[(\sigma_1 + \sigma_2) + 2(\sigma_1 - \sigma_2)\cos 2\theta] \tag{5-81}$$

§5-13　应力解除法及水压致裂法测量地应力的原理

地壳中的应力场是地学中的基本课题之一。它与地学中的许多重大课题（诸如地震的孕育与预报，构造物理学等）密切相关。因此国内外一直有许多人致力于地应力的实际测量与理论研究。地应力的测量方法分为绝对测量与相对测量两大类。前者是指测量地壳中某处（某点）的实际应力状态。后者则是测量该处应力的变化。一般来说前者比后者更困难些。绝对测量法中较常用的是应力解除法与水压致裂法。这两种方法的原理正是建立在前两节内容的基础上，在此予以简要的介绍。

一、应力解除法

如图5-22所示，在岩壁上垂直钻一圆孔，半径为 R，直径为 D。设铅直方向为应力主方向之一。另外两个主应力 σ_1、σ_2 为水平方向。利用套钻或其他方法在此孔的周围挖成一个环形槽，从而使孔 R 周围岩体中原来受到的应力 σ_1、σ_2 被解除了，称之为应力解除，应力解除过程是应力加载的逆过程。在孔中装置仪器，测量应力解除前后孔壁的径向位移 u_R（实际上常常测量直径 D 的变化，更为方便，而 $u_R/R=\Delta D/D$）。至少需要测量三个角度上的 u_R（图5-23），设此三个角度为 θ_1、θ_2、θ_3。角度差 $\Delta\theta=\theta_3-\theta_2=\theta_2-\theta_1$。通常取为60°或45°。按式（5-81）

$$
\left.\begin{aligned}
\frac{U_{R1}}{R} &= \frac{\Delta D_1}{D} = \frac{(1+\kappa)}{8\mu}[(\sigma_1+\sigma_2)+2(\sigma_1-\sigma_2)\cos 2\theta_1] \\
\frac{U_{R2}}{R} &= \frac{\Delta D_2}{D} = \frac{(1+\kappa)}{8\mu}[(\sigma_1+\sigma_2)+2(\sigma_1-\sigma_2)\cos 2(\theta_1+\Delta\theta)] \\
\frac{U_{R3}}{R} &= \frac{\Delta D_3}{D} = \frac{(1+\kappa)}{8\mu}[(\sigma_1+\sigma_2)+2(\sigma_1-\sigma_2)\cos 2(\theta_1+2\Delta\theta)]
\end{aligned}\right\} \quad (5-82)
$$

虚线为圆，实线为应力解除后的孔壁形状。如已知岩体中的杨氏模量 E，孔径 D，则解上述代数方程组，可求得 σ_1、σ_2 及 θ_1。也即测得水平主应力 σ_1、σ_2 的大小及方向。

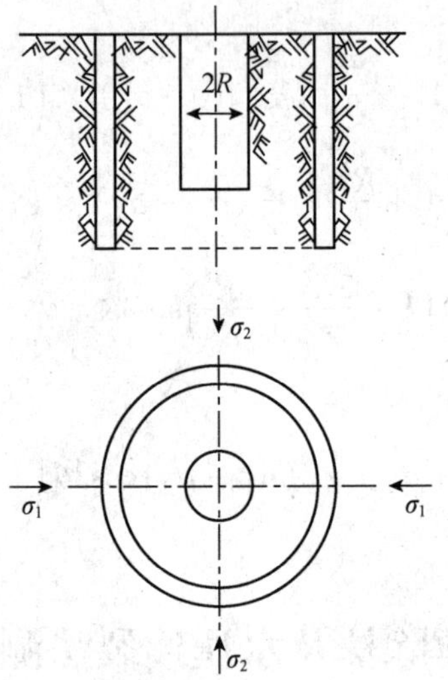

图 5-22　应力解除法测定岩体中应力示意

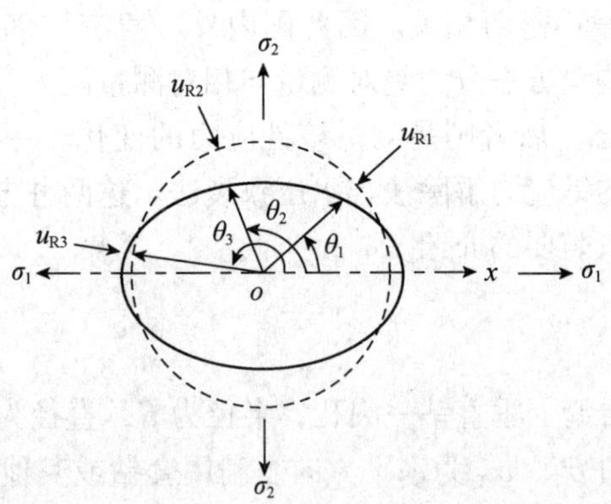

图 5-23　应力解除后孔壁变形的测量

二、水压致裂法

水压致裂为油田中一种增产措施。其方法为将油井（圆孔）的一段用堵塞器密封。在密封段内注入压力为 p 的流体（水溶液），如图 5－24a 所示。在水压 p 的作用下使孔壁附近产生裂纹，致使原有岩体中的裂纹张开、扩展，从而增大含油层中的渗透率，达到石油增产的目的。同一方法也可用来测量地应力。

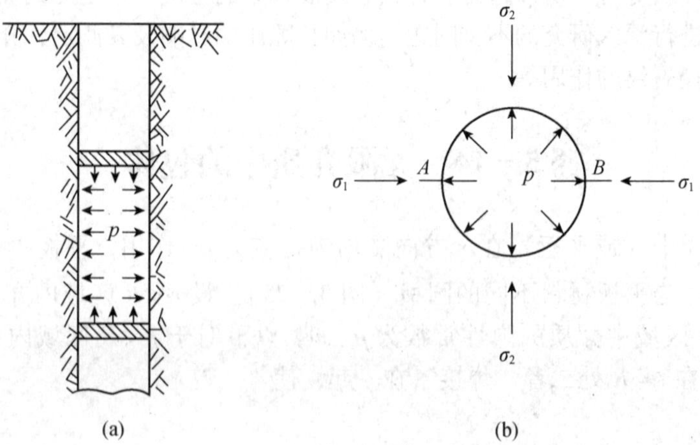

图 5－24　水压致裂测量地应力示意

按公式（5－76），由于压力 p 的作用孔壁上的环向拉应力 $\sigma_{\theta\theta}$ 为 p（p 指压力的绝对值），此外设构造应力场的主方向之一为铅直方向（不少测量结果证实了这一点），另外两个主压应力分别为 σ_1、σ_2（此处 σ_1、σ_2 均指绝对值，且 $\sigma_1>\sigma_2$）。如图 5－24b 所示。在水压 p 及构造应力 σ_1、σ_2 的共同作用下，A、B 两点处的环向拉应力 $\sigma_{\theta\theta}$ 最大。利用叠加原理很容易求得 $\sigma_{\theta\theta\max}$。在 σ_1 作用下 A、B 两点产生环向拉应力为 σ_1，而 σ_2 在 A、B 两点产生的环向压应力为 $3\sigma_2$。所以在 A、B 点的总环向拉应力为

$$\sigma_{\theta\theta\max}=p+\sigma_1-3\sigma_2$$

当此拉应力值超过岩石的拉伸强度 T，即

$$p+\sigma_1-3\sigma_2\geqslant T$$

或

$$p\geqslant 3\sigma_2-\sigma_1+T$$

时，岩石开始破裂，并沿最大压应力 σ_1 的方向扩展。通常称

$$p_1=3\sigma_2-\sigma_1+T \tag{5-83}$$

为破裂压力。此外，当油井开裂后，逐渐减小压力 p，至某一压力 p_2 时裂纹闭合，称之为封闭压力，通常认为瞬时封闭压力 p_2 等于最小主压应力 σ_2。p_1、p_2 可以在水力致裂过程中测

得，如果再在实验室内或用其他方法测得 T，则

$$\left.\begin{aligned}\sigma_2 &= p_2 \\ \sigma_1 &= 3\sigma_2 + T - p_1\end{aligned}\right\}$$

于是得出主应力 σ_1、σ_2。

水压致裂法有许多优点，例如能够测得地壳较深处的绝对应力，可以结合油田生产进行测量，不需大量经费等等。所以这是一种很有发展远景的方法。但是无论在理论上还是技术上都还存在需要进行深入研究的不少问题。例如孔隙压的影响及其测定，介质非弹性因素的影响，介质中预存裂纹的作用等。

§5－14　无限介质中的包体

设无限大介质中（或平板）在 x 方向受均匀拉应力 σ_1 作用，平板中有半径为 R 的圆孔，圆孔中嵌入一与平板材料不同的圆板（图 5－25）。设 $r<R$ 区域内介质的弹性常数为 μ_0、ν_0；在 $r>R$ 区域中介质的弹性常数为 μ、ν。以下对于 $r<R$ 区域内各种量均加附标"0"以示区别。在 $r=R$ 处二者"焊接"在一起，使

$$\left.\begin{aligned}\sigma_{rr} &= \sigma_{rr0} \\ \sigma_{r\theta} &= \sigma_{r\theta 0} \\ u_r &= u_{r0} \\ u_\theta &= u_{\theta 0}\end{aligned}\right\} \tag{a}$$

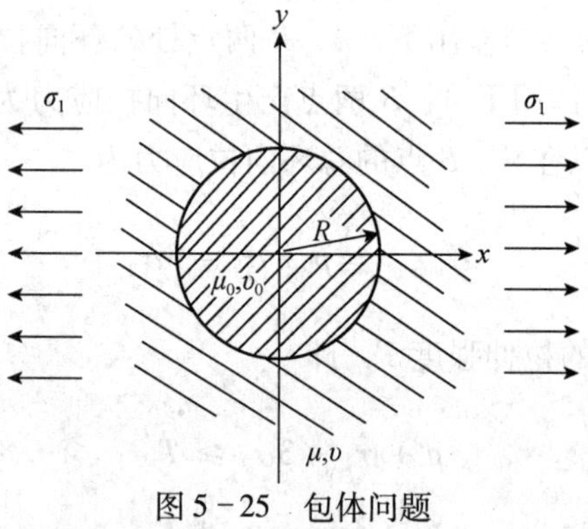

图 5－25　包体问题

参考§5－12 及§5－11 中的解答，对 $r>R$ 及 $r<R$ 两个区域中分别取如下的解：

$$\left.\begin{aligned}\varphi(z) &= \frac{\sigma_1}{4}\left(z + \frac{AR^2}{z}\right) \\ \psi(z) &= -\frac{\sigma_1}{2}\left(z + \frac{BR^2}{z} + \frac{CR^4}{z^3}\right)\end{aligned}\right\} \tag{5-84a}$$

$$
\left.\begin{aligned}
\varphi_0(z) &= \frac{\sigma_1}{4}\left(A_0 z + \frac{B_0 z^3}{R^2}\right) \\
\psi_0(z) &= -\frac{\sigma_1}{2}C_0 z
\end{aligned}\right\} \tag{5-84b}
$$

显然，解式（5－84b）已经满足了无限远处的边界条件。剩下的问题是满足 $r=R$ 处的连接条件式（a）。由柯洛索夫公式可求得应力及位移如下：

对 $r>R$ 区域：

$$
\left.\begin{aligned}
\sigma_{rr} &= \frac{\sigma_1}{2}\left[\left(1-\frac{BR^2}{r^2}\right)+\left(1-\frac{2AR^2}{r^2}-\frac{3CR^4}{r^4}\right)\cos 2\theta\right] \\
\sigma_{\theta\theta} &= \frac{\sigma_1}{2}\left[\left(1+\frac{BR^2}{r^2}\right)-\left(1-\frac{3CR^4}{r^4}\right)\cos 2\theta\right] \\
\sigma_{r\theta} &= -\frac{\sigma_1}{2}\left(1+\frac{AR^2}{r^2}+\frac{3CR^4}{r^4}\right)\sin 2\theta \\
u_r &= \frac{\sigma_1}{8\mu r}\left\{(\kappa-1)r^2+2BR^2+\left[A(\kappa+1)R^2+2r^2+\frac{2CR^4}{r^2}\right]\cos 2\theta\right\} \\
u_\theta &= -\frac{\sigma_1}{8\mu r}\left\{A(\kappa-1)R^2+2r^2-\frac{2CR^4}{r^2}\right\}\sin 2\theta
\end{aligned}\right\} \tag{5-85a}
$$

式中，

$$
\kappa = \begin{cases} 3-4\nu & （平面应变）\\ \dfrac{3-\nu}{1+\nu} & （平面应力）\end{cases}
$$

对于 $r<R$ 区域：

$$
\left.\begin{aligned}
\sigma_{rr0} &= \frac{\sigma_1}{2}(A_0 + C_0\cos 2\theta) \\
\sigma_{\theta\theta 0} &= \frac{\sigma_1}{2}\left[A_0+\left(\frac{6B_0}{R^2}r^2-C_0\right)\cos 2\theta\right] \\
\sigma_{r\theta 0} &= \frac{\sigma_1}{2}\left[\frac{3B_0}{R^2}r^2-C_0\right]\sin 2\theta \\
u_{r0} &= \frac{\sigma_1 r}{8\mu_0}\left\{A_0(\kappa-1)+\left[\frac{B_0(\kappa_0-3)}{R^2}r^2+2C_0\right]\cos 2\theta\right\} \\
u_{\theta 0} &= \frac{\sigma_1 r}{8\mu_0}\left\{\frac{B_0(\kappa_0+3)}{R^2}r^2-2C_0\right\}\sin 2\theta
\end{aligned}\right\} \tag{5-85b}
$$

式中，

$$\kappa_0 = \begin{cases} 3 - 4\nu_0 & \text{（平面应变）} \\ \dfrac{3 - \nu_0}{1 + \nu_0} & \text{（平面应力）} \end{cases}$$

将式（5－85）代入条件式（a）得

$$\begin{gathered} 1 - B = A_0 \\ 1 - 2A - 3C = C_0 \\ -(1 + A + 3C) = 3B_0 + C_0 \\ t(\kappa - 1 + 2B) = A_0(\kappa_0 - 1) \\ t(\kappa A + 2) = 2C_0 - 3B_0 \\ t(A + 2C) = \kappa_0 B_0 \end{gathered}$$

式中，$t = \mu_0/\mu$ 。

解上述代数方程组得

$$\left.\begin{aligned} A &= 2(1 - t)/(t\kappa + 1) \\ B &= [\kappa_0 - 1 - t(\kappa - 1)]/(2t + \kappa_0 - 1) \\ C &= (t - 1)/(t\kappa + 1) \\ A_0 &= t(\kappa + 1)/(2t + \kappa_0 - 1) \\ B_0 &= 0 \\ C_0 &= t(\kappa + 1)/(t\kappa + 1) \end{aligned}\right\}$$

将这些常数的值代回式（5－85）则得到问题的全部解答。

值得注意的是 $B_0 = 0$，这意味着在 $r < R$ 区域内是均匀应力状态。

$$\sigma_{xx_0} = \sigma_{10} = \frac{\sigma_1}{2}(A_0 + C_0) = \frac{[t(\kappa + 2) + \kappa_0]t(\kappa + 1)}{2(2t + \kappa_0 - 1)(t\kappa + 1)}\sigma_1$$

$$\sigma_{yy_0} = \sigma_{20} = \frac{\sigma_1}{2}(A_0 - C_0) = \frac{[t(\kappa - 2) - \kappa_0 + 2]t(\kappa + 1)}{2(2t + \kappa_0 - 1)(t\kappa + 1)}\sigma_1$$

如果在 x 轴方向除作用以主应力 σ_1 之外，在 y 轴方向再作用以主应力 σ_2，则根据叠加原理也可以求得其应力分布。

对于 $r > R$ 区域：

$$\left.\begin{aligned} \sigma_{rr} &= \frac{1}{2}(\sigma_1 + \sigma_2)\left(1 - \frac{BR^2}{r^2}\right) + \frac{1}{2}(\sigma_1 - \sigma_2)\left(1 - \frac{2AR^2}{r^2} - \frac{3CR^4}{r^4}\right)\cos2\theta \\ \sigma_{\theta\theta} &= \frac{1}{2}(\sigma_1 + \sigma_2)\left(\frac{1 + BR^2}{r^2}\right) - \frac{1}{2}(\sigma_1 - \sigma_2)\left(1 - \frac{3CR^4}{r^4}\right)\cos2\theta \\ \sigma_{r\theta} &= -\frac{1}{2}(\sigma_1 - \sigma_2)\left(1 + \frac{AR^2}{r^2} + \frac{3CR^4}{r^4}\right)\sin2\theta \end{aligned}\right\} \quad (5-86\text{a})$$

对于 $r<R$ 区域仍为均匀应力状态：

$$\left.\begin{aligned}\sigma_{10} &= \frac{[t(\kappa+2)+\kappa_0]t(\kappa+1)}{2(2t+\kappa_0-1)(t\kappa+1)}\sigma_1+\frac{[t(\kappa-2)-\kappa_0+2]t(\kappa+1)}{2(2t+\kappa_0-1)(t\kappa+1)}\sigma_2\\ \sigma_{20} &= \frac{[t(\kappa-2)-\kappa_0+2]t(\kappa+1)}{2(2t+\kappa_0-1)(t\kappa+1)}\sigma_1+\frac{[t(\kappa+2)+\kappa_0]t(\kappa+1)}{2(2t+\kappa_0-1)(t\kappa+1)}\sigma_2\end{aligned}\right\} \quad (5-86b)$$

上式还可改写为

$$\left.\begin{aligned}\sigma_1 &= \frac{t(\kappa+2)+\kappa_0}{2t(\kappa+1)}\sigma_{10}+\frac{\kappa_0-2-t(\kappa-2)}{2t(\kappa+1)}\sigma_{20}\\ \sigma_2 &= \frac{\kappa_0-2-t(\kappa-2)}{2t(\kappa+1)}\sigma_{10}+\frac{t(\kappa+2)+\kappa_0}{2t(\kappa+1)}\sigma_{20}\end{aligned}\right\} \quad (5-86c)$$

这个结果意味着，如果测量出了包体内的两个主应力，则可由此计算出包体外岩内的构造应力 σ_1、σ_2。用包体式应力计测量地应力的原理就是利用这一结果。包体式应力计是一种刚性较大的应力计，将其紧密地固结在钻孔中，应力计相当于前面讨论的包体。由于包体内是均匀应力状态及应变状态，其中的应力（σ_{10}，σ_{20}）很易由安装在包体内的测量原件所测得，测得 σ_{10}、σ_{20}后，由式（5-86c）即可求得 σ_1、σ_2。利用此公式计算 σ_1、σ_2 时，还必须知道 $t=\mu_0/\mu$、κ_0、κ 等值，也即必须知道岩体的 μ、ν（包体式应力计的 μ_0、ν_0 较易测出）。但是如果包体的刚度极大，当 $t=\mu_0/\mu\to\infty$ 时，式（5-85c）简化为

$$\begin{aligned}\sigma_1 &= \frac{\kappa+2}{2(\kappa+1)}\sigma_{10}-\frac{\kappa-2}{2(\kappa+1)}\sigma_{20}\\ \sigma_2 &= \frac{-(\kappa-2)}{2(\kappa+1)}\sigma_{10}+\frac{\kappa+2}{2(\kappa+1)}\sigma_{20}\end{aligned}$$

上式中只出现 κ 值。κ 决定于 ν，而 ν 值的变化幅度是比较小的。一般在 0.25 周围波动。

实际上 $t=\mu_0/\mu$ 当然不可能趋于无穷大，但具体的计算表明，当 t 的值比较大（例如 3~5）时，和上述结果已相差不大。

另外要指出的是，这种测量方法只能测得安装仪器后，岩体中应力的变化。因此是一种地应力的相对测量方法。

包体问题是一个很吸引人的问题，因为它在许多科技领域中都可能遇到。古地尔和木斯海里斯维里等都研究过这一问题。木斯海里斯维里还研究了椭圆柱（二维）包体的解。埃歇比则研究了椭球（三维）包体的情况。包体理论在力学及材料科学中有极广泛的应用，在地震学及地学其他学科中也得到比较广泛的应用。

在大地震的孕育过程中，可以料想孕震区的介质将发生一系列的变化，因而它的性质（首先是力学性质）将与其周围的介质的性质不同。从力学的角度就可以把孕震区作为包体来研究。这方面已经有人作了不少的研究（Rice，1980）。

§5-15 复变函数 $\varphi(z)$ 及 $\psi(z)$ 的确定程度

前面已经讲过，确定解析函数 $\varphi(z)$ 及 $\psi(z)$ 后，由柯洛索夫公式可求出各应力分量及位移分量。

现在考虑如下的问题：当弹性体内各点的应力及位移已经确定时，函数 $\varphi(z)$ 及 $\psi(z)$ 是否被完全确定？如果具有某种任意性，其任意程度又如何？

我们首先研究弹性体内应力场确定后，函数 $\varphi(z)$、$\psi(z)$ 的确定程度。如果假设存在两组函数 $\varphi_1(z)$、$\psi_1(z)$ 及 $\varphi_2(z)$、$\psi_2(z)$，都能得出同样的应力场，再考察这两组函数之间的差别。由柯洛索夫公式必然有下列关系：

$$\left.\begin{aligned}4\mathrm{Re}\varphi_1'(z) &= \sigma_{yy}+\sigma_{xx}\\ 4\mathrm{Re}\varphi_2'(z) &= \sigma_{yy}+\sigma_{xx}\end{aligned}\right\} \tag{a}$$

$$\left.\begin{aligned}2[\bar{z}\varphi_1''(z)+\varphi_1'(z)] &= \sigma_{yy}-\sigma_{xx}+2i\sigma_{xy}\\ 2[\bar{z}\varphi_2''(z)+\varphi_2'(z)] &= \sigma_{yy}-\sigma_{xx}+2i\sigma_{xy}\end{aligned}\right\} \tag{b}$$

比较式（a）中两个式子，可知 $\varphi_1'(z)$、$\varphi_2'(z)$ 的实部相同，所以它们之间只可能差一个虚常数，即

$$\varphi_2'(z) = \varphi_1'(z) + \mathrm{i}C \qquad (\text{其中 } C \text{ 为实常数}) \tag{c}$$

将上式对 z 积分后，得

$$\varphi_2(z) = \varphi_1(z) + \mathrm{i}Cz + \gamma \tag{d}$$

式中，$\gamma=\alpha+\mathrm{i}\beta$ 为复常数；α、β 为实常数。

由式（c）可得

$$\varphi_1''(z) = \varphi_2''(z) \tag{e}$$

将此式代入（b）中，比较后得

$$\psi_2'(z) = \psi_1'(z) \tag{f}$$

积分后得

$$\psi_2(z) = \psi_1(z) + \gamma' \tag{g}$$

$$\gamma' = \alpha' + \mathrm{i}\beta' \tag{h}$$

由式（c）、（g）可知，如将

$$\left.\begin{aligned}&\varphi(z)\text{ 代以 }\varphi(z)+\mathrm{i}Cz+\gamma\\&\varphi(z)\text{ 代以 }\varphi(z)+\gamma'\end{aligned}\right\}\tag{5-87}$$

弹性体内的应力保持不变。也就是说在应力已经确定的条件下，函数 $\varphi(z)$ 可以容许 $(\mathrm{i}Cz+\gamma)$这样的变动程度，而 $\psi(z)$ 可以允许添加一复常数。

下面进一步讨论，当弹性体内位移确定后，函数 $\varphi(z)$、$\psi(z)$ 的可变动程度。位移确定是比应力确定更为严格的要求，因为应力确定后，位移还可能存在一定的变动范围（刚体位移）；但位移确定后，应力将被完全确定。因此当位移确定后，函数 $\varphi(z)$、$\psi(z)$ 的变动范围肯定比代换式（5-87）所允许的要小。将代换式（5-87）代入位移的柯洛索夫公式中，得

$$2\mu(u+\mathrm{i}v)=\kappa\varphi(z)-z\overline{\varphi'(z)}-\overline{\psi}(z)+\kappa(\mathrm{i}Cz+\gamma)-Cz-\overline{\gamma}'$$

要保持位移不变，由于代换而引起的附加项（$\mathrm{i}\kappa-1$）$Cz+\kappa\gamma-\overline{\gamma}'$必须为零。这说明，必须满足下列条件：

$$C=0,\quad \kappa\gamma-\overline{\gamma}'=0\tag{i}$$

代换式（5-87）才不致于使位移发生改变。因而使位移不变的条件为代换式（5-87），必须代之以如下的代换：

$$\left.\begin{aligned}&\varphi(z)\text{ 代以 }\varphi(z)+\gamma\\&\psi(z)\text{ 代以 }\psi(z)+\kappa\overline{\gamma}\end{aligned}\right\}\tag{5-88}$$

也就是说，函数 $\varphi(z)$ 可以任意改变一复常数 γ。但 γ 选定后 $\psi(z)$ 中附加的常数 γ'也随之被决定。

所以，给定应力后，我们可以随意选择三个常数 C、γ、γ'，常常这样选择 C、γ、γ'使

$$\varphi(0)=0;\quad I_{\mathrm{m}}[\varphi'(0)]=0;\quad \psi(0)=0\tag{5-89}$$

满足条件式（5-89）后，则 $\varphi(z)$、$\psi(z)$ 已被完全确定，没有任何变动的余地了。如果给定了位移，我们只能任意选择 γ 与 γ'中的一个。例如选择 γ 或 γ'使

$$\varphi(0)=0\quad\text{或者}\quad\psi(0)=0\tag{5-90}$$

满足关系式（5-90）后，$\varphi(z)$、$\psi(z)$ 也就完全确定了。

§5-16　边界条件的复变函数表示

边界条件分为力的边界条件与位移的边界条件两种情况，下面分别介绍如何用复变函数 $\varphi(z)$、$\psi(z)$ 来表示这两种边界条件。

一、力的边界条件

通常给定物体边界上应力矢量 T_x、T_y。按第一章的柯西公式

$$\left.\begin{aligned} T_x &= \sigma_{xx}\cdot\cos(n,x)+\sigma_{xy}\cdot\cos(n,y)\\ T_y &= \sigma_{xy}\cdot\cos(n,x)+\sigma_{yy}\cdot\cos(n,y)\end{aligned}\right\} \tag{a}$$

由图 5－26 可知

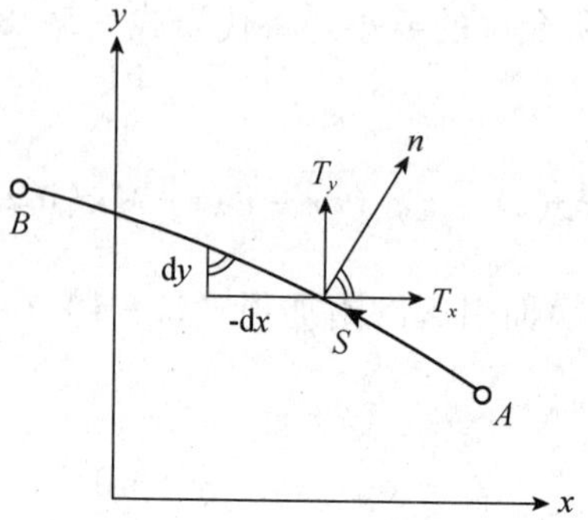

图 5－26

$$\cos(n,x)=\frac{dy}{ds},\quad \cos(n,y)=-\frac{dx}{ds}$$

再将应力以应力函数 U 表示，

$$\sigma_{xx}=\frac{\partial^2 U}{\partial y^2},\quad \sigma_{yy}=\frac{\partial^2 U}{\partial x^2},\quad \sigma_{xy}=-\frac{\partial^2 U}{\partial x\partial y}$$

因此得

$$T_x=\frac{\partial^2 U}{\partial y^2}\frac{dy}{ds}+\frac{\partial^2 U}{\partial x\partial y}\frac{dx}{ds}=\frac{\partial}{\partial y}\left(\frac{\partial U}{\partial y}\right)\frac{dy}{ds}+\frac{\partial}{\partial x}\left(\frac{\partial U}{\partial y}\right)\frac{dx}{ds}$$

所以
$$T_x=\frac{d}{ds}\left(\frac{\partial U}{\partial y}\right)$$
同理
$$T_y=-\frac{d}{ds}\left(\frac{\partial U}{\partial x}\right) \tag{b}$$

仿照柯洛索夫公式，我们不单独考虑 T_x、T_y，而考虑应力矢量的复数表达式（T_x+iT_y）将更为方便。

$$T_x+iT_y=\frac{d}{ds}\left(\frac{\partial U}{\partial y}\right)-i\frac{d}{ds}\left(\frac{\partial U}{\partial x}\right)=-i\frac{d}{ds}\left(\frac{\partial U}{\partial x}+i\frac{\partial U}{\partial y}\right)$$

由式（5－67）可知

$$\frac{\partial U}{\partial x}+\mathrm{i}\frac{\partial U}{\partial y}=\left[\varphi(z)+z\overline{\varphi'(z)}+\overline{\psi(z)}\right] \tag{c}$$

因此得

$$T_x+\mathrm{i}T_y=-\mathrm{i}\frac{\mathrm{d}}{\mathrm{d}s}\left[\varphi(z)+z\overline{\varphi'(z)}+\overline{\psi(z)}\right]$$

或者

$$\mathrm{i}(T_x+\mathrm{i}T_y)=\frac{\mathrm{d}}{\mathrm{d}s}\left[\varphi(z)+z\overline{\varphi'(z)}+\overline{\psi(z)}\right]$$

将上式沿物体边界对弧长 s 积分，例如从 A 到 B（图5－26），则得

$$\mathrm{i}\int_A^B(T_x+\mathrm{i}T_y)\mathrm{d}s=\left[\varphi(z)+z\overline{\varphi'(z)}+\overline{\psi(z)}\right]_A^B \tag{d}$$

上式中 $\int_A^B(T_x+\mathrm{i}T_y)\mathrm{d}s$ 等于在边界上 AB 段内应力矢量的主矢 $X+\mathrm{i}Y$。其中 X、Y 分别为 AB 段上应力矢量的主矢 R 在 x、y 方向的投影，记号 $[\quad]_A^B$ 则表示方括号内的函数在 A、B 两点的函数值之差，即

$$\begin{aligned}&\left[\varphi(z)+z\overline{\varphi'(z)}+\overline{\psi(z)}\right]_A^B\\=&\left[\varphi(z_B)+z_B\overline{\varphi'(z_B)}+\overline{\psi(z_B)}\right]-\left[\varphi(z_A)+z_A\overline{\varphi'(z_A)}+\overline{\psi}(z_A)\right]\end{aligned}$$

如果选定 A 点为边界上的某一基点（定点），B 点为边界上的任意点（动点），则 z_B 记为 z，而式（d）可写成

$$\varphi(z)+z\overline{\varphi'(z)}+\overline{\psi(z)}=\mathrm{i}\int_A^B(T_x+\mathrm{i}T_y)\mathrm{d}s+\left[\varphi(z)+z\overline{\varphi'(z)}+\overline{\psi(z)}\right|_{z=z_A} \tag{e}$$

根据上节中的讨论，代换式（5－58）不影响应力与位移，因而可以适当地选择 γ 及 γ' 使

$$\left[\varphi(z)+z\overline{\varphi'(z)}+\overline{\psi(z)}\right]\Big|_{z=z_A}=0$$

从而式（e）简化为

$$\varphi(z)+z\overline{\varphi'(z)}+\overline{\psi(z)}=\mathrm{i}\int_A^B(T_x+\mathrm{i}T_y)\mathrm{d}s \tag{5-91a}$$

上式就是用 $\varphi(z)$、$\psi(z)$ 表示的力的边界条件。注意上式中 A 表示某一固定点，而 B 代表动点 $B(x,y)$。

同理可得

$$M_{AB}=\mathrm{Re}\left[g(z)-z\psi(z)-z\bar{z}\varphi'(z)\right]_A^B \tag{5-91b}$$

式中，M_{AB} 表示作用在边界 AB 段上所有外力对原点的合力矩。在应用圣维南原理，求边界

的合力条件时将采用到这一条件。

二、位移的边界条件

对于边界上的位移给定为

$$u = u(x,y), v = v(x,y)$$

的情况，按柯洛索夫公式，可立即得到其边界条件为

$$\kappa\varphi(z) - z\overline{\varphi'(z)} - \overline{\psi(z)} = 2\mu[\mu(x,y) + \mathrm{i}v(x,y)] \tag{5-92}$$

§5－17　多连通有限域中应力与位移的单值条件

本节中，我们专门讨论有限多连通域的情形。如图5－27所示，物体所占的域 s 由几个简单的围线 L_1，L_2，…，L_m，L_{m+1}所围成，围线 L_{m+1}包围其余诸围线 L_1，L_2，…，L_m 而 L_{m+1}是有限的。各围线之间无公共点，各围线为光滑的或分段光滑的。

物体内各点的应力分量与位移分量都应该是单值函数*，但是在 s 为多连域的情况下，尽管应力与位移是单值的，$\varphi(z)$ 及 $\psi(z)$ 却可能是多值的。下面就来讨论这个问题。

我们从柯洛索夫公式 $\sigma_{xx} + \sigma_{yy} = 4\mathrm{Re}[\varphi'(z)] = 4\mathrm{Re}\Phi(z)$ 出发，因为应力是单值的，所以解析函数 $\varphi'(z)$ 的实部必然是单值的。在单连域中，由 $\Phi(z)$ $[\Phi(z) = \varphi'(z)]$ 的实部确定 $\Phi(z)$，可准确到只差一虚常数的程度（木斯海里斯维里，1958）。但是复连域中，由函数 $\Phi(z)$ 的实部确定其虚部时，其虚部就可能是多值的。环绕某一围线 L_k 的任意封闭围线（例如图5－27中的 L_k'）逆时针绕行一周时，$\Phi(z)$ 的虚部就可能得到增量 $\mathrm{i}B_k$（此处 B_k 为实常数）。为以后的讨论方便起见，将 B_k 写成 $2\pi A_k$（A_k 自然也为实常数）。所以每当沿 L_k'逆时针绕行一周时，$\Phi(z)$ 增加 $2\pi\mathrm{i}A_k$。

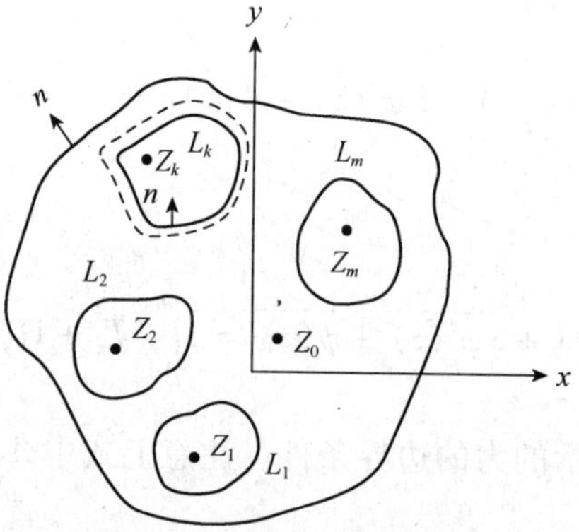

图　5－27

注：在§5－23中及本书的第五篇中，我们将讨论位移非单值的情形。

现在我们考虑如下的函数 $\Phi^*(z)$：

$$\Phi^*(z) = \Phi(z) - \sum_{k=1}^{m} A_k \ln(z - z_k) \tag{a}$$

式中，z_k（z_1，z_2，…，z_m）是在各围线 L_1，L_2，…，L_m 内（因而在 S 外）任意选定的定点。

由于逆时针地绕围线 L_k 一周时，$\ln(z - z_k)$ 得增量 $2\pi i$，所以 $A_k\ln(z - z_k)$ 的增量为 $2\pi i A_k$。式（a）中求和号∑后的其余各项则恢复原值，从而 $\Phi^*(z)$ 为单值解析函数。于是

$$\Phi(z) = \sum_{k=1}^{m} A_k \ln(z - z_k) + \Phi^*(z) \tag{b}$$

将式（b）对 z 积分。z_0 为 s 内任选的定点（图 5－27），则

$$\begin{aligned}\varphi(z) &= \int_{z_0}^{z} \Phi(z)\,\mathrm{d}z + C_0(\text{常数}) \\ &= \sum_{k=1}^{m} A_k\{(z - z_k)\ln(z - z_k) - (z - z_k)\} + \int_{z_0}^{z} \Phi^*(z)\,\mathrm{d}z + C_0\end{aligned} \tag{c}$$

上述中 $\Phi^*(z)$ 虽然是单值解析函数，但在多连域 S 中积分时 $\int_{z_0}^{z}\Phi^*(z)\,\mathrm{d}z$ 却可能是多值函数，绕 L_k 一周时得到的增量为

$$2\pi i C_k$$

式中，C_k 一般为复常数，所以仿照上面的方法可写成

$$\int_{z_0}^{z} \Phi^*(z)\,\mathrm{d}z = \sum_{k=1}^{m} C_k \ln(z - z_k) + \text{单值函数} \tag{d}$$

将式（d）代入式（c），注意到 $(z - z_k)$ 项为单值函数，则可得

$$\varphi(z) = z\sum_{k=1}^{m} A_k \ln(z - z_k) + \sum_{k=1}^{m} C_k \ln(z - z_k) + \varphi^*(z) \tag{5-93}$$

再根据另一个柯洛索夫公式

$$\sigma_{yy} - \sigma_{xx} + 2i\sigma_{xy} = 2[\bar{z}\Phi'(z) + \psi'(z)]$$

上式的左侧为单值函数。由式（b）可知 $\Phi'(z)$ 也是单值函数，因为 $\Phi^*(z)$ 的导函数必定仍然是单值函数，而 $\ln(z - z_k)$ 的导数为$\left(\dfrac{1}{z - z_k}\right)$，也是单值函数。因此得出结论，$\psi'(z)$ 也是单值函数。按上面同样的方法进一步可得

$$\psi(z) = \sum_{k=1}^{m} \gamma'_k \ln(z - z_k) + \psi^*(z) \tag{5-94}$$

式中，$\psi^*(z)$ 为 S 域中的单值解析函数。

因此，为了保证多连体中各点应力的单值性，$\varphi(z)$、$\psi(z)$ 必须分别如公式(5－93)、(5－94) 所示。

下面再来讨论位移的单值性条件。由柯洛索夫公式

$$2\mu(u + \mathrm{i}v) = \kappa\varphi(z) - z\overline{\varphi'(z)} - \overline{\psi(z)}$$

将式 (5－93)、(5－94) 代入上式得

$$\begin{aligned}2\mu(u + \mathrm{i}v) = &\kappa\left[z\sum_{k=1}^{m} A_k \ln(z - z_k) + \sum_{k=1}^{m} \gamma_k \ln(z - z_k) + \varphi^*(z)\right]\\ &-\left[\sum_{k=1}^{m} A_k \cdot \overline{\ln(z - z_k)} + \sum_{k=1}^{m}\left\{\frac{\overline{A_k z}}{(z - z_k)}\right\} + \sum_{k=1}^{m}\left\{\frac{\overline{\gamma_k}}{(z - z_k)}\right\} + \overline{\varphi*'(z)}\right]\\ &-\left[\sum_{k=1}^{m} \overline{\gamma'_k \ln(z - z_k)} + \overline{\psi^*(z)}\right]\end{aligned}$$

当绕 L_k 一周时，上式右方将得到增量：

$$2\pi\mathrm{i}[(k + 1)A_k z + \kappa\gamma_k + \overline{\gamma'_k}]$$

由位移的单值条件可得

$$\left.\begin{aligned}A_k &= 0\\ \kappa\gamma_k + \overline{\gamma'_k} &= 0\end{aligned}\right\} \quad (k = 1, 2\cdots, m) \tag{e}$$

现在进一步说明 γ_k 及 γ'_k 可以用内边界 L_k 上应力矢量的主矢的分量 X_k、Y_k 来表示。

将应力边界条件式 (5－91)：

$$\varphi(z) + z\overline{\varphi'(z)} + \overline{\psi(z)} = \mathrm{i}\int_A^B (T_x + \mathrm{i}T_y)\,\mathrm{d}s$$

中的积分路径选择为 L_k（从 A 点开始，沿 L_k 按正方向绕一周，再回到 A 点）。于是

$$\left[\varphi(z) + z\overline{\varphi'(z)} + \overline{\psi(z)}\right]_{L_k} = \mathrm{i}(X_k + Y_k)$$

式中，X_k、Y_k 为作用在边界 L_k 上应力矢量的主矢在 x、y 轴上的分量。而 $[\quad]_{L_k}$ 表示方括号 [ ] 中的函数绕 L_k 一周后的增量。再将式 (5－93)、(5－94) 代入上式，并利用式 (e) 可得

$$\left.\begin{aligned}\gamma_k &= \frac{-(X_k + \mathrm{i}Y_k)}{2\pi(1+\kappa)}\\ \gamma'_k &= \frac{\kappa(X_k - \mathrm{i}Y_k)}{2\pi(1+\kappa)}\end{aligned}\right\} \tag{f}$$

将式（e）、(f) 代入式（5－93）、(5－94）得

$$\left.\begin{aligned}\varphi(z) &= \frac{-1}{2\pi(1+\kappa)}\sum_{k=1}^{m}(X_k + \mathrm{i}Y_k)\ln(z - z_k) + \varphi^*(z)\\ \psi(z) &= \frac{\kappa}{2\pi(1+\kappa)}\sum_{k=1}^{m}(X_k + \mathrm{i}Y_k)\ln(z - z_k) + \psi^*(z)\end{aligned}\right\} \tag{5-95}$$

为了保证多连域中应力与位移的单值性，$\varphi(z)$、$\psi(z)$ 必须呈式（5－95）所示的形式，而其中 $\varphi^*(z)$ 及 $\psi^*(z)$ 为在多连域中的单值解析函数。

§5－18　多连通无限域中应力与位移的单值条件

前节讨论了有限多连体的情况，现在进一步讨论当图 5－27 中物体的外围线（外边界）L_{m+1}趋向无限时的情形，即 S 域为有孔的无界平板的情形。对于 S 域的任意有限部分，式（5－95）都是适用的。剩下就只要讨论函数 $\varphi(z)$ 及 $\psi(z)$ 在无限远处的情形。

以坐标原点为圆心，作一半径为 R 的大圆 L_R，使所有的内边界 L_m 都在 L_R 之内。于是对于 L_R 外任一点 z，均有

$$|z| > |z_k|$$

因此，

$$\begin{aligned}\ln(z - z_k) &= \ln z\left(1 - \frac{z_k}{z}\right) = \ln z + \ln\left(1 - \frac{z_k}{z}\right)\\ &= \ln z - \left[\frac{z_k}{z} + \frac{1}{2}\left(\frac{z_k}{z}\right)^2 + \frac{1}{3}\left(\frac{z_k}{z}\right)^3 + \cdots\right] = \ln z + F(z)\end{aligned}$$

式中，$F(z)$ 为在 L_k 外的正则函数，因此式（5－95）可改写为

$$\left.\begin{aligned}\varphi(z) &= -\frac{(X + \mathrm{i}Y)}{2\pi(1+\kappa)}\ln z + \varphi^{**}(z)\\ \psi(z) &= \frac{\kappa(X - \mathrm{i}Y)}{2\pi(1+\kappa)}\ln z + \psi^{**}(z)\end{aligned}\right\} \tag{a}$$

式中，

$$\left.\begin{aligned}X &= \sum_{k=1}^{m} X_k\\ Y &= \sum_{k=1}^{m} Y_k\end{aligned}\right\} \tag{b}$$

分别代表作用在所有内边界上应力矢量的主矢在 x 轴及 y 轴上投影的代数和，而 $\varphi^{**}(z)$、$\psi^{**}(z)$ 为在 L_R 外的正则函数。因此可以展为罗朗级数：

$$\left.\begin{aligned}\varphi^{**}(z) &= \sum_{-\infty}^{\infty} a_n z^n \\ \psi^{**}(z) &= \sum_{-\infty}^{\infty} b_n z^n\end{aligned}\right\} \tag{c}$$

所以，对于无穷大多连域的情形，为了保证其位移与应力的单值性，$\varphi(z)$ 及 $\psi(z)$ 必须取公式（a）的形式。

现在我们加上如下的条件：应力分量在全部 S 域内（注意，S 域是无限大的）保持有界，并进而讨论，为了满足这个条件 $\varphi(z)$ 与 $\psi(z)$ 又应该如何？

我们仍然利用柯洛索夫公式：

$$\sigma_{yy} + \sigma_{xx} = 2[\varphi'(z) + \overline{\varphi'(z)}] \tag{d}$$

$$\sigma_{yy} - \sigma_{xx} + 2i\sigma_{xy} = 2[\bar{z}\varphi''(z) + \psi'(z)] \tag{e}$$

将式（a）、（c）代入式（d）中，得

$$\sigma_{yy} + \sigma_{xx} = 2\left\{\frac{-(X+iY)}{2\pi(1+\kappa)} \cdot \frac{1}{Z} - \frac{(X-iY)}{2\pi(1+\kappa)} \cdot \frac{1}{z} + \sum_{-\infty}^{\infty} n(a_n z^{n-1} + \bar{a}_n \bar{z}^{n-1})\right\}$$

上式中当 $|z| \to \infty$ 时，可能无限增大的是级数中的下列部分：

$$\sum_{n=2}^{\infty} n(a_n z^{n-1} + \bar{a}_n \bar{z}^{n-1}) = \sum_{h=2}^{\infty} n r^{n-1}[a_n e^{i(n-1)\theta} + \bar{a}_n e^{-i(n-1)\theta}]$$

因此，当 $|z| \to \infty$ 时（$\sigma_{yy} + \sigma_{xx}$）保持有界的条件是

$$当 n \geqslant 2 时 \qquad a_n = \bar{a}_n = 0 \tag{f}$$

应用同样的方法，将式（a）、（c）代入式（e）中，并利用条件式（f），则可得

$$当 n \geqslant 2 时 \qquad b_n = 0 \tag{g}$$

利用条件式（f）、（g），式（a）可写成

$$\left.\begin{aligned}\varphi(z) &= \frac{-(X+iY)}{2\pi(1+\kappa)}\ln z + \Gamma z + \varphi_0(z) \\ \psi(z) &= \frac{\kappa(X-iY)}{2\pi(1+\kappa)}\ln z + \Gamma' z + \psi_0(z)\end{aligned}\right\} \tag{5-96a}$$

式中，

$$\left.\begin{aligned}\Gamma &= B + \mathrm{i}C \\ \Gamma' &= B' + \mathrm{i}C'\end{aligned}\right\} \tag{5-96b}$$

$\varphi_0(z)$、$\psi_0(z)$ 是在 L_R 外的正则函数，

$$\left.\begin{aligned}\varphi_0(z) &= a_0 + \frac{a_1}{z} + \frac{a_2}{z^2} + \cdots \\ \psi_0(z) &= a_0' + \frac{a_1'}{z} + \frac{a_2'}{z^2} + \cdots\end{aligned}\right\} \tag{5-96c}$$

因此，对于无限的多连体，为了保证其中应力与位移的单值性及无穷远处应力的有界性，$\varphi(z)$、$\psi(z)$ 必须如式（5-96）所示。这实际上意味着 $\varphi(z)$ 及 $\psi(z)$ 的函数形式已经确定。

附带指出，将式（5-96）代入柯洛索夫公式（d）、(e) 中，可知当 $z\to\infty$ 时，

$$\lim_{z\to\infty}(\sigma_{yy} + \sigma_{xx}) = \lim_{z\to\infty}[4\mathrm{Re}\varphi'(z)] = 4B$$

$$\lim_{z\to\infty}(\sigma_{yy} - \sigma_{xx} + 2\mathrm{i}\sigma_{xy}) = 2\lim_{z\to\infty}[\bar{z}\varphi''(z) + \varphi'(z)] = 2\Gamma' = 2(B' + \mathrm{i}C')$$

由上式可得

$$\left.\begin{aligned}B &= \left(\frac{\sigma_{xx}^{\infty} + \sigma_{yy}^{\infty}}{4}\right) = \frac{\sigma_1^{\infty} + \sigma_2^{\infty}}{4} \\ B' &= \left(\frac{\sigma_{yy}^{\infty} - \sigma_{xx}^{\infty}}{2}\right) = \left(\frac{\sigma_2^{\infty} - \sigma_1^{\infty}}{2}\right)\cos2\alpha \\ C' &= (\sigma_{xy}^{\infty}) = \frac{\sigma_1^{\infty} - \sigma_2^{\infty}}{2}\sin2\alpha\end{aligned}\right\} \tag{5-97}$$

式中，σ_1^{∞}、σ_2^{∞} 分别表示在无穷远处的主应力，而 α 为 σ_1 与 x 轴之间的夹角。式（5-97）与式（5-74）是一致的。说明在无穷远处的应力是均匀分布的。由式（5-97）也说明，由无穷远处的应力条件可以决定 B、B' 及 C'，而 C 的取值对应力不产生任何影响。但是 C 却与无穷远处的刚体转动有关，其关系式为

$$C = \frac{2\mu\varepsilon_{\infty}}{1 + \kappa} \tag{5-98}$$

现推导如下：

$$\varepsilon = \frac{1}{2}\left(\frac{\partial v}{\partial x} - \frac{\partial u}{\partial y}\right) \tag{h}$$

由柯洛索夫公式：

$$2\mu(u + \mathrm{i}v) = \kappa\varphi(z) - z\overline{\varphi'(z)} - \overline{\psi(z)}$$

分别对其作 x 及 y 的偏微分

$$2\mu\left(\frac{\partial u}{\partial x}+\mathrm{i}\frac{\partial v}{\partial x}\right)=\kappa\varphi'(z)-\overline{\varphi'(z)}-z\overline{\varphi''(z)}-\overline{\psi'(z)}$$

$$2\mu\left(\frac{\partial u}{\partial y}+\mathrm{i}\frac{\partial v}{\partial y}\right)=\mathrm{i}[\kappa\varphi'(z)-\overline{\varphi'(z)}+z\overline{\varphi''(z)}+\overline{\psi'(z)}]$$

$$\left.\begin{aligned}2\mu\frac{\partial v}{\partial x}&=\mathrm{Im}[\kappa\varphi'(z)-\overline{\varphi'(z)}-z\overline{\varphi''(z)}-\overline{\psi'(z)}]\\2\mu\frac{\partial u}{\partial y}&=\mathrm{Im}[\kappa\varphi'(z)-\overline{\varphi'(z)}+z\overline{\varphi''(z)}+\overline{\psi'(z)}]\end{aligned}\right\}\tag{i}$$

将式（i）代入（h）中得

$$\varepsilon=\frac{1+\kappa}{2\mu}\cdot\frac{\varphi'(z)-\overline{\varphi'(z)}}{2\mathrm{i}}$$

再将式（5－96），代入上式，并取极限 $z\to\infty$ 后得

$$\varepsilon_{\infty}=\frac{1+\kappa}{2\mu}C$$

下面再简略地讨论一下位移在无穷远处的性态。将式（5－96）代入柯洛索夫公式中，得

$$2\mu(u+\mathrm{i}v)=\frac{-\kappa(X+\mathrm{i}Y)}{2\pi(1+\kappa)}\ln(z\bar{z})+(\kappa\Gamma-\overline{\Gamma})z-\overline{\Gamma}'\bar{z}+\cdots$$

上式中未写出的项，对于任意大的 $|z|$ 都是有界的。

由此可见，一般说来在无穷远处位移不是有界的。要使无穷远处位移有界必须满足下列条件：

$$X=Y=0,\quad \Gamma=\Gamma'=0\tag{5-99}$$

这说明，只有当下列条件完全满足时，无穷远处的位移才是有界的。这些条件包括：①作用在边界上外力的主矢量和为零；②无穷远处应力为零；③且无穷远处的刚体转动为零。

§5－19　无限介质中圆孔问题的傅立叶级数解法

在§5－11、§5－12 各节中已经处理过这类问题中的一些简单的例子（孔壁不受力或受均匀压力的情况）。本节中我们介绍用傅立叶级数求解这类问题的方法。一方面这类问题本身具有很大的实用意义，另一方面，对于复杂的孔口问题利用保角变换后可以转化为圆孔的问题。

先复习一下关于傅立叶级数的基本知识。

设实函数$f(\theta)$的周期为2π的周期函数，满足狄莱克莱条件，这函数可以展为级数如下：

$$f(\theta)=\frac{\alpha_0}{2}+\sum_{k=1}^{\infty}(\alpha_k\cos k\theta+\beta_k\sin k\theta) \tag{5-100a}$$

式中，

$$\left.\begin{aligned}\alpha_k&=\frac{1}{\pi}\int_0^{2\pi}f(\theta)\cdot\cos k\theta\mathrm{d}\theta \quad (k=0,1,2\cdots)\\ \beta_k&=\frac{1}{\pi}\int_0^{2\pi}f(\theta)\cdot\sin k\theta\mathrm{d}\theta \quad (k=0,1,2\cdots)\end{aligned}\right\} \tag{5-100b}$$

利用熟知的关系式：

$$\cos k\theta=\frac{\mathrm{e}^{\mathrm{i}k\theta}+\mathrm{e}^{-\mathrm{i}k\theta}}{2}$$

$$\sin k\theta=\frac{\mathrm{e}^{\mathrm{i}k\theta}+\mathrm{e}^{-\mathrm{i}k\theta}}{2\mathrm{i}}$$

可将式（5-100）化为复数形式的级数：

$$f(\theta)=\sum_{-\infty}^{+\infty}\alpha_k\mathrm{e}^{\mathrm{i}k\theta} \tag{5-101a}$$

式中，

$$\alpha_k=\frac{1}{2\pi}\int_0^{2\pi}f(\theta)\mathrm{e}^{-\mathrm{i}k\theta}\mathrm{d}\theta \tag{5-101b}$$

同理，对于复函数$f_1(\theta)+\mathrm{i}f_2(\theta)$也可以展成为

$$f_1(\theta)+\mathrm{i}f_2(\theta)=\sum_{-\infty}^{\infty}\alpha_k\mathrm{e}^{\mathrm{i}k\theta} \tag{5-101c}$$

式中，

$$\alpha_k=\frac{1}{2\pi}\int_0^{2\pi}(f_1+\mathrm{i}f_2)\mathrm{e}^{-\mathrm{i}k\theta}\mathrm{d}\theta \tag{5-101d}$$

现在转到本题。设在一无限大板中有一圆孔，半径为R，孔壁上作用有径向正应力$\sigma_{rr}=N(\theta)$及切向剪应力$\sigma_{r\theta}=T(\theta)$。$N(\theta)$及$T(\theta)$为已知函数，在无穷远处为均匀应力状态，主应力$\sigma_1$及$\sigma_2$，主应力$\sigma_1$与$x$轴间的夹角为$\alpha$，如图5-28所示。

由前节可知其解必须如式（5-96）所示呈下列形式：

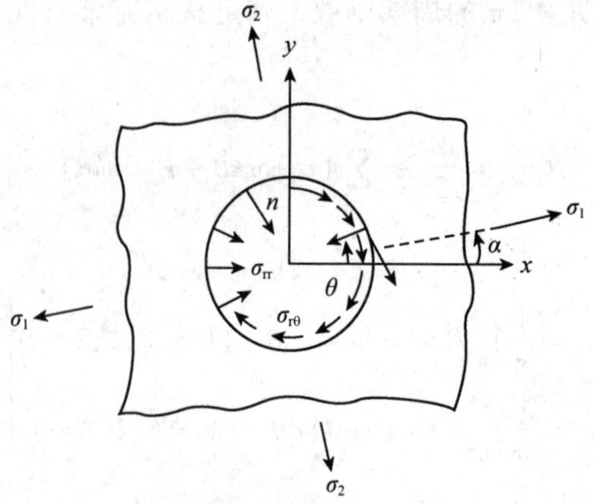

图 5-28

$$\left.\begin{aligned}\varphi(z) &= \frac{-(X+\mathrm{i}Y)}{2\pi(1+\kappa)}\ln z + \Gamma z + \varphi_0(z)\\ \psi(z) &= \frac{\kappa(X-\mathrm{i}Y)}{2\pi(1+\kappa)}\ln z + \Gamma' z + \psi_0(z)\end{aligned}\right\} \tag{5-96}$$

式中，

$$\Gamma = B + \mathrm{i}C$$

$$\Gamma' = B' + \mathrm{i}C'$$

$$\varphi_0 = c_0 + \frac{c_1}{z} + \frac{c_2}{z^2} + \cdots$$

$$\psi_0 = d_0 + \frac{d_1}{z} + \frac{d_2}{z^2} + \cdots$$

应该说明的是，解式（5-96）现在适用于整个域内（即取孔的周围为§5-18中的 L_R）。为方便起见，先讨论复函数 $\Phi(z)$ 及 $\Psi(z)$，其中 $\Phi(z)=\varphi'(z)$ 及 $\Psi(z)=\varphi'(z)$。

微分式（5-96）得

$$\Phi(z) = \varphi'(z) = \frac{-(X+\mathrm{i}Y)}{2\pi(1+\kappa)}\cdot\frac{1}{z} + \Gamma - \frac{c_1}{z^2} - \frac{2c_2}{z^3} + \cdots$$

$$\Psi(z) = \psi'(z) = \frac{\kappa(X-\mathrm{i}Y)}{2\pi(1+\kappa)}\cdot\frac{1}{z} + \Gamma' - \frac{d_1}{z^2} - \frac{2d_2}{z^3} + \cdots$$

因此 $\Phi(z)$、$\Psi(z)$ 可写成只有负幂项的幂级数，

$$\left.\begin{aligned}\Phi(z) &= \sum_{k=0}^{\infty} a_k z^{-k}\\ \Psi(z) &= \sum_{k=0}^{\infty} a'_k z^{-k}\end{aligned}\right\} \tag{5-102}$$

式中，

$$\left.\begin{aligned}a_0 &= \Gamma = B + \mathrm{i}C\\ a_0' &= \Gamma' = B' + \mathrm{i}C'\\ a_1 &= \frac{-(X+\mathrm{i}Y)}{2\pi(1+\kappa)}\\ a_1' &= \frac{\kappa(X-\mathrm{i}Y)}{2\pi(1+\kappa)}\end{aligned}\right\}\tag{5-103}$$

$\Gamma = B + \mathrm{i}C$ 中的 C 对应力没有任何影响，所以以后取为零。

由柯洛索夫公式（5－72a）：

$$\begin{aligned}\sigma_{rr} - \mathrm{i}\sigma_{r\theta} &= \varphi'(z) + \overline{\varphi'(z)} - [\bar{z}\varphi''(z) + \psi'(z)]\mathrm{e}^{2\mathrm{i}\theta}\\ &= \Phi(z) + \overline{\Phi(z)} - [\bar{z}\Phi'(z) + \Psi(z)]\mathrm{e}^{2\mathrm{i}\theta}\end{aligned}\tag{a}$$

可得 $r=R$（孔壁）处的边界条件为

$$\{\Phi(z) + \overline{\Phi(z)} - [\bar{z}\Phi'(z) - \overline{\psi(z)}]\}_{r=R} = N - \mathrm{i}T\tag{b}$$

将 $N-\mathrm{i}T$ 展成复级数：

$$\left.\begin{aligned}N - \mathrm{i}T &= \sum_{k=-\infty}^{\infty} A_k \mathrm{e}^{\mathrm{i}k\theta}\\ A_k &= \frac{1}{2\pi}\int_0^{2\pi}(N - \mathrm{i}T)\mathrm{e}^{-\mathrm{i}k\theta}\mathrm{d}\theta\end{aligned}\right\}\tag{5-104}$$

将式（5－102）及（5－104）代入式（b）中得

$$\sum_{k=0}^{\infty}\frac{1+k}{R^k}a_k\mathrm{e}^{-\mathrm{i}k\theta} + \sum_{k=0}^{\infty}\frac{\bar{a}_k}{R^k}\mathrm{e}^{\mathrm{i}k\theta} - A_0'\mathrm{e}^{2\mathrm{i}\theta} - \frac{a'_1}{R}\mathrm{e}^{\mathrm{i}\theta} - \sum_{k=0}^{\infty}\frac{a'_{k+2}}{R^{(k+2)}}\mathrm{e}^{-\mathrm{i}k\theta} = \sum_{k=-\infty}^{\infty}A_k\mathrm{e}^{\mathrm{i}k\theta}$$

对 $\mathrm{e}^{\mathrm{i}\theta}$ 的各次幂 $\mathrm{e}^{\mathrm{i}k\theta}$ 比较系数，可定出各项系数 a_k 及 a_k'，因此解式（5－102）也就随之而完全确定了。具体计算于下：

（1）先比较常数项及 $\mathrm{e}^{\mathrm{i}\theta}$、$\mathrm{e}^{2\mathrm{i}\theta}$ 项的系数得

$$\left.\begin{aligned}2a_0 - \frac{a_2'}{R^2} &= A_0\\ \frac{\bar{a}_1 - a_1'}{R} &= A_1\\ \frac{\bar{a}_2}{R^2} - a_0' &= A_2\end{aligned}\right\}\tag{c}$$

由式（5－102）已求得

$$
\left.\begin{aligned}
&a_0 = \Gamma, \quad a'_0 = \Gamma' \\
&a_1 = \frac{-(X+\mathrm{i}Y)}{2\pi(1+\kappa)}, \quad a'_1 = \frac{-(X-\mathrm{i}Y)}{2\pi(1+\kappa)}
\end{aligned}\right\} \tag{5-105a}
$$

再由式(c)可得

$$
a_2 = \Gamma' R^2 + \bar{A}_2 R^2, \quad a'_2 = 2\Gamma R^2 - A_0 R^2
$$

（2）再比较 $\mathrm{e}^{\mathrm{i}k\theta}$（$k \geqslant 3$）项的系数得

$$
\frac{\bar{a}_k}{R^k} = A_k \qquad (k \geqslant 3)
$$

即

$$
\bar{a}_k = A_k \cdot R^k \qquad (k \geqslant 3) \tag{5-105b}
$$

（3）然后比较 $\mathrm{e}^{-\mathrm{i}k\theta}$（$k \geqslant 1$）项的系数得

$$
\frac{1+k}{R^k} a_k - \frac{a'_{k+2}}{R^{k+2}} A_{-k} \qquad (k \geqslant 1)
$$

由此可得

$$
a'_k = (k-1)R^2 a_{k-2} - R^k A_{-k+2} \qquad (k \geqslant 3) \tag{5-105c}
$$

于是，解式（5－102）的全部系数已求得。即解已完全确定。

利用这个方法可以解决孔壁上作用以任意载荷 $N(\theta)$、$T(\theta)$ 的情况（只要 $N(\theta)$ 及 $T(\theta)$ 能够展成级数）。下面利用这种方法来解决一些较为简单，但却很有意义的问题。

例 9 带圆孔无限大平板的单向拉伸问题（图 5－20）。

这问题在 §5－12 中已经用试解的方法解决过，现在用级数方法，讨论怎样“程序性”地得到其解答。

本问题的边界条件是

$$
\begin{aligned}
\sigma_{xx}{}^{(\infty)} &= \sigma_1 \\
\sigma_{yy}{}^{(\infty)} &= 0 \\
\sigma_{xy}{}^{(\infty)} &= 0
\end{aligned}
$$

孔壁（$r = R$）上，未受力，$N - \mathrm{i}T = 0$，因而 $A_k \equiv 0$。根据上述条件，由式（5－105）可知

$$
\begin{aligned}
&a_0 = \Gamma = \frac{\sigma_1}{4}, && a'_0 = -\frac{\sigma_1}{2} \\
&a_1 = 0, && a'_1 = 0 \\
&a_2 = -\frac{\sigma_1}{2}R^2, && a'_3 = 0 \\
&a_k = 0(k \geqslant 3), && a'_4 = -\frac{3}{2}\sigma_1 R^4 \\
& && \sigma'_k = 0(k \geqslant 5)
\end{aligned}
$$

将上述系数代入解式（5-102）中得

$$\Phi(z) = \frac{\sigma_1}{4}\left(1 - \frac{2R^2}{z^2}\right)$$

$$\Psi(z) = -\frac{\sigma_1}{2}\left(1 - \frac{R^2}{z^2} + \frac{3R^4}{z^4}\right)$$

结果和§5-12 中的解完全一样。

例 10 无限大平板中有一圆孔，孔壁受均匀压力 p（图 5-19），这个问题也是在§5-11 中介绍过的。

根据其条件可知：

$$\Gamma = \Gamma' = 0$$

$$N = -p, \quad T = 0$$

$$A_0 = -p, \quad A_k = 0(k \neq 0)$$

根据式（5-105）得

$$a_2 = pR^2$$

其余所有 $a_k = a_k' = 0$

因此解为

$$\Phi(z) = 0$$

$$\Psi(z) = \frac{pR^2}{z^2}$$

或

$$\varphi(z) = 0$$

$$\psi(z) = \frac{-pR^2}{z}$$

它和§5-11 中的解完全一致。

我们即将讨论的第三个例子是：在无限平面内一点作用有集中力及集中力偶的情形。这是一个很有意义的问题，另辟一节讨论。

§5-20 集中力* 与集中力偶

这个问题分为几步讨论：

一、无限平面内原点处作用集中力 X、Y*

我们先研究如下的问题，一无限平板内，有一半径为 R 的圆孔，孔壁作用有

$$T_x = \frac{X}{2\pi R},\quad T_y = \frac{Y}{2\pi R}$$

式中，X、Y 为作用在孔壁上所有应力矢量的主矢在 x、y 轴上的投影。而作用在孔壁上的法向应力 N（$N=\sigma_{rr}\big|_{r=R}$）及切向应力 T（$T=\sigma_{r\theta}\big|_{r=R}$）为（再一次说明，这里边界的外法线 n，指向圆心）

$$N = \frac{-1}{2\pi R}(X\cos\theta + Y\sin\theta)$$

$$T = \frac{-1}{2\pi R}(-X\sin\theta + Y\cos\theta)$$

因此在 $r=R$ 处（孔壁上）：

$$\begin{aligned} N - \mathrm{i}T &= \frac{-1}{2\pi R}(X\cos\theta + Y\sin\theta) + \frac{\mathrm{i}}{2\pi R}(-X\sin\theta + Y\sin\theta) \\ &= -\frac{1}{2\pi R}(X - \mathrm{i}Y)\mathrm{e}^{\mathrm{i}\theta} = \sum_{k=-\infty}^{\infty} A_k \mathrm{e}^{\mathrm{i}k\theta} \end{aligned}$$

所以

$$A_1 = -\frac{(X - \mathrm{i}Y)}{2\pi R}$$

而 $$A_k = 0 \quad (k \neq 1)$$

因为在无穷远处的应力为零，所以 $\Gamma = \Gamma' = 0$。

由式（5-105）得

$$a_1 = -\frac{(X + \mathrm{i}Y)}{2\pi(1+\kappa)}$$

$$a_1' = \frac{\kappa(X - \mathrm{i}Y)}{2\pi(1+\kappa)}$$

$$a_3' = -R^2\frac{(X + \mathrm{i}Y)}{\pi(1+\kappa)}$$

注：在 xy 平面上的集中力，实质上是沿 z 轴方向均匀分布的线载荷，其量纲为［力/长度］。

除此之外，其余的 a_k 及 a_k' 均为零。因而解为

$$\Phi(z) = \frac{-(X+\mathrm{i}Y)}{2\pi(1+\kappa)} \cdot \frac{1}{z}$$

$$\Psi(z) = \frac{\kappa(X-\mathrm{i}Y)}{2\pi(1+\kappa)} \cdot \frac{1}{z} - \frac{(X+\mathrm{i}Y)}{\pi(1+\kappa)} \cdot \frac{R^2}{z^3}$$

现在令此圆孔的半径 R 无限缩小，但应力矢量 T_x、T_y 则相应地增大，从而保持 X、Y 不变，即得到集中力 $X+\mathrm{i}Y$ 作用在原点时的解：

$$\Phi(z) = \frac{-(X+\mathrm{i}Y)}{2\pi(1+\kappa)} \cdot \frac{1}{z}$$

$$\Psi(z) = \frac{\kappa(X-\mathrm{i}Y)}{2\pi(1+\kappa)} \cdot \frac{1}{z}$$

积分后得

$$\left.\begin{aligned} \psi(z) &= -\frac{(X+\mathrm{i}Y)}{2\pi(1+\kappa)}\ln z \\ \varphi(z) &= \frac{\kappa(X-\mathrm{i}Y)}{2\pi(1+\kappa)}\ln z \end{aligned}\right\} \tag{5-106a}$$

利用柯洛索夫公式不难求得其应力如下：

$$\left.\begin{aligned} \sigma_{rr} &= -\frac{(\kappa+3)}{2\pi(\kappa+1)} \cdot \frac{(X\cos\theta + Y\sin\theta)}{r} \\ \sigma_{\theta\theta} &= -\frac{(\kappa-1)}{2\pi(\kappa+1)} \cdot \frac{(X\cos\theta + Y\sin\theta)}{r} \\ \sigma_{r\theta} &= -\frac{(\kappa-1)}{2\pi(\kappa+1)} \cdot \frac{(X\sin\theta - Y\cos\theta)}{r} \end{aligned}\right\} \tag{5-106b}$$

可见在力的作用点处（$r=0$）应力是无穷大。这从物理上看似乎是不合理的，不过集中力这个概念本身就是一个抽象的概念。实际上一定数值的力总是作用在一定的体积上（在平面问题中，则是一定的面积），当这个体积很小时，其体积趋于零，这样就得到集中力。

集中力的解有很重要的理论意义。在复变函数理论中它是带奇点的复变函数；在微分方程理论及边界元法中，它是基本解。因此，无论从哪个方面看，它都反映了许多重要的特性，起着十分重要的作用。

二、集中载荷作用在无限平面内任意点（z_0）的解

这相当于将原坐标系的原点移到 z_0。

设 $z_1(x, y)$ 与 $z(x, y)$ 为同一点在两个不同坐标系中的坐标，

$$z = x + \mathrm{i}y, \quad z_1 = x_1 + \mathrm{i}y_1$$

且有 $$z = z_1 + \mathrm{i}z_0 \quad 或 \quad z_1 = z - \mathrm{i}z_0$$

在两个坐标系里，问题的解各为 $\varphi(z)$、$\psi(z)$ 及 $\varphi(z_1)$、$\psi_1(z)$。对于同一点，其应力分量不应该因为坐标系的变换而改变。所以由柯洛索夫公式：

$$\sigma_{yy} + \sigma_{xx} = 4\mathrm{Re}\Phi(z) = 4\mathrm{Re}\Phi_1(z_1)$$

可得

$$\Phi(z) = \Phi_1(z_1) = \Phi_1(z - z_0) \tag{a}$$

在此公式中略去了对应力分布无任何影响的任意纯虚常数。

再由另一个柯洛索夫公式：

$$\begin{aligned}\sigma_{yy} - \sigma_{xx} + 2\mathrm{i}\sigma_{xy} &= 2[\bar{z}\Phi'(z) + \Psi(z)] = 2[\bar{z}_1\Phi_1'(z_1) + \Psi_1(z_1)]\\ &= 2[(\bar{z} - \bar{z}_0)\Phi_1'(z - z_0) + \Psi_1(z - z_0)]\end{aligned}$$

并注意到刚刚得到的关系式（a），代入上式得

$$\Psi(z) = \Psi_1(z - z_0) - \bar{z}_0\Phi_1'(z - z_0) \tag{b}$$

将式（a）、（b）对 z 积分得

$$\left.\begin{aligned}\varphi(z) &= \varphi_1(z - z_0)\\ \psi(z) &= \psi_1(z - z_0) - \bar{z}\varphi_1'(z - z_0)\end{aligned}\right\} \tag{5-107}$$

由解式（5－106）及式（5－107）可得集中作用于 z_0 点时的解为

$$\left.\begin{aligned}\varphi(z) &= \frac{-(X + \mathrm{i}Y)}{2\pi(1+\kappa)}\ln(z - z_0)\\ \psi(z) &= \frac{\kappa(X - \mathrm{i}Y)}{2\pi(1+\kappa)}\ln(z - z_0) + \frac{\bar{z}_0}{(z - z_0)}\cdot\frac{(X + \mathrm{i}Y)}{2\pi(1+\kappa)}\end{aligned}\right\} \tag{5-108}$$

三、集中力偶作用时的解

大小相等，方向相反的一对力称之为力偶或力对，也有人称之为双力或应变核。它是理论力学中力偶概念的推广。在弹性力学平面问题里，力偶（或力对）可分为两类四种。如图5－29所示。前两种称为无矩力偶，后两种称为有矩力偶。

根据集中力作用于任意点 z_0 时的解式（5－108）可以分别求得图5－29中四种情况下的解：

（1）沿 x 轴作用一对大小相等，方向相反的力，其作用点各为（ε，0）及（$-\varepsilon$，0）。其解分别为两个力分别作用下解的叠加。

由式（5－108）， $$\varphi(z) = \frac{-x}{2\pi(1+\kappa)}\ln(z - \varepsilon) + \frac{x}{2\pi(1+\kappa)}\ln(z + \varepsilon)$$

令 $\varepsilon \to 0$，

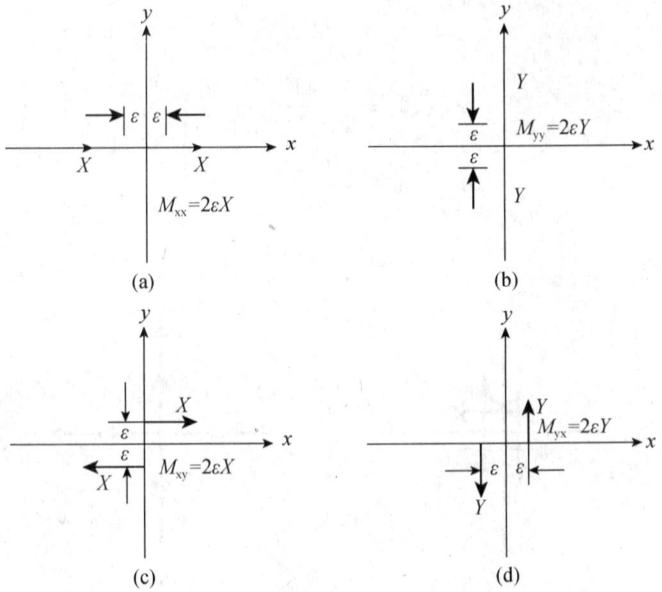

图 5-29 力偶（力对）的四种情形

但

$$\lim_{\varepsilon\to 0} 2\varepsilon X = M_{xx}$$

由此得

$$\left.\begin{aligned} \varphi_{11}(z) &= \frac{M_{xx}}{2\pi(1+\kappa)}\frac{1}{z} \\ \psi_{11}(z) &= \frac{(1-\kappa)M_{xx}}{2\pi(1+\kappa)}\frac{1}{2} \end{aligned}\right\} \tag{5-109a}$$

同理可得

用同样的方法可得其余三种情况下的解。

（2）$\lim\limits_{\varepsilon\to 0} 2\varepsilon Y = M_{yy}$

$$\begin{aligned} \varphi_{22}(z) &= \frac{-M_{yy}}{2\pi(1+\kappa)}\frac{1}{z} \\ \psi_{22}(z) &= \frac{(1-\kappa)M_{yy}}{2\pi(1+\kappa)}\frac{1}{z} \end{aligned} \tag{5-109b}$$

（3）$\lim\limits_{\varepsilon\to 0} 2\varepsilon X = M_{xy}$（顺时针力偶）

$$\left.\begin{aligned} \varphi_{12}(z) &= \frac{\mathrm{i}M_{xy}}{2\pi(1+\kappa)}\frac{1}{z} \\ \psi_{12}(z) &= \frac{-\mathrm{i}M_{xy}}{2\pi}\frac{1}{z} \end{aligned}\right\} \tag{5-109c}$$

（4）$\lim\limits_{\varepsilon\to 0}2\varepsilon Y = M_{yx}$（逆时针力偶）

$$\left.\begin{aligned}\varphi_{21}(z) &= \frac{iM_{yx}}{2\pi(1+\kappa)}\frac{1}{z}\\ \psi_{21}(z) &= \frac{iM_{yx}}{2\pi}\frac{1}{z}\end{aligned}\right\} \tag{5-109d}$$

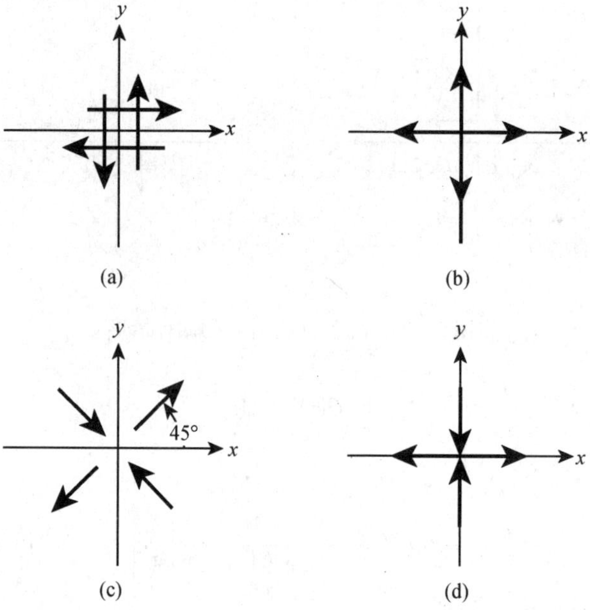

图 5－30　集中力偶的几种组合情况

（a）无矩双力偶；（b）压力中心；（c）双无矩力偶；（d）双无矩力偶旋转 45°后等效于（a）

上述结果是令人感兴趣的，下面作几点讨论：

（1）设 M_{xy} 及 M_{yx} 同时作用，且 $M_{xy}=M_{yx}=M$。这种情形称之为无矩双力偶。图 5－30a 它相当于图 5－29 中 c、d 两种情况的叠加。将式（5－109c）及（5－109d）相加得这种情形下的解为

$$\left.\begin{aligned}\varphi(z) &= \frac{iM}{\pi(1+\kappa)}\frac{1}{z}\\ \psi(z) &= 0\end{aligned}\right\} \tag{5-109e}$$

上述解中，虽然 $\psi(z)=0$，但 $\varphi(z)\neq 0$，说明在无矩双力偶的作用下将产生相应的位移场及应力场。众所周知，无矩双力偶作用于刚体时，这两对大小相等，转向相反的力偶的作用是完全互相抵消的。

（2）图 5－29 中（a）、（b）两种情况叠加，且 $M_{xx}=M_{yy}=M$，这种情况的奇点称为压力中心。

如图 5－30b，其解为

$$\left.\begin{aligned}\varphi(z) &= 0\\ \psi(z) &= \frac{(1-\kappa)M}{\pi(1+\kappa)}\frac{1}{z}\end{aligned}\right\} \tag{5-109f}$$

相应的应力场为

$$\sigma_{rr} = -\sigma_{\theta\theta} = \frac{-(\kappa-1)}{\pi(1+\kappa)}\frac{M}{r^2}$$

$$\sigma_{r\theta} = 0$$

（3）当 $M_{xx} = -M_{yy} = M$ 时称之为双无矩力偶，如图 5－30c，其解为

$$\left.\begin{aligned}\varphi(z) &= \frac{M}{\pi(1+\kappa)}\frac{1}{z}\\ \psi(z) &= 0\end{aligned}\right\} \tag{5-109g}$$

式（5－109g）转轴 π/4 后，如图 5－30d，其解与式（5－109e）完全相同（木斯海里斯维里，1958）。这一结果有助于我们去理解地震学震源理论中的某些基本概念。

（4）如果 $M_{yx} = -M_{xy} = M/2$，从力偶作用于刚体的效应看，它相当于一个力偶矩为逆时针力偶 M 作用在原点。它的解由式（5－109）可得

$$\left.\begin{aligned}\varphi(z) &= 0\\ \psi(z) &= \frac{\mathrm{i}M}{2\pi}\frac{1}{z}\end{aligned}\right\} \tag{5-109h}$$

式（5－109h）与（5－109c）显然是不同的。

（5）综上所述，可知在弹性力学中，集中力偶的概念是不确切的。只有在明确地规定了形成这一集中力偶的极限过程的前提下，才能确定它的解。这个结论同样也适用于集中力的情形。

§5－21　保角变换方法的应用

利用前面几节中介绍的方法，我们可以解决无限介质中有一圆孔，圆孔边缘受任意载荷作用的弹性力学平面问题；或者圆盘边缘受任意载荷作用的问题。但是实际问题中常常遇到边界形状更为复杂的问题。要寻求问题的解答（$\varphi(z)$ 及 $\psi(z)$）就比较困难了。这时我们很自然地会想到利用保角变换的方法，将此形状复杂的曲线变换为另一复数 ζ 平面上的圆。然后再利用前面几节中介绍的方法来解决问题。

为此，首先要寻找一个函数。

$$z = \omega(\zeta) \tag{5-110}$$

将 z 平面上实际问题的边界曲线映射为 ζ 平面上的圆。

其次必须将柯洛索夫公式及边界条件中所有的量都转化为以 ζ 表达的形式。

然后再在 ζ 平面解圆孔（或圆盘）问题。

下面就按照上述思路分别讨论有关的问题。

一、关于变换 $z=\omega(\zeta)$

根据复变函数中的保角变换理论，总可以把一个平面（例如 z 平面）上的单连域 S（边界为 L），通过一个正则函数，映射为另一平面（这里称为 ζ 平面）上的中心单位圆 γ（以原点为圆心，半径为 1 的圆）以内或以外的区域，如图 5－31。

函数 $z=\omega(\zeta)$ 的寻求有赖于对保角变换知识的熟练掌握，还可借助于有关的手册。

现在假设已经找到函数 $z=\omega(\zeta)$，下面再对映射 $z=\omega(\zeta)$ 进行一些分析。

设 $z=x+\mathrm{i}y=r\mathrm{e}^{\mathrm{i}\theta}$，$\zeta=\rho\mathrm{e}^{\mathrm{i}\theta}$

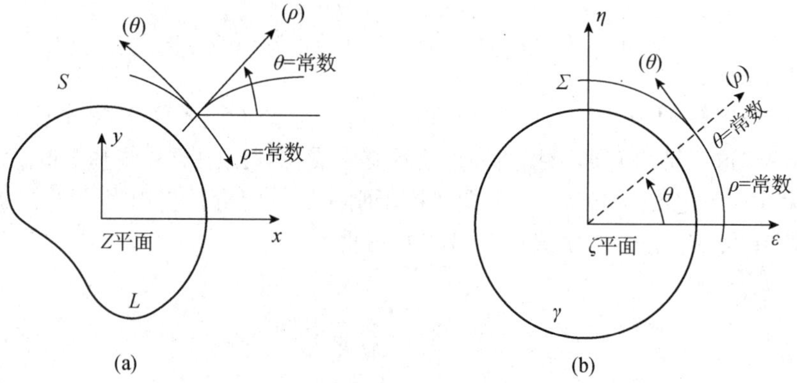

图 5－31

（a）图射线（ρ）与水平线间的夹角为 θ

在 ζ 平面上的 $\rho=\text{const}$（圆）及 $v=\text{const}$。（从原点发出的射线）映射在 z 平面上成为两组曲线。而且根据保角变换的性质，这是两组互相正交的曲线。（ρ，θ）可以看成 z 平面上点的曲线坐标。直角坐标（x，y）与（ρ，θ）之间的关系由式（5－110）可知为

$$z=x+\mathrm{i}y=\omega(\zeta)=\omega(\rho\mathrm{e}^{\mathrm{i}\theta})$$

如图 5－31 所示，坐标轴（ρ）表示曲线 $\theta=\text{const}$ 的切线并指向 ρ 增加大的一侧，而坐标轴（θ）表示 $\rho=\text{const}$ 的切线，指向 θ 增加的一侧。坐标轴（ρ）、（θ）的顺序与 x 轴、y 轴的顺序相同。

二、ζ 平面上的柯洛索夫公式及边界条件

现将讨论如何以新变量 ζ 来表示函数 $\varphi(z)$、$\psi(z)$ 及其导函数 $\varphi'(z)=\Phi(z)$、$\psi'(z)=\Psi(z)$，以及位移分量、应力分量及边界条件的表达式。

$$
\left.\begin{aligned}
\varphi(z) &= \varphi(\omega(\zeta)) = \tilde{\varphi}(\zeta) \\
\psi(z) &= \psi(\omega(\zeta)) = \tilde{\psi}(\zeta) \\
\Phi(z) &= \Phi(\omega(\zeta)) = \tilde{\Phi}(\zeta) = \frac{\mathrm{d}\varphi}{\mathrm{d}z} = \frac{\tilde{\varphi}'(\zeta)}{\omega'(\zeta)} \\
\Psi(z) &= \Psi(\omega(\zeta)) = \tilde{\Psi}(\zeta) = \frac{\mathrm{d}\psi}{\mathrm{d}z} = \frac{\tilde{\psi}'(\zeta)}{\omega'(\zeta)}
\end{aligned}\right\} \tag{a}
$$

我们进而讨论如何以 ζ 来表示柯洛索夫公式（位移公式与应力公式）。

$$
(u_\rho + \mathrm{i}u_\theta) = (u_x + \mathrm{i}u_y)\mathrm{e}^{-\mathrm{i}\alpha} = [\kappa\varphi(z) - z\overline{\varphi'}(z) - \overline{\varphi(z)}]\mathrm{e}^{-\mathrm{i}\theta}
$$

$$
(\sigma_{\theta\theta} + \sigma_{\rho\rho}) = \sigma_{xx} + \sigma_{yy} = 4\mathrm{Re}\Phi(z)
$$

$$
\sigma_{\theta\theta} - \sigma_{\rho\rho} + 2\mathrm{i}\sigma_{\rho\theta} = 2[\bar{z}\Phi'(z) + \Psi(z)]\mathrm{e}^{2\mathrm{i}\alpha}
$$

上述公式中的 $\Phi(z)$、$\Psi(z)$ 等项已在公式（a）中讨论过，剩下的是要计算在点 z 处的 $\mathrm{e}^{\mathrm{i}\alpha}$。

为了计算 $\mathrm{e}^{\mathrm{i}\alpha}$，可沿（$\rho$）给 z 以增量 $\mathrm{d}z$，则在 ζ 平面上将沿射线方向得到增量 $\mathrm{d}\zeta$，

$$
\mathrm{d}z = \mathrm{e}^{\mathrm{i}\alpha}|\mathrm{d}z|,\quad \mathrm{d}\zeta = \mathrm{e}^{\mathrm{i}\theta}|\mathrm{d}\zeta|
$$

$$
\mathrm{e}^{\mathrm{i}\alpha} = \frac{\mathrm{d}z}{|\mathrm{d}z|} = \frac{\omega'(\zeta)\cdot\mathrm{d}\zeta}{|\omega'(\zeta)|\cdot|\mathrm{d}\zeta|} = \frac{\omega'(\zeta)}{|\omega'(\zeta)|}\cdot\mathrm{e}^{\mathrm{i}\theta} = \frac{\omega'(\zeta)}{|\omega'(\zeta)|}\cdot\frac{\zeta}{\rho} \tag{b}
$$

由式（b）可得

$$
\mathrm{e}^{-\mathrm{i}\alpha} = \overline{\mathrm{e}^{\mathrm{i}\alpha}} = \frac{\overline{\zeta\omega'(\zeta)}}{\rho|\omega'(\zeta)|} \tag{c}
$$

$$
e^{2\mathrm{i}\alpha} = \frac{\zeta^2}{\rho^2}\cdot\frac{[\omega'(\zeta)]^2}{|\omega'(\zeta)|^2} = \frac{\zeta^2}{\rho^2}\cdot\frac{[\omega'(\zeta)]^2}{\omega'(\zeta)\overline{\omega'(\zeta)}} = \frac{\zeta^2}{\rho^2}\cdot\frac{\omega'(\zeta)}{\overline{\omega'(\zeta)}} \tag{d}
$$

利用公式（a）、（b）、（c）、（d）可得

$$
\left.\begin{aligned}
2\mu(u_\rho + \mathrm{i}u_\theta) &= \frac{\bar{\zeta}}{\rho}\frac{\overline{\omega'(\zeta)}}{|\omega'(\zeta)|}\left\{\kappa\tilde{\varphi}(\zeta) - \frac{\omega(\zeta)\cdot\overline{\tilde{\varphi}(\zeta)}}{\overline{\omega'(\zeta)}} - \overline{\psi(\zeta)}\right\} \\
\sigma_{\theta\theta} + \sigma_{\rho\rho} &= 4\mathrm{Re}\Phi(\zeta) = 2[\tilde{\Phi}(\zeta) + \overline{\tilde{\Phi}(\zeta)}] \\
\sigma_{\theta\theta} - \sigma_{\rho\rho} + 2\mathrm{i}\sigma_{\rho\theta} &= \frac{2\zeta^2}{\rho^2\,\overline{\omega'(\zeta)}}\{\overline{\omega(\zeta)}\tilde{\Phi}'(\zeta) + \omega'(\zeta)\tilde{\Psi}(\zeta)\} \\
\sigma_{\rho\rho} - \mathrm{i}\sigma_{\rho\theta} &= \tilde{\Phi}(\zeta) + \overline{\tilde{\Phi}(\zeta)} - \frac{\zeta^2}{\rho^2\,\overline{\omega'(\zeta)}}[\overline{\omega(\zeta)}\tilde{\Phi}'(\zeta) + \omega'(\zeta)\tilde{\Psi}(\zeta)]
\end{aligned}\right\} \tag{5-111}
$$

对于边界条件，也可以用同样的方法将它们化为 ζ 的表达形式，当边界 L 给定作用力时，由式（5-91a）

$$\varphi(z) + z\overline{\varphi'(z)} + \overline{\psi(z)} = \mathrm{i}\int_A^z (T_x + \mathrm{i}T_y)\mathrm{d}s$$

当 T_x 及 T_y 给定后，

$$\mathrm{i}\int_A^z (T_x + \mathrm{i}T_y)\mathrm{d}s = f_1(z) + \mathrm{i}f_2(z) + \mathrm{const}$$

利用式（a）可得：在单位圆 γ 上

$$\varphi(\sigma) + \frac{\omega(\sigma)\,\overline{\tilde{\varphi}'(\sigma)}}{\overline{\omega'(\sigma)}} + \overline{\tilde{\psi}(\sigma)} = \tilde{f}_1(\sigma) + \mathrm{i}\tilde{f}_2(\sigma) + \mathrm{const} \qquad (5-112\mathrm{a})$$

式中，
$$\tilde{f}_1(\sigma) = f_1[\omega(\sigma)], \quad \tilde{f}_2(\sigma) = f_2[\omega(\sigma)]$$

上式中的右侧是单位圆 γ 上的点 $\sigma = \mathrm{e}^{\mathrm{i}\theta}$ 的函数，因此是 θ 的函数。这里 σ 是边界 γ 上点的坐标。

对于位移边界条件：由柯洛索夫公式得

$$\kappa\varphi(z) - z\,\overline{\varphi'(z)} - \overline{\psi(z)} = 2\mu(u + \mathrm{i}v)$$

设边界 L 上已给定位移 $u = g_1(z)$，$v = g_2(z)$，则

$$\kappa\,\tilde{\Phi}(\zeta) - \omega(\zeta)\frac{\overline{\tilde{\varphi}'(\zeta)}}{\overline{\omega'(\zeta)}} - \overline{\psi}(\zeta) = 2\mu[\tilde{g}_1(\zeta) + \mathrm{i}\,\tilde{g}_2(\zeta)] = g(\zeta) \qquad (5-112\mathrm{b})$$

式中，
$$g(\zeta) = 2\mu[\tilde{g}_1(\zeta) + \mathrm{i}\,\tilde{g}_2(\zeta)]$$

$$\tilde{g}_1(\zeta) = g_1[\omega(\zeta)], \quad \tilde{g}_2(\zeta) = g_1[\omega(\zeta)]$$

三、孔口问题

所谓孔口问题，是指在无限大平面内有一孔洞的情形。如图 5-31 所示。将 z 平面上 S 域（无限平面上挖去某一形状的孔洞）变换为 ζ 平面上单位圆内或圆外（现在以圆内情形为例）的区域 Σ（并设 z 平面上的无穷远点 $z=\infty$，对应于 ζ 平面上的零点 $\zeta=0$）的函数 $\omega(\zeta)$ 为如下的函数形式：

$$z = \omega(\zeta) = R\left(\frac{1}{\zeta} + C_0 + C_1\zeta + C_2\zeta^2 + \cdots + C_n\zeta^n\right)^* \qquad (5-113)$$

注：如将 S 域映射到单位圆外，则 $\omega(\zeta) = R(\zeta + d_0 + d_1/\zeta + d_2/\zeta^2 + \cdots d_n/\zeta^n)$。

式中，R 为实常数；而 C_n 一般为复常数。

利用公式（5－96）、（5－97）在 S 域内的解为

$$\left.\begin{aligned}\varphi(z) &= \frac{-(X+\mathrm{i}Y)}{2\pi(1+\kappa)}\ln z + \Gamma z + \frac{a_1}{z} + \frac{a_2}{z^2} + \cdots \\ \psi(z) &= \frac{\kappa(X-\mathrm{i}Y)}{2\pi(1+\kappa)}\ln z + \Gamma' z + \frac{a_1'}{z} + \frac{a_2'}{z^2} + \cdots\end{aligned}\right\} \tag{e}$$

式中，$\Gamma = B + \mathrm{i}C$，$\Gamma' = B' + \mathrm{i}C'$

$$B = \frac{1}{4}(\sigma_1^\infty + \sigma_2^\infty)$$

$$B' = \frac{\sigma_2^\infty - \sigma_1^\infty}{2}\cos 2\alpha$$

$$C' = \frac{\sigma_1^\infty - \sigma_2^\infty}{2}\sin 2\alpha$$

式中，σ_1^∞、σ_2^∞ 为无穷远的主应力；α 为从 x 轴到 σ_1 方向的夹角。

将式（5－113）代入式（e）中，得

$$\left.\begin{aligned}\omega(\zeta) &= R(\zeta + d_0 + d_1/\zeta + d_2/\zeta^2 + \cdots + d_n\zeta^n) \\ \tilde{\varphi}(\zeta) &= \frac{X+\mathrm{i}Y}{2\pi(1+\kappa)}\ln\zeta + B\omega(\zeta) + \varphi_0(\zeta) \\ \tilde{\psi}(\zeta) &= \frac{-\kappa(X-\mathrm{i}Y)}{2\pi(1+\kappa)}\ln\zeta + (B'+\mathrm{i}C')\omega(\zeta) + \psi_0(\zeta)\end{aligned}\right\} \tag{5-114a}$$

式中，$\varphi_0(\zeta)$、$\psi_0(\zeta)$ 为在单位圆内 ζ 的解析函数，并且在圆周上连续，

$$\left.\begin{aligned}\varphi_0(\zeta) &= \sum_{k=1}^{\infty}\alpha_k\zeta^k \\ \psi_0(\zeta) &= \sum_{k=1}^{\infty}\beta_k\zeta^k\end{aligned}\right\} \tag{5-114b}$$

在式（5－114）中已略去对应力无影响的常数项。

将式（5－114）代入边界条件式（5－112）中，得

$$\varphi_0(\sigma) + \frac{\omega(\sigma)}{\omega'(\sigma)}\overline{\varphi_0'(\sigma)} + \overline{\psi_0(\sigma)} = f_0(\sigma) \tag{5-115a}$$

式中，

$$f_0(\sigma) = \mathrm{i}\int_A^\sigma (T_x + \mathrm{i}T_y)\mathrm{d}s - \frac{X+\mathrm{i}Y}{2\pi}\ln\sigma - \frac{(X-\mathrm{i}Y)}{2\pi(1+\kappa)}\cdot\frac{\omega(\sigma)}{\omega'(\sigma)}\sigma$$
$$-2B\omega(\sigma) - (B' - iC')\overline{\omega(\sigma)} \tag{5-115b}$$

式（5－115a）的共轭式为

$$\overline{\varphi_0(\sigma)}+\frac{\overline{\omega(\sigma)}}{\omega'(\sigma)}\varphi_0'(\sigma)+\psi_0(\sigma)=\overline{f_0(\sigma)} \tag{5-115c}$$

如果将式（5－114）代入（5－115），并将$f_0(\sigma)$及$\dfrac{\omega(\sigma)}{\omega'(\sigma)}$展成$\sigma$的傅立叶级数，就可能定出式（5－114b）中的$\alpha_k$、$\beta_k$，从而求得整个解$\widetilde{\varphi}(\zeta)$、$\widetilde{\psi}(\zeta)$，但这样做往往相当困难。如果利用柯西积分公式可以使求解$\varphi_0(\zeta)$及$\psi_0(\zeta)$的工作大为简化。

先介绍下列两种情况下的柯西公式。

（1）设函数$F(\zeta)$在单位圆γ内（$\rho<1$）是解析的，在γ的闭域内（$\rho\leqslant1$）连续，则对于γ内的任一点ζ有

$$\frac{1}{2\pi i}\int_\gamma\frac{F(\sigma)\mathrm{d}\sigma}{\sigma-\zeta}=F(\zeta) \tag{5-116a}$$

式中，σ表示单位圆γ上点的坐标。式（5－116a）实际上就是通常的积分公式。

（2）设函数$F(\zeta)$在单位圆γ外解析。在$\rho\geqslant1$区域内连续，则对于圆内任一点ζ有

$$\frac{1}{2\pi i}\int_\gamma\frac{F(\sigma)\mathrm{d}\sigma}{\sigma-\zeta}=F(\infty) \tag{5-116b}$$

这是利用无限域柯西积分公式推导得到的（木斯海里斯维里，1958，§70）。

现在将式（5－115a）中各式乘以$\dfrac{1}{2\pi i\ (\sigma-\zeta)}$并沿整个$\gamma$进行积分，得

$$\frac{1}{2\pi i}\int_\gamma\frac{\varphi_0(\sigma)\mathrm{d}\sigma}{\sigma-\zeta}+\frac{1}{2\pi i}\int_\gamma\frac{\omega(\sigma)}{\overline{\omega'(\sigma)}}\frac{\overline{\varphi_0'(\sigma)}}{(\sigma-\zeta)}\mathrm{d}\sigma+\frac{1}{2\pi i}\int_\gamma\frac{\overline{\psi_0(\sigma)}}{\sigma-\zeta}\mathrm{d}\sigma=\frac{1}{2\pi i}\int_\gamma\frac{f_0\mathrm{d}\sigma}{\sigma-\zeta} \tag{f}$$

根据式（5－116a），上式中

$$\frac{1}{2\pi i}\int_\gamma\frac{\varphi_0(\sigma)}{\sigma-\zeta}\mathrm{d}\sigma=\varphi_0(\zeta) \tag{g}$$

而其中的

$$\frac{1}{2\pi i}\int_\gamma\frac{\overline{\psi_0(\sigma)}}{\sigma-\zeta}\mathrm{d}\sigma=\overline{\psi_0(\infty)}=0 \tag{h}$$

这是因为由式（5－114b）$\psi_0(\zeta)=\sum\limits_{k=1}^{\infty}\beta_k\zeta^k$

$$\overline{\psi_0(\sigma)}=\bar{\beta}_1\bar{\sigma}+\bar{\beta}_2\bar{\sigma}_2+\cdots$$

在 γ 上，$\zeta=\sigma$，

$$\bar{\zeta}=\bar{\sigma}=\frac{1}{\sigma}$$

所以

$$\tilde{\psi}_0(\sigma)=\frac{\bar{\beta}_1}{\sigma}+\frac{\bar{\beta}_2}{\sigma_2}+\cdots$$

$\overline{\psi_0(\sigma)}$ 可视为函数 $\tilde{\psi}\left(\frac{1}{\zeta}\right)$ 在 γ 上的边界值，而 $\tilde{\psi}\left(\frac{1}{\zeta}\right)$ 在 γ 外解析。且 $\overline{\psi_0(\infty)}=0$。

将式（g）、（h）代入式（f）中得

$$\varphi_0(\zeta)+\frac{1}{2\pi\mathrm{i}}\int_\gamma\frac{\omega(\sigma)}{\omega'(\sigma)}\cdot\frac{\overline{\varphi_0'(\sigma)}}{(\sigma-\zeta)}\mathrm{d}\sigma=\frac{1}{2\pi\mathrm{i}}\int_\gamma\frac{f_0\mathrm{d}\sigma}{\sigma-\zeta} \tag{5-117a}$$

对式（5-115c）做同样的处理可得

$$\psi_0(\zeta)+\frac{1}{2\pi\mathrm{i}}\int_\gamma\frac{\overline{\omega(\sigma)}}{\omega'(\sigma)}\cdot\frac{\varphi_0'(\sigma)}{(\sigma-\zeta)}\mathrm{d}\sigma=\frac{1}{2\pi\mathrm{i}}\int_\gamma\frac{\bar{f}_0\mathrm{d}\sigma}{\sigma-\zeta} \tag{5-117b}$$

对于给定的问题即 f_0 已经给定，并找到需要的函数 $\omega(\zeta)$ 后，将 f_0、$\omega(\zeta)$ 及 $\overline{\omega'(\zeta)}$ 代入式（5-117a）可求得 $\varphi_0(\zeta)$，再代入式（5-117b）可求得 $\psi_0(\zeta)$。再代回式（5-114）中即求得整个问题的解。这样就使解比较复杂形状的孔口问题变得有规可循了。由于这种方法的出现，的确解决了一大批以往没有解决的问题。

§5-22 含椭圆孔的无限平板的解

本节我们讨论无限平板中含有一椭圆孔洞，在无限远处受均匀拉伸的情形，如图 5-32 所示。椭圆的长短轴各为 $2a$ 及 $2b$。在无限远处（离孔足够远处）受均匀拉应力 p 的作用。p 与 x 轴的夹角为 α。

对于椭圆孔，可采用如下变换，将 z 平面上的椭圆变为 ζ 平面上的单位圆，

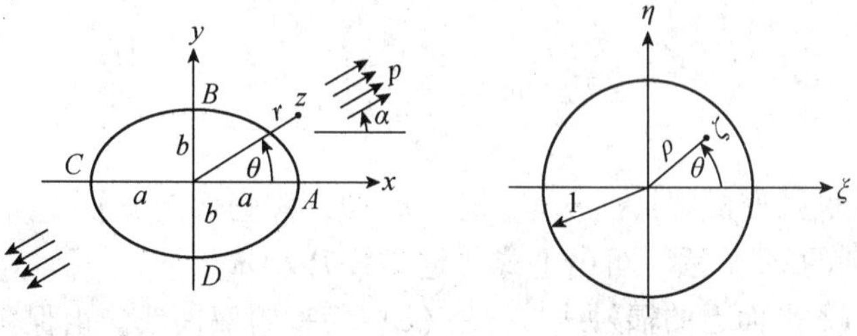

(a)物理平面　　(b)映射平面

图 5-32

$$z = \omega(\zeta) = R\left(\frac{1}{\zeta} + m\zeta\right) \tag{5-118}$$

式中，R、m 均为实数，且 $R>0$，$0\leqslant m\leqslant 1$。

由式（5－118），

$$z = x + \mathrm{i}y = R\left[\left(m\rho + \frac{1}{\rho}\right)\cos\theta + \mathrm{i}\left(m\rho - \frac{1}{\rho}\right)\sin\theta\right]$$

得

$$\left.\begin{aligned} x &= R\left(m\rho + \frac{1}{\rho}\right)\cos\theta \\ y &= R\left(m\rho - \frac{1}{\rho}\right)\sin\theta \end{aligned}\right\} \tag{a}$$

从式（a）中分别消去 θ 及 ρ，则分别得

$$\frac{x^2}{R^2\left(\frac{1}{\rho} + m\rho\right)^2} + \frac{y^2}{R^2\left(\frac{1}{\rho} - m\rho\right)^2} = 1 \tag{b}$$

$$\frac{x^2}{4R^2 m\cos^2\theta} - \frac{y^2}{4R^2 m\sin^2\theta} = 1 \tag{c}$$

显然当 $\rho=\text{const}$ 时（即 ζ 平面上的中心圆），式（b）代表一组平面上一组椭圆。当 $\rho=1$ 时，此椭圆方程为

$$\frac{x^2}{R^2(1+m)^2} + \frac{y^2}{R^2(1-m)^2} = 1$$

即

$$\left.\begin{aligned} a &= R(1+m) \\ b &= R(1-m) \end{aligned}\right\} \tag{d}$$

或

$$\left.\begin{aligned} R &= \frac{a+b}{2} \\ m &= \frac{a-b}{a+b} \end{aligned}\right\} \tag{e}$$

当 $m=0$ 时，$a=b$，椭圆变成圆；当 $m=1$ 时，$b=0$，椭圆成为 x 轴上从 $-a$ 到 a 的直线裂纹。因此当已知椭圆的 a、b 后，可由上式决定参数 R 及 m。

当 $\theta=\text{const}$ 时（ζ 平面上的辐射线），式（c）为一组双曲线。由保角变换的性质知道，两族双曲线式（b）、（c）是互相正交的。

由式（a）还可求得

$$\tan\theta = \frac{y}{x} = -\frac{\left(\frac{1}{\rho} - mp\right)}{\left(\frac{1}{\rho} + m\rho\right)}\tan\theta \tag{f}$$

对于椭圆孔壁 $\rho = 1$，

$$\tan\theta = \frac{1 - m}{1 + m}\tan\theta$$

所以图 5－32（a）中的 A、B、C、D 点与图（b）中的 A'、B'、C'、D' 点互相对应。

如上节所述，当需要的 $z = \omega(\zeta)$ 找到后，就可按一定的程序着手求解本问题。如式（5－114）所示，解为

$$\left.\begin{aligned} \tilde{\varphi}(\zeta) &= \frac{X - \mathrm{i}Y}{2\pi(1 + \kappa)}\ln\zeta + B\omega(\zeta) + \varphi_0(\zeta) \\ \tilde{\varphi}(\zeta) &= \frac{-\kappa(X + \mathrm{i}Y)}{2\pi(1 + \kappa)}\ln\zeta + (B' + \mathrm{i}c')\omega(\zeta) + \psi_0(\zeta) \end{aligned}\right\} \tag{g}$$

根据本问题的条件 $X = 0$，$Y = 0$，$\sigma_1 = p$，$\sigma_2 = 0$。从而得

$$\left.\begin{aligned} B &= p/4 \\ B' + \mathrm{i}C' &= -\frac{p}{2}\mathrm{e}^{2\mathrm{i}\alpha} \\ B' - \mathrm{i}C' &= -\frac{p}{2}\mathrm{e}^{-2\mathrm{i}\alpha} \end{aligned}\right\} \tag{h}$$

由式（5－118）得

$$\left.\begin{aligned} \omega(\sigma) &= R\left(\frac{1}{\sigma} + m\sigma\right), & \overline{\omega(\sigma)} &= R\left(\sigma + \frac{m}{\sigma}\right) \\ \omega'(\sigma) &= R\left(m - \frac{1}{\sigma^2}\right), & \overline{\omega'(\sigma)} &= R(m - \sigma^2) \\ \frac{\overline{\omega(\sigma)}}{\omega'(\sigma)} &= \frac{-(m\sigma^2 + 1)}{\sigma(\sigma^2 - m)}, & \frac{\omega(\sigma)}{\overline{\omega'(\sigma)}} &= \frac{\sigma(\sigma^2 + m)}{(m\sigma^2 - 1)} \end{aligned}\right\} \tag{i}$$

于是求 $\varphi_0(\zeta)$ 的公式（5－117a）成为

$$\varphi_0(\zeta) + \frac{1}{2\pi\mathrm{i}}\int_\gamma\left[\frac{-(m\sigma^2 + 1)}{\sigma(\sigma^2 - m)}\right]\frac{\overline{\varphi_0'(\sigma)}}{\sigma - \zeta}\mathrm{d}\sigma = \frac{1}{2\pi\mathrm{i}}\int_\gamma\frac{f_0\mathrm{d}\sigma}{\sigma - \zeta}$$

由式（5－116b）可知，等式左侧的积分为零，于是

$$\varphi_0(\zeta)=\frac{1}{2\pi\mathrm{i}}\int_\gamma\frac{f_0\mathrm{d}\sigma}{\sigma-\zeta}$$

由式（5-114b）可知，上式中等号左面的积分为

$$\frac{1}{2\pi\mathrm{i}}\int_\gamma\left[\frac{-m(\sigma^2+1)}{\sigma(\sigma^2-m)}\right]\left[\sum_{k=1}^{\infty}k\beta_k\sigma^{1-k}\right]\frac{\mathrm{d}\sigma}{\sigma-\zeta}$$

由式（5-115b），得

$$f_0(\sigma)=-2B\omega(\sigma)-(B'-\mathrm{i}C')\overline{\omega(\sigma)}=\frac{pR}{2}\left(\frac{1}{\sigma}+m\sigma\right)+\frac{pR}{2}\left(\sigma+\frac{m}{\sigma}\right)\mathrm{e}^{2\mathrm{i}\alpha}$$

以此代入上式并利用柯西积分公式（5-116）得

$$\varphi_0(\zeta)=\frac{pR}{2}(\mathrm{e}^{2\mathrm{i}\alpha}-m)\zeta \tag{j}$$

将式（i）代入式（5-117b），经过类似的步骤可得

$$\psi_0(\zeta)=-\frac{pR}{2}\left[(1-m\mathrm{e}^{-2\mathrm{i}\alpha})\zeta+(m-\mathrm{e}^{-2\mathrm{i}\alpha})\left(\frac{m+\zeta^2}{1-m\zeta^2}\right)\zeta\right] \tag{k}$$

式将（i）、（j）两式代入式（g），并利用式（h）中的结果，最后得到

$$\left.\begin{aligned}\tilde{\varphi}(\zeta)&=\frac{pR}{4}\left[\frac{1}{\zeta}+(2\mathrm{e}^{2\mathrm{i}\alpha}-m)\zeta\right]\\ \tilde{\psi}(\zeta)&=-\frac{pR}{2}\left[\frac{1}{\zeta}\mathrm{e}^{-2\mathrm{i}\alpha}+\frac{\zeta^3\mathrm{e}^{2\mathrm{i}\alpha}+(m\mathrm{e}^{2\mathrm{i}\alpha}-m^2-1)\zeta}{m\zeta^2-1}\right]\end{aligned}\right\} \tag{5-119}$$

得到 $\tilde{\varphi}(\zeta)$、$\tilde{\psi}(\zeta)$ 后代入公式（5-111）中即可求出各应力分量。为此先计算出（由变换式（5-118）并注意到 $\zeta=\rho^2/\zeta$）

$$\overline{\omega}(\zeta)=R\left(\frac{\zeta}{\rho^2}+m\frac{\rho^2}{\zeta}\right)$$

$$\omega'(\zeta)=R\left(m-\frac{1}{\zeta^2}\right)$$

$$\overline{\omega'(\zeta)}=R\left(m-\frac{\zeta^2}{\rho^4}\right)$$

及

$$\tilde{\varphi}'(\zeta)=\frac{\rho R}{4}\left[(2\mathrm{e}^{2\mathrm{i}\alpha}-m)-\frac{1}{\zeta^2}\right]$$

$$\tilde{\psi}'(\zeta)=-\frac{pR}{2}\left[\frac{3\mathrm{e}^{2\mathrm{i}\alpha}\zeta^2+(m\mathrm{e}^{2\mathrm{i}\alpha}-m^2-1)}{m\zeta^2-1}-\frac{\mathrm{e}^{-2\mathrm{i}\alpha}}{\zeta^2}-\frac{\zeta^3\mathrm{e}^{2\mathrm{i}\alpha}+(m\mathrm{e}^{2\mathrm{i}\alpha}-m^2-1)\zeta}{(m\zeta_2-1)}\cdot 2m\zeta\right]$$

$$\widetilde{\Phi}(\zeta) = \frac{\widetilde{\psi}'(\zeta)}{w'(\zeta)} = \frac{p}{4} \cdot \left[\frac{(2e^{2i\alpha} - m)\zeta^2 - 1}{m\zeta^2 - 1}\right]$$

$$\widetilde{\Psi}(\zeta) = \frac{\widetilde{\psi}(\zeta)}{w'(\zeta)} = \frac{p}{2}\left[\frac{3e^{2i\alpha} \cdot \zeta^2 + (me^{2i\alpha} - m^2 - 1)}{(m\zeta^2 - 1)^2}\right]\zeta^2 - \frac{e^{-2i\alpha}}{m\zeta^2 - 1}$$
$$- \left[\frac{\zeta^3 e^{2i\alpha} + (me^{2i\alpha} - m^2 - 1)\zeta}{(m\zeta^2 - 1)^2} \cdot 2m\zeta^3\right]$$

$$\widetilde{\Phi}'(\zeta) = \frac{p}{4}\left[\frac{(2e^{2i\alpha} - m)2\zeta}{m\zeta^2 - 1} - \frac{(2e^{2i\alpha} - m)\zeta^2 - 1}{(m\zeta^2 - 1)^2} \cdot 2m\zeta\right]$$

然后将上述各式代入式（5－111），得

$$\sigma_{\rho\rho} + \sigma_{\theta\theta} = p \cdot \mathrm{Re}\left[\frac{(2e^{2i\alpha} - m)\zeta^2 - 1}{m\zeta^2 - 1}\right]$$

$$\sigma_{\theta\theta} - \sigma_{\rho\rho} + 2i\sigma_{\rho\theta} = \frac{p(m\rho^4 + \zeta^2)\zeta^2}{\rho^4\left(m - \frac{\zeta^2}{\rho^4}\right)(m\zeta^2 - 1)}$$
$$\times\left[2e^{2i\alpha} - m + m\frac{(1 + m\zeta^2 - 2e^{2i\alpha}\zeta^2)}{(m\zeta^2 + 1)}\right]$$
$$+ \frac{p}{\rho^2\left(m - \frac{\zeta^2}{\rho^4}\right)} \times \left[e^{-2i\alpha} - \left(\frac{3e^{2i\alpha}\zeta^2 + me^{2i\alpha} - m^2 - 1}{m\zeta^2 - 1}\right)\zeta^2\right.$$
$$\left.+ \frac{(e^{2i\alpha}\zeta^2 + me^{2i\alpha} - m^2 - 1)}{(m\zeta^2 - 1)^2}2m\zeta^4\right]$$

将上式分开实部与虚部后即可得各应力分量的表达式。最重要的是孔边的周向应力 $\sigma_{\theta\theta}(\sigma)$。在单位圆 γ 上，$\sigma_{\rho\rho}=0$，所以

$$\sigma_{\theta\theta}(\sigma) = p\mathrm{Re}\frac{(2e^{2i\alpha} - m)\sigma^2 - 1}{m\sigma^2 - 1} = p\frac{[1 - m^2 + 2m\cos 2\alpha - 2\cos 2(\theta + \alpha)]}{1 + m^2 - 2m\cos 2\theta}$$

当 $\alpha=\pi/2$（应力 p 平行于 y 轴）时，

$$\sigma_{\max} = \sigma_{\theta\theta}\big|_{\theta=0} = \left(\frac{3 - 2m - m^2}{1 - 2m + m^2}\right)p = \left(2\frac{a}{b} + 1\right)p \qquad (5-120)$$

$$\sigma_{\min} = \sigma_{\theta\theta}\big|_{\theta=\pm\frac{\pi}{2}} = -p$$

当 $p\to 0(m\to 1)$ 时椭圆变成一条直裂纹，按上述结果 $\sigma_{\max}\to\infty$。在第五篇中将继续进行讨论。

§5－23　多值位移，位错

迄今为止，我们一直认为固体中的位移是单值的。初看起来，这似乎是必然的。对于单连域来说，情况也确实如此。但是对于多连域的情形，我们在下面将会看到，多值位移是可

能存在的，而且能够给予很简单的物理解释。多值位移的情形在不少科学、技术问题中可能涉及，并且具有重要的意义。

我们先讨论如下的简单应力函数：

$$\left.\begin{aligned}\varphi(z) &= A_1 \ln z\\ \psi(z) &= 0\end{aligned}\right\}$$

式中，A_1 为实常数。

由柯洛索夫公式可以求得

$$u = \frac{A_1}{2\mu}(\kappa \ln r - \cos 2\theta)$$

$$v = \frac{A_1}{2\mu}(\kappa\theta - \sin 2\theta)$$

从上式可见，当 θ 增加 2π 时，v 的增量为（$A_1\kappa\pi/\mu$）。如果限制幅角 θ 的变化范围小于 2π，则 v 为单值位移。但如果 θ 的变化范围为［0，2π］（例如一个完整的圆环），则在 $\theta=0$，$\theta=2\pi$ 截面上（实际上是同一个截面），位移分量 v 不连续，而有一突变值——$A_1\kappa\pi/\mu$。这意味着在这个截面上产生多值位移。如图 5－33a 所示，封闭圆环，内径为 R_1，外径为 R_2。沿 $\theta=0$ 的截面（x 轴处）截开。切去薄层 $\beta=A_1\kappa\pi/\mu$ 后，再使其并拢（并拢时上表面保持不运动而使下表面往上靠拢），并“焊接”在一起。

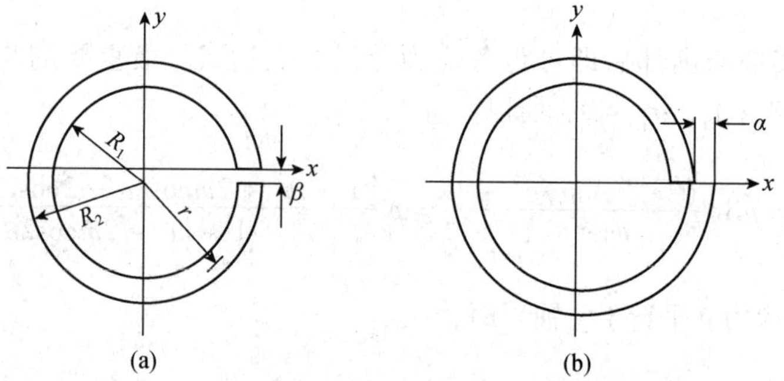

图 5－33

与此相似，取应力函数

$$\varphi(z) = \mathrm{i}A_2 \ln z \qquad (A_2\text{:实常数})$$
$$\psi(z) = 0$$

则其位移为

$$u = \frac{A_2}{2\mu}(\kappa\theta + \sin 2\theta)$$

$$v = \frac{A_2}{2\mu}(\kappa \ln r + \cos 2\theta)$$

上式所表示的位移，可以用图 5－33b 来帮助理解。在 $\theta=0$ 截面上将圆环截开，使上表面不动，下表面相对上表面作 $\alpha=-A_2\kappa\pi/\mu$ 的位移后，再将环焊住。

当然，如果取

$$\left.\begin{aligned} \varphi &= A\ln z \\ \psi &= 0 \end{aligned}\right\} \tag{5-121}$$

式中，

$$A = A_1 + \mathrm{i}A_2$$

则位移为

$$2\mu u = \kappa(A_1 \ln r - A_2\theta) - A_1\cos 2\theta - A_2\sin 2\theta$$
$$2\mu v = \kappa(A_2 \ln r - A_1\theta) + A_2\cos 2\theta - A_1\sin 2\theta$$

因此在 $\theta=0$ 的截面上同时产生 u、v 两个位移分量的多值位移。

式（5－121）不是图 5－33 的解。因为它不能满足圆环内外壁上的应力边界条件。为了满足全部边界条件，其解为

$$\left.\begin{aligned} \varphi(z) &= A\ln z + Bz^2 \\ \psi(z) &= C\ln z + Dz^{-2} \end{aligned}\right\} \tag{5-122}$$

式中，

$$A = \frac{\mu(\alpha + \mathrm{i}\beta)\mathrm{i}}{\pi(1+\kappa)}$$

$$B = -\frac{\mu(\alpha - \mathrm{i}\beta)\mathrm{i}}{\pi(1+\kappa)(R_1^2 + R_2^2)}$$

$$C = \frac{\mu(\alpha - \mathrm{i}\beta)\mathrm{i}}{\pi(1+\kappa)}$$

$$D = \frac{\mu(\alpha + \mathrm{i}\beta)\mathrm{i}}{\pi(1+\kappa)} \cdot \frac{R_2^1 R_2^2}{(R_1^2 + R_2^2)}$$

应用柯洛索夫公式可以求出其全部应力场及位移场，从而可以验证上述解。当 $r=R_1$，及 $r=R_2$ 时，使 $\sigma_{rr}=\sigma_{r\theta}=0$。在 $\theta=0$ 截面上则分别有 α 及 β 的位移突跃。

在某一截面上截面两侧介质发生相对位移的情况，称之为位错。在理论上具有重要意义的情形是图 5－33 中 $R_1\to 0$，$R_2\to\infty$ 情形。即在无限介质中的位错。由式（5－122）不难得到在无限介质（平板）中沿截面 $X=0$ 发生位错，位错线（介质沿某一截面相互错动，此截

面上已错动区域与未错动区域的边界称为位错线）在原点时的解为

$$\left.\begin{aligned}\varphi(z)&=-\frac{\mu(\alpha+\mathrm{i}\beta)\mathrm{i}}{\pi(1+\kappa)}\ln z\\\psi(z)&=\frac{\mu(\alpha-\mathrm{i}\beta)\mathrm{i}}{\pi(1+\kappa)}\ln z\end{aligned}\right\}\tag{5-123}$$

由柯洛索夫公式可求得其应力分布为

$$\left.\begin{aligned}\sigma_{rr}&=\sigma_{\theta\theta}=\frac{2\mu}{\pi(1+\kappa)}\cdot\left(\frac{\beta\cos\theta-\alpha\sin\theta}{r}\right)\\\sigma_{r\theta}&=\frac{2\mu}{\pi(1+\kappa)}\cdot\left(\frac{\alpha\cos\theta-\beta\sin\theta}{r}\right)\end{aligned}\right\}\tag{5-124}$$

当 $\alpha\neq0$，$\beta=0$ 时，则

$$\left.\begin{aligned}\sigma_{rr}&=\sigma_{\theta\theta}=-\frac{2\mu\alpha}{\pi(1+\kappa)}\cdot\left(\frac{\sin\theta}{r}\right)\\\sigma_{r\theta}&=\frac{2\mu\alpha}{\pi(1+\kappa)}\left(\frac{\cos\theta}{r}\right)\end{aligned}\right\}\tag{5-125}$$

位错理论在 20 世纪初由伏尔泰拉等力学家从连续介质力学（弹性力学）的角度进行过研究。后来木斯海里斯维里应用他创立的弹性力学平面问题的复变函数解法，对此进行了深入、系统的研究。1934 年，几乎同时，泰勒、奥罗万及波朗依分别提出晶体中的位错模型，并与伏特拉对于连续介质中的位错理论联系起来。1958 年斯蒂克蒂将弹性位错理论引入地球物理学中。位错理论现已成为地震学震源理论中的重要组成部分。断裂力学诞生以后，位错理论又与断裂力学相结合，互相渗透。总之位错理论的内容很丰富，应用范围很广。限于篇幅，本节只介绍了其中一些基本知识。

第六章　弹性力学的空间问题

弹性力学空间问题的解法，原则上讲，与平面问题的解法相同。都是在给定的边界条件（应力，位移或混合边界条件）下寻求弹性力学基本方程组（4-1）等的解。一般也分为位移解法与应力解法两大类。

但是，由于空间问题所涉及的变量与方程的数量大都比平面问题多，因此，一般说来，解空间问题远比解平面问题困难，至今还没有一整套像弹性力学平面问题的复变函数解法那样系统、全面而且有效的解法。而是主要按照问题的几何方面的特点，将它们分成不同类型的专题，例如柱体的扭转与弯曲问题、平板问题、壳体问题、球体问题及轴对称问题等。每一类问题常常形成一套解法，甚至一个科学分支。所以弹性力学空间问题内容极为广泛且丰富。本章仅介绍一些与地学关系比较密切，同时在解决问题的方法上有典型意义的问题。

§6-1　弹性半无限体中自重引起的应力

（1）在研究地球浅部地壳的应力场时，可忽略地球曲率的影响，而简化为半无限体、且认为在地壳这一薄层（相对于地球半径来说，地壳的厚度是很薄的）内，体力 ρg 的变化可忽略不计。这样就把问题抽象为一个很简单的弹性力学问题——半无限体受均匀体力的应力分布问题。

取坐标系如图 6-1 所示，则其体力为

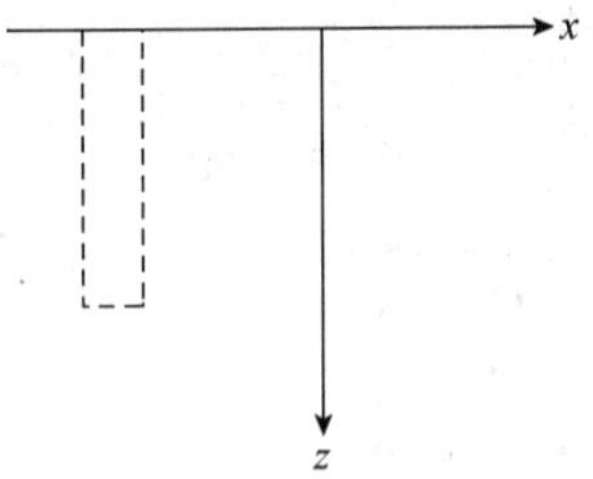

图 6-1　地壳应力场的简单模型

$$\left.\begin{aligned} f_x &= f_y = 0 \\ f_z &= \rho g \end{aligned}\right\} \tag{6-1}$$

问题的边界条件为，在半无限体表面（$z=0$）上，

$$\sigma_{zx} = \sigma_{zy} = \sigma_{zz} = 0$$

先对问题进行一些分析：考虑到横向尺度（x、y 方向）为无限大，因而在横向很难发

生位移及变形，所以可以假设其位移具有如下特点。

位移：

$$\left.\begin{aligned} u &= v = 0 \\ w &= w(z) \end{aligned}\right\} \tag{6-2}$$

应变：由位移公式（6-2）可得

$$\varepsilon_{xx} = \varepsilon_{yy} = \varepsilon_{zx} = \varepsilon_{zy} = \varepsilon_{xy} = 0$$

$$\varepsilon_{zz} = \varepsilon_{zz}(z)$$

这样所有的物理变量都只是坐标 z 的函数，因而问题得到极大的简化。

应力：由胡克定律

$$\varepsilon_{xx} = \frac{1}{E}[\sigma_{xx} - \nu(\sigma_{yy} + \sigma_{zz})] = 0$$

$$\varepsilon_{yy} \frac{1}{E}[\sigma_{yy} - \nu(\sigma_{zz} + \sigma_{xx})] = 0$$

可得

$$\sigma_{xx} = \sigma_{yy} = \left(\frac{\nu}{1-\nu}\right)\sigma_{zz}$$

$$\sigma_{xy} = \sigma_{xz} = \sigma_{zy} = 0$$

再取一轴线与 z 轴平行的柱体（如图 6-1 中虚线所示），考虑它在 z 方向的静力平衡。由于 $\sigma_{xz} = \sigma_{yz} = 0$，所以很容易得到

$$\sigma_{zz} = -\rho g z$$

于是得到本问题的应力分布为

$$\left.\begin{aligned} \sigma_{zz} &= -\rho g z \\ \sigma_{xx} &= \sigma_{yy} = -\left(\frac{\nu}{1-\nu}\right)\rho g z \\ \sigma_{xy} &= \sigma_{yz} = \sigma_{zx} = 0 \end{aligned}\right\} \tag{6-3}$$

此解答满足平衡方程、协调方程及边界条件，所以是本问题的解。

按式（6-3），z 方向为主方向之一。σ_{zz} 为主应力（常称为垂直主应力），另外两个主应力 σ_{xx} 及 σ_{yy} 在水平方向，称为水平主应力。三个主应力均与距地表的深度成正比，如近似取 $\rho \approx 3\mathrm{g/cm^3}$，$\nu = 1/4$，代入式（6-3）得

$$\sigma_{xx} = \sigma_{yy} = \frac{1}{3}\sigma_{zz}$$

而

$$\frac{\nu}{1-\nu}\cdot\rho\approx 1$$

所以深度为 z 处的水平应力与深度为 z 处水中的静水压力相近。而该处的 σ_{zz} 则为水平应力的三倍。例如，$z=10\text{km}$ 处，$\sigma_{zz}\approx -1000\text{MPa}$。$\sigma_{xx}=\sigma_{yy}\approx -300\text{MPa}$。

（2）上述解答的前提是 $u=v=0$，这意味着侧向存在着刚性约束。但实际情况并不完全是这样。如果我们考虑另一个极端——侧向完全不加约束的情况。这相当于一根垂直矗立的柱体（如图6-1中虚线所示），当其密度为 ρ 时，按照同样的方法，不难得到

$$\left.\begin{aligned}&\sigma_{zz}=-\rho gz\\&\sigma_{xx}=\sigma_{yy}=\sigma_{xy}=\sigma_{zx}=\sigma_{zy}=0\end{aligned}\right\}\tag{6-4}$$

比较式（6-3）及（6-4）可知，不同的只是两个应力量 σ_{xx} 与 σ_{yy}，而其余四个分量是一致的。综合二者可得

$$\left.\begin{aligned}&\sigma_{zz}=-\rho gz\\&\sigma_{xx}=\sigma_{yy}=k\sigma_{zz}\\&\sigma_{xy}=\sigma_{yz}=\sigma_{zx}=0\end{aligned}\right\}\tag{6-5}$$

式中，k 称为侧压系数，在弹性范围内

$$0<k<\frac{\nu}{(1+\nu)}$$

但实际上地壳内介质在长期载荷作用下表现出流变特性，在一定条件下，可能形成

$$\sigma_{xx}=\sigma_{yy}=\sigma_{zz}=-\rho gz\tag{6-6}$$

这样的应力状态（参看第十一章），这种情况称之为静岩压力。由此得出

$$0<k<1\tag{6-7}$$

（3）在前面的讨论中，认为在半无限表面上，压力为零，即

$$\sigma_{zz}\Big|_{z=0}=0$$

进一步我们再讨论

$$\sigma_{zz}\Big|_{z=0}=-p$$

这时不难得到其解为

$$
\left.\begin{aligned}
\sigma_{zz} &= -(p+\rho g z)\\
\sigma_{xx} &= \sigma_{yy} = k\sigma_{zz}\\
\sigma_{yz} &= \sigma_{zx} = \sigma_{xy} = 0
\end{aligned}\right\}
\tag{6-8}
$$

在一般情况下，p 为大气压力，可以略去不计。但在计算海洋地壳或水库库底应力时，p 的值有时就应加以考虑。例如，当海水深度为 1 万米时，p 的值就达 100MPa，这是一个相当可观的数字，显然不能略去。

§6－2　球体问题的基本方程，球对称问题

球体问题是弹性力学中一类很重要的问题。一方面它在工程技术中有重要的应用，因为在工程领域中，有许多结构及零部件是球形的；另一方面，由于地球可以近似地看作为一个球体（实际上地球更近似于一个椭球体，但是扁率 e 很小，$e=1/297.25$，参阅傅承义，1974），所以弹性力学关于球体问题的解在地学中有广泛的应用。如关于地球的自由振荡、固体潮、地球内部的应力分布等许多问题都与此有关。本节中介绍以下几方面的内容：①球坐标系中弹性力学的基本方程组；②球对称情况下问题的简化及某些简单问题的解。

一、球坐标系中弹性力学的基本方程组

解弹性力学球体问题采用球坐标系最为方便，下面先介绍球坐标系中的弹性力学基本方程组。

设位移在球坐标中的分量为 u_R、u_θ、u_φ（图 6－2），应变分量及应力分量各为

$$
\begin{pmatrix}
\varepsilon_{RR} & \varepsilon_{R\theta} & \varepsilon_{R\varphi}\\
\varepsilon_{\theta R} & \varepsilon_{\theta\theta} & \varepsilon_{\theta\varphi}\\
\varepsilon_{\varphi R} & \varepsilon_{\varphi\theta} & \varepsilon_{\varphi\varphi}
\end{pmatrix}
$$

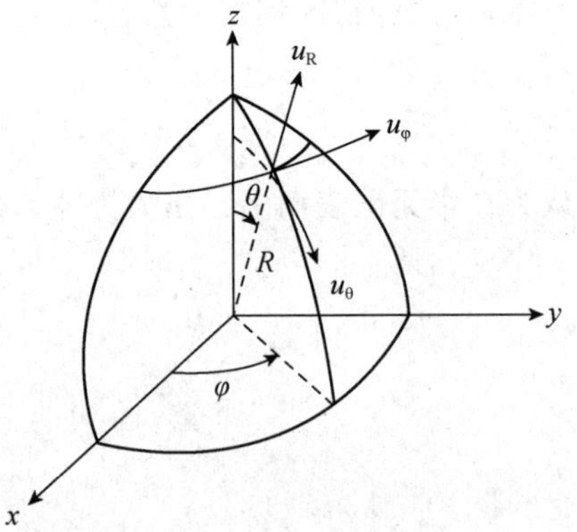

图 6－2　球坐标中的位移分量

及

$$\begin{pmatrix} \sigma_{RR} & \sigma_{R\theta} & \sigma_{R\varphi} \\ \sigma_{\theta R} & \sigma_{\theta\theta} & \sigma_{\theta\varphi} \\ \sigma_{\varphi R} & \sigma_{\varphi\theta} & \sigma_{\varphi\varphi} \end{pmatrix}$$

1. 几何方程

$$\left.\begin{aligned} \varepsilon_{RR} &= \frac{\partial u_R}{\partial R} \\ \varepsilon_{\theta\theta} &= \frac{1}{R}\frac{\partial u_\theta}{\partial\theta} + \frac{u_R}{R} \\ \varepsilon_{\varphi\varphi} &= \frac{1}{R\sin\theta}\frac{\partial u_\varphi}{\partial\varphi} + \frac{u_\theta}{R}\cot\theta + \frac{u_R}{R} \\ \varepsilon_{\theta\varphi} &= \frac{1}{2}\left[\frac{\partial u_\varphi}{R\partial\theta} - \frac{\cot\theta}{2R}u_\varphi + \frac{1}{R\sin\theta}\frac{\partial u_\theta}{\partial\varphi}\right] \\ \varepsilon_{\varphi R} &= \frac{1}{2}\left[\frac{1}{R\sin\theta}\frac{\partial u_R}{\partial\varphi} + \frac{\partial u_\varphi}{\partial R} - \frac{u_\varphi}{R}\right] \\ \varepsilon_{R\theta} &= \frac{1}{2}\left[\frac{\partial u_\theta}{\partial R} - \frac{u_\theta}{R} + \frac{1}{R}\frac{\partial u_R}{\partial\theta}\right] \end{aligned}\right\} \tag{6-9}$$

体积膨胀 Δ（以往用 θ 表示体积膨胀，本章中为避免与坐标 θ 相混淆，改用 Δ 表示体应变）为

$$\begin{aligned} \Delta &= \varepsilon_{RR} + \varepsilon_{\theta\theta} + \varepsilon_{\varphi\varphi} \\ &= \frac{1}{R^2\sin\theta}\left[\frac{\partial}{\partial R}(R^2 u_R\sin\theta) + \frac{\partial}{\partial\theta}(Ru_\theta\sin\theta) + \frac{\partial}{\partial\varphi}(Ru_\varphi)\right] \end{aligned} \tag{6-10}$$

设

$$\frac{1}{2}\mathrm{rot}\boldsymbol{u} = \boldsymbol{\omega} = \omega_R\boldsymbol{e}_R + \omega_\theta\boldsymbol{e}_\theta + \omega_\varphi\boldsymbol{e}_\varphi \tag{6-11}$$

式中，$\boldsymbol{e}_R$、$\boldsymbol{e}_\theta$、$\boldsymbol{e}_\varphi$ 为 R、θ、φ 方向的单位矢量。

则

$$\left.\begin{aligned} \omega_R &= \frac{1}{2R^2\sin\theta}\left[\frac{\partial}{\partial\theta}(Ru_\varphi\sin\theta) - \frac{\partial}{\partial\varphi}(Ru_\theta)\right] \\ \omega_\theta &= \frac{1}{2R\sin\theta}\left[\frac{\partial u_R}{\partial\varphi} - \frac{\partial}{\partial R}(Ru_\varphi\sin\theta)\right] \\ \omega_\varphi &= \frac{1}{2R}\left[\frac{\partial}{\partial R}(Ru_\theta) - \frac{\partial u_R}{\partial\theta}\right] \end{aligned}\right\} \tag{6-12}$$

2. 平衡方程

应力形式：

$$
\left.\begin{aligned}
&\frac{\partial\sigma_{RR}}{\partial R}+\frac{1\partial\sigma_{R\theta}}{R\,\partial\theta}+\frac{1}{R\sin\theta}\frac{\partial\sigma_{R\varphi}}{\partial\varphi}+\frac{1}{R}(2\sigma_{RR}-\sigma_{\theta\theta}+\sigma_{\varphi\varphi}+\sigma_{R\theta}\cot\theta)+f_R=0\\
&\frac{\partial\sigma_{R\theta}}{\partial R}+\frac{1}{R}\frac{\partial\sigma_{\theta\theta}}{\partial\theta}+\frac{1}{R\sin\theta}\frac{\partial\sigma_{\theta\varphi}}{\partial\varphi}=\frac{1}{R}[(\sigma_{\theta\theta}-\sigma_{\varphi\varphi})\cot\theta+3\sigma_{R\theta}]+f_\theta=0\\
&\frac{\partial\sigma_{R\varphi}}{\partial R}+\frac{1}{R}\frac{\partial\sigma_{\theta\varphi}}{\partial\theta}+\frac{1}{R\sin\theta}\cdot\frac{\partial\sigma_{\varphi\varphi}}{\partial\varphi}+\frac{1}{R}[3\sigma_{R\varphi}+2\sigma_{\theta\varphi}\cot\theta]+f_\varphi=0
\end{aligned}\right\}\quad(6-13\text{a})
$$

位移形式的平衡方程——拉梅方程在球坐标系中的具体形式为

$$
\left.\begin{aligned}
&(\lambda+\mu)\frac{\partial\Delta}{\partial R}+\mu\nabla^2u_R-\frac{2\mu}{R^2}\left[u_R+\frac{1}{\sin\theta}\frac{\partial}{\partial\theta}(u_\theta\sin\theta)+\frac{1}{\sin\theta}\frac{\partial u_\varphi}{\partial\varphi}\right]f_R=0\\
&(\lambda+\mu)\frac{\partial\Delta}{R\partial\theta}+\mu\nabla^2u_\theta+\frac{\mu}{R^2}\left[2\frac{\partial u_R}{\partial\theta}-\frac{u_\theta}{\sin^2\theta}-\frac{2\cot\theta}{\sin\theta}\cdot\frac{\partial u_\varphi}{\partial\varphi}\right]+f_\theta=0\\
&\frac{1}{R\sin\theta}(\lambda+\mu)\frac{\partial\Delta}{\partial\varphi}+\mu\nabla^2u_\varphi+\frac{2\mu}{R^2\sin\theta}\left[\frac{\partial u_R}{\partial\theta}+\cot\theta\frac{\partial u_\theta}{\partial\varphi}-\frac{u_\varphi}{2\sin\theta}\right]+f_\varphi=0
\end{aligned}\right\}\quad(6-13\text{b})
$$

式中，f_R、f_θ、f_φ 为体力 $\boldsymbol{f}$ 在 R、θ、φ 三个方向上的分量；Δ 代表体应变，

$$
\Delta=\mathrm{div}\boldsymbol{u}=\varepsilon_{RR}+\varepsilon_{\theta\theta}+\varepsilon_{\varphi\varphi}
$$

二、球对称情况下问题的简化

如果弹性球体（或同心球壳）受到球对称外力及体力的作用，则问题是球对称的。这时问题将极大地简化。现分别讨论其位移及应变。

位移：
$$
\left.\begin{aligned}
&u_\theta=u_\varphi=0\\
&u_R=u_R(R)
\end{aligned}\right\}\quad(6-14)
$$

几何方程：将式（6-14）代入式（6-9）至式（6-12）中，得

$$
\left.\begin{aligned}
&\varepsilon_{RR}=\frac{\mathrm{d}u_R}{\mathrm{d}R}\\
&\varepsilon_{\theta\theta}=\varepsilon_{\varphi\varphi}=\frac{u_R}{R}\\
&\varepsilon_{\theta\varphi}=\varepsilon_{\varphi R}=\varepsilon_{R\theta}=0
\end{aligned}\right\}\quad(6-15)
$$

$$
\Delta=\frac{\mathrm{d}u_R}{\mathrm{d}R}+2\frac{u_R}{R}\quad(6-16)
$$

$$
\omega_R=\omega_\theta=\omega_\varphi=0\quad(6-17)
$$

$\omega=0$ 即 $\mathrm{rot}\boldsymbol{u}=0$。这说明位移场为一无旋场，因此一定存在一个标量位移函数 U，使

$$\boldsymbol{u} = \mathrm{grad}U \tag{6-18}$$

且

$$\nabla = \mathrm{div}\boldsymbol{u} = \mathrm{div\ grad}U = \nabla^2 U \tag{6-19}$$

平衡方程：

由于我们下面将采用位移解法，所以平衡方程采用拉梅方程式比较方便。拉梅方程的矢量形式为［式（4－9″）］

$$(\lambda+\mu)\mathrm{grad\ div}\boldsymbol{u} + \mu\nabla^2\boldsymbol{u} + \boldsymbol{f} = 0 \tag{6-20}$$

写成具体的分量形式如式（6－13b）所示。

设体积力为有势力，即存在势函数 V，使

$$\boldsymbol{f} = -\mathrm{grad}V \tag{6-21a}$$

在球对称情况则

$$\boldsymbol{f} = -\mathrm{grad}V = -\frac{\mathrm{d}V}{\mathrm{d}R} \tag{6-21b}$$

将式（6－14）及（6－21a、b）代入（6－13b）中，可得到球对称问题的基本方程为

$$(\lambda+2\mu)\Delta = V + \mathrm{const} \tag{6-22}$$

如果 $V=0$，即无体积力作用时，则得

$$\Delta = \mathrm{const} \tag{6-23}$$

这是一个非常简单而重要的结果。

将 $\Delta = \frac{\mathrm{d}u_R}{\mathrm{d}R} + 2\frac{u_R}{R}$ 代入式（6－22），得球对称问题的基本方程的另一种形式：

$$\frac{\mathrm{d}u_R}{\mathrm{d}R} + 2\frac{u_R}{R} = \frac{(V+C')}{(\lambda+2\mu)} \tag{6-24}$$

式中，C'为常数。为书写简化起见，以下将 u_R 记为 u。

三、同心球壳内外受均匀压力时的解

如图 6－3 所示，一同心球壳内半径为 a，外半径为 b，内、外各受均匀分布的压力 p_1 和 p_2 的作用。现在来求解这个问题。

因为不考虑体力，所以这时 $V=0$，方程（6－24）简化为

$$\frac{\mathrm{d}u}{\mathrm{d}R} + 2\frac{u}{R} = C \tag{a}$$

此方程的解为

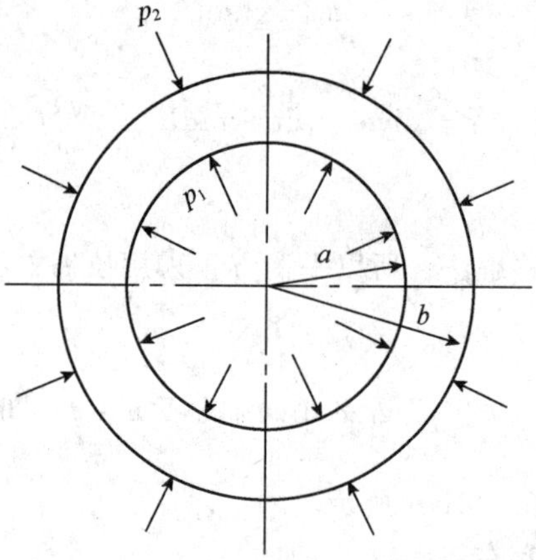

图 6－3　内外壁受均匀压力的同心球壳

$$u = \frac{A}{R^2} + \frac{CR}{3} \tag{b}$$

式中，A、C 为待定常数。

由式（6－15）可得

$$\left.\begin{aligned} \varepsilon_{RR} &= \frac{du}{dR} = \frac{C}{3} - \frac{2A}{R^3} \\ \varepsilon_{\theta\theta} &= \varepsilon_{\varphi\varphi} = \frac{C}{3} + \frac{A}{R^3} \end{aligned}\right\} \tag{c}$$

再由胡克定律求得

$$\left.\begin{aligned} \sigma_{RR} &= \lambda\theta + 2\mu\varepsilon_{RR} = \lambda C + \frac{2}{3}\mu C - \frac{4\mu A}{R^3} \\ \sigma_{\theta\theta} &= \sigma_{\varphi\varphi} = \lambda\theta + 2\mu\varepsilon_{\theta\theta} = \lambda C + \frac{2}{3}\mu C + \frac{2\mu A}{R^3} \end{aligned}\right\} \tag{d}$$

本问题的边界条件为

$$R = a: \quad \sigma_{RR} = -p_1, \quad \sigma_{R\theta} = \sigma_{R\varphi} = 0$$
$$R = b: \quad \sigma_{RR} = -p_2, \quad \sigma_{R\theta} = \sigma_{R\varphi} = 0$$

代入式（d）中得

$$\left.\begin{aligned}A &= \frac{1}{4\mu}(p_1 - p_2)\frac{b^3a^3}{b^3 - a^3}\\ C &= \frac{1}{\left(\lambda + \frac{2}{3}\mu\right)}\cdot\frac{1}{(b^3 - a^3)}(p_1a^3 - p_2b^3)\end{aligned}\right\}\tag{e}$$

于是应力分布已全部确定如下：

$$\left.\begin{aligned}\sigma_{RR} &= \frac{-a^3b^3}{b^3 - a^3}\left[p_1\left(\frac{1}{R^3} - \frac{1}{b^3}\right) + p_2\left(\frac{1}{a^3} - \frac{1}{R^3}\right)\right]\\ \sigma_{\theta\theta} &= \sigma_{\varphi\varphi} = \frac{a^3b^3}{b^3 - a^3}\left[p_1\left(\frac{1}{b^3} + \frac{1}{2R^3}\right) - p_2\left(\frac{1}{a^3} + \frac{1}{2R^3}\right)\right]\end{aligned}\right\}\tag{6-25}$$

上面的公式在工程技术中很有用，因为工程上常遇到球形压力容器，其中的应力分布可按上面的公式进行计算。

由于 $a \leqslant R \leqslant b$，可知当 p_1、p_2 大于零（即内外均受压力作用）时，σ_{RR} 恒为负值，也就是说，σ_{RR} 恒为压应力。

实际问题中 p_2 常常只是大气的气压，因而 $p_2 \ll p_1$，这时可忽略 p_2 的作用，而令 $p_2 = 0$。式（6－25）简化为

$$\left.\begin{aligned}\frac{\sigma_{RR}}{p_1} &= \frac{-\alpha^3}{\alpha^3 - 1}\left(\frac{1}{\bar{R}^3} - \frac{1}{\alpha^3}\right)\\ \frac{\sigma_{\theta\theta}}{p_1} &= \frac{\sigma_{\varphi\varphi}}{p_1} = \frac{\alpha^3}{a^3 - 1}\left(\frac{1}{\alpha^3} + \frac{1}{2\bar{R}^3}\right)\end{aligned}\right\}\tag{6-26}$$

式中，$\bar{R} = R/a$，$\alpha = b/a$。

现在讨论两种极端情况。

1. $b \to \infty$

壳体厚度无穷大，即无限介质中有一球形空穴的情形，令式（6－26）中 $b \to \infty$（$\alpha \to \infty$）得

$$\left.\begin{aligned}\frac{\sigma_{RR}}{p_1} &= -\frac{1}{\bar{R}^3}\\ \frac{\sigma_{\theta\theta}}{p_1} &= \frac{\sigma_{\varphi\varphi}}{p_1} = \frac{1}{2\bar{R}^3}\end{aligned}\right\}\tag{6-27}$$

当 $R = a$，$\bar{R} = 1$ 时，$\sigma_{RR}/p_1 = -1$，$\sigma_{\theta\theta} = \sigma_{\varphi\varphi} = 0.5p_1$。

当 $R = b$，$\bar{R} = a$ 时，σ_{RR}、$\sigma_{\theta\theta}$ 及 $\sigma_{\varphi\varphi}$ 都趋于零。

2. 薄壳的情况

设球壳壁厚为 t，令 $\delta' = \dfrac{t}{a}$，$\delta'' = \dfrac{R - a}{a}$，显然 $\delta'' < \delta' \ll 1$，因而

$$\alpha = \frac{b}{a} = \frac{a+t}{a} = 1 + \delta'$$

$$\alpha^3 \approx 1 + 3\delta'$$

$$\bar{R} = \frac{R}{a} = \frac{a + R - a}{a} = 1 + \delta''$$

$$\bar{R}^3 \approx 1 + 3\delta''$$

在这样的条件下，式（6－26）可简化为

$$\left.\begin{aligned} \frac{\sigma_{RR}}{p_1} &\approx \left(\frac{\delta' - \delta''}{\delta'}\right) \\ \frac{\sigma_{\theta\theta}}{p_1} &= \frac{\sigma_{\varphi\varphi}}{p_1} \approx 1/\delta' \end{aligned}\right\} \tag{6-28}$$

§6－3　球壳在万有引力作用下的解，地壳内应力的讨论

在§6－1中，我们曾经用半无限体因自重引起的引力场来模拟地壳内的应力场。从几何上看，用球壳来模拟地壳，显然比半无限体更加接近真实情况。下面就此做一些分析。

将地壳看成是一个同心球壳。此球壳的壁厚很薄，因为地球半径 $b \approx 6370\text{km}$，而地壳厚度 t 仅几十公里。如取 $t = 35\text{km}$，则 $a = b - t = 6335$，所以 $\delta' = t/a = 0.0055 \ll 1$。

不考虑地球自转的惯性力（因为地球自转速度很慢，在近似计算中可以略去不计），而只考虑万有引力的作用。并近似假定万有引力为常体力 $f_r = \rho_0 g_0$。这是因为考虑到地壳厚度很薄，并且 $f_r = -\rho g$，ρ、g 两项都是 R 的函数，但变化趋势是相反的（ρ 是 R 的减函数，g 是 R 的增函数）。

根据上面的简化，本问题是一个球对称问题，可以利用方程（6－22a）。

$$(\lambda + 2\mu)\left(\frac{\mathrm{d}u}{\mathrm{d}R} + 2\frac{u}{R}\right) = V + C' \tag{a}$$

式中，$V = \rho_0 g_0 R$；C'为待定常数。

上式还可表为

$$\frac{\mathrm{d}u}{\mathrm{d}R} + 2\frac{u}{R} = Br + A \tag{b}$$

式中，$B = \rho_0 g_0 / (\lambda + 2\mu)$

$$A = \frac{C'}{(\lambda + 2\mu)} \quad \text{（待定常数）} \tag{c}$$

方程（b）的解为

$$u = \frac{B}{4}R^2 + BR + \frac{C}{R^2} \tag{d}$$

式中，C、D 为待定常数。

由式（c）可得

$$\left.\begin{aligned} \varepsilon_{RR} &= \frac{\partial u}{\partial R} = \frac{BR}{2} + D - \frac{2C}{R^3} \\ \varepsilon_{\theta\theta} &= \varepsilon_{\varphi\varphi} = \frac{u}{R} = \frac{BR}{4} + D + \frac{C}{R^3} \end{aligned}\right\} \tag{e}$$

$$\left.\begin{aligned} \sigma_{rr} &= 2\mu\varepsilon_{RR} + \lambda\Delta = (\lambda + \mu)BR + (3\lambda + 2\mu)D - \frac{4\mu C}{R^3} \\ \sigma_{\theta\theta} &= \sigma_{\varphi\varphi} = 2\mu\varepsilon_{\theta\theta} + \lambda\Delta = \left(\lambda + \frac{\mu}{2}\right)BR + (3\lambda + 2\mu)D + \frac{2\mu C}{R^3} \end{aligned}\right\} \tag{f}$$

边界条件为

$$\left.\begin{aligned} R = b:\ \sigma_{RR} = 0 \\ R = a:\ \sigma_{RR} = 0 \end{aligned}\right\} \tag{g}$$

将式（f）代入式（g）得

$$\left.\begin{aligned} (\lambda + \mu)Bb + (3\lambda + 2\mu)D - \frac{4\mu C}{b^3} = 0 \\ (\lambda + \mu)Ba + (3\lambda + 2\mu)D - \frac{4\mu C}{a^3} = 0 \end{aligned}\right\} \tag{h}$$

解式（h）得

$$\left.\begin{aligned} C &= -\left(\frac{\lambda + \mu}{4\mu}\right)\cdot\left(\frac{a^3b^3}{a^2 + ab + b^2}\right)\cdot B \\ D &= -\frac{(\lambda + \mu)}{(3\lambda + 2\mu)}\cdot\left(\frac{b^4 - a^4}{b^3 - a^3}\right)\cdot B \end{aligned}\right\} \tag{i}$$

将式（i）代回式（f）得

$$\left.\begin{aligned} \sigma_{RR} &= \left(\frac{\lambda + \mu}{\lambda + 2\mu}\right)\rho_0 g_0\left[R - \frac{b^4 - a^4}{b^3 - a^3} + \frac{a^3b^3(b - a)}{(b^3 - a^3)}\cdot\frac{1}{R^3}\right] \\ \sigma_{\theta\theta} &= \sigma_{\varphi\varphi} = \frac{\rho_0 g_0}{\lambda + 2\mu}\left[\left(\lambda + \frac{\mu}{2}\right)R - (\lambda + \mu)\left(\frac{b^4 - a^4}{b^3 - a^3}\right) - (\lambda + \mu)\frac{a^3b^3(b - a)}{(b^3 - a^3)}\cdot\frac{1}{R^3}\right] \end{aligned}\right\} \tag{6-29}$$

式（6－29）所给出的是一个同心球壳，内外表面不受外力作用，由于万有引力而引起的应力场。实际上，地壳与地幔有相互作用。如果不考虑剪应力 $\sigma_{r\theta}$、$\sigma_{\theta\varphi}$ 的作用，认为只有

$\sigma_{rr}=-p_1$ 互相作用，由于 p_1 作用的应力场可由式（6－26）或（6－28）计算。地壳中的应力场应该是式（6－28）与（6－29）二者的叠加。

§6－1 与本节中计算地壳应力场的模型都是经过高度简化的。它们的作用只能是给出地壳应力场的一个大致图像。实际情况与上述模型有很大的差别。从几何上看，地壳（或岩石圈）不是同心球壳，也不是半无限空间。地壳的厚度是不均匀的，且变化很大；地表与莫霍界面（地壳与地幔的分界面）形状很复杂，也决不是规则的球面。更主要的是，地壳不是一个连续的整体，而是由大小不等、形状各异的板块所组成。从介质上看，地壳介质决非完全弹性、均匀及各向同性的介质，不仅介质性质随深度有很大变化，近年来的大量工作表明，地壳介质的横向不均匀性及各向异性也是不能忽视的因素，介质的非弹性对于应力场更是重要的影响因素（参看第四篇）。从外载荷条件看，板块之间的相互作用，以及地幔对流对板块底部的横向作用都是极为重要的。

地壳应力场是地球物理学乃至整个地球科学中的基本问题之一。因而许多国家、机构及科学家在此领域内投入了大量的人力、物力，进行了多方面的研究。有兴趣的读者建议参考 Zoback M. L.（1989）及 Engelder T（1992）。国际岩石应力研讨会是有关此课题的系列会议，第五届国际岩石应力研讨会 2010 年在中国北京召开，反映了这一领域的新进展，可参考《Proceedings of the 5th International Syposium on In-Situ Rock Stress》（Edited by Furen Xie, CRC Press/Balkema, Leiden, The Netherlands）。

§6－4　无限弹性介质中集中力作用时的解及其应用

无限弹性介质中集中力作用下的解，首先由开尔文得到，所以称之为**开尔文问题**，本节将讨论这个问题的位势解法及一些有关的问题。

一、预备知识——矢量场分解的位势场及管量场

按照矢量分析中的墨姆霍茨定理，一个在无穷远处收敛的解析矢量场 $\boldsymbol{u}$ 可以分解为两个矢量场的和：

$$\boldsymbol{u}=\text{grad}\,\varphi+\text{rot}\,\boldsymbol{\psi} \tag{6-30a}$$

或

$$\left.\begin{aligned}u_1&=\frac{\partial\varphi}{\partial x_1}+\frac{\partial\psi_3}{\partial x_2}-\frac{\partial\psi_2}{\partial x_3}\\u_2&=\frac{\partial\varphi}{\partial x_2}+\frac{\partial\psi_1}{\partial x_3}-\frac{\partial\psi_3}{\partial x_1}\\u_3&=\frac{\partial\varphi}{\partial x_3}+\frac{\partial\psi_3}{\partial x_1}-\frac{\partial\psi_1}{\partial x_3}\end{aligned}\right\} \tag{6-30b}$$

且令

$$\text{div}\,\boldsymbol{\psi}=\psi_{i,i}=0 \tag{6-31}$$

式中，φ 称为标量位；$\boldsymbol{\psi}(\psi_1,\psi_2,\psi_3)$ 称为矢量位；u_1、u_2、u_3 分别为位移在直角坐标系

x_1、x_2、x_3 方向上的分量；grad φ 称为位势场；而 rot $\boldsymbol{\psi}$ 称为管量场。

式（6－31）是作为分解（6－30）的附加条件，否则 ψ 仍然具有一定的不确定性——它的散度（div $\boldsymbol{\psi}$）是任意的。

分别求式（6－30）两边的散度及旋度得

$$\left.\begin{aligned}\operatorname{div}\boldsymbol{u} &= \operatorname{div}(\operatorname{grad}\varphi) + \operatorname{div}(\operatorname{rot}\boldsymbol{\psi})\\ \operatorname{rot}\boldsymbol{u} &= \operatorname{rot}(\operatorname{grad}\varphi) + \operatorname{rot}(\operatorname{rot}\boldsymbol{\psi})\end{aligned}\right\} \tag{a}$$

由于

$$\begin{aligned}&\operatorname{div}(\operatorname{rot}\boldsymbol{\psi}) = 0\\ &\operatorname{rot}(\operatorname{grad}\varphi) = 0\\ &\operatorname{div}(\operatorname{grad}\varphi) = \nabla^2\varphi\\ &\operatorname{rot}(\operatorname{rot}\boldsymbol{\psi}) = \operatorname{grad}\operatorname{div}\boldsymbol{\psi} - \nabla^2\boldsymbol{\psi} = -\nabla^2\boldsymbol{\psi}\end{aligned}$$

式（a）成为

$$\nabla^2\varphi = \operatorname{div}\boldsymbol{u} = \Delta \tag{6-32}$$

$$\nabla^2\boldsymbol{\psi} = -\operatorname{rot}\boldsymbol{u} = -2\boldsymbol{\omega} \tag{6-33}$$

式（6－32）、（6－33）是数理方程中熟知的泊桑方程，按著名的牛顿位势理论，式6－22）及（6－33）的解为

$$\varphi(x_1,x_2,x_3) = \frac{-1}{4\pi}\iiint_T \frac{\Delta(x_1',x_2',x_3')}{R}\mathrm{d}x_1'\mathrm{d}x_2'\mathrm{d}x_3' \tag{6-34}$$

$$\psi_i(x_1,x_2,x_3) = \frac{1}{2\pi}\iiint_T \frac{\omega_i(x_1',x_2',x_3')}{R}\mathrm{d}x_1'\mathrm{d}x_2'\mathrm{d}x_3' \tag{6-35}$$

式中，

$$R = \sqrt{(x_1-x_1')^2+(x_2-x_2')^2+(x_3-x_3')^2} \tag{6-36}$$

T 为积分域；Δ 及 ω_i 必然在 T 外为零，T 内有限。

借助于部分积分（Love，1944），可以将式（6－34）、（6－35）进一步表示为

$$\varphi(x_1,x_2,x_3) = \frac{-1}{4\pi}\iiint\left[u_1'\frac{\partial R^{-1}}{\partial x_1} + u_1'\frac{\partial R^{-1}}{\partial x_2} + u_3\frac{\partial R^{-1}}{\partial x_3}\right]\mathrm{d}x_1'\mathrm{d}x_2'\mathrm{d}x_3' \tag{6-37a}$$

$$\left.\begin{aligned}\psi_1(x_1,x_2,x_3) &= \frac{1}{4\pi}\iiint\left[u_3'\frac{\partial R^{-1}}{\partial x_2'} - u_3'\frac{\partial R^{-1}}{\partial x_1}\right]\mathrm{d}x_1'\mathrm{d}x_2'\mathrm{d}x_3'\\ \psi_2(x_1,x_2,x_3) &= \frac{1}{4\pi}\iiint\left[u_1'\frac{\partial R^{-1}}{\partial x_3} - u_3'\frac{\partial R^{-1}}{\partial x_1}\right]\mathrm{d}x_1'\mathrm{d}x_2'\mathrm{d}x_3'\\ \psi_3(x_1,x_2,x_3) &= \frac{1}{4\pi}\iiint\left[u_2'\frac{\partial R^{-1}}{\partial x_1} - u_1'\frac{\partial R^{-1}}{\partial x_2}\right]\mathrm{d}x_1'\mathrm{d}x_2'\mathrm{d}x_3'\end{aligned}\right\} \tag{6-37b}$$

或

$$\varphi_i(x_1,x_2,x_3) = -\frac{1}{4\pi}\iiint u_i\frac{\partial R^{-1}}{\partial x_j}\mathrm{d}x_1'\mathrm{d}x_2'\mathrm{d}x_3' \tag{6-38a}$$

$$\psi_i(x_1,x_2,x_3) = \frac{1}{4\pi}\iiint e_{ijk} u'_k \frac{\partial R^{-1}}{\partial x_j} \mathrm{d}x'_1 \mathrm{d}x'_2 \mathrm{d}x'_3 \tag{6-38b}$$

式中，e_{ijk}为交换符号（参阅第一章）。

$$\frac{\partial R^{-1}}{\partial x_i} \equiv \frac{\partial}{\partial x_i}\left(\frac{1}{R}\right)$$

于是式（6－30）得到证明。

二、弹性力学空间问题的位势解法

现在回到弹性静力学的基本方程——拉梅方程式（4－9）。

$$(\lambda+\mu)\,\mathrm{grad}\;\mathrm{div}\,\boldsymbol{u} + \mu\,\nabla^2\boldsymbol{u} + \boldsymbol{f} = 0 \tag{4-9}$$

依照上面的办法，首先将体力场$\boldsymbol{f}$也进行同样的分解，因而

$$\boldsymbol{f} = \mathrm{grad}\,\Phi + \mathrm{rot}\,\boldsymbol{F} \tag{6-39a}$$

或

$$\left.\begin{aligned} f_1 &= \frac{\partial \Phi}{\partial x_1} + \frac{\partial F_3}{\partial x_2} - \frac{\partial F_2}{\partial x_3} \\ f_2 &= \frac{\partial \Phi}{\partial x_2} + \frac{\partial F_1}{\partial x_3} - \frac{\partial F_3}{\partial x_1} \\ f_3 &= \frac{\partial \Phi}{\partial x_3} + \frac{\partial F_2}{\partial x_1} - \frac{\partial F_1}{\partial x_2} \end{aligned}\right\} \tag{6-39b}$$

式中，Φ 称为体力场的标量势；$\boldsymbol{F}(F_1,\ F_2,\ F_3)$ 称为体力场的矢量势。同理可得

$$\Phi = \frac{-1}{4\pi}\iiint\left(f_1\frac{\partial R^{-1}}{\partial x_1} + f_2\frac{\partial R^{-1}}{\partial x_2} + f_3\frac{\partial R^{-1}}{\partial x_3}\right)\mathrm{d}x'_1 \mathrm{d}x'_2 \mathrm{d}x'_3 \tag{6-40}$$

及

$$\left.\begin{aligned} F_1 &= \frac{1}{4\pi}\iiint\left(f'_3\frac{\partial R^{-1}}{\partial x_2} - f'_2\frac{\partial R^{-1}}{\partial x_3}\right)\mathrm{d}x'_1 \mathrm{d}x'_2 \mathrm{d}x'_3 \\ F_2 &= \frac{1}{4\pi}\iiint\left(f'_1\frac{\partial R^{-1}}{\partial x_3} - f'_3\frac{\partial R^{-1}}{\partial x_1}\right)\mathrm{d}x'_1 \mathrm{d}x'_2 \mathrm{d}x'_3 \\ F_3 &= \frac{1}{4\pi}\iiint\left(f'_2\frac{\partial R^{-1}}{\partial x_1} - f'_1\frac{\partial R^{-1}}{\partial x_2}\right)\mathrm{d}x'_1 \mathrm{d}x'_2 \mathrm{d}x'_3 \end{aligned}\right\} \tag{6-41}$$

式中，f'_1、f'_2、f'_3表示f_1、f_2、f_3 在点（x'_1，x'_2，x'_3）的值。

将式（6－30）及式（6－37）代入拉梅方程（4－9）得

$$\left.\begin{aligned}(\lambda+2\mu)\frac{\partial}{\partial x_1}\nabla^2\varphi+\mu\left(\frac{\partial}{\partial x_2}\nabla^2\psi_3-\frac{\partial}{\partial x_3}\nabla^2\psi_2\right)+\frac{\partial\Phi}{\partial x_1}+\frac{\partial F_3}{\partial x_2}-\frac{\partial F_2}{\partial x_3}=0\\(\lambda+2\mu)\frac{\partial}{\partial x_2}\nabla^2\varphi+\mu\left(\frac{\partial}{\partial x_3}\nabla^2\psi_1-\frac{\partial}{\partial x_1}\nabla^2\psi_3\right)+\frac{\partial\Phi}{\partial x_2}+\frac{\partial F_1}{\partial x_3}-\frac{\partial F_3}{\partial x_1}=0\\(\lambda+2\mu)\frac{\partial}{\partial x_3}\nabla^2\varphi+\mu\left(\frac{\partial}{\partial x_1}\nabla^2\psi_2-\frac{\partial}{\partial x_2}\nabla^2\psi_1\right)+\frac{\partial\Phi}{\partial x_3}+\frac{\partial F_2}{\partial x_1}-\frac{\partial F_1}{\partial x_2}=0\end{aligned}\right\}\quad(6-42)$$

上式的特解为

$$\left.\begin{aligned}(\lambda+2\mu)\nabla^2\varphi+\Phi=0\\\mu\nabla^2\psi_i+F_i=0\end{aligned}\right\}\quad(6-43)$$

式（6－42）是泊桑方程，当 Φ 及 F_i 已知后，就可按照数理方程的方法进行求解。

三、无限弹性介质中受集中力作用时的解

先考虑集中力 P_1 沿 x_1 方向作用于（x_1'，x_2'，x_3'）点的简单情形。这相当于体积力 f_i 为

$$f_1=P_1\delta(x_1',x_2',x_3'),\quad f_2=0,\quad f_3=0$$

由式（6－40）及（6－41）可得

$$\left.\begin{aligned}&\Phi=-\frac{P_1}{4\pi}\frac{\partial R^{-1}}{\partial x_1}\\&F_1=0\\&F_2=\frac{P_1}{4\pi}\cdot\frac{\partial R^{-1}}{\partial x_3}\\&F_3=\frac{P_1}{4\pi}\cdot\frac{\partial R^{-1}}{\partial x_1}\end{aligned}\right\}\quad(6-44)$$

将上式代入式（6－43）并利用下列关系：

$$\frac{\partial R^{-1}}{\partial x_1}=\frac{1}{2}\nabla^2\left(\frac{\partial R}{\partial x_1}\right),\quad\frac{\partial R^{-1}}{\partial x_2}=\frac{1}{2}\nabla^2\left(\frac{\partial R}{\partial x_2}\right),\quad\frac{\partial R^{-1}}{\partial x_3}=\frac{1}{2}\nabla^2\left(\frac{\partial R}{\partial x_3}\right)$$

可得问题的解为

$$\varphi=\frac{P_1}{8\pi(\lambda+2\mu)}\frac{\partial R}{\partial x_1}$$

$$\psi_1=0,\quad\psi_2=\frac{-P_1}{8\pi\mu}\frac{\partial R}{\partial x_3},\quad\psi_3=\frac{-P_1}{8\pi\mu}\frac{\partial R}{\partial x_2}$$

将上面的解代入式（6－30）得位移表达式：

$$
\left.\begin{aligned}
u_1 &= \frac{-(\lambda+\mu)P_1}{8\pi\mu(\lambda+2\mu)}\frac{\partial^2 R}{\partial x_1^2}+\frac{P_1}{4\pi\mu R}\\
u_2 &= \frac{-(\lambda+\mu)P_1}{8\pi\mu(\lambda+2\mu)}\cdot\frac{\partial^2 R}{\partial x_1\partial x_2}\\
u_3 &= \frac{-(\lambda+\mu)P_1}{8\pi\mu(\lambda+2\mu)}\cdot\frac{\partial^2 R}{\partial x_1\partial x_3}
\end{aligned}\right\}\tag{6-45}
$$

利用下列关系式：

$$
\left.\begin{aligned}
\frac{\partial^2 R}{\partial x_1^2} &= \frac{1}{R}-\frac{1}{R^3}(x-x')^2\\
\frac{\partial^2 R}{\partial x_1\partial x_2} &= -\frac{1}{R^3}(x_1-x_1')(x_2-x_2')\\
\frac{\partial^2 R}{\partial x_1\partial x_3} &= -\frac{1}{R^3}(x_1-x_1')(x_3-x_3')
\end{aligned}\right\}
$$

可以将式（6－45）表示为更加明显的形式：

$$
\begin{pmatrix} u_1(x_1,x_2,x_3)\\ u_2(x_1,x_2,x_3)\\ u_3(x_1,x_2,x_3)\end{pmatrix}=\frac{\lambda+3\mu}{8\pi\mu(\lambda+2\mu)R}\begin{pmatrix}P_1\\0\\0\end{pmatrix}+\frac{\lambda+\mu}{8\pi\mu(\lambda+2\mu)}\times\left(\frac{x_1-x_1'}{R^3}\right)P_1\begin{pmatrix}x_1-x_1'\\x_2-x_2'\\x_3-x_3'\end{pmatrix}\tag{6-46}
$$

有了解（6－46）后，很容易推广到更加普遍的情形。当集中力 $\boldsymbol{P}(P_1, P_2, P_3)$ 作用在点（x_1', x_2', x_3^1）上，弹性体内各点的位移为

$$
\begin{pmatrix}u_1\\u_2\\u_3\end{pmatrix}=\frac{\lambda+3\mu}{8\pi\mu(\lambda+2\mu)R}\cdot\begin{pmatrix}P_1\\P_2\\P_3\end{pmatrix}+\frac{(\lambda+\mu)}{8\pi\mu(\lambda+2\mu)}
$$

$$
\times\frac{[P_1(x_1-x_1')+P_2(x_2-x_2')+P_3(x_3-x_3')]}{R^3}\begin{pmatrix}x_1-x_1'\\x_2-x_2'\\x_3-x_3'\end{pmatrix}\tag{6-47}
$$

从上式可显然看出（x_1', x_2', x_3'）点为一奇点，当远离此点时则位移趋于零。以式（6－47）作为基本解，可以解决一系列问题。

例如在体积 T 内受有分布载荷 $f(f_1, f_2, f_3)$ 而引起的位移场，可以用积分式（6－47）的办法得到

$$
\begin{pmatrix}u_1\\u_2\\u_3\end{pmatrix}=\iiint_T\left\{\frac{\lambda+3\mu}{8\pi\mu(\lambda+2\mu)R}\cdot\begin{pmatrix}f_1\\f_2\\f_3\end{pmatrix}+\frac{(\lambda+\mu)}{8\pi\mu(\lambda+2\mu)}\right.
$$

$$\times \frac{P_1(x_1 - x_1') + P_2(x_2 - x_2') + P_3(x_3 - x_3')}{R^3} \cdot \begin{pmatrix} x_1 - x_1' \\ x_2 - x_2' \\ x_3 - x_3' \end{pmatrix} \times \mathrm{d}x_1'\mathrm{d}x_2'\mathrm{d}x_3' \Bigg\} \tag{6-48}$$

在弹性力学空间问题的边界元解法中，式（6-47）也作为基本解而起到十分重要的作用。

四、集中力偶作用下的解

已知集中力作用下的解式（6-47），仿照 §5-20 中的方法，可以得到各种集中力偶作用于无限介质内一点的解。为了简单起见，设集中力偶作用于坐标原点，即 $x_1' = x_2' = x_3' = 0$。并引入符号 $u_i^{(j)}$ 表示作用在原点沿 x_j 方向的单位力引起的点（x_1，x_2，x_3）在 x_i 方向的位移，例如

$$u_1^{(2)} = \frac{(\lambda + 3\mu)}{8\pi\mu(\lambda + 2\mu)} \cdot \frac{1}{R} + \frac{(\lambda + \mu)}{8\pi\mu(\lambda + 2\mu)} \cdot \frac{x_1^2}{R^3}$$

$$u_3^{(2)} = \frac{(\lambda + \mu)}{8\pi\mu(\lambda + 2\mu)} \cdot \frac{x_2 x_3}{R^3}$$

当力（p_1，p_2，p_3）同时作用时，它所引起的位移为（$p_1u_1^{(1)} + p_2u_1^{(2)} + p_3u_1^{(3)}$，$p_1u_2^{(1)} + p_2u_2^{(2)} + p_3u_2^{(3)}$，$p_1u_3^{(1)} + p_2u_3^{(2)} + p_3u_3^{(3)}$）。且不难看出 $u_i^{(j)} = u_j^i$。

1. 无矩力偶

设力 F 沿 x_1 方向作用于原点（0，0，0），它所引起的位移为（$u_1^{(1)}$，$u_2^{(1)}$，$u_3^{(1)}$），另一个等量反向的力作用于（h，0，0），当 $h\to 0$，且在 h 减小的过程中保持 F 与 h 的乘积为常数，$Fh = M$，则这一对力称之为无矩力偶，M 称之为力偶矩。它引起的位移为

$$(u_1, u_2, u_3) = M\left(\frac{\partial u_1^{(1)}}{\partial x_1}, \frac{\partial u_2^{(1)}}{\partial x_1}, \frac{\partial u_3^{(1)}}{\partial x_1}\right) \tag{6-49}$$

2. 压力中心

如果沿 x_1、x_2、x_3 三个方向各有一对无矩力偶作用于原点，则与平面问题中相似，称之为压力中心。它的位移场为

$$\begin{pmatrix} u_1 \\ u_2 \\ u_3 \end{pmatrix} = M \begin{pmatrix} \frac{\partial u_1^{(1)}}{\partial x_1} + \frac{\partial u_1^{(2)}}{\partial x_2} + \frac{\partial u_1^{(3)}}{\partial x_3} \\ \frac{\partial u_2^{(1)}}{\partial x_1} + \frac{\partial u_2^{(2)}}{\partial x_2} + \frac{\partial u_2^{(3)}}{\partial x_3} \\ \frac{\partial u_3^{(1)}}{\partial x_1} + \frac{\partial u_3^{(2)}}{\partial x_2} + \frac{\partial u_3^{(3)}}{\partial x_3} \end{pmatrix} = \frac{M}{4\pi(\lambda + 2\mu)} \begin{pmatrix} \frac{\partial R^{-1}}{\partial u_1} \\ \frac{\partial R^{-1}}{\partial u_2} \\ \frac{\partial R^{-1}}{\partial u_3} \end{pmatrix} \tag{6-50}$$

3. 有矩力偶

设沿 x_1 方向的力 F 作用于原点，另一与之等量反向的力作用于点（0，h，0），令 $h\to 0$，且 $F \cdot h = M_{12}$ 保持不变。这种情况称为有矩力偶，图 6-4a 它所引起的位移为

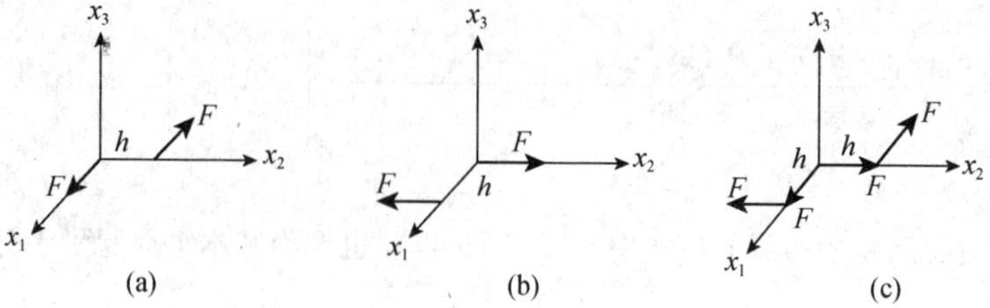

图 6-4

(a)、(b) 有矩力偶与 (c) 无矩力偶

$$(u_1, u_2, u_3) = M_{12}\left(\frac{\partial u_1^{(1)}}{\partial x_2}, \frac{\partial u_2^{(1)}}{\partial x_2}, \frac{\partial u_3^{(1)}}{\partial x_2}\right) \tag{6-51}$$

4. 无矩力偶

设力 F 沿 x_2 方向作用于原点，另一等量反向的力作用于点 $(h, 0, 0)$，令 $h \to 0$，而 $F \cdot h = M_{21}$ 保持不变。这也形成有矩力偶，如图 6-4b，其位移为

$$(u_1, u_2, u_3) = M_{21}\left(\frac{\partial u_1^{(2)}}{\partial x_1}, \frac{\partial u_2^{(2)}}{\partial x_1}, \frac{\partial u_3^{(2)}}{\partial x_1}\right) \tag{6-52}$$

M_{12} 与 M_{21} 二者的转向是相反的，如果二者同时作用，且 $M_{12} = M_{21}$，则形成无矩双力偶，如图 6-4c。它的位移为

$$(u_1, u_2, u_3) = M\left(\frac{\partial u_1^{(1)}}{\partial x_2} + \frac{\partial u_1^{(2)}}{\partial x_1}, \frac{\partial u_2^{(1)}}{\partial x_2} + \frac{\partial u_2^{(2)}}{\partial x_1}, \frac{\partial u_3^{(1)}}{\partial x_2} + \frac{\partial u_3^{(2)}}{\partial x_1}\right) \tag{6-53}$$

无矩力偶可以作为剪切位错的等效力系，在震源理论中要用到这方面的知识。

§6-5　轴对称问题，拉夫应变函数与伽辽金方法

轴对称问题是一类很重要的弹性力学空间问题。对于轴对称问题采用柱坐标系 r、θ、z 讨论问题比较方便，如图 6-5 所示。

一、柱坐标系中的弹性力学基本方程

1. 几何方程（位移与应变间的关系）

$$\left.\begin{aligned}
\varepsilon_{rr} &= \frac{\partial u_r}{\partial r} \\
\varepsilon_{\theta\theta} &= \frac{1}{r}\frac{\partial u_\theta}{\partial \theta} + \frac{u_r}{r} \\
\varepsilon_{zz} &= \frac{\partial u_z}{\partial z} \\
\varepsilon_{\theta z} &= \frac{1}{2}\left(\frac{1}{r}\frac{\partial u_z}{\partial \theta} + \frac{\partial u_\theta}{\partial \theta}\right)
\end{aligned}\right\}$$

$$
\left.\begin{aligned}
\varepsilon_{zr} &= \frac{1}{2}\left(\frac{\partial u_r}{\partial z} + \frac{\partial u_z}{\partial r}\right) \\
\varepsilon_{r\theta} &= \frac{1}{2}\left(\frac{\partial u_\theta}{\partial r} - \frac{u_\theta}{r} + \frac{1}{r}\frac{\partial u_r}{\partial \theta}\right)
\end{aligned}\right\} \tag{6-54}
$$

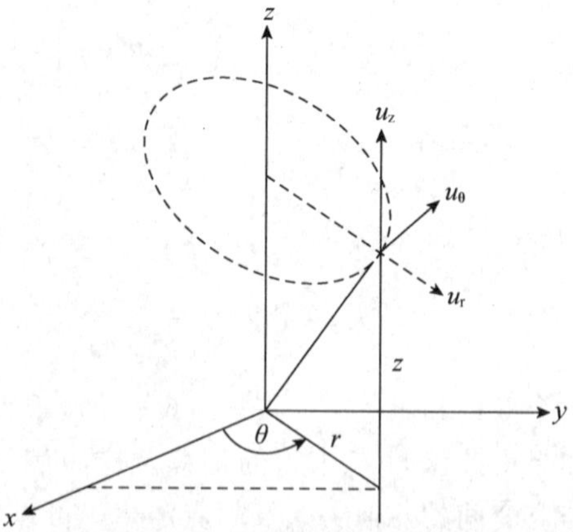

图 6－5　柱坐标系中的位移分量

2. 物理方程——胡克定律

与直角坐标系中完全相同，见式（4－5）或（4－6）。

3. 力学方程——平衡方程

$$
\left.\begin{aligned}
\frac{\partial \sigma_{rr}}{\partial r} + \frac{1}{r}\frac{\partial \sigma_{r\theta}}{\partial \theta} + \frac{\partial \sigma_{rz}}{\partial z} + \frac{\sigma_{rr} - \sigma_{\theta\theta}}{r} + f_r &= 0 \\
\frac{\partial \sigma_{r\theta}}{\partial r} + \frac{1}{r}\frac{\partial \sigma_{\theta\theta}}{\partial \theta} + \frac{\partial \sigma_{\theta z}}{\partial z} + \frac{2}{r}\sigma_{r\theta} + f_\theta &= 0 \\
\frac{\partial \sigma_{rz}}{\partial r} + \frac{1}{r}\frac{\partial \sigma_{\theta z}}{\partial \theta} + \frac{\partial \sigma_{zz}}{\partial z} + \frac{1}{r}\sigma_{rz} + f_z &= 0
\end{aligned}\right\} \tag{6-55}
$$

式中，f_r、f_θ、f_z 分别为体积力 $\bar{\boldsymbol{f}}$ 在 r、θ、z 三个方向上的投影。

二、拉夫应变函数

拉夫提出了一种解轴对称问题很有效的方法，现介绍于下。

在轴对称及不考虑体力的情况下，弹性静力学位移解法的基本方程——拉梅方程（4－9）简化为

$$
\left.\begin{aligned}
\frac{1}{1-2\nu}\frac{\partial \Delta}{\partial r} + \nabla^2 u_r - \frac{u_r}{r^2} &= 0 \\
\frac{1}{1-2\nu}\frac{\partial \Delta}{\partial z} + \nabla^2 u_z &= 0
\end{aligned}\right\} \tag{6-56}
$$

式中，
$$\nabla^2 = \frac{\partial^2}{\partial r^2} + \frac{1}{r}\frac{\partial}{\partial r} + \frac{\partial^2}{\partial z^2}$$

如果将位移 u_r、u_z 用另一函数 U 表示如下：

$$\left.\begin{aligned} u_r &= -\frac{1}{2\mu}\frac{\partial^2 U}{\partial r \partial z} \\ u_z &= \frac{1}{2\mu}\left[2(1-\nu)\ \nabla^2 - \frac{\partial^2}{\partial z^2}\right]U \\ u_\theta &= 0 \end{aligned}\right\} \tag{6-57}$$

将上式代入式（6－56）中，得

$$\nabla^4 U = \nabla^2\ \nabla^2 U = 0$$

也就是说，如果找到一个双调和函数 U，按式（6－57）求得的位移 u_r、u_z 一定满足轴对称条件下的拉梅方程。如果由此函数 U 求得的位移及应力满足问题的边界条件，则问题的解便已得到。利用位移与应变间的几何关系及胡克定律，可以求得

$$\left.\begin{aligned} \sigma_{rr} &= \frac{\partial}{\partial z}\left(\nu\nabla^2 - \frac{\partial^2}{\partial r^2}\right)U \\ \sigma_{\theta\theta} &= \frac{\partial}{\partial z}\left(\nu\nabla^2 - \frac{1}{r}\frac{\partial}{\partial r}\right)U \\ \sigma_{zz} &= \frac{\partial}{\partial z}\left[(2-\nu)\nabla^2 - \frac{\partial^2}{\partial z^2}\right]U \\ \sigma_{zr} &= \frac{\partial}{\partial r}\left[(1-\nu)\nabla^2 - \frac{\partial^2}{\partial z^2}\right]U \\ \sigma_{r\theta} &= \sigma_{z\theta} = 0 \end{aligned}\right\} \tag{6-58}$$

函数 U 称为**拉夫应变函数**。但是从上面 U 的引入过程中可以看出，U 称之为位移函数更为恰当。但是习惯上大家已叫成拉夫应变函数，故本书继续沿用这个名称。

开尔文问题是一个轴对称问题，现在把它作为应用拉夫应变函数的实例。设集中力 P 沿 x_3 方向作用于原点，取拉夫应变函数为

$$U = B(z^2 + r^2)^{1/2} = BR$$

式中，$R = (z^2 + r^2)^{1/2}$。显然它满足

$$\nabla^4 U = 0$$

将 $U = BR$ 代入式（6－57）、（6－58）中，可求得其位移及应力为

$$
\left.\begin{aligned}
u_r &= \frac{Brz}{2\mu R^3} \\
u_z &= \frac{B}{2\mu}\left[\frac{2(1-2\nu)}{R} + \frac{1}{R} + \frac{z^2}{R^3}\right] \\
u_\theta &= 0
\end{aligned}\right\} \tag{6-59}
$$

$$
\left.\begin{aligned}
\sigma_{rr} &= B\left[\frac{(1-2\nu)z}{R^3} - \frac{3r^2 z}{R^5}\right] \\
\sigma_{\theta\theta} &= \frac{B(1-2\nu)z}{R^3} \\
\sigma_{zz} &= -B\left[\frac{(1-2\nu)z}{R^3} + \frac{3z^2}{R^5}\right] \\
\sigma_{rz} &= -B\left[\frac{(1-2\nu)r}{R^3} + \frac{3rz^2}{R^5}\right] \\
\sigma_{z\theta} &= \sigma_{r\theta} = 0
\end{aligned}\right\} \tag{6-60}
$$

由式（6-60）可以看出，此解满足无穷远处的边界条件（$\lim\limits_{r\to\infty}\sigma_{ij}=0$），也满足 $z=0$ 平面上的边界条件，且在原点处应力无限，为一奇点。以原点为对称中心作一圆柱体，可以由此圆柱体的平衡得出

$$
B = \frac{P}{2\pi(1-\nu)} \tag{6-61}
$$

在下一节中，我们将应用拉夫应变函数求解半无限体表面作用一垂直集中力的问题。但在讨论这一问题之前，我们先简略介绍一下伽辽金的工作，他将拉夫函数加以推广，用于非轴对称的普遍情况。

三、伽辽金方法

伽辽金为了将拉夫的方法推广，以便求解非轴对称的更为普遍的问题，他引入了三个位移函数 $\xi(x_1, x_2, x_3)$、$\eta(x_1, x_2, x_3)$、$\zeta(x_1, x_2, x_3)$。位移分量与位移函数间的关系如下：

$$
\left.\begin{aligned}
u_1 &= \frac{1}{2\mu}\left[2(1-\nu)\nabla^2\xi - \frac{\partial}{\partial x_1}\left(\frac{\partial\xi}{\partial x_1} + \frac{\partial\eta}{\partial x_2} + \frac{\partial\zeta}{\partial x_3}\right)\right] \\
u_2 &= \frac{1}{2\mu}\left[2(1-\nu)\nabla^2\eta - \frac{\partial}{\partial x_2}\left(\frac{\partial\xi}{\partial x_1} + \frac{\partial\eta}{\partial x_2} + \frac{\partial\zeta}{\partial x_3}\right)\right] \\
u_3 &= \frac{1}{2\mu}\left[2(1-\nu)\nabla^2\zeta - \frac{\partial}{\partial x_3}\left(\frac{\partial\xi}{\partial x_1} + \frac{\partial\eta}{\partial x_2} + \frac{\partial\zeta}{\partial x_2}\right)\right]
\end{aligned}\right\} \tag{6-62}
$$

将上式代入拉梅方程式（4-9）得

$$
\nabla^4\xi = 0,\quad \nabla^4\eta = 0,\quad \nabla^4\zeta = 0
$$

这就是说，为了满足弹性静力学的基本方程，三个位移函数 ξ、η、ζ 都应该是双调和函数。

六个应力分量与位移函数间的关系如下：

$$
\left.\begin{aligned}
\sigma_{11} &= 2(1-\nu)\frac{\partial}{\partial x_1}\nabla^2\xi+\left(\nu\nabla^2-\frac{\partial^2}{\partial x_1^2}\right)\left(\frac{\partial\xi}{\partial x_1}+\frac{\partial\eta}{\partial x_2}+\frac{\partial\zeta}{\partial x_3}\right)\\
\sigma_{22} &= 2(1-\nu)\frac{\partial}{\partial x_2}\nabla^2\eta+\left(\nu\nabla^2-\frac{\partial^2}{\partial x_2^2}\right)\left(\frac{\partial\xi}{\partial x_1}+\frac{\partial\eta}{\partial x_2}+\frac{\partial\zeta}{\partial x_3}\right)\\
\sigma_{33} &= 2(1-\nu)\frac{\partial}{\partial x_3}\nabla^2\zeta+\left(\nu\nabla^2-\frac{\partial^2}{\partial x_3^2}\right)\left(\frac{\partial\xi}{\partial x_1}+\frac{\partial\eta}{\partial x_2}+\frac{\partial\zeta}{\partial x_3}\right)\\
\sigma_{23} &= (1-\nu)\left(\frac{\partial}{\partial x_2}\nabla^2\zeta+\frac{\partial}{\partial x_3}\nabla^2\eta\right)-\frac{\partial^2}{\partial x_2\partial x_3}\left(\frac{\partial\xi}{\partial x_1}+\frac{\partial\eta}{\partial x_2}+\frac{\partial\zeta}{\partial x_3}\right)\\
\sigma_{31} &= (1-\nu)\left(\frac{\partial}{\partial x_3}\nabla^2\xi+\frac{\partial}{\partial x_1}\nabla^2\zeta\right)-\frac{\partial^2}{\partial x_3\partial x_1}\left(\frac{\partial\xi}{\partial x_1}+\frac{\partial\eta}{\partial x_2}+\frac{\partial\zeta}{\partial x_3}\right)\\
\sigma_{12} &= (1-\nu)\left(\frac{\partial}{\partial x_1}\nabla^2\eta+\frac{\partial}{\partial x_2}\nabla^2\xi\right)-\frac{\partial^2}{\partial x_1\partial x_2}\left(\frac{\partial\xi}{\partial x_1}+\frac{\partial\eta}{\partial x_2}+\frac{\partial\zeta}{\partial x_3}\right)
\end{aligned}\right\}\quad(6-63)
$$

于是求解一般的弹性力学问题，转化为寻找三个双调和函数 ξ、η、ζ，再根据式（6-62）、式（6-63）求得位移及应力，如能满足问题的边界条件，则正是该问题的解。

不难证明，当伽辽金位移函数中 $\xi=\eta=0$ 时，ζ 正是拉夫应变函数 U。

§6-6 半无限体边界面上作用一垂直集中力的问题——波西涅斯克问题

半无限弹性空间表面上作用一垂直集中力时，体内各点的应力与变形问题，是一个在许多科学技术领域中可能遇到的问题。这问题最早由波西涅斯克求得其解答，所以通常称之为**波西涅斯克问题**。

这是一个轴对称问题，选取的坐标系如图 6-6 所示。

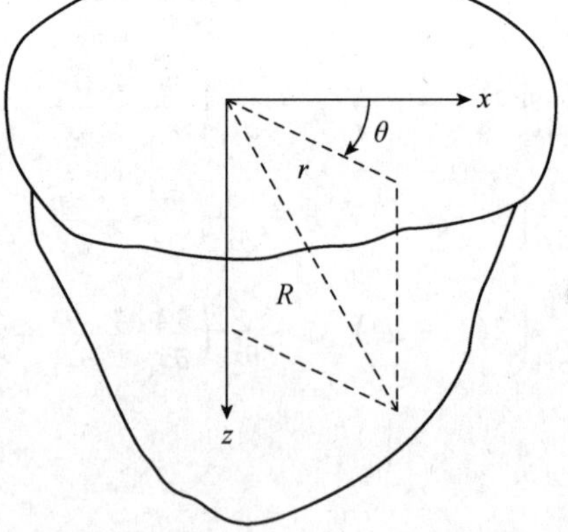

图 6-6 解波西涅斯克问题选用的坐标系

采用拉夫应变函数解法，取如下的函数为本问题的应变函数：

$$U = \frac{P}{2\pi}\{R + (1 - 2\nu)[z\ln(R + z) - R]\}$$

式中，

$$R = \sqrt{r^2 + z^2}$$

由式（6－58）可求得应力分量为

$$\left.\begin{aligned}
\sigma_{rr} &= \frac{P}{2\pi R^2}\left[\frac{(1 - 2\nu)}{R + z} - \frac{3r^2 z}{R^3}\right] \\
\sigma_{\theta\theta} &= -\frac{P(1 - 2\nu)}{2\pi R^2}\left[\frac{R}{R + z} - \frac{z}{R}\right] \\
\sigma_{zz} &= -\frac{3P}{2\pi R^2}\cdot\frac{z^3}{R^3} \\
\sigma_{rz} &= -\frac{3P}{2\pi R^2}\cdot\frac{rz^2}{R^3} \\
\sigma_{\theta z} &= \sigma_{r\theta} = 0
\end{aligned}\right\} \tag{6-64}$$

由上式可知，在边界面上（$z=0$），除原点外

$$\sigma_{zz} = \sigma_{zr} = \sigma_{z\theta} = 0$$

如果以原点为球心，在物体内划出一个半径为 R 的半球（图 6－7）。可以证明：在此半球球面上作用的应力的合力等于外载 P。现证明如下：

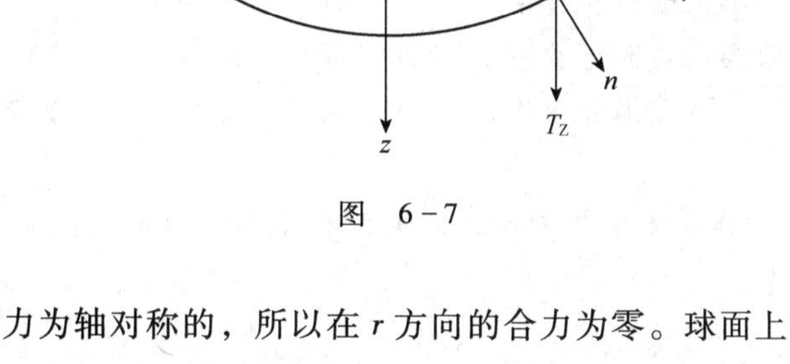

图　6－7

此球面上所受应力为轴对称的，所以在 r 方向的合力为零。球面上法线为 n 处的应力在 z 方向的分量为

$$T_z = \sigma_{rz} \cdot \cos(\widehat{n,r}) + \sigma_{zz} \cdot \cos(\widehat{n,z})$$

式中，

$$\cos(\widehat{n,r}) = \sin\psi = r/R$$

$$\cos(\widehat{n,z}) = \cos\psi = z/R$$

利用式（6－64）可得

$$T_z = -\frac{3P}{2\pi R^2}\left(\frac{r^2z^2}{R^4} + \frac{z^4}{R^4}\right) = -\frac{3P}{2\pi R^2} \cdot \cos^2\psi$$

整个半球面上的合力 F 为

$$F = \int T_z \mathrm{d}s 2\pi R\sin\psi = \int_0^{\pi/2} -\frac{3P}{2\pi R^2} \cdot \cos^2\psi \cdot 2\pi R^2 \cdot \sin\psi \mathrm{d}\psi = -P$$

此结果与 R 的大小无关，所以选取的应变函数 U，的确是本问题的解。

由式（6－57）可求得位移为

$$\left.\begin{aligned} u_r &= -\frac{P(1+\nu)r}{2\pi ER^2}\left[\frac{(1-2\nu)R}{R+z} - \frac{z}{R}\right] \\ u_\theta &= 0 \\ u_z &= \frac{P(1+\nu)}{2\pi ER}\left[2(1-\nu) + \frac{z^2}{R^2}\right] \end{aligned}\right\}$$

当 $z=0$，即在半无限体表面上

$$\left.\begin{aligned} u_r &= \frac{P(1+\nu)(1-2\nu)}{2\pi Er} \\ u_\theta &= 0 \\ u_z &= \frac{P(1-\nu^2)}{\pi Er} \end{aligned}\right\}$$

上式中，当 $r\to 0$ 时，u_r、u_z 都趋于无穷大。其原因在于，集中力只是一种数学的抽象，实际上，一个有限的力不可能真正作用在一个几何点上，而是分布在一块虽然很小，但却有限的面积上。计算结果表明：对于这种分布力作用下的位移，在 $r=0$ 处也是有限的。

已知集中力的解后，可以由此求出在半无限体表面某一区域内作用以分布压强 $q(x, y)$ 时的解。

例如当均匀压强 q_0 作用于半径为 a 的圆形面积上时，圆心处的垂直位移（也是最大垂直位移）

$$u_{z\max} = \frac{(\lambda+2\mu)q_0 a}{2\mu(\lambda+\mu)} = \frac{(\lambda+2\mu)p}{2\pi a\mu(\lambda+\mu)}$$

可见，当 p 一定时，只要 a 是有限值，则其位移也是有限的。

§6－7　弹性力学常用公式集锦

在结束弹性力学时，我们将弹性力学和与其有关的基本公式集中汇编于下，以便于学习时和今后工作中查找。经验证明，这是有益的。

一、位移场的有关公式

（1）位移矢量在不同坐标系中的分解：

直角坐标：
$$\boldsymbol{u} = u_1\boldsymbol{e}_1 + u_2\boldsymbol{e}_2 + u_3\boldsymbol{e}_3 = \sum u_i\boldsymbol{e}_i$$

或
$$\boldsymbol{u} = u\mathbf{i} + v\mathbf{j} + w\mathbf{k}$$

柱坐标：
$$\boldsymbol{u} = u_r\boldsymbol{e}_r + u_\theta\boldsymbol{e}_\theta + u_z\boldsymbol{e}_z$$

球坐标：
$$\boldsymbol{u} = u_R\boldsymbol{e}_R + u_\theta\boldsymbol{e}_\theta + u_\varphi\boldsymbol{e}_\varphi$$

（2）散度：$\theta = \mathrm{div}\,\boldsymbol{u} = \nabla\cdot\boldsymbol{u}$

直角坐标：
$$\theta = \frac{\partial u_1}{\partial x_1} + \frac{\partial u_2}{\partial x_2} + \frac{\partial u_3}{\partial x_3} = \frac{\partial u_i}{\partial x_i}$$

柱坐标：
$$\theta = \frac{1}{r}\frac{\partial}{\partial r}(ru_r) + \frac{1}{r}\frac{\partial u_\theta}{\partial\theta} + \frac{\partial u_z}{\partial z}$$

球坐标：
$$\theta = \frac{1}{R^2\sin\theta}\left[\frac{\partial}{\partial R}(R^2u_R\sin\theta) + \frac{\partial}{\partial\theta}(Ru_\theta\sin\theta) + \frac{\partial}{\partial\varphi}(ru_\varphi)\right]$$

（3）旋度：$2\boldsymbol{\omega} = \mathrm{rot}\,\boldsymbol{u} = \nabla\times\boldsymbol{u}$

直角坐标：
$$\boldsymbol{\omega} = \frac{1}{2}\left[\left(\frac{\partial u_3}{\partial x_2} - \frac{\partial u_2}{\partial x_3}\right)\boldsymbol{e}_1 + \left(\frac{\partial u_1}{\partial x_3} - \frac{\partial u_3}{\partial x_1}\right)\boldsymbol{e}_2 + \left(\frac{\partial u_2}{\partial x_1} - \frac{\partial u_1}{\partial x_2}\right)\boldsymbol{e}_3\right] = \omega_i\boldsymbol{e}_i$$

$$\boldsymbol{\omega}_k = \frac{1}{2}\boldsymbol{e}_{kij}\boldsymbol{\omega}_{ij}, \qquad \omega_{ij} = \frac{1}{2}\left(\frac{\partial u_j}{\partial x_i} - \frac{\partial u_i}{\partial x_j}\right)$$

柱坐标：
$$\boldsymbol{\omega} = \frac{1}{2}\left\{\left(\frac{1}{r}\frac{\partial u_z}{\partial\theta} - \frac{\partial u_\varphi}{\partial z}\right)\boldsymbol{e}_r + \left(\frac{\partial u_r}{\partial z} - \frac{\partial u_z}{\partial r}\right)\boldsymbol{e}_\theta + \frac{1}{r}\left[\frac{\partial}{\partial r}(ru_\theta) - \frac{\partial u_r}{\partial\theta}\right]\boldsymbol{e}_z\right\}$$

球坐标：
$$\boldsymbol{\omega} = \frac{1}{2}\left[\frac{1}{R\sin\theta}\frac{\partial}{\partial\theta}(u_\varphi\sin\theta) - \frac{1}{R\sin\theta}\frac{\partial u_\theta}{\partial\varphi}\right]\boldsymbol{e}_z$$
$$+ \frac{1}{2}\left[\frac{1}{R\sin\theta}\frac{\partial u_r}{\partial\varphi} - \frac{1}{R}\frac{\partial}{\partial R}(Ru_\varphi)\right]\boldsymbol{e}_\theta$$
$$+ \frac{1}{2}\left[\frac{1}{R}\frac{\partial}{\partial R}(Ru_\theta) - \frac{1}{R}\frac{\partial u_R}{\partial\theta}\right]\boldsymbol{e}_\varphi$$

（4）梯度：$\mathrm{grad}f = \nabla f$

直角坐标：
$$\mathrm{grad}f = \frac{\partial f}{\partial x_i}\boldsymbol{e}_i$$

柱坐标：
$$\mathrm{grad}f = \frac{\partial f}{\partial r}\boldsymbol{e}_r + \frac{1}{r}\frac{\partial f}{\partial\theta}\boldsymbol{e}_\theta + \frac{\partial f}{\partial z}\boldsymbol{e}_z$$

球坐标：
$$\mathrm{grad}\,f = \frac{\partial f}{\partial R}\boldsymbol{e}_R + \frac{1}{R}\frac{\partial f}{\partial\theta}\boldsymbol{e}_\theta + \frac{1}{R\sin\theta}\frac{\partial f}{\partial\varphi}\boldsymbol{e}_\varphi$$

(5) 拉氏算符：$\nabla^2 f$

直角坐标：
$$\nabla^2 f = \frac{\partial^2 f}{\partial x_1^2} + \frac{\partial^2 f}{\partial x_2^2} + \frac{\partial^2 f}{\partial x_3^2}$$

柱坐标：
$$\nabla^2 f = \frac{1}{r}\frac{\partial}{\partial r}\left(r\frac{\partial f}{\partial r}\right) + \frac{1}{r^2}\frac{\partial^2 f}{\partial \theta^2} + \frac{\partial^2 f}{\partial z^2}$$

球坐标：
$$\nabla^2 f = \frac{1}{R^2}\frac{\partial}{\partial R}\left(R^2\frac{\partial f}{\partial R}\right) + \frac{1}{R^2 \sin\theta}\frac{\partial}{\partial \theta}\left(\sin\theta\frac{\partial f}{\partial \theta}\right) + \frac{1}{R^2\sin^2\theta}\frac{\partial^2 f}{\partial \varphi^2}$$

(6) 拉氏算符（对矢量）：$\nabla^2 \boldsymbol{u}$

直角坐标：
$$\nabla^2 \boldsymbol{u} = \left(\frac{\partial^2}{\partial x_1^2} + \frac{\partial^2}{\partial x_2^2} + \frac{\partial^2}{\partial x_3^2}\right)u_i \boldsymbol{e}_i$$

柱坐标：
$$\nabla^2 \boldsymbol{u} = \left(\nabla^2 u_r - \frac{1}{r^2}u_r - \frac{2}{r^2}\frac{\partial u_\theta}{\partial \theta}\right)\boldsymbol{e}_r + \left(\nabla^2 u_\theta - \frac{1}{r^2}u_\theta + \frac{2}{r^2}\frac{\partial u_r}{\partial \theta}\right)\boldsymbol{e}_\theta + \nabla^2 u_z \boldsymbol{e}_z$$

球坐标：
$$\nabla^2 \boldsymbol{u} = (\nabla^2 \boldsymbol{u})_R \boldsymbol{e}_R + (\nabla^2 \boldsymbol{u})_\theta \boldsymbol{e}_\theta + (\nabla^2 \boldsymbol{u})_\varphi \boldsymbol{e}_\varphi$$

式中，
$$(\nabla^2 \boldsymbol{u})_R = \nabla^2 u_R - \frac{2}{R^2}u_R - \frac{2}{R^2 \sin\theta}\frac{\partial}{\partial \theta}(\sin\theta u_\theta) - \frac{2}{R^2\sin\theta}\cdot\frac{\partial u_\varphi}{\partial \varphi}$$

$$(\nabla^2 \boldsymbol{u})_\theta = \nabla^2 u_\theta - \frac{1}{R^2\sin\theta}u_\theta + \frac{2}{R^2}\frac{\partial u_R}{\partial \theta} - \frac{2\cos\theta}{r^2\sin^2\theta}\cdot\frac{\partial u_\varphi}{\partial \varphi}$$

$$(\nabla^2 \boldsymbol{u})_\varphi = \nabla^2 u_\varphi - \frac{1}{R^2\sin\theta}u_\varphi + \frac{2}{R^2 \sin\theta}\frac{\partial u_r}{\partial \varphi} + \frac{2\cos\theta}{r^2\sin^2\theta}\frac{\partial u_\theta}{\partial \varphi}$$

二、应力

(1) 在不同坐标系中的应力分量。

①直角坐标：
$$\begin{pmatrix} \sigma_{11} & \sigma_{12} & \sigma_{13} \\ \sigma_{21} & \sigma_{22} & \sigma_{23} \\ \sigma_{31} & \sigma_{32} & \sigma_{33} \end{pmatrix} \text{或} \begin{pmatrix} \sigma_{xx} & \sigma_{xy} & \sigma_{xz} \\ \sigma_{yx} & \sigma_{yy} & \sigma_{yz} \\ \sigma_{zx} & \sigma_{zy} & \sigma_{zz} \end{pmatrix}$$

②柱坐标：
$$\begin{pmatrix} \sigma_{rr} & \sigma_{r\theta} & \sigma_{rz} \\ \sigma_{\theta r} & \sigma_{\theta\theta} & \sigma_{\theta z} \\ \sigma_{zr} & \sigma_{z\theta} & \sigma_{zz} \end{pmatrix}$$

③球坐标：
$$\begin{pmatrix} \sigma_{RR} & \sigma_{R\theta} & \sigma_{R\varphi} \\ \sigma_{\theta R} & \sigma_{\theta\theta} & \sigma_{\theta\varphi} \\ \sigma_{\varphi R} & \sigma_{\varphi\theta} & \sigma_{\varphi\varphi} \end{pmatrix},$$

(2) 应力矢量与应力分量间关系（柯西关系式）。

法线为 $\boldsymbol{n}(a_{n1}, a_{n2}, a_{n3})$ 的截面上的应力矢量为 $\boldsymbol{T}(T_1^{(n)}, T_2^{(n)}, T_3^{(n)})$，$\boldsymbol{T}$ 的坐标分量与应力分量间的关系如下：

$$T_1^{(n)} = a_{n1}\sigma_{11} + a_{n2}\sigma_{21} + a_{n3}\sigma_{31}$$
$$T_2^{(n)} = a_{n1}\sigma_{12} + a_{n2}\sigma_{22} + a_{n3}\sigma_{32}$$
$$T_3^{(n)} = a_{n1}\sigma_{13} + a_{n2}\sigma_{23} + a_{n3}\sigma_{33}$$

或 $$T_i^{(n)} = a_{nj}\sigma_{ji}$$

（3）坐标系变换时应力张量的变换：

$$\sigma_{i'j'} = \sigma_{ij}\alpha_{i'i}\alpha_{j'j}$$

式中，$\alpha_{i'i}$为新坐标中 $x_{i'}$与旧坐标系中 x_i 之间夹角的方向余弦。

（4）应力张量不变量。

主应力 σ_i 可通过下列行列式求得

$$\begin{vmatrix} (\sigma_{11}-\sigma_i) & \sigma_{12} & \sigma_{13} \\ \sigma_{21} & (\sigma_{22}-\sigma_i) & \sigma_{23} \\ \sigma_{31} & \sigma_{32} & (\sigma_{33}-\sigma_i) \end{vmatrix} = 0$$

与上述行列式等价的应力状态特征方程为

$$\sigma^3 - I_1\sigma^2 + I_2\sigma - I_3 = 0$$

应力状态特征方程的 3 个根，即为 3 个主应力 σ_1、σ_2 和 σ_3；特征方程的系数称为应力张量不变量，分别为 I_1、I_2、I_3，它们等于

$$I_1 = \sigma_{11} + \sigma_{22} + \sigma_{33}$$

$$I_2 = \begin{vmatrix} \sigma_{11} & \sigma_{12} \\ \sigma_{21} & \sigma_{22} \end{vmatrix} + \begin{vmatrix} \sigma_{22} & \sigma_{23} \\ \sigma_{32} & \sigma_{33} \end{vmatrix} + \begin{vmatrix} \sigma_{33} & \sigma_{31} \\ \sigma_{13} & \sigma_{11} \end{vmatrix}$$

$$I_3 = \begin{vmatrix} \sigma_{11} & \sigma_{12} & \sigma_{13} \\ \sigma_{21} & \sigma_{22} & \sigma_{23} \\ \sigma_{31} & \sigma_{32} & \sigma_{33} \end{vmatrix}$$

（5）应力偏量 S_{ij}。

$$S_{ij} = \sigma_{ij} - \sigma_0\delta_{ij}$$

（6）应力偏量特征方程式。

$$S^3 - J_1S^2 - J_2S - J_3 = 0$$

（7）应力偏量不变量。

$$J_1 = 0$$

$$J_2 = \frac{1}{6}[(\sigma_{11}-\sigma_{22})^2 + (\sigma_{22}-\sigma_{33})^2 + (\sigma_{33}-\sigma_{11})^2] + (\sigma_{12}^2 + \sigma_{23}^2 + \sigma_{31}^2)$$

$$= \frac{1}{6}[(\sigma_1-\sigma_2)^2 + (\sigma_2-\sigma_3)^2 + (\sigma_3-\sigma_1)^2]$$

$$= 3\sigma_0^2 - I_2 = \frac{1}{2}S_{ij}S_{ij}$$

$$J_3 = I_3 - I_2\sigma_0 + 2\sigma_0^3$$

（8）等倾面上正应力 σ_0 与剪应力 τ_0：

$$\sigma_0 = I_1/3 \quad \text{（平均应力）}$$

$$\tau_0 = \sqrt{\frac{2}{3}J_2}$$

三、位移分量与应变分量间的关系

（1）直角坐标：$\varepsilon_{11} = \dfrac{\partial u_1}{\partial x_1}$，$\varepsilon_{22} = \dfrac{\partial u_2}{\partial x_2}$，$\varepsilon_{33} = \dfrac{\partial u_3}{\partial x_3}$

$$\varepsilon_{23} = \frac{1}{2}\left(\frac{\partial u_3}{\partial x_2} + \frac{\partial u_2}{\partial x_3}\right)$$

$$\varepsilon_{31} = \frac{1}{2}\left(\frac{\partial u_1}{\partial x_3} + \frac{\partial u_3}{\partial x_1}\right)$$

$$\varepsilon_{12} = \frac{1}{2}\left(\frac{\partial u_2}{\partial x_1} + \frac{\partial u_1}{\partial x_2}\right)$$

或

$$\varepsilon_{ij} = \frac{1}{2}\left(\frac{\partial u_j}{\partial x_i} + \frac{\partial u_i}{\partial x_j}\right)$$

（2）柱坐标：$\varepsilon_{\mathrm{rr}} = \dfrac{\partial u_{\mathrm{r}}}{\partial r}$，$\varepsilon_{\theta\theta} = \left(\dfrac{1}{r}\dfrac{\partial u_\theta}{\partial \theta} + \dfrac{u_{\mathrm{r}}}{r}\right)$

$$\varepsilon_{\mathrm{zz}} = \frac{\partial u_{\mathrm{z}}}{\partial z}$$

$$\varepsilon_{\theta\mathrm{z}} = \frac{1}{2}\left(\frac{1}{r}\frac{\partial u_{\mathrm{z}}}{\partial \theta} + \frac{\partial u_\theta}{\partial z}\right)$$

$$\varepsilon_{\mathrm{zr}} = \frac{1}{2}\left(\frac{\partial u_{\mathrm{r}}}{\partial z} + \frac{\partial u_{\mathrm{z}}}{\partial r}\right)$$

$$\varepsilon_{\mathrm{r}\theta} = \frac{1}{2}\left(\frac{\partial u_\theta}{\partial r} - \frac{u_\theta}{r} + \frac{1}{r}\frac{\partial u_{\mathrm{r}}}{\partial \theta}\right)$$

（3）球坐标：$\varepsilon_{\mathrm{RR}} = \dfrac{\partial u_{\mathrm{R}}}{\partial R}$，$\varepsilon_{\theta\theta} = \dfrac{1}{R}\dfrac{\partial u_\theta}{\partial \theta} + \dfrac{u_{\mathrm{R}}}{R}$

$$\varepsilon_{\varphi\varphi} = \frac{1}{R\sin\theta}\frac{\partial u_\varphi}{\partial \varphi} + \frac{u_\theta}{R}\cot\theta + \frac{u_{\mathrm{R}}}{R}$$

$$\varepsilon_{\theta\varphi} = \frac{1}{2}\left[\frac{1}{R}\left(\frac{\partial u_\varphi}{\partial \theta} - u_\varphi\cot\theta\right) + \frac{1}{R\sin\theta}\frac{\partial u_\theta}{\partial \varphi}\right]$$

$$\varepsilon_{\varphi\mathrm{R}} = \frac{1}{2}\left[\frac{1}{R\sin\theta}\frac{\partial u_{\mathrm{R}}}{\partial \varphi} + \frac{\partial u_\varphi}{\partial R} - \frac{u_\varphi}{R}\right]$$

$$\varepsilon_{\mathrm{R}\theta} = \frac{1}{2}\left[\frac{\partial u_\theta}{\partial R} - \frac{u_\theta}{R} + \frac{1}{R}\frac{\partial u_{\mathrm{R}}}{\partial \theta}\right]$$

四、变形协调方程

$$\frac{\partial^2 \varepsilon_{11}}{\partial x_2^2} + \frac{\partial^2 \varepsilon_{22}}{\partial x_1^2} = 2\frac{\partial^2 \varepsilon_{12}}{\partial x_1 \partial x_2}$$

$$\frac{\partial^2 \varepsilon_{22}}{\partial x_3^2} + \frac{\partial^2 \varepsilon_{33}}{\partial x_2^2} = 2\frac{\partial^2 \varepsilon_{23}}{\partial x_2 \partial x_3}$$

$$\frac{\partial^2 \varepsilon_{33}}{\partial x_1^2} + \frac{\partial^2 \varepsilon_{11}}{\partial x_3^2} = 2\frac{\partial^2 \varepsilon_{31}}{\partial x_3 \partial x_1}$$

$$\frac{\partial}{\partial x_1}\left(-\frac{\partial \varepsilon_{23}}{\partial x_1} + \frac{\partial \varepsilon_{31}}{\partial x_2} + \frac{\partial \varepsilon_{12}}{\partial x_3}\right) = \frac{\partial^2 \varepsilon_{11}}{\partial x_2 \partial x_3}$$

$$\frac{\partial}{\partial x_2}\left(\frac{\partial \varepsilon_{23}}{\partial x_1} - \frac{\partial \varepsilon_{31}}{\partial x_2} + \frac{\partial \varepsilon_{12}}{\partial x_3}\right) = \frac{\partial^2 \varepsilon_{22}}{\partial x_3 \partial x_1}$$

$$\frac{\partial}{\partial x_3}\left(\frac{\partial \varepsilon_{23}}{\partial x_1} + \frac{\partial \varepsilon_{31}}{\partial x_2} - \frac{\partial \varepsilon_{12}}{\partial x_3}\right) = \frac{\partial^2 \varepsilon_{33}}{\partial x_1 \partial x_2}$$

或

$$\varepsilon_{ij,kl} + \varepsilon_{kl,ij} = \varepsilon_{ik,jl} + \varepsilon_{jl,ik}$$

五、平衡方程或运动方程

（1）直角坐标：

$$\frac{\partial \sigma_{11}}{\partial x_1} + \frac{\partial \sigma_{12}}{\partial x_2} + \frac{\partial \sigma_{13}}{\partial x_3} + f_1 = \rho\frac{\partial^2 u_1}{\partial t^2}$$

$$\frac{\partial \sigma_{21}}{\partial x_1} + \frac{\partial \sigma_{22}}{\partial x_2} + \frac{\partial \sigma_{23}}{\partial x_3} + f_2 = \rho\frac{\partial^2 u_2}{\partial t^2}$$

$$\frac{\partial \sigma_{31}}{\partial x_1} + \frac{\partial \sigma_{32}}{\partial x_2} + \frac{\partial \sigma_{33}}{\partial x_3} + f_3 = \rho\frac{\partial^2 u_3}{\partial t^2}$$

（2）柱坐标：

$$\frac{\partial \sigma_{rr}}{\partial r} + \frac{1}{r}\frac{\partial \sigma_{r\theta}}{\partial \theta} + \frac{\partial \sigma_{rz}}{\partial z} + \frac{\sigma_{rr} - \sigma_{\theta\theta}}{r} + f_r = \rho\frac{\partial^2 u_r}{\partial t^2}$$

$$\frac{\partial \sigma_{r\theta}}{\partial r} + \frac{1}{r}\frac{\partial \sigma_{\theta\theta}}{\partial \theta} + \frac{\partial \sigma_{\theta z}}{\partial z} + \frac{2}{r}\sigma_{r\theta} + f_\theta = \rho\frac{\partial^2 u_\theta}{\partial t^2}$$

$$\frac{\partial \sigma_{rz}}{\partial r} + \frac{1}{r}\frac{\partial \sigma_{\theta r}}{\partial \theta} + \frac{\partial \sigma_{zz}}{\partial z} + \frac{1}{r}\sigma_{rz} + f_z = \rho\frac{\partial^2 u_z}{\partial t^2}$$

（3）球坐标：

$$\frac{\partial\sigma_{\mathrm{RR}}}{\partial R}+\frac{1}{R}\frac{\partial\sigma_{\mathrm{R\theta}}}{\partial\theta}+\frac{1}{R\sin\theta}\frac{\partial\sigma_{\mathrm{R\varphi}}}{\partial\varphi}+\frac{1}{R}(2\sigma_{\mathrm{R}}-\sigma_{\theta}-\sigma_{\varphi}+\sigma_{\mathrm{R\theta}}\cot\theta)+f_{\mathrm{R}}=\rho\frac{\partial^2u_{\mathrm{R}}}{\partial t^2}$$

$$\frac{\partial\sigma_{\mathrm{R\theta}}}{\partial R}+\frac{1}{R}\frac{\partial\sigma_{\theta\theta}}{\partial\theta}+\frac{1}{R\sin\theta}\cdot\frac{\partial\sigma_{\theta\varphi}}{\partial\varphi}+\frac{1}{R}[(2\sigma_{\theta\theta}-\sigma_{\varphi\varphi})\cot\theta+3\sigma_{\mathrm{R\theta}}]+f_{\theta}=\rho\frac{\partial^2u_{\theta}}{\partial t^2}$$

$$\frac{\partial\sigma_{\mathrm{R\varphi}}}{\partial R}+\frac{1}{R}\frac{\partial\sigma_{\theta\varphi}}{\partial\theta}+\frac{1}{R\sin\theta}\cdot\frac{\partial\sigma_{\varphi\varphi}}{\partial\varphi}+\frac{1}{R}[3\sigma_{\mathrm{R\varphi}}+2\sigma_{\theta\varphi}\cot\theta]+f_{\varphi}=\rho\frac{\partial^2u_{\varphi}}{\partial t^2}$$

（4）运动方程的位移表达形式（拉梅方程）：

$$(\lambda+\mu)\,\mathrm{grad}\,\mathrm{div}\,\boldsymbol{u}-\nabla^2\boldsymbol{u}+\boldsymbol{f}=\rho\frac{\partial^2\boldsymbol{u}}{\partial t^2}$$

六、应力–应变关系（各向同性材料胡克定律）

（1）以应变表示应力：

$$\sigma_{ij}=2\mu\varepsilon_{ij}+\lambda\theta\delta_{ij}$$

（2）以应力表示应变：

$$\varepsilon_{ij}=\frac{1+\nu}{E}\sigma_{ij}-\frac{3\nu}{E}\sigma_0\delta_{ij}$$

（3）弹性常数之间的关系：

$$\lambda=\frac{2\mu\nu}{1-2\nu}=\frac{\mu(E-2\mu)}{3\mu-E}=K-\frac{2}{3}\mu=\frac{E\nu}{(1+\nu)(1-2\nu)}=\frac{3K\nu}{1+\nu}=\frac{3K(3K-E)}{9K-E}$$

$$\mu=\frac{\lambda(1-2\nu)}{2\nu}=\frac{3}{2}(K-\lambda)=\frac{E}{2(1+\nu)}=\frac{3K(1-2\nu)}{2(1+\nu)}=\frac{3KE}{9K-E}$$

$$\nu=\frac{\lambda}{2(\lambda+\mu)}=\frac{\lambda}{3K-\lambda}=\frac{E}{2\mu}-1=\frac{3K-2\mu}{2(3K+\mu)}=\frac{3K-E}{6K}$$

$$E=\frac{\mu(3\lambda+2\mu)}{\lambda+\mu}=\frac{\lambda(1+\nu)(1-2\nu)}{\nu}=\frac{9K(K-\lambda)}{3K-\lambda}=2\mu(1+\nu)=\frac{9K\mu}{3K+\mu}=3K(1-2\nu)$$

$$K=\lambda+\frac{2}{3}\mu=\frac{\lambda(1+\nu)}{3\nu}=\frac{2\mu(1+\nu)}{3(1-2\nu)}=\frac{\mu E}{3(3\mu-E)}=\frac{E}{3(1-2\nu)}$$

还存在两个很有用的关系式如下：

$$\frac{\mu}{\lambda+\mu}=1-2\nu,\quad \frac{\lambda}{\lambda+2\mu}=\frac{\nu}{1-\nu}$$

（4）应变能密度：

$$W=\frac{1}{2}\sigma_{ij}\varepsilon_{ij}=\frac{1}{2}K\theta^2+\frac{1}{2}s_{ij}\varepsilon_{ij}$$

$$= \frac{1}{2}K\theta^2 + \mu(\varepsilon_{11}^2 + \varepsilon_{22}^2 + \varepsilon_{33}^2) + 2\mu(\varepsilon_{12}^2 + \varepsilon_{23}^2 + \varepsilon_{31}^2)$$

$$= \frac{1}{2E}[\sigma_{11}^2 + \sigma_{22}^2 + \sigma_{33}^2 - 2\nu(\sigma_{11}\sigma_{22} + \sigma_{22}\sigma_{33} + \sigma_{33}\sigma_{11}) + 2(1+\nu)(\sigma_{12}^2 + \sigma_{23}^2 + \sigma_{31}^2)]$$

（5）体积变形应变能密度：

$$W_{\mathrm{V}} = \frac{1}{2}K\theta^2$$

（6）形状改变应变能密度：

$$W_{\mathrm{f}} = \frac{\mu}{2}S_{ij}\epsilon_{ij} = \frac{J_2}{2\mu}$$

七、平面问题

（1）艾雷应力函数 U, $\nabla^4 U = \nabla^2\nabla^2 U = 0$（体力势为零时）

$$\sigma_{xx} = \frac{\partial^2 U}{\partial y^2}$$

$$\sigma_{yy} = \frac{\partial^2 U}{\partial x^2}$$

$$\sigma_{xy} = -\frac{\partial^2 U}{\partial x \partial y}$$

（2）复变函数解法：

$$U = \mathrm{Re}\left[\bar{z}\varphi(z) + \int\psi(z)\mathrm{d}z\right]$$

$$\sigma_{yy} + \sigma_{xx} = 4\mathrm{Re}[\varphi'(z)] = \sigma_{rr} + \sigma_{\theta\theta}$$

$$\sigma_{yy} - \sigma_{xx} + 2\mathrm{i}\sigma_{xy} = 2[\bar{z}\varphi''(z) + \psi'(z)]$$

$$\sigma_{\theta\theta} - \sigma_{rr} + 2\mathrm{i}\sigma_{r\theta} = 2[\bar{z}\varphi''(z) + \psi'(z)]\mathrm{e}^{2\mathrm{i}\theta}$$

$$2\mu(u + \mathrm{i}v) = [\kappa\varphi(z) - z\overline{\varphi'(z)} - \overline{\psi(z)}]$$

$$2\mu(u_r + \mathrm{i}u_\theta) = 2\mu(u + \mathrm{i}v)\mathrm{e}^{-\mathrm{i}\theta}$$

$$\kappa = \begin{cases} \dfrac{3-\nu}{1+\nu} & \text{（平面应力）} \\ 3 - 4\nu & \text{（平面应变）} \end{cases}$$

第三篇　塑性力学

引　言

塑性力学是固体力学中的一个分支，比起弹性力学来要年轻得多。但是近几十年来，由于生产及科学上的需要，塑性力学得到迅速的发展。这是因为大量工程设计问题、工艺问题（如锻造、压延、冲压等）及许多自然现象（如地壳的构造运动及地幔的运动，弹塑性断裂等）都与塑性变形有关。

从物理上看，塑性变形过程属于不可逆过程，并且必然伴随着机械能的耗散，因而它比弹性变形过程要复杂得多。从数学上看，塑性力学问题本质上是非线性的，所以它的求解，在数学处理上也比弹性力学问题困难得多；再加上它的发展历史比弹性力学短，因此，塑性力学远不如弹性力学那样成熟。

对于任何固体力学分支，都包含着三组基本方程：①几何方程（包括位移与应变间的关系及变形协调关系）。②力学方程（运动方程或平衡方程）。③物性方程或本构关系，即应力与应变以及它们对时间导数之间的关系。其中前两组方程（几何方程及力学方程）与材料性质无关。也就是说，对于任何固体力学分支，这两组方程都是适用的。因此，不同的固体力学分支间的主要差别，首先在于其本构关系不同，并由此而引起一系列物理上及数学上的差异。因此在这一篇中，我们首先研究塑性变形时材料的本构关系及有关问题，进而在此基础上介绍少量典型的弹-塑性力学问题，主要着眼于其解题的特点、思路与方法。

另外需要说明的是：长时期以来，塑性力学的主要研究对象是金属材料，人们对此进行了比较充分的实验研究，并由此总结出若干塑性理论。但是，对于非金属材料，尤其是对于地壳介质（各类岩石）的研究，相对来说则不够充分。而且已有的若干结果表明：岩石的本构关系在许多方面不同于金属材料，而具有一系列特点。因此，在将现有的塑性理论（主要建立在金属材料实验资料的基础上）应用到与岩石有关的问题上时，需要持非常慎重的态度。

第七章　塑性力学的基本概念

正如本章引言中所讲得那样，研究任何新的力学分支，首先要着重搞清它的本构关系。而本构关系的确立则主要决定于实验结果。因此，我们首先介绍塑性力学的一些基本实验资料。

§7-1　基本实验资料

为了建立塑性力学的本构关系（通常称之为塑性理论），将近一个世纪以来，进行了大量的实验研究。在本节中，我们主要介绍两类最基本的实验——单向拉伸（压缩）实验及静水压实验的结果。这两类实验结果是现有的各种塑性理论的基础。

一、单向拉伸（压缩）实验

为了揭示材料进入塑性变形阶段后的性态，人们进行了一系列简单应力状态下的材料实验。如单向拉伸及压缩实验、纯剪实验（薄壁圆筒的扭转实验）。实验结果表明：同一种材料的单向拉伸实验与纯剪实验的实验结果很相近。但从实验技术上讲，前者要比后者简单得多，因此对许多材料的单向拉伸实验研究进行得很多，积累了丰富的实验资料。在此着重介绍单向拉伸实验，而且以金属的拉伸实验为主。

金属材料的单向拉伸试件的几何形状的示意图如图 7-1 所示。l_0 为试件的原始标距长度（即未受力时的标距长度），d_0 为原始直径，F_0 为原始横截面积。l_0/d_0 的比值常取为 5 或 10。

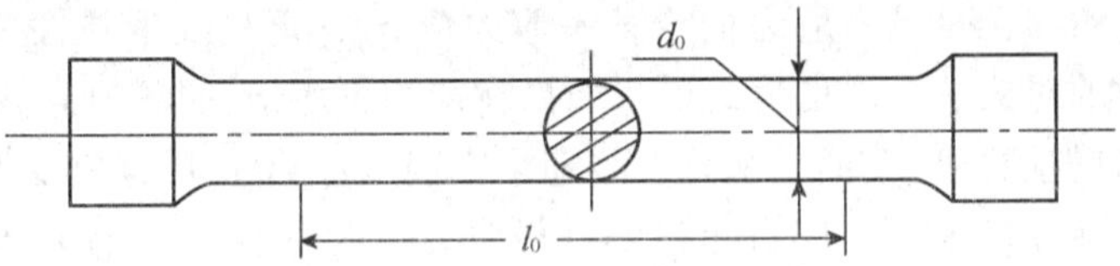

图 7-1　单向拉伸试件

单向拉伸实验的实验结果一般用应力-应变曲线（简称为 $\sigma-\varepsilon$ 曲线）来表示。

应力 σ 定义为

$$\sigma = P/F_0$$

式中，P 为轴向载荷。这样定义的应力，有时称之为名义应力或工程应力。当试件受载荷作用后，截面积已不再为 F_0，而变为 F，所以横截面上的拉应力实际上应该是 P/F 而不再是 P/F_0。所以有时整理实验数据采用真应力 $\tilde{\sigma}$ 以代替名义应力 σ，真应力 $\tilde{\sigma}$ 的定义为

$$\tilde{\sigma} = P/F$$

式中，F 为对应于载荷为 P 的瞬时，试件的实际横截面面积。这样在进行实验时必须随时测

量其横截面面积。当然增加了实验的工作量及困难程度。在一般情况下，F 与 F_0 的值相差不大，因而 $\tilde{\sigma}$ 与 σ 的值也相差不大。所以通常仍然用名义应力 σ，并简称为应力。对于低碳钢类材料的拉伸实验，当出现颈缩现象（参看下面的介绍）时，试件发生变形局部化现象，在这种情况下 F 与 F_0 二者的数值相差较大，因而用真应力 $\tilde{\sigma}$ 还是名义应力 σ 整理实验结果，对强度极限 σ_b 以后的应力-应变曲线影响甚大。

应力-应变曲线中的应变 ε 通常定义为

$$\varepsilon = \frac{l - l_0}{l_0} = \frac{\Delta l}{l_0}$$

式中，l 为对应于载荷为 P 时的标距长度。这样定义的应变称为条件应变。严格说来，用可加应变（又称自然应变）$\tilde{\varepsilon}$（参看 §2－7）比用条件应变更为合理，$\tilde{\varepsilon}$ 的定义为

$$\tilde{\varepsilon} = \ln(l/l_0)$$

$\tilde{\varepsilon}$ 与 ε 之间的关系如下：

$$\tilde{\varepsilon} = \ln(l/l_0) = \ln\left(\frac{l_0 + \Delta l}{l_0}\right) = \ln(1 + \varepsilon) = \varepsilon - \frac{\varepsilon^2}{2} + \frac{\varepsilon^3}{3} - \frac{\varepsilon^4}{4} + \cdots$$

显然当 $\varepsilon \ll 1$ 时，$\tilde{\varepsilon} \approx \varepsilon$，即二者之间差别很小。

不同材料的应力-应变曲线常常大不相同。以下分别介绍几种典型的应力-应变曲线。

1. 中碳钢的应力-应变曲线

高强度结构钢的应力-应变曲线如图 7－2 所示。当应力低于某一临界应力 σ_L（称之为比例极限）时，应力与应变之间成正比。应力超过比例极限 σ_L后，应力-应变曲线不再呈线性关系，而略有弯曲，但是只要应力低于某一应力值 σ_e，仍只发生弹性变形，即应力应变之间仍存在着单值的对应关系。也就是说，如果在应力低于 σ_e的任何点卸载（使载荷 P 减小）时，仍按原来的应力-应变曲线变化，当完全卸载（$\sigma=0$）后，应变也恢复为零。这个应力的临界值称为弹性极限。当应力超过弹性极限后（例如曲线上的 C 点）再卸载时，则应力、应变不再按原来的 $\sigma-\varepsilon$ 曲线变化，而沿着直线 CD 变化，直线 CD 与最初加载时 $\sigma-\varepsilon$ 的直线段 OA 大致平行，即 CD 斜率大致等于杨氏弹性模量 E。当完全卸载至 D 点时，应变并不恢复为零，而留下不可恢复的应变 OD，称为塑性应变或残余应变 σ_P，而可恢复的应变 DE 称为弹性应变 ε_e。

由此可见，弹性极限是材料开始产生塑性变形进入塑性阶段的临界点。材料进入塑性阶段后的主要特点是：应力、应变间不再保持一一对应的单值关系。由于塑性变形是不可恢复的，显然塑性变形过程从热力学上看是不可逆过程。

如果材料发生塑性变形后进行卸载（图 7－2 中的 CD 段），然后再进行加载，则其应力-应变关系仍大致沿直线 DC 变化。令人注目的是：当重新加载至原来的弹性极限 σ_e时（图 7－2 中的 F 点），材料并不产生新的塑性变形，而一直沿直线 DC 变化，直到 C 点，才产生新的塑性变形。这相当于材料的弹性极限提高了，从 σ_e提高至 σ_c。这种现象称之为加工硬化或应变强化。加工硬化的强度与材料性质及塑性变形的程度有关。

当材料进入塑性阶段后，如果再继续加载至某一应力 σ_b时，试件将被拉断。σ_b称为材料的强度极限。

许多金属结构材料的应力-应变曲线都大致如图 7－2 所示，所以图 7－2 中的 $\sigma-\varepsilon$ 曲线最具有代表性。

比例极限 σ_L及弹性极限 σ_e，二者在概念上是不同的，但是实际上难以在 $\sigma-\varepsilon$ 曲线上准确地定出二者确切的位置。所以一般也就不严格地去区分它们。有时采用如下的方法决定 σ_e：在横轴上取 $\varepsilon=0.2\%$ 的点 P（图 7－3），从 P 点作平行于 $\sigma-\varepsilon$ 曲线的直线段的平行线 PQ，交 $\sigma-\varepsilon$ 曲线于 Q，取 Q 点的应力值为弹性极限 σ_e。这样定出的弹性极限称为 $\sigma_{0.2}$。

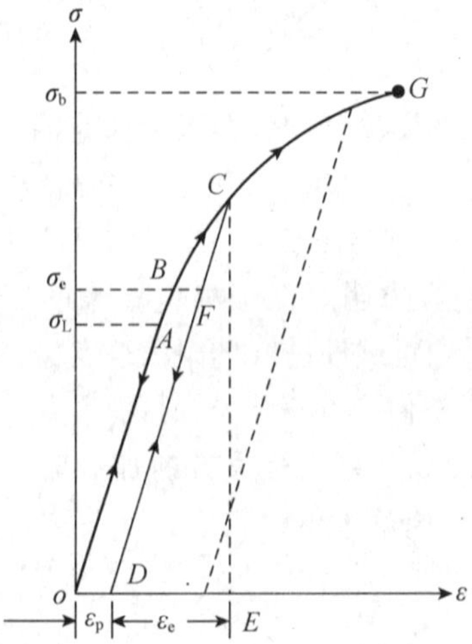

图 7－2　中碳钢的应力-应变曲线

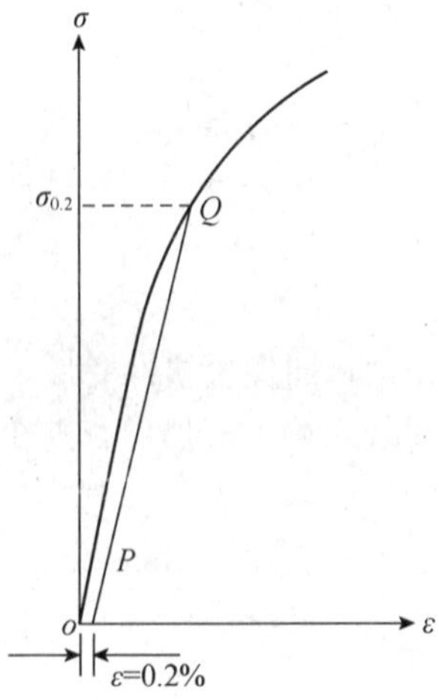

图　7－3

2. 低碳钢的应力-应变曲线

低碳钢的应力-应变曲线是另一类典型的应力-应变曲线，如图 7－4 所示。其突出特点为，当弹性阶段结束后，$\sigma-\varepsilon$ 曲线出现一段相当长的水平直线。这意味着在不增加应力的情况下，变形却持续增加。这种现象称之为屈服或流动。与之相应的应力称为屈服应力 σ_y。

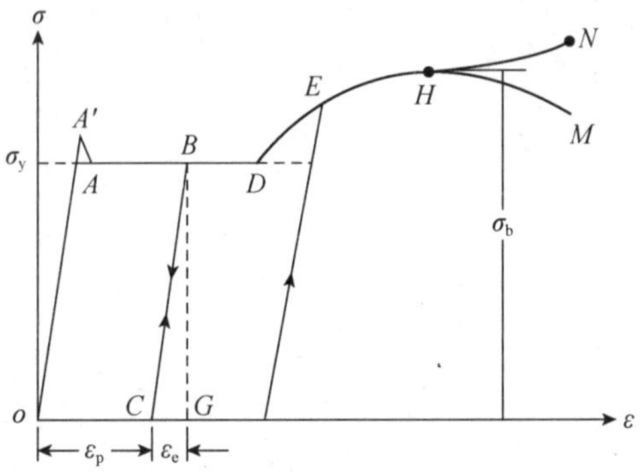

图　7－4

如果实验条件较好，可以发现，$\sigma-\varepsilon$ 曲线从弹性阶段过渡到屈服阶段，要经过一个略

高于屈服应力 σ_y 的上屈服点，上屈服点的位置主要与加载速率有关。也有些材料则不出现上屈服点。屈服阶段中的 $\sigma-\varepsilon$ 曲线常常不是真正的直线，而是在此水平直线上下波动。

屈服阶段常常延续很长，屈服阶段结束时所对应的应变，比对应于弹性极限的应变可以大一个数量级。在屈服阶段，材料不发生加工强化。屈服阶段结束后 $\sigma-\varepsilon$ 曲线又进入强化阶段。再增加载荷至强度极限 σ_b 时（图中的最高点 H），试件将发生颈缩现象，在试件的某一局部，直径急剧减小，长度增加，形成一细颈状区域。

应力-应变曲线在 H 点后开始下降。这意味着不增加载荷，变形仍然增加，试件进入不稳定状态。但是，开始颈缩后，截面积 F 变化较大。这时如改用真应力 $\tilde{\sigma}$ 及可加应变 $\tilde{\varepsilon}$ 处理实验数据，则应力-应变如图 7－4 中虚线所示。其应力-应变曲线就不再下降，直到破坏时为止，一直是上升的（N 点）。

3. 鲍氏效应

对于多数金属材料，其单向拉伸实验和单向压缩实验的弹性极限大体相同。鲍辛格首先在实验中发现，如果将一金属试件作单向拉伸实验，进入塑性阶段后完全卸载（图 7－5 中 $\sigma-\varepsilon$ 曲线所示，由 $0\rightarrow A\rightarrow B$），再反向加载（即进行单向压缩），其压缩时的比例极限明显降低，如图 7－5 中 C 点所示。在 C 点（它对应的应力明显低于材料原来的压缩弹性极限 σ_e'）以后，材料即发生塑性变形。反之亦然，如果先对试件进行单向压缩实验，发生塑性变形后完全卸载。再进行拉伸，则在明显小于通常的拉伸弹性极限 σ_e 时的 C' 点，材料就开始发生塑性变形。这种现象（材料进入塑性状态后卸载，再进行反方向加载时，塑性变形提前发生的现象）最早由 Bauschinger 发现，被称之为 Bauschinger 效应，或简称为鲍氏效应。

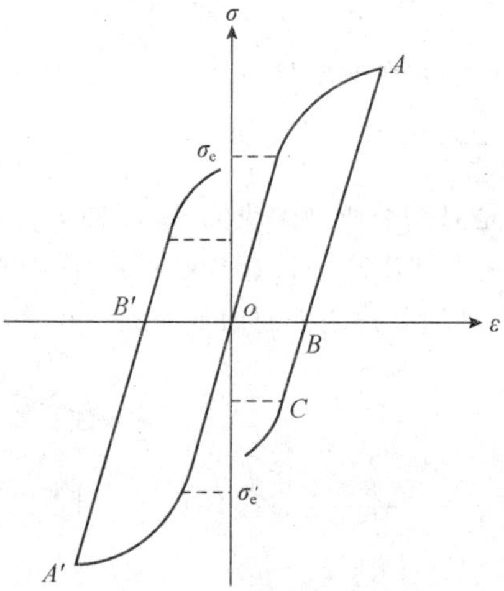

图 7－5 鲍氏效应示意图

进一步研究表明：鲍氏效应只发生于多晶体试件。有人用单晶体材料进行类似的实验，将试件加载使之进入塑性阶段，卸载后再反向加载，发现塑性变形不仅不提前发生，反而略有推迟。

一般认为，鲍氏效应与塑性变形所引起的多晶体结构内的残余应力有关。

如果考虑鲍氏效应这一因素，将使塑性力学问题的处理变得更加困难。所以在一般的塑性理论中往往都不考虑这个问题。

4. 关于岩石拉、压实验的某些结果

上面介绍的都是金属材料的实验结果。岩石在单向拉伸时应力-应变曲线属于典型的脆性材料的 $\sigma-\varepsilon$ 曲线，在极小的应变时试件即发生断裂，如图 7－6 所示。

岩石试件的单向拉伸实验数据的离散度很大。这是因为岩石是天然材料，影响因素较多，尤其是岩石中存在的裂隙、节理等对实验结果影响很大。

另外由于岩石材料的工作环境大都处于受压状态，所以岩石的压缩实验应用更为普遍。其中包括单向压缩试验及三向压缩试验（简称三轴试验），三轴试验中又分为真三轴（$\sigma_1\neq\sigma_2\neq\sigma_3$）及假三轴（轴压 σ_1 及 $\sigma_2=\sigma_3=$ 围压）。卡门（1911）进行的经典研究最早发现围压对实验结果影响很大。在零围压及低围压时，岩石发生脆性破坏。当围压逐渐增高时，岩石的韧性性质渐趋明显。当围压足够高时，岩石的应力-应变关系呈现出典型的韧性材料的性态，如图 7－7 所示。岩石的这种从脆性到韧性的过渡是很重要的现象，也是不少地球物理学家所非常感兴趣的，并为后来的大量实验及实地观测结果进一步证实。

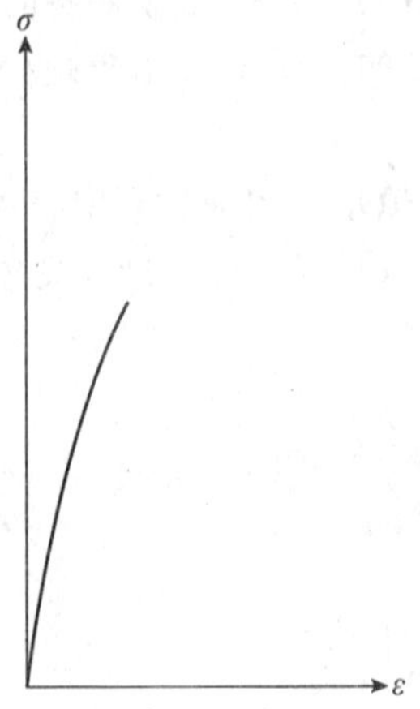

图　7－6

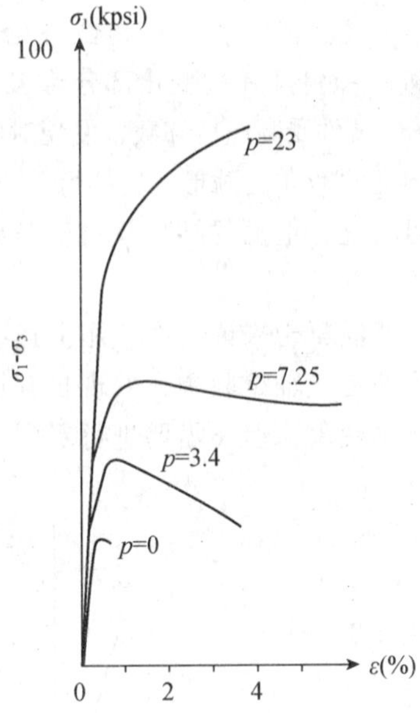

图 7－7　岩石三轴实验的结果

二、静水压实验

另一类对建立塑性理论有着重大影响的实验是静水压实验。在这个领域内高压物理学家布瑞基曼做出了卓越的贡献。根据他全面系统的研究可得出如下几点重要结论：

1. 关于体积变形

布瑞基曼的实验表明，直到 15000 个大气压，体积变形仍然是弹性的。体应变（即应变张量的第一不变量）θ 与静水压 p 之间的关系为

$$\theta = ap - bp^2$$

几种金属的 a、b 值如下表。

	钢	铜	铝
a（大气压$^{-1}$）	5.87×10^{-7}	7.32×10^{-7}	13.34×10^{-7}
b（大气压$^{-2}$）	2.1×10^{-12}	2.7×10^{-12}	3.5×10^{-12}

以钢为例，当 $p=10000$ 大气压时，$ap=5.87\times10^{-3}$而 $bp=2.1\times10^{-4}$。说明第二项仍远小于第一项（差一个数量级）因而可以略去不计，而得到

$$\theta\approx ap$$

这说明：即使在相当高的压力下，体积变形与压力间的关系仍然可以近似看成为线性的，而且体积应变的数值很小（上面的简单计算表明，在10000大气压作用下，体积应变仅为 5.87×10^{-3}）。

正是根据上述实验结果，在塑性理论中常认为体积变形是弹性的。而在刚塑性模型中（§7-2），进一步将其弹性变化部分略去不计。

此处将球形试件受高压后卸载，发现对大多数金属来说，不仅体积恢复（说明体积变形是弹性的），而且球形试件仍为球形。这从另一个侧面进一步说明了这些材料是宏观各向同性的。

需要说明的是，上面的结果是对比较致密的金属而言的，对某些比较疏松的金属（如铸铁等）则不尽然。

对于岩石及混凝土来说，在应用上述结论时则更需要慎重。因为岩石中有大量孔隙和微裂隙存在。此外在三轴试验中还发现扩容这样的特殊现象（图 7-8）。这一现象被用来解释地震的某些前兆现象，但还需要进行更深入的研究。

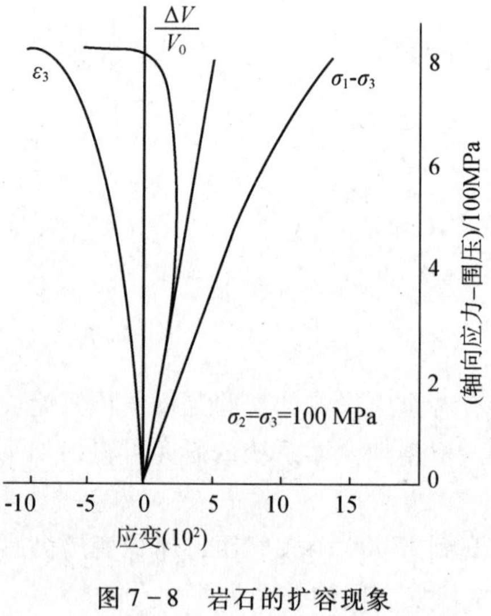

图 7-8　岩石的扩容现象

（此图按岩石力学的习惯，压应力及压应变为正）

2. 静水压对 $\sigma-\varepsilon$ 曲线的影响

布瑞基曼等的实验结果表明，在静水压不太大的条件下（指静水压限于材料的屈服极限的数量级），它对致密金属材料的弹性极限 σ_e或屈服极限 σ_y没有多大影响。但对其强度极限 σ_b则有相当大的影响。此外对岩石、铸铁等含孔隙的材料则对整个 $\sigma-\varepsilon$ 曲线影响较大。

§7－2　应力-应变关系的简化模型

在实际解决塑性力学问题时，常常根据不同情况，用比较简单的函数关系代替实际的应力-应变关系。较常用的有以下几种简化模型。

一、理想弹塑性材料

这种简化模型的应力-应变关系如图 7－9 所示。它假设材料在弹性阶段以后，表现出理想塑性的性质，$\sigma=\sigma_y$，常常用此模型代表其 $\sigma-\varepsilon$ 曲线存在明显屈服现象材料的本构关系。

理想弹塑性材料的应力-应变关系可以表达为

$$\sigma = E\varepsilon \qquad \varepsilon \leqslant \varepsilon_e$$
$$\sigma = \sigma_y \qquad \varepsilon > \varepsilon_e$$

式中，$\varepsilon_e=\sigma_y/E$。

二、理想刚塑性模型

将理想弹塑性模型中的弹性变形略去不计，则进一步简化为理想刚塑性模型，其应力-应变关系如图 7－10 所示。

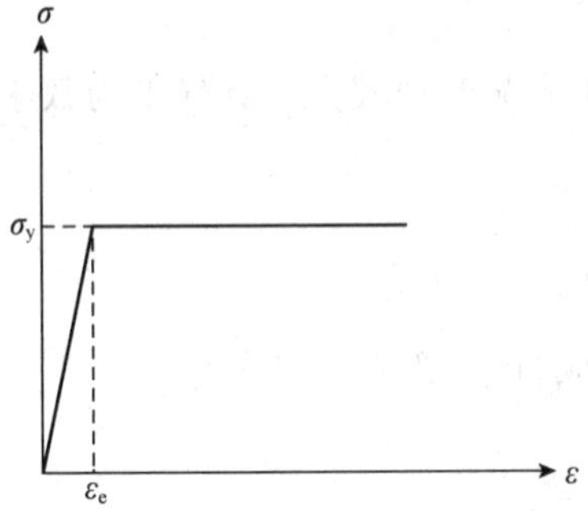

图 7－9　理想弹塑性材料模型

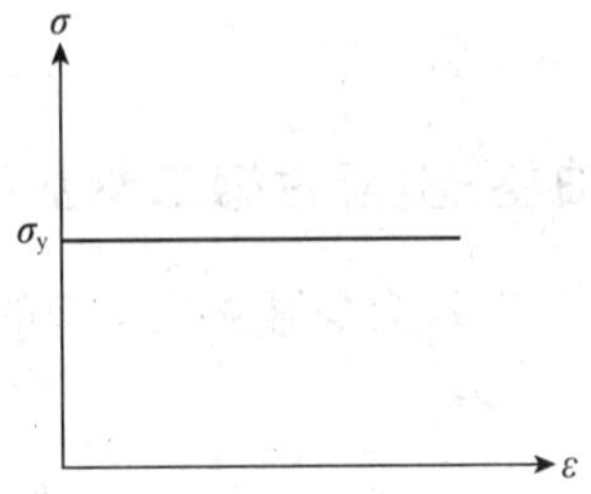

图 7－10　理想刚塑性模型

三、线性强化弹塑性模型

其应力-应变关系如图 7－11 所示。用两段折线来代替实际的应力-应变曲线。对于高强度结构钢等材料，其实际应力-应变曲线如图 7－2 所示，用此简化模型比较合适。

线性强化弹塑性模型的本构关系可表述如下：

$$\sigma = E\varepsilon \qquad \varepsilon \leqslant \sigma_e$$
$$\sigma = \sigma_e + E_1(\varepsilon - \varepsilon_e) \qquad \varepsilon > \varepsilon_e$$

式中，E、E_1 分别为两段直线的斜率，E_1 称为强化模量。

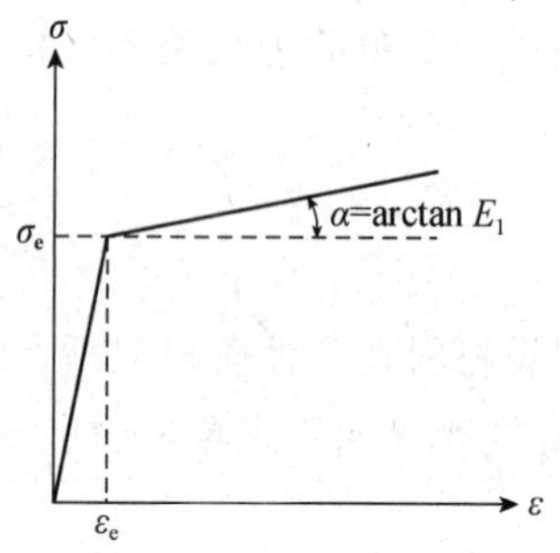

图 7－11　线性强化弹塑性模型

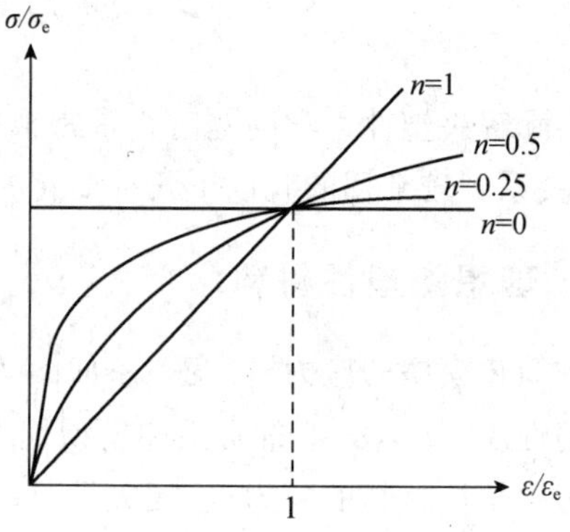

图 7－12　幂强化模型

四、幂强化模型

上面三种模型的共同缺点是弹性阶段及塑性阶段要分别用不同的解析式表达，因而引起许多不便。幂强化模型则假设应力-应变关系为

$$\sigma = A\varepsilon^n (A > 0)$$

其中 $0 < n < 1$，n 称之为强化系数。随 n 的取值不同，曲线的形状也不同，如图 7－12 所示。

这一模型在 $\varepsilon = 0$ 处的斜率为无穷大，与实际情况差别较大，其优点为数学处理上比较方便。

五、兰伯格-奥斯古德三参数模型

这个模型可以认为是幂强化模型的改进，其应力-应变关系取为

$$\varepsilon = \frac{\sigma}{E}\left[1 + \left(\frac{\sigma}{\sigma_y}\right)^m\right], \quad m > 1$$

当 $\sigma \ll \sigma_y$ 时，$\sigma/\sigma_y \ll 1$，上式中括号内的第二项可以略去不计，和弹性应力-应变关系一致。当 σ 较大时则第一项可忽略，而接近幂强化规律。

当 $\sigma = \sigma_y$ 时，$\varepsilon = 2\varepsilon_e = 2\dfrac{\sigma_y}{E}$

$\left(\sigma_y, \frac{2\sigma_y}{E}\right)$是 m 取不同值时各条曲线的共同交点，如图 7－13 所示。

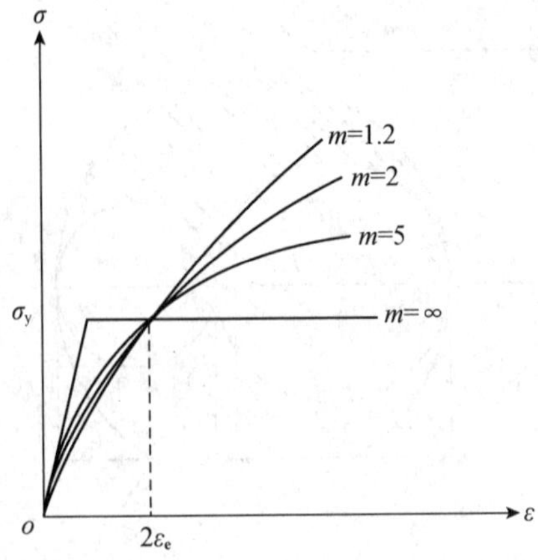

图 7－13　三参数模型

以上各种简化模型所表示的应力-应变关系都是指加载时的情况。卸载时，大都认为应力与应变间成线性规律。其斜率与加载时的杨氏模量相同。

§7－3　应力状态与应变状态的进一步研究

在前两节中，我们研究了在简单应力状态（特别是单向拉伸）下材料进行塑性状态后的应力-应变关系。为了建立普遍的本构关系，必须将单向拉伸的结论推广到复杂应力状态。在弹性力学中，将胡克对于弹簧拉伸时变形与载荷成正比的结论推广为广义胡克定律。在塑性力学中我们也希望将简单应力状态下的应力-应变关系推广为应力张量与应变张量间的关系。但是，在进行这一步之前，还必须补充一些关于应力状态及应变状态方面的某些知识。

一、罗地(Lode) 参数 μ_σ

在第一章中我们讨论过应力张量的分解

$$\sigma_{ij} = \sigma_0\delta_{ij} + S_{ij}$$

式中，$\sigma_0 = I_1/3$，又称为平均应力。它恰好又是八面体（与三个主方向等倾的截面）上的正应力。

由 §7－1 中所介绍的实验结果可知，应力的球张量部分只能引起弹性的体积变形，对其塑性变形不发生影响。因此从塑性力学的观点看，应力偏量 S_{ij}有着特别重要的意义。

在第一章中我们还介绍了利用应力圆来表示一点的应力状态的几何方法。下面我们进一步利用它来研究有关问题。

图 7－14 表示一点应力状态的三维应力圆。过该点的任意斜截面上的应力均可由阴影区

（两个小圆之外，大圆之内）内一点的坐标来表示。

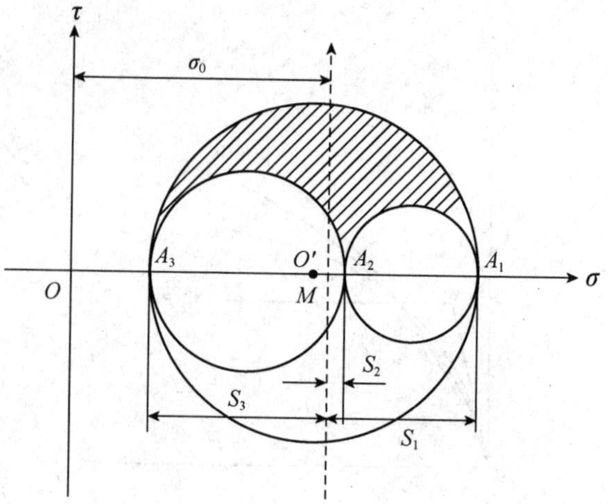

图 7-14　三维应力圆

已知一点的三个主应力 σ_1、σ_2、σ_3，则可画出一点的应力圆。

现在做进一步的讨论，在图 7-14 上我们标出与 σ_0（平均应力）对应的 O'点。如果将纵轴（τ轴）移至 O'点，则移轴后的应力圆就是描写应力偏量的应力圆。三个应力圆与横坐标交点的值 S_1、S_2、S_3 正好是应力偏量的三个主值：

$$S_1 = \sigma_1 - \sigma_0$$
$$S_2 = \sigma_2 - \sigma_0$$
$$S_3 = \sigma_3 - \sigma_0$$

也就是说，应力张量的球张量部分只影响应力圆在图中的位置。而偏量部分则决定了应力圆的大小及形状。对材料塑性变形部分起作用的正是应力圆的大小及形状，而与应力圆在图中的位置无关。

进而我们引入如下的参数 μ_σ

$$\mu_\sigma = \frac{MA_2}{MA_1}$$

图 7-14 中 M 为大圆的圆心，

式中，
$$MA_2 = \sigma_2 - \frac{1}{2}(\sigma_1 + \sigma_3) = \frac{1}{2}(2\sigma_2 - \sigma_1 - \sigma_3)$$
$$MA_1 = \frac{1}{2}(\sigma_1 - \sigma_3)$$

而
$$\mu_\sigma = \frac{2\sigma_2 - \sigma_1 - \sigma_3}{\sigma_1 - \sigma_3} = 2\left(\frac{\sigma_2 - \sigma_3}{\sigma_1 - \sigma_3}\right) - 1 \tag{7-1}$$

μ_σ 称为罗地参数，是罗地首次引入的。由上式可知，如果三个主应力 σ_1、σ_2、σ_3都加上同样的值 σ^*（这相当于加上一个静水压应力 σ^*，也相当于使应力圆沿横轴移动距离 σ^*），μ_σ 保持不变，因为

$$\mu_\sigma = 2\left(\frac{\sigma_2 + \sigma^* - \sigma_3 - \sigma^*}{\sigma_1 + \sigma^* - \sigma_3 - \sigma^*}\right) - 1 = 2\left(\frac{\sigma_2 - \sigma_3}{\sigma_1 - \sigma_3}\right) - 1$$

另外，如果三个主应力 σ_1、σ_2、σ_3都同时增大 k 倍，μ_σ也保持不变，因为

$$\mu_\sigma = 2\left(\frac{k\sigma_1 - k\sigma_3}{k\sigma_1 - k\sigma_3}\right) - 1 = 2\left(\frac{\sigma_2 - \sigma_3}{\sigma_1 - \sigma_3}\right) - 1$$

这说明罗地参数既与应力圆的位置无关，也与应力圆的大小无关，而只决定于应力圆的形状，即它正好代表该点应力状态的类型，说明三个主应力的比例关系或三个应力圆半径的比值。

按照第一章中的规定，$\sigma_1 \geqslant \sigma_2 \geqslant \sigma_3$，中间主应力 σ_2在（$\sigma_3 - \sigma_1$）之间变化，所以罗地参数 μ_σ 在 -1 与 +1 之间变化。

几种典型的应力状态的 μ_σ 的值，如表 7-1 所示。

表 7-1

罗地参数 μ_σ	应力状态	主　应　力
-1	单向拉伸	$\sigma_1 = \sigma$ $\sigma_2 = \sigma_3 = 0$
-1	双向等压	$\sigma_1 = \sigma$ $\sigma_2 = \sigma_3 = -\sigma$
0	纯　　剪	$\sigma_1 = \sigma$ $\sigma_2 = 0$ $\sigma_3 = -\sigma$
+1	单向压缩	$\sigma_1 = \sigma_2 = 0$ $\sigma_3 = -\sigma$
+1	双向等拉	$\sigma_1 = \sigma_2 = 0$ $\sigma_3 = 0$

二、应力强度 $\bar{\sigma}$

正如上面所讨论的，应力张量的球量部分对材料的塑性变形影响不大。对塑性变形起重要作用的是其应力偏量部分。应力偏量的第一不变量 $J_1 = 0$，其第二不变量 J_2（参看 §1-8，§1-9）为

$$J_2 = \frac{1}{2}S_{ij} \cdot S_{ij}$$

$$= \frac{1}{6}[(\sigma_{11} - \sigma_{22})^2 + (\sigma_{22} - \sigma_{33})^2 + (\sigma_{33} - \sigma_{11})^2] + (\sigma_{12}^2 + \sigma_{23}^2 + \sigma_{31}^2) \quad (7-2a)$$

或 $$J_2 = \frac{1}{6}[(\sigma_1 - \sigma_2)^2 + (\sigma_2 - \sigma_3)^2 + (\sigma_3 - \sigma_1)^2] \quad (7-2b)$$

利用§3-6中的关系式可得

$$J_2 = W_f/2\mu \quad (7-2c)$$

式中，W_f 为形状改变应变能密度，或称畸变形变能密度。另外还可以将 J_2 表示为

$$J_2 = \frac{3}{2}\tau_0^2 \quad (7-2d)$$

式中，τ_0为八面体上的剪应力，

$$\tau_0 = \frac{1}{3}\sqrt{(\sigma_1 - \sigma_2)^2 + (\sigma_2 - \sigma_3)^2 + (\sigma_3 - \sigma_1)^2} = \frac{2}{3}\sqrt{\tau_{12}^2 + \tau_{23}^2 + \tau_{31}^2} \quad (7-3)$$

由此可见，τ_0是一个在塑性力学中起重要作用的量。伊留辛定义$\frac{3}{\sqrt{2}}\tau_0$为应力强度 $\bar{\sigma}$，

$$\bar{\sigma} = \frac{3}{\sqrt{2}}\tau_0 = \frac{1}{\sqrt{2}}\sqrt{[(\sigma_1 - \sigma_2)^2 + (\sigma_2 - \sigma_3)^2 + (\sigma_3 - \sigma_1)^2]} \quad (7-4)$$

之所以将τ_0乘以因子 $3/\sqrt{2}$ 后定义一个新的参数 $\bar{\sigma}$（应力强度），其原因在于，对于单向拉伸来说，恰好

$$\bar{\sigma} = \sigma_1$$

因而，以后在利用单向拉伸的实验资料以及相应地在进行理论分析时都会带来一些方便。

三、应变罗地参数μ_ε及应变强度$\bar{\varepsilon}$

对于应变张量，可以依照应力张量的概念及做法，定义其罗地参数 μ_ε 为

$$\mu_\varepsilon = 2\left(\frac{\varepsilon_2 - \varepsilon_3}{\varepsilon_1 - \varepsilon_3}\right) - 1 \quad (7-5)$$

类似地，应变罗地参数描述了一点的应变状态的类型。

与应力强度 $\bar{\sigma}$ 相对应，定义应变强度 $\bar{\varepsilon}$ 为

$$\bar{\varepsilon} = \frac{1}{\sqrt{2}(1+\nu)}\sqrt{(\varepsilon_1 - \varepsilon_2)^2 + (\varepsilon_2 - \varepsilon_3)^2 + (\varepsilon_3 - \varepsilon_1)^2} \quad (7-6)$$

单向拉伸时，

$$\varepsilon_2 = \varepsilon_3 = -\nu\varepsilon_1$$

$$\bar{\varepsilon} = \varepsilon_1$$

且在塑性阶段，材料的体积变化很小，$\theta \approx 0$，通常取 $\nu = \frac{1}{2}$，因此式（7-6）又可写为

$$\bar{\varepsilon} = \frac{\sqrt{2}}{3}\sqrt{(\varepsilon_1 - \varepsilon_2)^2 + (\varepsilon_2 - \varepsilon_3)^2 + (\varepsilon_3 - \varepsilon_1)^2} \tag{7-7}$$

§7-4 应力空间，屈服曲面与屈服条件

在研究塑性本构关系之前，我们先研究塑性条件。所谓塑性条件，即在什么样的应力状态条件下，材料从弹性变形转变为塑性变形？单向拉伸时，对于某一给定的材料，可以用单向拉伸实验测定其 σ_e 或 σ_y 的值。$\sigma = \sigma_e$ 或 $\sigma = \sigma_y$ 就是该种材料的塑性条件或屈服条件。但是对于复杂应力状态，塑性条件问题就远比单向拉伸情况复杂，这是因为单向拉伸时，只要用一个参数——轴向应力 σ 就可完全确定应力状态，而在复杂应力状态下，正如大家所熟知的，一点的应力状态要由六个独立的应力分量来决定。六个应力分量 σ_{ij} 之间到底应该满足什么样的条件，材料才开始发生塑性变形？如果我们已知这样的条件，并且可以表示为函数

$$f(\sigma_{ij}) = 0 \tag{7-8}$$

则上式称为塑性条件或屈服条件。

从数学分析的角度，一点的应力状态要由六个独立的应力分量确定，所以 $f(\sigma_{ij})$ 是一个六元函数。从几何学的角度，它可以用一个六维应力空间中的超曲面来表示，称之为屈服曲面。凡在屈服面内的点（它代表一种应力状态），只引起弹性变形，而在屈服面上的点所代表的应力状态，将使材料开始进入塑性状态。

我们可将问题进一步简化：设材料是各向同性的，因此应力主轴方向对于塑性条件不发生影响。于是，一点的应力状态，就可由其三个主应力 σ_1、σ_2、σ_3 来确定。因此塑性条件可用一个三元函数来表示：

$$f(\sigma_1、\sigma_2、\sigma_3) = 0 \tag{7-8'}$$

在几何上它是一个三维的曲面。这个三维空间的三个轴为 σ_1、σ_2、σ_3，其中任意一点（σ_1，σ_2，σ_3）代表一种应力状态，这个空间称为主应力空间或简称为应力空间。

要确定材料的屈服条件（或其在应力空间的屈服曲面），首先要进行大量的实验研究。

在前面介绍过的实验结果的基础上，我们首先研究应力空间的某些基本性质及屈服面应该受到的一些限制。

图 7-15 表示的是应力空间，空间一点 $P(\sigma_1, \sigma_2, \sigma_3)$ 的三个坐标值分别代表三个主

应力，因而点 P 代表着一种应力状态。在应力空间中也可以仿用矢量算法中的办法，用 P 点的矢径 $\overline{OP}$ 代表此点的应力状态。

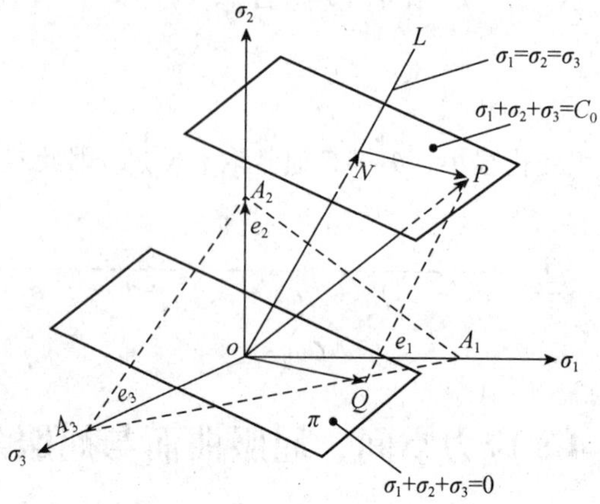

图 7－15　应力空间及 π 平面

应力空间中的直线 L，

$$\sigma_1 = \sigma_2 = \sigma_3$$

是一条很重要的直线。在它上面的任一点，三个主应力均相等。因此代表只有球量部分而偏量部分为零的应力状态。过 P 点作一垂直于 L 的平面（即以 L 为法线的平面）。此平面的方程为

$$\sigma_1 + \sigma_2 + \sigma_3 = C_0(\text{常数})$$

因此该平面上所有各点代表的应力状态，它们的球张量均相同，其应力张量第一不变量 $I_1 = C_0$，平均应力 $\sigma_0 = C_0/3$，而 $|\overline{\boldsymbol{ON}}| = C_0/\sqrt{3}$，因此 $ON = \sqrt{3}\sigma_0$。应力张量的偏量部分则与矢量 $\overline{NP}$ 或 $\overline{OQ}$ 相对应。不难证明

$$NP = \sqrt{3}\,\tau_0$$

由 §7－1 所介绍的基本实验资料可知，静水压 σ_0 对于材料的塑性变形没有影响。由此推断，不同的 C 值所对应的平面与屈服面的交线（称为屈服曲线）应该都是相同的。也就是说，屈服面是一个以平行于 L 线（$\sigma_1 = \sigma_2 = \sigma_3$ 的直线）的直线为母线的柱面。因此，只要知道屈服曲面与任一个与 L 线相垂直的平面（$\sigma_1 + \sigma_2 + \sigma_3 = C_0$）的交线——屈服曲线，就完全决定了整个柱面（屈服曲面）。为了方便起见常常选择 $C_0 = 0$，即

$$\sigma_1 + \sigma_2 + \sigma_3 = 0$$

这个平面习惯上称为 π 平面。所以，我们今后着重在 π 平面上研究屈服曲线。图 7－16 上的 1′、2′、3′三条线为三个应力轴在 π 平面上的投影。让我们研究一下应力空间任一点（σ_1，σ_2，σ_3）在 π 平面上对应的投影点（沿直线 L 方向投影）的位置。在 π 平面上取 xOy

坐标系，令 y 轴与 $2'$ 轴重合。

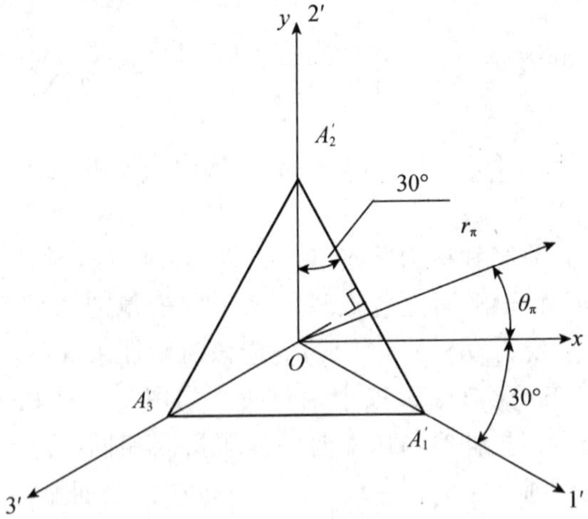

图 7-16 在 π 平面上研究屈服曲线

先讨论沿 σ_1、σ_2、σ_3 三个轴上的单位矢量 $\boldsymbol{e}_1$、$\boldsymbol{e}_2$、$\boldsymbol{e}_3$（图 7-15）在 π 平面上的投影。设 $\boldsymbol{e}_1$、$\boldsymbol{e}_2$、$\boldsymbol{e}_3$ 的端点为 A_1、A_2、A_3，则 A_1、A_2、A_3 所组成的平面与 π 平面平行，因此 A_1A_2，A_2A_3，A_3A_1 三个线段在 π 平面上的投影 $A_1'A_2'$，$A_2'A_3'$，$A_3'A_1'$ 长度不变。

$$\overline{A_1A_2} = \sqrt{2} = \overline{A_1'A_2'}$$

由图 7-16 中的几何关系，可求得

$$\overline{OA_1'} = \overline{OA_2'} = \overline{OA_3'} = \sqrt{\frac{2}{3}}$$

因此应力空间中的点（σ_1，0，0）在 π 平面上的投影点的坐标为$\left(\frac{\sqrt{2}}{2}\sigma_1,\ -\frac{\sigma_1}{\sqrt{6}}\right)$。同理，点（0，$\sigma_2$，0）及（0，0，$\sigma_3$）在 π 平面上的投影的坐标分别为

$$\left(0, \sqrt{\frac{2}{3}}\sigma_2\right) 及 \left(-\sqrt{\frac{2}{2}}\sigma_3,\ -\frac{\sigma_3}{\sqrt{6}}\right)$$

因而应力空间中一点（σ_1，σ_2，σ_3）在 π 平面上的投影点的坐标为

$$\left.\begin{aligned} x &= \frac{\sqrt{2}}{2}(\sigma_1 - \sigma_3) = \frac{\sqrt{2}}{2}(S_1 - S_3) \\ y &= \frac{2\sigma_2 - \sigma_1 - \sigma_3}{\sqrt{6}} = \frac{2S_2 - S_1 - S_3}{\sqrt{6}} \end{aligned}\right\} \tag{7-9}$$

在 π 平面上引入极坐标（r_π，θ_π），

$$
\left.\begin{aligned}
r_{\pi} &= \sqrt{x^{2}+y^{2}} = \sqrt{2J_{2}} = \sqrt{3}\,\tau_{0} = \sqrt{\frac{2}{3}}\,\bar{\sigma} \\
\tan\theta_{\pi} &= \frac{y}{x} = \frac{1}{\sqrt{3}}\left(\frac{2\sigma_{2}-\sigma_{1}-\sigma_{3}}{\sigma_{1}-\sigma_{3}}\right) = \frac{\mu_{\sigma}}{\sqrt{3}}
\end{aligned}\right\} \qquad (7-10)
$$

可见，π 平面上一点的矢径 r_{π} 的模（即距原点的距离）与应力强度 $\bar{\sigma}$ 成正比，而其幅角的正切与罗地参数成正比。

在各向同性的前提下，将某种应力状态（S_1，S_2，S_3）（如前所述，π 平面上各点的球量部分均相同，$\sigma_0=0$。因而 π 平面上各点只代表不同的偏应力状态）中任意两个分量互换，例如从（S_1，S_2，S_3）变为（S_2，S_1，S_3），应该对塑性条件不发生影响。也就是说，π 平面上的屈服曲线应该对于 1′、2′、3′三个轴对称，如图 7－17 所示。此外，根据实验结果，对大多数金属材料而言，拉伸时与压缩时的屈服极限相同。对于这类材料，如果（S_1，S_2，S_3）是屈服线上一点，则（$-S_1$，$-S_2$，$-S_3$）也应该是屈服曲线上一点。所以，屈服曲线对于 1、2、3 三条直线的垂直线也应该是对称的。因而屈服曲线有六条等角度分布的对称线，只要由实验确定 π 平面上 30°范围内的屈服曲线，则利用上述对称性，便可得到整个屈服曲线，如图 7－17 所示。

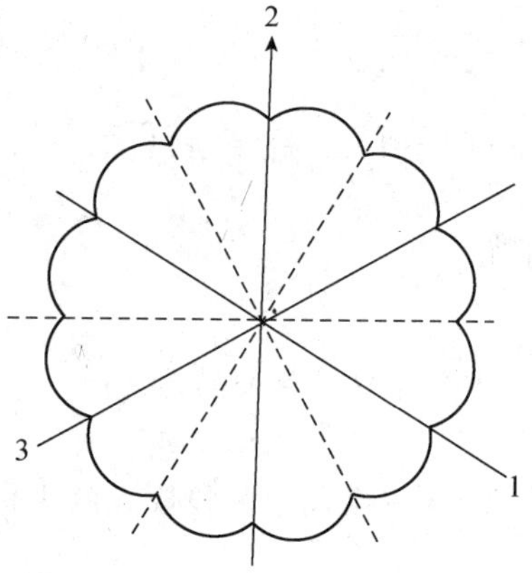

图 7－17　π 平面上的屈服曲线

以上是在应力空间的 π 平面上对屈服曲线进行的一些讨论。

屈服曲面的方程

$$f(\sigma_1,\sigma_2,\sigma_3)=0$$

也有一些与之相应的性质。

从 σ_1、σ_2、σ_3 对于屈服的作用相等的前提可以推断：上述函数对于 σ_1、σ_2、σ_3 也必须是轮换对称的。所以屈服条件进而可以表示为仅仅是应力不变量的函数

$$f(I_1,I_2,I_3)=0$$

但根据静水压不影响塑性条件的假定，进一步可以推断：屈服条件只和其偏量有关。所以屈服条件可表示为

$$f(J_1,J_2,J_3)=0$$

由于 $J_1\equiv 0$，故进而表述为

$$f(J_2,J_3)=0 \tag{7-11}$$

我们知道，J_2 是 σ_1、σ_2、σ_3 的二次齐次函数，而 J_3 为 σ_1、σ_2、σ_3 的三次齐次函数。根据材料拉伸与压缩时的屈服极限相同的假定，J_3 在函数应该以偶次幂的形式出现，即

$$f(J_2,J_3^{2n})=0 \qquad (n=0,1,2,\cdots)$$

如取 $n=0$，则

$$f(J_2)=0$$

§7-5 屈瑞斯卡屈服条件与米塞斯屈服条件

根据材料由于什么原因而进入塑性状态的不同假说，历史上曾提出过不少屈服条件。最早由伽利略提出了最大主应力假说。他认为当最大主应力达到某个临界值时，材料即进入塑性状态，这是将单向拉伸结果简单地推广到复杂应力状态。但是后来布里奇曼等人的静水压实验，推翻了这个假定。显然材料进入塑性状态的条件不能单单取决于一个主应力。对于静水压应力状态，当其最大主应力（$\sigma_1=\sigma_2=\sigma_3=\sigma_{max}$）超过材料单向拉伸时的屈服极限 σ_y 许多倍时，材料仍然处于弹性状态。其后圣维南提出过最大主应变假设，这个假设认为：当最大主应变达到某个临界值时，材料进入塑性状态。此外贝尔特拉米还提出过应变能密度假设，认为当某个体积微元内应变能密度 W 达到材料的某一临界值时，此体积微元进入塑性状态。但是这些假说都因为与实验结果相抵触而被否定。到现在为止，与实验符合得比较好，因而得到广泛承认与应用的是下面两种屈服条件

一、屈瑞斯卡屈服条件——最大剪应力屈服条件

屈瑞斯卡（Tresca）做了一系列的实验，特别是金属的挤压实验。在这些实验中，观测到产生塑性变形后的金属表面有很细的痕迹。他认为塑性变形是金属中晶体沿某些平面（原子密集面）相对滑移所引起的。上述金属表面上的很细的痕迹就是滑移面与金属表面的交线。因而他提出，晶体内的相对滑移是由该面上的剪应力所引起的，而且实际上观察到的滑移线方向也的确接近最大剪应力的方向。基于这些实验观察，屈瑞斯卡于 1864 年提出最大剪应力屈服准则。这个准则认为：当最大剪应力τ_{max}达到某临界值时，材料开始进入塑性状态。

当规定 $\sigma_1\geqslant\sigma_2\geqslant\sigma_3$ 时，屈瑞斯卡屈服条件可以表示为

$$\tau_{max} = \tau_{13} = \frac{\sigma_1 - \sigma_3}{2} = k$$

式中，k 为材料常数。

当在应力空间中讨论屈服条件时，我们不能采用 $\sigma_1 \geqslant \sigma_2 \geqslant \sigma_3$ 这个规定，于是屈瑞斯卡屈服条件应该表示为

$$\left.\begin{aligned} |\sigma_1 - \sigma_2| &= 2k \\ \text{或}\quad |\sigma_2 - \sigma_3| &= 2k \\ \text{或}\quad |\sigma_3 - \sigma_1| &= 2k \end{aligned}\right\} \tag{7-12}$$

它们在应力空间中代表六个平面，构成一个正六面体，柱体的母线方向平行于直线 $L(\sigma_1 = \sigma_2 = \sigma_3)$（图 7－18）。在 π 平面上的屈服曲线为一正六角形，如图 7－19a 所示，而在 $\sigma_1 - \sigma_2$ 应力平面上则为图 7－19b 所示的六角形。用 $\sigma_3 = 0$ 代入式（7－12）中得

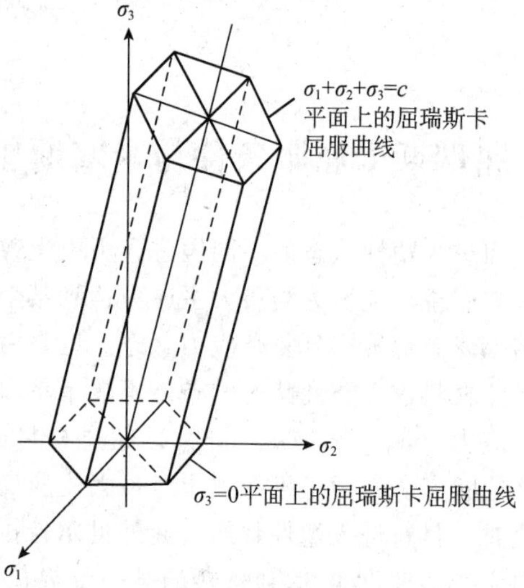

图 7－18　屈瑞斯卡屈服曲面

$$\sigma_1 - \sigma_2 = \pm 2k$$
$$\sigma_2 = \pm 2k$$
$$\sigma_1 = \pm 2k$$

上面六个式子分别代表图 7－19b 中六角形的六条边。

现在剩下的问题是如何决定常数 k。可以用单向拉伸实验确定 k。在这种情况下 $\sigma_1 = \sigma_y$，$\sigma_2 = \sigma_3 = 0$，将这些值代入式（7－12）第三式

$$\sigma_1 - \sigma_3 = 2k$$

中得到

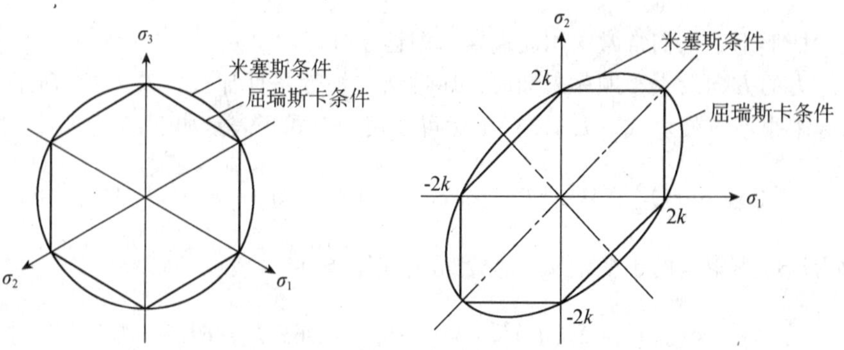

(a)π平面上的屈服曲线　　(b)σ_1–σ_2平面上的屈服曲线

图 7－19　π 平面上的屈服曲线（a）和 $\sigma_1-\sigma_2$ 平面上的屈服曲线（b）

$$k=\sigma_y/2 \tag{7-13}$$

于是屈瑞斯卡条件可表为

或

或

$$\left.\begin{aligned}|\sigma_1-\sigma_2|&=\sigma_y\\|\sigma_2-\sigma_3|&=\sigma_y\\|\sigma_3-\sigma_1|&=\sigma_y\end{aligned}\right\} \tag{7-14}$$

也可以由纯剪实验来确定 k。设纯剪实验测得的屈服剪切应力为τ_S，则 $\sigma_1=\tau_S$，$\sigma_2=0$，$\sigma_3=-\tau_S$。代入式（7－12）得

$$k=\tau_S \tag{7-15}$$

比较式（7－13）及（7－15）可得：如果屈瑞斯卡屈服条件是正确的，则用单向拉伸实验测得的屈服极限 σ_y与纯剪实验测得的剪切屈服应力τ_S之间，应该符合下列关系：

$$\sigma_y=2\tau_S \tag{7-16}$$

实验结果表明，对于大多数金属材料，关系式（7－16）近似成立。由此可以初步判定屈瑞斯卡屈服条件的正确性。

正是因为屈瑞斯卡屈服条件与实验结果符合得还好，所以得到了比较广泛的应用。

屈瑞斯卡屈服准则中只考虑了最大及最小主应力$\left(\tau_{max}=\dfrac{\sigma_1-\sigma_3}{2}\right)$，而没有考虑中间主应力对塑性条件的影响。实验结果表明，中间主应力对塑性条件是有影响的，所以屈瑞斯卡屈服准则不是完美无缺的。

从实用的角度讲，当所讨论的问题中，主应力的方向及其大小的次序（按代数值排列的顺序）已知时，屈瑞斯卡塑性条件的形式非常简单，可表示为

$$\sigma_1-\sigma_3=2k$$

在这种情形下，人们常常采用屈瑞斯卡塑性条件。

当主应力的方向及大小顺序未知时，屈瑞斯卡塑性条件如式（7－12）所示，是一组条件，使用起来很不方便。式（7－12）虽然可以用一个式子表示如下：

$$[(\sigma_1-\sigma_2)^2-4k^2][(\sigma_2-\sigma_3)^2-4k^2][(\sigma_3-\sigma_1)^2-4k^2]=0 \qquad (7-17)$$

或者表示为以应力偏量的不变量 J_2、J_3 表示的屈服条件

$$4(J_2)^3-27(J_3)^2-36k^2(J_2)^2+96k^4J_2-64k^6=0 \qquad (7-18)$$

但这两个式子均因过于复杂而很少采用。

二、米塞斯屈服条件

米塞斯（Von Mises）于 1913 年提出：由于在一般情况下屈瑞斯卡塑性条件使用起来很不方便，可以用 π 平面上的正六角形的外接圆来代替屈瑞斯卡塑性条件。这称之为米塞斯屈服条件。在应力空间中米塞斯屈服曲面是一个与屈瑞斯卡正六角柱外切的圆柱面。而在 $\sigma_1-\sigma_2$（$\sigma_3=0$）平面上则是一个椭圆（图 7－19）。

下面来分析米塞斯塑性条件的方程及其物理意义。

米塞斯塑性条件在 π 平面上为一个以原点（直线 L 与 π 平面的交点，参看图 7－16）为圆心的圆。在 π 平面上任一点 P 距原点的距离 $r_\pi=\sqrt{3}\tau_0$［式（7－10）］。所以米塞斯塑性条件的方程为

$$r'_\pi=\sqrt{3}\,\tau_0=\text{常数}$$

将
$$\tau_0=\frac{1}{3}\sqrt{(\sigma_1-\sigma_2)^2+(\sigma_2-\sigma_3)^2(\sigma_3-\sigma_1)^2}$$

代入上式得

$$\left.\begin{aligned} &J_2=B^2\\ \text{或}\quad &(\sigma_1-\sigma_2)^2+(\sigma_2-\sigma_3)^2+(\sigma_3-\sigma_1)^2=6B^2\\ \text{或}\quad &(\sigma_{11}-\sigma_{22})^2+(\sigma_{22}-\sigma_{33})^2+(\sigma_{33}-\sigma_{11})^2+6(\sigma_{12}^2+\sigma_{23}^2+\sigma_{31}^2)=6B^2 \end{aligned}\right\}\qquad (7-19)$$

上式就是米塞斯条件的数学表达式。下面再来说明它的物理解释。由于τ_0、J_2、W_f、σ_i 之间有非常直接而简单的关系

$$2J_2=\frac{W_f}{\mu}=3\,\tau_0^2=\frac{2}{3}\bar{\sigma}^2 \qquad (7-20)$$

所以米塞斯条件可以写为

$$\left.\begin{aligned} J_2 &= \text{常数} \\ W_f &= \text{常数} \\ \tau_0 &= \text{常数} \\ \sigma_i &= \text{常数} \end{aligned}\right\} \tag{7-21}$$

等四种不同形式。由此说明：米塞斯塑性条件有其丰富而深刻的物理含义。可以把米塞斯塑性条件称之为畸变能塑性条件或八面体剪应力塑性条件，显然米塞斯塑性条件考虑到三个主应力的共同作用。在这一点上也优于屈瑞斯卡条件。有趣的是，从历史上看，当初米塞斯提出这一塑性条件时，只是作为屈瑞斯卡条件的近似与简化。随后汉奇、纳迪、诺沃日诺夫等人才进一步赋予米塞斯卡塑性条件以新的物理内容。并且后来的大量实验它常常比屈瑞斯卡塑性条件更加符合实际，因此得到广泛的采用。

在这一节的最后再谈一下式（7－19）中常数 B 的确定。如果用单向拉伸实验确定 B，则 $\sigma_1=\sigma_y$，$\sigma_2=\sigma_3=0$ 代入式（7－9）得

$$6B^2 = 2\sigma_y^2 \tag{7-22}$$

所以米塞斯条件为

$$(\sigma_1-\sigma_2)^2+(\sigma_2-\sigma_3)^2+(\sigma_3-\sigma_1)^2 = 2\sigma_y^2 \tag{7-19'}$$

令 $\sigma_3=0$ 代入上式，化简后得

$$\sigma_1^2+\sigma_2^2-\sigma_1\sigma_2 = \sigma_y^2$$

这正是 $\sigma_1-\sigma_2$ 平面上（$\sigma_3=0$ 平面上）的椭圆。

如用纯剪实验来确定常数 B，则 $\sigma_1=\tau_S$，$\sigma_3=-\tau_S$，$\sigma_2=0$，代入式（7－19）得

$$B = \tau_S^2 \tag{7-23}$$

所以

$$(\sigma_1-\sigma_2)^2+(\sigma_2-\sigma_3)^2+(\sigma_3-\sigma_1)^2 = 6\tau_S^2$$

比较式（7－21）与（7－23）得

$$\tau_S = \sigma_y/\sqrt{3} \approx 0.577\sigma_y$$

§7－6　屈瑞斯卡条件与米塞斯条件的实验验证与比较

上节中已经介绍过这两种塑性条件的具体内容及物理解释，究竟哪个塑性条件正确，主要看它们与实验结果的符合程度。为了验证上述塑性条件，进行过许多实验研究，其中著名的有如下一些实验：

一、罗地的薄壁圆管内压加轴向拉伸试验

在关于塑性条件及塑性本构关系的实验研究方面用得最广泛的是薄壁管试件（图 7-20）。其管壁很薄，即管壁厚度 $t \ll R$，R 为管的平均半径。对这样的试件施加下列几种载荷（根据需要选择一种或几种）。

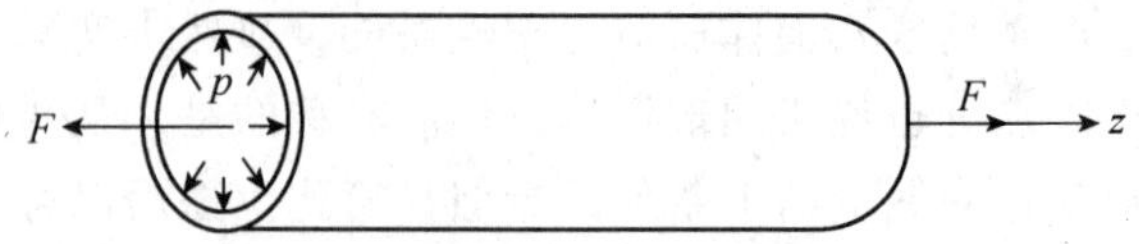

图 7-20　薄壁圆管受轴向压力及内压

1. 轴向拉力 F

由于 F 使试件内各点产生均匀的拉应力 σ_{zz}：

$$\sigma_{zz} = \frac{F}{2\pi Rt} \tag{a}$$

2. 内压 P

由式（5-61）及图 5-16、5-17 可知，由 P 在管内产生 σ_{rr} 及 $\sigma_{\theta\theta}$，在不同的半径 r 处应力不同，因此其应力分布是不均匀的。但是因为管壁很薄，所以内壁与外壁处的应力相差很小，因此可以忽略这一很小的变化，而看成是均匀应力。利用 $t/R \ll 1$ 的条件可得

$$\left.\begin{aligned} \sigma_{\theta\theta} &\approx P \cdot \frac{R}{t} \\ \sigma_{rr} &\approx 0 \end{aligned}\right\} \tag{b}$$

3. 力偶（扭矩）M

柱体受扭转时，其应力分布是不均匀的。其剪应力 $\sigma_{z\theta}$ 与 r 成正比（Timoshenko，1970；孙训方等，1972），但由于管壁很薄可以认为其中应力均匀分布（图 7-21）。其应力状态为纯剪应力状态：

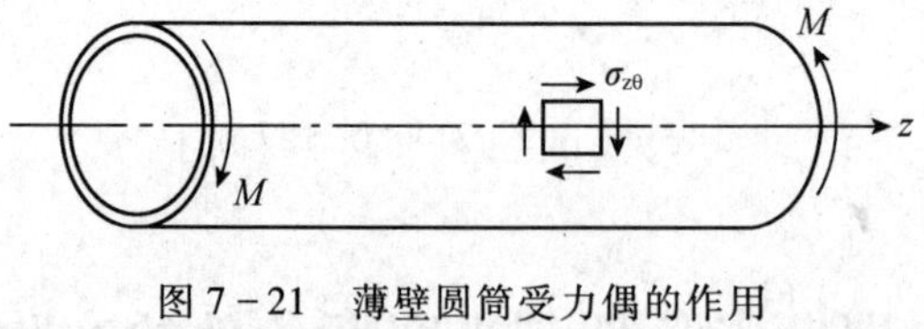

图 7-21　薄壁圆筒受力偶的作用

$$\sigma_{z\theta} \approx \frac{M}{2\pi R^2 t} \tag{c}$$

薄壁管试件的优点是应力均匀分布，而且只决定于外载荷，调整外载荷的比例可以得到

不同的应力状态及不同的主方向。

罗地首先对塑性条件进行了严格的实验验证。他用铜、软钢、镍等材料做成薄圆管，加轴向拉力 N 及内压 P（图 7-20）。轴向拉力 N 产生均匀的轴向拉应力 σ_{zz}，内压 P 产生均匀的周向拉应力 $\sigma_{\theta\theta}$。在每一次实验中固定 N 与 P 的比值，二者按比例加载，因此三个主应力的比值保持一定。在不同的实验中选用不同的 N 与 P 的比值，因而三个主应力的比值发生变化，即罗地参数 μ_σ 取不同的数值。

按照屈瑞斯卡条件式（7-12），

$$\sigma_1 - \sigma_3 = \sigma_y$$

即

$$\frac{\sigma_1 - \sigma_3}{\sigma_y} = 1 \tag{7-24}$$

按米塞斯条件［式（7-22）］，

$$(\sigma_1 - \sigma_2)^2 + (\sigma_2 - \sigma_3)^2 + (\sigma_3 - \sigma_1)^2 = 2\sigma_y^2$$

由罗地参数的定义：

$$\mu_\sigma = 2\left(\frac{\sigma_2 - \sigma_3}{\sigma_1 - \sigma_3}\right) - 1$$

得

$$\sigma_1 - \sigma_2 = \left(\frac{1 - \mu_\sigma}{2}\right)(\sigma_1 - \sigma_3)$$

$$\sigma_2 - \sigma_3 = \left(\frac{1 + \mu_\sigma}{2}\right)(\sigma_1 - \sigma_3)$$

将这些关系代入米塞斯条件中，得

$$\frac{\sigma_1 - \sigma_3}{\sigma_y} = \frac{2}{\sqrt{3 + \mu_\sigma^2}} \tag{7-25}$$

图 7-22 中的纵轴为$\left(\frac{\sigma_1 - \sigma_3}{\sigma_y}\right)$，横轴为 μ_σ，如果屈瑞斯卡条件是正确的，则按式（7-24），$\frac{\sigma_1 - \sigma_3}{\sigma_y} = 1$，即$\frac{\sigma_1 - \sigma_3}{\sigma_y}$与 μ_σ 无关，在图中应该是一条水平直线。如果米塞斯条件是正确的，则$\frac{\sigma_1 - \sigma_3}{\sigma_y}$与 μ_σ 的关系应该符合关系式（7-25），如图中曲线所示。由图 7-22 可知，米塞斯条件比屈瑞斯卡条件更加符合实验结果。

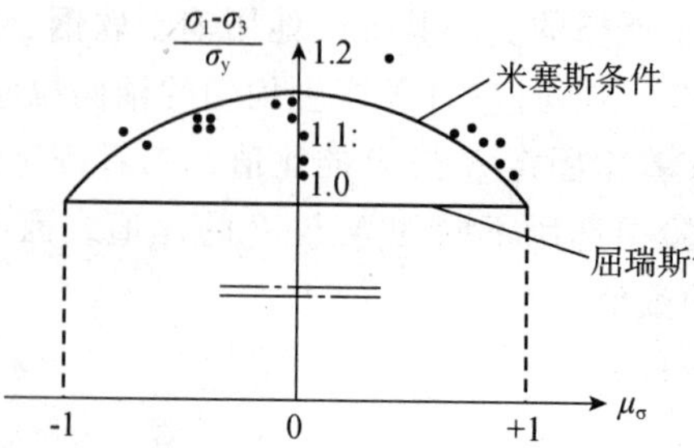

图 7－22　罗地实验与理论结果的比较

二、泰勒–奎乃实验

泰勒–奎乃用软钢、铜、铝等材料制成薄壁圆管，加轴向拉力 N 及扭矩 M，二者各在薄壁管中产生均匀的应力场。其应力圆如图 7－23 所示。

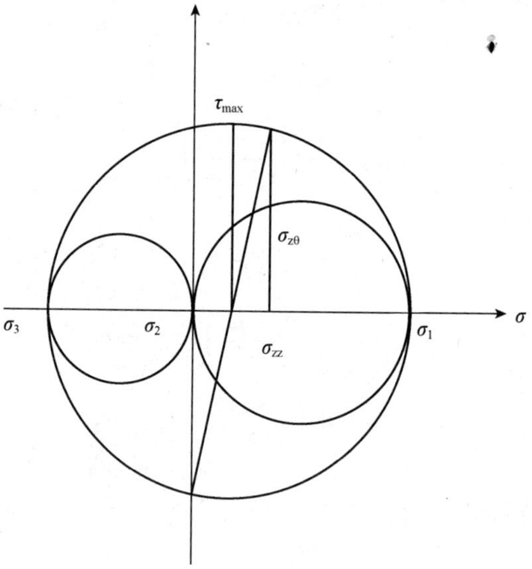

图 7－23　泰勒–奎乃实验中的应力状态

按屈瑞斯卡条件

$$\tau_{max} = \frac{\sigma_y}{2}$$

可得

$$\frac{1}{2}\sqrt{(\sigma_{zz})^2 + 4\sigma_{z\theta}^2} = \frac{\sigma_y}{2}$$

进一步可写成

$$\left(\frac{\sigma_{zz}}{\sigma_y}\right)^2 + 4\left(\frac{\sigma_{z\theta}}{\sigma_y}\right)^2 = 1 \tag{7-26}$$

按米塞斯条件式（7－22）得

$$\sigma_{zz}^2 + 3\sigma_{z\theta}^2 = \sigma_y^2$$

或表为

$$\left(\frac{\sigma_{zz}}{\sigma_y}\right)^2 + 3\left(\frac{\sigma_{z\theta}}{\sigma_y}\right)^2 = 1 \tag{7-27}$$

式（7－26）及（7－27）在以$\left(\frac{\sigma_{zz}}{\sigma_y}, \frac{\sigma_{z\theta}}{\sigma_y}\right)$为坐标轴的平面上分别为两个长轴相同，短轴不同的椭圆，如图 7－24 所示。泰勒-奎乃分别用软钢、铜、铝进行实验的结果也表示于同一图中。由图可知米塞斯塑性条件与实验结果之间的符合程度是令人满意的。

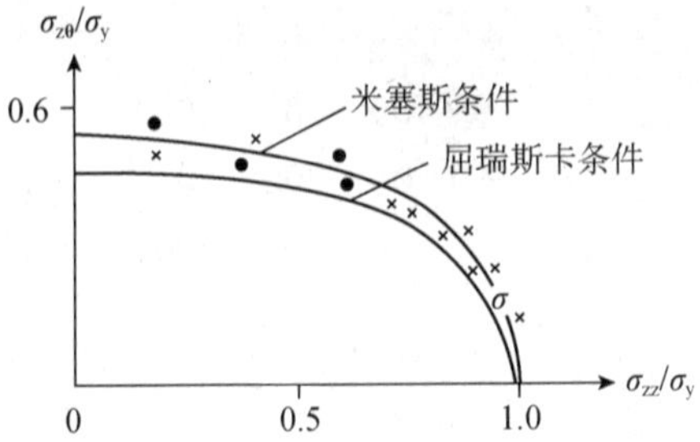

图 7－24

后来还有许多人在这方面进行了大量实验研究。这些研究均表明米塞斯塑性条件与实验结果之间的符合程度一般比屈瑞斯卡塑性条件好些。这两个塑性条件从物理含义上是很不相同的，但是从图 7－22、7－24 可以看到，二者在数量上的差别是不大的。由图 7－22 可明显看出：这两个塑性条件在 $\mu_\sigma=0$ 时差别最大，按米塞斯条件$\frac{\sigma_1-\sigma_3}{\sigma_y}=\frac{2}{\sqrt{3}}=1.155$，而按屈瑞斯卡条件为$\frac{\sigma_1-\sigma_3}{\sigma_y}=1.0$。二者之间的差别也只有 15.5%。因此，从理论上讲，一般认为米塞斯塑性条件比屈瑞斯卡条件优越些；而从实用角度讲，则常视具体问题的条件，而选择二者中用起来比较方便的一个。

§7－7　加载与卸载、加载方式与加载曲面

一、加载与卸载

当材料中某点的应力状态满足塑性条件时，这一点就开始进入塑性状态。如果进一步加

载，我们就要用塑性变形的本构关系来描述它的力学状态。但是我们首先必须回答下面的问题："什么叫加载?""什么叫卸载?"在简单应力状态下，这是不成问题的。例如单向拉伸时，显然 $d\sigma > 0$ 是加载；而 $d\sigma < 0$ 是卸载。对于单向压缩，则 $d\sigma < 0$ 为加载；$d\sigma > 0$ 为卸载（此处 σ 指代数值）。为了将这二者统一起来，可以定义

$$\sigma d\sigma > 0$$

为加载，而

$$\sigma d\sigma < 0$$

为卸载。

但是，对于复杂应力状态，问题就没有这样简单。问题复杂化的原因仍然是由于应力是一个张量，它要由六个独立的应力分量才能全部表示出来。即使对于各向同性材料，将主方向的因素不予考虑，也仍然要用三个主应力 σ_1、σ_2、σ_3 才能完整地表示一点的应力状态。例如一点的初始应力状态是 σ^0，它的三个主应力分别为：$\sigma_1 = 400\text{MPa}$，$\sigma_2 = 200\text{MPa}$，$\sigma_3 = 200\text{MPa}$。即

$$\sigma^0 = \begin{pmatrix} 400 & 0 & 0 \\ 0 & 200 & 0 \\ 0 & 0 & 200 \end{pmatrix}$$

当它变为

$$\sigma^{\mathrm{I}} = \begin{pmatrix} 410 & 0 & 0 \\ 0 & 310 & 0 \\ 0 & 0 & 310 \end{pmatrix}$$

或变为

$$\sigma^{\mathrm{II}} = \begin{pmatrix} 300 & 0 & 0 \\ 0 & 100 & 0 \\ 0 & 0 & 0 \end{pmatrix}$$

时，到底是加载还是卸载？要回答这个问题必须找到一个衡量应力状态对塑性变形起作用的物理量。这很自然会与前面讲过的塑性条件或塑性准则联系起来。按照屈瑞斯卡屈服条件，认为一点是否进入塑性状态的判据完全决定于该点最大剪应力 τ_{max} 的大小。很自然，我们也可以在该点进入塑性状态后，是否进一步产生塑性变形这个问题上，继续用最大剪应力 τ_{max} 的增大或减小来作为衡量加载与卸载的判据。例如上面三种应力状态的 τ_{max} 分别为 $\tau_{max}^{(0)} = 200\text{MPa}$，$\tau_{max}^{(\mathrm{I})} = 100\text{MPa}$，$\tau_{max}^{(\mathrm{II})} = 300\text{MPa}$。按照这样的标准，从 $\sigma^{(0)} \to \sigma^{(\mathrm{I})}$ 为卸载，而从 $\sigma^{(0)}$ 到 $\sigma^{(\mathrm{II})}$ 为加载。同理，如果按照米塞斯的观点，则应以八面体剪应力 τ_0 或畸变能密度 W_f 的增减来作为判断加载或卸载的标准。上述三种应力状态的八面体剪应力分别为 $\tau_0^{(0)} \approx$

94MPa，$\tau_0^{(\mathrm{I})}=47\mathrm{MPa}$，$\tau_0^{(\mathrm{II})}=125\mathrm{MPa}$。由此，同样可以判定从 $\sigma^{(0)}\rightarrow\sigma^{(\mathrm{I})}$ 为卸载，而从 $\sigma^{(0)}\rightarrow\sigma^{(\mathrm{II})}$ 为加载。

综上所述，加载或卸载条件的数学形式为：如果屈服函数（即屈服曲面的方程）为

$$f(\sigma_{ij})=0$$

则当

$$\left.\begin{aligned}&\frac{\partial f}{\partial\sigma_{ij}}\mathrm{d}\sigma_{ij}>0\quad\text{为加载}\\&\frac{\partial f}{\partial\sigma_{ij}}\mathrm{d}\sigma_{ij}<0\quad\text{为卸载}\\&\frac{\partial f}{\partial\sigma_{ij}}\mathrm{d}\sigma_{ij}=0\quad\text{称为中性变载}\end{aligned}\right\}\tag{7-28}$$

如果采取米塞斯屈服条件，其屈服函数为

$$(\sigma_1-\sigma_2)^2+(\sigma_2-\sigma_3)^2+(\sigma_3-\sigma_1)^2-C^2=0$$

则

$$\frac{\partial f}{\partial\sigma_{ij}}\mathrm{d}\sigma_{ij}=(2\sigma_1-\sigma_2-\sigma_3)\mathrm{d}\sigma_1+(2\sigma_2-\sigma_3-\sigma_1)\mathrm{d}\sigma_2+(2\sigma_3-\sigma_1-\sigma_2)\mathrm{d}\sigma_3$$

从 $\sigma^{(0)}\rightarrow\sigma^{(\mathrm{I})}$，

$$\frac{\partial f}{\partial\sigma_{ij}}\mathrm{d}\sigma_{ij}=-4\times10^5\mathrm{MPa}\qquad\text{为卸载}$$

从 $\sigma^{(0)}\rightarrow\sigma^{(\mathrm{II})}$，

$$\frac{\partial f}{\partial\sigma_{ij}}\mathrm{d}\sigma_{ij}=2\times10^5\mathrm{MPa}\qquad\text{为加载}$$

从几何上看，$f(\sigma_{ij})=0$ 为应力空间中的屈服曲面。$\frac{\partial f}{\partial\sigma_{ij}}$与此曲面的外法线矢量 $\boldsymbol{n}$ 的分量成正比，而 $\mathrm{d}\sigma$ 则表示应力空间中应力增量矢量（图 7－25）。因此$\frac{\partial f}{\partial\sigma_{ij}}\mathrm{d}\sigma_{ij}$与 $\boldsymbol{n}\cdot\mathrm{d}\sigma$ 同号。$\frac{\partial f}{\partial\sigma_{ij}}\mathrm{d}\sigma_{ij}>0$ 时表示应力增量矢量 $\mathrm{d}\bar{\sigma}$ 指向屈服面外，$\frac{\partial f}{\partial\sigma_{ij}}\mathrm{d}\sigma_{ij}<0$，表示 $\mathrm{d}\sigma$ 指向屈服面内，而$\frac{\partial f}{\partial\sigma_{ij}}\mathrm{d}\sigma_{ij}=0$ 表示 $\mathrm{d}\sigma$ 与曲面相切。当采用米塞斯屈服条件时，在 π 平面上屈服曲线为一圆，则视 $\mathrm{d}\sigma$ 指向圆外，圆内或与圆相切而分别为加载、卸载或中性变载（图 7－26）。

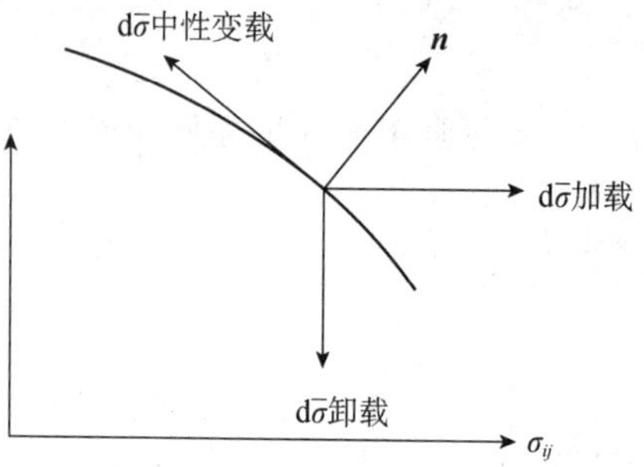

图 7 - 25 加载、卸载的几何图示

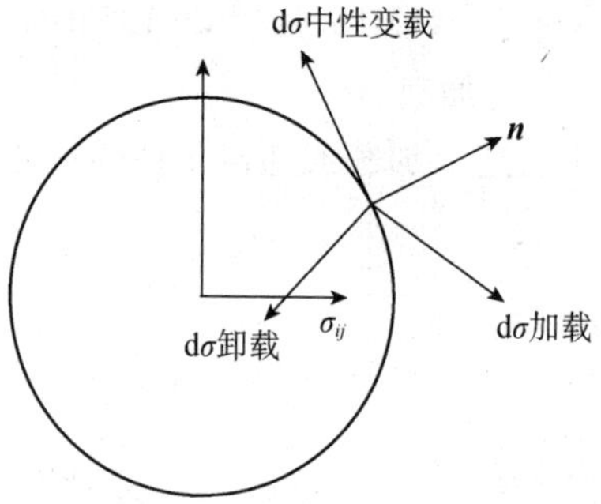

图 7 - 26 按照米塞斯塑性条件判断加载和卸载

二、加载方式及比例加载

从应力状态 $\boldsymbol{\sigma}^{(\mathrm{I})}$ 加载到应力状态 $\boldsymbol{\sigma}^{(\mathrm{II})}$，相当于在应力空间中从与应力状态 $\boldsymbol{\sigma}^{(\mathrm{I})}$ 相应的点 P_1 变化到与应力状态 $\boldsymbol{\sigma}^{(\mathrm{II})}$ 相对应的另一个点 P_2（图 7 - 27）。从 P_1 到 P_2 可以有无穷多条各种形状的曲线，这些曲线称之为加载途径。加载途径反映了加载方式，即应力状态如何变化。最简单的一种加载方式为比例加载或称简单加载。它的特点为各应力分量之间的比值始终保持不变。简单加载的加载途径为应力空间经过原点的直线。这一直线在 π 平面上的投影是一条通过原点的射线。比例加载是一种最简单的，也是很重要的加载方式。

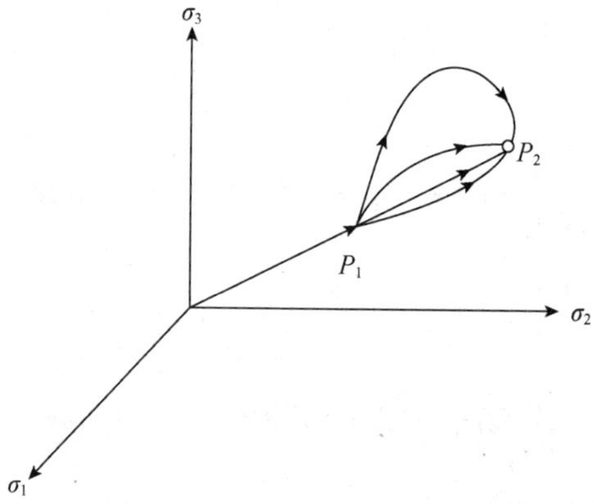

图 7 - 27 加载途径

三、加载面

以往讨论的屈服条件（及其相应的屈服曲面）都是指材料从弹性状态过渡到塑性状态的条件。也就是说，在此之前，该材料必须从未发生过塑性变形。所以确切地说，这种屈服条件应该称为**初始屈服**条件，而相应的屈服曲面应该称为初始屈服曲面。因为材料进入塑性状态后，再继续产生塑性变形时的条件，不同于初始条件，与此相应的曲面也不同于初始屈服曲面，而称为后继屈服面，或加载面或强化曲面。

为了便于说明其基本概念，我们回到单向拉伸的情况来讨论这个问题。这时其初始屈服

条件为

$$\sigma = \sigma_y$$

或

$$f(\sigma) = \sigma - \sigma_y = 0 \tag{7-29}$$

相应地，初始屈服曲面，由三维空间的曲面蜕化为一维应力轴上的一个点：$\sigma = \sigma_y$。

当材料进入塑性状态之后，即材料发生塑性变形之后，要再发生后继的塑性变形，对于强化材料来说（图7-2，7-4，7-5），上述初始屈服条件式（7-29）已不适用，而应该变为如下加载条件

$$f = \sigma - H = 0$$

其中 H 是一个决定于变形历史及材料特性的参量。在一维应力空间中它对应着一个向外扩张的点。

$$H = \Psi\left(\int d\varepsilon^{P}\right)$$

为了使这种表示法同时适用于压缩的情形，可改写为

$$\begin{aligned} f &= |\sigma| - H = 0, \\ H &= \Psi\left(\int |d\varepsilon^{P}|\right) \end{aligned} \tag{7-30}$$

式中，函数 ψ 的形式可由实验测定的应力-应变曲线来求得。

式（7-30）实际上已经暗含着拉、压时强化屈服极限相等的假定。这称之为等向强化模型。对于复杂应力状态，等向强化模型意味着加载面只是将初始屈服面按比例地扩大。例如符合米塞斯塑性条件的材料，其加载面为以 L 为轴线的半径逐渐扩大的一组圆柱面，在 π 平面上则为一组同心圆。如果考虑到鲍氏效应，则塑性变形后加载面的形状与位置都可能发生变化，其加载条件（应力空间的加载面）一般可表示为如下的形式：

$$f(\sigma_{ij}, H_k) = 0 \tag{7-31}$$

式中，$H_k(k=1, 2, 3\cdots)$ 为决定于塑性变化历史及材料性质的一组参数。在应力空间内，加载曲面将随 H_k 的变化而改变其形状、大小与位置。因此，这是一个极为复杂的问题。有兴趣的读者可参阅王仁、黄文彬、黄筑平等（1999）及 Fung（1965）等文献。

需要说明的是，进入塑性状态后，本节前面讲的关于加载与卸载的准则，即式（7-28）中的 f，现在应该理解为加载条件，以代替过去的塑性条件。

还需要说明的是，对于理想塑性材料，因为不发生强化，所以加载条件恒与塑性条件一致。加载面恒与屈服面一致。

第八章　塑性状态下的本构关系及其应用

在介绍了塑性力学中的一些基本概念后，现在我们开始研究塑性力学中的本构关系。基于不同的实验根据及不同的观点曾经提出过多种本构关系（又称塑性理论）。这些理论可分为两大类——全量理论与增量理论。增量理论描述应变增量（或应变速率）与应力的关系；而全量理论则描述应变分量与应力分量的关系。

§8－1　全量理论

全量理论又称形变理论。最早由汉奇提出。随后纳迪的工作使之推进了一大步。再后伊留辛作了重大发展，并用以解决了一系列问题。因此又称为汉奇-伊留辛理论。

一、全量理论研究的是塑性状态下应变分量与应力分量之间的关系

它与弹性变形时的应力-应变关系——广义胡克定律，无论在思路上还是表达形式上都有许多相似之处。因此，在介绍塑性全量理论之前，先复习分析一下广义胡克定律是大有裨益的。

各向同性材料的广义胡克定律为

$$\sigma_{ij} = \lambda\theta\delta_{ij} + 2\mu\varepsilon_{ij}$$

或

$$\left.\begin{aligned} \sigma_{11} &= \lambda\theta + 2\mu\varepsilon_{11}, & \sigma_{23} &= 2\mu\varepsilon_{23} \\ \sigma_{22} &= \lambda\theta + 2\mu\varepsilon_{22}, & \sigma_{31} &= 2\mu\varepsilon_{31} \\ \sigma_{33} &= \lambda\theta + 2\mu\varepsilon_{33}, & \sigma_{12} &= 2\mu\varepsilon_{12} \end{aligned}\right\} \tag{8-1}$$

现在对它作一些分析。

（1）如果选择应力的主方向为坐标轴方向，则坐标面上剪应力 σ_{12}、σ_{23}、σ_{31} 为零，同时坐标面上的剪应变 ε_{12}、ε_{23}、ε_{31} 也为零。这说明主应变方向与主应力方向一致。式（8－1）简化为

$$\left.\begin{aligned} \sigma_1 &= \lambda\theta + 2\mu\varepsilon_1 \\ \sigma_2 &= \lambda\theta + 2\mu\varepsilon_2 \\ \sigma_3 &= \lambda\theta + 2\mu\varepsilon_3 \end{aligned}\right\} \tag{8-1a}$$

（2）将式（8－1）前三式相加，除以 3，得到

$$\sigma_0 = \frac{\sigma_{ij}}{3} = \frac{(3\lambda + 2\mu)}{3}\theta = k\theta = 3k\varepsilon_0 \qquad (8-2)$$

上式意味着体积变形与平均应力成正比。

(3) 将式（8－1）前三式分别减去式（8－2）得

$$\sigma_{11} - \sigma_0 = 2\mu(\varepsilon_{11} - \varepsilon_0)$$
$$\sigma_{22} - \sigma_0 = 2\mu(\varepsilon_{22} - \varepsilon_0)$$
$$\sigma_{33} - \sigma_0 = 2\mu(\varepsilon_{33} - \varepsilon_0)$$

上面三个式子连同式（8－1）中后面三个式子可以归纳为

$$S_{ij} = 2\mu\epsilon_{ij} \qquad (8-3)$$

式中，S_{ij}、ϵ_{ij}分别代表应力偏量及应变偏量的分量。

从莫尔圆的角度看，将式（8－1a）中三个式子两两相减，可得

$$\left.\begin{aligned}(\sigma_1 - \sigma_2) &= 2\mu(\varepsilon_1 - \varepsilon_2)\\(\sigma_2 - \sigma_3) &= 2\mu(\varepsilon_2 - \varepsilon_3)\\(\sigma_3 - \sigma_1) &= 2\mu(\varepsilon_3 - \varepsilon_1)\end{aligned}\right\} \qquad (8-4)$$

式中，$(\sigma_1-\sigma_2)$、$(\sigma_2-\sigma_3)$、$(\sigma_3-\sigma_1)$ 分别代表三维应力圆中三个圆的直径；而 $(\varepsilon_1-\varepsilon_2)$、$(\varepsilon_2-\varepsilon_3)$、$(\varepsilon_3-\varepsilon_1)$ 则分别代表三个应变圆的直径。式（8－4）表明应力圆恒与应变圆相似（即 $\mu_\sigma=\mu_\varepsilon$），且其比例系数恒为 2μ。

(4) 利用式（7－4）与（7－6）关于应力强度 $\bar{\sigma}$ 与应变强度 $\bar{\varepsilon}$ 的定义：

$$\bar{\sigma} = \frac{1}{\sqrt{2}}\sqrt{(\sigma_1 - \sigma_2)^2 + (\sigma_2 - \sigma_3)^2 + (\sigma_3 - \sigma_1)^2}$$

$$\bar{\varepsilon} = \frac{1}{\sqrt{2}(1+\nu)}\sqrt{(\varepsilon_1 - \varepsilon_2)^2 + (\varepsilon_2 - \varepsilon_3)^2 + (\varepsilon_3 - \varepsilon_1)^2}$$

并利用关系式（8－4）得到应力强度 $\bar{\sigma}$ 与应变强度 $\bar{\varepsilon}$ 之间的关系为

$$\bar{\sigma} = E\bar{\varepsilon} \qquad (8-5)$$

它与单向拉伸时的胡克定律形式相同。这说明：应力强度与应变强度成正比，比例系数为杨氏弹性模量 E。

二、全量理论的基本思路

根据第七章中阐明的基本概念与基本实验资料，仿照胡克定律的思路，很自然地会想到，将弹性范围内的应力-应变关系——胡克定律，推广到塑性变形阶段，从而建立塑性变形时一点的应变张量与其应力张量间的本构关系（或应变圆与应力圆之间的关系），这类本

构关系称之为全量理论或形变理论。

全量理论的基本假定有如下四点：

（1）应力张量与应变张量的主方向一致，或者说主应力与主应变方向一致。这实际上是认为：在弹性变形阶段是各向同性的材料，在塑性阶段仍保持一定程度的各向同性的性质（参看§3－4）。

这一点乍看起来似乎是很自然的。但是如果我们想到鲍辛格效应就可以理解：如果某些材料在弹性变形阶段是各向同性的，但进入塑性阶段后都表现出一定的各向异性性质也是完全可能的。因此这一假定需要进行实验验证。

这方面进行过一些实验研究，在实验中测量试件进入塑性阶段后的主应变，看它们是否与主应力方向一致。在简单加载或接近简单加载的条件下，实验结果基本上证实了这一点。加载方式问题是全量理论正确性的主要影响因素。下面还要比较详细地讨论这一点。

（2）体积变形始终是弹性的。体积变形 θ 与平均应力成正比，即

$$\sigma_0 = k\theta = 3k\varepsilon_0 \tag{8-6}$$

基于布里奇曼等人的高压实验，对于大多数致密金属，在压力不是十分高（与其强度极限相比较）的条件下，这一点是可以接受的。

从莫尔圆的角度看，σ_0、ε_0 分别代表应力圆与应变圆的位置，即三个应力圆或应变圆圆心横坐标的平均值，所以换一种方式讲，式（8－6）意味着应力圆的位置与应变圆的位置成正比。

（3）应变圆与应力圆的形状相似。也就是说应变偏量各分量间的比例与应力偏量相应的分量间的比例相同，如图 8－1 所示。换句话说，应力的罗地参数 μ_σ 与应变的罗地参数 μ_ε 相等，即

$$\mu_\sigma = \mu_\varepsilon \tag{8-7}$$

例如，图 8－1 所示为 $\mu_\sigma=0$ 的特殊情形。这时 $\sigma_0=\sigma_2$，应力圆中两个小圆的半径相等，且为大圆半径的一半。根据式（8－7），$\mu_\varepsilon=\mu_\sigma=0$，因此应变圆中两个小圆的半径也必须相等。

上面只谈到应力圆与应变圆形状间的关系。下面讨论它们的大小比例，即应力圆大圆直径与应变圆大圆直径之间的比值（$\sigma_1-\sigma_3$）/（$\varepsilon_1-\varepsilon_3$）。

在弹性阶段，

$$\frac{\sigma_1-\sigma_2}{\varepsilon_1-\varepsilon_2} = \frac{\sigma_2-\sigma_3}{\varepsilon_2-\varepsilon_3} = \frac{\sigma_3-\sigma_1}{\varepsilon_3-\varepsilon_1} = 2\mu \tag{8-8a}$$

即二者的比值恒等于 2μ 或者表示为

$$\frac{S_{ij}}{\epsilon_{ij}} = 2\mu \tag{8-8b}$$

全量理论认为，进入塑性阶段后，上述比值是塑性变形程度的函数。但为了方便起见，

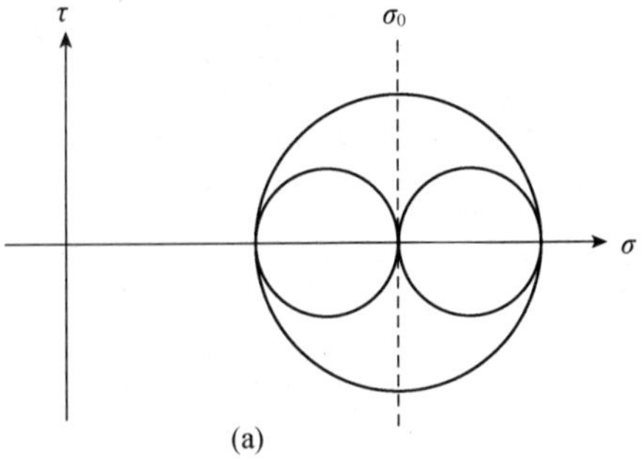

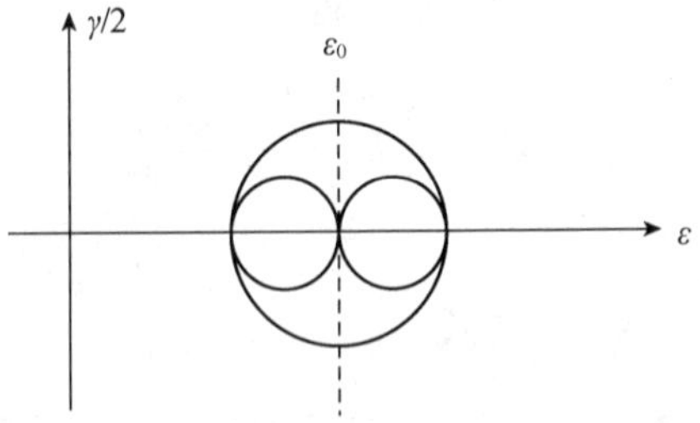

图 8－1　塑性阶段应力圆与应变圆的关系

形式上仍可写为

$$\frac{\sigma_1 - \sigma_2}{\varepsilon_1 - \varepsilon_2} = \frac{\sigma_2 - \sigma_3}{\varepsilon_2 - \varepsilon_3} = \frac{\sigma_3 - \sigma_1}{\varepsilon_3 - \varepsilon_1} = 2\mu' \tag{8-9a}$$

或

$$\frac{S_{ij}}{\epsilon_{ij}} = 2\mu' \tag{8-9b}$$

不过式（8－9）与（8－8）有本质上的不同。式（8－8）中的 μ 为剪切弹性模量，是一个材料常数。而式（8－9）中的 μ'则是应变状态的函数。

至于 μ'值要根据全量理论的第四个基本假定来确定。

（4）单一曲线假定：假定在不同的应力状态下，应力强度 $\bar{\sigma}$ 恒为应变强度 $\bar{\varepsilon}$ 的函数，

$$\bar{\sigma} = \bar{\sigma}(\bar{\varepsilon}) \tag{8-10}$$

式（8－10）当然与弹性情况下的式（8－5）有根本的差别，但可表示成类似的形式，

$$\bar{\sigma} = E'\bar{\varepsilon} \tag{8-11a}$$

或

$$E' = \bar{\sigma}/\bar{\varepsilon} \tag{8-11b}$$

必须再一次指出，E'虽然与胡克定律中的弹性模量形式类似，但它是应变强度 $\bar{\varepsilon}$ 的函数，而不是常数。

由于在单向拉伸时 $\bar{\sigma}=\sigma$，$\bar{\varepsilon}=\varepsilon$，所以 $\bar{\sigma}=\bar{\sigma}(\bar{\varepsilon})$ 可由单向拉伸时的应力-应变曲线决定，且

$$E' = \sigma/\varepsilon = 2\mu'(1+\nu') \tag{8-12a}$$

在塑性阶段常取 $\nu'=\frac{1}{2}$，因此

$$E' = 3\mu' \tag{8-12b}$$

将式（8－11）、(8－12）代入式（8－9）后可得

$$2\mu' = \frac{2}{3}E' = \frac{2}{3}\frac{\bar{\sigma}}{\bar{\varepsilon}} \tag{8-13}$$

三、全量理论的应力-应变关系式

综合式（8－6）及（8－13）就得到塑性变形时应力与应变间的关系——全量理论。

由式（8－9）得

$$S_{ij} = \sigma_{ij} - \sigma_0\delta_{ij} = 2\mu'\epsilon_{ij} = 2\mu'(\varepsilon_{ij} - \varepsilon_0\delta_{ij})$$

所以

$$\begin{aligned}\sigma_{ij} &= 2\mu(\varepsilon_{ij} - \varepsilon_0\delta_{ij}) + \sigma_0\delta_{ij} = 2\mu'(\varepsilon_{ij} - \varepsilon_0\delta_{ij}) + 3k\varepsilon_0\delta_{ij} \\ &= 2\mu'\varepsilon_{ij} + 3\varepsilon_0\delta_{ij}\left(k - \frac{2}{3}\mu'\right)\end{aligned} \tag{8-14a}$$

或

$$\sigma_{ij} = \frac{2}{3}\frac{\bar{\sigma}}{\bar{\varepsilon}}\varepsilon_{ij} + 3\varepsilon_0\delta_{ij}\left(k - \frac{2}{9}\frac{\bar{\sigma}}{\bar{\varepsilon}}\right) \tag{8-14b}$$

如详细写出则为

$$\left.\begin{aligned}\sigma_{11} &= 2\mu'\varepsilon_{11} + 3\varepsilon_0\left(k - \frac{2}{3}\mu'\right), \quad \sigma_{12} = 2\mu'\varepsilon_{12} \\ \sigma_{22} &= 2\mu'\varepsilon_{22} + 3\varepsilon_0\left(k - \frac{2}{3}\mu'\right), \quad \sigma_{23} = 2\mu'\varepsilon_{23} \\ \sigma_{33} &= 2\mu'\varepsilon_{33} + 3\varepsilon_0\left(k - \frac{2}{3}\mu'\right), \quad \sigma_{31} = 2\mu'\varepsilon_{31}\end{aligned}\right\} \tag{8-14c}$$

还可写成以应力表示应变的形式，

$$\varepsilon_{ij} = \frac{3}{2}\frac{\bar{\varepsilon}}{\bar{\sigma}}(\sigma_{ij} - \sigma_0\delta_{ij}) + \frac{\sigma_0\delta_{ij}}{3k} \tag{8-15}$$

式（8－14）中的 μ' 取决于 $\bar{\sigma}$ 与 $\bar{\varepsilon}$ 的函数关系。根据单一曲线假定，$\bar{\sigma}(\bar{\varepsilon})$ 与单向拉伸时应力应变间的关系 $\sigma(\varepsilon)$ 相同。这取决材料的性质。在 §7－2 中曾经讨论过几种应力-应变关系的简化模型。以下讨论这几种情况下的 E' 或 μ'。

（1）线性硬化材料（图 7－11）。

单向拉伸时，

$$\sigma = E\varepsilon_e + E_1(\varepsilon - \varepsilon_e) \quad (\varepsilon > \varepsilon_0 = \sigma_y/E)$$

根据单一曲线假定，

$$\bar{\sigma} = E\varepsilon_e + E_1(\bar{\varepsilon} - \varepsilon_e)$$

因此

$$E' = \frac{\bar{\sigma}}{\bar{\varepsilon}} = E_1 + \frac{\sigma_y}{\bar{\varepsilon}}\left(1 - \frac{E_1}{E}\right) \tag{8-16}$$

（2）幂强化材料（图 7－12）。

$$\bar{\sigma} = A\bar{\varepsilon}^n$$

所以

$$E' = \frac{\bar{\sigma}}{\bar{\varepsilon}} = A\bar{\varepsilon}^{(n-1)} \tag{8-17}$$

（3）对于一般的应力-应变关系。

$$\sigma = \phi(\varepsilon)$$

依留辛建议将上式改写为

$$\sigma = E\varepsilon[1 - \omega(\varepsilon)] \tag{8-18}$$

$\omega(\varepsilon)$ 称为依留辛函数。由图 8－2 可知，$\omega(\varepsilon) = \overline{AC}/\overline{AB}$，显然 $\omega(\varepsilon)$ 代表着应力-应变关系偏离线性规律的程度。$\omega(\varepsilon)$ 可以根据由实验测出的 $\sigma - \varepsilon$ 曲线而得到。

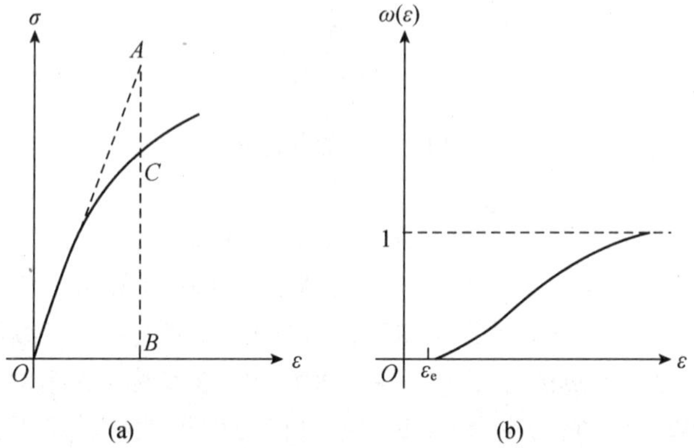

图 8－2　伊留辛函数

E'与 ω 之间的关系如下：

$$\bar{\sigma} = E\bar{\varepsilon}[1 - \omega(\bar{\varepsilon})]$$

因而

$$E' = \frac{\bar{\sigma}}{\bar{\varepsilon}} = E[1 - \omega(\bar{\varepsilon})]$$

四、卸载问题

如果只考虑加载情形而不考虑卸载问题，塑性全量理论的本构关系与非线性弹性材料的本构关系并没有原则性的区别。二者间的根本差别只有在卸载时才显露出来，所以材料在某种状态下（指 $\sigma-\varepsilon$ 曲线上一点），其加载时的斜率与卸载时的斜率的差别，深刻地反映了材料偏离线性的程度，也就是材料的损伤程度。基于这一概念而提出的加卸载响应比为地震预测开辟了一条新途径（Yin X. C. et al.，1995，2006）。

现以单向拉伸为例予以说明。设材料受到应力 σ^{o} 而进入塑性阶段（图 8－3 中的 A 点），产生的应变为 ε^{o}。

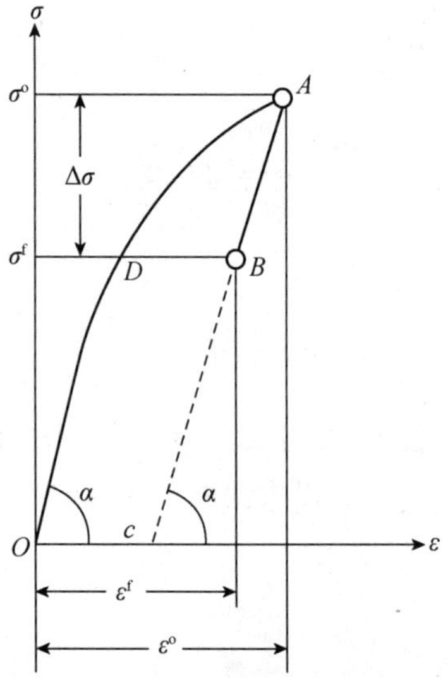

图 8－3　卸载情形

如果从 A 点开始卸载，设应力减小 $\Delta\sigma$，从 σ^{o} 变为 $\sigma^{f}=\sigma^{o}-\Delta\sigma$，则应力应变之间的关系沿直线 AB 变化，直线 AB 的斜率大致等于材料的杨氏弹性模量。相应地，应变的恢复量 $\Delta\varepsilon=\Delta\sigma/E$。如果 $\Delta\sigma=\sigma^{o}$，也就是完全卸载，则应力-应变关系将继续沿此直线从 B 点变化至 C 点。值得注意的是，C 点的应变不为零，而为 OC，OC 称之为残余应变。假如材料是非线性弹性材料，在加载时，它的应力-应变关系可能与弹塑性材料接近；但在卸载时则大不相同。如果在 A 点开始卸载，其应力-应变曲线则沿加载时的应力-应变曲线往回走，当应力减小 $\Delta\sigma$ 后，A 点变至 D 点，当完全卸载时 A 点回到原点 O。不产生任何残余变形。

现在考虑复杂应力状态下的卸载问题。对于复杂应力状态，处理的方法仍然与单向拉伸时的方法相似。设开始卸载时的应力为 σ_{ij}°，与之对应的应变为 ε_{ij}°。σ_{ij}°与 ε_{ij}°间应满足下列关系［参看式（8－15）］：

$$\varepsilon_{ij}^{\circ} = \frac{3}{2}\frac{\bar{\varepsilon}^{\circ}}{\bar{\sigma}^{\circ}}(\sigma_{ij}^{\circ} - \sigma_0^{\circ}\delta_{ij}) + \frac{\sigma_0^{\circ}\delta_{ij}}{3k}$$

假如应力从应力状态 σ_{ij}°减小量为 $\Delta\sigma_{ij}$，则相应的应变减小量为 $\Delta\varepsilon_{ij}$。$\Delta\varepsilon_{ij}$与 $\Delta\sigma_{ij}$之间适合胡克定律，即

$$\Delta\varepsilon_{ij} = \frac{\Delta\sigma_{ij}}{2\mu} - \frac{3v}{E}\Delta\sigma_0 \cdot \delta_{ij}$$

卸载 $\Delta\sigma_{ij}$后应变为

$$\varepsilon_{ij}^{\mathrm{f}} = \varepsilon_{ij}^{\circ} - \Delta\varepsilon_{ij}$$

以上讨论的是一个点（或一个体积微元）的情形。对于一个物体，解决问题的思路还是一样的。设物体加载时受体力 f_i°，面力 T_i°。按全量理论的本构关系（联合平衡方程及几何方程）求解。得各点的应力及应变为 $\sigma_{ij}^{\circ}(x_i)$、$\varepsilon_{ij}^{\circ}(x_i)$。假设从这时开始卸载，卸载分别为 Δf_i 及 ΔT_i。求卸载时各点应力应变的变化相当于解一个弹性问题，几何形状保持不变，所受的外力为 Δf_i 及 ΔT_i。求得各点的应力及应变为 $\Delta\sigma_{ij}(x_i)$ 及 $\Delta\varepsilon_{ij}(x_i)$。卸载终了时各点的应力 σ_{ij}^{f}及应变 $\varepsilon_{ij}^{\mathrm{f}}$分别为

$$\sigma_{ij}^{\mathrm{f}}(x_i) = \sigma_{ij}^{\circ}(x_i) - \Delta\sigma_{ij}(x_i)$$
$$\varepsilon_{ij}^{\mathrm{f}}(x_i) = \varepsilon_{ij}^{\circ}(x_i) - \Delta\varepsilon_{ij}(x_i)$$

当 Δf_i 及 ΔT_i 等于 f_i°及 T_i°（即完全卸载）时，一般来说，

$$\Delta\sigma_{ij}(x) \neq \sigma_{ij}^{\circ}(x_i)$$
$$\Delta\varepsilon_{ij}(x) \neq \varepsilon_{ij}^{\circ}(x_i)$$

因为同样的载荷加于几何形状相同而力学性质不同（一个是弹塑性介质，一个是弹性介质）在物体内各点产生的应力与应变应该是不同的，因此完全卸载时，

$$\varepsilon_{ij}^{\mathrm{f}}(x_i) \neq 0$$
$$\sigma_{ij}^{\mathrm{f}}(x_i) \neq 0$$

式中，$\varepsilon_{ij}^{\mathrm{f}}$（$x_i$）称为残余应变；而 σ_{ij}^{f}（x_i）称为残余应力。残余应力无论在工程技术中还是在科学领域的许多问题中都是一个重要而复杂的问题。

下面举一个例题以说明卸载时应力、应变的具体计算方法与步骤。

例 1　设有某种材料，其单向拉伸应力-应变曲线符合线性硬化模型。$E = 2 \times 10^6$ bar，

$E_1 = 2 \times 10^5 \text{bar}$，弹性范围内 $\nu = \dfrac{1}{3}$，$\sigma_y = 3000\text{bar}$。该材料按顺序经历了下面三个应力状态：

$$\boldsymbol{\sigma}^{(1)} = \begin{pmatrix} 4000 & 0 & 0 \\ 0 & 3000 & 0 \\ 0 & 0 & 2000 \end{pmatrix}$$

$$\boldsymbol{\sigma}^{(2)} = \begin{pmatrix} 8000 & 0 & 0 \\ 0 & 6000 & 0 \\ 0 & 0 & 4000 \end{pmatrix}$$

$$\boldsymbol{\sigma}^{(3)} = \begin{pmatrix} 4000 & 0 & 0 \\ 0 & 3000 & 0 \\ 0 & 0 & 2000 \end{pmatrix}$$

从 $\boldsymbol{\sigma}^{(1)}$ 到 $\boldsymbol{\sigma}^{(2)}$ 为比例加载。从 $\boldsymbol{\sigma}^{(2)}$ 到 $\boldsymbol{\sigma}^{(3)}$ 为卸载，三个主应力都是单调地减小。用全量理论求所对应的三个应变状态。

解：（1）先讨论第一种状态 $\boldsymbol{\sigma}^{(1)}$，按米塞斯塑性条件

$$[(\sigma_1 - \sigma_2)^2 + (\sigma_2 - \sigma_3)^2 + (\sigma_3 - \sigma_1)^2] = 2\sigma_y^2$$

或

$$\bar{\sigma} = \frac{1}{\sqrt{2}}[(\sigma_1 - \sigma_2)^2 + (\sigma_2 - \sigma_3)^2 + (\sigma_3 - \sigma_1)^2]^{1/2} = \sigma_y$$

对于应力状态 $\sigma^{(1)}$，

$$\bar{\sigma}^{(1)} = \frac{1}{\sqrt{2}}[(1000)^2 + (1000)^2 + (2000)^2]^{1/2} = 1732\text{bar} < \sigma_y$$

所以这时材料处于弹性状态。应力-应变关系适合胡克定律，因而按胡克定律可以求出其三个主应变分别为

$$\varepsilon_1^{(1)} = \frac{1}{E}[\sigma_1 - \nu(\sigma_2 + \sigma_3)] = \frac{1}{2 \times 10^6}\left[4000 - \frac{1}{3}(3000 + 2000)\right] = 1.17 \times 10^{-3}$$

$$\varepsilon_2^{(2)} = 0.5 \times 10^{-3}$$

$$\varepsilon_3^{(1)} = -0.17 \times 10^{-3}$$

而

$$\theta^{(1)} = \varepsilon_1 + \varepsilon_2 + \varepsilon_3 = 1.5 \times 10^{-3}$$

（2）第二种应力状态 $\boldsymbol{\sigma}^{(2)}$：

$$\bar{\sigma}^{(2)} = 3460\text{bar} > \sigma_y = 3000\text{bar}$$

所以这时材料已进入塑性状态。按式（8－15）

$$\varepsilon_{ij} = \frac{3}{2}\frac{\bar{\varepsilon}}{\bar{\sigma}}\sigma_{ij} - \sigma_0 \cdot \delta_{ij}\left(\frac{3}{2}\frac{\bar{\varepsilon}}{\bar{\sigma}} - \frac{1}{3k}\right) \tag{8-15}$$

因为该种材料的单向拉伸曲线符合线性硬化规律，按单一曲线假定其应力强度 $\bar{\sigma}$ 与应变强度 $\bar{\varepsilon}$ 之间也符合同样规律，

$$\bar{\sigma} = \sigma_e + E_1(\bar{\varepsilon} - \varepsilon_e)$$

令 $\sigma_0 = \sigma_y$ 得

$$\bar{\varepsilon} = \frac{\sigma_y}{E} + \frac{1}{E_1}(\bar{\sigma} - \sigma_y)$$

将 $\bar{\boldsymbol{\sigma}}^{(2)} = 3460$ 代入上式得，$\bar{\boldsymbol{\varepsilon}}^{(2)} = 3.82 \times 10^{-3}$。

此外，$\boldsymbol{\sigma}_0^{(2)} = \frac{1}{3}(8000 + 6000 + 4000) = 6000\text{bar}$

$$k = \frac{E}{3(1-2\nu)} = 2 \times 10^6\text{bar}$$
$$\varepsilon_1^{(2)} = 2.47 \times 10^{-3}$$
$$\varepsilon_2^{(2)} = 1.0 \times 10^{-3}$$
$$\varepsilon_3^{(2)} = -0.47 \times 10^{-3}$$
$$\theta^{(2)} = \varepsilon_1^{(2)} + \varepsilon_2^{(2)} + \varepsilon_3^{(2)} = 3 \times 10^{-3}$$

为第一种应力状态的两倍（因为第二种应力状态各应力分量为第一种应力状态各应力分量的两倍）。故符合体积变形为弹性的这一规律。

（3）第三种应力状态 $\boldsymbol{\sigma}^{(3)}$：

从 $\boldsymbol{\sigma}^{(2)}$ 到 $\boldsymbol{\sigma}^{(3)}$ 为卸载，

$$\Delta\sigma_1 = -4000\text{bar}$$
$$\Delta\sigma_2 = -3000\text{bar}$$
$$\Delta\sigma_3 = -2000\text{bar}$$

卸载过程应力-应变的变化按弹性规律，由此求得

$$\Delta\varepsilon_1 = \frac{1}{E}[\Delta\sigma_1 - \nu(\Delta\sigma_2 + \Delta\sigma_3)] = -1.16 \times 10^{-3}$$

同理

$$\Delta\varepsilon_2 = -0.5 \times 10^{-3}$$
$$\Delta\varepsilon_3 = 0.17 \times 10^{-3}$$

故对应于第三种应力状态的应变分量为

$$\varepsilon_1^{(3)} = \varepsilon_1^{(3)} + \Delta\varepsilon_1 = (2.47 - 1.16) \times 10^{-3} = 1.3 \times 10^{-3}$$

$$\varepsilon_2^{(3)} = \varepsilon_2^{(3)} + \Delta\varepsilon_2 = (1 - 0.5) \times 10^{-3} = 0.5 \times 10^{-3}$$

$$\varepsilon_3^{(3)} = \varepsilon_3^{(3)} + \Delta\varepsilon_3 = (-0.47 + 0.17) \times 10^{-3} = -0.3 \times 10^{-3}$$

$$\theta^{(3)} = \varepsilon_1^{(3)} + \varepsilon_2^{(3)} + \varepsilon_3^{(3)} \approx 1.5 \times 10^{-3}$$

§8－2　全量理论的实验验证

全量理论建立在四个基本假定的基础上。只有当它们的正确性通过实验验证后才能为人们所接受。前两个基本假定（各向同性及弹性体积变形假定）已经多次讨论过，下面主要介绍后两个假定的实验验证。

（1）关于 $\mu_\sigma = \mu_\varepsilon$ 的实验验证。

罗地曾经进行过这方面的实验研究，它的实验结果表明 $\mu_\sigma = \mu_\varepsilon$ 这一结论与实验结果符合得相当好。

（2）关于单一曲线假定的实验验证。

戴维斯、茹可夫等许多人进行过大量实验研究。试件大都采用薄壁圆筒。调整轴向拉力与内压之比，可以得到主应力比值不同的应力状态。图 8－4 所示的是茹可夫的实验结果。

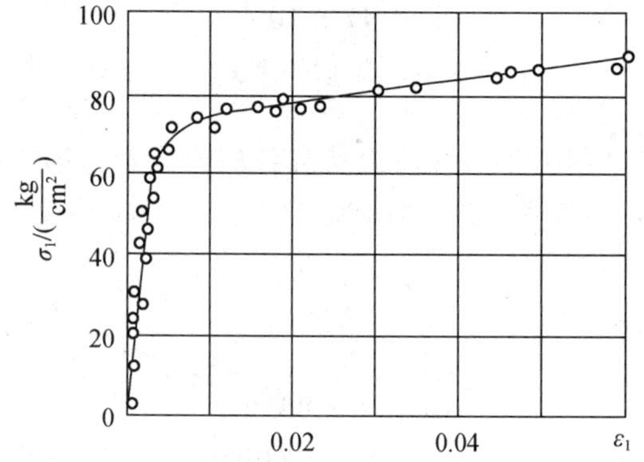

图 8－4　茹可夫关于单一曲线假定的实验验证

这些实验表明：在简单加载条件下，用不同材料（铜，铝等）及不同试件（壁厚与管径之比不同）进行实验的结果。按 $\bar{\sigma} = \phi(\bar{\varepsilon})$ 整理实验结果，数据都相当集中，而且与单向拉伸的 $\sigma - \varepsilon$ 曲线接近，其误差可以认为在工程误差允许的范围内。

对于非简单加载情形的实验做得较少。现有的实验结果表明，在偏离简单加载不太大的情况下，单一曲线假定仍然近似成立。

§8－3　全量理论的适用范围，简单加载定理

前一节中所介绍的实验结果表明：对于比例加载情形，全量理论的正确性得到充分的实

验验证。从理论上也可以证明，在比例加载条件下，全量理论与增量理论是一致的（依留辛，1958）。因而自然会提出这样的问题：在什么条件下能够保证物体内部每一点（体积微无）都处于比例加载情况。这个问题，由依留辛所证明的简单加载定理做了明确回答。简单加载定理叙述如下：当下面四个条件全部得到满足时，则物体内每一点都处于比例加载情况，因而形变理论可以正确应用。这四个条件是：

（1）小变形。

（2）材料不可压缩，即 $\nu=\dfrac{1}{2}$。

（3）外载荷（包括面力及体力）按比例单调增长。如有位移边界条件则只能是固定边界（零位移）条件。

（4）材料为硬化材料，即 $\bar{\sigma}=A\bar{\varepsilon}^n$。

证明如下：设 σ_{ij}^*、ε_{ij}^* 及 u_i^* 为物体内初始时的应力场、应变场及位移场；它们必须满足下列三组方程及相应的边界条件。

（1）平衡方程：

$$\sigma_{ij,j}^*+f_i^*=0$$

式中，f_i^* 为初始的体积力。

（2）几何方程：

$$\varepsilon_{ij}^*=\frac{1}{2}\left(\frac{\partial u_j^*}{\partial x_i}+\frac{\partial u_i^*}{\partial x_i}\right)$$

（3）物理方程：

因为假设材料不可压缩，即 $\epsilon_{ij}^*=\varepsilon_{ij}^*$，所以

$$S_{ij}^*=\frac{2}{3}\cdot\frac{\bar{\sigma}^*}{\bar{\varepsilon}^*}\varepsilon_{ij}^*=\frac{2}{3}A(\bar{\varepsilon}^*)^{n-1}\cdot\varepsilon_{ij}^*$$

边界条件可分为如下两种：

（1）力的边界条件：在 S_σ 上

$$T_i^*=\alpha_j\cdot\sigma_{ij}^*$$

（2）位移边界条件：在 S_u 上

$$u_i^*=0$$

当所有外载荷均按比例增大 a 倍时，即 $f_i=f_i^*\cdot a$，$T_i=T_i^*\cdot a$ 物体内部各点的应力均增大 a 倍，位移及应变均增大 b 倍，而

$$b=\sqrt[n]{a}$$

即

$$\left.\begin{aligned}\sigma_{ij} &= a\sigma_{ij}^{*}\\ S_{ij} &= aS_{ij}^{*}\\ \varepsilon_{ij} &= b\varepsilon_{ij}^{*}\\ u_{i} &= bu_{i}^{*}\end{aligned}\right\}\tag{a}$$

其应力强度与应变强度之间应该满足下列关系：

$$\bar{\sigma} = A(\bar{\varepsilon})^{n}$$

这对（$\bar{\sigma}^{*}$，$\bar{\varepsilon}^{*}$）及（$a\bar{\sigma}^{*}$，$b\bar{\varepsilon}^{*}$）两种情况下都应如此。

因而得

$$\bar{\sigma}^{*} = A\bar{\varepsilon}^{*},\quad a\bar{\sigma}^{*} = A(b\bar{\varepsilon}^{*})^{n}$$

将上面两式相除得 $a=b^{n}$。

现在证明解（a）完全满足弹性力学所有的方程组及边界条件。

（1）平衡方程：

$$\sigma_{ij,i} = a\sigma_{ij,j}^{*} = -af_{i}^{*} = -f_{i}$$

（2）几何方程：

$$\varepsilon_{ij} = b\varepsilon_{ij}^{*} = \frac{b}{2}\left(\frac{\partial u_{i}^{*}}{\partial x_{j}} + \frac{\partial u_{j}^{*}}{\partial x_{i}}\right) = \frac{1}{2}\left(\frac{\partial u_{i}}{\partial x_{j}} + \frac{\partial u_{j}}{\partial x_{i}}\right)$$

（3）物理关系：

$$\begin{aligned}S_{ij} &= aS_{ij}^{*} = a\left[\frac{2}{3}\frac{\bar{\sigma}^{*}}{\bar{\varepsilon}^{*}}\varepsilon_{ij}^{*}\right] = a\cdot\frac{2}{3}\frac{A(\bar{\varepsilon}^{*})^{n}}{\bar{\varepsilon}^{*}}\cdot\varepsilon_{ij}^{*}\\ &= \frac{2}{3}b^{n}A(\bar{\varepsilon}^{*})^{n-1}\cdot\varepsilon_{ij}^{*}\\ &= \frac{2}{3}Ab^{n-1}\cdot(\bar{\varepsilon}^{*})^{n-1}\cdot b\cdot\varepsilon_{ij}^{*} = \frac{2}{3}A\bar{\varepsilon}^{n-1}\cdot\varepsilon_{ij}\end{aligned}$$

边界条件如下：

在 S_{σ} 上：

$$\sigma_{ij}n_{j} = a\sigma_{ij}^{*}\cdot n_{j} = T_{i}^{*}a = T_{i}$$

在 S_{u} 上：

$$u_{i} = bu_{i}^{*} = 0$$

可见解（a）完全满足所有的方程组及边界条件。

§8-4 增量理论

一、概述

严格说来，进入塑性范围后，应力应变之间已不能存在一定的对应关系，所以全量理论只是在简单加载或接近简单加载的条件时才能应用，也就是说，全量理论的应用范围受到加载条件的限制，而增量理论则不受这种限制。因此，从根本意义上讲，增量理论比全量理论优越。从历史上看，增量理论也比全量理论出现得更早（最早的全量理论由汉奇于1924年提出，而在此半个世纪之前，1871年利维已经提出了增量理论）。不过因为增量理论必须根据加载过程对应变进行积分，计算是很困难和复杂的。这使得它的应用和发展受到一定的限制。但是由于电子计算机的出现与普遍采用，增量理论的应用范围在不断扩大。

设时间 t 时，某点（体积微元）的应变张量为 $\varepsilon_{ij}^{(1)}$，经过时间 Δt 后，该点的应变张量改变为 $\varepsilon_{ij}^{(2)}$。二者之差 $\varepsilon_{ij}^{(2)}-\varepsilon_{ij}^{(1)}$ 称为应变增量，$\mathrm{d}\varepsilon_{ij}$ 为二张量之差，所以仍为张量，而且仍具有应变张量的一系列特性。例如应变增量张量为对称张量；存在三个主值与三个互相垂直的主方向。

增量理论的基本假设如下：

（1）体积变形为弹性变形。

（2）应变增量张量的主方向与应力张量的主方向一致（圣维南假定）。

（3）塑性应变增量与应力偏量成比例（利维假定）。

（4）应变增量强度（其定义与应变强度类似）是应力强度的函数。对于理想塑性材料，应力强度保持不变。

上述第一个假定已经多次讨论过。关于第二个假定，泰勒等曾用软钢、铜、铝等材料进行薄管拉、扭实验。实验中使应力的主方向不断变化，并测量 $\mathrm{d}\varepsilon_{ij}^{\mathrm{p}}$（字母 p 表示塑性变形）的主方向。结果表明主应力的主方向与 $\mathrm{d}\varepsilon_{ij}^{\mathrm{p}}$ 的主方向相差不大于2°。关于第三个假定，早期罗地进行过试验，结果是 $\mu_{\sigma}\approx\mu_{\mathrm{d}\varepsilon}$。奥哈西在1976年又做了实验，进一步肯定了罗地实验结果。所以塑性应变增量偏量与应力偏量成比例的假定是得到实验验证的。此外，从杜拉克公设（见§8-5）及米塞斯关于塑性势的概念出发也能得出应变增量偏量与应力偏量成比例的结论。这又从另外的角度进一步论证了这一假定。

二、利维-米塞斯理论

米塞斯根据利维关于应变增量偏量与应力偏量成比例的假定，并且加上一些简化或限制，得到了最早的增量形式的本构关系，称之为利维-米塞斯理论。米塞斯采取了如下两点简化：

（1）在塑性范围内弹性应变可略去不计。由此可得出两点推论：

① $$\mathrm{d}\varepsilon_{ij}=\mathrm{d}\varepsilon_{ij}^{\mathrm{e}}+\mathrm{d}\varepsilon_{ij}^{\mathrm{p}}\approx\mathrm{d}\varepsilon_{ij}^{\mathrm{p}}$$

即总应变增量等于塑性应变增量。

②按照体积变形是弹性的这一基本假设，且在塑性区内弹性变形略去不计，因此得出：塑性区内体积变形为零。即

$$d\theta = 0$$

这等价于
$$k = \infty\ ,\ \nu = \frac{1}{2}$$

(2) 假定材料为理想塑性材料，于是应力强度 $\bar{\sigma}$ 或 J_2 为常数。材料不发生强化。

根据前述四项基本假定及上述两点简化，可得出利维-米塞斯关系如下：

$$\frac{d\epsilon_{ij}^{p}}{S_{ij}} = d\lambda \tag{8-19}$$

式中，dλ 为比例因子，随点的位置及该点的变形程度而变化，但对同一点在同一瞬间（即一定的变形程度）dλ 为常量。由于

$$d\theta = 0$$
$$d\varepsilon_0 = 0$$

所以
$$d\epsilon_{ij}^{p} = d\varepsilon_{ij}^{p} = d\varepsilon_{ij}$$

式中，ϵ_{ij}^{p}是塑性应变偏量，从而得到

$$d\varepsilon_{ij} = S_{ij}d\lambda \tag{a}$$

理想塑性材料满足米塞斯屈服条件：

$$(\sigma_1 - \sigma_2)^2 + (\sigma_2 - \sigma_3)^2 + (\sigma_3 - \sigma_1)^2 = 2\sigma_y^2$$

或
$$\sigma_i = \frac{1}{\sqrt{2}}[(\sigma_1 - \sigma_2)^2 + (\sigma_2 - \sigma_3)^2 + (\sigma_3 - \sigma_1)^2]^{\frac{1}{2}} = \sigma_y \tag{b}$$

由式（a）各式彼此相减得

$$d\varepsilon_{ij} - d\varepsilon_{kl} = (S_{ij} - S_{kl})d\lambda = [(\sigma_{ij} - \sigma_0) - (\sigma_{kl} - \sigma_0)]d\lambda = (\sigma_{ij} - \sigma_{kl})d\lambda$$

将上式代入式（b）得

$$\sigma_y = \frac{1}{\sqrt{2}d\lambda}[(d\varepsilon_1 - d\varepsilon_2)^2 + (d\varepsilon_2 - d\varepsilon_3)^2 + (d\varepsilon_3 - d\varepsilon_1)^2]^{\frac{1}{2}} \tag{c}$$

仿照式（7－6）关于应变强度的定义，现在定义应变增量强度 $d\bar{\varepsilon}$ 为

$$d\bar{\varepsilon} = \frac{\sqrt{2}}{3}[(d\varepsilon_1 - d\varepsilon_2)^2 + (d\varepsilon_2 - d\varepsilon_3)^2 + (d\varepsilon_3 - d\varepsilon_1)^2]^{\frac{1}{2}} \tag{8-20}$$

将上式代入式（c）可得

$$d\lambda = \frac{3}{2}\frac{d\bar{\varepsilon}}{\sigma_y} \tag{8-21}$$

将式（8－21）代入式（a）最后得到利维-米塞斯关系为

$$d\varepsilon_{ij} = \frac{3}{2}\frac{d\bar{\varepsilon}}{\sigma_y}S_{ij} \tag{8-22'}$$

或

$$\left.\begin{aligned} d\varepsilon_{11} &= \frac{3d\bar{\varepsilon}}{2\sigma_y}(\sigma_{11}-\sigma_0), \quad d\varepsilon_{12} = \frac{3d\bar{\varepsilon}}{2\sigma_y}\sigma_{12} \\ d\varepsilon_{22} &= \frac{3d\bar{\varepsilon}}{2\sigma_y}(\sigma_{22}-\sigma_0), \quad d\varepsilon_{23} = \frac{3d\bar{\varepsilon}}{2\sigma_y}\sigma_{23} \\ d\varepsilon_{33} &= \frac{3d\bar{\varepsilon}}{2\sigma_y}(\sigma_{33}-\sigma_0), \quad d\varepsilon_{31} = \frac{3d\bar{\varepsilon}}{2\sigma_y}\sigma_{31} \end{aligned}\right\} \tag{8-22''}$$

如果物体内一点在某一瞬间的 $d\varepsilon_{ij}$已知，则根据上式可以求得该点在同一瞬时的 S_{ij}。但一般不能求出 σ_{ij}。这是因为本理论中假定 $d\theta=0$，因而与体积变形相联系的平均应力 σ_0 是不定的。反之，如果给定某一点在某一瞬间的应力状态 $d\sigma_{ij}$，则能求出该点在此时刻各应变增量间的比值。但这只是对一个孤立的体积微元来讲才是如此。对于一个物体来讲，由于各点之间的变形相互约束，往往由此可以决定应变增量的值。

三、普朗特尔-劳埃斯理论

普朗特尔-劳埃斯理论是他们根据利维-米塞斯理论的不足，加以改进而得到的。因此它与利维-米塞斯理论大同小异。唯一不同之处在于：他们认为在许多问题中弹性应变是不能忽略的，否则将会由此导致不小的误差。因此在他们的理论中仍考虑塑性区内的弹性应变。因而总的应变偏量增量由弹性应变偏量增量 $d\epsilon_{ij}^{e}$与塑性应变偏量增量 $d\epsilon_{ij}^{p}$两部分组成。即

$$d\varepsilon_{ij} = d\varepsilon_0 + d\epsilon_{ij}$$

其中

$$d\varepsilon_0 = \frac{d\sigma_0}{3k}$$

而

$$d\epsilon_{ij} = d\epsilon_{ij}^{e} + d\epsilon_{ij}^{p}$$

其中弹性应变增量偏量 $d\epsilon_{ij}^{e}$符合胡克定律，即

$$\left.\begin{aligned} d\epsilon_{11}^{e} &= \frac{1}{2\mu}dS_{11}, \quad d\epsilon_{12}^{e} = \frac{1}{2\mu}dS_{12} \\ d\epsilon_{22}^{e} &= \frac{1}{2\mu}dS_{22}, \quad d\epsilon_{23}^{e} = \frac{1}{2\mu}dS_{23} \\ d\epsilon_{33}^{e} &= \frac{1}{2\mu}dS_{33}, \quad d\epsilon_{31}^{e} = \frac{1}{2\mu}dS_{31} \end{aligned}\right\}$$

而其塑性部分则按利维-米塞斯关系为

$$d\epsilon_{ij}^{p} = S_{ij}d\lambda$$

于是得

$$d\epsilon_{ij} = \frac{1}{2\mu}dS_{ij} + S_{ij}d\lambda \tag{8-23}$$

即

$$\left.\begin{aligned} d\epsilon_{11} &= \frac{1}{2\mu}dS_{11} + S_{11}d\lambda, \quad d\epsilon_{12} = \frac{1}{2\mu}dS_{12} + S_{12}d\lambda \\ d\epsilon_{22} &= \frac{1}{2\mu}dS_{22} + S_{22}d\lambda, \quad d\epsilon_{23} = \frac{1}{2\mu}dS_{23} + S_{23}d\lambda \\ d\epsilon_{33} &= \frac{1}{2\mu}dS_{33} + S_{33}d\lambda, \quad d\epsilon_{31} = \frac{1}{2\mu}dS_{31} + S_{31}d\lambda \end{aligned}\right\} \tag{8-23'}$$

剩下的问题是决定 $d\lambda$。如果材料是理想塑性材料，则如同在讨论利维-米塞斯关系时那样可得

$$d\lambda = \frac{3}{2}\frac{d\epsilon_{ij}^{p}}{\sigma_{y}}$$

如果材料是强化材料，则问题就比较复杂。我们在下一节中将介绍杜拉克关于强化材料的准则（或公设）以及其有关推论。

§8-5 杜拉克公设及其推论

在简单拉伸时，判断某一材料是否属于强化材料是很容易的，如图 8-5a 所示。当其应力是应变的单调增函数时，则称这种材料为强化材料或稳定材料。如图 8-5b 所示。进入塑性范围后，应力保持为常数（即应力-应变曲线为一水平直线）时，称之为理想塑性材料。如图 8-5c 所示，当应力-应变曲线的某些部分（BC 段），在应变增加而应力却减小时，称之为应变弱化现象，这时材料处于非稳定状态。

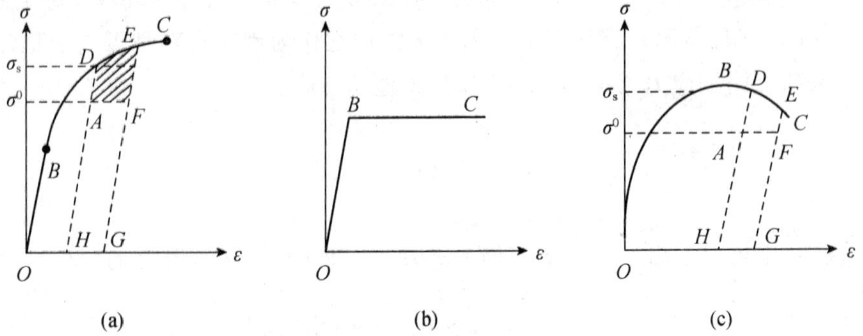

图 8－5　材料的不同性态

（a）强化（稳定状态）；（b）理想塑性流动；（c）弱化（非稳定状态）

上面所讨论的判定材料是否处于稳定状态的方法容易推广到其他各种简单应力状态（如单向压缩、纯剪等）。为了在复杂应力状态下判断材料的状态（强化还是弱化，稳定还是不稳定），下面从塑性功的角度来讨论这个问题。

如图 8－5a 所示，设初始时的应力为 σ^0（图中 A 点），加载到刚要发生塑性变形（一维应力空间的加载面，图中 D 点）时，令所对应的应力为 σ_s，再继续加载至 $\sigma=\sigma_s+\mathrm{d}\sigma$（图中 E 点），在 $D\to E$ 的过程中，产生塑性应变 $\mathrm{d}\varepsilon^p$，然后卸载至原应力 σ^0（F 点）。在此应力循环（$\sigma^0\to\sigma_s\to\sigma_s+\mathrm{d}\sigma\to\sigma^0$）中，单位体积材料中外力的功 W 为

$$W=\oint_{\sigma^0}\sigma\mathrm{d}\varepsilon$$

符号 $\oint_{\sigma^0}$ 表示积分路径为从 σ^0 开始又回到 σ^0 的应力循环。

W 可以分为两部分，弹性功 W^e（外力对弹性变形所作的功）与塑性功 W^p（外力对塑性变形所作的功），

$$W=W^e+W^p$$

$$W^e=\oint_{\sigma^0}\sigma\mathrm{d}\varepsilon^e$$

$$W^p=\oint_{\sigma^0}\sigma\mathrm{d}\varepsilon^p$$

因为弹性应变 ε^e 在应力循环过程中是可逆的，所以

$$W^e=\oint_{\sigma^0}\sigma\mathrm{d}\varepsilon^e=0$$

因而

$$W=W^p=\oint_{\sigma^0}\sigma(\mathrm{d}\varepsilon-\mathrm{d}\varepsilon^e)=\oint_{\sigma^0}\sigma\mathrm{d}\varepsilon^p$$

塑性功 W^{p} 在应力-应变图上等于面积 $HADEFG$。不难看出塑性功 W^{p} 对于图 8-5 中(a)、(b)、(c) 三种情况，都是正值。因此无法用它作为判断材料是否处于稳定状态的准则。转而再来研究附加应力（$\sigma-\sigma^{0}$）所作的塑性功 ΔW^{p}，

$$\Delta W^{p} = \oint_{\sigma^{0}} (\sigma - \sigma^{0}) \mathrm{d}\varepsilon^{p}$$

从图 8-5a 中可以看出，ΔW^{p} 等于面积 $ADEF$（图中画阴影线部分的面积），而且

$$\lim_{\sigma^{0}\to\sigma_{s}} \oint_{\sigma^{0}} (\sigma - \sigma^{0}) \mathrm{d}\varepsilon^{p} \begin{cases} > 0 & \text{强化(稳定状态)} \\ = 0 & \text{理想塑性流动} \\ < 0 & \text{弱化(不稳定状态)} \end{cases} \tag{8-24}$$

因此 ΔW^{p} 的符号，可以作为判定材料是否处于稳定状态的参数。

对于复杂应力状态杜拉克提出如下的判定材料是否处于稳定状态的准则：考虑某一应力循环，开始时应力为 σ_{ij}^{0}，σ_{ij}^{0}在加载面内，加载后使其位于加载面上，此时的应力记为 σ_{ij}^{s}，再继续加载到 $\sigma_{ij}^{s}+\mathrm{d}\sigma_{ij}$。在此过程中所产生的塑性应变增量为 $\mathrm{d}\varepsilon_{ij}^{p}$。然后卸载，使应力回到 σ_{ij}^{0}，完成一个应力循环（$\sigma_{ij}^{0}\to\sigma_{ij}^{s}\to\sigma_{ij}^{s}+\mathrm{d}s_{ij}\to\sigma_{ij}^{0}$），如在此循环过程中附加应力（$\sigma_{ij}\to\sigma_{ij}^{0}$）所作的塑性功不小于零，则材料处于稳定状态。通常被称之为杜拉克公设，用数学式表达则为

$$\oint_{\sigma_{ij}^{0}} (\sigma_{ij} - \sigma_{ij}^{0}) \mathrm{d}\varepsilon_{ij}^{p} \geqslant 0$$

由于在上述应力循环过程中只有从 $\sigma_{ij}^{s}\to\sigma_{ij}^{s}+\mathrm{d}\sigma_{ij}$这个阶段产生塑性应变，因此上式可改为

$$(\sigma_{ij}^{s} + \mathrm{d}\sigma_{ij} - \sigma_{ij}^{0}) \mathrm{d}\varepsilon_{ij}^{p} \geqslant 0 \tag{8-25}$$

当 $\sigma_{ij}^{0}\neq\sigma_{ij}^{s}$时，$\mathrm{d}\sigma_{ij}$与（$\sigma_{ij}^{s}-\sigma_{ij}^{0}$）相比是无穷小量可以忽略，于是得到

$$(\sigma_{ij}^{s} - \sigma_{ij}^{0}) \mathrm{d}\varepsilon_{ij}^{p} \geqslant 0 \tag{8-26}$$

当 $\sigma_{ij}^{0}=\sigma_{ij}^{s}$时，则

$$\mathrm{d}\sigma_{ij} \cdot \mathrm{d}\varepsilon_{ij}^{p} \geqslant 0 \tag{8-27}$$

现在我们采用纳迪所建议的方法，用简单的几何图像来阐明式（8-26）、(8-27）的含义。

取应力空间 σ_{ij}，如图 8-6 所示，应力空间中一点的矢径代表着一种应力状态。设 A 点代表应力状态 σ_{ij}^{0}，D 点代表应力状态 σ_{ij}^{s}，$f=0$ 代表屈服面或加载面，则 A 点必在 f 内，而 D 点恰在加载面上，矢径 AD 代表应力增量（$\sigma_{ij}^{s}-\sigma_{ij}^{0}$）。

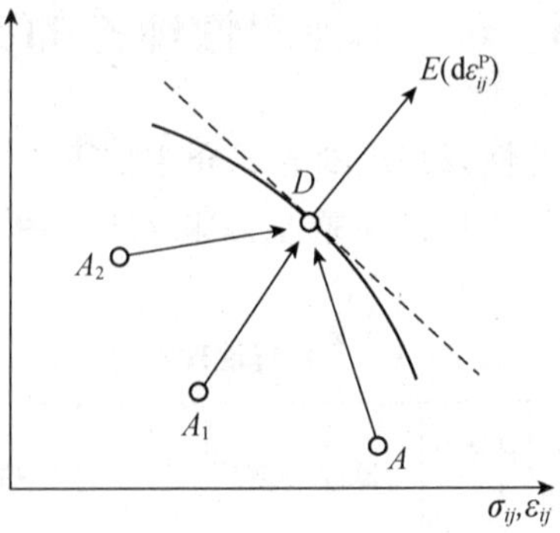

图 8－6　杜拉克公设推论的几何说明

我们同时令此空间为应变空间，并且令 D 点代表相应的应变状态，矢量$\vec{DE}$代表塑性应变增量 $\mathrm{d}\varepsilon_{ij}^{\mathrm{p}}$。

由式（8－26）可知，矢量 $\boldsymbol{AD}$ 与 $\boldsymbol{DE}$ 之间的夹角必须为锐角，但 A 可以是加载面 $f=0$ 内的任一点（如图中 A、A_1、A_2、…点）。要使式（8－26）成立必须满足下列两个条件（这正是杜拉克公设的两点重要推论）：

（1）加载面必须是凸曲面。

（2）$\boldsymbol{DE}$ 必须是与加载面 f 在 D 点的外法线重合。因而

$$\mathrm{d}\varepsilon_{ij}^{\mathrm{p}} = \mathrm{d}\lambda \frac{\partial f}{\boldsymbol{\sigma}_{ij}} \tag{8-28}$$

式中，$\mathrm{d}\lambda$ 为非负的比例系数。

上式将塑性应变增量与加载函数对应力分量的偏导数联系起来了。加载函数 f 是应力的函数，所以式（8－28）实际上代表着一种本构关系，这种本构关系称为“塑性势”理论，f 称为塑性势。它与弹性势相类似（参看式（3－20）——卡氏提扬诺公式），如果取加载函数作为塑性势则称之为有关连的流动法则。如果取与加载函数无关的函数 f 为塑性势，则称之为非关连的流动法则。

作为例子我们取米塞斯屈服函数 $f=J_2-C$ 作为塑性势，则

$$\frac{\partial f}{\partial \boldsymbol{\sigma}_{ij}} = \frac{\partial J_2}{\partial \boldsymbol{\sigma}_{ij}} = S_{ij} \tag{8-29}$$

于是得

$$\mathrm{d}\varepsilon_{ij}^{\mathrm{p}} = \mathrm{d}\lambda \cdot S_{ij} \tag{8-30}$$

与式（8－19）完全一致。这又从一个方面说明了利维假定的正确性。

§8－6　几种塑性理论的比较

现将几种塑性理论的各项特性以列表的方式介绍如下。表8.1引自“塑性应力-应变关系理论与实验文献报告讨论会”总结及徐秉业、陈森灿（1981）。

表8－1　几种塑性理论的比较

理论类型	姓名（提出年代）	材料类型	应变大小	加载条件	泊桑比 ν	弹性应变	塑性应变	应力-应变关系
增量理论（流动理论）	利维（1871）米塞斯（1913）	理想刚塑性	增量	复杂加载	$\frac{1}{2}$	$d\varepsilon_{ij}^{e}=0$	$d\varepsilon_{ij}^{p}=d\lambda\cdot S_{ij}$ $d\lambda=\frac{3}{2}\frac{d\bar{\varepsilon}}{\sigma_{y}}$	$d\varepsilon_{ij}=\frac{3}{2}\frac{d\bar{\varepsilon}}{\sigma_{y}}S_{ij}$
	普朗特（1924）劳埃斯（1930）	理想弹塑性	增量	复杂加载	$\leqslant\frac{1}{2}$	$d\varepsilon_{ij}^{e}=\frac{dS_{ij}}{2\mu}$	$d\varepsilon_{ij}^{p}=d\lambda\cdot S_{ij}$ $d\lambda=\frac{3dW}{2\sigma_{y}^{2}}$ （W：应变能密度）	$d\varepsilon_{ij}=\frac{dS_{ij}}{2\mu}+\frac{3dW}{2\sigma_{s}^{2}}S_{ij}$
全量理论（形变理论）	汉奇（1924）	理想弹塑性	小应变	简单加载	$\frac{1}{2}$	$\epsilon_{ij}^{e}=\frac{S_{ij}}{2\mu}$	$\epsilon_{ij}^{p}=\frac{\phi S_{ij}}{2\mu}$	$\epsilon_{ij}=\frac{1+\phi}{2\mu}S_{ij}$
	依留辛（1943）	幂强化材料	小应变	简单加载	$\frac{1}{2}$	$\epsilon_{ij}^{e}=\frac{S_{ij}}{2\mu}$	$\epsilon_{ij}^{p}=\epsilon_{ij}-\epsilon_{ij}^{e}$	$\epsilon_{ij}=\frac{3\bar{\varepsilon}}{2\bar{\sigma}}S_{ij}$
	纳迪（1937）	强化材料	大应变	简单加载	$\frac{1}{2}$	$\epsilon_{ij}^{e}=0$	$\epsilon_{ij}^{p}=\frac{r_{0}}{2\tau_{0}}S_{ij}$	$\epsilon_{ij}=\frac{\gamma_{0}}{2\tau_{0}}S_{ij}$

§8－7　岩土类介质考虑静水压影响的塑性理论

基于布里奇曼等人的实验，对于大多数致密金属来说，静水压应力（应力张量的球量部分）对塑性变形的影响很小，可以忽略不计。但是对于岩石、土壤及某些疏松金属，实验结果表明，静水压对其屈服条件的影响是明显的，有必要在塑性条件及相应的塑性理论中考虑静水压应力的影响。按照§8－5的观点，确定了屈服函数（或加载函数）f之后，以屈服函数的塑性势就可得到有关连的流动法则式（8－28）。因此，我们只讨论静水压力对屈服函数的影响。

在第七章中，根据静水压应力不影响屈服的观点得到一般的塑性条件的形式为

$$f(J_2)=0 \tag{8-31}$$

现在要考虑静水压的影响，很自然地会将上式改写为

$$f(J_2, I_1) = 0 \tag{8-32}$$

式中，I_1 为应力张量的第一不变量，

$$I_1 = \sigma_1 + \sigma_2 + \sigma_3$$

式（8－31）的最简单的形式为

$$\sqrt{J_2} = k$$

或
$$\sqrt{J_2} - k = 0$$

这就是米塞斯塑性条件。按照上述思路，很自然可以将米塞斯塑性条件推广，得到

$$f = \sqrt{J_2} - k + \alpha I_1 = 0 \tag{8-33}$$

上式称之为广义米塞斯塑性条件。其中 k、α 均为正常数。在主应力空间中，它代表一个以 L 线（$\sigma_1 = \sigma_2 = \sigma_3$ 的直线）为轴线的圆锥体。

按照 §8－5 中介绍的塑性位势理论，与之相关连的流动法测为

$$\mathrm{d}\varepsilon_{ij}^{\mathrm{p}} = \mathrm{d}\lambda \frac{\partial f}{\partial \sigma_{ij}} = \mathrm{d}\lambda \left[\alpha \delta_{ij} + \frac{s_{ij}}{2\sqrt{J_2}} \right] \tag{8-34}$$

由上式可得塑性变形中的体应变增量为

$$\mathrm{d}\varepsilon_{ij}^{\mathrm{p}} = 3\alpha \mathrm{d}\lambda > 0 \tag{8-35}$$

上式表明在塑性变形过程中有体积膨胀，这与大量实验结果是定性相符的。如将式（8－33）改写为更一般的形式，则为

$$f = \sqrt{J_2} - k + g(I_1) = 0 \tag{8-36}$$

式中，$g(I_1)$ 为某一 I_1 的函数。式（8－36）在主应力空间中为一个以 L 为轴的旋转面。选择适当的函数形式可以更好地拟合实验结果。

同理也可将屈瑞斯卡塑性条件推广为

$$\left.\begin{aligned} |\sigma_1 - \sigma_2| - k + \beta I_1 = 0 \\ |\sigma_2 - \sigma_3| - k + \beta I_1 = 0 \\ |\sigma_3 - \sigma_1| - k + \beta I_1 = 0 \end{aligned}\right\} \tag{8-37}$$

上式在主应力空间中代表一个以 L 为轴线的正六角锥体。

在岩石力学及土力学中广泛采用库伦准则作为剪切破坏准则。实际上它也可以用来作为这类介质的塑性条件。通常写为

$$\tau_n = \tau_c - \sigma_n \cdot \tan\varphi \tag{8-38}$$

式中，σ_n、τ_n分别为滑移面上正应力与剪应力；τ_c称为内聚应力；φ 称为内摩擦角。τ_c及 φ 均为材料常数。库伦准则可用应力圆表示，如图 8－7 所示。

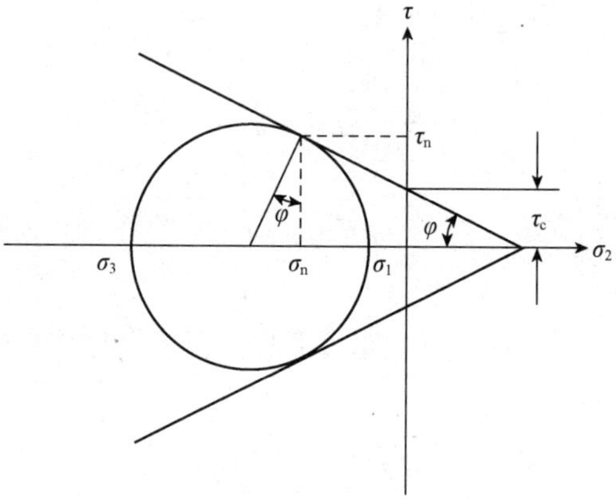

图 8－7　库伦塑性条件

库伦塑性条件可以这样理解：当材料中某点在某一平面 n 上发生滑移（剪切）时，作用于该面上的剪应力τ_n除了要克服材料固有的内聚力τ_c外，还要克服由于作用于该面上的正应力 σ_n 所形成的摩擦力（注意：在本课程中拉应力为正，而在土力学及部分岩石力学书籍中，则以压应力为正）。

下面，我们再来讨论库伦塑性条件在应力空间及 π 平面上的表示形式。

由图 8－7 可知，

$$\tau_n = \frac{1}{2}(\sigma_1 - \sigma_2)\cos\varphi$$

$$\sigma_n = \frac{1}{2}(\sigma_1 + \sigma_3) + \frac{1}{2}(\sigma_1 + \sigma_3)\sin\varphi$$

将上式代入式（8－38）得

$$f = \frac{1}{2}(\sigma_1 - \sigma_3) + \frac{1}{2}(\sigma_1 + \sigma_3)\sin\varphi - \tau_c\cos\varphi = 0 \tag{8-39}$$

式（8－39）就是库伦塑性条件在应力空间中的函数形式。在 π 平面上 $\sigma_0 = \frac{1}{3}(\sigma_1 + \sigma_2 + \sigma_3) = 0$（参照 §1－4），因此 $\sigma_{ij} = S_{ij}$。所以式（8－39）可写成

$$f = \frac{1}{2}(S_1 - S_3) + \frac{1}{2}(S_1 + S_3)\sin\varphi - \tau_c\cos\varphi = 0 \tag{a}$$

由式（7-9），

$$
\left.\begin{aligned}
x &= \frac{\sqrt{2}}{2}(S_1 - S_3) \\
y &= \frac{2S_2 - S_1 - S_3}{\sqrt{6}} = \frac{-3(S_1 + S_3)}{\sqrt{6}}
\end{aligned}\right\} \tag{b}
$$

将上式代入式（a）中，得

$$
y - \frac{\sqrt{3}}{\sin\varphi}x + \tau_c\cot\varphi = 0 \tag{c}
$$

它是 π 平面上的直线 AB。

以上的讨论都是在 $\sigma_1 \geqslant \sigma_2 \geqslant \sigma_3$ 的前提下进行的。它只适用于 π 平面上与 x 轴的夹角 $\theta \leqslant \pm 30°$的范围内。但根据屈服曲线的对称性，可将整个屈服曲线做出，如图 8-8 所示。

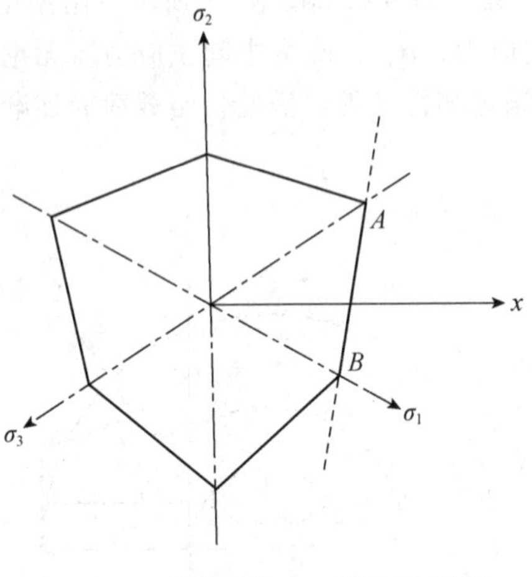

图 8-8　库伦条件在 π 平面的图形

§8-8　厚壁筒问题的弹塑性分析

在本节中讨论厚壁筒问题的弹塑性分析。希望通过这个问题初步揭示一些弹塑性问题的特点。

在许多科学技术问题中都会遇到厚壁筒问题，如高压容器、高压试验器、高压油、气管等。在第五章中曾经比较仔细地研究过在弹性范围内厚壁筒的应力、应变及位移的分布。当压力足够大时，厚壁筒的局部区域或全部将进入塑性状态。本节就来研究这个问题。

一、弹性解及其分析

在第五章中已经研究过厚壁筒的弹性解。现在将其主要结果重复一下以利于向弹塑性问题过渡。

设厚壁筒内半径为 a，外半径为 b，内壁受均匀压力 p（外壁同时受到均匀压力的作用时研究方法完全相同）。

其应力分布为式（5－61），

$$\left.\begin{aligned}\sigma_{rr} &= \frac{a^2 p}{b^2 - a^2}\left(1 - \frac{b^2}{r^2}\right)\\ \sigma_{\theta\theta} &= \frac{a^2 p}{b^2 - a^2}\left(1 + \frac{b^2}{r^2}\right)\end{aligned}\right\} \tag{a}$$

设筒体很长，属于平面应变问题，$\varepsilon_{zz}=0$，则

$$\sigma_{zz} = \nu(\sigma_{rr} + \sigma_{\theta\theta}) = \frac{2\nu a^2 p}{b^2 - a^2}$$

如果为平面应力问题，则 $\sigma_{zz}=0$。

σ_{rr}、$\sigma_{\theta\theta}$、σ_{zz}为主应力，其应力分布如图 8－9 所示。由图中可清楚地看到 $\sigma_{\theta\theta}=\sigma_1$为最大主应力，$\sigma_{rr}=\sigma_3$ 为最小主应力，$\sigma_{zz}=\sigma_2$ 为中间主应力。无论按屈瑞斯卡塑性条件还是按米塞斯条件，都是内壁最易满足塑性条件。因此，当载荷 p 逐渐增大到一定值时，内壁最先进入塑性状态。

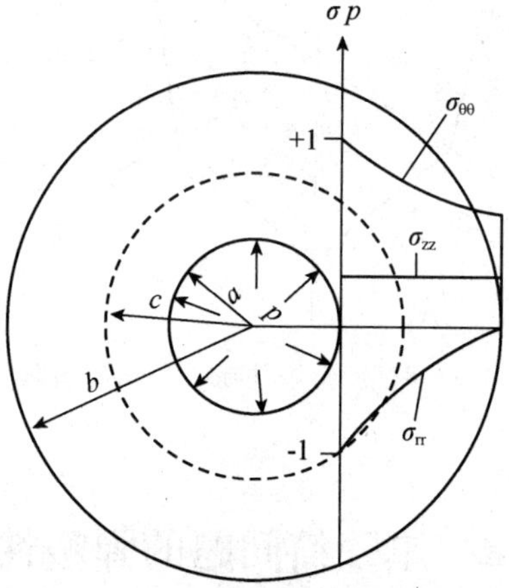

图 8－9　厚壁筒内的弹性应力分布

在这种情况下应用屈瑞斯卡塑性条件更为方便。所以我们利用它作为塑性判据。

$$\left(\frac{\sigma_{\theta\theta} - \sigma_{rr}}{2}\right)_{r=a} = \frac{p}{1 - \left(\frac{a}{b}\right)^2} = \frac{\sigma_y}{2}$$

这种条件下的内压 p 以 p_e 表示，得

$$p_e = \frac{\sigma_y}{2}\left(1 - \frac{a^2}{b^2}\right) \tag{8-40}$$

p_e 为整个筒内保持弹性状态（不发生塑性变形）的极限压力。当厚壁筒材料选定后（σ_y 一定），p_e 与 a/b 的值有关。当 a 固定后，b 增大时，p_e 也略有增大，但这是很有限的。极限情况下 $b \to \infty$，$a/b \to 0$。这时 $p_e = \sigma_y/2$。这说明当内压超过材料弹性极限的一半时，厚壁筒内壁一定产生塑性变形。反之，如果筒内的工作压力 p 已定，如要求厚壁筒内壁不进入塑性状态，则筒体材料的弹性极限必须大于工作压力的两倍。例如，某高压容器最高工作压力为 10^3 MPa，所选用的筒体材料必须 $\sigma_y \geqslant 2 \times 10^3$ MPa，而这是很难达到的。因此必须采用其他的办法。如设法产生有利的残余应力就是有效的方法之一（参看本节后面关于卸载及残余应力部分）。

如果采用米塞斯屈服条件

$$[(\sigma_1 - \sigma_2)^2 + (\sigma_2 - \sigma_3)^2 + (\sigma_3 - \sigma_1)^2] = 2\sigma_y^2$$

将式（a）代入上式，对于平面应变 $\varepsilon_{zz} = 0$，$\sigma_{zz} = \nu\ (\sigma_{rr} + \sigma_{\theta\theta})$
则得

$$p_e = \frac{\sigma_y\left(\frac{b^2}{a^2} - 1\right)}{\sqrt{3\frac{b^4}{a^4} + (1 - 2\nu)^2}} \tag{8-41a}$$

如取 $\nu = \frac{1}{2}$，

则
$$p_e = \frac{1}{\sqrt{3}}\left(1 - \frac{a^2}{b^2}\right)\sigma_y \tag{8-41b}$$

对于平面应力情形，$\sigma_{zz} = 0$，且 $\nu = 1/2$，则得

$$p_e = \frac{\sigma_y\left(\frac{b^2}{a^2} - 1\right)}{\sqrt{1 + 3\frac{b^4}{a^4}}} \tag{8-42}$$

当实际工作压力 $p > p_e$ 后，筒体某一部分（如 $r < c$ 部分）进入塑性状态，而 $r > c$ 部分仍处于弹性状态，这就构成所谓的弹塑性问题。下面分别就筒体材料为理想塑性材料及强化材料两种情况进行讨论。

二、理想塑性材料厚壁筒的弹塑性分析

如上所述，在 $p > p_e$ 后厚壁筒被分成两个区域，$a \leqslant r \leqslant c$ 为塑性区；而 $c \leqslant r \leqslant b$ 为弹性

区。在弹性区与塑性区内材料遵循的本构关系不同，从而导致其应力、应变的分布也不相同，必须分别予以讨论。

(1) 塑性区：

平衡方程为

$$\frac{d\sigma_{rr}}{dr}+\frac{\sigma_{rr}-\sigma_{\theta\theta}}{r}=0 \tag{a}$$

屈服条件：采用屈瑞斯卡条件。且设 σ_{zz} 为中间主应力，则

$$\sigma_1-\sigma_3=\sigma_{\theta\theta}-\sigma_{rr}=\sigma_y \tag{c}$$

将式（c）代入式（b）中，得

$$\frac{d\sigma_{rr}}{dr}=\frac{\sigma_y}{r}$$

积分上式，并利用边界条件

$$\sigma_{rr}\mid_{r=a}=-p$$

从而得到

$$\left.\begin{aligned}\sigma_{rr}&=-p+\sigma_y\ln\frac{r}{a}\\ \sigma_{\theta\theta}&=-p+\sigma_y\left(1+\ln\frac{r}{a}\right)\end{aligned}\right\} \tag{8-43}$$

下面对解决问题的方法方面作几点说明：

①因为讨论的是理想塑性材料，所以在塑性区内 $\bar{\sigma}=\text{const}$。利用这一条件，再加上平衡条件就足以决定应力分布，而不必用到几何关系。也就是说，在这种情况下，对 σ_{rr}、$\sigma_{\theta\theta}$ 而言，问题是静定的。

②在这种情况下采用屈瑞斯卡塑性条件最为方便，如采用米塞斯条件虽然方法步骤仍相同，但运算要繁杂得多（伊留辛，1951）。

(2) 弹性区：

在§5-8中已经得到弹性厚壁筒内应力布为

$$\left.\begin{aligned}\sigma_{rr}&=D+\frac{A}{r^2}\\ \sigma_{\theta\theta}&=D-\frac{A}{r^2}\end{aligned}\right\} \tag{d}$$

常数 D、A 需要由边界条件求出，现在的边界条件为

①$\sigma_{rr}|_{r=b}=0$。

由此可得

$$D+\frac{A}{b^2}=0 \tag{e}$$

②在 $r=c$ 处弹塑性区内的 σ_{rr} 应该连续。

即

$$\sigma_{rr}^{e}|_{r=c}=\sigma_{rr}^{p}|_{r=c}$$

由此得

$$D+\frac{A}{c^2}=-p+\sigma_y \ln\frac{c}{a} \tag{f}$$

由式（e）、（f）得

$$\left.\begin{aligned} D &= \left(p-\sigma_y \ln\frac{c}{a}\right)\cdot\left(\frac{c^2}{b^2-c^2}\right) \\ A &= -\left(p-\sigma_y \ln\frac{c}{a}\right)\cdot\left(\frac{b^2c^2}{b^2-c^2}\right) \end{aligned}\right\} \tag{g}$$

其中参数 c（弹塑性区分界面处的半径）至今尚未确定。c 可以利用 $r=c$ 处的塑性条件来求得。仍然用屈瑞斯卡塑性条件，则

$$(\sigma_{\theta\theta}-\sigma_{rr})\Big|_{r=c}=\sigma_y \tag{h}$$

将式（g）代入式（d），再代入上式可得

$$-\frac{2A}{c^2}=\sigma_y$$

将上式代入式（g），可得

$$\frac{p}{\sigma_y}=\ln\frac{c}{a}+\frac{1}{2}\left(1-\frac{c^2}{b^2}\right) \tag{8-44}$$

当 $c=a$ 时（即刚刚在内壁发生塑性变形）

$$\frac{p_e}{\sigma_y}=\frac{1}{2}\left(1-\frac{a^2}{b^2}\right)$$

这和式（8－40）相符。

当 $c=b$ 时（即整个厚壁筒都处于塑性状态），相应于这个状态下的 p 以 p_s 表之。由式（8－44）可求出

$$p_s=\sigma_y \ln\frac{b}{a} \tag{8-45}$$

求得 c 后，应力分布即已完全确定如下：

$$\left.\begin{aligned}\sigma_{rr} &= \frac{c^2\sigma_y}{2b^2}\left(1-\frac{b^2}{r^2}\right)\\ \sigma_{\theta\theta} &= \frac{c^2\sigma_y}{2b^2}\left(1+\frac{b^2}{r^2}\right)\end{aligned}\right\} \tag{8-46}$$

（3）卸载、残余应力：

设内压 p 加载至 $p_1(p_e<p_1<p_s)$ 后，开始卸载。由于卸载时的本构关系遵循广义胡克定律，所以卸载过程中其应力、应变及位移的变化均可应用以前介绍过的弹性解。现在求完全卸载（即 p 从 p_1 降到零）后，筒内的残余应力。在卸载过程中的应力变化为［参看式（5-61）］

$$\Delta\sigma_{rr} = \frac{-p_1a^2}{b^2-a^2}\left(1-\frac{b^2}{r^2}\right)$$

$$\Delta\sigma_{\theta\theta} = \frac{-p_1a^2}{b^2-a^2}\left(1+\frac{b^2}{r^2}\right)$$

卸载前筒内的应力分布为

$$\sigma_{rr} = \begin{cases}\dfrac{c^2\sigma_y}{2b^2}\left(1-\dfrac{b^2}{r^2}\right) & (a\leqslant r\leqslant c)\\ -p_1+\sigma_y\ln\dfrac{r}{a} & (c\leqslant r\leqslant b)\end{cases}$$

$$\sigma_{\theta\theta} = \begin{cases}\dfrac{c^2\sigma_y}{2b^2}\left(1+\dfrac{b^2}{r^2}\right) & (a\leqslant r\leqslant c)\\ -p_1+\left(1+\ln\dfrac{r}{a}\right) & (c\leqslant r\leqslant b)\end{cases}$$

完全卸载时筒内的残余应力 $\sigma_{rr}^{(R)}$ 及 $\sigma_{\theta\theta}^{(R)}$ 为

$$\left.\begin{aligned}\sigma_{rr}^{(R)} &= \sigma_{rr}+\Delta\sigma_{rr} = \begin{cases}-p_1+\sigma_y\ln\dfrac{r}{a}-\dfrac{p_1a^2}{b^2-a^2}\left(1-\dfrac{b^2}{r^2}\right) & (c\leqslant r\leqslant b)\\ \left(\dfrac{c^2\sigma_y}{2b^2}-\dfrac{p_1a^2}{b^2-a^2}\right)\left(1-\dfrac{b^2}{r^2}\right) & (a\leqslant r\leqslant c)\end{cases}\\ \sigma_{\theta\theta}^{(R)} &= \sigma_{\theta\theta}+\Delta\sigma_{\theta\theta} = \begin{cases}-p_1+\sigma_y\left(1+\ln\dfrac{r}{a}\right)-\dfrac{p_1a^2}{b^2-a^2}\left(1+\dfrac{b^2}{r^2}\right) & (c\leqslant r\leqslant b)\\ \left(\dfrac{c^2\sigma_y}{2b^2}-\dfrac{p_1a^2}{b^2-a^2}\right)\left(1+\dfrac{b^2}{r^2}\right) & (a\leqslant r\leqslant c)\end{cases}\end{aligned}\right\} \tag{8-47}$$

残余应力 $\sigma_{rr}^{(R)}$ 及 $\sigma_{\theta\theta}^{(R)}$ 常常是很可观的。在某些情况下甚至可以由此引起新的塑性变形，这种新的塑性变形称之为反向屈服，发生反向屈服的条件为

$$\left|\sigma_{\theta\theta}^{(R)}-\sigma_{rr}^{(R)}\right|=\sigma_y$$

由式（8－47）可求得

$$\sigma_{\theta\theta}^{(R)}-\sigma_{rr}^{(R)}=\begin{cases}\sigma_s-\dfrac{2p_1a^2b^2}{(b^2-a^2)r^2} & a\leqslant r\leqslant c\\ \left(c^2\sigma_y-\dfrac{2p_1a^2b^2}{b^2-a^2}\right)\dfrac{1}{r^2} & c\leqslant r\leqslant b\end{cases}$$

可见 r 越小，$\left|\sigma_{\theta\theta}^{(R)}-\sigma_{rr}^{(R)}\right|$的值越大，

$$\left|\sigma_{\theta\theta}^{(R)}-\sigma_{rr}^{(R)}\right|_{\max}=\left|\sigma_{\theta\theta}^{(R)}-\sigma_{rr}^{(R)}\right|_{r=a}=\left|\sigma_s-\frac{2p_1}{1-\dfrac{a^2}{b^2}}\right|$$

因此，不产生反向屈服的条件为

$$\left|\sigma_s-\frac{2p_1}{1-\dfrac{a^2}{b^2}}\right|\leqslant\sigma_y$$

由此得

$$p_1\leqslant\sigma_y\left(1-\frac{a^2}{b^2}\right)=2p_e \tag{8－48}$$

这就是说，如果 $p_1<2p_e$，则卸载后不会产生反向屈服。当再次加载时，如 $p\leqslant p_1$，则由于残余应力的有利影响，筒体不再产生新的塑性变形。而必须加载至 $p>p_1$ 时才会产生新的塑性变形。因此，当初次加载至 $p_1(p_e<p_1<2p_e)$ 后，以后的工作压力 p 如小于 p_1，则反复加载，卸载均不会产生新的塑性变形。这相当于筒体的受压能力（指不产生新的塑性变形而能承受的最大内压力）由 p_e 提高至 $p_1(p_1<2p_e)$。这种利用初次加载使结构的部分材料发生塑性变形，卸载后产生残余应力从而提高结构的承载能力的方法称之为自增强处理。在工程技术中利用这一方法可以提高结构的承载能力，减轻结构重量，节约材料。

三、硬化材料厚壁筒的弹塑性分析

设厚壁筒只受内压 p 的作用，则唯一的外载荷是内压 p。所以只要 p 单调增加，并设材料符合幂硬化规律且设材料为不可压缩的，即假设

$$\theta=I'=0$$

或 $k\to\infty$，或者 $\nu=\dfrac{1}{2}$，则根据依留辛的简单加载定理，可以应用全量理论。

由于采用幂硬化的本构关系，所以不需分为明显的塑性区与弹性区。下面从几个方面进行分析。

1. 物理关系

由式（8－15），应力应变间的关系为

$$\varepsilon_{ij} = \frac{3}{2}\frac{\bar{\varepsilon}}{\bar{\sigma}}(\sigma_{ij} - \sigma_0\delta_{ij})$$

以下改用依留辛所采用的符号，八面体上的角应变（剪应变的两倍）以 γ_0 表示，则

$$\left.\begin{aligned} \varepsilon_{rr} &= \frac{1}{3}\frac{\gamma_0}{\tau_0}\left[\sigma_{rr} - \frac{1}{2}(\sigma_{\theta\theta} + \sigma_{zz})\right] \\ \varepsilon_{\theta\theta} &= \frac{1}{3}\frac{\gamma_0}{\tau_0}\left[\sigma_{\theta\theta} - \frac{1}{2}(\sigma_{rr} + \sigma_{zz})\right] \\ \varepsilon_{zz} &= \frac{1}{3}\frac{\gamma_0}{\tau_0}\left[\sigma_{zz} - \frac{1}{2}(\sigma_{rr} + \sigma_{\theta\theta})\right] = \varepsilon_0 \end{aligned}\right\} \tag{a}$$

2. 几何关系

设 r 方向的位移为 u，则

$$\left.\begin{aligned} \varepsilon_{rr} &= \frac{du}{dr} \\ \varepsilon_{\theta\theta} &= \frac{u}{r} \\ \varepsilon_{zz} &= \varepsilon_0 \end{aligned}\right\} \tag{b}$$

根据不可压缩条件

$$\theta = \varepsilon_{ij} = \varepsilon_{rr} + \varepsilon_{\theta\theta} + \varepsilon_{zz} = \frac{du}{dr} + \frac{u}{r} + \varepsilon_0 = 0$$

积分上式得

$$u = -\varepsilon_0 \cdot \frac{r}{2} + \frac{c}{r} \tag{c}$$

式中，c 为积分常数。将上式代回式（b）得

$$\left.\begin{aligned} \varepsilon_{rr} &= -\frac{\varepsilon_0}{2} - \frac{c}{r^2} \\ \varepsilon_{\theta\theta} &= -\frac{\varepsilon_0}{2} + \frac{c}{r^2} \\ \varepsilon_{zz} &= \varepsilon_0 \end{aligned}\right\} \tag{d}$$

3. 平衡条件

$$\frac{d\sigma_{rr}}{dr}-\frac{\sigma_{rr}-\sigma_{\theta\theta}}{r}=0 \tag{e}$$

或

$$r\frac{d\sigma_{rr}}{dr}=\sigma_{\theta\theta}-\sigma_{rr} \tag{e'}$$

将应力-应变关系式（a）中第一式减第二式可得

$$\sigma_{\theta\theta}-\sigma_{rr}=\frac{2\tau_0}{\gamma_0}(\varepsilon_{\theta\theta}-\varepsilon_{rr})=\frac{2\tau_0}{\gamma_0}\cdot\frac{2c}{r^2}=\frac{4c\tau_0}{\gamma_0 r^2} \tag{f}$$

将上式代入平衡方程中得

$$\frac{d\sigma_{rr}}{dr}=\frac{4c\tau_0}{\gamma_0 r^3} \tag{g}$$

式中，

$$\gamma_0=\frac{2}{3}\sqrt{(\varepsilon_{rr}-\varepsilon_{\theta\theta})^2+(\varepsilon_{\theta\theta}-\varepsilon_{zz})^2+(\varepsilon_{zz}-\varepsilon_{rr})^2}=\sqrt{2\left(\varepsilon_0^2+\frac{4c^2}{3r^4}\right)} \tag{h}$$

它可改写为

$$r=\left[\frac{4c^2}{3}\Big/\left(\frac{\gamma_0^2}{2}-\varepsilon_0^2\right)\right]^{1/4} \tag{h'}$$

将式（h′）代入式（g）中，整理后得

$$d\sigma_{rr}=\sqrt{\frac{3}{2}}(\gamma_0^2-2\varepsilon_0^2)^{\frac{1}{2}}\tau_0 d\gamma_0$$

积分后得

$$\sigma_{rr}=-\int\sqrt{\frac{3}{2}}(\gamma_0^2-2\varepsilon_0^2)^{\frac{1}{2}}\tau_0 d\gamma_0 \tag{i}$$

将从实验测得的应力-应变关系$\tau_0=\tau_0(\gamma_0)$代入式（i）中进行数值积分，即可求得 σ_{rr} 的分布。如果函数$\tau_0=\tau_0(\gamma_0)$能够表示为简单的解析形式，则可直接积分。

根据本题给定的条件$\tau_0=\tau_0(\gamma_0)$为幂硬化形式

$$\tau_0=T\gamma_0^m \tag{j}$$

并且假定

$$\varepsilon_0=0 \tag{k}$$

当厚壁筒只受内压作用时条件式（k）得到了实验的证实，代入式（h）中得

$$\gamma_0 = \sqrt{\frac{2}{3}}\frac{2c}{r^2} \tag{l}$$

由式（i）、(j)、(l) 可得

$$\sigma_{rr} = -\sqrt{\frac{3}{2}}\int\frac{\tau_0}{\gamma_0}\mathrm{d}\gamma_0 = -\sqrt{\frac{3}{2}}T\int\gamma_0^{(m-1)}\mathrm{d}\gamma_0 = -\sqrt{\frac{3}{2}}T\frac{\gamma_0^m}{m} + c_1 \tag{m}$$

利用下列条件：

$$r = a,\quad \sigma_{rr} = -p$$
$$r = b,\quad \sigma_{rr} = 0$$

可定常数 c 及 c_1 如下：

$$\left.\begin{aligned} c &= \left[\frac{mp/T}{2^m\left(\frac{2}{3}\right)^{\frac{m-1}{2}}\left(\frac{1}{a^{2m}}-\frac{1}{b^{2m}}\right)}\right]^{1/m} \\ c_1 &= \frac{p}{1-\left(\frac{b}{a}\right)^{2m}} \end{aligned}\right\} \tag{n}$$

以式（n）代入式（m）及（f）得应力分布如下：

$$\left.\begin{aligned} \sigma_{rr} &= \frac{p}{\left(\frac{b}{a}\right)^{2m}-1}\left[\left(\frac{b}{r}\right)^{2m}-1\right] \\ \sigma_{\theta\theta} &= p\left[(2m-1)\left(\frac{b}{r}\right)^{2m}+1\right]\Big/\left[\left(\frac{b}{a}\right)^{2m}-1\right] \\ \sigma_{zz} &= p\left[(1-m)\left(\frac{b}{r}\right)^{2m}-1\right]\Big/\left[\left(\frac{b}{a}\right)^{2m}-1\right] \end{aligned}\right\} \tag{8-49}$$

式中，$0 < m < 1$。

第四篇　流变学

引　　言

在弹性力学中，我们所研究的材料具有最简单的力学性质：一点（或体积微元）的应力状态与该点的应变状态之间，存在着一一对应关系。对于给定的材料来说，一定的应变状态必定与某一应力状态彼此对应。当应力状态保持不变时，相应的应变状态也必定不变；反之亦然。对于绝大多数人工材料，当受力不大，且处于通常的工作条件（如常温）时，大都可以看成弹性材料。

当材料所受到的应力较大，超出了材料的弹性范围而产生塑性变形后，材料的力学性质就远比弹性阶段复杂。这时，应力张量与应变张量之间已不存在一一对应的简单关系了。一点的应变状态，不仅仅取决于当时的应力状态，而且还与以往的加载情况（加载途径）有关。但是只要一点的加载途径给定后，该点的应变状态也就完全被确定了。如果应力不再改变，那么，应变状态也就不再发生变化了。

随着科学技术的进步，人们进一步发现，不少材料在某些条件下表现出更为复杂的与时间因素有关的力学性质，例如金属的高温蠕变现象：当金属在高温下受不变的载荷作用时，其变形却随时间缓慢增加。图 1 中所示为几种金属材料在固定的应力与温度下拉伸时的蠕变效应。

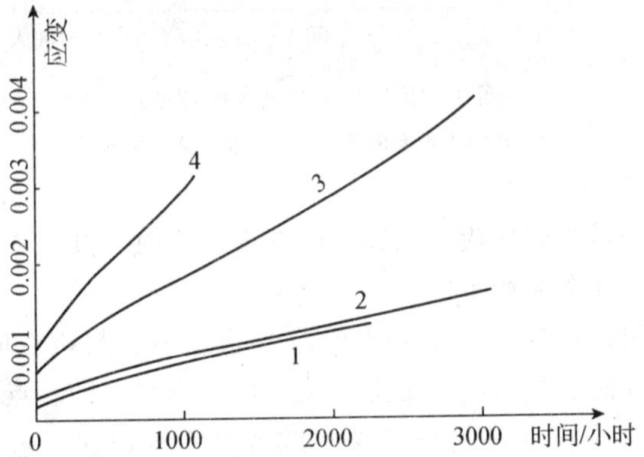

图 1　几种金属拉伸时的蠕变曲线

1. 材料：OFHCC（无氧高导铜），温度 165℃，应力 $\sigma = 8000$ 磅/英寸^2；

2. 铬钼钢，1050℉，$\sigma = 5000$ 磅/英寸^2；

3. 铬钼钢，1050℉，$\sigma = 8000$ 磅/英寸^2；

4. OFHCC，235℃，$\sigma = 7000$ 磅/英寸^2

其他材料，如各种高聚合物、陶瓷、岩石等，在高温下都会发生蠕变。还有些材料在常温下也表现出明显的蠕变性质。图 2 是聚苯乙烯及有机玻璃在常温下的蠕变曲线。图 3 则是岩石的蠕变曲线。

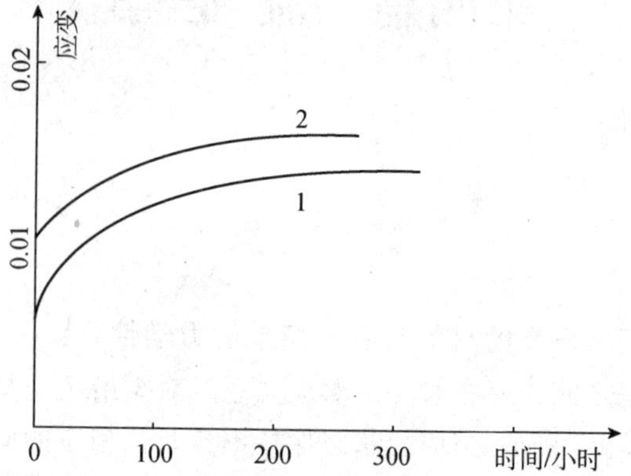

图 2　某些有机物在常温下的蠕变

1. 聚苯乙烯，$\sigma=3420$ 磅/英寸^2；2. 有机玻璃，$\sigma=3700$ 磅/英寸^2

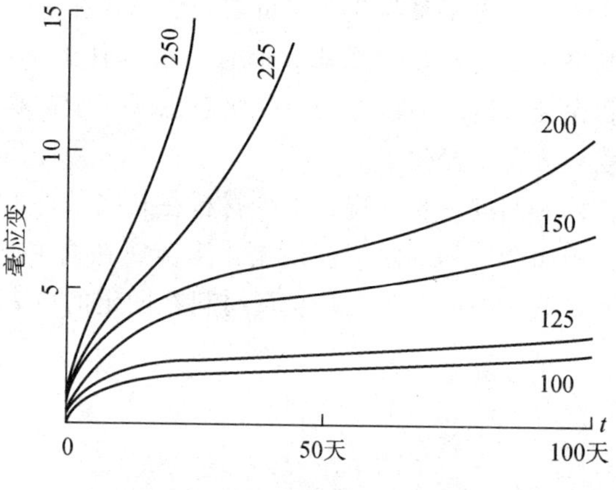

图 3　雪花石膏在水中的蠕变

（图中曲线上标明的数字为应力值，单位：bar）

与蠕变现象相对应的是松弛效应：当物体的变形固定时，其应力随时间而逐渐衰减，这种现象称之为松弛效应，如图 4 所示。

蠕变与松弛现象说明，这类材料中一点的应变状态不仅与该点同一瞬时的应力状态有关，还与该点在此时刻以前的整个应力历史有关；反之亦然，即一点的应力状态不仅与同一瞬时的应变有关，还与整个应变的历史有关。或者换一种说法：这样的材料是有“记忆”的。而理想弹性材料则是没有记忆的；或者说，它只记忆住它的自然状态，即不受任何应力作用的状态。

流变学就是研究与上述现象有关问题的一门新的力学分支。按照雷纳给流变学下的定义：“流变学是研究材料的流动和变形的科学。”按照这种广义的流变学定义，它可以把全部连续介质力学都包括在内。在本课程中，我们只研究“固体材料”的流动和变形。这里

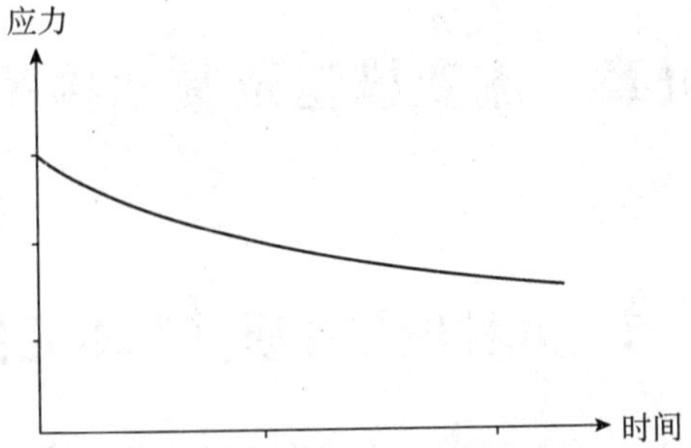

图 4　塑料中的应力松弛现象

说的固体材料是指通常意义上的固体材料，而不是流变学意义上的固体材料（见 §9－6）。由于材料的弹性变形及塑性变形已在早于流变学发展起来的弹性力学和塑性力学中进行了专门的研究，而且它们大都表现出与时间无关的性质，所以流变学着重研究材料的非弹性性质，尤其是具有时间效应的性质。在不同的条件下，不同书刊中出现一系列相关而不相同的术语，如蠕变、松弛、粘性、阻尼、内摩擦、滞弹性或弹性后效等等，这些统称为流变性质。

流变学的应用范围很广，因为几乎一切材料都具有流变性质，只是某些材料在一定条件下其流变性能可以忽略不计，而另外一些材料在某些条件下的流变性能则非常显著，甚至成为决定因素。在研究地球的各种长期变化（如地幔对流与板块运动，各种构造运动，地震孕育过程等）、高分子工程材料、混凝土、岩石、土壤等材料以及高温条件下的金属材料的变形问题时，都必须考虑材料的流变性质。

流变学是比较年轻的力学分支。1928 年，宾汉教授倡议在美国成立流变学会，并出版流变学杂志。一般以此作为流变学创立的标志。

流变学是一门边缘学科，涉及力学、物理学、化学、数学、材料科学、工程科学等多种学科，其研究方法也很不同，总的可分为两大类：①宏观方法，即从连续介质力学角度去研究；②微观方法，从材料的微观结构入手，去研究材料的流变性质。

本课程主要是从宏观的，即连续介质力学的角度来研究材料的流变问题。我们先研究简单应力状态下流变介质的模型以及本构关系，然后推广到普遍的、复杂应力状态的研究，最后讨论一些与地学关系较密切的流变学问题。

第九章　流变模型及其本构关系

§9-1　几种理想介质（基本元件）

本节中我们研究几种理想介质在简单受力状态下的变形情况及其力学性质。

一、理想弹性元件（通常称之为胡克固体或弹簧）

如图9-1a所示，设此微元体为理想弹性材料，底面固定，在其顶面受到剪应力 σ_{xy} 的作用。根据胡克定律

$$\gamma_{xy} = 2\varepsilon_{xy} = \sigma_{xy}/\mu$$

或

$$\sigma_{xy} = \mu\gamma_{xy} \tag{9-1}$$

或

$$P = Cu$$

式中，C 为常数。

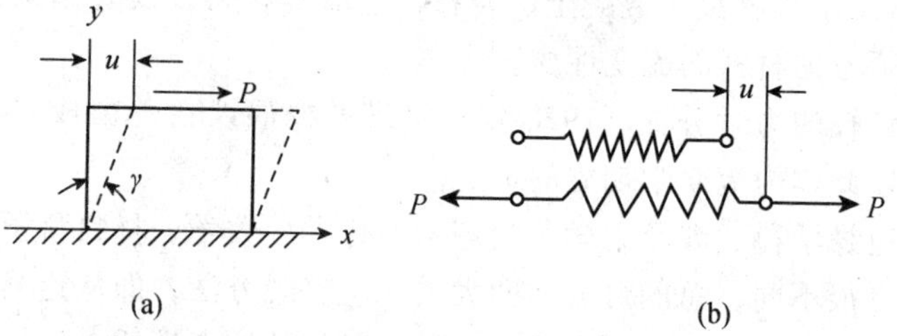

图9-1　胡克固体及其表示符号

符合式（9-1）的材料称为胡克固体。

二、粘性元件（牛顿流体或阻尼器）

如图9-2所示，如物体是理想的粘性流体，按流体粘性的牛顿定律

$$P \propto \frac{d\dot{u}}{dy}$$

$$\dot{u} = \frac{du}{dt}$$

或

$$\sigma_{xy} = \eta\dot{\gamma}_{xy} \tag{9-2}$$

式中，$\dot{\gamma}_{xy}=\dfrac{d\gamma_{xy}}{dt}$；$\eta$ 称为粘性系数。

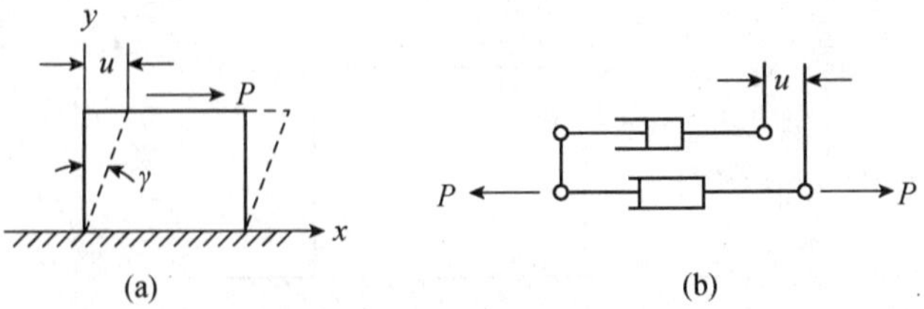

图9-2　牛顿流体

由上式显然可见，η 的量纲为应力乘以时间，以往常用的单位是

$$1\,\frac{\text{达因}}{\text{厘米}^2}\cdot\text{秒}=1\,\text{泊}$$

而在SI（国际单位制）中则用帕·秒（Pa·s）为粘度单位，1Pa·s=10泊（Poise）。水在20℃时的粘性系数为0.01泊，而地幔介质在700km处的 η_K 大致为 10^{22} 泊的数量级。

以上讨论了理想弹性元件与粘性元件在简单剪切变形情况下的本构关系（或称本构方程，物理方程）。为了图示方便，以后我们都是用简单拉伸情况下的应力与应变来说明问题，胡克固体与粘性流体分别用一个弹簧和阻尼器来表示，并分别用符号 S 及 D 来代表。

而式（9-1）及（9-2）则相应地写为

$$\sigma=E\varepsilon \tag{9-1'}$$

及

$$\sigma=\eta\dot{\varepsilon} \tag{9-2'}$$

三、理想塑性体（圣维南体，滑块）

其示意图如图9-3所示。设滑块与固定面之间的最大摩擦力为 F_0，

则

$$\left.\begin{array}{ll} P<F_0 & u\text{（位移）}=0 \\ P>F_0 & u\text{决定于其他条件} \end{array}\right\} \tag{9-3}$$

上述三种基本组元，都是经过高度理想化后的结果，实际材料的本构方程，当然不会这样简单，但是不少材料在一定条件下，可以用上述三种基本组元按一定方式组合起来的模型来描述其本构关系。

这三种基本组元中，前两者（弹簧与阻尼器）都是线性元件（指应力、应变及二者对时间的各阶导数之间成线性关系）。由这两种基本组元按各种方式组合而成的各种模型，其应力、应变以及二者对时间的各阶导数之间仍然是线性的，具有这样的力学性质的材料称为线性粘弹性材料。虽然有些材料在某些实验条件下所测得的应力-应变关系为非线性的，但

在大多数情况下，可以用线性粘弹性材料去近似模拟，仍然有满意的精度，而线性粘弹性材料在数学处理上简单得多。因此本书主要研究线性粘弹性材料。

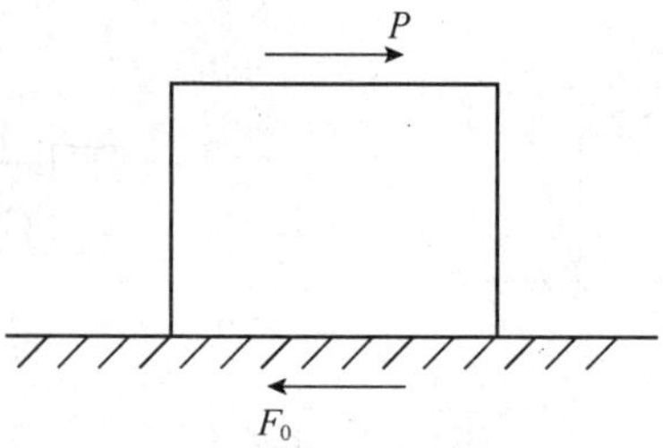

图 9-3　圣维南体（滑块）

圣维南体的应力与应变关系不是线性关系，因此它是非线性组元。

由前节讨论过的三种基本组元，用不同的方法组合，可得到具有不同材料性质的模型。下面我们讨论几种简单的，但也是最基本、最常用的模型。

§9-2　马克斯威尔体

将一个弹簧与阻尼器串联起来称之为马克斯威尔体（图 9-4）。以后用字母 M 或 S-D 表示，其中 S 表示弹簧（Spring），D 表示阻尼器（dash-pot），“—”表示串联。

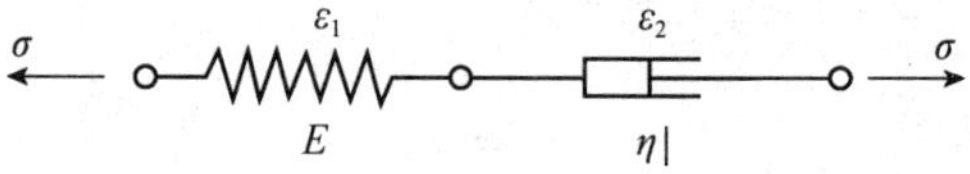

图 9-4　马克斯威尔体模型

一、本构方程

设在应力 σ 作用下弹簧与阻尼器各自产生的应变为 ε_1 及 ε_2 则总应变为

$$\varepsilon = \varepsilon_1 + \varepsilon_2$$

式中，

$$\varepsilon_1 = \sigma / E$$

$$\dot{\varepsilon}_2 = \sigma / \eta$$

因此

$$\dot{\varepsilon} = \dot{\varepsilon}_1 + \dot{\varepsilon}_2 = \frac{\dot{\sigma}}{E} + \frac{\sigma}{\eta} \tag{9-4a}$$

通常可将上式整理成如下形式：

$$\sigma + p_1 \dot{\sigma} = q_1 \dot{\varepsilon} \tag{9-4b}$$

式中，p_1、q_1 均为材料常数，

$$\left.\begin{aligned} p_1 &= \eta/E \\ q_1 &= \eta \end{aligned}\right\} \tag{9-4c}$$

字母上的小圆点表示该物理量对时间的导数。

如 $$\dot{\sigma} = \frac{\mathrm{d}\sigma}{\mathrm{d}t},\quad \dot{\varepsilon} = \frac{\mathrm{d}\varepsilon}{\mathrm{d}t}$$

式（9－4）就是马克斯威尔体的本构方程，它与胡克定律有着本质的差别。其差别在于它已不单单是应力与应变之间的关系，而是应力、应变及其时间导数之间的微分方程。在一定的定解条件下解此方程，解中必然出现时间 t。

为了揭示各种流变材料的特性，通常在两种典型情况下进行讨论：①使应力保持不变，而研究其应变随时间的变化情况，称之为蠕变特性。②使应变保持不变而研究其应力随时间的变化情况，称之为松弛特性。这也正是在实验室中研究材料流变性质常用的标准实验。在下一章中，我们将进一步论述：这两种标准实验的任一个结果，都包含了该种材料的流变性质的全部信息。

二、蠕变特性

设 $$\sigma = \sigma_0 \cdot H(t)$$

式中 $$H(t) = \left\{\begin{matrix} 0 & (t < 0) \\ 1 & (t \geqslant 0) \end{matrix}\right\} \tag{9-5a}$$

$H(t)$ 称为海维赛得（Heaviside）函数或单位阶跃函数，其变化情况如图 9－5a 所示。

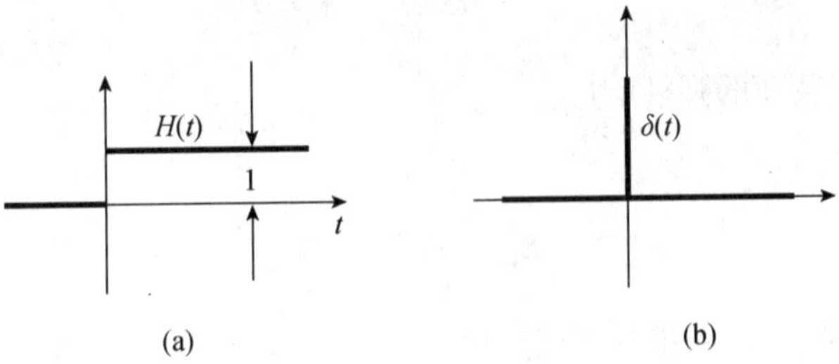

图 9－5

而 $$\delta(t) = \frac{\mathrm{d}H(t)}{\mathrm{d}t} \tag{9-5b}$$

$$\delta(t) = \begin{cases} 0 & t \neq 0 \\ \infty & t = 0 \end{cases}$$

称为狄拉克 δ 函数（图 9－5b）。

将 $\sigma = \sigma_0 \cdot H(t)$ 代入方程（9－4b），再积分，得：

$$\varepsilon = \frac{\sigma_0}{q_1}t + c_1 \qquad t > 0 \tag{9-6}$$

为决定积分常数，将方程（9－4b）对 t 从 $-\tau$ 到 $+\tau$ 积分，得

$$\int_{-\tau}^{+\tau} \sigma \mathrm{d}t + p_1[\sigma(+\tau) - \sigma(-\tau)] = q_1[\varepsilon(+\tau) - \varepsilon(-\tau)] \tag{a}$$

令 $\tau \to 0$，则只要 σ 为有限值，必定有

$$\int_{-\tau}^{\tau} \sigma \mathrm{d}t = 0$$

且

$$\sigma(+\tau) = \sigma(0^+) = \sigma_0$$

$$\sigma(-\tau) = \sigma(0^-) = 0$$

$$\varepsilon(-\tau) = 0$$

记

$$\varepsilon(+\tau) = \varepsilon(0^+) = \varepsilon_0$$

所以由式（a）得

$$p_1\sigma_0 = q_1\varepsilon_0$$

或

$$\varepsilon_0 = p_1\sigma_0/q_1 \tag{b}$$

令

$$\varepsilon_0 = \sigma_0/E_0 \tag{c}$$

$$E_0 = q_1/p_1 \tag{d}$$

E_0 称为初始弹性模量（initial modulus）或冲击弹性模量（impact modulus），由式（c）可知

$$E_0 = \sigma(0^+)/\varepsilon(0^+) \tag{9-7}$$

它表征材料对于突变载荷的弹性响应。

对马克斯威尔体，由式（9－4c）得

$$E_0 = q_1/p_1 = E$$

将式（b）代入式（9－6）中得马克斯威尔的蠕变特性为

$$\varepsilon = \frac{\sigma_0}{q_1}(p_1 + t) \tag{9-8}$$

式（9－8）表明，当马克斯威尔体受到应力 $\sigma = \sigma_0 H(t)$ 的作用时，在 $t=0$ 时，其应变有一个突跃 $\varepsilon_0 = \sigma_0/E_0$（图 9－6a）。之后，虽然应力保持不变，但变形却随时间 t 线性增加，表现出类似流体的性态。因此又称之为马克斯威尔流体（Maxwell Fluid）。

三、松弛特性

在进行松弛实验时，使应变保持不变，而研究其应力随时间的变化过程。

令 $$\varepsilon = \varepsilon_0 H(t)$$

解方程（9-4）

$$\sigma + p_1\dot{\sigma} = q_1\dot{\varepsilon}$$

对 $t>0$，$\varepsilon=\varepsilon_0$，$\dot{\varepsilon}=0$

积分式（9-4）得

$$\sigma = C\mathrm{e}^{-t/p_1}$$

为决定常数 C，将方程（9-4）各项对时间 t 积分（积分上下限各为 0^+ 及 0^-），这样可得

$$p_1\sigma(0^+) = q_1\varepsilon(0^+)$$

或 $$\sigma(0^+) = q_1/p_1 \cdot \varepsilon(0^+) = q_1/p_1 \cdot \varepsilon_0 = E_0\varepsilon_0$$

所以 $$C = q_1/p_1 \cdot \varepsilon_0$$

从而得 $$\sigma = \frac{q_1}{p_1}\varepsilon_0\mathrm{e}^{-t/p_1} = E_0\varepsilon_0\mathrm{e}^{-t/p_1}$$

如图 9-6b 所示。

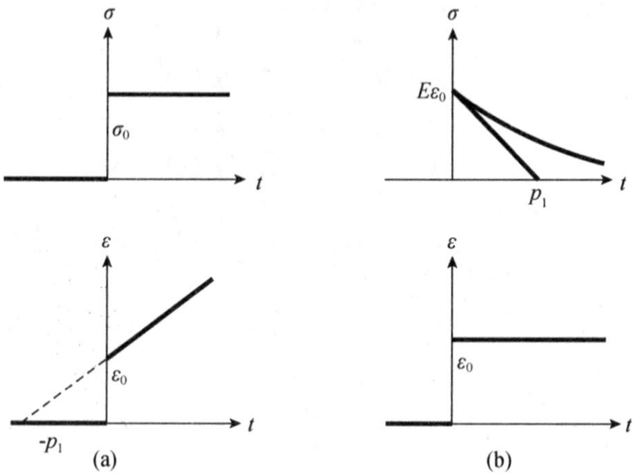

图 9-6 马克斯威尔体的流变特性

（a）蠕变特性；（b）松弛特性

由式（9-9）可知，当应变 ε 保持不变时，应力 σ 随时间 t 指数下降，最终趋于零。p_1 称为松弛时间，$p_1=\eta/E$，它的值决定了应力松弛的速率。当 $t=p_1$ 时，应力降至其初始值的 $1/e$。

下面我们讨论一个例子，通过这个例子可以进一步揭示一些马克斯威尔体的特性，并且由这个例子初步介绍流变问题相应的处理方法。

例 1 马克斯威尔体受到如图 9-7a 所示的力的作用，求在这样的力 $\sigma(t)$ 的作用下，

应变随时间的变化。

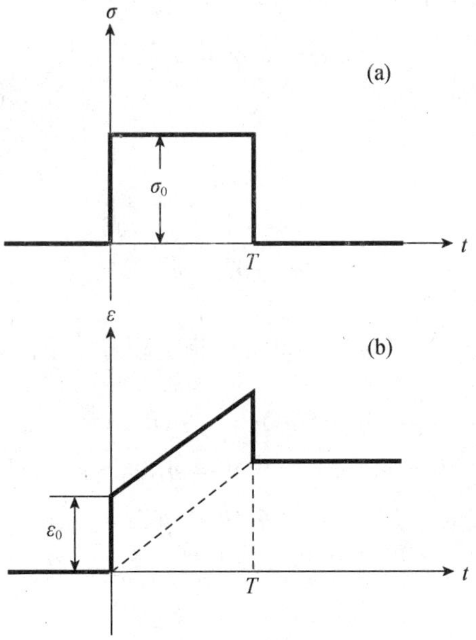

图 9－7　马克斯威尔体受“矩形脉冲”应力作用时的应变

解　在不同时间区间 $\sigma(t)$ 表示如下：

$$t < 0 \qquad \sigma(t) = 0$$

$$0 \leqslant t \leqslant T \qquad \sigma(t) = \sigma_0$$

$$T < t \qquad \sigma(t) = 0$$

材料的本构方程为

$$\sigma + p_1\dot{\sigma} = q_1\dot{\varepsilon}$$

式中，

$$p_1 = \eta/E$$

$$q_1 = \eta$$

现在对不同的时间区间求 $\varepsilon(t)$。

(1) $t<0$：$\sigma=0$，$\varepsilon=0$。

(2) $0\leqslant t\leqslant T$：以 $\sigma=\sigma_0$

代入本构方程中得

$$\sigma_0 = q_1 \cdot \dot{\varepsilon}$$

积分得

$$\varepsilon = \frac{\sigma_0}{q_1}t + C$$

为了解定积分常数 C，对本构方程从 0^- 到 0^+ 进行积分后得

$$\int_{0-}^{0+}\sigma \mathrm{d}t + p_1[\sigma(0^+) - \sigma(0^-)] = q_1[\varepsilon(0^+) - \varepsilon(0^-)]$$

其中

$$\int_{0-}^{0+}\sigma \mathrm{d}t = 0$$

且
$$\sigma(0^-) = 0,\quad \sigma = (0^+) = \sigma_0$$
$$\varepsilon(0^-) = 0,\quad \varepsilon(0^+) = \varepsilon_0$$

所以
$$\varepsilon_0 = \frac{p_1}{q_1}\sigma_0 = \sigma_0/E_0$$

利用 $t=0^+$，$\varepsilon=\varepsilon(0^+)=\varepsilon_0$，求得

$$C = \varepsilon_0 = \sigma_0 \cdot p_1/q_1$$

所以
$$\varepsilon(t) = \frac{\sigma_0}{q_1}(p_1 + t)$$

而
$$\varepsilon_{\mathrm{T}} = \varepsilon\big|_{t=T} \approx \frac{\sigma_0}{q_1}(p_1 + T)$$

（3）$t>T$：$\sigma=0$，代入本构方程后得

$$\dot{\varepsilon} = 0,\quad \varepsilon = \varepsilon^*\text{（常数）}$$

将本构方程（9－46）从 $T-\delta$ 到 $T+\delta$ 进行积分。然后令 $\delta \to 0$ 得

$$\int_{T-}^{T+}\sigma \mathrm{d}t + p_1[\sigma(T^+) - \sigma(T^-)] = q_1[\varepsilon(T^+) - \varepsilon(T^-)]$$

式中，T^+ 代表 $\lim\limits_{\delta\to 0} T+\delta$，$T^-$ 代表 $\lim\limits_{\delta\to 0} T-\delta$。

且
$$\int_{T-}^{T+}\sigma \mathrm{d}t = 0$$

$$\sigma(T^-) = \sigma_0,\quad \sigma(T^+) = 0$$

$$\varepsilon(T^-) = \varepsilon_{\mathrm{T}} = \frac{\sigma_0}{q_1}(p_1 + T)$$

$$\varepsilon(T^+) = \varepsilon^*$$

从而得

$$\varepsilon_T - \varepsilon^* = \frac{p_1}{q_1}\sigma_0 = \frac{\sigma_0}{E_0} = \varepsilon_0$$

这再一次说明了 E_0 的物理含义。而

$$\varepsilon^* = \varepsilon_T - \varepsilon_0 = \frac{\sigma_0}{q_1}T$$

大多数实际材料的流变性质与马克斯威尔体所表征的性质有一定的差异。对大对数材料来说，当 $\sigma=\sigma_0$ 时，其应变 ε 随时间而增大，但一般不会永远以定常的速率无限增加。而当 $\varepsilon=\varepsilon_0$ 时，实际材料虽确实表现出松弛特性，但应力往往不会完全松弛而趋于零，而是趋于一有限的值。

§9-3 开尔文体

将弹簧与阻尼器并联（图 9-8），代表着另一种性能的典型材料，这类材料称之为开尔文体或伏葛特体。以后用 K 或 S/D 表示，S/D 表示 S 和 D 并联。

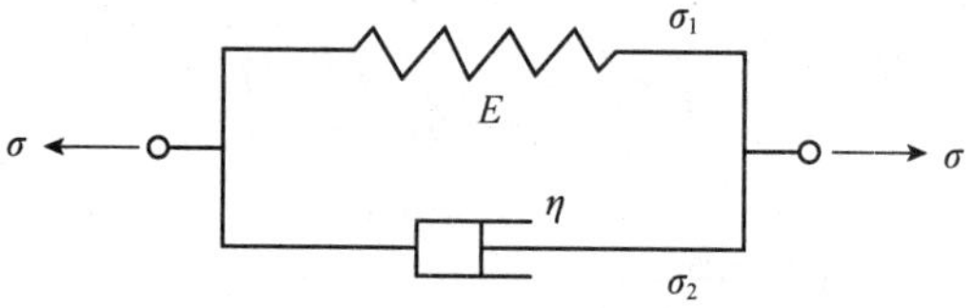

图 9-8 开尔文模型

一、本构关系

如图所示，

$$\sigma_1 = E\varepsilon$$

$$\sigma_2 = \eta\dot{\varepsilon}$$

$$\sigma = \sigma_1 + \sigma_2 = E\varepsilon + \eta\dot{\varepsilon} \tag{9-9}$$

或写成

$$\left.\begin{aligned} \sigma &= q_0\varepsilon + q_1\dot{\varepsilon} \\ q_0 &= E, \quad q_1 = \eta \end{aligned}\right\} \tag{9-10}$$

其中

二、蠕变特性

令 $\sigma=\sigma_0 H(t)$，解方程（9-10）得

$$\varepsilon = \frac{\sigma_0}{q_0} + Ce^{-t/\tau} \quad t > 0 \tag{9-11}$$

式中，$\tau = q_1/q_0$；C 为积分常数。

在 $t=0$ 时，应力从 0 突跃至 σ_0，但由于阻尼器的存在，应变 ε 不可发生突跃，所以

$$\varepsilon(0^+) = 0,$$

由此得

$$C = -\frac{\sigma_0}{q_0}$$

$$\varepsilon = \frac{\sigma_0}{q_0}(1 - e^{-t/\tau}) \tag{9-12}$$

这表明当应力保持不变时，应变却随时间逐渐增加，当 $t \to \infty$ 时，应变 ε 趋于一渐近值 ε_∞，见图 9－9a。

$$\varepsilon_\infty = \sigma_0/q_0$$

仿照胡克定律的形式将上式写成 $\varepsilon_\infty = \sigma_0/E_\infty$，其中

$$E_\infty = \sigma_0/\varepsilon_\infty = q_0 \tag{9-13}$$

试中，E_∞ 称之为渐近弹性模量（Asymptotic modulus），它表征着流变材料对于长期作用的常载荷的响应。

三、松弛特性

根据其本构方程式（9－10）

$$\sigma = q_0\varepsilon + q_1\dot{\varepsilon}$$

令 $\varepsilon = \varepsilon_0 H(t)$ 代入其中得

$$\sigma = q_0\varepsilon_0 + q_1\varepsilon_0 \cdot \delta(t) \quad (t \geqslant 0) \tag{9-14}$$

如图 9－9b 所示。

当 $t<0$ 时，$\varepsilon=0$，$\sigma=0$。

当 $t=0$ 时，应变 ε 发生突变，而阻尼器由于其本构关系 $\sigma=\eta\dot{\varepsilon}$ 的特性，不允许发生 ε 的突变。或者说只有在无穷大的应力 σ 作用下，才能发生应变的突变（$\dot{\varepsilon} \to \infty$），因此在式（9－14）中出现 δ 函数，即在 $t=0$ 时，σ 为无限大。

当 $t>0$ 时，$\varepsilon=\varepsilon_0$ 保持不变，而阻尼器只对变化着的应变产生响应；对于不变化的应变，$\dot{\varepsilon}=0$，所以 $\sigma=\eta\dot{\varepsilon}=0$，即它不产生任何响应。这相当于载荷 $q_0\varepsilon_0 = E\varepsilon_0$ 单独作用在弹

簧上，因而应力与应变都不发生变化。

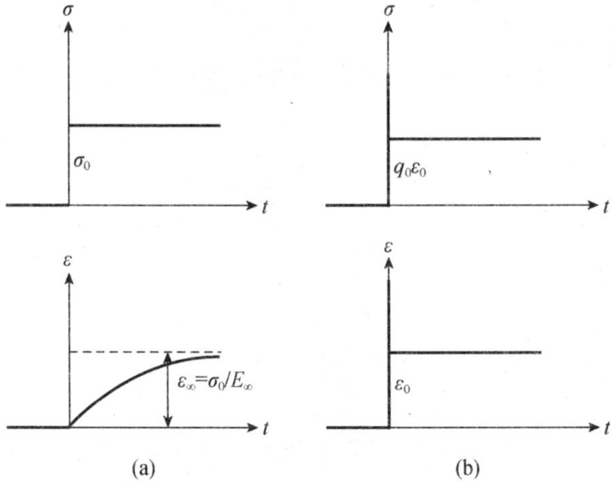

图9－9　开尔文体的流变特性

（a）蠕变特性；（b）松弛特性

开尔文体所表征的流变特性与大多数实际材料的流变特性也有差异。在蠕变特性方面，其突出的缺点是冲击弹性模量 $E_0\to\infty$，因此材料不产生瞬时响应。由于同一原因也导致在松弛特性中出现 δ 函数。这些都是与实际材料的性质不相符的。此外，其松弛特性当 $t>0$ 时 $\sigma=q_0$，$\varepsilon_0=$ 常数，也与实际不符。因而在此基础上，人们又提出了第三种模型——标准线性固体模型。

在讨论标准线性固体之前，先补充介绍一点关于拉普拉斯变换的预备知识。

§9－4　拉普拉斯变换在流变学中的应用

在前几节中已经介绍过，马克斯威尔体的本构方程为：

$$\sigma + p_1\dot{\sigma} = q_1\dot{\varepsilon}$$

开尔文体的本构方程为：

$$\sigma = q_0\varepsilon + q_1\dot{\varepsilon}$$

它们都是应力 σ、应变 ε 及其对时间 t 的一阶导数之间的线性方程。往后会看到，任意由弹簧与阻尼器按各种方式组成的模型，其本构方程都是应力、应变及其对时间 t 的各阶导数之间的线性微分方程组。一般来说，组成的元件越多，则方程的阶数也越高（参看§9－7及表9－2）。因此经常要遇到线性微分方程的求解问题。拉普拉斯变换正是解线性微分方程的有效方法。下面先简要复习一下本章中必须用到的拉普拉斯变换的有关内容，进而讨论拉普拉斯变换在流变学中的应用。

一、定义

函数$f(t)$ 作如下积分变换：

$$\int_{0}^{\infty} e^{-st} f(t) \mathrm{d}t = F(s) \tag{a}$$

这称之为拉普拉斯变换，其中 $F(s)$ 称为象函数，$f(t)$ 称为源函数，拉普拉斯变换还常常表示为

$$f(t) \doteq F(s)$$

或
$$\varphi[f(t)] = F(s) = \bar{f}(s)$$

拉普拉斯变换的存在条件：如果函数$f(t)$ 满足下面三个条件，则它的拉普拉斯变换存在。

（1）$f(t)$ 及$\dot{f}(t)$ 在$t \geqslant 0$的任何一个有限区间只有有限个第一类间断点。除了这些间断点外，$f(t)$、$\dot{f}(t)$ 为连续函数。

（2）$t<0$ 时，

$$f(t) = 0 \tag{b}$$

（3）能找到常数 $a \geqslant 0$ 及 $A>0$，使得

$$|f(t)| \leqslant A e^{\alpha t} \tag{c}$$

式中，α 称为$f(t)$ 的增长指数。

这里需做以下说明：

一般的函数$f(t)$，在区间$t<0$并不满足式（b）。对于这样的函数，在进行拉普拉斯变换时可以令此函数在区间$t<0$内恒等于零。由于拉普拉斯变换式（a）对（t）的积分是从0到∞，并不涉及$t<0$时$f(t)$ 的值。所以在区间$t<0$内$f(t)$ 的取值，对$f(t)$ 的拉普拉斯变换是没有影响的。但是，令$f(t)=0(t<0)$ 后，函数$f(t)$ 在$t=0$这一点可能成为第一类间断点。因此$f(0^+) \neq f(0^-)$，($f(0^-)$ 及$f(0^+)$ 各代表从左侧及右侧趋近于0点时$f(t)$ 的极限值。所以在计算$f(t)$ 的各阶导数的拉普拉斯变换时，式（a）中的积分下限取0^-还是0^+，结果可能是不相同的。我们规定：式（a）中的0恒为0^-，即

$$F(s) = \int_{0^-}^{\infty} e^{-st} f(t) \mathrm{d}t$$

以后凡是没有特别标明时，0均理解为0^-。

二、一个重要性质

让我们先来计算$\dot{f}(t) = \dfrac{\mathrm{d}f}{\mathrm{d}t}$经拉普拉斯变换后的象函数$\overline{\dot{f}}(s)$，

$$\overline{\dot{f}} = \int_0^\infty e^{-st} \cdot \dot{f}(t)\,dt = \int e^{-st} \cdot df$$

经分部积分后得

$$\overline{\dot{f}} = s\bar{f}(s) - f(0) \tag{d}$$

同理可得

$$\overline{\ddot{f}} = s^2\left[\bar{f}(s) - \frac{1}{s}f(0) - \frac{1}{s^2}\dot{f}(0)\right]$$

$$\bar{f}^{(n)} = s^n\left[\bar{f}(s) - \frac{f(0)}{s} - \frac{\dot{f}(0)}{s^2} - \frac{\ddot{f}(0)}{s^3} - \cdots - \frac{f^{(n-1)}(0)}{s^n}\right] \tag{e}$$

根据前面的说明，$f(0)=f(0^-)$，$f^{(n-1)}(0)=f^{(n-1)}(0^{-1})$，所以$f(0)=\dot{f}(0)=\ddot{f}(0)=\cdots=f^{(n-1)}(0)=0$

因而得

$$\bar{f}^{(n)} = s^n \cdot \bar{f}(s) \tag{f}$$

这是一个很重要的性质，它说明$f(t)$的n阶导数的象函数等于$f(t)$的象函数乘以s^n。基于这一点，如果对一个$f(t)$的n阶线性微分方程施行拉普拉斯变换后，$f(t)$的微分方程转化为$\bar{f}(s)$的代数方程。解此代数方程求得$\bar{f}(s)$后，可用查表方法或用下列拉普拉斯逆变换公式求得$f(t)$，

$$f(t) = \frac{1}{2\pi i}\int_{p-i\infty}^{p+i\infty} e^{st}\bar{f}(s)\,ds \tag{g}$$

式中，p为复数s的实部，并要求

$$\text{Re}\,s = p > \alpha(\text{增长指数})$$

式（g）称为黎曼-梅林（Reimann-Mellin）反演公式。且有

$$\lim_{t\to 0} f(t) = \lim_{s\to\infty} s\bar{f}(s) \quad (\text{初值定理})$$

和

$$\lim_{t\to\infty} f(t) = \lim_{s\to 0} s\bar{f}(s) \quad (\text{终值定理})$$

三、常用函数的拉普拉斯变换表

现将本章后面经常要用到的拉普拉斯变换列于表9-1。

表 9-1　拉普拉斯变换简表

$f(t)$	$\bar{f}(s)$
$H(t)$	$1/s$
$\delta(t)$	1
$e^{\alpha t}H(t)$	$1/(\alpha+s)$
$\frac{1}{\alpha}(1-e^{-\alpha t})$	$1/s(\alpha+s)$
$\frac{t}{\alpha}-\frac{1}{\alpha^2}(1-e^{-\alpha t})$	$1/s^2(\alpha+s)$
t^n	$n!/s^{n+1}\quad(n=0,1,2,\cdots)$
$\cos\omega t$	$s/(s^2+\omega^2)$
$\sin\omega t$	$\omega/(s^2+\omega^2)$
$\mathrm{ch}\alpha t$	$s/(s^2-\alpha^2)$
$\mathrm{sh}\alpha t$	$\alpha/(s^2-\alpha^2)$
$f(t-\tau)\cdot H(t-\tau)$	$\bar{f}(s)\cdot e^{-\tau s}$
$f(t)\cdot e^{\alpha t}$	$f(s-\alpha)$
$\int_0^t f(u)\mathrm{d}u$	$\bar{f}(s)/s$

四、应用举例

用拉普拉斯变换方法解线性微分方程是相当方便的，在本章中将经常采用这种方法，这里先举两个例子。

例 2　为了比较起见，我们仍讨论§9-2 中研究过的例子，但是现在利用拉普拉斯变换方法来解决它。

马克斯威尔体的本构方程为

$$\sigma+p_1\dot{\sigma}=q_1\dot{\varepsilon}$$

对于如图 9-7a 所示的矩形脉冲应力 $\sigma(t)$ 可表为

$$\sigma(t)=\sigma_0H(t)-\sigma_0H(t-T)$$

因此

$$\dot{\sigma}(t)=\sigma_0\delta(t)-\sigma_0\delta(t-T)$$

将上面两个式子代入本构方程中得

$$\sigma_0H(t)-\sigma_0H(t-T)+p_1\sigma_0\delta(t)-p_1\sigma_0\delta(t-T)=q_1\dot{\varepsilon}$$

对上式做拉普拉斯变换得

$$\sigma_0/s - \sigma_0 e^{-Ts}/s + p_1\sigma_0 - p_1\sigma_0 e^{-Ts} = q_1 \cdot s\bar{\varepsilon}(s)$$

由上式得

$$\bar{\varepsilon}(s) = \frac{\sigma_0}{q_1 s^2} - \frac{\sigma_0 e^{-Ts}}{q_1 s^2} + \frac{p_1\sigma_0}{q_1 s} - \frac{p_1\sigma_0 e^{-Ts}}{q_1 s}$$

查表 9－1 可得：$t>0$，

$$\varepsilon(t) = \frac{\sigma_0}{q_1}t - \frac{\sigma_0}{q_1}(t-T)H(t-T) + \frac{p_1\sigma_0}{q_1}H(t) - \frac{p_1\sigma_0}{q_1}H(t-T)$$

这与图 9－7b 的结果是一致的。

例 3 一个开尔文体受到随时间变化的应力 $\sigma(t)$ 的作用，$\sigma(t)$ 的变化情况如下：

$$\begin{aligned} &t<0, && \sigma=0 \\ &0 \leqslant t \leqslant T, && \sigma=\sigma_0 \cdot t/T \\ &T \leqslant t \leqslant 2T, && \sigma=\sigma_0(2-t/T) \\ &t \geqslant 2T, && \sigma=0 \end{aligned}$$

$\sigma(t)$ 的图形示于图 9－10a，求在这样 $\sigma(t)$ 作用下的应变 $\varepsilon(t)$。

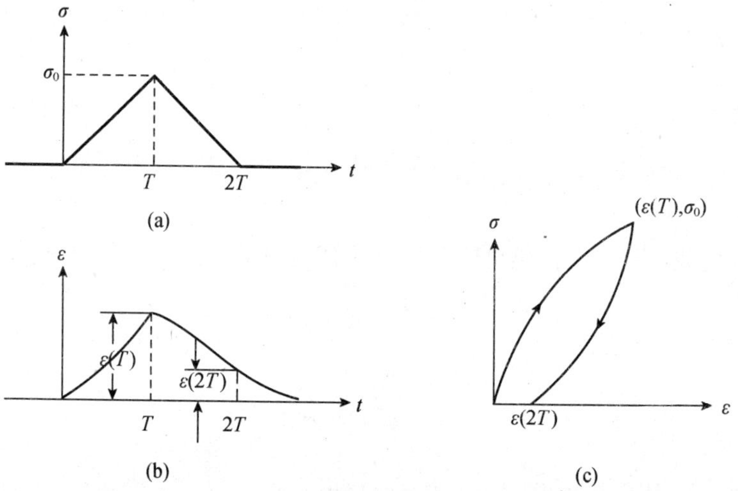

图 9－10 开尔文体受“三角形脉冲”应力作用时的应变 $\varepsilon(t)$ 及应力-应变关系
（a）“三角形脉冲”应力；（b）开尔文体受图（a）所示应力作用时产生的应变；
（c）对应于（a）、（b）的应力应变回线

解 图 9－10a 所示的 $\sigma(t)$ 可以表为如下的函数：

$$\sigma(t) = \frac{\sigma_0}{T}[tH(t) - 2(t-T)H(t-T) + (t-2T)H(t-2T)]$$

将上式代入开尔文体的本构方程（9－10）中，得：

$$\frac{\sigma_0}{T}[tH(t)-2(t-T)H(t-T)+(t-2T)H(t-2T)]=q_0\varepsilon+q_1\dot{\varepsilon}$$

对上式进行拉普拉斯变换后得

$$q_0\bar{\varepsilon}+q_1 s\bar{\varepsilon}=\frac{\sigma_0}{T}\left[\frac{1}{s^2}-2\frac{\mathrm{e}^{-sT}}{s^2}+\frac{\mathrm{e}^{-2sT}}{s^2}\right]$$

从上式解出 $\bar{\varepsilon}_{(s)}$ 为

$$\bar{\varepsilon}=\frac{\sigma_0}{Tq(s+q_0/q_1)}\left[\frac{1}{s^2}-2\frac{\mathrm{e}^{-sT}}{s^2}+\frac{\mathrm{e}^{-2sT}}{s^2}\right]$$

再对上式进行拉普拉斯逆变换后得：

$$\varepsilon(t)=\frac{\sigma_0}{q_0}\left\{\left[\frac{t}{T}-\frac{\tau}{T}(1-\mathrm{e}^{-t/\tau})\right]H(t)-2\left[\frac{t-T}{T}-\frac{\tau}{T}(1-\mathrm{e}^{-\frac{t-T}{\tau}})\right]H(t-T)\right.$$
$$\left.+\left[\frac{t-2T}{T}-\frac{\tau}{T}(1-\mathrm{e}^{-\frac{t-2T}{\tau}})\right]H(t-2T)\right\}$$

式中，$\tau=q_1/q_0$。

将 $t=T$ 及 $t=2T$ 代入上式，可求得

$$\varepsilon(t)\Big|_{t=T}=\frac{\sigma_0}{q_0}\left[1-\frac{\tau}{T}(1-\mathrm{e}^{-T/\tau})\right]$$

$$\varepsilon(t)\Big|_{t=2T}=\frac{\sigma_2}{q_0}\cdot\frac{\tau}{T}(1-\mathrm{e}^{-T/\tau})^2$$

显然，$\varepsilon(t)\big|_{t=2T}>0$。

当 $t\geqslant 2T$ 时，

$$\varepsilon(t)=\frac{\sigma_0}{q_0}\cdot\frac{\tau}{T}(1-\mathrm{e}^{T/\tau})^2\cdot\mathrm{e}^{-t/\tau}$$

可见，当 $t\to\infty$ 时，$\varepsilon(t)\to 0$。

根据上述计算结果，可将 ε 随时间的变化情况示于图 9－10b。值得注意的是，当 $t=2T$ 时，$\sigma(t)=0$（即完全卸载），但 $\varepsilon(2T)\neq 0$。但是卸载后（$t>2T$），$\varepsilon(t)$ 继续减小，当时间足够长时，$\varepsilon(t)\to 0$，即变形完全恢复。显而易见，开尔文体不是理想弹性体。由此可见，那种认为卸载后恢复至原来的形状与大小（即应变完全消失）的物体是弹性体的说法是不对的，至少是不确切的。

为了进一步说明这个问题，将 $\sigma(t)$ 及 $\varepsilon(t)$ 中的 t 消去，可得 $\sigma-\varepsilon$ 曲线，如图 9－10c 所示。显然，σ 与 ε 之间已不再是一一对应关系，其 $\sigma-\varepsilon$ 曲线形成一个回线。回线所围的面积，代表在这一循环过程中（t 从 0 到 $2T$）外力所做的功，也即材料中所消耗的机械

能。由此可以清楚地看出，开尔文体的非弹性性质。

§9-5　标准线性固体

将一个弹簧与开尔文体串联（图9-11a），或者将一个马克斯威尔体与一个弹簧并联（图9-11b），这样组成的模型称为标准线性固体。不难证明，图9-11中两种模型是完全等价的。以下我们就按图9-11a进行讨论。

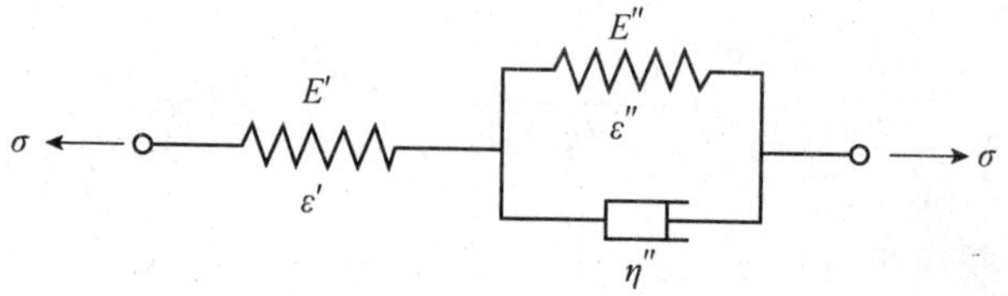

(a)

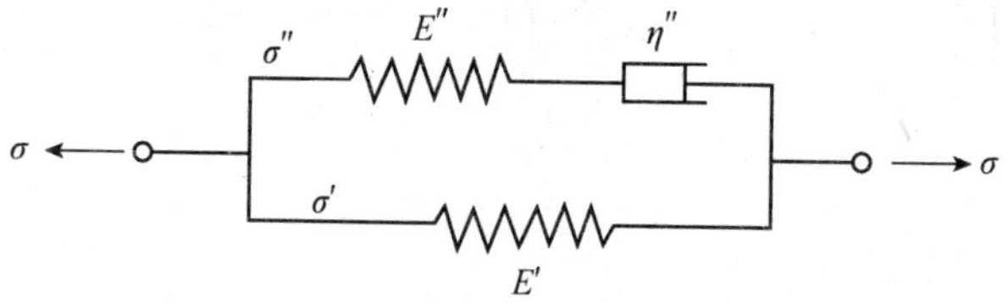

(b)

图9-11　标准线性固体的两种等价模型

(a) S-K；(b) M/S

一、本构方程

对于弹簧和开尔文体分别写出其本构方程为

$$\sigma = E'\varepsilon'$$

$$\sigma = E''\varepsilon'' + \eta''\dot{\varepsilon}''$$

由于总的应变 ε 应等对 S 及 K 各自的应变之和，所以有

$$\varepsilon = \varepsilon' + \varepsilon''$$

再分别对上述三式进行拉普拉斯变换得

$$\bar{\sigma} = E'\bar{\varepsilon}'$$

$$\bar{\sigma} = E''\bar{\varepsilon}'' + \eta'' s\bar{\varepsilon}''$$

$$\bar{\varepsilon} = \bar{\varepsilon}' + \bar{\varepsilon}''$$

解之得

$$(E' + E'' + \eta'' s)\bar{\sigma} = E'(E'' + \eta'' s)\bar{\varepsilon}$$

由表9－1可得其本构方程为

$$(E' + E'')\sigma + \eta''\dot{\sigma} = E'E''\varepsilon + E'\eta''\dot{\varepsilon}$$

如写成标准形式，则为

$$\sigma + p_1\dot{\sigma} = q_0\varepsilon + q_1\dot{\varepsilon} \tag{9-15}$$

式中，

$$\left.\begin{aligned} p_1 &= \eta''/(E' + E'') \\ q_0 &= E'E''/(E' + E'') \\ q_1 &= E'\eta''/(E' + E'') \end{aligned}\right\} \tag{9-16}$$

为了揭示标准线性固体的主要流变特性仍和从前一样，首先研究它的蠕变特性及松弛特性。

二、蠕变特性

令 $\sigma = \sigma_0 H(t)$

对上式进行拉普拉斯变换得

$$\bar{\sigma} = \sigma_0/s \tag{9-17}$$

再对式（9－15）做拉普拉斯变换得

$$(1 + p_1 s)\bar{\sigma} = (q_0 + q_1 s)\bar{\varepsilon}$$

将式（9－17）代入上式得

$$\sigma_0\left(\frac{1}{s} + p_1\right) = (q_0 + q_1 s)\bar{\varepsilon}$$

或

$$\bar{\varepsilon} = \frac{\sigma_0\left(\frac{1}{s} + p_1\right)}{(q_0 + q_1 s)} = \frac{\sigma_0}{q_1}\left[\frac{1}{s\left(s + \frac{1}{\tau}\right)} + \frac{p_1}{s + \frac{1}{\tau_c}}\right]$$

式中，$\tau_c = q_1/q_0$

由表9－1可得

$$\varepsilon = \frac{\sigma_0}{q_0}\left[1 - \left(1 - \frac{p_1 q_0}{q_1}\right)e^{-t/\tau}\right]H(t) \tag{9-18}$$

由式（9－16）可得出下列不等式：

$$
\left.\begin{aligned}
&\frac{q_1}{p_1}-q_0=\frac{E'^2}{E'+E''}>0 \\
\text{或}\quad &\frac{q_1}{q_0}>p_1 \\
\text{或}\quad &1>\frac{p_1q_0}{q_1}
\end{aligned}\right\} \tag{9-19}
$$

由于不等式（9－19）成立，从式（9－18）可以看出：当 $t=0$ 时，应力从 0 突跃至 σ_0；相应地，应变也从 0 突跃至 ε_0，如图 9－12a 所示。

$$
\begin{aligned}
&\varepsilon(0^-)=0 \\
&\varepsilon(0^+)=\varepsilon_0=\sigma_0p_1/q_1=\sigma_0/E_0 \\
&E_0=q_1/p_1=E'
\end{aligned} \tag{9-20}
$$

在这一点上它与马克斯威尔体有共同之处。

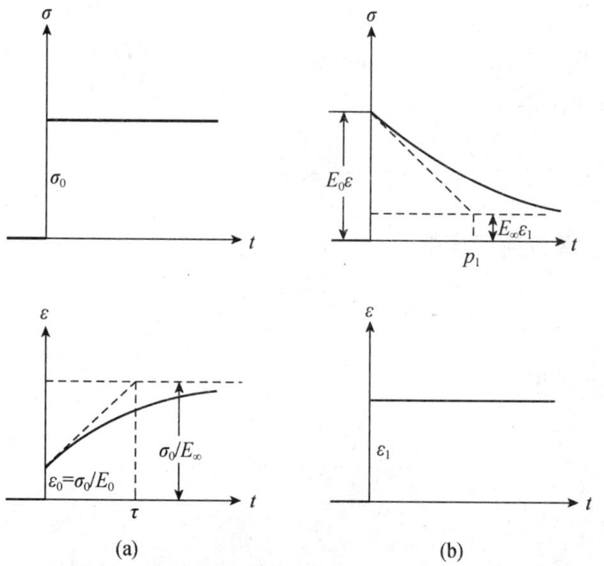

图 9－12　标准线性固体的蠕变特性（a）及松弛特性（b）

当 $t>0$ 后，ε 逐步地增大，但其增加速率却逐渐减少。因而，当 $t\to\infty$ 时，它趋于一有限值 σ_0/q_0，而不是无限地增大。在这一点上它的性质又类似于开尔文体，而不像马克斯威尔体那样，随着 t 不断增大，应变不断增大，表现出流体的性质。

因为　$\varepsilon\big|_{t\to\infty}=\varepsilon(\infty)=\sigma_0/q_0=\sigma_0/E_\infty$

所以渐近弹性模量为

$$E_\infty = q_0 = \frac{E'E''}{E' + E''} \tag{9-21}$$

从标准线性固体的组成看，当 $t\to\infty$ 时，阻尼器的作用逐渐消失，相当于弹簧 E' 与 E'' 串联。从这个角度很容易理解式（9－21）的意义。

三、松弛特性

在本构方程（9－15）

$$\sigma + p_1\dot{\sigma} = q_0\varepsilon + q_1\dot{\varepsilon}$$

中代入

$$\varepsilon = \varepsilon_1 H(t),\quad \dot{\varepsilon} = \varepsilon_1\delta(t)$$

得

$$\sigma + p_1\dot{\sigma} = q_0\varepsilon_1 H(t) + q_1\varepsilon_1\delta(t)$$

对上式做拉普拉斯变换后可得

$$\sigma + p_1 s\overline{\sigma} = q_0\varepsilon_1/s + q_1\varepsilon_1$$

解上面的代数方程，可得到 $\overline{\sigma}$ 的表示式如下：

$$\overline{\sigma} = \frac{q_0\varepsilon_1}{s(1 + p_1 s)} + \frac{q_1\varepsilon_1}{(1 + p_1 s)} = \frac{q_0\varepsilon_1/p_1}{s\left(\dfrac{1}{p_1} + s\right)} + \frac{q_1\varepsilon_1/p_1}{\left(\dfrac{1}{p_1} + s\right)}$$

由表（9－1）得

$$\sigma = q_0\varepsilon_1(1 - \mathrm{e}^{-t/p_1}) + \frac{q_1}{p_1}\varepsilon_1\mathrm{e}^{-t/p_1} \tag{9-22}$$

从式（9－22）可知，当应变保持一定（$\varepsilon=\varepsilon_1$）时，应力从初始值 $\sigma_0 = q_1\varepsilon_1/p_1 = E_0\varepsilon_1$，逐渐衰减（松弛），但最后（$t\to\infty$）$\sigma$ 不是趋于零，而是趋于一有限值：

$$\sigma_\infty = q_0\varepsilon_1 = E_\infty\varepsilon_1$$

所以标准线性固体的流变性质比马克斯威尔体及开尔文体都更接近于大多数实际材料的流变性质。

从另一个角度上看，马克斯威尔体和开尔文体都可以看成标准线性固体的特殊情况，即由标准线性固体蜕化而成。当标准线性固体中的串联弹簧 $E'\to\infty$ 时，就成了开尔文体。从本构方程看也可得出同样的结论，因为，当 $E'\to\infty$ 时，由式（9－16）得 $p_1\to 0$，因而方程（9－15）

$$\sigma + p_1\dot{\sigma} = q_0\varepsilon + q_1\dot{\varepsilon}$$

蜕化为

$$\sigma = q_0\varepsilon + q_1\dot{\varepsilon}$$

这正是开尔文体的本构方程（9－10）。而当标准线性固体中的并联弹簧 $E''\to 0$ 时，它蜕化为马克斯威尔体。令式（9－16）中的 $E''=0$，即 $q_0=0$，因而其本构方程成为

$$\sigma + p_1\dot{\sigma} = q_1\dot{\varepsilon}$$

这也正是马克斯威尔体的本构方程（9－14）。

§9－6 其他模型

利用S、D、M、K还可以组成更为复杂的模型，它们具有更复杂的流变性质，但是都是线性的，见表9－2。

表9－2

开尔文链	马克斯威尔模型	本构方程中非零的系数		E_0	E_∞	固体或流体
S	S	p_0	q_0	E_0	E_∞	固体
D	D	p_0	q_1	∞	0	流体
K	S/D	p_0	q_0q_1	∞	E_∞	固体
S－D	M	p_0p_1	q_1	E_0	0	流体
S－K	S/M	p_0p_1	q_0q_1	E_0	E_∞	固体
D－K	D/M	p_0p_1	q_1q_2	∞	0	流体
K－K	S/D/M	p_0p_1	$q_0q_1q_2$	∞	E_∞	固体
S－D－K	M/M	$p_0p_1p_2$	q_1q_2	E_0	0	流体
S－K－K	S/M/M	$p_0p_1p_2$	$q_0q_1q_2$	E_0	E_∞	固体
D－K－K	D/M/M	$p_0p_1p_2$	$q_1q_2q_3$	∞	0	流体
K－K－K	S/D/M/M	$p_0p_1p_2$	$q_0q_1q_2q_3$	∞	E_∞	固体
S－D－K－K	M/M/M	$p_0p_1p_2p_3$	$q_1q_2q_3$	E_0	0	流体
S－K－K－K	S/M/M/M	$p_0p_1p_2p_3$	$q_0q_1q_2q_3$	E_0	E_∞	固体

注：S：弹簧；D：阻尼器；“－”串联；“/”并联；M＝S－D；K＝S/D；M：马克斯威尔体；K：开尔文体。

为了描述各种不同性质的材料，有时还采用其他模型，如图9－13所示。

这些模型的共同特点是：它们的本构方程都是非线性的。当应力小于及大于某一临界值 σ_0 时，分别具有不同的本构关系。

正因为如此，这些模型常常引起数学上很大的困难。所以，虽然在一定程度上，它们也许能更好地模拟某些介质（如岩石）的性质，但在计算中却较少采用。以下主要讨论线性模型。

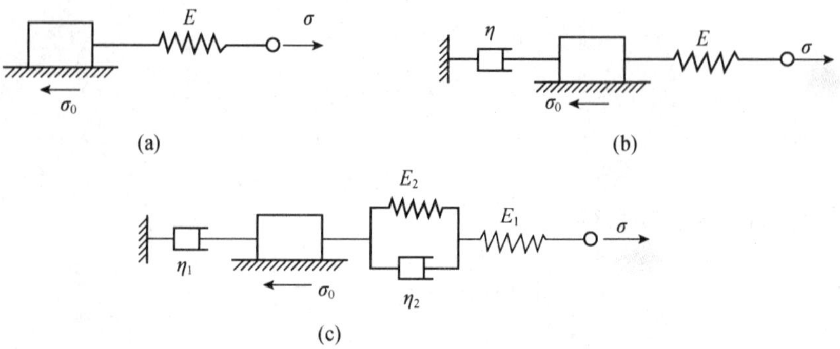

图 9 - 13　几种非线性流变模型

（a）理想弹塑性体；（b）宾汉体；（c）普赖斯模型

§9 - 7　更普遍的线性粘弹性模型的组成及其性质

一、更普遍的线性粘弹性模型的组成及其本构方程

在前面几节中，我们讨论了利用弹簧和阻尼器这两种线性元件组成的三种最简单的线性粘弹性模型，即马克斯威尔体、开尔文体及标准线性固体。这三种模型常能在一定的近似程度上代表某些材料的力学性质，而且由于它们简单、直观，所以在实际中得到广泛的应用。但是，由于实际材料的力学性质往往是比较复杂的，在有些情况下，上述简单模型不能精确而全面地反映材料的流变性质，这时就需要采用更为复杂的模型。利用弹簧、阻尼器按一定方式组合（串联、并联、混联），可以得到各种不同的流变模型。而且常常两个看起来似乎很不相同的模型，实际上却反映出同样的流变性质（表 9 - 2）。常用的办法有两种：一是将一系列开尔文体串联起来（图 9 - 14a），称之为开尔文链。另一种是将一系列马克斯威尔体并联起来，称为马克斯威尔模型，如图 9 - 14b 所示。

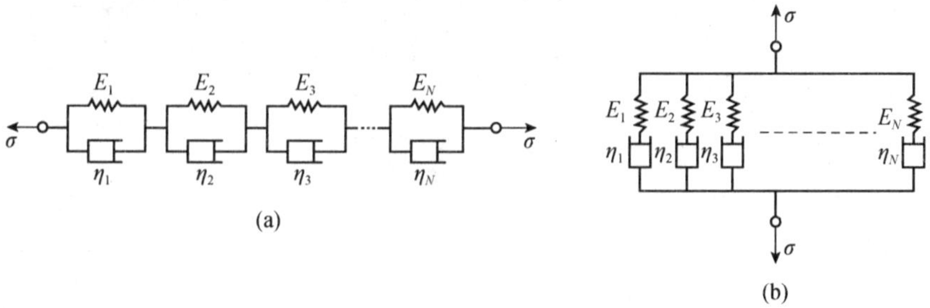

图　9 - 14

可以证明，这两种办法所组成的模型是互相等价的。因此下面只讨论开尔文链。

现在来求图 9 - 14a 所示的由 n 个开尔文体串联而成的开尔文链的本构方程。设各个开尔文体的弹簧常数及阻尼系数各为 E_1、E_2、⋯、E_i⋯、E_N 及 η_1、η_2、⋯、η_i、⋯、η_N，

则

$$\sigma = E_1\varepsilon_1 + \eta_1\dot{\varepsilon}_1$$

$$\sigma = E_2\varepsilon_2 + \eta_2\dot{\varepsilon}_2$$

$$\cdots$$

$$\sigma = E_i\varepsilon_i + \eta_i\dot{\varepsilon}_i$$

对上述各式进行拉普拉斯变换后得

$$\bar{\sigma} = E_1\bar{\varepsilon}_1 + \eta_1 s\bar{\varepsilon}_1$$

$$\cdots$$

$$\bar{\sigma} = E_i\bar{\varepsilon}_i + \eta_i s\bar{\varepsilon}_i$$

即

$$\bar{\sigma} = (E_i + \eta_i s)\ \bar{\varepsilon}_i$$

因为

$$\varepsilon = \varepsilon_1 + \varepsilon_2 + \cdots + \varepsilon_i + \cdots + \varepsilon_N$$

所以

$$\begin{aligned}\bar{\varepsilon} &= \bar{\varepsilon}_1 + \bar{\varepsilon}_2 + \cdots + \bar{\varepsilon}_i + \cdots + \bar{\varepsilon}_N \\ &= \bar{\sigma}/(E_1 + \eta_1 s) + \bar{\sigma}/(E_2 + \eta_2 s) + \cdots + \bar{\sigma}/(E_i + \eta_1 s) + \cdots + \bar{\sigma}/(E_N + \eta_N s) \\ &= \bar{\sigma}\left[\frac{1}{E_1 + \eta_1 s} + \frac{1}{E_2 + \eta_2 s} + \cdots + \frac{1}{E_i + \eta_i s} + \cdots + \frac{1}{E_N + \eta_N s}\right] \end{aligned} \tag{9-23a}$$

上式可写成

$$\bar{\varepsilon} = \bar{\sigma}\frac{\bar{P}(s)}{\bar{Q}(s)} \tag{9-23b}$$

或

$$\bar{P}(s)\bar{\sigma} = \bar{Q}(s)\bar{\varepsilon} \tag{9-23c}$$

其中

$$\left.\begin{aligned}\bar{P}(s) &= \sum_{k=0}^{m} p_k S^k \\ \bar{Q}(s) &= \sum_{k=0}^{n} q_k S^k\end{aligned}\right\} \tag{9-24}$$

比较式（9-23a）及（9-23b）可得

$$\frac{\bar{P}(s)}{\bar{Q}(s)} = \left[\frac{1}{E_1 + \eta_1 s} + \frac{1}{E_2 + \eta_2 s} + \cdots + \frac{1}{E_N + \eta_N s}\right] = \sum_{i=1}^{N}\frac{1}{E_i + \eta_i s} \tag{9-25a}$$

因而

$$\bar{Q}(s) = C(E_1 + \eta_1 s)(E_2 + \eta_2 s)\cdots(E_N + \eta_N s) = C\prod_{i=1}^{N}(E_i + \eta_i s) \tag{9-25b}$$

$$\bar{P}(s) = C\sum_{j=1}^{N}\left\{\frac{\prod_{i=1}^{N}(E_i + \eta_i s)}{E_j + \eta_j s}\right\} \tag{9-25c}$$

式中，C 为常数，由 $p_0 = 1$ 这一条件决定。
因此其本构方程为

$$\sum_{k=0}^{m} p_k \frac{\mathrm{d}^k \sigma}{\mathrm{d}t^k} = \sum_{k=0}^{n} q_k \frac{\mathrm{d}^k \varepsilon}{\mathrm{d}t^k} \tag{9-26a}$$

或写成

$$P\sigma = Q\varepsilon \tag{9-26b}$$

式中，

$$\left.\begin{aligned} P &= \sum_{0}^{m} p_k \frac{\mathrm{d}^k}{\mathrm{d}t^k} \\ Q &= \sum_{0}^{n} q_k \frac{\mathrm{d}^k}{\mathrm{d}t^k} \end{aligned}\right\} \tag{9-27}$$

各为一线性微分运算算子。
现引入算子符号 D，

$$\left.\begin{aligned} D &= \frac{\mathrm{d}}{\mathrm{d}t} \\ D^2 &= \frac{\mathrm{d}^2}{\mathrm{d}t^2} \\ D^k &= \frac{\mathrm{d}^k}{\mathrm{d}t^k} \end{aligned}\right\} \tag{9-28}^*$$

则式（9－27）表为

$$P = \sum_{k=0}^{m} p_k D^k \tag{9-27a}$$

$$Q = \sum_{k=0}^{n} q_k D^k \tag{9-27b}$$

注：当 D 作用的函数 f 仅为 t 的函数 $f(t)$ 时，我们令

$$Df = \frac{\mathrm{d}f}{\mathrm{d}t},\ D^2 f = \frac{\mathrm{d}^2 f}{\mathrm{d}t^2},\ \cdots$$

当 f 为时间 t 及空间坐标 x_i 的函数 $f(t_1,\ x_i)$ 时，则

$$Df = \frac{\partial f}{\partial t},\ D^2 f = \frac{\partial^2 f}{\partial t^2},\ \cdots$$

而本构方程（9－26b）可表为

$$\sum_{k=0}^{m} p_k D^k \sigma = \sum_{k=0}^{n} q_k D^k e \tag{9-26c}$$

式（9－26）显然是线性微分方程。习惯上取 $p_0=0$。这可以用调整式（9－25）中的常数 C 的方法来实现。为此应取

$$C = 1 \Big/ \sum_{j=1}^{N} \left(\frac{\prod_{i=1}^{N} E_i}{E_j} \right)$$

当然，这丝毫不影响式（9－26）的普遍性。

同理可以证明，图9－14b所示的马克斯威尔模型的本构方程也与式（9－26）的形式相同。因此二者是等价的。

二、更普遍的线性粘弹性模型的性质

由于组成一个复杂流变模型的各基本元件的参数及数量不同，因而其本构方程的各项系数及其本构方程的阶数也不同，因此它所代表的流变性质也千差万别，变化多端。

下面讨论几个一般性的问题。

（1）材料对长期载荷的响应：它决定于渐近弹性模量 E_∞，E_∞ 的定义为

$$E_\infty = \sigma(\infty)/\varepsilon(\infty) \tag{9-29}$$

而 E_∞ 与本构方程的系数间有极为简单的关系：

$$E_\infty = q_0 \tag{9-30}$$

现分两种情况予以说明。

① $q_0=0$。

如对此材料进行蠕变实验，则因为 $\sigma=\sigma_0=$ 常数（对 $t>0$），所以式（9－26）中等号左侧 σ 的各阶导数皆为零。从而式（9－26）的等号左侧等于 σ_0，于是得到

$$\sigma_0 = q_0\varepsilon + q_1 D\varepsilon + q_2 D^2\varepsilon + \cdots + q_n D^n \varepsilon \tag{a}$$

而该式等号右侧由于 $q_0=0$，所以剩下各项均为 ε 的各阶导数的线性组合。因之当 $t\to\infty$ 时，应变 ε 不可能趋向于一固定的值。因为，如果 $\varepsilon(\infty)$ 为一有限的定值，则 $\dot{\varepsilon}(\infty)$、$\ddot{\varepsilon}(\infty)$、…、$D^n\varepsilon(\infty)$ 均为零，因此，这些项的和也必为零。这与其和为 σ_0 的要求相矛盾，所以 $\dot{\varepsilon}(\infty)$必须是无限的。由式（9－29）得

$$E_\infty = 0$$

而 $q_0=0$，所以

$$E_\infty = q_0 \tag{b}$$

② $q_0 \neq 0$。

由式（a）可知，因为 σ_0 为有限值，故而 $\varepsilon(\infty)$ 也必须是有限值，因此当 $t \to \infty$ 时，ε 的各阶导数皆趋于0。如果 ε 的各阶导数在 $t \to \infty$ 时不趋于0，则 $\varepsilon(\infty)$ 不能为有限值。由此推断：

$$\sigma_0 = \sigma_\infty = q_0 \cdot \varepsilon(\infty)$$

与式（9-29）比较，得

$$E_\infty = q_0 \tag{c}$$

综合这两种情形，式（9-30）必然成立。

对于 $q_0=0(E_\infty=0)$ 的材料，用它们进行蠕变实验时，$\varepsilon(\infty) \to \infty$，所以表现出流体的特性。而 $q_0 \neq 0(E_\infty \neq 0)$ 的材料进行蠕变实验时，$\varepsilon(\infty)$ 为有限值，表现出固体的特性。这一点从表9-2中可以清楚地看出来。

（2）材料对突变载荷的瞬态响应。

它取决于冲击弹性模量 E_0，前已述及

$$E_0 = \sigma(0^+)/\varepsilon(0^+) \tag{9-31}$$

现在我们来证明

$$E_0 = q_n/p_n \tag{9-32}$$

式中，n 为 q_k 的最高阶数。若 $p_n \neq 0$，则 E_0 为有限值。若 $p_n=0$，则 $E_0 \to \infty$。由式（9-31）可见，当 $\sigma(0^+)$ 有限时，$\varepsilon(0^+)=0$，即此种材料无瞬态响应。

对方程（9-26）积分，积分限为从0到 t，于是得

$$\begin{aligned}&\int_0^t \sigma \mathrm{d}t + p_1\sigma + p_2 D\sigma + p_3 D^2\sigma + \cdots + p_m D^{m-1}\sigma \\ =& \int_0^t q_0\varepsilon \mathrm{d}t + q_1\varepsilon + q_2 D\varepsilon + q_3 D^2\varepsilon + \cdots + q_n D^{n-1}\varepsilon\end{aligned}$$

最后一次积分时，令 $t=0^+$，重复这一过程 n 次，则得

$$p_n\sigma(0^+) = q_n\varepsilon(0^+) \tag{9-33}$$

与式（9-31）比较，即得式（9-32），即

$$E_0 = q_n/p_n$$

当 $m<n$ 时，即 $p_n=0$ 的情形，$q_n\varepsilon(0^+)=0$ 因而 $E_0\to\infty$。

由式（9－25）可知，m 不可能大于 n。也就是说 $m>n$ 时，式（9－26）这样的微分方程不可能代表线性粘弹性材料的本构方程。

综上所述，式（9－32）必定成立。

三、关于本构方程（9－26）的初始条件

对方程（9－26）的各项进行如下运算：

$$\lim_{\delta\to 0}\int_{-\delta}^{\delta}(\quad)\mathrm{d}t$$

进行 n 次后的结果为式（9－33）。我们再讨论这样的运算只进行了（$n-1$）次、（$n-2$）次、…、2 次、1 次时间结果，并列举如下：

$$\left.\begin{aligned}
&p_n\sigma(0^+) = q_n\varepsilon(0^+) \quad (n\text{ 次})\\
&p_{n-1}\sigma(0^+) + p_nD\sigma(0^+) = q_{n-1}\varepsilon(0^+) + q_nD\varepsilon(0^+) \quad (n-1\text{ 次})\\
&p_{n-2}\sigma(0^+) + p_{n-1}D\sigma(0^+) + p_nD^2\sigma(0^+)\\
&\quad = q_{n-2}\varepsilon(0^+) + q_{n-1}D\varepsilon(0^+) + q_nD^2\varepsilon(0^+) \quad (\mathrm{n}-2\text{ 次})\\
&\cdots\cdots\\
&p_1\sigma(0^+) + p_2D\sigma(+) + p_3D^2\sigma(0^+) + \cdots + p_nD^{n-1}\sigma(0^+)\\
&\quad = q_1\varepsilon(0^+) + q_2D\varepsilon(0^+) + q_3D^2\varepsilon(0^+) + \cdots + q_nD^{n-1}\varepsilon(0^+) \quad (1\text{ 次})
\end{aligned}\right\}\qquad(9-34)$$

式中，$D^n\sigma(0^+)$ 表示从右侧趋向于零时 $\dfrac{\mathrm{d}^n\sigma}{\mathrm{d}t^n}$ 的极限值。

上式正是本构方程（9－26）的初始条件，现分两种情形分别予以讨论：

（1）问题给出的是加载历史 $\sigma(t)$，需要求 $\varepsilon(t)$。在这种情况下，$\sigma(0^+)$、$D\sigma(0^+)$、…皆为已知，由式（9－34）中的第一式可求得

$$\varepsilon(0^+) = \frac{p^n}{q_n}\sigma(0^+) \qquad (9-35\mathrm{a})$$

再将它代入式（9－34）的第二式中可得

$$D\varepsilon(0^+) = -\begin{vmatrix} p_n & q_n \\ p_{n-1} & q_{n-1}\end{vmatrix}\frac{\sigma(0^+)}{q_n^2} + p_n\frac{D\sigma(0^+)}{q_n} \qquad (9-35\mathrm{b})$$

同理可得

$$D^2\varepsilon(0^+) = \begin{vmatrix} p_n & q_n & 0 \\ p_{n-1} & q_{n-1} & q_n \\ p_{n-2} & q_{n-2} & q_{n-1} \end{vmatrix} \frac{\sigma(0^+)}{q_n^3} - \begin{vmatrix} p_n & q_n \\ p_{n-1} & q_{n-1} \end{vmatrix} \frac{D\sigma(0^+)}{q_n^2} + p_n \frac{D^2\sigma(0^+)}{q_n} \tag{9-35c}$$

依此类推，可得

$$D^3\varepsilon(0^+) = -\begin{vmatrix} p_n & q_n & 0 & 0 \\ p_{n-1} & q_{n-1} & q_0 & 0 \\ p_{n-2} & q_{n-2} & q_{n-1} & q_n \\ p_{n-3} & q_{n-3} & q_{n-2} & q_{n-1} \end{vmatrix} \frac{\sigma(0^+)}{q_n^4} + \begin{vmatrix} p_n & q_n & 0 \\ p_{n-1} & q_{n-1} & q_n \\ p_{n-2} & q_{n-2} & q_{n-1} \end{vmatrix} \frac{D\sigma(0^+)}{q_n^3} - \begin{vmatrix} p_n & q_n \\ p_{n-1} & q_{n-1} \end{vmatrix} \frac{D^2\sigma(0^+)}{q_n^2} + p_n \frac{D^3\sigma(0^+)}{q_n} \tag{9-35d}$$

（2）如果给定变形历史 $\varepsilon(t)$，需要求 $\sigma(t)$。在这种情况下，$\varepsilon(0^+)$、$D\varepsilon(0^+)$、…均为已知。由式（9－34）可求出 $\sigma(0^+)$、$D\sigma(0^+)$、…。其公式与式（9－35）相仿。

四、由表9－2可以得出确定本构方程形式的简便方法

（1）元件数目等于本构方程中不为零的系数的个数（$p_0 \equiv 1$，不算在内）。

（2）如果该模型为流体模型：则 $q_0=0$，如果属于固体模型，则 $q_0 \neq 0$。

（3）根据（a）、（b）及条件 $m \leqslant n$，不难定出非零的系数 p_k 及 q_k。

例4　写出D－K－K－K－K的本构方程。

解　（1）此模型共九个元件，所以本构方程共有九个非零的系数（$p_0 \equiv 1$ 除外）。

（2）这是流体模型，$q_0=0$。

（3）根据条件 $m \leqslant n$，可得非零的系数为

$$p_1,\ p_2,\ p_3,\ p_4;\ q_1,\ q_2,\ q_3,\ q_4,\ q_5$$

所以，其本构方程为

$$\sigma + p_1 D\sigma + p_2 D^2\sigma + p_3 D^3\sigma + p_4 D^4\sigma = q_1 D\varepsilon + q_2 D^2\varepsilon + q_3 D^3\varepsilon + q_4 D^4\varepsilon + q_5 D^5\varepsilon$$

显然，此模型与D/M/M/M/M等价。

例5　图9－15所示的模型为五个元件混联（既非单纯串取又非单纯并联）组成的模型，求其本构方程及与其等价的开尔文链及马克斯威尔模型。

解　此模型由五个元件组成，因此非零的系数共有五个。由于它是固体模型，所以 $q_0 \neq 0$，再根据 $m \leqslant n$ 的要求，可得出非零的系数为：

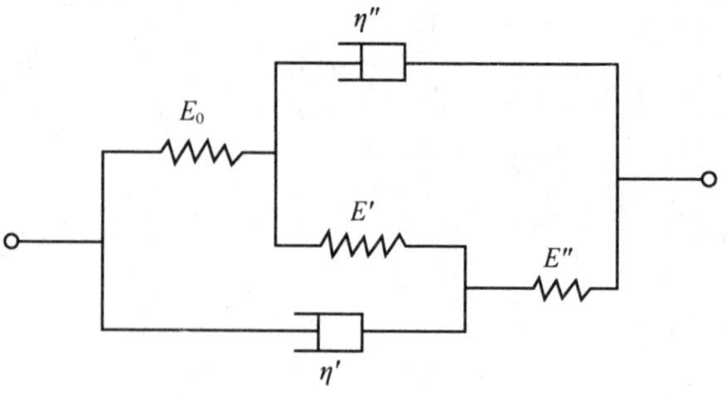

图 9 - 15　五元件的混合模型

$$q_0, q_1, q_2; p_1, p_2$$

因而其本构方程为

$$\sigma + p_1 D\sigma + p_2 D^2\sigma = q_0\varepsilon + q_1 D\varepsilon + q_2 D^2\varepsilon$$

与其等价的开尔文链为 S - K - K。等价的马克斯威尔模型为 S/M/M。

§9 - 8　力学系统（机械系统）与电系统间的比拟

由以上的讨论可知，由弹簧及阻尼器这两种基本元件经过不同方式的组合可以得出花样繁多、性质各异的力学模型，这使人们很自然地联想到电学中的类似情况：人们利用几种基本电学元件（电阻，电容，电抗）可以组成各式各样的电路。这二者之间是否存在互相比拟或相互对应关系，下面简单加以讨论。

研究机械系统的振动与电路的振荡间的对应关系后，可以确立它们之间的比拟关系，通常称之为机-电比拟。

先讨论弹簧-阻尼-质量振动系统，如图 9 - 16 所示。设重物的质量为 M，弹簧的弹簧常数为 K，阻尼器的阻尼系数为 η，强迫力为 $F(t)$，则运动微分方程为

$$\frac{M\mathrm{d}^2 x}{\mathrm{d}t^2} + \eta\frac{\mathrm{d}x}{\mathrm{d}t} + kx = F(t) \tag{9-36}$$

再讨论如图 9 - 17 所示的振荡电路，电路由 R、C、L 三个元件组成，外加电动势为 $E(t)$，电流为 i，其微分方程为

$$L\frac{\mathrm{d}i}{\mathrm{d}t} + Ri + \frac{Q}{C} = E(t)$$

式中，Q 为电容器极板上的电量，

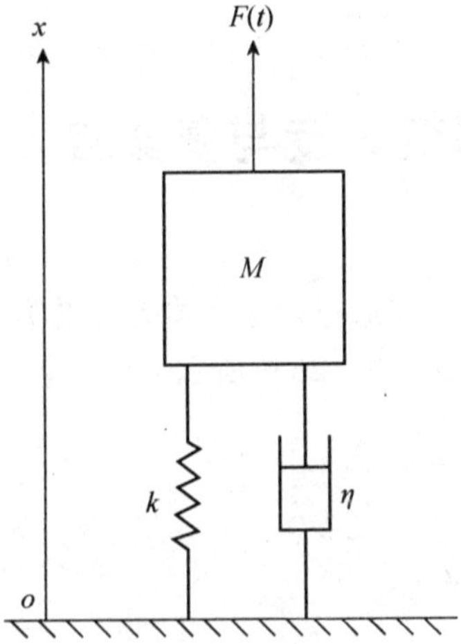

图 9-16　机械振动系统

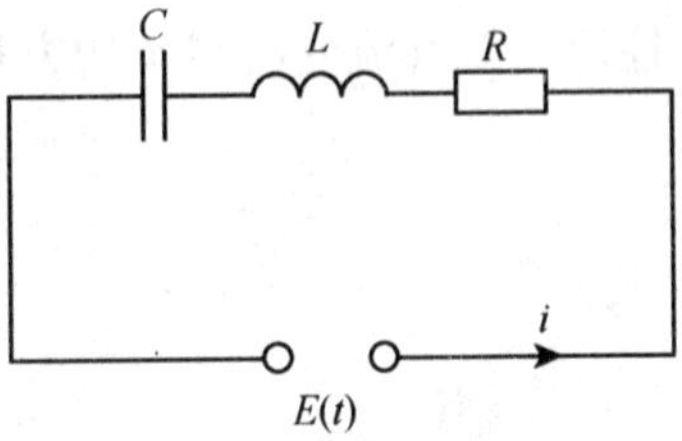

图 9-17　振荡电路

$$Q = \int i \mathrm{d}t$$

或

$$\frac{\mathrm{d}Q}{\mathrm{d}t} = i$$

以此代入微分方程中，得

$$L\frac{\mathrm{d}^2Q}{\mathrm{d}t^2} + R\frac{\mathrm{d}Q}{\mathrm{d}t} + \frac{1}{C}Q = E(t) \qquad (9-37)$$

比较这两个微分方程，它们都是二阶线性非齐次方程。这说明了二者之间的相似性或比拟关系，其物理量之间的相互对应关系如表 9-3。

表 9-3

力学系统		电系统	
位移	x	电量	Q
质量	M	电感	L
阻尼系数	η	电阻	R
弹簧常数	k	1/电容	$1/c$
外力	$F(t)$	电动势	$E(t)$

第十章　记忆积分，蠕变柔度与复柔度

在前一章中，我们讨论了一些流变材料的模型，并通过建立本构方程的方法研究了它们的流变性质。线性流变材料本构方程的一般形式如式（9－26）所示。

$$P\sigma = Q\varepsilon$$

式中，

$$P = \sum_0^m p_k D^k$$

$$Q = \sum_0^m q_k D^k$$

这是 n 阶线性微分方程。

但是也可以通过另一种方式——积分形式的本构方程来描述介质的流变性质。这两种形式（微分形式与积分形式）的本构方程各有其优缺点。微分形式与流变模型之间的关系比较明显，因而比较直观，容易接受。积分形式往往在拟合实验数据方面更为方便。

§10－1　蠕变柔度与松弛模量

在前一章中，我们研究材料的流变性质时，曾采用两种标准实验——蠕变实验与松弛实验。现在对此做进一步的分析。

一、蠕变柔度

令

$$\sigma = \sigma_0 H(t)$$

在这样的应力作用下，应变 ε 将随时间变化。由于应变与应力成线性关系，所以可写成

$$\varepsilon(t) = \sigma_0 J(t) \tag{10-1}$$

式中，$J(t)$ 称之为材料的蠕变柔度（creep compliance），其意义为在单位应力［$\sigma(t) = 1 \times H(t)$］作用下应变 ε 随时间的变化规律。所以它集中地反映了材料的蠕变特性。

下面我们来分析材料的蠕变柔度与其本构方程间的关系。

将本构方程（9－26）做拉氏变换后得

$$\bar{P}(s)\bar{\sigma} = \bar{Q}(s)\bar{\varepsilon} \tag{10-2}$$

式中，

$$\left.\begin{aligned}\bar{P}(s) &= \sum_{k=0}^{m} p_k s^k \\ \bar{Q}(s) &= \sum_{k=0}^{n} q_k s^k\end{aligned}\right\} \tag{10-3}$$

当 $\sigma = H(t)$ 时，

$$\varepsilon(t) = J(t)$$

所以

$$\bar{\sigma} = 1/s$$

$$\bar{\varepsilon} = \bar{J}(s)$$

以此代入式（10－2）得

$$\bar{J}(s) = \frac{P(s)}{sQ(s)} \tag{10-4}$$

由上式可知，如果已知材料的本构方程，则根据式（10－4）可很简便地求得 $\bar{J}(s)$，然后再求出 $J(t)$。

例 1　标准线性固体的本构方程为

$$\sigma + p_1\dot{\sigma} = q_0\varepsilon + q_1\dot{\varepsilon}$$

根据式（10－4）

$$\bar{J}(s) = \frac{1 + p_1 s}{s(q_0 + q_1 s)}$$

由拉氏变换简表得

$$J(t) = \frac{1}{q_0} + \left(\frac{p_1}{q_1} - \frac{1}{q_0}\right)e^{-\frac{q_0}{q_1}} \qquad t > 0$$

整理后得

$$J(t) = \frac{1}{q_0}\left[1 - \left(1 - \frac{p_1 q_0}{q_1}\right)e^{-t/\tau}\right] \qquad t > 0$$

式中，

$$\tau = q_1/q_0$$

这与式（9－18）一致。

例 2　现再以三个开尔文体串联而成的模型——（K－K－K）为例，求其蠕变柔度 $J(t)$。其本构方程为（表 9－2）

$$\sigma + p_1 D\sigma + p_2 D^2\sigma = q_0\varepsilon + q_1 D\varepsilon + q_2 D^2\varepsilon + q_3 D^3\varepsilon$$

由式（10－4）可得

$$\bar{J}(s) = \frac{1 + p_1 s + p_2 s^2}{s(q_0 + q_1 s + q_2 s^2 + q_3 s^3)}$$

其分母中的括号部分必能分解为［参考式（9－25a）］

$$q_0 + q_1 s + q_2 s^2 + q_3 s^3 = q_3(s + \lambda_1)(s + \lambda_2)(s + \lambda_3)$$

且 λ_1、λ_2、λ_3 必然都是正值，即

$$\lambda_1 > 0,\quad \lambda_2 > 0,\quad \lambda_3 > 0$$

因而 $\bar{J}(s)$ 可以化为部分分式

$$\bar{J}(s) = \frac{1}{q_3}\cdot\frac{1}{s}\left(\frac{a_1}{s + \lambda_1} + \frac{a_2}{s + \lambda_2} + \frac{a_3}{s + \lambda_3}\right)$$

式中，

$$a_1 = \frac{1 - p_1\lambda_1 + p_2\lambda_1^2}{(\lambda_2 - \lambda_1)(\lambda_3 - \lambda_1)}$$

$$a_2 = \frac{1 - p_1\lambda_2 + p_2\lambda_2^2}{(\lambda_3 - \lambda_2)(\lambda_1 - \lambda_2)}$$

$$a_3 = \frac{1 - p_1\lambda_3 + p_2\lambda_3^2}{(\lambda_1 - \lambda_3)(\lambda_2 - \lambda_3)}$$

根据表 9－1 可得

$$J(t) = \frac{1}{q_3}\left[\frac{a_1}{\lambda_1}(1 - e^{-\lambda_1 t}) + \frac{a^2}{\lambda_2}(1 - e^{-\lambda_2 t}) + \frac{a_3}{\lambda_3}(1 - e^{-\lambda_3 t})\right] \qquad (10-5)$$

式（10－5）可以进一步推广。如果一种材料由 N 个开尔文体串联而成（K－K－K－⋯－K），则

$$J(t) = \frac{1}{q_n}\sum_{k=1}^{N}\frac{a_k}{\lambda_k}(1 - e^{-\lambda_k t}) \qquad (10-6)$$

这一点也可从式（9－25a）

$$\frac{P(s)}{Q(s)} = \sum_{i=1}^{N}\left(\frac{1}{E_i + \eta_i s}\right)$$

得出。

由式（10－4）

$$\bar{J}(s)=\frac{P(s)}{Q(s)s}=\sum_{k=1}^{N}\frac{1}{s}\left(\frac{1}{E_k+\eta_k s}\right)$$

对上式进行拉普拉斯逆变换后，即可得

$$J(t)=\sum_{k}\frac{1}{E_k}\{1-e^{-[t/(\eta_k/E_k)]}\}$$

通常令

$$\eta_k/E_k=\tau_k=1/\lambda_k$$

则式（10－6）可改写为

$$J(t)=\sum_{k=1}^{N}D_k(1-e^{-t/\tau_k})\tag{10-6a}$$

式中，τ_k称为蠕变特征时间，简称蠕变时间。N个开尔文体组成的开尔文链具有N个蠕变时间$\tau_k(1,2,\cdots,N)$。一般说来，N越大，越能更好的拟合实验数据。

更为普遍的表示式为：设模型由无限多个开尔文体组成，其蠕变时间为一连续谱，因而

$$J(t)=\int_0^{\infty}D(\tau)(1-e^{-t/\tau})\mathrm{d}\tau\tag{10-7}$$

式中，$D(\tau)$ 称为分布函数。

二、实际材料的典型蠕变曲线及其经验公式

对许多材料进行蠕变实验的结果表明，无论是金属、岩石等多晶体材料，还有许多高分子材料，其蠕变曲线都具有大致相同的形状。典型的蠕变曲线如图10－1所示。因为$\varepsilon(t)=\sigma_0 J(t)$，所以蠕变曲线$\varepsilon(t)$ 与蠕变柔度$J(t)$ 之间是一个简单的倍数关系。

图中$\varepsilon(0^+)=\varepsilon_e$反映了材料的瞬时弹性响应，此后其蠕变可分为三个阶段。

（1）第一阶段：称之为过渡蠕变或瞬态蠕变（transient creep）。这个阶段蠕变曲线的特点是上凸的，即其应变率（或蠕变速率）是逐渐减少的。另一特点是，如果在此阶段进行卸载，卸载后弹性变形部分（$BD=AO$）立即恢复。此后，应变ε逐渐减小，最后趋于零，即变形可以完全恢复，没有永久变形，表现出所谓滞弹性。

（2）第二阶段：称为稳态蠕变。其特点为蠕变曲线近似为一直线，也即其应变率（蠕变速率）几乎不变。如果在此阶段中卸载，其情况如图10－1中CEG所示。弹性变形部分（$CE=AO$）也立即恢复，然后应变逐渐减小，但最后不趋于零，而趋于一有限值。这说明出现了永久变形。

（3）第三阶段：称之为加速蠕变。其特点为应变率随时间迅速增加，并迅速导致破坏。

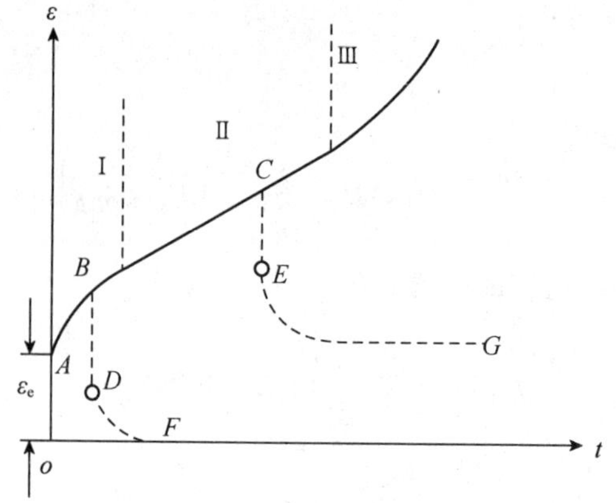

图 10－1　典型的蠕变曲线

当然，不同材料的蠕变曲线总是不相同的。而且同一种材料的蠕变曲线，在不同应力、不同温度条件下也不相同。图 10－2 表明的是对于同一种材料，应力及温度对蠕变特性影响的示意图。由图可知应力增大以及温度升高均使蠕变变形增加。

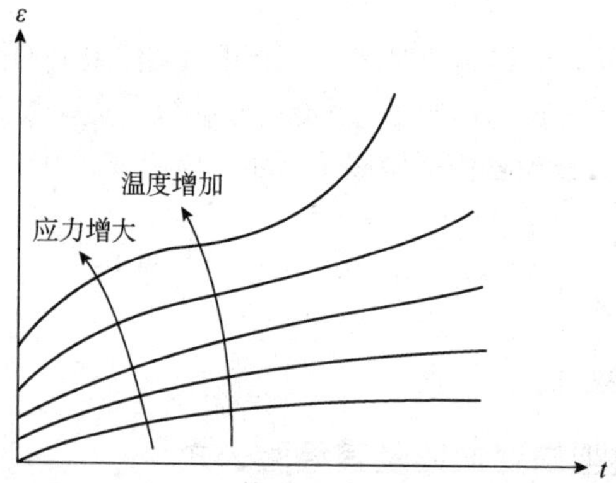

图 10－2　应力及温度对蠕变特性的影响

对于图 10－1 中所示的蠕变柔度 $J(t)$ 可以表示为

$$J(t) = J_e + J_1(t) + vt + J_3(t)$$

式中，

$$J_e = 1/E_0$$

对于第一阶段（过渡蠕变），无论是金属还是岩石，其蠕变柔度 $J(t)$ 均常用下面两种经验定律来表示。

其一为幂定律

$$J_1(t) = At^n \qquad 0 < n < 1 \tag{10-8}$$

安德烈认为 $n=\frac{1}{3}$。这通常称之为安德烈三分之一次幂定律。更广泛的研究表明：n 在 $\frac{1}{3}$ 到 $\frac{1}{2}$ 之间。

其二为对数定律

$$J_1(t) = A\ln t \tag{10-9}$$

对式（10-8）、（10-9）稍加分析就可看出，它们都存在一些明显的缺点。前者在零点处的斜率为无穷大，后者在零点处的值为负无穷大。为避免此类缺点，式（10-9）、（10-8）可分别修正为

$$J_1(t) = A\ln(1+\alpha t) \tag{10-10}$$

$$J_1(t) = A[(1+\alpha t)^{\beta} - 1] \tag{10-11}$$

式（10-10）称为罗姆尼兹定律，式（10-11）由杰弗瑞斯提出，称之为修正的罗姆尼兹定律。

对于第二阶段的稳态蠕变 $J_2(t)$ 的函数形式为

$$J_2(t) = vt$$

现在的问题则是如何确定蠕变速率 v。无论从理论上还是实验结果均表明：v 强烈地依赖于应力及温度，而且不同的材料规律也不尽相同，所以目前主要靠实验手段来解决。

三、松弛模量

与上面的研究方法完全类似，我们进一步研究材料的松弛性能。

令 $$\varepsilon = \varepsilon_0 H(t)$$

而 $$\sigma(t) = \varepsilon_0 Y(t)$$

式中，$Y(t)$ 称为松弛模量（Relexation Modulus），其物理意义为当 $\varepsilon = H(t)$ 时（$\varepsilon_0=1$），应力随时间的变化规律。其量纲与弹性模量相同。

对上式进行拉氏变换后得

$$\bar{\varepsilon} = \varepsilon_0/\varepsilon$$

$$\bar{\sigma} = \varepsilon_0 \bar{Y}(s)$$

代入式（10-2）得

$$\bar{Y}(s) = \frac{\overline{Q(s)}}{s\,\overline{P(s)}} \tag{10-4a}$$

四、蠕变柔度及松弛模量间的关系

由式（10-4）及（10-4a）可得 $\bar{J}(s)$ 及 $\bar{Y}(s)$ 间有如下的简单关系：

$$\bar{J}(s)\cdot\bar{Y}(s)=1/s^2 \tag{10-12}$$

显然，$J(t)$ 及 $Y(t)$ 中，知道一个就可利用式（10－12）求得另一个。

一些常用模型的 $J(t)$ 及 $Y(t)$ 列于表10－1中。

例3 已知标准线性固体

$$\bar{J}(s)=\frac{1+p_1s}{s(q_0+q_1s)}$$

由关系 $\bar{Y}(s)\cdot\bar{Y}(s)=\frac{1}{s^2}$得

$$\bar{Y}(s)=\frac{1}{s^2\bar{J}(s)}=\frac{q_0+q_1s}{s(1+p_1s)}=\frac{q_0}{s}+\frac{q_1-q_0p_1}{1+p_1s}=\frac{q_0}{s}+\frac{\dfrac{q_1}{p_1}-q_0}{s+\dfrac{1}{p_1}}$$

$$Y(t)=q_0+\left(\frac{q_1}{p_1}-q_0\right)e^{-t/p_1}$$

§10－2 记忆积分

（1）在上一节中，我们讨论了材料的蠕变柔度 $J(t)$。它表征了当应力不变时材料的蠕变特性。

进而我们讨论如下的问题：如果已知材料的蠕变柔度 $J(t)$，当应力 σ 不是常数，而是随时间变化的函数 $\sigma(t)$ 时，如何求得其应变 $\varepsilon(t)$？

我们先讨论如图10－3a所示的比较简单的情形。

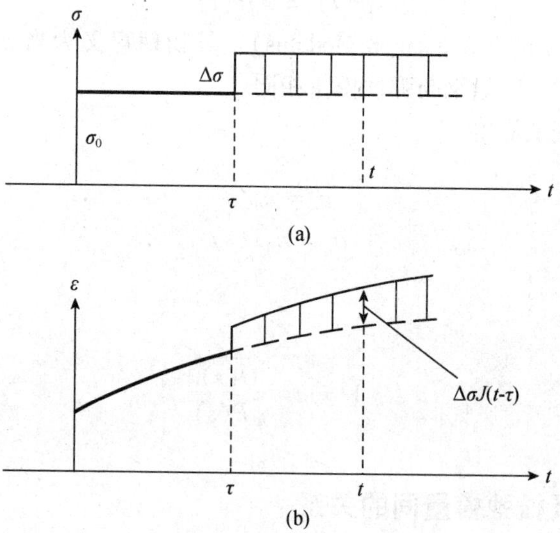

图 10－3 推导记忆积分用图

在 $t<\tau$ 以前 $\sigma=\sigma_0 H(t)$，在 $t=\tau$ 时，应力又增加一个增量 $\Delta\sigma$，且以后保持不变，即

$$\sigma = \sigma_0 H(t) + \Delta\sigma H(t-\tau)$$

当 $t<\tau$ 时，

$$\varepsilon = \sigma_0 J(t)$$

当 $t>\tau$ 时，由于我们讨论的是线性粘弹性材料，按照波尔兹曼首先提出的方法，可以应用叠加原理来解决这个问题。将载荷看成是两个载荷

$$\sigma_0 H(t)$$

及

$$\Delta\sigma H(t-\tau)$$

分别独立的作用的结果，因而应变 ε 等于二者分别作用时产生的应变

$$\sigma_0 J(t)$$

及

$$\Delta\sigma J(t-\tau)$$

这两部分的叠加，即

$$\varepsilon(t) = \sigma_0 J(t) + \Delta\sigma J(t-\tau)$$

现在再回过头来讨论 $\sigma=\sigma(t)$（图 10－4）的一般情况。

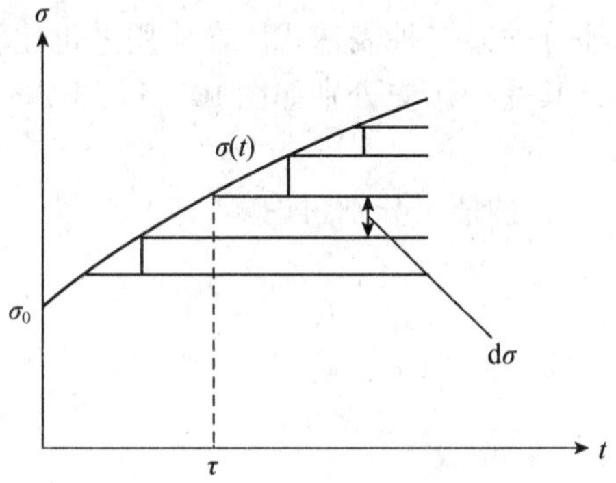

图　10－4

按照上述思路，$\sigma(t)$ 虽然是连续变化，但可以把它看成是一系列无限小的应力增量

$$\Delta\sigma(\tau)H(t-\tau)$$

所组成，每一次应力增量为

$$d\sigma(\tau) = \frac{d\sigma(\tau)}{d\tau}d\tau$$

相应地，应变也等于这一系列应力增量引起的应变之和。因而有

$$\varepsilon(t) = \sigma_0 J(t) + \int_0^t J(t-\tau)\frac{d\sigma(\tau)}{d\tau}d\tau \qquad (10-13a)^*$$

式（10－13a）还可变换为其他形式。将式（10－13a）进行分部积分，得

$$\varepsilon(t) = \sigma_0 J(t) + [J(t-\tau)\sigma(\tau)]_0^t - \int_0^t \sigma(\tau)\frac{dJ(t-\tau)}{d\tau}d\tau$$

考虑到 $\sigma(0)=\sigma_0$，上式可写为

$$\varepsilon(t) = \sigma(t)\cdot J(0) - \int_0^t \sigma(\tau)\frac{dJ(t-\tau)}{d\tau}d\tau$$

因为
$$\frac{dJ(t-\tau)}{d\tau} = -\frac{dJ(t-\tau)}{d(t-\tau)}$$

所以

$$\varepsilon(t) = \sigma(t)J(0) + \int_0^t \sigma(\tau)\frac{dJ(t-\tau)}{d(t-\tau)}dt \qquad (10-13b)$$

以上各式中的 0 都意味着 0^+。

式（10－13b）为记忆积分的第二种表达式。在应用上也比较方便。

例 4　一马克斯威尔体，其受力历史分别如图 10－5a、b、c 所示。求三种情况下的应变 $\varepsilon(\tau)$。

解　就（a）、（b）、（c）三种情况分别讨论。

(a) $\sigma(t) = \sigma_1 H(t-t_1)$，

对于 $t<t_1$：$\varepsilon(t)=0$

对于 $t>t_1$：$\varepsilon(t)=\sigma_1 J(t-t_1)$

马克斯威尔体的 $J(t) = \frac{1}{q_1}(p_1+t)$

所以
$$\varepsilon(t) = \frac{\sigma_1}{q_1}(p_1+t-t_1)$$

而
$$\varepsilon(t)\big|_{t=t_1(+)} = \frac{\sigma_1 p_1}{q_1} = \sigma_1/E_0$$

(b) $t<0$：$\varepsilon(t)=0$

注：伏葛特将式（10－13）称为 hereditary integral。如果直译应为“遗传积分”，现暂译为“记忆积分”。

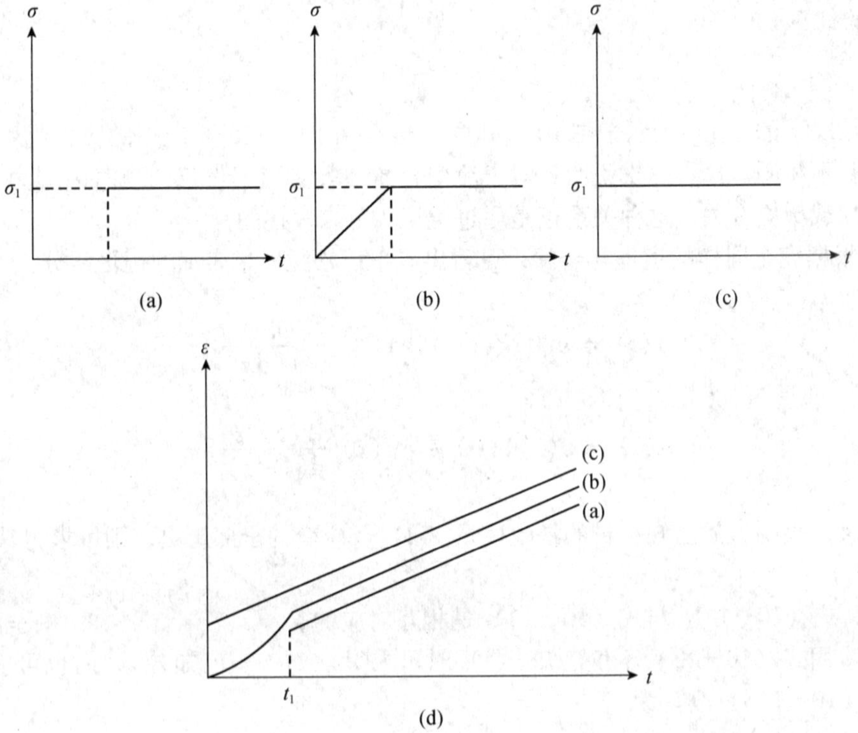

图 10－5　应用记忆积分的例子

$$0 < t < t_1: \quad \sigma(t) = \frac{\sigma_1 t}{t_1}$$

运用记忆积分式（10－13b），可得

$$\varepsilon(t) = \sigma(t)\cdot J(0) + \int_0^t \sigma(\tau)\,\frac{\mathrm{d}J(t-\tau)}{\mathrm{d}(t-\tau)}\mathrm{d}\tau$$

$$= \frac{\sigma_1 t p_1}{t_1 q_1} + \int_0^t \frac{\sigma_1 \tau}{t_1}\cdot\frac{1}{q_1}\cdot\mathrm{d}\tau = \frac{\sigma_1}{q_1 t_1}(p_1 t + t^2/2)$$

$$\varepsilon(t)\Big|_{t=t_1} = \frac{\sigma_1}{q_1}\left(p_1 + \frac{t_1}{2}\right) = \frac{\sigma_1}{E_0} + \frac{\sigma_1 t_1}{2q_1}$$

$t > t_1$

$$\varepsilon(t) = \sigma(t)\cdot J(0) + \int_0^t \sigma(\tau)\cdot\frac{\mathrm{d}J(t-\tau)}{\mathrm{d}(t-\tau)}\mathrm{d}\tau = \frac{\sigma_1}{q_1}\left(p_1 - \frac{t_1}{2} + t\right)$$

(c) $\varepsilon(t) = \sigma_1 J(t) = \dfrac{\sigma_1}{q_1}(p_1 + t)$

$$\varepsilon(0^+) = \frac{\sigma_1}{q_1}p_1 = \sigma_1/E_0$$

$$\varepsilon(t_1) = \frac{\sigma_1}{E_0} + \frac{\sigma_1 t_1}{q_1}$$

三种情况下的 $\varepsilon(t)$ 均示于图 10-5d 中。当 $t \geqslant t_1$ 时，三种情况下的应力值均为 σ_1，但其应变却各不相同。这再一次说明：对于流变介质，其变形不仅仅与当时的受力状态有关，还与它的加载历史有关。这种关系正是通过记忆积分来表述的。

（2）根据完全同样的道理与步骤，可得出以下以松弛模量表示的记忆积分：

$$\sigma(t) = \varepsilon(0)Y(t) + \int_0^t Y(t-\tau)\frac{\mathrm{d}\varepsilon(\tau)}{\mathrm{d}\tau}\mathrm{d}\tau \tag{10-14a}$$

或

$$\sigma(t) = \varepsilon(\tau)Y(0) + \int_0^t \varepsilon(\tau)\frac{\mathrm{d}Y(t-\tau)}{\mathrm{d}(t-\tau)}\mathrm{d}\tau \tag{10-14b}$$

式（10-14）表明，如已知材料的松弛模量 $Y(t)$ 及应变的全部历史，则可求得其应力的变化过程 $\sigma(t)$。

显然，式（10-14）与式（10-13）是相互对应的。

（3）应用式（10-13）不仅已知 $\sigma(t)$ 时可求得 $\varepsilon(t)$，当已知 $\varepsilon(t)$ 时也可求得 $\sigma(t)$。

将式（10-13b）改写为

$$\sigma(t) + \int_0^t \sigma(\tau)\cdot\frac{1}{J(0)}\cdot\frac{\mathrm{d}J(t-\tau)}{\mathrm{d}(t-\tau)}\mathrm{d}\tau = \frac{\varepsilon(t)}{J(0)}$$

当 $\varepsilon(t)$ 已知时，上式是典型的沃尔泰拉（Volterra）型积分方程：

$$\sigma(t) + \int_0^t \sigma(\tau)K(t,\tau)\mathrm{d}\tau = f(t) \tag{10-15}$$

其积分核为

$$K(t,\tau) = \frac{1}{J(0)}\cdot\frac{\mathrm{d}J(t-\tau)}{\mathrm{d}(t-\tau)} \tag{10-16}$$

而自由项为

$$f(t) = \varepsilon(t)/J(0) \tag{10-17}$$

解积分方程（10-15）可求得 $\sigma(t)$。

同理，如果已知 $\sigma(t)$、$Y(t)$，则（10-14b）为 $\varepsilon(t)$ 的积分方程。

因此，记忆积分（积分方程）（10-13）或（10-14）与微分方程（9-26）都是材料的本构方程。式（10-13）及（10-14）是**本构方程的积分方程形式**，而式（9-26）则是**本构方程的微分方程形式**。

§10－3　复柔度与复模量

一、复柔度的概念

在§10－1 中，我们讨论了蠕变柔度及松弛模量，它们从不同的侧面［当 $\sigma=\sigma_0H(t)$ 或 $\varepsilon=\varepsilon_0H(t)$ 时］，反映了材料的流变性质。

本节我们将研究当材料中应力（或应变）做简谐变化时的情况。从另一个侧面进一步研究材料的流变特性，特别是通过它可以揭示流变介质变形时的能量耗散。

设材料的本构方程为

$$\sum_0^m p_kD^k\sigma = \sum_0^m q_kD^k\varepsilon \tag{10-18a}$$

或

$$P\sigma=Q\varepsilon \tag{10-18b}$$

式中，

$$\left.\begin{aligned} P &= \sum_0^m p_kD^k = \sum_{k=0}^m p_k\cdot\frac{\mathrm{d}^k}{\mathrm{d}t^k} \\ Q &= \sum_{k=0}^m q_kD^k = \sum_0^m q_k\frac{\mathrm{d}^k}{\mathrm{d}t^k} \end{aligned}\right\} \tag{10-18c}$$

并受到简谐变化的应力

$$\sigma = \sigma_0\cos\omega t \tag{10-19a}$$

或

$$\sigma=\sigma_0\sin\omega\mathrm{t} \tag{10-19b}$$

的作用。

而更为方便的是令

$$\sigma = \sigma_0\mathrm{e}^{\mathrm{i}\omega t} \tag{10-19c}$$

式中，σ_0 为实数，σ 的实部与虚部则分别表示应力按余弦与正弦变化的情形。ω 为其圆频率，设频率为 f，则 $\omega=2\pi f$，而周期 $T=\dfrac{2\pi}{\omega}$。根据方程（10－18a）可以看出，其应变也必为如下的形式：

$$\varepsilon = \varepsilon_0\mathrm{e}^{\mathrm{i}\omega t} \tag{10-20}$$

将式（10－19c）、（10－20）代入方程（10－18）中得

$$\sum_0^m p_k\sigma_0(\mathrm{i}\omega)^k\mathrm{e}^{\mathrm{i}\omega t} = \sum_0^n q_k\varepsilon_0(\mathrm{i}\omega)^k\mathrm{e}^{\mathrm{i}\omega t} \tag{10-21}$$

从上式可得

$$\varepsilon_0 = \sigma_0 \frac{\sum_{k=0}^{m} p_k (i\omega)^k}{\sum_{k=0}^{n} q_k (i\omega)^k} \tag{10-22}$$

或

$$\varepsilon_0 = \sigma_0 \frac{P(i\omega)}{Q(i\omega)} = \sigma_0 G(\omega) \tag{10-23}$$

式中，$P(i\omega)$、$Q(i\omega)$ 及 $G(i\omega)$ 都是线性微分算子，具体表述如下：

$$\left.\begin{aligned} P(i\omega) &= \sum_{0}^{m} p_k (i\omega)^k \\ Q(i\omega) &= \sum_{0}^{n} q_k (i\omega)^k \end{aligned}\right\} \tag{10-24}$$

$$G(\omega) = \frac{P(i\omega)}{Q(i\omega)} \tag{10-25}$$

$G(\omega)$ 称之为复柔度。设

$$G(\omega) = G_1(\omega) + iG_2(\omega) \tag{10-26}$$

式中，$G_1(\omega)$、$G_2(\omega)$ 分别称为复柔度的实部及虚部。

现在我们进一步来计算，应力为 $\sigma_0 e^{i\omega t}$ 时的应变，由此可以揭示复柔度 $G(\omega)$ 及其实部与虚部的物理意义。

令 $\varepsilon_0 = \varepsilon_1 + i\varepsilon_2$，

则由式（10-23）得

$$\varepsilon_0 = \varepsilon_1 + i\varepsilon_2 = \sigma_0 G(\omega) = \sigma(G_1 + iG_2) \tag{10-27}$$

因此

$$\varepsilon_1 = \sigma_0 G_1$$
$$\varepsilon_2 = \sigma_0 G_2$$

如果 $G_2 = 0$，$(G = G_1)$，则 $\varepsilon_2 = 0(\varepsilon_0 = \varepsilon_1)$，这时应变 $\varepsilon(t) = \varepsilon_0 e^{i\omega t}$ 与应力 $\sigma(t) = \sigma_0 e^{i\omega t}$ 同相位。如果 $G_2 \neq 0$ 时，则 ε_2 也不为零。因而 $\varepsilon_0 = \varepsilon_1 + i\varepsilon_2$ 为一复数，在这种情况下应变 $\varepsilon(t)$ 与应力 $\sigma(t)$ 不同相位。在振动理论中常常以旋转矢量的图示方法来表示几个谐运动间的相位关系，如图 10-6 所示。

分别以 $\hat{\sigma}$ 及 $\hat{\varepsilon}$ 代表应力及应变的旋转矢量，$\hat{\varepsilon}$ 比 $\hat{\sigma}$ 超前角度 θ，

$$\theta = \mathrm{aretan}\varepsilon_2/\varepsilon_1 = \mathrm{aretan}G_2/G_1 \tag{10-28}$$

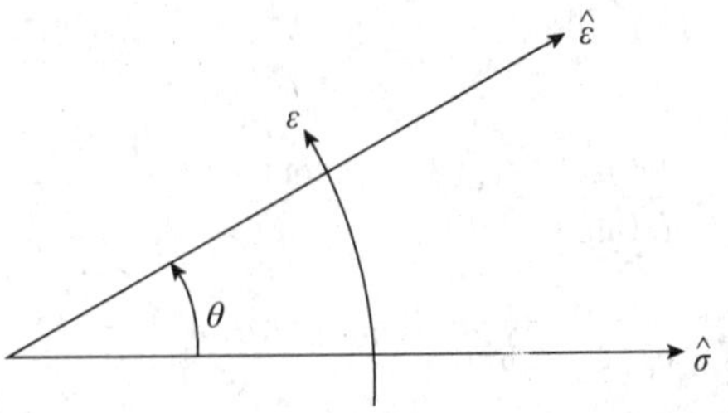

图 10-6　做简谐变化的应力与应变间的相位关系

需要说明的是：实际上，对于任何介质，$G_2 \leqslant 0$ ［参看式（10-41）］。

所以 θ 为负角度，也就是说，实际上 $\hat{\varepsilon}$ 滞后于 $\hat{\sigma}$。由式（10-28）可知，当 $G_2 = 0$ 时，$\theta = 0$。

由以上的讨论中，我们可以初步看出：

$G_2 = 0$ 时，$\sigma(t)$ 将与 $\varepsilon(t)$ 同相。众所周知，理想弹性介质中的应力恒与应变同相位，这说明 $G_2 = 0$，对应于理想弹性介质的情形；当 $G_2 \neq 0$ 时，$\sigma(t)$、$\varepsilon(t)$ 二者不同相位，由式（10-28）可知，G_2/G_1 越大，相位差也越大。因此 G_2/G_1 的大小说明了介质性质偏离弹性性质的程度。

二、复模量

同理可定义复模量 $M(\omega)$。

设已知　　$\varepsilon = \varepsilon_0 e^{i\omega t}$

令　　$\sigma = \sigma_0 e^{i\omega t}$　　（10-29）

代入式（10-18）中，得

$$\sigma_0 = M(\omega)\varepsilon_0 \quad (10-30)$$

式中，

$$M(\omega) = \frac{Q(i\omega)}{P(i\omega)} = M_1(\omega) + iM_2(\omega) \quad (10-31)$$

$$Q(i\omega) = \sum_0^n q_k (i\omega)^k$$

$$P(i\omega) = \sum_0^m p_k (i\omega)^k$$

$M(\omega)$ 的量纲与弹性模量相同。M_1、M_2 则分别称为复模量的实部与虚部。比较式（10-25）及（10-31），可得复柔度与复模量间的关系为

$$M(\omega) = 1/G(\omega) \quad (10-32)$$

三、常用流变模型的复柔度

例 5　求标准线性固体的复柔度。

由式（9－15）及（10－25）可得，

$$G(\omega)=\frac{P(\mathrm{i}\omega)}{Q(\mathrm{i}\omega)}=\frac{(1+p_1\mathrm{i}\omega)}{(q_0+q_1\mathrm{i}\omega)}$$
$$=\frac{1}{q_0^2+(q_1\omega)^2}[(q_0+p_1q_1\omega^2)-\mathrm{i}(q_1-p_1q_0)\omega]$$

$$\left.\begin{aligned}G_1(\omega)&=\frac{q_0+p_1q_1\omega^2}{q_0^2+(q_1\omega)^2}\\G_2(\omega)&=-\frac{(q_1-p_1q_0)\omega}{q_0^2+q_1\omega^2}\end{aligned}\right\}\tag{10-33}$$

如果去掉标准线性固体中的阻尼器，则此模型将蜕化为一个弹簧。式（9－16）中，令 $\eta''=0$ 可得：

$$p_1=\eta''/(E'+E'')=0$$
$$q_0=E'E''/(E'+E'')=E_\infty$$
$$q_1=E'\eta''/(E'+E'')=0$$

再令 $\eta''=0$，代入式（10－33），得

$$\left.\begin{aligned}G_2(\omega)&=0\\G_1(\omega)&=1/q_0=1/E_\infty\end{aligned}\right\}\tag{10-34}$$

由此再一次可以看出$\frac{G_2}{G_1}$与介质的非弹性性质密切相关。

在式（10－33）中，分别令 $q_0=0$ 及 $p_1=0$，可得马克斯威尔体及开尔文体的复柔度。

马克斯威尔体：

$$\left.\begin{aligned}G_1&=\frac{p_1}{q_1}=\frac{1}{E_0}\\G_2&=-\frac{1}{q_1\omega}\end{aligned}\right\}\tag{10-35}$$

开尔文体：

$$\left.\begin{aligned}G_1&=\frac{q_0}{q_0^2+q_1^2\omega^2}\\G_2&=-\frac{q_1\omega}{q_0^2+q_1^2\omega^2}\end{aligned}\right\}\tag{10-36}$$

比较式（10－35）及（10－36）可知：马克斯威尔体的 G_2/G_1 与 ω 成反比；而开尔文体的 G_2/G_1 则与 ω 成正比。

四、机械能的耗损

现在我们来讨论流变介质中机械能的耗损，从而进一步阐明 G 的物理意义。

我们讨论一个流变介质的体积微元受到单向拉伸的情形。为方便起见，设此体元三边的边长均为单位长度，从 t_1 到 t_2 的时间间隔内外力的功为

$$A = \int_{t_1}^{t_2} \sigma \frac{\mathrm{d}\varepsilon}{\mathrm{d}t}\mathrm{d}t \tag{10-37}$$

功 A 在数值上等于体元以外的介质向此体元所输送的机械能。如果介质是理想弹性介质，则它将完全转变为体内的弹性应变能，并且在卸载时将向外释放。如果介质是非弹性的，则有部分机械能转变为热能。

我们研究 $\sigma = \sigma_0 \cos\omega t$ 的情况，由式（10－20）及（10－27）得

$$\varepsilon = G_1\sigma_0\cos\omega t - G_2\sigma_0\sin\omega t$$

代入式（10－39）得

$$A = -\sigma_0^2\omega G_1\int_{t_1}^{t_2}\cos\omega t\cdot\sin\omega t\mathrm{d}t - \sigma_0^2\omega G_2\int_{t_1}^{t_2}\cos^2\omega t\mathrm{d}t \tag{10-38}$$

现在分别讨论上式中等号右面两项的物理意义。

（1）第一项 A_1：

$$A_1 = -\sigma_0^2\omega G_1\int_{t_1}^{t_2}\cos\omega t\cdot\sin\omega t\mathrm{d}t = -\frac{\sigma_0^2 G_1}{4}\cos 2\omega t\Big|_{t_1}^{t_2}$$

由上式可知，当 $t_2 = t_1 + T'(T' = \pi/\omega)$ 时，$A_1 = 0$。这说明这一部分外力功转化为介质内的可逆的弹性能 U_{E}。它在半个周期内为正值，这时外力对介质做功，介质内积累弹性能 U_{E}。在另外半个周期内 A_1 为负值，这说明介质对外做功，或对外释放弹性能。在整个周期内，外力功为零，介质可逆地回到原来的状态。

A_1 的最大值即介质内所能积累的最大弹性应变能 U_{Emax} 为

$$U_{\mathrm{Emax}} = A_1\big|_{t_2-t_1=T/4} = \frac{G_1\sigma_0^2}{2} \tag{10-39}$$

（2）第二项 A_2：

$$A_2 = -\sigma_0^2\omega G_2\int_{t_1}^{t_2}\cos^2\omega t\mathrm{d}t = -\sigma_0^2\omega G_2\left(\frac{t}{2}+\frac{1}{4\omega}\sin 2\omega t\right)\Big|_{t_1}^{t_2}$$

当 $t_2 - t_1 = T = 2\pi/\omega$ 时，

$$A_2 = -\pi G_2 \sigma_0^2$$

在每一个应力循环中，外力都对此体积单元做大小为 $-\pi\sigma_0^2 G_2$ 的功，此功代表在每一个应力循环中所耗散的能，可称为材料的内耗，以 ΔE 表之，

$$\Delta E = -\pi G_2 \sigma_0^2 \tag{10-40}$$

从热力学可知，

$$\Delta E \geqslant 0$$

这是因为，如果 $\Delta E<0$，则可以用这种材料制成永动机了，这是违背热力学第二定律的。在式（10-40）中，$\pi\sigma_0^2 \geqslant 0$，因此

$$G_2 \leqslant 0 \tag{10-41}$$

由式（10-40）进一步可以看出 G_2 的物理意义。它决定了材料的能量耗散特性，从能量的角度进一步说明了 G_2 表征着材料的非弹性性质，这一点从下面的讨论中可以看得更清楚。

为了表征材料中的能量耗散，在不同的情况下应用不同的参数。

① 耗散率 D。

它表示单元体积在单位时间内所耗散的能量。

$$D = \frac{\Delta E}{T} = \Delta E / \frac{2\pi}{\omega} = -\frac{1}{2} G_2(\omega) \cdot \omega \sigma_0^2 \tag{10-42}$$

② 阻尼比值 ε。

耗散率 D 与应力 σ_0 有关，不能很好地表征材料的耗散特性。进而采用一个应力循环中所耗散的能量 ΔE 与应力循环中所储存的最大应变能 U_{max} 的比值，作为表征材料耗散特性的参数，称为阻尼比值 ε，

$$\varepsilon = \frac{\Delta E}{U_{max}} \tag{10-43a}$$

将式（10-39）、（10-40）代入上式得

$$\varepsilon = -2\pi \frac{G_2}{G_1} \tag{10-43b}$$

显然阻尼比值 ε 为无量纲参数。

③ Q 值。

其定义为

$$\frac{2\pi}{Q} = \frac{\Delta E}{U_{max}} = \varepsilon \tag{10-44a}$$

所以

$$Q = \frac{2\pi}{\varepsilon} = -1/\frac{G_2(\omega)}{G_1(\omega)} = -\frac{G_1(\omega)}{G_2(\omega)} \tag{10-44b}$$

Q 值在振荡电路中称为振荡电路的品质因素，它的倒数说明介质的耗散特性。Q 值越大，材料的耗散越小。Q 值广泛用于衡量地球介质的耗散特性或其非弹性性质。Q 值的异常变化还被作为地震预报的手段之一。

对于上地幔，Q 值通常在 100 ~ 500 之间（Jacobs，J. A. 1979）。

④内摩擦角 δ。

它由下式定义：

$$G(\omega) = |G(\omega)| e^{-i\delta} \tag{10-45}$$

即

$$\tan\delta = -\frac{G_2}{G_1} \tag{10-46a}$$

或

$$\delta = \arctan\left(-\frac{G_2}{G_1}\right) \tag{10-46b}$$

δ 有明显的物理意义。它正好是应变旋转矢量滞后于应力旋转矢量的位相差。众所周知，对于弹性材料，上述两矢量位相一致，即 $\delta = 0$。所以 δ 也表明了材料偏离弹性性质的程度。

上述参数间有如下的简单换算关系：

$$\tan\delta = \frac{1}{Q} = \frac{\varepsilon}{2\pi} = -\frac{G_2}{G_1} \tag{10-47}$$

现以标准线性固体为例，求上述各参数。将式（10 - 33）代入式（10 - 40）至（10 - 47）各式中，得

$$\left.\begin{aligned} \Delta E &= \pi\sigma_0^2 \frac{(q_1 - p_1 q_0)\omega}{q_0^2 + q_1^2\omega^2} \\ D &= \frac{\sigma_0^2\omega^2(q_1 - p_1 q_0)}{2(q_0^2 + q_1^2\omega^2)} \\ \varepsilon &= \frac{2\pi(q_1 - p_1 q_0)\omega}{q_0 + p_1 q_1\omega^2} \\ Q &= \frac{q_0 + p_1 q_1 \omega^2}{(q_1 - p_1 q_0)\omega} \\ \tan\delta &= \frac{(q_1 - p_1 q_0)\omega}{q_0 + p_1 q_1\omega^2} \end{aligned}\right\} \tag{10-48}$$

从上述结果可知，这些参数都与频率 ω 有关。不仅对于标准线性固体是这样，对于任何线性粘弹性模型也是这样。

下面再来分析标准线性固体的 Q 值随 ω 的变化规律。为此引入新参量

$$\left.\begin{aligned}\tau_\varepsilon &= q_1/q_0\\ \tau_\sigma &= p_1\end{aligned}\right\} \tag{10-49}$$

则

$$\tan\delta = \left(\frac{\tau_\varepsilon-\tau_\sigma}{\sqrt{\tau_\varepsilon\tau_\sigma}}\right)\left(\frac{\omega\sqrt{\tau_\varepsilon\tau_\sigma}}{1+\omega^2\tau_\varepsilon\tau_\sigma}\right) \tag{10-50}$$

对于给定的材料，τ_ε、τ_σ一定，因而$\dfrac{\tau_\varepsilon-\tau_\sigma}{\sqrt{\tau_\varepsilon\tau_\sigma}}$为定值，$\tan\delta=f\left(\omega\sqrt{\tau_\varepsilon\tau_\sigma}\right)$，如图 10－7所示。

由图可见，当

$$\omega^2\tau_\varepsilon\tau_\sigma = 1$$

即

$$\omega = \sqrt{\frac{1}{\tau_\varepsilon\tau_\sigma}} = \sqrt{\frac{q_0}{p_1q_1}}$$

时，

$$\delta = \delta_{\max}$$

相应地，耗散率 D，阻尼比值 ε 均取最大值，而 Q 取最小值。而当 $\omega\to0$ 及 $\omega\to\infty$ 时，$\delta\to0$，这是因为

$$\lim_{\omega\to0}G_2 = \lim_{\omega\to0}\frac{(p_1q_0-q_1)\omega}{q_0^2+q_1^2\omega^2} = 0$$

$$\lim_{\omega\to\infty}G_2 = \lim_{\omega\to\infty}\frac{(p_1q_0-q_1)\omega}{q_0^2+q_1^2\omega^2} = 0$$

因而当 $\sigma=\sigma_0\cos\omega t$ 时，对于 $\omega\simeq0$

$$\varepsilon \simeq (\sigma_0/q_0)\cos\omega t = \frac{\sigma_0}{E_\infty}\cos\omega t$$

对于 $\omega\to\infty$，

$$\varepsilon \to \frac{\sigma_0}{q_1/p_1}\cos\omega t = \frac{\sigma_1}{E_0}\cos\omega t$$

这与图 10－7 的结论是一致的。

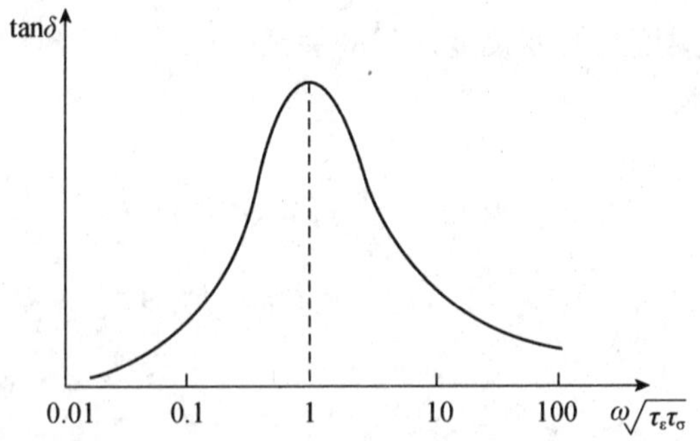

图 10－7　tanδ 与 $\omega\sqrt{\tau_\varepsilon\tau_\sigma}$ 的关系

在以上结果中，分别令 $q_0=0$ 及 $p_1=0$，则分别为马克斯威尔体及开尔文体相应的解。

马克斯威尔体：
$$\tan\delta=\frac{1}{p_1\omega}=\frac{1}{\tau_\sigma\omega} \tag{10-51}$$

即 tanδ 与 ω 成反比；

开尔文体：
$$\tan\delta=\frac{q_1\omega}{q_0}=\tau_\varepsilon\omega \tag{10-52}$$

即 tanδ 与 ω 成正比。

五、复柔度 $G(\omega)$ 与蠕变柔度之间的关系

由式（10－31）可知，如果 $\sigma=\cos\omega t$，则相应的应变为

$$\varepsilon = G_1\cos\omega t - G_2\sin\omega t$$

以此代回式（10－13a）中，但为避免过渡过程，应力 $\sigma=\cos\omega t$ 不能是从 $t=0$ 开始作用，而是从 $t=-T$ 开始作用，且 T 是非常长的时间，即 $T\to\infty$。将记忆积分式（10－13a）

$$\varepsilon(t) = \sigma(0)J(t) + \int_0^t J(t-\tau)\frac{\mathrm{d}\sigma(\tau)}{\mathrm{d}\tau}\mathrm{d}\tau$$

等式右侧中的“0”改为“$-T$”，“t”改为“$t+T$”而成如下的形式：

$$\varepsilon(t) = \sigma(-T)\cdot J(t+T) + \int_{-T}^t J(t-\tau)\frac{\mathrm{d}\sigma(\tau)}{\mathrm{d}\tau}\mathrm{d}\tau$$

所以有

$$G_1\cos\omega t - G_2\sin\omega t = \lim_{T\to\infty}\left\{J(t+T)\cos\omega T - \omega\int_{-T}^{t}J(t-\tau)\sin\omega\tau\,d\tau\right\} \quad (10-53')$$

式（10－53）表示了复柔度与蠕变柔度之间的关系。

例 6 对于开尔文体

$$J(t) = \frac{1}{q_0}(1 - e^{-t/\tau_c})$$

$$\tau_c = q_1/q_0$$

代入式（10－53）得

$$\begin{aligned} & G_1\cos\omega t - G_2\sin\omega t \\ &= \frac{1}{q_0}\lim_{T\to\infty}\left\{(1 - e^{-(T+t)/\tau_c})\cos\omega t - \omega\int_{-T}^{t}(1 - e^{-t/\tau_c} + \tau/\tau_c)\sin\omega\tau\,d\tau\right\} \\ &= \frac{1}{q_0}\lim_{T\to\infty}\left\{\cos\omega T + \cos\omega\tau\Big|_{-T}^{t} + \frac{\omega e^{-t/\tau_c}}{\lambda^2+\omega^2}\left[(\lambda\sin\omega\tau - \omega\cos\omega\tau)e^{\tau/\tau_c}\right]\Big|_{-T}^{t}\right\} \\ &= \frac{1}{q_0}\left\{\cos\omega t - \frac{\omega^2}{\lambda^2+\omega^2}\cos\omega t + \frac{\lambda\omega}{\lambda^2+\omega^2}\sin\omega t\right\} \end{aligned}$$

式中，$\lambda = 1/\tau_c$

令 $\cos\omega t$ 与 $\sin\omega t$ 前之系数分别相等，则得

$$G_1 = \frac{q_0}{q_0^2 + q_1^2\omega^2}$$

$$G_2 = -\frac{q_1\omega}{q_0^2 + q_1^2\omega^2}$$

这与式（10－36）的结果相同。

综上所述，蠕变柔度、松弛模量、复柔度、复模量各自从不同的侧面揭示了材料的流变性能，它们之间又有着密切的关系，可以根据一种性质推求其他的性质。知道材料的这些性能后，利用记忆积分，就得到以积分方程形式表示的本构方程。

在这两章中，我们只讨论材料处于简单应力状态下的情况。在下一章，我们将研究复杂应力状态下的流变学问题。

一些常用粘弹性模型的本构方程（微分方程）、蠕变柔度、松弛模量及复柔度列于表 10－1。

表 10－1

模型	本构方程 (不等式)	蠕变柔度 $J(t)$	松弛模量 $Y(t)$	复柔度 $G(\omega)$ 实部 $G_1(\omega)$	复柔度 $G(\omega)$ 虚部 $G_2(\omega)$
S	$\sigma = q_0\varepsilon$	$1/q_0$	q_0	$1/q_0$	0
D	$\sigma = q_1\dot{\varepsilon}$	t/q_1	$q_1\delta(t)$	0	$-1/q_1\omega$
S－D	$\sigma + p_1\dot{\sigma} = q_1\dot{\varepsilon}$	$(p_1+t)/q_1$	$\dfrac{q_1}{p_1}e^{-t/p_1}$	p_1/q_1	$-1/q_1\omega$
S/D	$\sigma = q_0\varepsilon + q_1\dot{\varepsilon}$	$\dfrac{1}{q_0}(1-e^{t/\tau}),\tau = q_1/q_0$	$q_0 + q_1\delta(t)$	$q_0/(q_0^2+q_1^2\omega^2)$	$-q_1\omega/(q_0^2+q_1^2\omega^2)$
S－(S/D)	$\sigma + p_1\dot{\sigma} = q_0\varepsilon + q_1\dot{\varepsilon}$ $(q_1 > p_1q_0)$	$\dfrac{p_1}{q_1}e^{-t/\tau} + \dfrac{1}{q_0}(1-e^{-t/\tau})$ $\tau = q_1/q_0$	$\dfrac{q_1}{p_1}e^{-t/p_1} + q_0(1-e^{-t/p_1})$	$\dfrac{q_0+p_1q_1\omega^2}{q_0^2+q_1^2\omega^2}$	$\dfrac{-(q_1-q_0p_1)\omega}{q_0^2+q_1^2\omega^2}$
D－(S/D)	$\sigma + p_1\dot{\sigma} = q_1\dot{\varepsilon} + q_2\ddot{\varepsilon}$ $(p_1q_1 > q_2)$	$\dfrac{t}{q_1} + \dfrac{p_1q_1-q_2}{q_1^2}(1-e^{-t/\tau})$ $\tau = q_2/q_1$	$\dfrac{q_2}{p_1}\delta(t) + \dfrac{1}{p_1}\left(q_1 - \dfrac{q_2}{p_1}\right)e^{-t/p_1}$	$\dfrac{p_1q_1-q_2}{q_1^2+q_2^2\omega^2}$	$\dfrac{-(q_1+p_1q_2\omega^2)}{(q_1^2+q_2^2\omega^2)\omega}$
S－(S/D)－D	$\sigma + p_1\dot{\sigma} + p_2\ddot{\sigma} = q_1\dot{\varepsilon} + q_2\ddot{\varepsilon}$ $(p_1^2 > 4p_2)$ $(p_1q_1q_2 > p_2q_1^2 + q_2^2)$	$\dfrac{t}{q_1} + \dfrac{p_1q_1-q_2}{q_1^2}(1-e^{-t/\tau}) +$ $\dfrac{p^2}{q^2}e^{-t/\tau}$ $\tau = q_2/q_1$	$\dfrac{1}{\sqrt{p_1^2-4p_2}}\Big\vert (q_1-\alpha q_2)e^{-\alpha t} -$ $(q_1-\beta q_2)e^{-\beta t}\Big\vert$ $\left\{\begin{matrix}\alpha\\ \beta\end{matrix}\right\} = \dfrac{1}{2p_2}(p_1 \pm \sqrt{p_1^2-4p_2})$	$\dfrac{(p_1q_1-q_2)+p_2q_2\omega^2}{q_1^2+q_2^2\omega^2}$	$-\dfrac{q_1+(q_2p_1-p_2q_1)\omega^2}{(q_1^2+q_2^2\omega^2)\omega}$
(S/D)－(S/D)	$\sigma + p_1\dot{\sigma} = q_0\varepsilon + q_1\dot{\varepsilon} + q_2\ddot{\varepsilon}$ $(q_1^2 > 4q_0q_2)$ $(q_1p_1 > q_0p_1^2 + q_2)$	$\dfrac{(\tau_1-p_1)\tau_1\tau_2}{q_2(\tau_1-\tau_2)}(1-e^{-t/\tau_1})$ $+\dfrac{(\tau_2-p_1)\tau_1\tau_2}{q_2(\tau_2-\tau_1)}(1-e^{-t/\tau_2})$, 其中$\tau_1$、$\tau_2$为下列方程的根： $q_2\tau^2 - q_1\tau + q_2 = 0$	$\dfrac{q_2}{p_1}\delta(t) + \dfrac{q_1p_1-q_2}{p_1^2}$ $-\dfrac{1}{p_1^2}(q_1p_1 - q_0p_1^2 - q_2)(1-e^{-t/p_1})$	$\dfrac{q_0+(p_1q_1-q_2)\omega^2}{q_0^2+(q_1^2-2q_0q_2)\omega^2+q_2^2\omega^4}$	$\dfrac{-[(q_1-p_1q_0)\omega+q_2p_1\omega^3]}{q_0^2+(q_1^2-2q_0q_2)\omega^2+q_2^2\omega^4}$

注：此表引自 Flugge，Viscoelasticity，(1975)。

第十一章　三维本构关系、对应原理及某些粘弹性问题的解

在本章中，我们首先将一维的情况下流变介质的本构关系推广到三维情形，从而建立流变介质的基本方程组。其次，着重介绍对应原理，它是解决粘弹性问题的一个很有效的工具。最后，应用对应原理解决几个具体的粘弹性问题。

§11－1　流变介质的三维本构关系

在第一章及第二章中我们曾经分别介绍过，应力张量及应变张量都可以分解为相应的球张量及偏（斜张）量两部分：

$$\begin{pmatrix}\sigma_{xx} & \sigma_{xy} & \sigma_{xz}\\ \sigma_{yx} & \sigma_{yy} & \sigma_{yz}\\ \sigma_{zx} & \sigma_{zy} & \sigma_{zz}\end{pmatrix}=\begin{pmatrix}\sigma_0 & 0 & 0\\ 0 & \sigma_0 & 0\\ 0 & 0 & \sigma_0\end{pmatrix}+\begin{pmatrix}\sigma_{xx}-\sigma_0 & \sigma_{xy} & \sigma_{xz}\\ \sigma_{yx} & \sigma_{yy}-\sigma_0 & \sigma_{yz}\\ \sigma_{zx} & \sigma_{zy} & \sigma_{zz}-\sigma_0\end{pmatrix}$$

$$=\sigma_0\begin{pmatrix}1 & 0 & 0\\ 0 & 1 & 0\\ 0 & 0 & 1\end{pmatrix}+\begin{pmatrix}S_{xx} & S_{xy} & S_{xz}\\ S_{yx} & S_{yy} & S_{yz}\\ S_{zx} & S_{zy} & S_{zz}\end{pmatrix}$$

式中，$\sigma_0=\frac{1}{3}\sigma_{ii}=\frac{1}{3}$（$\sigma_1+\sigma_2+\sigma_3$）$=\frac{1}{3}I_1$

$$\begin{pmatrix}\varepsilon_{xx} & \varepsilon_{xy} & \varepsilon_{xz}\\ \varepsilon_{yx} & \varepsilon_{yy} & \varepsilon_{yz}\\ \varepsilon_{zx} & \varepsilon_{zy} & \varepsilon_{zz}\end{pmatrix}=\begin{pmatrix}\varepsilon_0 & 0 & 0\\ 0 & \varepsilon_0 & 0\\ 0 & 0 & \varepsilon_0\end{pmatrix}+\begin{pmatrix}\varepsilon_{xx}-\varepsilon_0 & \varepsilon_{xy} & \varepsilon_{xz}\\ \varepsilon_{yx} & \varepsilon_{yy}-\varepsilon_0 & \varepsilon_{yz}\\ \varepsilon_{zx} & \varepsilon_{zy} & \varepsilon_{zz}-\varepsilon_0\end{pmatrix}$$

$$=\varepsilon_0\begin{pmatrix}1 & 0 & 0\\ 0 & 1 & 0\\ 0 & 0 & 1\end{pmatrix}+\begin{pmatrix}\epsilon_{xx} & \epsilon_{xy} & \epsilon_{xz}\\ \epsilon_{yx} & \epsilon_{yy} & \epsilon_{yz}\\ \epsilon_{zx} & \epsilon_{zy} & \epsilon_{zz}\end{pmatrix}$$

式中，$\varepsilon_0=\frac{1}{3}\varepsilon_{ii}=\frac{1}{3}$（$\varepsilon_1+\varepsilon_2+\varepsilon_2$）$=\frac{\Delta}{3}=\frac{I_1'}{3}$

我们曾多次强调过这种分解的重要性。这种重要性主要在于：基于物理上的考虑及大量的实验结果，对于绝大多数各向同性材料来说，在相当普遍条件下均存在这样一条很重要的规律，这就是：应变球张量只与应力球张量有关，而应变偏量则只与应力偏量有关。由此对于各种情况下建立材料的三维本构方程带来很大的方便。

对于弹性材料，其本构关系最为简单：应变球张量与应力球张量成正比，应变偏量与应

力偏量成正比（见§3－6体积改变定律与形状改变定律）。

对于弹塑性材料，在塑性范围内的本构关系为：应变球张量与应力球张量成正比（至少对绝大多数金属及工程材料来说这是成立的）。至于应变偏量与应力偏量间的关系，则比弹性变形时复杂。但是将寻求6个独立的应变分量与六个独立的应力分量之间的关系，简化为寻求应变偏量与应力偏量之间的关系。无论在理论上还是在实验上都简化得多。

现在我们继续沿着这个思路来探讨流变介质在一般情况（三维应力状态）下的本构关系。按照上面处理弹性及塑性条件下本构关系的考虑，仍然认为应变球张量只与应力球张量有关，而应变偏量只与应力偏量有关。至于它们之间是什么关系，这就可以利用前面两章中的知识。对于最一般的粘弹性材料，其本构关系为

$$\left.\begin{aligned} P'S_{ij} &= Q'\epsilon_{ij} \\ P''\sigma_0 &= Q''\varepsilon_0 \end{aligned}\right\} \tag{11-1}$$

式中，P'、Q'、P''、Q''各为如下的微分算子：

$$\left.\begin{aligned} P' &= \sum_0^{m'} p'_k D^k \\ Q' &= \sum_0^{n'} q'_k D^k \\ P'' &= \sum_0^{m''} p''_k D^k \\ Q'' &= \sum_0^{n''} q''_k D^k \end{aligned}\right\} \tag{11-2}$$

而
$$D^k = \frac{\mathrm{d}^k}{\mathrm{d}t^k}$$

一般来说，P'、Q'、P''及Q''所包含的系数（p'_k、q'_k、p''_k、q''_k）及阶数（m'、n'、m''、n''）是各不相同的。也就是说，体积变形的流变性质与形状变化的流变规律可以是不同的。而且在大多数情况下，常可认为体积变形是弹性的。这样

$$\left.\begin{aligned} P'' &= 1 \\ Q'' &= 3k \end{aligned}\right\} \tag{11-3}$$

于是，只要确定P'及Q'就完全决定了三维应力状态下流变介质的本构方程。

式（11－1）～（11－3）是用微分方程形式表示的三维本构关系。仿照第十章的方法，利用记忆积分及蠕变柔度J或松弛模量Y，也可以用积分方程的形式来表达三维情况下的流变本构方程。不过在三维应力状态下，需要有两个蠕变柔度J'及J''（或者Y'、Y''）分别描述变形的畸变部分（即偏量部分）与体积变形（即球量部分）的蠕变特性，而其本构关系为

$$\left.\begin{aligned}\epsilon_{ij} &= S_{ij}J'(0) + \int_0^t S_{ij}(\tau)\frac{\mathrm{d}J'(t-\tau)}{\mathrm{d}(t-\tau)}\mathrm{d}\tau\\ \varepsilon_0 &= \sigma_0 J''(0) + \int_0^t \sigma_0(\tau)\frac{\mathrm{d}J''(t-\tau)}{\mathrm{d}(t-\tau)}\mathrm{d}\tau\end{aligned}\right\} \tag{11-4}$$

如果体积变形是弹性的，必定有

$$J''(t) = \frac{1}{3k}$$

而式（11－4）的第二式成为

$$\varepsilon_0 = \frac{\sigma_0}{3k}$$

如果用松弛模量 Y'、Y''来表示其本构方程，则为

$$\left.\begin{aligned}S_{ij} &= \epsilon_{ij}(t)Y'(0) + \int_0^t \epsilon_{ij}(\tau)\frac{\mathrm{d}Y'(t-\tau)}{\mathrm{d}(t-\tau)}\mathrm{d}\tau\\ \sigma_0 &= \varepsilon_0(t)Y''(0) + \int_0^t \varepsilon_0(\tau)\frac{\mathrm{d}Y''(t-\tau)}{\mathrm{d}(t-\tau)}\mathrm{d}\tau\end{aligned}\right\} \tag{11-5}$$

这些表达形式之间也存在下列关系

$$\left.\begin{aligned}\bar{J}'(s) &= \frac{P'(s)}{SQ'(s)}\\ \bar{J}''(s) &= \frac{P''(s)}{SQ''(s)}\end{aligned}\right\} \tag{11-6}$$

$$\left.\begin{aligned}\bar{Y}'(s) &= \frac{Q'(s)}{SP'(s)}\\ \bar{Y}''(s) &= \frac{Q''(s)}{SP''(s)}\end{aligned}\right\} \tag{11-7}$$

$$\left.\begin{aligned}\bar{J}'(s)\cdot\bar{Y}'(s) &= \frac{1}{s^2}\\ \bar{J}''(s)\cdot\bar{Y}''(s) &= \frac{1}{s^2}\end{aligned}\right\} \tag{11-8}$$

式中，$\bar{J}'(s)$、$\bar{J}''(s)$、$\bar{Y}'(s)$、$\bar{Y}''(s)$ 分别为 $J'(t)$、$J''(t)$、$Y'(t)$ 及 $Y''(t)$ 经拉普拉斯变换后的象函数，
而

$$
\left.\begin{aligned}
P'(s) &= \sum_{0}^{m'} p'_k s^k \\
Q'(s) &= \sum_{0}^{n'} q'_k s^k \\
P''(s) &= \sum_{0}^{m''} p''_k s^k \\
Q''(s) &= \sum_{0}^{n''} q''_k s^k
\end{aligned}\right\} \tag{11-9}
$$

§11－2　粘弹性理论的基本方程组

固体力学各个分支（学科）的基本方程组都可以分为三组。(1) 几何方程。(2) 力学方程（平衡方程或运动方程）。(3) 本构方程。前两组方程对于任何固体力学分支都是相同的，唯一不同的方程组是本构方程。正是本构方程决定了各个固体力学分支的主要特点。

因此，得到粘弹性理论的本构方程之后，加上第一章中的平衡方程及第二章中的几何方程就构成了粘弹性理论完备的基本方程组如下：

(1) 几何方程：几何方程共分为两组。

① 位移与应变分量间的关系：

$$
\varepsilon_{ij} = \frac{1}{2}(u_{i,j} + u_{j,i}) \tag{11-10}
$$

② 连续性方程：

$$
\varepsilon_{ij,kl} + \varepsilon_{kl,ij} = \varepsilon_{ik,jl} + \varepsilon_{jl,ik} \tag{11-11}
$$

(2) 力学方程：

$$
\sigma_{ij,j} + f_i = 0 \qquad \left(\rho \frac{\partial^2 u_i}{\partial t^2}\right) \tag{11-12}
$$

(3) 物理方程或本构方程，即式 (11－1)。

粘弹性静力学问题的边界条件与弹性静力学问题边界条件相同，分为应力边界条件、位移边界条件及混合边界条件三种。即

$$
\left.\begin{aligned}
f_i &= f_i(x_i) && f_i(\text{体力在 } x_i \text{ 方向的投影}) \\
T_i &= T_i(x_i) && (\text{在边界 } L_\sigma \text{ 上}) \\
u_i &= u_i(x_i) && (\text{在边界 } L_u \text{ 上})
\end{aligned}\right\} \tag{11-13}
$$

式中，$f_i(x_i)$、$T_i(x_i)$、$u_i(x_i)$ 为已知函数。

解粘弹性静力学问题就是寻求对于给定边界条件式 (11－13)，方程组 (11－1)、(11－

12）及（11－11）的解。

对于动力学问题，则定解条件中还应包括初始条件。

在弹性力学中，其本构方程——胡克定律是一组最简单的线性代数方程；在粘弹性理论中，代替这组代数方程的是一组微分方程。由此可以预料，求解粘弹性理论的方程组（11－1)、(11－12)、(11－11）的解，显然不是一件容易的事。但是借助于下一节中介绍的对应原理，常常可以使问题的求解得到极大的简化。

§11－3　对应原理

由于弹性力学研究得比较充分，对许多问题都已有现成的解答。这就促使人们研究：一个粘弹性问题的解答，与相应的弹性问题的解之间是否存在某种内在联系，如果存在，就有可能借助相应的弹性问题的解，去进一步求得粘弹性问题的解。所谓相应的弹性问题，是指几何形状与边界条件都完全相同，不同的是：介质不是流变材料，而是理想弹性材料这样一个弹性力学问题。

上面所提出的问题，由对应原理做出了明确的回答。为了容易理解，我们分为几个步骤来讨论这个问题。

一、静力学问题的对应原理

对应原理的主要思路是：将一个粘弹性问题与相应的弹性问题联系起来。我们对两者的方程及边界条件进行比较后发现：它们的边界条件是相同的。如式（11－13）所示；它们的三组基本方程组中，前两组（几何方程及力学方程）也是相同的，如式（11－10)、(11－11)、(11－12）所示；唯一不同的是其本构方程，对于弹性力学问题是代数方程，对于粘弹性问题是微分方程。我们进一步联想到：对于时间 t 的微分方程，做拉普拉斯变换后就成为 s 的代数方程（参照§9－4)。因此，在象平面（$L[f(t)]=\bar{f}(s)$，称为象函数，所以 s 平面又称为象平面）上，粘弹性问题与相应的弹性问题存在着进一步的内在联系。于是我们将二者（指粘弹性问题及其相应的弹性问题）在象平面上做进一步的对比，也就是将二者的方程及边界条件都进行拉普拉斯变换再进行分析比较。

由于二者的边界条件、几何方程及力学方程本来就是相同的。经拉普拉斯变换后，在象平面上仍然是相同的，所以不必列出。下面着重比较其本构方程。

弹性问题的本构方程为

$$
\begin{aligned}
S_{ij} &= 2\mu\epsilon_{ij} \\
\sigma_0 &= 3k\varepsilon_0
\end{aligned}
$$

做拉普拉斯变换后得

$$
\left.\begin{aligned}
\bar{S}_{ij}(s) &= 2\mu\bar{\epsilon}_{ij}(s) \\
\bar{\sigma}_0(s) &= 3k\bar{\varepsilon}_0(s)
\end{aligned}\right\} \tag{11-14}
$$

粘弹性问题的本构方程为

$$\left.\begin{aligned} P'S_{ij} &= Q'\epsilon_{ij} \\ P''\sigma_0 &= Q''\varepsilon_0 \end{aligned}\right\} \tag{11-1}$$

做拉普拉斯变换后得

$$\left.\begin{aligned} \bar{P}'(s)\bar{S}_{ij}(s) &= \bar{Q}'(s)\bar{\epsilon}_{ij}(s) \\ \bar{P}''(s)\bar{\sigma}_0(s) &= \bar{Q}''(s)\bar{\varepsilon}_0(s) \end{aligned}\right\} \tag{11-15}$$

上式可写为

$$\left.\begin{aligned} \bar{S}_{ij}(s) &= \frac{\bar{Q}'(s)}{\bar{P}'(s)}\cdot\bar{\epsilon}_{ij}(s) \\ \bar{\sigma}_0(s) &= \frac{\bar{Q}''(s)}{\bar{P}''(s)}\bar{\varepsilon}_0(s) \end{aligned}\right\} \tag{11-16}$$

式中，

$$\left.\begin{aligned} \bar{P}'(s) &= \sum_{k=0}^{m'} p'_k s^k \\ \bar{Q}'(s) &= \sum_{k=0}^{n'} q'_k s^k \\ \bar{P}''(s) &= \sum_{k=0}^{m''} p''_k s^k \\ \bar{Q}''(s) &= \sum_{k=0}^{n''} q''_k s^k \end{aligned}\right\} \tag{11-17}$$

如果引入符号

$$\left.\begin{aligned} \bar{\mu}(s) &= \frac{1}{2}\frac{\bar{Q}'(s)}{\bar{P}'(s)} \\ \bar{k}(s) &= \frac{1}{3}\frac{\bar{Q}''(s)}{\bar{P}''(s)} \end{aligned}\right\} \tag{11-18}$$

则式（11－16）可写为

$$\left.\begin{aligned} \bar{S}_{ij}(s) &= 2\bar{\mu}(s)\bar{\epsilon}_{ij}(s) \\ \bar{\sigma}_0(s) &= 3\bar{k}(s)\bar{\varepsilon}_0(s) \end{aligned}\right\} \tag{11-19}$$

比较式（11－14）及（11－19）可知二者极其相似。唯一的差别是弹性问题中代数方程式（11－14）中的系数是$2\bar{\mu}(s)$及$3\bar{k}(s)$，而粘弹性问题中代数方程（11－19）中的“系数”则为2μ与$3k$。如果将弹性问题在象平面上的解中的系数$2\bar{\mu}(s)$及$3\bar{k}(s)$做如下的替换

$$\left.\begin{aligned} 2\mu \to 2\bar{\mu}(s) &= \frac{\bar{Q}'(s)}{\bar{P}'(s)} \\ 3k \to 3\bar{K}(s) &= \frac{\bar{Q}''(s)}{\bar{P}''(s)} \end{aligned}\right\} \tag{11-20a}$$

则得到相应的粘弹性问题在象平面上的解。这就是有名的**对应原理**。

因此，当我们要解某一粘弹性问题时，我们可以先寻求其相应的弹性问题在象平面上的解 $\bar{\sigma}_{ij}^{(e)}(s)$、$\bar{\varepsilon}_{ij}^{(e)}(s)$ 或 $\bar{u}_i^{(e)}(s)$。然后将其中所含的弹性常数 μ 及 k，按式（11－20）做替换后就得到该粘弹性问题在象平面上的解 $\bar{\sigma}_{ij}^{(v)}(s)$、$\bar{\varepsilon}_{ij}^{(v)}(s)$ 及 $\bar{u}_i^{(v)}(s)$。再做逆拉普拉斯变换最后得所要求的粘弹性问题的解 $\sigma_{ij}^{(v)}$、$\varepsilon_{ij}^{(v)}$、$u_i^{(v)}$。这就是应用对应原理解决粘弹性问题的步骤。可以用如下的框图清楚地表述如下（以应力 σ_{ij} 为例）。

弹性问题的解

$$\sigma_{ij}^{(e)}(x_i,\mu,k)\cdot H(t)$$

↓ 拉普拉斯变换

弹性问题在象平面上的解

$$\sigma_{ij}^{(e)}(s)=\sigma_{ij}^{(e)}(x_i,\mu,k)/s$$

↓ $\mu\to\bar{\mu}(s)$，$k\to\bar{k}(s)$

粘弹性问题在象平面上的解

$$\sigma_{ij}^{(v)}(s)=\sigma_{ij}^{(v)}[x_i,\bar{\mu}(s),\bar{k}(s)]/s$$

↓ 逆拉普拉斯变换

粘弹性问题的解

$$\sigma_{ij}^{(v)}=L^{-1}[\sigma_{ij}^{v}(t)]$$

关于对应原理的应用，再做两点补充说明。

（1）弹性力学问题的解中有时出现的不是 μ 与 k 而是其他弹性常数，另外粘弹性介质的本构方程有时不用式（11－1）的微分方程形式，而采用包含蠕变柔度 J'、J'' 的记忆积分。根据第三章、第十章的知识，可以将代换式（11－20a）扩充为

$$\left.\begin{aligned}
\mu\to\bar{\mu}(s)&=\frac{1}{2}\frac{\bar{Q}'(s)}{\bar{P}'(s)}=\frac{1}{2}\frac{1}{s\bar{J}'(s)}=\frac{1}{2}\bar{Y}'(s)S\\
k\to\bar{k}(s)&=\frac{1}{3}\frac{\bar{Q}''(s)}{\bar{P}''(s)}=\frac{1}{3}\frac{1}{s\bar{J}''(s)}=\frac{1}{3}\bar{Y}''(s)S\\
E\to\bar{E}(s)&=\frac{3\bar{Q}'(s)\bar{Q}''(s)}{\bar{Q}'(s)\bar{P}''(s)+2\bar{P}'(s)\bar{Q}''(s)}=\frac{3}{s[2\bar{J}'(s)+\bar{J}''(s)]}\\
\nu\to\bar{\nu}(s)&=\frac{\bar{P}'(s)\bar{Q}''(s)-\bar{Q}'(s)\bar{P}''(s)}{\bar{Q}'(s)\bar{P}''(s)+2\bar{P}'(s)\bar{Q}''(s)}=\frac{\bar{J}'(s)-\bar{J}''(s)}{2\bar{J}'(s)+\bar{J}''(s)}\\
\lambda\to\bar{\lambda}(s)&=\frac{\bar{P}'(s)\bar{Q}''(s)-\bar{P}''(s)\bar{Q}'(s)}{3\bar{P}'(s)\bar{P}''(s)}=\frac{1}{3s}\left[\frac{1}{\bar{J}''(s)}-\frac{1}{\bar{J}'(s)}\right]
\end{aligned}\right\}\quad(11-20b)$$

（2）如果弹性力学的某一解中（例如应力 σ_{ij}）不包含弹性常数，则其相应的粘弹性问题的解与弹性力学中完全相同。单连域的平面问题及复连域的平面问题，当每一围线上作用的力系构成平衡力系时，其应力均与弹性常数无关（木斯海里斯维里，1958）。在这种条件下的粘弹性问题的应力与弹性问题中完全相同，也不随时间发生变化。

二、准静态问题的对应原理

如果边界条件（载荷或/及位移）随时间发生变化。但是变化速率很慢。由此引起的惯性力项，与运动方程中的其他项比较可以略去不计。这种情况属于准静态问题。

如果其边界条件的变化满足比例加载条件，则对应原理仍然成立。

比例加载时，其边界条件可表达如下：

$$\left.\begin{aligned} f_i &= f_i(x_i)\cdot g(t) \\ T_i &= T_i(x_i)\cdot g(t) \\ u_i &= u_i(x_i)\cdot g(t) \end{aligned}\right\} \qquad (11-21)$$

式中，$f_i(x_i)$、$T_i(x_i)$、$u_i(x_i)$ 及 $g(t)$ 均为已知函数。

在这种情况下运用对应原理解粘弹性问题的思路及步骤均与静力学问题相仿。所不同的是，在静力学问题中，其边界条件式（11-13）与时间无关。或者更确切地写为

$$\left.\begin{aligned} f_i &= f_i(x_i)\cdot H(t) \\ T_i &= T_i(x_i)\cdot H(t) \\ u_i &= u_i(x_i)\cdot H(t) \end{aligned}\right\}$$

因此弹性静力学问题的解也必为如下的形式：

$$\sigma_{ij}^{(e)}(x_i,\mu,k)\cdot H(t)$$

这个解经拉普拉斯变换后必定是

$$\sigma_{ij}^{(e)}(x_i,\mu,k)/S$$

对于准静态问题，弹性问题的解为

$$\sigma_{ij}^{(e)}(x_i,\mu,k)\cdot g(t)$$

经拉普拉斯变换后则为

$$\sigma_{ij}^{(e)}(x_i,\mu,k)\cdot g(s)$$

其具体步骤也可用框图清晰地表示如下：

弹性静力学问题的解

$$\sigma_{ij}^{(e)}(x_i,\mu,k)\cdot H(t)$$

$\downarrow$ $H(t)\to g(t)$

弹性准静态问题的解

$$\sigma_{ij}^{(e)}(x_i,\mu,k)\cdot g(t)$$

$\downarrow$ 拉普拉斯变换

弹性准静态问题在象平面上的解

$$\bar{\sigma}_{ij}^{(e)}(s)=\sigma_{ij}^{(e)}(x_i,\mu,k)g(s)$$

$\downarrow$ 代换(11－20)

粘弹性问题在象平面上的解

$$\sigma_{ij}^{(v)}(s)=\sigma_{ij}^{(e)}[x_i,\bar{\mu}(s),\bar{k}(s)]\,\bar{g}(s)$$

$\downarrow$ 逆拉普拉斯变换

粘弹性问题的解

$$\sigma_{ij}^{(v)}(x_i,t)=L^{-1}[\bar{\sigma}_{ij}^{(v)}(t)]$$

三、动力学问题的对应原理

粘弹性动力学问题与其相应的弹性力学问题之间也存在对应关系。其基本思路仍大体相同。只是现在不用拉普拉斯变换，而改用傅立叶变换。因而在频率域中存在对应关系。有兴趣的读者可参阅有关文献（Bland D. R.，1960）。

对应原理最早由阿尔弗雷（Alfrey J.，1944）于1944年提出。但只限于不可压缩材料。钱学森发展了阿尔弗雷的工作，证明对应原理适用于可压缩材料。李（Lee E. H.，1956）则在更普遍的条件下证明了对应原理。但对应原理有两个基本前提，一是材料必须是线性粘弹性体，因而其本构关系可以用式（11－1）所示的线性微分方程来表述；二是物体边界的几何形状必须不随时间发生变化。因此边界形状随时间变化的问题，如裂纹扩展问题、正在熔化的金属问题等不能随便应用对应原理。格雷哈姆（Graham G. A. C.，1969）进一步证明了在一定条件下，对于某些裂纹扩展问题，对应原理仍然适用。

以下几节的内容为利用对应原理求某些粘弹性问题的解。

§11－4　厚壁筒问题的粘弹性解

在§5－8中，已研究过拉梅问题，其应力为

$$
\left.\begin{aligned}
\sigma_{rr} &= \frac{a^2b^2(p_2 - p_1)}{(b^2 - a^2)r^2} + \frac{p_1a^2 - p_1b^2}{b^2 - a^2} \\
\sigma_{\theta\theta} &= -\frac{a^2b^2(p_2 - p_1)}{(b^2 - a^2)r^2} + \frac{p_1a^2 - p_2b^2}{b^2 - a^2} \\
\sigma_{r\theta} &= 0
\end{aligned}\right\} \tag{11-22}
$$

位移为：

$$
\left.\begin{aligned}
u &= \frac{1}{E}\left[\left(\frac{p_1a^2 - p_2b^2}{b^2 - a^2}\right)(1 - \nu)r - \frac{a^2b^2(p_2 - p_1)}{(b^2 - a^2)} \cdot \frac{(1 + \nu)}{r}\right] \quad (\text{平面应力}) \\
u &= \frac{(1 + \nu)}{E}\left[\left(\frac{p_1a^2 - p_2b^2}{b^2 - a^2}\right)(1 - 2\nu)r - \frac{a^2b^2(p_2 - p_1)}{(b^2 - a^2)r}\right] \quad (\text{平面应变}) \\
v &= 0
\end{aligned}\right\} \tag{11-23}
$$

由于上述解中，应力分量的表达式不包含任何弹性常数，即应力的分布与材料性质无关。因此在粘弹性问题中，其应力分布与式（11－22）所示的弹性问题中的应力分布情况完全相同。

位移 u 中包含弹性常数，所以其粘弹性解中必然出现时间因素，根据对应原理，先求

$$
\bar{u}(s) = \frac{(1 + \nu)}{E}\left[\left(\frac{\bar{p}_1(s)a^2 - \bar{p}_2(s)b^2}{b^2 - a^2}\right)(1 - 2\nu)r - \frac{a^2b^2(\bar{p}_2(s) - \bar{p}_1(s))}{(b^2 - a^2)r}\right] \quad (\text{平面应变})
$$

然后将上式中的 ν 按式（11－20b）换成 $\bar{\nu}(s)$、E 换成 $\bar{E}(s)$，即得相应的粘弹性问题在拉普拉斯变换象平面上的解。

$$
\bar{u}^{(v)}(s) = \frac{1 + \bar{\nu}(s)}{\bar{E}(s)}\left\{\left[\frac{\bar{p}_1(s)a^2 - \bar{p}_2(b)b^2}{b^2 - a^2}\right] \times [1 - 2\bar{\nu}(s)] \cdot r - \frac{a^2b^2[\bar{p}_2(s) - \bar{p}_1(s)]}{(b^2 - a^2)r}\right\}
$$

将式（11－20b）代入得

$$
\begin{aligned}
\bar{u}^{(v)}(s) = \frac{\bar{P}'(s)}{\bar{Q}'(s)}\Bigg\{&\left[\frac{3\bar{Q}'(s)\bar{P}''(s)}{2\bar{P}'(s)\bar{Q}''(s) + \bar{P}''(s)\bar{Q}'(s)}\right] \\
&\times \frac{\bar{p}_1(s)a^2 - \bar{p}_2(s) \cdot b^2}{(b^2 - a^2)}r - \frac{a^2b^2[\bar{p}_2(s) - \bar{p}_1(s)]}{(b^2 - a^2)r}\Bigg\}
\end{aligned} \tag{11-24}
$$

本问题为静力学问题，故

$$
\begin{aligned}
&\left.\begin{aligned}
p_1(t) &= p_1H(t) \\
p_2(t) &= p_2H(t)
\end{aligned}\right\} \\
&\left.\begin{aligned}
\bar{p}_1(s) &= p_1/s \\
\bar{p}_2(s) &= p_2/s
\end{aligned}\right\}
\end{aligned} \tag{11-25}
$$

式中，p_1、p_2 为常数。

设构成厚壁筒材料的流变性质如下：对于体积变形为弹性的，畸变（形状改变）部分的流变性质符合开尔文模型。因而

$$\left.\begin{aligned} P''(s) &= 1 \\ Q''(s) &= 3k \\ P'(s) &= 1 \\ Q'(s) &= (q_0 + q_1 s) \end{aligned}\right\} \tag{11-26}$$

以式（11-25）、（11-26）代入（11-24）得

$$\bar{u}(r,s) = \frac{p_1 a^2 - p_2 b^2}{b^2 - a^2} \cdot \frac{3r}{(6k + q_0 + q_1 s)s} - \frac{a^2 b^2 (p_2 - p_1)}{(b^2 - a^2) r (q_0 + q_1 s) s}$$

利用拉普拉斯变换表可得

$$u(r,t) = \frac{p_1 a^2 - p_2 b^2}{b^2 - a^2} \cdot \frac{3r}{6k + q_0} \left\{ 1 - \exp\left[- \frac{(6k + q_0)}{q_1} t \right] - \frac{a^2 b^2 (p_2 - p_1)}{(b^2 - a^2) r q_0} \left[1 - \exp\left(- \frac{q_0}{q_1} t \right) \right] \right\} \tag{11-27}$$

由上式可见，当 $t=0$ 时，$u(r)\ =0$。这是因为，开尔文体的冲击弹性模量→∞，因而其瞬时弹性响应为零。而当 $t\to\infty$ 时，

$$\lim_{t\to\infty} u(r,t) = \frac{p_1 a^2 - p_2 b^2}{(b^2 - a^2)} \cdot \frac{3r}{6k + q_0} - \frac{a^2 b^2 (p_2 - p_1)}{q_0 (b^2 - a^2) r} \tag{11-28}$$

即位移最后趋向于一稳定值，这是因为材料的体积变形部分是弹性的，而其畸变部分符合开尔文体，而开尔文体的流变特性，当 $t\to\infty$ 时，其变形仍是有限的。

如果材料的体积变形是弹性的，而畸变部分为马克斯威尔材料，则

$$\left.\begin{aligned} \bar{P}'(s) &= 1 + p_1 s \\ \bar{Q}'(s) &= q_1 s \\ \bar{P}''(s) &= 1 \\ \bar{Q}''(s) &= 3k \end{aligned}\right\} \tag{11-29}$$

将式（11-25）、（11-29）代入式（11-24）中得

$$\bar{u}(r,s) = \frac{1 + p_1 s}{s} \left[\left(\frac{p_1 a^2 - p_2 b^2}{b^2 - a^2} \right) \cdot \frac{3r}{6k + (6kp_1 + q_1) s} - \frac{a^2 b^2 (p_2 - p_1)}{(b^2 - a^2) r} \cdot \left(\frac{1}{q_1 \cdot s} \right) \right]$$

利用拉普拉斯变换表可得

$$u(r,t) = \frac{p_1a^2 - p_2b^2}{b^2 - a^2} \cdot \frac{r}{3k}\left[1 - \frac{q_1}{6kp_1 + q_1}\exp\left(-\frac{9kt}{6kp_1 + q_1}\right)\right] - \frac{a^2b^2(p_2 - p_1)}{(b^2 - a^2)r} \cdot \left(\frac{p_1 + t}{q_1}\right) \tag{11-30}$$

由上式可见，当 $t\to\infty$ 时，u 是无界的。这自然是因为其畸变部分的性质为马克斯威尔体（流体）的缘故。但是当变形达到一定限度后，超出了小变形的范围，上述解答就不再适用了。

再讨论如下的准静态情形。

设

$$\left.\begin{aligned} p_1(t) &= \frac{t}{t_0}p_1 \\ p_2(t) &= \frac{t}{t_0}p_2 \end{aligned}\right\} \tag{11-31}$$

式中，p_1、p_2、t_0 为常数。

设 T 为该问题的特征时间，则

$$T = L/V \tag{11-32}$$

式中，L 为该问题的特征长度（例如，在本问题中可取 $L=a$），而 V 为特征速度，例如可以取 V 为材料的声速。

当 $t_0\gg T$，即 $t_0/T\gg 1$ 时，则问题为准静态问题。由拉普拉斯变换表可得

$$\left.\begin{aligned} \bar{p}_1(s) &= \frac{p_1}{t_0}\Big/ s^2 \\ \bar{p}_2(s) &= \frac{p_2}{t_0}\Big/ s^2 \end{aligned}\right\} \tag{11-33}$$

设材料的流变性质仍由式（11－26）所示，将式（11－26）及（11－33）代入（11－24）得

$$\bar{u}(s) = \frac{p_1a^2 - p_2b^2}{(b^2 - a^2)t_0} \cdot \frac{3r}{(6k + q_0 + q_1s)s^2} - \frac{a^2b^2(p_2 - p_1)}{(b^2 - a^a)rt_0} \cdot \frac{1}{(q_0 + q_1s)s^2}$$

利用拉普拉斯变换表得

$$u(r,t) = \frac{3(p_1a^2 - p_2b^2)r}{(b^2 - a^2)t_0}\left\{\frac{t}{(6k + q_0)} - \frac{q_1}{(6k + q_0)^2} \times \left[1 - \exp\left(-\frac{6k + q_0}{q_1}t\right)\right]\right\} - \frac{a^2b^2(p_2 - p_1)}{(b^2 - a^2)rt_0} \times \left\{\frac{t}{q_0} - \frac{q_1}{q_0^2}\left[1 - \exp\left(-\frac{q_0}{q_1}t\right)\right]\right\} \tag{11-34}$$

§11－5　柱体单向拉伸

设一柱体在轴向（x 轴）受到拉伸，受拉后使其应变保持不变：

$$\varepsilon_{xx} = \varepsilon_0 H(t)$$

并设材料的体积变形为弹性的，畸变部分为开尔文体，求其应力及应变。

先解其相应的弹性问题，其解为

$t<0$

$$\begin{aligned}\varepsilon_{ij} &= 0\\ \sigma_{ij} &= 0\end{aligned}$$

$t>0$

$$\left.\begin{aligned}&\varepsilon_{xx} = \varepsilon_0\\ &\varepsilon_{yy} = \varepsilon_{zz} = -\nu\varepsilon_{xx} = -\nu\varepsilon_0\\ &\varepsilon_{xy} = \varepsilon_{yz} = \varepsilon_{zx} = 0\\ &\sigma_{xx} = E\varepsilon_{xx}\\ &\sigma_{yy} = \sigma_{zz} = \sigma_{xy} = \sigma_{yz} = \sigma_{zx} = 0\end{aligned}\right\} \tag{11-35}$$

式（11－35）满足所有弹性力学方程，满足边界条件，因而正是本问题的解。

粘弹性问题的解。根据对应原理，凡是弹性解中与弹性常数无关的解，在粘弹性问题中仍不变，因此有

$$\begin{gathered}\varepsilon_{xy} = \varepsilon_{yz} = \varepsilon_{zx} = 0\\ \sigma_{yy} = \sigma_{zz} = \sigma_{xy} = \sigma_{yz} = \sigma_{zx} = 0\\ \varepsilon_{xx} = \varepsilon_0\end{gathered}$$

式（11－35）中 σ_{xx} 及 ε_{yy} 与 ε_{zz} 的表达式中包含弹性常数。根据对应原理，可分别求出其粘弹性解。设材料的流变性质满足式（11－26），则

$$\bar{\sigma}_{xx}(s) = \frac{3\bar{Q}'(s)\bar{P}''(s)}{\bar{Q}'(s)\bar{P}''(s) + 2\bar{P}'(s)\bar{Q}''(s)}\bar{\varepsilon}_{xx}(s)$$

式中，$\varepsilon_{xx} = \varepsilon_0 H(t)$，$\bar{\varepsilon}_{xx}(s) = \varepsilon_0/s$　　(11－36)

将式（11－26）代入上式得

$$\bar{\sigma}_{xx}(s) = \frac{3(q_0 + q_1 s)\cdot 3k}{q_0 + q_1 s + 6k}\cdot\frac{\varepsilon_0}{s} = \varepsilon_0\left\{\frac{9k}{s} - \frac{54k^2/q_1}{s\left[s + \left(\frac{6k + q_0}{q_1}\right)\right]}\right\}$$

利用拉普拉斯变换表得

$$\sigma_{xx}(t) = \varepsilon_0\left\{9k \cdot H(t) - \frac{54k^2}{6k+q_0} \times \left[1 - \exp\left(-\frac{6k+q_0}{q_1}t\right)\right]\right\} \tag{11-37}$$

当 $t=0^+$ 时

$$\sigma_{xx}(0^+) = 9k\varepsilon_0$$

此后，由于松弛作用，σ_{xx}逐渐减小，最后趋向于渐近值：

$$\sigma_{xx} = 9k\left(\frac{q_0}{6k+q_0}\right)\varepsilon_0 \tag{11-38}$$

再求 $\varepsilon_{yy}(\varepsilon_{zz}=\varepsilon_{yy})$

$$\bar{\varepsilon}_{yy}(s) = -\bar{\nu}(s)\frac{\varepsilon_0}{s} = -\frac{\varepsilon_0}{s} \cdot \frac{\bar{P}'(s) \cdot \bar{Q}''(s) - \bar{P}''(s) \cdot \bar{Q}'(s)}{2\bar{P}'(s)\bar{Q}''(s) + \bar{P}''(s)\bar{Q}'(s)}$$

将式（11-26）代入上式得

$$\bar{\varepsilon}_{yy}(s) = \frac{\varepsilon_0}{s}\frac{q_1 s + q_0 - 3k}{(q_1 s + q_0) + 6k} = \frac{\varepsilon_0}{s}\left(1 - \frac{9k}{q_1 s + 6k + q_0}\right)$$

做逆拉普拉斯变换后得

$$\varepsilon_{yy} = \varepsilon_{zz} = \varepsilon_0 H(t) - \varepsilon_0 \cdot \frac{9k}{6k+q_0}\left[1 - \exp\left(-\frac{6k+q_0}{q_1}t\right)\right] \tag{11-39}$$

本问题的解有一定的实际意义。例如高压容器（尤其是高温高压容器）的紧固螺钉，在安装时给予一定的初应变 ε_0，与此相应的初应力为 $\sigma_{xx}(0^+)=9k\varepsilon_0$。但是由于螺钉材料的流变作用，$\sigma_{xx}$随着时间的增加而逐渐减小（松弛），并可能因此而丧失高压容器的密封作用，这是在设计与使用高压容器（以及类似的机械与设备）时应该注意的。

§11-6 万有引力引起的地壳应力的进一步讨论

先讨论如图 11-1 的情况，设刚模由绝对刚体制成。刚模内置一粘弹性物体。二者无间隙，但摩擦为零。因此，其边界条件为：上、下底面上 $\sigma_{zz}=-p_0$，剪应力为零，侧面上的侧向位移为零，即 $u=v=0$。

其弹性解为

$$\left.\begin{aligned} \sigma_{zz} &= -p_0 H(t) \\ \sigma_{xx} &= \sigma_{yy} = \frac{\nu}{1-\nu}\sigma_{zz} = -\frac{\nu}{1-\nu}p_0 H(t) \end{aligned}\right\} \tag{11-40}$$

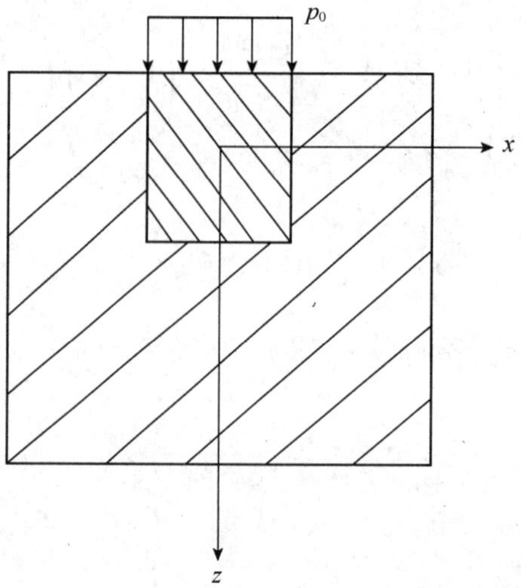

图 11-1

相应的粘性解为

$$\left.\begin{aligned}\sigma_{zz} &= -p_0H(t)\\ \bar{\sigma}_{xx}(s) = \bar{\sigma}_{yy}(s) &= -\left(\frac{p_0}{s}\right)\frac{\bar{P}'(s)\bar{Q}''(s)-\bar{P}''(s)\bar{Q}'(s)}{\bar{P}'(s)\bar{Q}''(s)+2\bar{P}''(s)\bar{Q}'(s)}\end{aligned}\right\}\tag{11-41}$$

由上式可知，σ_{zz}保持不变（对于$t>0$），而侧向应力（又称水平应力）σ_{xx}及σ_{yy}则将随时间发生变化。其变化规律取决于材料的流变性质，即$\bar{P}'(s)$、$\bar{Q}'(s)$、$\bar{P}''(s)$及$\bar{Q}''(s)$。

下面选择两种情形进行讨论。

（1）体积变形是弹性的，畸变部分则为马克斯威尔体，即如式（11-29）所代表的情况。将式（11-29）代入式（11-41）中得

$$\bar{\sigma}_{xx}(s) = \bar{\sigma}_{yy}(s) = -\left(\frac{p_0}{s}\right)\frac{3k(1+p_1s)-q_1s}{3k(1+p_1s)+2q_1s}$$

上式经过整理，并做逆拉普拉斯变换后得

$$\sigma_{xx}(t) = \sigma_{yy}(t) = -p_0\left[1-\left(\frac{3q_1}{3kp_1+2q_1}\right)\exp\left(\frac{-3kt}{3kp_1+2q_1}\right)\right]\tag{11-42}$$

σ_{xx}、σ_{yy}随时间的变化情况如图 11-2 所示，当$t\to\infty$时

$$\sigma_{xx} = \sigma_{yy} = \sigma_{zz} = -p_0\tag{11-43}$$

即由于材料流变的结果。其应力偏量不断减小而趋向于静水压应力状态。

（2）设材料体积变形的本构关系按开尔文体，而畸变部分按马克斯威尔体。即

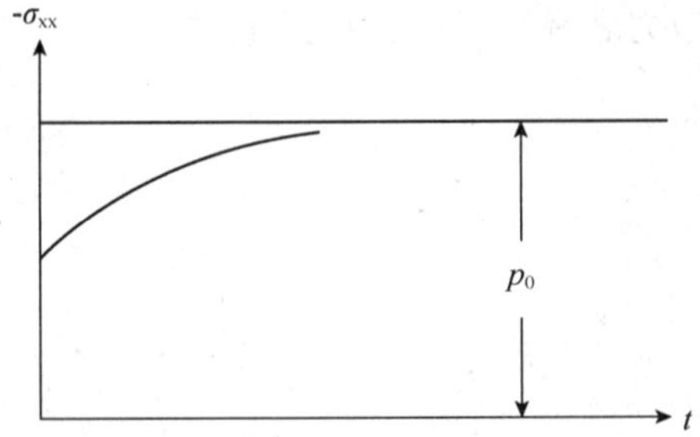

图 11-2

$$
\left.\begin{aligned}
\bar{P}'(s) &= 1 + p_1' s, \quad & \bar{Q}'(s) &= q_1' s \\
\bar{P}''(s) &= 1, & \bar{Q}''(s) &= q_0'' + q_1'' s
\end{aligned}\right\} \tag{11-44}
$$

以上式代入（11-41）式，并经过整理后得

$$
\bar{\sigma}_{xx}(s) = \bar{\sigma}_{yy}(s) = -p_0\left[\frac{1}{s} - \frac{3q_1'}{p_1'q_1''s^2 + (p_1/q_0'' + q_1'' + 2q_1')s + q_0''}\right]
$$

上式中，等式右侧方括号内第二个分式的分母为 s 的二次多项式，其两个根各为 $-\lambda_1$、$-\lambda_2$。且可证明：λ_1、λ_2 均为正值。将其化成部分分式，再利用拉普拉斯变换表可得

$$
\sigma_{xx} = \sigma_{yy} = -p_0\left[1 - \left(\frac{3q_1'}{p_1'q_1''}\right)\cdot\left(\frac{1}{\lambda_1 - \lambda_2}\right)(e^{-\lambda_1 t} - e^{-\lambda_2 t})\right] \tag{11-45}
$$

$$
\left.\begin{matrix}\lambda_1 \\ \lambda_2\end{matrix}\right\} = \frac{p_1'q_0'' + q_1'' + 2q_1' \pm \sqrt{(p_1'q_0'' + q_1'' + 2q_1')^2 - 4p_1'q_0''q_1''}}{2p_1'q_1''} \tag{11-46}
$$

$\sigma_{xx}(t)$、$\sigma_{yy}(t)$ 随 t 的变形如图 11-3 中所示，可见，当 $t\to\infty$ 时，也得到

$$
\sigma_{xx} = \sigma_{yy} = \sigma_{zz} = -p_0
$$

以上的讨论是对于如图 11-1 所示的情况进行的。在讨论由于地心引力造成的地壳应力场时（参看 §6-1），其弹性解为

$$
\left.\begin{aligned}
\sigma_{zz} &= -\rho g z \\
\sigma_{xx} &= \sigma_{yy} = \frac{\nu}{1-\nu}\sigma_{zz} = -\frac{\nu}{1-\nu}\rho g z
\end{aligned}\right\}
$$

只需将以上讨论中的 p_0 改为 $\rho g z$ 即可适用。因而得出如下的看法：由于地壳介质的流变性质，使地壳中的应力状态有趋向于流体静压力的趋势，即

$$
\sigma_{xx} = \sigma_{yy} = \sigma_{zz} = -\rho g z
$$

符合上式的应力状态，在地质构造学中称之为标准应力状态。偏离这个状态的应力（即实际的应力张量与标准应力之差），称之为构造应力。

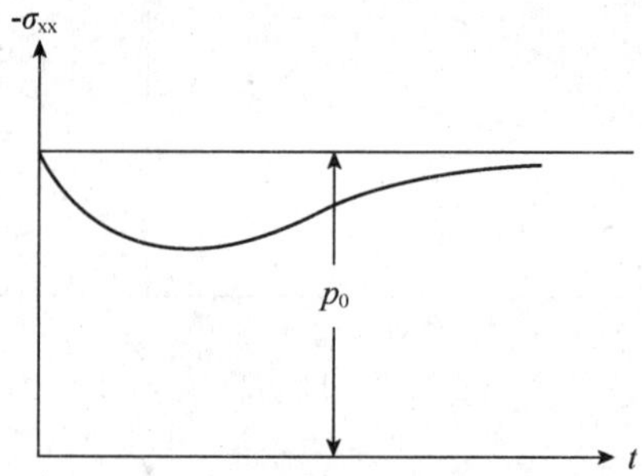

图　11－3

但上述结论是在材料畸变变形的流变性质如马克斯威尔体（或其他“流体”模型）时得到的。对这种材料，其松弛特性为完全松弛类型，即当 $t\to\infty$ 时，应力偏量趋于零，所以势必趋向于静水压应力状态。如果材料畸变变形的流变性质是“固体”类型，则其松弛特性为不完全松弛。上述结论就不能成立。地壳及地幔介质的流变特性至今还是一个有待深入研究的课题。

第五篇　断裂力学基础

断裂力学的研究对象，是含有裂纹型缺陷的固体材料中的应力分析及强度问题以及裂纹的扩展规律。它是近几十年来迅速发展起来的固体力学的一个新的分支。虽然时间很短，却在工程技术及许多科学领城中获得广泛的运用，成为固体力学中一个极为活跃的部分。近年来，利用断裂力学的方法与成果，研究地震及断层的产生与运动，也是国际地震学界的重要动向之一（Aki，2009）。

第十二章　线弹性断裂力学

§12－1　历史概况及格里菲斯理论

在叙述它的基本内容之前，我们简略地回顾一下这门学科的发展历史。这将有助于更深刻地理解它的基本概念和内容。

连续介质力学是古典自然科学宝库中发展很早、进展极快、内容完善而且在实际中得到广泛应用的少数学科之一。它对人类的进步做出了不可磨灭的贡献。

连续介质力学的基本出发点认为介质是连续的。这当然与近代科学对于物质结构的认识是相互矛盾的。但是直到19世纪末，由于连续介质力学在工程应用上所取得的光辉成就及人类科学水平的限制，掩盖了连续介质力学在这方面的缺陷。

随着固体物理、物理力学等学科的发展，人们已能够大致从理论上计算出某些固体材料（特别是单晶体）的理论强度。例如，比较普遍的一种结果是：$\sigma_T=\sqrt{\gamma E/b}$，此处$\sigma_T$表晶体理论强度，$E$为杨氏模量，$b$为晶格间距，$\gamma$为表面能密度（余寿文、冯西桥，1997）。但计算所得的理论强度远远超过固体力学实验中测得的实际材料强度。前者往往比后者要大几个数量级。这一情况具有很重要的意义。因为它意味着材料的强度有很大的潜力，预示着有可能研制出新的材料，它的强度将比现有材料高出几倍、几十倍。如果这样，它的意义是难以估量的。因而吸引着不少科学家去研究现有材料的强度比理论强度低的原因。人们很早就认识到这是由于实际固体中存在着大量缺陷所致。但这种认识在很长一段时期里只停留在定性说明的阶段。而对于缺陷如何定量地影响材料的强度，则一直是许多科学工作者探索的课题。

起初，有些人企图用应力集中系数来定量地解决这个问题。利用弹性理论或光弹性实验，可以计算出或测定某些几何形状的应力集中系数α（例如在§5－12中已计算出，无限大平板中圆孔引起的应力集中系数$\alpha=3$）。α代表由于缺陷引起的应力集中而使应力增大的倍数，由此含有此种缺陷的材料强度也应大致降低α倍。但当时所计算出的α一般尚不足以解释材料的实际强度比理论强度差几个数量级的这一事实。

1913年英格里斯得到了含椭圆孔平板受拉伸时的弹性解（参看§5－22），并将其结果用于研究材料的强度问题。当拉伸应力σ垂直于椭圆长轴时，长轴端点处的环向应力最大。由§5－22可得

$$\sigma_{\max}=\left(1+\frac{2a}{b}\right)\sigma \tag{12-1a}$$

长轴端点处的曲率半径为

$$\rho=b^2/a$$

所以式（10－1a）又可改写为

$$\sigma_{\max} = \left(1 + 2\sqrt{\frac{a}{\rho}}\right)\sigma \tag{12-1b}$$

因而应力集中系数 α 为

$$\alpha = 1 + 2\sqrt{\frac{a}{\rho}}$$

当 ρ 很小时，a/ρ 很大，因而 α 很大。这样就进一步解释了材料实际强度远小于理论强度的原因。

但是对裂纹型缺陷来说，$\rho \to 0$，因而 $\alpha \to \infty$。这意味着：即使 σ 非常小，但只要是有限值，那么按上述计算公式得到 $\sigma_{\max} \to \infty$。这样的结果从传统的连续介质力学的观点出发是比较难以接受的。

格里菲斯利用英格里斯对于椭圆孔问题的解，令 $b=0$，即得到板中有一长为 $2a$ 的直线裂纹的解。

他没有直接考虑裂纹尖端的应力，绕过这一矛盾，而计算由于裂纹的存在，整个弹性板所释放的弹性势能为（参看§12－4）

$$W_{\mathrm{c}} = \pi\sigma^2 a^2/E \tag{12-2}$$

为简便起见，设板的厚度为1。其中 E 为杨氏弹性模量。由于裂纹的出现，增加的表面能为

$$S = 4a\Gamma \tag{12-3}$$

其中 Γ 为单位面积的表面能。格里菲斯认为当裂纹端部扩展一小段长度 $\mathrm{d}a$（裂纹长度从 $2a \to 2a + 2\mathrm{d}a$）时，弹性势能的释放率

$$\mathrm{d}W_{\mathrm{c}}/\mathrm{d}a$$

如果大于或等于表面能的增加率

$$\mathrm{d}S/\mathrm{d}a$$

则裂纹处于不稳定状态，势必进一步扩展，因此而得到裂纹扩展的条件为

$$\frac{\mathrm{d}W_{\mathrm{c}}}{\mathrm{d}a} = \frac{\mathrm{d}S}{\mathrm{d}a} \tag{12-4}$$

将式（12－2）、（12－3）代入上式，得临界应力 σ_{g} 为

$$
\left.\begin{aligned}
\sigma_g &= \sqrt{\frac{2E\Gamma}{\pi a}} \qquad (\text{平面应力}) \\
\sigma_g &= \sqrt{\frac{2E\Gamma}{\pi a(1-\nu^2)}} \qquad (\text{平面应变})
\end{aligned}\right\} \tag{12-5}
$$

式中，E、Γ 是材料常数。上式最引人注目之点在于 σ_g 不仅与材料性质有关，而且与裂纹长度有密切关系。它预言对于同一种材料，如果 a 不同 σ_g 也不同，但 $\sigma_g \cdot \sqrt{a}$ 应该为常数。

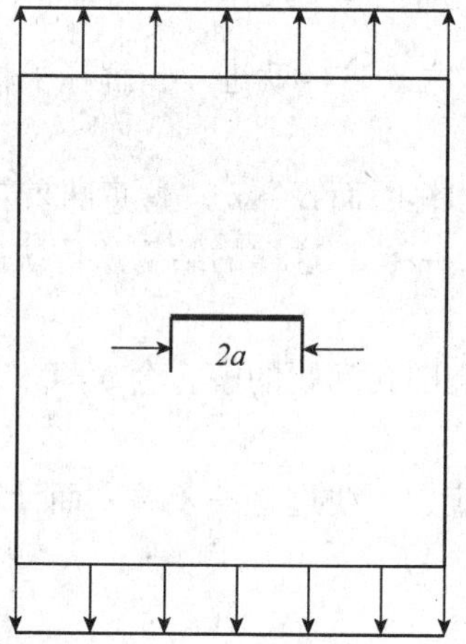

图 12-1　格里菲斯裂纹模型

为了验证自己的理论，格里菲斯进一步做了实验。他用玻璃管及玻璃球做内压实验，用金刚钻在试件上刻划出不同长度的人为刻痕（预制裂纹），用实验测出对于不同裂纹长度的临界应力，其实验结果如下表。

可见实验结果与理论预言之间的符合是令人满意的。

格里菲斯的工作从思想方法上看，在两点上突破了以往连续介质力学中研究材料强度时的传统观念：①以往的各种强度理论（如最大剪应力理论等），实际上只是一些科学假说，虽然它们都有不少实验事实作根据，但从物理思想上来说，缺乏足够使人信服的物理基础。而格里菲斯理论则建立在令人信服的、普遍适用的能量概念的基础上。②过去的各种强度理论往往只局限于考虑一个点（或者包括点的周围）。格里菲斯理论以整个包含裂纹的物体作为研究对象，这一点也是一个很大的进步。他的工作是很有开创性的，因此被认为是断裂力学的开创人。

格里菲斯的工作建立在弹性力学的基础上，因此只适用于所谓“理想脆性材料”，即材料直到断裂之前，应力-应变关系仍是弹性的。这种破坏情况称之为脆性断裂，简称脆断。

由于在当时的生产力水平条件下（如工程上多使用强度较低的韧性材料），发生脆断事故的情况不多，所以格里菲斯的工作在长达几十年的时间里没有受到足够的重视。

	裂纹长 a	直径	σ_g(psi)	$\sigma_g\sqrt{2a}/2$	
球壳	0.15	1.49	864	237	磅·英寸$^{-3/2}$
	0.27	1.53	623	228	磅·英寸$^{-3/2}$
	0.54	1.60	482	251	磅·英寸$^{-3/2}$
	0.89	2.00	366	244	磅·英寸$^{-3/2}$
圆管	0.25	0.59	618	240	磅·英寸$^{-3/2}$
	0.32	0.71	590	232	磅·英寸$^{-3/2}$
	0.38	0.74	526	229	磅·英寸$^{-3/2}$
	0.28	0.61	655	245	磅·英寸$^{-3/2}$
	0.26	0.62	674	243	磅·英寸$^{-3/2}$
	0.36	0.61	616	238	磅·英寸$^{-3/2}$

随着生产与科学技术的发展，新的高强度钢，超高强度钢被研制出来并得到广泛使用。再加上机械与设备的大型化，焊接工艺的大量使用，工作条件的复杂多样化（低温、原子辐射、化学腐蚀等）等各种原因，工程上发生了一系列所谓低应力脆断事故（即工作应力低于屈服应力时发生的脆性断裂）。例如 1943 年冬比利时跨度为 75.4m 的哈塞尔特大桥，在建成后不久，突然发生巨大响声，随后断成三截。据不完全统计在 1938～1943 年期间发生脆断事故的焊接桥梁竟达 40 座之多。在二次大战期间，近 2500 艘焊接货船发生脆断性破坏事故。又如美国的克利夫兰一个内径为 17.3m 的球形天然气罐因脆断破坏发生爆炸事故，100 多人死亡，经济损失巨大。这样，脆断问题的研究又重新引起了国际上广泛的注意。其中最引人注目的是 1950 年美国北极星导弹发动机壳试验时发生的爆炸事件。试验爆炸时的工作应力只有 700MPa，远远低于其屈服应力 1600MPa。事故发生后美国国防部建议美国材料试验学会（ASTM）及美国国家宇航局（NASA）组织专门的机构研究断裂力学，促使断裂力学在 20 世纪 50 年代正式诞生。

欧文与欧罗万研究了材料的塑性对裂纹扩展的影响，建议将格里菲斯公式：

$$\sigma_g = \sqrt{\frac{2E\Gamma}{\pi a}}$$

修改为

$$\sigma_g = \sqrt{\frac{2E(\Gamma + \Gamma_p)}{\pi a}} \tag{12-6}$$

式中，Γ_p 为塑性功。根据低碳钢实验结果估计 Γ_p 比 Γ 大三个数量级以上。

之后，1957 年欧文又提出了在断裂力学中占有重要地位的**应力强度因子**的概念。断裂韧性测试技术也随之建立和发展起来。至此线弹性断裂力学已奠定了坚实的基础。

在 20 世纪六七十年代里断裂力学得到飞速的发展。

1960 年达格德尔提出考虑裂纹尖端塑性区的带状模型。1961 年威尔斯提出了裂纹顶端张开位移准则。1968 年赖斯（Rice J. R.，1968）提出用 J 积分作为裂纹扩展的判据。赖斯、罗森兰和哈特钦森几乎同时于 1968 年得到了硬化材料中裂纹端部弹塑性应力分析的渐近近似解（通常称为 R. R. H. 解）。上述代表性的工作标志着弹塑性断裂力学取得了相当的进展，但是比之线弹性断裂力学，仍然存在不少根本性的有待解决的问题。

在断裂动力学方面，1948 年莫特将动能项引入格里菲斯理论的能量判据中，但实质上仍然是准静态问题。1960 年布罗贝格得到了裂纹匀速扩展的解。这是断裂动力学方面的重大贡献。此后，薛昌明、柯斯特洛夫及福鲁德等人的工做进一步丰富了这个领域。但总的来说，由于断裂动力学在理论上与实验技术上的困难，远不如静力学成熟。

§12－2　裂纹端部的应力场与位移场

为了进一步深入分析断裂力学的有关问题，首先必须研究裂纹端部的应力场与位移场。

一、裂纹的三种基本类型

为了便于讨论，欧文将裂纹分为三种基本类型，如图 12－2 所示。

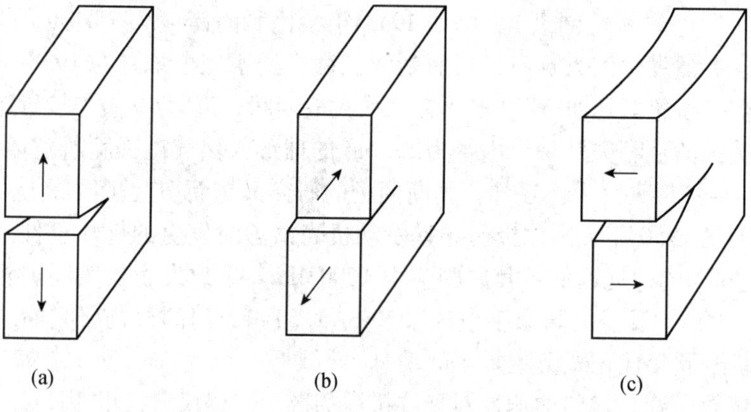

图 12－2　裂纹的三种基本类型（图中箭头表示相对运动方向）

（a）Ⅰ型裂纹或张开型裂纹；（b）Ⅱ型裂纹或滑移型裂纹；（c）Ⅲ型裂纹或撕开型裂纹

这三种基本型式的裂纹是最简单的、最基本的、也是在实际经常遇到的裂纹。Ⅰ型裂纹代表在垂直于裂纹面的拉应力作用下，裂纹表面位移垂直于裂纹面的情况，所以又称之为张开型。Ⅱ型及Ⅲ型裂纹代表在剪应力作用下，裂纹表面互相滑移的情形，称之为剪切型裂纹。其中Ⅱ型裂纹称为面内剪切型裂纹；Ⅲ型裂纹称之为面外剪切型或反平面裂纹。

更复杂的裂纹，可以由这几种简单裂纹组合而成，称之为复合型裂纹。本章着重研究三种简单裂纹，复合型裂纹在十三章中讨论。

在工程中，Ⅰ型裂纹最重要。因此，Ⅰ型裂纹也研究得最充分。在地学中，剪切型裂纹具有特殊重要的意义。而且在地学中的剪切裂纹不是简单型式的剪切裂纹，而是一种特殊的剪切裂纹。这一点在十四章还要作进一步的分析讨论。

二、柯洛索夫-木斯海里斯维里函数

分析裂纹端部的应力场与位移场有许多种数学方法，这里我们只介绍复变函数方法。

在第五章中，我们已经介绍了平面弹性力学问题的复变函数解法。

如复变函数 $\varphi(z)$、$g(z)$ 是解析函数，则

$$U = \mathrm{Re}[\bar{z} \cdot \varphi(z) + g(z)] \tag{12-7}$$

必是双调和方程

$$\nabla^4 U = 0 \tag{12-8}$$

的解。

式（12-7）中的 U 称为复应力函数。因为这一套方法主要是由柯洛索夫首创，由木斯海里斯维里所发展完善的，故又称之为柯洛索夫-木斯海里斯维里函数。

应力分量、位移分量与应力函数间的关系由柯洛索夫公式确定：

$$\left.\begin{aligned} \sigma_{yy} + \sigma_{xx} &= 2[\varphi'(z) + \overline{\varphi'(z)}] = 4\mathrm{Re}\varphi'(z) \\ \sigma_{yy} - \sigma_{xx} + 2\mathrm{i}\sigma_{xy} &= 2[\bar{z}\varphi''(z) + \psi'(z)] \\ 2\mu(u + \mathrm{i}v) &= \kappa\varphi(z) - z\,\overline{\varphi'(z)} - \overline{\psi(z)} \end{aligned}\right\} \tag{12-9}$$

式中，

$$\psi(z) = g'(z)$$

$$\kappa = \begin{cases} (3 - 4\nu) & \text{（平面应变）} \\ (3 - \nu)/(1 + \nu) & \text{（平面应力）} \end{cases} \tag{12-10}$$

以下就三种基本裂纹进行讨论。

1. Ⅰ型裂纹

讨论如图 12-3 中所示的问题。一无限大平板，板内有一长为 $2a$ 的穿透裂纹，边缘受到均布力的作用。很明显，若 $\varepsilon = 0$，则此问题即为当年格里菲斯所研究过的著名例子。

本问题的边界条件如下：

当 $|z| \to \infty$，

$$\left.\begin{aligned} \sigma_{xx} &= \varepsilon\sigma^{\infty} \\ \sigma_{yy} &= \sigma^{\infty} \\ \sigma_{xy} &= 0 \end{aligned}\right\} \tag{12-11}$$

在裂纹表面上（$y = 0$，$|x| < a$），

$$\left.\begin{aligned} \sigma_{yy} &= 0 \\ \sigma_{xy} &= 0 \end{aligned}\right\} \tag{12-12}$$

由§5－21、§5－22，可得其解为

$$\left.\begin{aligned}\varphi' &= \frac{\sigma^{\infty}}{2}\left[\frac{z}{\sqrt{z^2-a^2}}\right]-(1-\varepsilon)\frac{\sigma^{\infty}}{4}\\ \psi' &= a^2\cdot\left[\frac{z}{(z^2-a^2)^{3/2}}\right]\frac{\sigma^{\infty}}{2}+(1-\varepsilon)\frac{\sigma^{\infty}}{2}\end{aligned}\right\} \tag{12-13}$$

利用柯洛索夫公式，不难验证上述解满足边界条件式（12－11）及（12－12）。

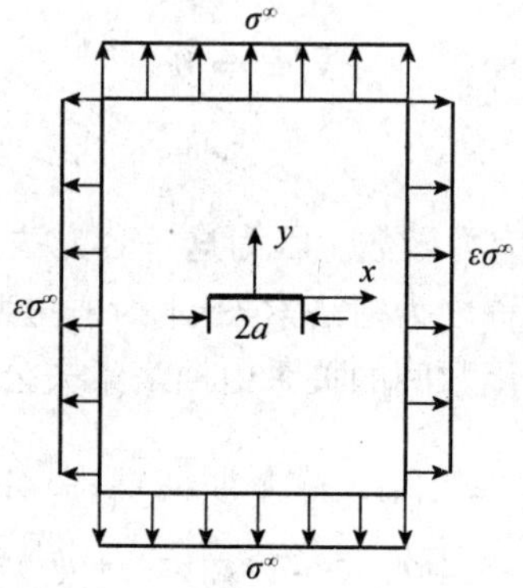

图 12－3　双向拉伸的中心穿透裂纹

2. Ⅱ型裂纹

如图 12－4 所示，无穷大板中有一长为 $2a$ 的穿透裂纹。板边作用着均匀的剪应力 $\tau_{xy}=\tau^{\infty}$。

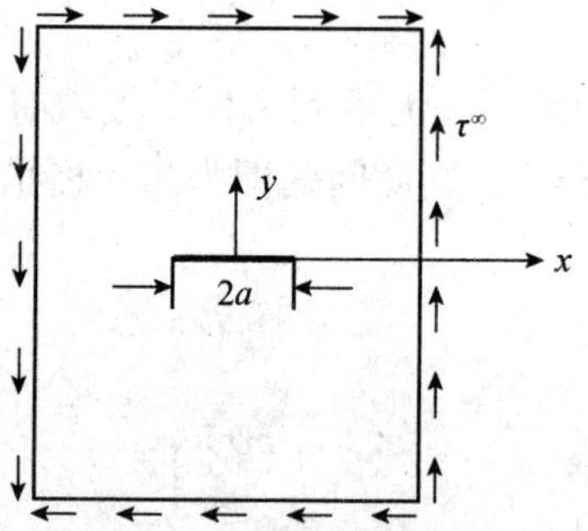

图 12－4　Ⅱ型裂纹

边界条件为

当 $|z|\to\infty$，

$$\left.\begin{aligned}\sigma_{xx}&=\sigma_{yy}=0\\ \sigma_{xy}&=\tau_{\infty}\end{aligned}\right\} \tag{12-14a}$$

在裂纹表面上（$y=0$，$|x|<a$），

$$\left.\begin{aligned}\sigma_{yy}&=0\\\sigma_{xy}&=0\end{aligned}\right\}\tag{12-14b}$$

本问题的解如下：

$$\left.\begin{aligned}\varphi'(z)&=-\left(\mathrm{i}\frac{\tau^{\infty}}{2}\right)\left[\frac{z}{\sqrt{z^2-a^2}}\right]+\mathrm{i}\frac{\tau^{\infty}}{2}\\\psi'(z)&=\mathrm{i}\tau^{\infty}\left[\frac{z}{\sqrt{z^2-a^2}}\right]-\mathrm{i}a^2\frac{\tau^{\infty}}{2}\cdot\left[\frac{z}{(z^2-a^2)^{3/2}}\right]\end{aligned}\right\}\tag{12-14c}$$

不难验证解式（12－14c）完全满足式（12－14a，b）给定的边界条件。

3. Ⅲ型裂纹

本问题不是平面问题，参阅本书368页有关内容。

三、威斯特噶尔德函数

威斯特噶尔德提出一种方法，对于具有某种对称性如图12－3、12－4等所示的情况，可以用一个复变函数 $Z(z)$（现称为威斯特噶尔德函数）代替 $\varphi(z)$、$\psi(z)$ 两个函数，因而带来不少方便。在断裂力学中得到比较广泛的应用。以下就Ⅰ、Ⅱ、Ⅲ型裂纹三种典型情况分别进行讨论。

1. Ⅰ型裂纹

对于单纯的Ⅰ型裂纹，问题的特点是对称于 x 轴。在 x 轴上（$y=0$），$\sigma_{xy}=0$，所以由式（12－9）得

$$\psi'(z)+z\varphi''(z)+A=0\tag{12-15}$$

式中，A 为实常数。

因此，

或

$$\left.\begin{aligned}\psi'(z)&=-z\varphi''(z)-A\\\psi(z)&=\varphi(z)-z\varphi'(z)-Az\end{aligned}\right\}\tag{12-16}$$

以（12－16）代入柯洛索夫公式（12－9）中得到

$$\left.\begin{aligned}\sigma_{xx}&=2\mathrm{Re}[\varphi'(z)]-2y\mathrm{Im}[\varphi''(z)]+A\\\sigma_{yy}&=2\mathrm{Re}[\varphi'(z)]+2y\mathrm{Im}[\varphi''(z)]-A\\\sigma_{xy}&=-2y\mathrm{Re}[\varphi''(z)]\end{aligned}\right\}\tag{12-17}$$

$$\left.\begin{aligned}2\mu u&=(\kappa-1)\mathrm{Re}[\varphi(z)]-2y\mathrm{Im}[\varphi'(z)]+Ax\\2\mu v&=(\kappa+1)\mathrm{Im}[\varphi(z)]-2y\mathrm{Re}[\varphi'(z)]-Ay\end{aligned}\right\}\tag{12-18}$$

式中，
$$\kappa = 3 - 4\nu \qquad （平面应变）$$
$$\kappa = \frac{3-\nu}{1+\nu} \qquad （平面应力）$$

如令
$$Z_{\mathrm{I}}(z) = 2\varphi'(z) \tag{12-19}$$

则
$$\left.\begin{aligned} \sigma_{xx} &= \mathrm{Re}[Z_{\mathrm{I}}(z)] - y\mathrm{Im}[Z'_{\mathrm{I}}(z)] + A \\ \sigma_{yy} &= \mathrm{Re}[Z_{\mathrm{I}}(z)] + y\mathrm{Im}[Z'_{\mathrm{I}}(z)] - A \\ \sigma_{xy} &= -y\mathrm{Re}[Z'_{\mathrm{I}}(z)] \end{aligned}\right\} \tag{12-20}$$

$$\left.\begin{aligned} 2\mu u &= \left(\frac{k-1}{2}\right)\mathrm{Re}\,\tilde{Z}_{\mathrm{I}} - y\mathrm{Im}Z_{\mathrm{I}} + Ax \\ 2\mu v &= \left(\frac{k+1}{2}\right)\mathrm{Im}\,\tilde{Z}_{\mathrm{I}} - y\mathrm{Re}Z_{\mathrm{I}} - Ay \end{aligned}\right\} \tag{12-21}$$

式中，$\tilde{Z}_{\mathrm{I}}$ 表示 $Z_{\mathrm{I}}(z)$ 的积分。$Z_{\mathrm{I}}(z)$ 称为Ⅰ型裂纹的威斯特噶尔德函数。

公式（12-20）、(12-21）是用威斯特噶尔德方法解Ⅰ型裂纹问题的基本公式。它与柯洛索夫公式相当。

对于如图12-3所示的问题，其威斯特噶尔德函数为

$$Z_{\mathrm{I}}(z) = \frac{\sigma^{\infty} z}{\sqrt{z^2 - a^2}} - (1-\varepsilon)\frac{\sigma^{\infty}}{2} \tag{12-22}$$

上式中等号右边第二项在不少断裂力学文献中被忽略了。但这一项仅在 $\varepsilon = 1$，即双向均匀拉伸的情况下才为零。在一般情况下，第二项不能省去。将式（12-13）、（12-22）代入式（12-16）可得

$$A = -(1-\varepsilon)\sigma^{\infty}/2 \tag{12-23}$$

可见只有当无穷远处的应力 $\sigma^{\infty} = 0$ 或 $\varepsilon = 1$ 时，$A = 0$。除此情况之外，$A \neq 0$。但在许多文献中却把 A 忽略了。在有些情况下这是允许的，但在另一些情况下，如计算远场位移时，则不应忽略。

以式（12-22）代入（12-20）、(12-21）式中即可求得各点的应力与位移。但在断裂力学中，关键是裂纹端部的应力场与位移场。因此引用以裂纹端点为原点的极坐标（通常称为裂纹前缘坐标系）如图12-5所示，

$$z = a + re^{i\theta} = a + \zeta \tag{12-24}$$

将此式代入式（12-20），且在裂纹端部附近的区域内，$r/a \ll 1$，略去高阶小量之后可得

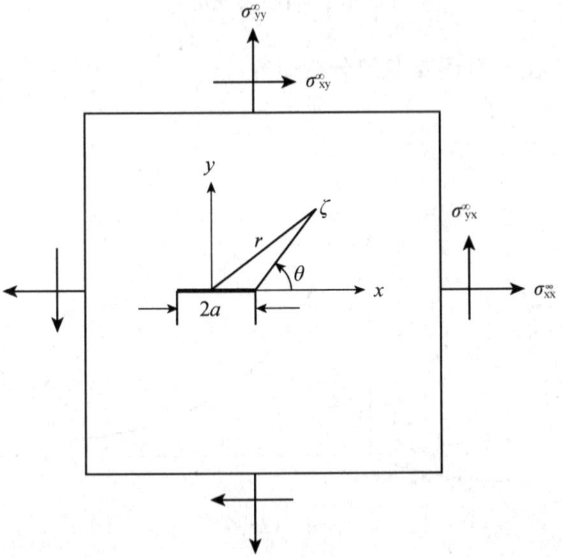

图 12－5　裂纹前缘坐标（r，θ）

$$
\left.
\begin{aligned}
\sigma_{xx} &= \frac{K_{\mathrm{I}}}{\sqrt{2\pi r}}\cos\frac{\theta}{2}\left(1-\sin\frac{\theta}{2}\cdot\sin\frac{3}{2}\theta\right)\\
&= \frac{K_{\mathrm{I}}}{4\sqrt{2\pi r}}\left(3\cos\frac{\theta}{2}+\cos\frac{5}{2}\theta\right)\\
\sigma_{yy} &= \frac{K_{\mathrm{I}}}{\sqrt{2\pi r}}\cos\frac{\theta}{2}\left(1+\sin\frac{\theta}{2}\sin\frac{3}{2}\theta\right)\\
&= \frac{K_{\mathrm{I}}}{4\sqrt{2\pi r}}\left(5\cos\frac{\theta}{2}-\cos\frac{5}{2}\theta\right)\\
\sigma_{xy} &= \frac{K_{\mathrm{I}}}{\sqrt{2\pi r}}\cos\frac{\theta}{2}\sin\frac{\theta}{2}\cos\frac{3}{2}\theta\\
&= \frac{K_{\mathrm{I}}}{4\sqrt{2\pi r}}\left(-\sin\frac{\theta}{2}+\sin\frac{5}{2}\theta\right)
\end{aligned}
\right\}
\tag{12-25a}
$$

在极坐标中的应力分量则为

$$
\left.
\begin{aligned}
\sigma_{rr} &= \frac{K_{\mathrm{I}}}{\sqrt{2\pi r}}\cos\frac{\theta}{2}\left[1+\sin^2\left(\frac{\theta}{2}\right)\right]\\
\sigma_{\theta\theta} &= \frac{K_{\mathrm{I}}}{\sqrt{2\pi r}}\cos^3\left(\frac{\theta}{2}\right)\\
\sigma_{r\theta} &= \frac{K_{\mathrm{I}}}{\sqrt{2\pi r}}\sin\frac{\theta}{2}\cos^2\left(\frac{\theta}{2}\right)
\end{aligned}
\right\}
\tag{12-25b}
$$

式中，

$$K_{\mathrm{I}}=\sigma^{\infty}\sqrt{\pi a} \tag{12-26}$$

称之为**应力强度因子**。在下节还要专门分析研究。

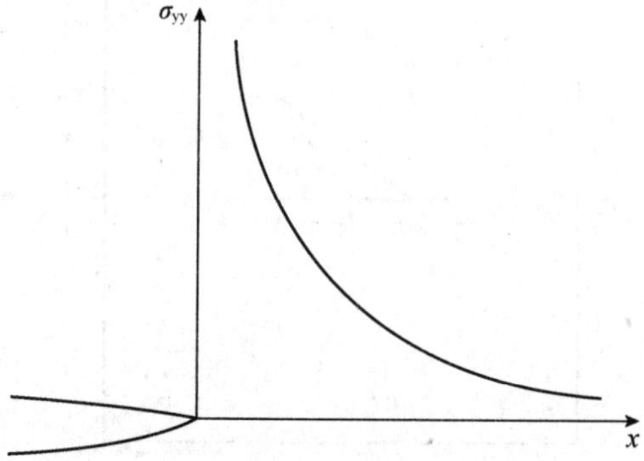

图 12-6

同理，由式（12-21）、（12-22）、（12-24）可得裂纹端部（$r\ll a$）的位移场为

$$\left.\begin{aligned}u&=\frac{K_{\mathrm{I}}}{4\mu}\sqrt{\frac{r}{2\pi}}\left[(2\kappa-1)\cos\frac{\theta}{2}-\cos\frac{3}{2}\theta\right]\\v&=\frac{K_{\mathrm{I}}}{4\mu}\sqrt{\frac{r}{2\pi}}\left[(2\kappa+1)\sin\frac{\theta}{2}-\sin\frac{3}{2}\theta\right]\end{aligned}\right\} \tag{12-27a}$$

及

$$\left.\begin{aligned}u_{r}&=\frac{K_{\mathrm{I}}}{4\mu}\sqrt{\frac{r}{2\pi}}\left[(2\kappa-1)\cos\frac{\theta}{2}-\cos\frac{3}{2}\theta\right]\\u_{\theta}&=-\frac{K_{\mathrm{I}}}{4\mu}\sqrt{\frac{r}{2\pi}}\left[(2\kappa+1)\sin\frac{\theta}{2}-\sin\frac{3}{2}\theta\right]\end{aligned}\right\} \tag{12-27b}$$

现在分析一下以上结果。

首先从式（12-25）很明显看出，在裂纹端点附近 σ_{xx}、σ_{yy}、σ_{xy}与 r 的关系都是$1/\sqrt{r}$的函数形式。当 $r\to0$ 时，σ_{xx}、σ_{yy}、$\sigma_{xy}\to\infty$。即存在着应力奇异性。对于 I 型裂纹，无疑地 σ_{yy}是最受关注的应力分量。当 $\theta=0$ 时，$\sigma_{yy}=K_{\mathrm{I}}/\sqrt{2\pi r}$，其变化如图 12-6 所示。上式中分子 $K_{\mathrm{I}}=\sigma^{\infty}\sqrt{\pi a}$，再一次出现 $\sigma^{\infty}\sqrt{a}$的形式是令人注目的。在下节中，再详加分析。

其次我们分析一下裂纹面上的位移。将式（12-22）代入式（12-21）中并令 $y=0$，$|x|<a$，

$$2\mu u=\frac{\kappa-1}{2}\left[-(1-\varepsilon)\frac{\sigma^{\infty}}{2}x\right]-(1-\varepsilon)\frac{\sigma^{\infty}}{2}x$$

$$= -(1-\varepsilon)\frac{\sigma^{\infty}}{2}x\left(\frac{\kappa-1}{2}+1\right)$$

$$2\mu v = \frac{\kappa+1}{2}\sigma^{\infty}\sqrt{a^2-x^2}$$

上式又可改写为

$$v = \frac{2a\sigma^{\infty}}{E'}\sqrt{1-\left(\frac{x}{a}\right)^2} \tag{12-28}$$

式中，

$$E' = \begin{cases} E & （平面应力） \\ E/(1-\nu^2) & （平面应变） \end{cases}$$

如令 $v_0 = \dfrac{2a\sigma^{\infty}}{E'}$，

则

$$\left(\frac{v}{v_0}\right)^2 + \left(\frac{x}{a}\right)^2 = 1$$

由此可见，Ⅰ型格里菲斯裂纹变形后近似为一椭圆。

2. Ⅱ型裂纹

如图 12－4 所示。本问题的特点是反对称（Skew-Symmetry）于 x 轴。与讨论Ⅰ型方法相似，可得

$$\left.\begin{aligned} \sigma_{xx} &= 2\mathrm{Im}Z_{\mathrm{II}} + y\mathrm{Re}Z'_{\mathrm{II}} \\ \sigma_{yy} &= -y\mathrm{Re}Z'_{\mathrm{II}} \\ \sigma_{xy} &= \mathrm{Re}Z_{\mathrm{II}} - y\mathrm{Im}Z'_{\mathrm{II}} - B \end{aligned}\right\} \tag{12-29}$$

$$\left.\begin{aligned} 2\mu u &= \frac{\kappa+1}{2}\mathrm{Im}\,\tilde{Z}_{\mathrm{II}} + y\mathrm{Re}Z_{\mathrm{II}} - By \\ 2\mu v &= -\frac{\kappa-1}{2}\mathrm{Re}\,\tilde{Z}_{\mathrm{II}} - y\mathrm{Im}Z_{\mathrm{II}} - Bx \end{aligned}\right\} \tag{12-30}$$

$$B = -\tau_{xy}^{\infty}$$

式中，Z_{II} 称为Ⅱ型裂纹的威斯特噶尔德函数。根据∞处的边界条件式（12－14a），可取

$$Z_{\mathrm{II}}(z) = \frac{z\,\tau_{xy}^{\infty}}{\sqrt{z^2-a^2}} - \tau_{xy}^{\infty} \tag{12-31}$$

将式（12－31）代入式（12－29）不难验证完全满足边界条件式（12－14a，b）。仍采用裂纹前缘坐标

$$z = a + re^{i\theta} = a + \zeta$$

将式（12－31）代入式（12－29）、（12－30），并利用在裂纹端点附近 $r/a \ll 1$ 的条件，可得裂纹端点附近的应力场及位移场为

$$\left.\begin{aligned} \sigma_{xx} &= -\frac{K_{\mathrm{II}}}{\sqrt{2\pi r}}\sin\frac{\theta}{2}\left(2+\cos\frac{\theta}{2}\cdot\cos\frac{3}{2}\theta\right) \\ \sigma_{yy} &= \frac{K_{\mathrm{II}}}{\sqrt{2\pi r}}\sin\frac{\theta}{2}\cos\frac{\theta}{2}\cos\frac{3}{2}\theta \\ \sigma_{xy} &= \frac{K_{\mathrm{II}}}{\sqrt{2\pi r}}\cos\frac{\theta}{2}\left(1-\sin\frac{\theta}{2}\sin\frac{3}{2}\theta\right) \end{aligned}\right\} \tag{12-32a}$$

$$\left.\begin{aligned} u &= \frac{K_{\mathrm{II}}}{4\mu}\sqrt{\frac{r}{2\pi}}\left[(2\kappa+3)\sin\frac{\theta}{2}+\sin\frac{3}{2}\theta\right] \\ v &= -\frac{K_{\mathrm{II}}}{4\mu}\sqrt{\frac{r}{2\pi}}\left[(2\kappa-3)\cos\frac{\theta}{2}-\cos\frac{3}{2}\theta\right] \end{aligned}\right\} \tag{12-33a}$$

式中，

$$K_{\mathrm{II}} = \tau_{xy}^{\infty}\sqrt{\pi a} \tag{12-34}$$

称之为Ⅱ型裂纹的应力强度因子。

在极坐标系中的应力分量与位移分量则为

$$\left.\begin{aligned} \sigma_{rr} &= \frac{K_{\mathrm{II}}}{\sqrt{2\pi r}}\sin\frac{\theta}{2}\left[1-3\sin^2\left(\frac{\theta}{2}\right)\right] \\ \sigma_{\theta\theta} &= \frac{K_{\mathrm{II}}}{\sqrt{2\pi r}}\left[-3\sin\frac{\theta}{2}\cos^2\left(\frac{\theta}{2}\right)\right] \\ \sigma_{r\theta} &= \frac{K_{\mathrm{II}}}{\sqrt{2\pi r}}\cos\frac{\theta}{2}\left[1-3\sin^2\left(\frac{\theta}{2}\right)\right] \end{aligned}\right\} \tag{12-32b}$$

$$\left.\begin{aligned} u_r &= \frac{K_{\mathrm{II}}}{4\mu}\sqrt{\frac{r}{2\pi}}\left[-(2\kappa-1)\sin\frac{\theta}{2}+3\sin\frac{3\theta}{2}\right] \\ u_\theta &= \frac{K_{\mathrm{II}}}{4\mu}\sqrt{\frac{r}{2\pi}}\left[-(2\kappa+1)\cos\frac{\theta}{2}+3\cos\frac{3\theta}{2}\right] \end{aligned}\right\} \tag{12-33b}$$

3. Ⅲ型裂纹

如图12－7所示，在一无穷大板中央有一长为 $2a$ 的穿透裂纹。在板的两端作用以均匀剪切应力 $\sigma_{yz}=\tau^{\infty}$。

本问题不是平面问题，故不能直接应用弹性力学中平面问题的解法。但在此问题中各物理量（σ_{ij}，ε_{ij}，u_i）都与 z 无关，只依赖于坐标 x、y，所以仍然是二维问题，通常称之为反平面或法平面剪切问题。

反平面剪切问题的特点是

$$\left.\begin{aligned} u &= v = 0 \\ w &= w(x,y) \end{aligned}\right\} \tag{12-35}$$

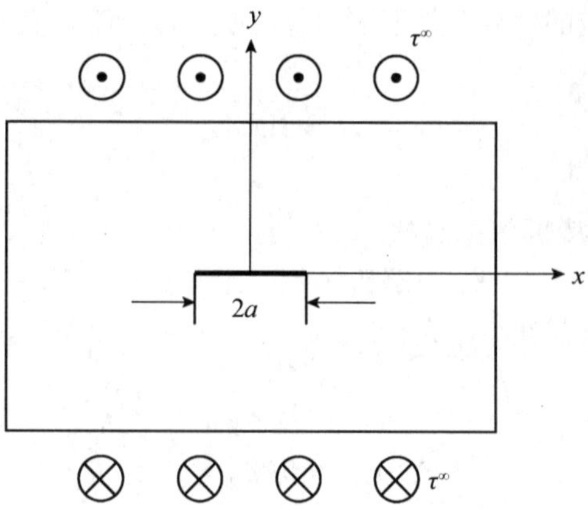

图 12－7　Ⅲ型裂纹

根据应变分量与位移间的关系

$$\varepsilon_{ij} = \frac{1}{2}(u_{i,j} + u_{j,i})$$

可得

$$\left.\begin{aligned}\varepsilon_{xz} &= \frac{1}{2}\frac{\partial w}{\partial x}\\ \varepsilon_{yz} &= \frac{1}{2}\frac{\partial w}{\partial y}\end{aligned}\right\} \tag{12-36}$$

其余四个应变分量恒为零。

由广义胡克定律可得

$$\left.\begin{aligned}\sigma_{xz} &= 2\mu\varepsilon_{xz} = \mu\frac{\partial w}{\partial x}\\ \sigma_{yz} &= 2\mu\varepsilon_{yz} = \mu\frac{\partial w}{\partial y}\end{aligned}\right\} \tag{12-37}$$

其余四个应力分量也恒为零。

于是，三个平衡方程中两个自动满足，仅剩下一个为

$$\frac{\partial \sigma_{xz}}{\partial x} + \frac{\partial \sigma_{yz}}{\partial y} = 0 \tag{12-38}$$

以式（12－37）代入式（12－38）得

$$\nabla^2 w = 0$$

因此问题归结为在给定的边界条件下解拉普拉斯方程，而 w 必须为调和函数。所以可以取

$$w = \frac{1}{\mu}\mathrm{Im}\,\tilde{Z}_{\mathrm{III}} \tag{12-39}$$

Z_{III} 称之为Ⅲ型裂纹的威斯特噶尔德函数。

根据解析函数的性质，只要 Z_{III} 为解析函数，则必然式（12-39）满足调和方程。将式（12-39）代入式（12-37）得

$$\left.\begin{aligned}\sigma_{xz} &= \mathrm{Im}Z_{\mathrm{III}}\\ \sigma_{yz} &= \mathrm{Re}Z_{\mathrm{III}}\end{aligned}\right\} \tag{12-40}$$

对于图 12-7 所示的裂纹问题，其边界条件为

$$\left.\begin{aligned}&z\to\infty,\quad \sigma_{yz} = \tau^{\infty}\\ &y = 0,\quad |x| < a,\quad \sigma_{yz} = 0\end{aligned}\right\} \tag{12-41}$$

根据上述边界条件取

$$Z_{\mathrm{III}} = \frac{\tau^{\infty}\cdot z}{\sqrt{z^2 - a^2}} \tag{12-42}$$

不难验证式（12-42）完全满足边界条件式（12-41）。

同样引入裂纹前缘坐标系：

$$z = a + \zeta = a + re^{i\theta}$$

在裂纹端部附近区域内（$r/a \ll 1$），有

$$\left.\begin{aligned}\sigma_{xz} &= -\frac{K_{\mathrm{III}}}{\sqrt{2\pi r}}\sin\frac{\theta}{2}\\ \sigma_{yz} &= \frac{K_{\mathrm{III}}}{\sqrt{2\pi r}}\cos\frac{\theta}{2}\\ w &= \frac{\alpha K_{\mathrm{III}}}{\mu}\sqrt{\frac{r}{2\pi}}\sin\frac{\theta}{2}\end{aligned}\right\} \tag{12-43}$$

式中，

$$K_{\mathrm{III}} = \tau^{\infty}\sqrt{\pi a} \tag{12-44}$$

称为Ⅲ型裂纹的应力强度因子。

可以将上面Ⅰ、Ⅱ、Ⅲ型三种裂纹端部的应力场与位移场［见式（12-25）、（12-26）、（12-32）、（12-33）及（12-43）］的公式，归纳为统一的形式：

$$\sigma_{ij} = \frac{K_{\mathrm{J}}}{\sqrt{2\pi r}}f_{ij}^{\mathrm{J}}(\theta) \tag{12-45}$$

$$u_i = \frac{K_J}{4\mu}\sqrt{\frac{r}{2\pi}} \cdot g_i^J(\theta) \tag{12-46}$$

式中，K_J（J = Ⅰ、Ⅱ、Ⅲ）代表应力强度因子，f_{ij}^J代表不同类型裂纹端部的不同应力分量对于θ的依赖关系。对于三种类型的$f_{ij}(\theta)$示于图12-8中。该图清楚地表示出：不同类型的裂纹端部，各个有关的应力分量随θ的变化情况。

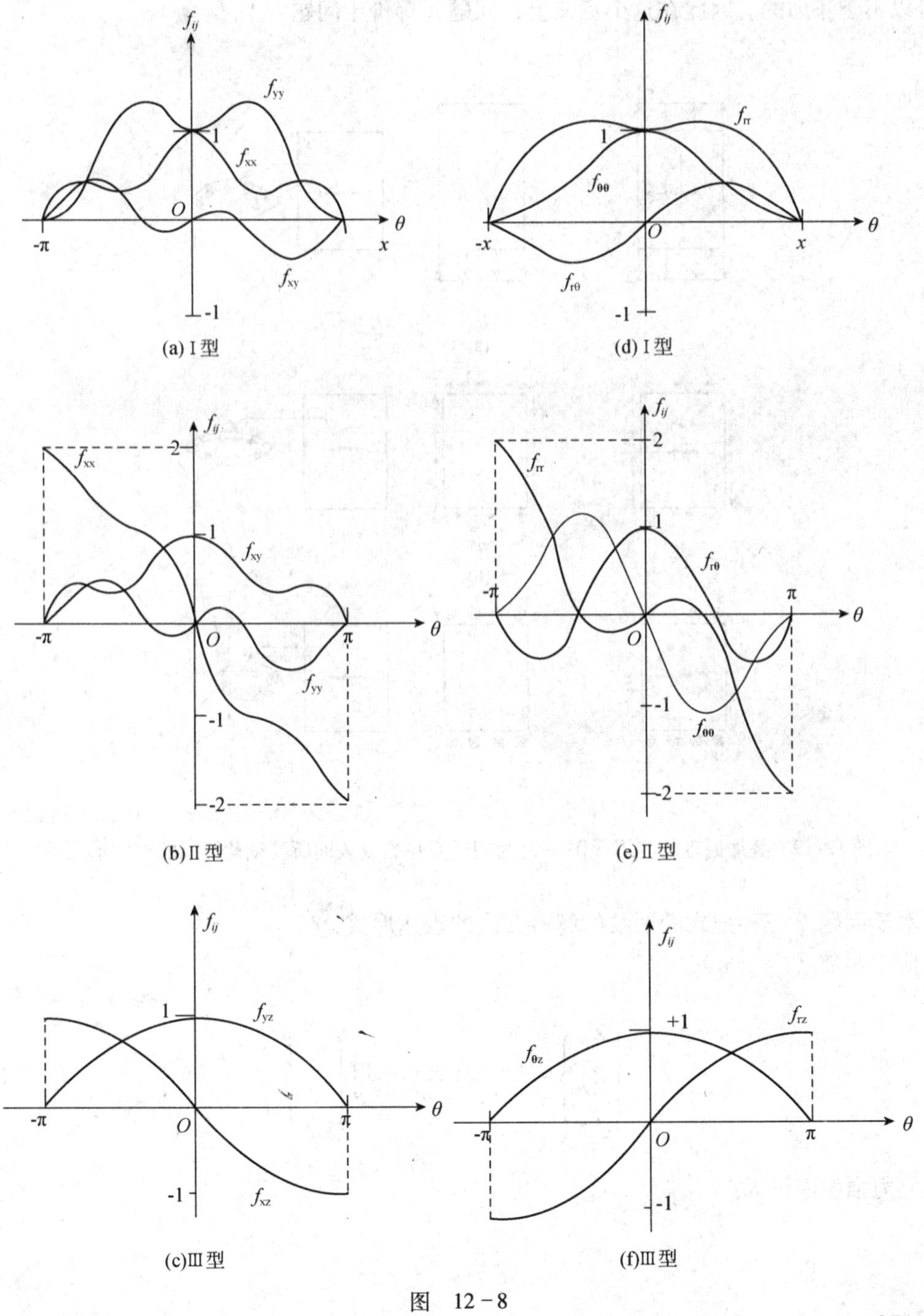

图 12-8

4. 叠加原理的应用

在线弹性断裂力学中叠加原理仍然有效。

对于3种型式的裂纹，应用叠加原理后可使问题变换如下：

如图12-9所示，三种在无穷远处（板的边缘）受载荷作用而裂纹表面应力自由的裂纹问题（问题A），可以转化为问题B与C的叠加。问题C是裂纹表面受应力作用而板边不受力的问题。问题B是一般的弹性力学平面问题。它的解在研究裂纹尖端的应力奇异性时是可以不予考虑的。因此在这个意义上，问题A等价于问题C。

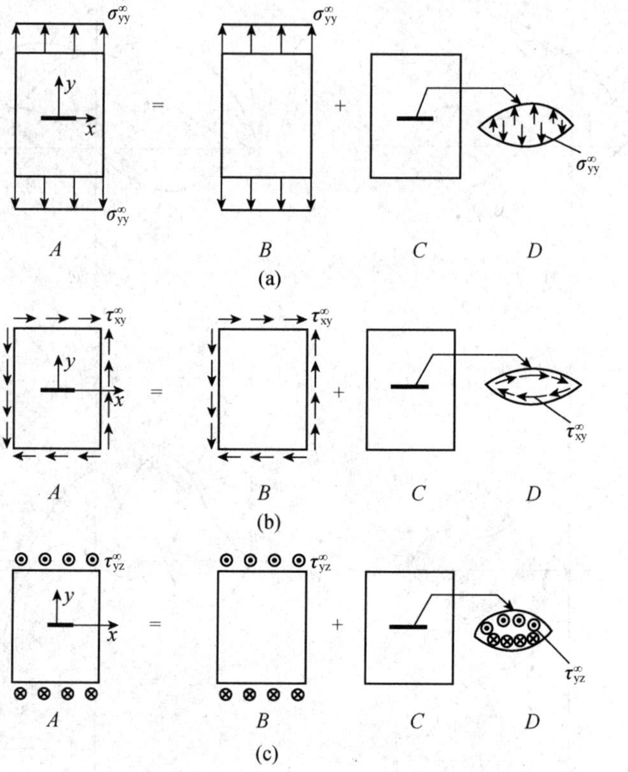

图12-9　叠加原理的应用（图中D为问题C中裂纹表面所受载荷情况的放大示意图）

对于问题C三种型式的裂纹的解有共同的表达式：

应力函数Z：

$$\begin{Bmatrix} Z_{\mathrm{I}} \\ Z_{\mathrm{II}} \\ Z_{\mathrm{III}} \end{Bmatrix} = \left[\frac{z}{\sqrt{z^2 - a^2}} - 1 \right] \begin{Bmatrix} \sigma_{yy}^{\infty} \\ \tau_{xy}^{\infty} \\ \tau_{yz}^{\infty} \end{Bmatrix} \tag{12-47}$$

应力强度因子K：

$$
\begin{Bmatrix} K_{\mathrm{I}} \\ K_{\mathrm{II}} \\ K_{\mathrm{III}} \end{Bmatrix} = \sqrt{\pi a} \begin{Bmatrix} \sigma_{yy}^{\infty} \\ \tau_{xy}^{\infty} \\ \tau_{yz}^{\infty} \end{Bmatrix} \tag{12-48}
$$

上面我们讨论了裂纹的三种最简单也是最重要的情况：无穷大平板中具有对称的穿透裂纹，平板边缘受均匀应力作用时的裂纹问题的解。其共同结论是在裂纹尖端附近所有应力分量都具有 $r^{-1/2}$ 的奇异性。而位移分量 $u_i \propto \sqrt{r}$。这些从三种特殊情况得到的结论是否具有普遍性？威廉士（Winiams M. L.，1957）对于平面裂纹体的一般情况进行了研究，证明了上述结论对于平面情况是普遍适用的。

从以上的讨论中可以看出，对于上述的简单情形，威斯特噶尔德函数方法更为简单实用。但威斯噶尔德函数有很大的局限性。对于普遍的情形通常仍使用柯洛索夫-木斯海里斯维里方法。

§12－3　应力强度因子与断裂韧度

一、基本概念

在上节中，我们将各类裂纹端部各个应力分量归纳为一个统一的表达式（12－45）：

$$
\sigma_{ij}^{(J)} = \frac{K_J}{\sqrt{2\pi r}} f_{ij}^{(J)}(\theta) \tag{12-45}
$$

它说明对每一种类型的裂纹端部应力场的分布规律（即 σ_{ij} 随 r 及 θ 的变化规律）是相同的。其大小则完全取决于参数 K_J。所以 K_J 是表征裂纹端部应力场的唯一的物理量，因而称之为应力场强度因子或**应力强度因子**。

如式（12－45）所示，应力在裂纹端部具有奇异性。而 K_J 也正是用以描述这种奇异性的参数。由式（12－45）可知：

$$
\sigma_{yy}\big|_{\theta=0} = \frac{K_{\mathrm{I}}}{\sqrt{2\pi r}}
$$

即
$$
K_{\mathrm{I}} = [\sigma_{yy(\theta=0)}] \cdot \sqrt{2\pi r}
$$

此公式仅在 $r/a \ll 1$ 时才适用，因而

同理，

$$
\left.\begin{aligned} K_{\mathrm{I}} &= \lim_{r\to 0}[\sigma_{yy(\theta=0)}]\sqrt{2\pi r} \\ K_{\mathrm{II}} &= \lim_{r\to 0}[\sigma_{xy(\theta=0)}]\sqrt{2\pi r} \\ K_{\mathrm{III}} &= \lim_{r\to 0}[\sigma_{yz(\theta=0)}]\sqrt{2\pi r} \end{aligned}\right\} \tag{12-49}
$$

上式即应力强度因子 K_J 的定义。

应该特别指出：应力强度因子的量纲为［应力］×［长度］$^{\frac{1}{2}}$或［力］×［长度］$^{-3/2}$。

在 SI 单位制中其单位为 $MPa \cdot m^{1/2}$，在公制中的单位为 $kg/mm^{3/2}$。在英制中为 $lb/in^{3/2}$，它们之间的换算关系为

$$1kg/mm^{3/2} = 0.3101MPa \cdot m^{1/2}$$
$$1lb/in^{3/2} = 1.099 \times 10^{-3}MPa \cdot m^{1/2}$$
$$1N \cdot m^{-3/2} = 1.02 \times 10^{-4}kg \cdot cm^{-3/2} = 3.2 \times 10^{-6}kg \cdot mm^{-3/2}$$

二、断裂韧性

由上面的分析可知，应力强度因子 K_J 是表征裂纹端应力场的唯一参量。例如有两块内含裂纹的平板，二者内外边界的几何参数及受载情况可以完全不同。但只要其 K_J 相同，则二者在裂纹端部的应力场是完全相同的。进一步由式（12－46）可知，其位移场，进而其应变能场也是相同的。因此 K_J 完全表征了裂纹端部的物理状态（即端部各种物理场的情况）。因此它必然是度量裂纹稳定程度可靠参数。用实验的方法可以测出某些材料中裂纹开始失稳扩展时临界的 K_J 值，称为材料的**断裂韧性**，用符号 K_{JC} 表示。它是表示材料抗脆断能力的一个全新的材料参量。

断裂韧性 K_{JC}（主要是 K_{JC}）的测试技术已经比较成熟。而且已有专门论述的书籍和文献。此处不再赘述。

三、应力强度因子的计算

至此，我们得到断裂力学中关于材料断裂的新判据：

$$K_J \geqslant K_{JC} \tag{12-50}$$

这样 K_{JC} 成为标志材料抗断裂能力的重要材料参数。而 K_J 则是衡量裂纹端部物理状态（应力场，位移场）的重要参数，也是进行工程设计的重要依据。因而寻求不同几何形状及载荷情况下的应力强度因子，无论在理论上还是实用上都有重大意义。近 50 年来断裂力学中的大量工作就是求应力强度因子。现在已经有不少专门的手册。如薛昌明（Sih G. C.，1974）及塔德、帕里斯与欧文合编的手册（Tada H.，Paris P. C.，Irwin G. R.，1973），以及国内中国航空研究院编著的应力强度因子手册。

求应力强度因子的方法是各式各样的。可分为计算与实验两大类。计算方法中又分为解析法及数值法。解析方法中又有许多方法。这里我们仅介绍复变函数的方法。

如果某一裂纹问题已求得其 $\varphi(z)$、$\psi(z)$ 或 $Z(z)$，则可求其裂纹尖端的应力场。根据式（12－49）即可求得其 K_J。

下面我们来研究一下 K_J 与应力函数的直接关系。

对于平面裂纹体（含有裂纹的物体以下简称裂纹体），在一般的情况下 K_{I}、K_{II} 常同时存在。

对于 I 型裂纹，

$$\sigma_{xx}^{(\mathrm{I})} = \frac{K_{\mathrm{I}}}{\sqrt{2\pi r}}\cos\frac{\theta}{2}\left(1 - \sin\frac{\theta}{2}\sin\frac{3}{2}\theta\right)$$

$$\sigma_{yy}^{(\mathrm{I})} = \frac{K_{\mathrm{I}}}{\sqrt{2\pi r}}\cos\frac{\theta}{2}\left(1 + \sin\frac{\theta}{2}\sin\frac{3}{2}\theta\right)$$

对于Ⅱ型裂纹，

$$\sigma_{xx}^{(\mathrm{II})} = \frac{K_{\mathrm{II}}}{\sqrt{2\pi r}}\sin\frac{\theta}{2}\left(-2 - \cos\frac{\theta}{2}\cos\frac{3}{2}\theta\right)$$

$$\sigma_{yy}^{(\mathrm{II})} = \frac{K_{\mathrm{II}}}{\sqrt{2\pi r}}\sin\frac{\theta}{2}\left(\cos\frac{\theta}{2}\cos\frac{3}{2}\theta\right)$$

对于Ⅰ、Ⅱ型裂纹相结合的情况，

$$\begin{aligned}\sigma_{xx} + \sigma_{yy} &= (\sigma_{xx}^{(\mathrm{I})} + \sigma_{yy}^{(\mathrm{I})}) + (\sigma_{xx}^{(\mathrm{II})} + \sigma_{yy}^{(\mathrm{II})}) \\ &= \frac{K_{\mathrm{I}}}{\sqrt{2\pi r}}2\cos\frac{\theta}{2} - \frac{K_{\mathrm{II}}}{\sqrt{2\pi r}}2\sin\frac{\theta}{2}\end{aligned}$$

注意到

$$\frac{1}{\sqrt{\zeta}} = \zeta^{-\frac{1}{2}} = \frac{1}{\sqrt{r}}\left(\cos\frac{\theta}{2} - \mathrm{i}\sin\frac{\theta}{2}\right)$$

上式可表为

$$\sigma_{xx} + \sigma_{yy} = \mathrm{Re}\left[(K_{\mathrm{I}} + \mathrm{i}K_{\mathrm{II}})\frac{1}{\sqrt{\zeta}}\right]\frac{2}{\sqrt{2\pi}} \tag{12-51}$$

根据柯洛索夫公式

$$\sigma_{xx} + \sigma_{yy} = 4\mathrm{Re}\varphi'(\zeta)$$

综合上述两式可得

$$K_{\mathrm{I}} - \mathrm{i}K_{\mathrm{II}} = \lim_{\zeta\to 0}2\sqrt{2\pi\zeta}\varphi'(\zeta) = \lim_{z\to a}2\sqrt{2\pi(z-a)}\varphi'(z) \tag{12-52a}$$

如定义复应力强度因子 $K = K_{\mathrm{I}} - \mathrm{i}K_{\mathrm{II}}$，

则得

$$K = K_{\mathrm{I}} - \mathrm{i}K_{\mathrm{II}} = \lim_{z\to a}2\sqrt{2\pi(z-a)}\varphi'(z) \tag{12-52b}$$

上式中之所以要加上极限符号是因为公式（12－45）只适用于 $z/a \ll 1$ 的情况。依（12－52）可直接由 $\varphi'(z)$ 求得 K_{I}、K_{II} 而不必再求裂纹端部的应力分量。

同理，如果已知威斯特噶尔德应力函数 $Z(z)$，

则

$$K_{\mathrm{J}} = \lim_{|\zeta|\to 0}Z_{\mathrm{J}}\sqrt{2\pi\zeta}$$

或

$$K_{\mathrm{J}} = \lim_{z\to a}Z_{\mathrm{J}}\sqrt{2\pi(z-a)} \tag{12-53}$$

上式不难从（12－49）及有关公式推出。

对于常见的典型情况具体举例如下：

（1）无限大裂纹体中集中力及集中力偶作用时的 K。

如图 12－10，无限大板中有一长为 $2a$ 的穿透裂纹。在体内某点受集中力 P、Q 及力偶 M 作用。取裂纹中点为坐标原点，力的作用点为 z_0。P、Q、M 均为施于单位厚度上的力（下同）。设总的力为 P^*、Q^*、M^*。

则
$$P=P^*/h,\ Q=Q^*/h,\ M=M^*/h$$

式中，h 为板厚。

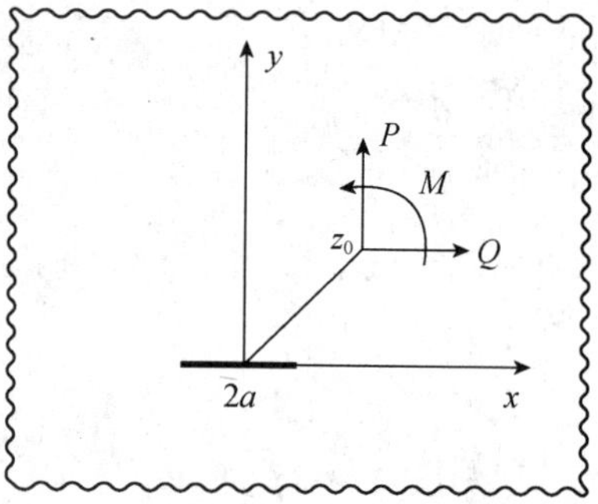

图　12－10

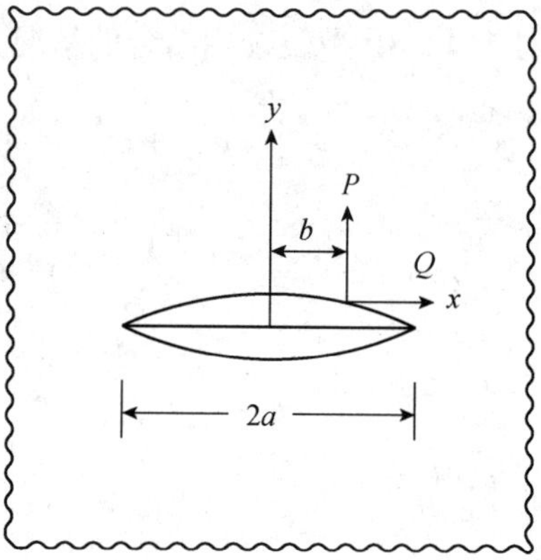

图　12－11

厄多根（Erdogan F.，1957）求得其右端点处 K 为

$$K_{\mathrm{I}}-\mathrm{i}K_{\mathrm{II}}=\frac{1}{2\sqrt{\pi a}(1+\kappa)}\left\{(Q+\mathrm{i}P)\left[\frac{a+z_0}{\sqrt{z_0^2-a^2}}-\kappa\frac{(a+\bar{z}_0)}{\sqrt{\bar{z}_0^2-a^2}}+(\kappa-1)\right]\right.$$
$$\left.+\frac{1}{(\bar{z}_0-a)\sqrt{\bar{z}_0^2-a^2}}\times\left[a(Q-\mathrm{i}P)(\bar{z}_0-z_0)+\mathrm{i}a(1+\kappa)M\right]\right\} \qquad (12-54)$$

式（12－54）是一个很重要的结果，由此可以得到一系列其他结果。

（2）集中力作用于裂纹表面。

如图 12－11，裂纹右端点的应力强度因子为

$$K_{\mathrm{I}}-\mathrm{i}K_{\mathrm{II}}=\frac{1}{2\sqrt{\pi a}}\sqrt{\frac{a+b}{a-b}}(P-\mathrm{i}Q)+\frac{1}{2\sqrt{\pi a}}\left(\frac{\kappa-1}{\kappa+1}\right)(Q+\mathrm{i}P) \qquad (12-55)$$

（3）大小相等的集中力作用于裂纹上下表面的对应点上。

如图 12－12。

$$\begin{Bmatrix}Z_{\mathrm{I}(z)}\\ Z_{\mathrm{II}(z)}\\ Z_{\mathrm{III}(z)}\end{Bmatrix}=\frac{\sqrt{a^2-b^2}}{\pi(z-b)\sqrt{z^2-a^2}}\begin{Bmatrix}P\\ Q\\ S\end{Bmatrix} \qquad (12-56)$$

$$\begin{Bmatrix} K_{\mathrm{I}} \\ K_{\mathrm{II}} \\ K_{\mathrm{III}} \end{Bmatrix} = \frac{1}{\sqrt{\pi a}} \sqrt{\frac{a \pm b}{a \mp b}} \begin{Bmatrix} P \\ Q \\ S \end{Bmatrix} \tag{12-57}$$

（4）裂纹表面上作用对称于 x、y 轴的集中力 P、Q、S，如图 12-13 所示，图中只画出 P，参照图 12-12。

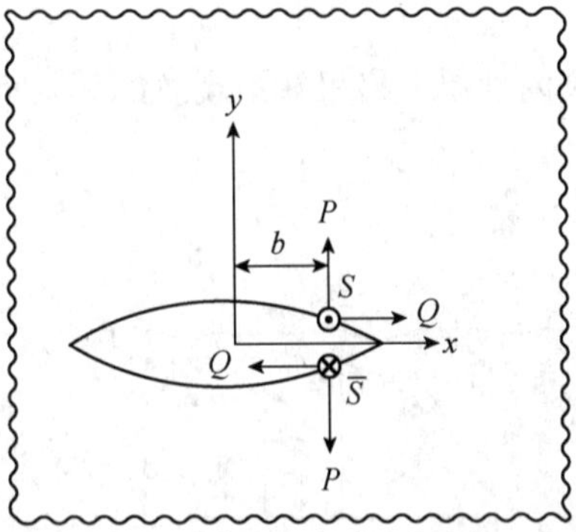

图　12-12

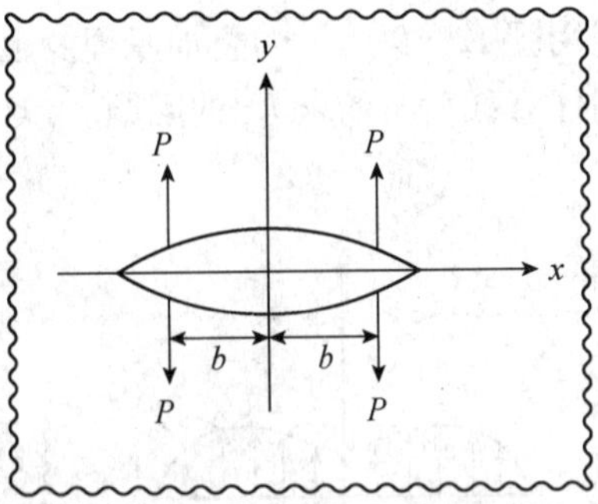

图　12-13

$$\begin{Bmatrix} Z_{\mathrm{I}} \\ Z_{\mathrm{II}} \\ Z_{\mathrm{III}} \end{Bmatrix} = \frac{2z\sqrt{a^2 - b^2}}{\pi(z^2 - b^2)\sqrt{z^2 - a^2}} \begin{Bmatrix} P \\ Q \\ S \end{Bmatrix} \tag{12-58}$$

$$\begin{Bmatrix} K_{\mathrm{I}} \\ K_{\mathrm{II}} \\ K_{\mathrm{III}} \end{Bmatrix} = \frac{2\sqrt{a}}{\sqrt{\pi(a^2 - b^2)}} \begin{Bmatrix} P \\ Q \\ S \end{Bmatrix} \tag{12-59}$$

（5）如图 12-14 所示，裂纹面上作用对称于 x、y 轴分布载荷 $p(x)$、$q(x)$、$s(x)$。图中只画出 $p(x)$。

$$\begin{Bmatrix} Z_{\mathrm{I}} \\ Z_{\mathrm{II}} \\ Z_{\mathrm{III}} \end{Bmatrix} = \int_0^a \frac{2z\sqrt{a^2 - x^2}}{\pi(z^2 - x^2)\sqrt{z^2 - a^2}} \begin{Bmatrix} p(x) \\ q(x) \\ s(x) \end{Bmatrix} \mathrm{d}x \tag{12-60}$$

$$\begin{Bmatrix} K_{\mathrm{I}} \\ K_{\mathrm{II}} \\ K_{\mathrm{III}} \end{Bmatrix} = \int_0^a \frac{2\sqrt{a}}{\sqrt{\pi(a^2 - x^2)}} \begin{Bmatrix} p(x) \\ q(x) \\ s(x) \end{Bmatrix} \mathrm{d}x \tag{12-61}$$

（6）裂纹上下面上受大小相等、方向相反的任意分布载荷 $p(x)$、$q(x)$、$s(x)$ 的作用。如图 12-15 所示，图中仅画了 $p(x)$。

$$\begin{Bmatrix} Z_{\mathrm{I}} \\ Z_{\mathrm{II}} \\ Z_{\mathrm{III}} \end{Bmatrix} = \int_{-a}^{a} \frac{\sqrt{a^2 - x^2}}{\pi(z - x)\sqrt{z^2 - a^2}} \begin{Bmatrix} p(x) \\ q(x) \\ s(x) \end{Bmatrix} \mathrm{d}x \tag{12-62}$$

$$\begin{Bmatrix} K_{\mathrm{I}} \\ K_{\mathrm{II}} \\ K_{\mathrm{III}} \end{Bmatrix}_{\pm a} = \int_{-a}^{a} \frac{1}{\sqrt{\pi a}} \sqrt{\frac{a \pm x}{a \mp x}} \begin{Bmatrix} p(x) \\ q(x) \\ s(x) \end{Bmatrix} \mathrm{d}x \tag{12-63}$$

利用图 12－9 所示的叠加原理及上述公式可以解决内含单一格里菲斯裂纹的无限大板边缘作用任意载荷时的求 K_{J} 的问题。

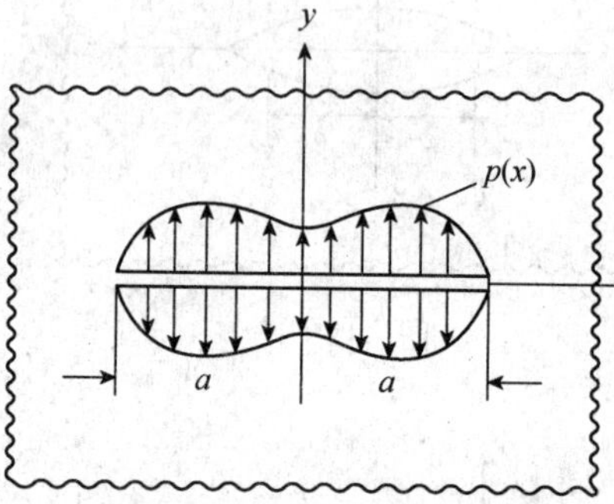

图　12－14

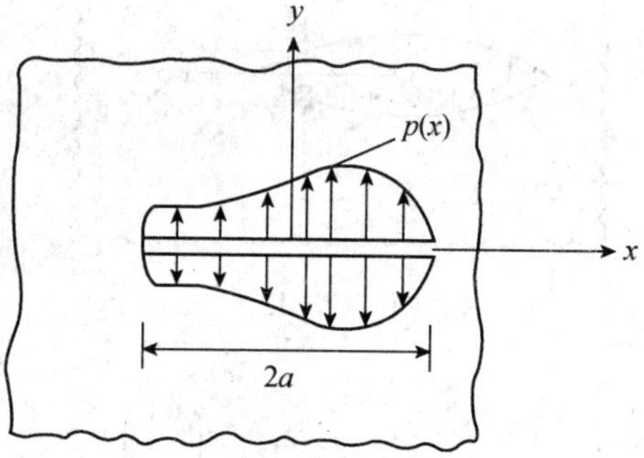

图　12－15

研究有限尺寸平板中的裂纹问题具有很大的实际意义，但是由于寻找严格满足边界条件的解十分困难，至少目前还没有得到闭合形式的解，而只得到其近似解。下面介绍几个例子。

（7）如图 12－16。

$$\left.\begin{aligned} K_{\mathrm{I}} &= Y\sigma\sqrt{\pi a} \\ Y &= \sqrt{\sec\frac{\pi a}{W}} \end{aligned}\right\} \tag{12-64}$$

如 $a/W \ll 1$，则 $Y = 1$。

（8）如图 12－17。

$$K_{\mathrm{I}} = Y \cdot \sigma\sqrt{\pi a}$$

$$Y \approx 1.12 - 0.231\frac{a}{W} + 10.55\left(\frac{a}{W}\right)^2 - 21.72\left(\frac{a}{W}\right)^3 + 30.39\left(\frac{a}{W}\right)^4 \tag{12-65}$$

（9）如图 12－18，P 为单位厚度上所受的力。

$$K_{\mathrm{I}} = \frac{P}{\sqrt{W}} \cdot F$$

$$F = f_1(\xi,\eta)\cdot f_2(\xi,\eta)\cdot f_3(\xi,\eta)$$

式中，

$$\xi = 2a/W$$

$$\eta = 2H/W$$

$$f_1(\xi,\eta) = 1 + \left\{0.297 + 0.115\left(1 - \operatorname{sech}\frac{\pi\eta}{2}\right)\sin\pi\xi\right\}\times\left(1 - \cos\frac{\pi\xi}{2}\right)$$

$$f_2(\xi,\eta) = 1 + a\frac{(\pi\eta/2)\tanh(\pi\eta/2)}{\dfrac{\mathrm{ch}^2(\pi\eta/2)}{\cos^2(\pi\xi/2)} - 1}$$

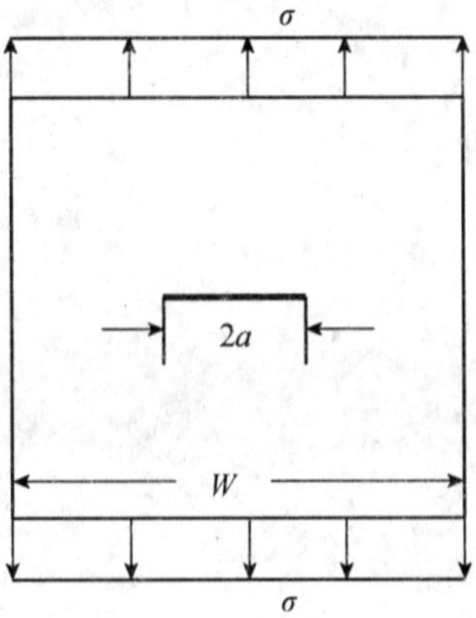

图　12-16

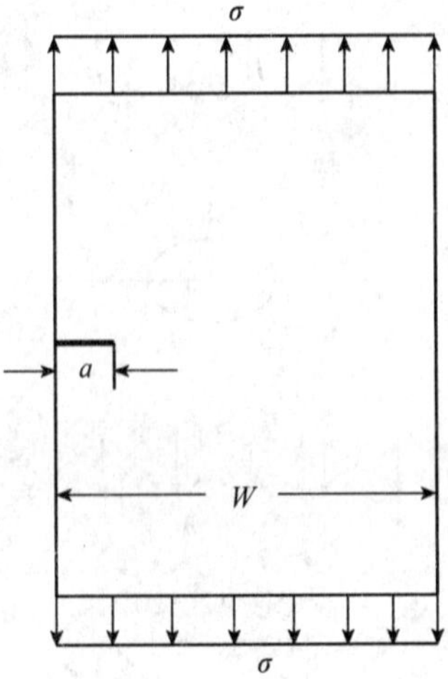

图　12-17

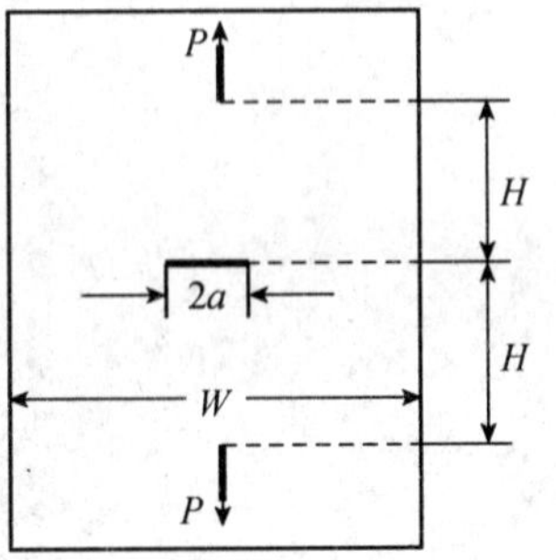

图　12-18

式中，

$$a = \begin{cases}(1+\nu)/2 & (平面应力)\\ 1/2(1-\nu) & (平面应变)\end{cases}$$

$$f_3(\xi,\eta) = \frac{\sqrt{\tan(\pi\xi/2)}}{\sqrt{1 - \cos^2(\pi\xi/2)/\cos^2(\pi\eta/2)}} \tag{12-66}$$

(10) 应用叠加原理求 K 的例子。

如图 12-19 所示的问题，应用叠加原理可求得其 K。

$$K_A = K_B + K_C - K_D$$

K_A、K_B、K_C、K_D 分别表示图 12-19 中 a、b、c、d 四种情况下的 K_I。而 $K_D = K_A$。

$$K_A = \frac{1}{2}(K_B + K_C)$$

而 K_B、K_C 的结果是已知的。

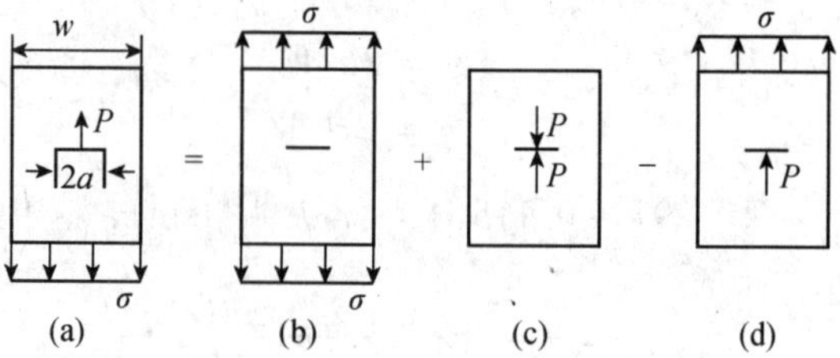

图　12－19

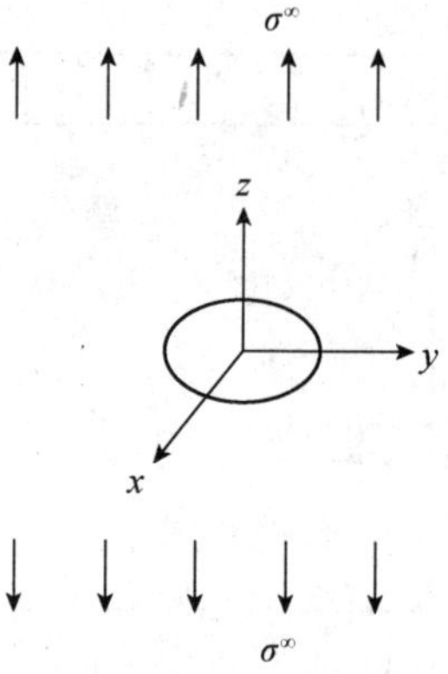

图　12－20

（11）如图12－20，在无限大弹性体中有一圆盘形裂纹；无限远处在垂直于裂纹面的方向上作用以均匀拉应力 σ^{∞}，圆的半径为 a。则

$$K_{\mathrm{I}} = \frac{2}{\pi}\sigma^{\infty}\sqrt{\pi a} \tag{12-67}$$

此处 K_{I} 的定义为

$$K_{\mathrm{I}} = \lim_{r\to a}\left[\sqrt{2\pi(r-a)}\,\sigma_{zz}\big|_{z=0}\right] \tag{12-68}$$

§12－4　能量释放率及其与应力强度因子间的关系

一、能量释放率

将式（12－50）应用于格里菲斯问题可得

$$K_{\mathrm{I}} = \sigma^{\infty}\cdot\sqrt{\pi a} = K_{\mathrm{Ic}}$$

所以　$$\sigma^{\infty}\sqrt{a} = K_{\mathrm{Ic}}/\sqrt{\pi} = M \quad（材料常数） \tag{12-69}$$

上式与式（12－5）是一致的。这不是偶然的巧合，而有其深刻的内在联系。

格里菲斯研究裂纹稳定性的能量方法一直是断裂力学的重要理论基础。现在从能量角度作进一步的分析。

（1）首先讨论常位移这种最简单的情形。

如图 12－21a 所示。将板拉伸后使两端刚性固定，因此在此之后外力之功为零。

设裂纹作一微小的虚拟扩展。扩展的面积为 δS_c。设其扩展前板内总势能为 U_0，扩展后总势能为 U^*。则 $U_0 - U^*$ 为裂纹扩展 δS_c 过程中整个弹性板所释放的应变能（$-\Delta U$）。在目前的情况下它是使裂纹扩展的唯一能源，令

$$G = \lim_{\delta S_c \to 0} \frac{U_0 - U^*}{\delta S_c} = \lim_{\delta S_c \to 0} -\frac{\delta U}{\delta S_c} \tag{12-70}$$

式中，G 称为**能量释放率**或**裂纹扩展力**。

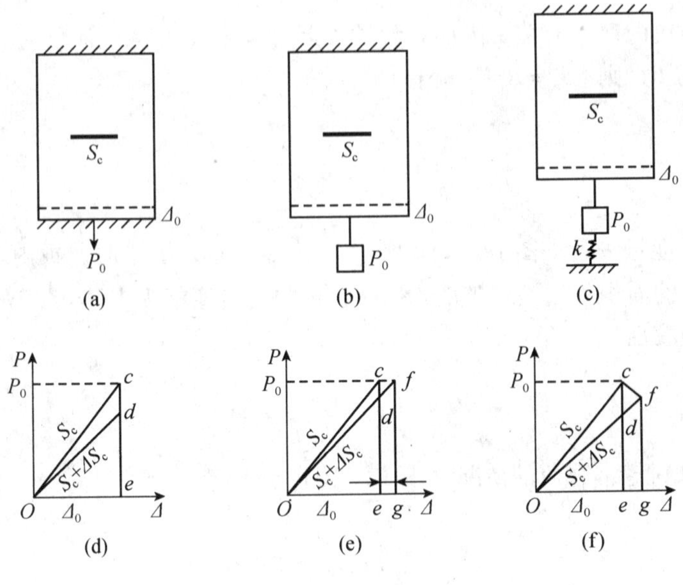

图 12－21

设裂纹扩展 δS_c 时所需供给的能量为 $\delta\Gamma$，

而
$$\delta\Gamma = R\delta S_c$$

式中，
$$R = \frac{\delta\Gamma}{\delta S_c}$$

或者更严格地表为

$$R = \lim_{\delta A \to 0} \frac{\delta\Gamma}{\delta S_c} \tag{12-71}$$

式中，R 为裂纹扩展单位面积时所需要的能量，称之为裂纹扩展阻力。按照格里菲斯理论，

裂纹如欲扩展必须：

$$-\delta U = U_0 - U^* \geqslant \delta \Gamma$$

由式（12－70）、（12－71）得

$$G \geqslant R \tag{12-72}$$

如材料为理想脆性材料，则

$$R = \Gamma$$

式中，Γ 为单位面积的表面能，它一般与裂纹尺寸无关。如材料不是理想脆性的，则裂纹扩展时由于材料的非弹性效应（如塑性变形等）要消耗能量 Γ_P，因而

$$R = \Gamma + \Gamma_P$$

这时，R 一般与裂纹的尺寸有关。因而在裂纹扩展过程中 R 不再是常数。

设板的厚度为 B，则 $\delta S_c = B\delta l$，就有

$$G = -\frac{1}{B}\frac{\delta U}{\delta l}$$

这种情况下的能量关系如图 12－21d 所示。当裂纹面积为 S_c 时，板内之总势能 U_0 相当于图中三角形 Oce 的面积。当裂纹扩展 δS_c 后，板内总应变能为 $U^* = \triangle Ode$，由于裂纹的虚拟扩展而释放的应变能

$$-\delta U = U_0 - U^* = \triangle Ocd$$

（2）现在再来讨论常载荷的情况（图 12－21b，e）。

$$U_0 = \frac{1}{2}P_0\Delta_0 = \triangle Oce$$

$$U^* = \triangle Ofg$$

$$-\delta U = U_0 - U^* = -\triangle Ocf$$

这意味着对于常载荷情形，在虚拟扩展 δS 时释放的应变能为负值，即应变能增加。但在这种情形下外力在此过程中作功为 δA，

$$\delta A = \square cegf = 2\triangle Ocf$$

按热力学第一定律：

$$\delta A = \delta U + \delta \Gamma$$

$$-\delta U + \delta A = \delta \Gamma$$

定义系统的总势能为 Π，

$$\begin{aligned}\Pi &= U - A \\ \delta\Pi &= \delta U - \delta A\end{aligned} \tag{12-73}$$

因此，

$$-\delta\Pi = U_0 + \delta A - U^*$$

能量释放率 G 定义为

$$G = \lim_{\delta S_c \to 0} \frac{-\delta\Pi}{\delta S_c} = \lim_{\delta S_c \to 0} \frac{-\delta\Pi}{B\delta l} \tag{12-74}$$

$$-\delta\Pi|_P = \triangle Ocf$$

$$\delta S_c \to 0 \text{ 时}, \triangle Ocd = \triangle Ocf$$

所以

$$-\delta\Pi|_\Delta = -\delta U|_\Delta = -\delta\Pi|_P$$

（3）更一般的情形如图 12－21c 及 f 所示。

由图 12－21c 可以看出，在其他条件均相同时，其能量释放率与（1）、（2）两种情况相同。

需要强调指出的是，以上讨论都是对于裂纹的虚拟扩展而言的。扩展的方式（如扩展方向）是任意给定的，或假定的。实际的扩展方式则是一定的（参看第十三章）。只有当给定的虚拟扩展方式与真实扩展方式相同时，计算所得的能量释放率才有意义。

二、贝克纳尔公式

系统的总势能：

$$\Pi = U - A = \iiint_V W\mathrm{d}V - \iiint_V f_i u_i \mathrm{d}V - \iint_{S'} X_i u_i \mathrm{d}S \tag{12-75}$$

式中，W 为单位体积内的应变能（又称为应变能密度）；f_i 为体力；X_i 为面力。用上式求 Π 一般来说是不方便的。利用贝克纳尔公式可使能量释放率的计算大为简化。推导如下：

设某裂纹体在一定的边界条件下体内各点的位移均为 u_i，应力场为 σ_{ij}，总势能为 Π。当其中的裂纹从面积 S 扩展至 $S+\Delta S$ 时，体内各点的位移场为 u_i^*，应力场为 σ_{ij}^*，总势能为 Π^*。按式（12－75），

$$\Pi = \iiint_V W\mathrm{d}V - \iiint_V f_i u_i \mathrm{d}V - \iint_{S'} X_i u_i \mathrm{d}S$$

$$\Pi^* = \iiint_V W^*\mathrm{d}V - \iiint_V f_i u_i^* \mathrm{d}V - \iint_{S'} X_i u_i^* \mathrm{d}S$$

式中，f_i 为体力；X_i 为面力。

$$\begin{aligned}\Delta\Pi &= \Pi^* - \Pi \\ &= \iiint_V (W^* - W)\mathrm{d}V - \iiint_V f_i(u_i^* - u_i)\mathrm{d}V - \iint_{s_f} X_i(u_i^* - u_i)\mathrm{d}S\end{aligned} \tag{12-76}$$

在以上各式中 S' 表示物体（体积为 V）的表面。S' 包括物体的外表面与内表面。外表面包括两部分：S_f 代表规定力的那一部分表面，S_u 则代表规定位移的那部分表面。内表面 S_c 则指裂纹面 A。所以

$$S' = S_f + S_u + S_c$$

在式（12－76）的最后一项积分中：在 S_u 表面上，因为 $u_i^* = u_i$，所以积分为零。在 S_c 表面上（裂纹面上），因为 $X_i = 0$，所以积分也为零。所以这一项积分的积分域由 S' 简化为 S_f。

现在计算式（12－76）中的第一项积分

$$W^* - W = \frac{1}{2}\sigma_{ij}^* \varepsilon_{ij}^* - \frac{1}{2}\sigma_{ij}\varepsilon_{ij}$$

根据功的互换定律（参看 §4.8），

$$\sigma_{ij}\varepsilon_{ij}^* = \sigma_{ij}^* \varepsilon_{ij}$$

因此，

$$W^* - W = \frac{1}{2}(\sigma_{ij}^* \varepsilon_{ij}^* - \sigma_{ij}\varepsilon_{ij}) = \frac{1}{2}(\sigma_{ij}^* + \sigma_{ij})(\varepsilon_{ij}^* - \varepsilon_{ij})$$

由位移和应变间关系及 $\sigma_{ij} = \sigma_{ji}$ 可得

$$W^* - W = \frac{1}{2}(\sigma_{ij}^* + \sigma_{ij})(u_i^* - u_i)_{,j}$$

应用高斯定理及平衡方程 $\sigma_{ij,j} + f_i = 0$ 进一步可得到

$$\iiint\limits_V (W^* - W)\mathrm{d}V = \frac{1}{2}\iint\limits_S (\sigma_{ij}^* + \sigma_{ij})n_j(u_i^* - u_i)\mathrm{d}S + \iiint\limits_V f_i(u_i^* - u_i)\mathrm{d}V$$

上式中的等号右方的第一项为

$$\frac{1}{2}\iint\limits_S (\sigma_{ij}^* + \sigma_{ij})n_j(u_i^* - u_i)\mathrm{d}S = \frac{1}{2}\iint\limits_{S_f+S_d+S_c} (\sigma_{ij}^* + \sigma_{ij})n_j(u_i^* - u_i)\mathrm{d}S$$

式中，S_f、S_d 及 S_c 分别表示力边界条件、位移边界条件和裂纹表面。

在 S_f 上：$\sigma_{ij}^* n_j = \sigma_{ij}n_j = X_i$，

$$\frac{1}{2}\iint\limits_{S_f} (\sigma_{ij}^* + \sigma_{ij})n_j(u_i^* - u_i)\mathrm{d}S = \iint\limits_{S_f} X_i(u_i^* - u_i)\mathrm{d}S$$

在 S_u 面上，$u_i^* = u_i$，

$$\frac{1}{2}\iint_{S_u}(\sigma_{ij}^* + \sigma_{ij})n_j(u_i^* - u_i)\mathrm{d}S = 0$$

在裂纹面 S_c 上，$\sigma_{ij}^* = \sigma_{ij} = 0$，在 ΔS_c 上，$\sigma_{ij}^* = 0$，$u_i = 0$。因而

$$\frac{1}{2}\iint_{S_c}(\sigma_{ij}^* + \sigma_{ij})n_j(u_i^* - u_i)\mathrm{d}S = \frac{1}{2}\iint_{\Delta S_c}X_i u_i^* \mathrm{d}S$$

因此，

$$\frac{1}{2}\iint_{S}(\sigma_{ij}^* + \sigma_{ij})n_j(u_i^* - u_i)\mathrm{d}S = \iint_{S_f}X_i(u_i^* - u_i)\mathrm{d}S + \frac{1}{2}\iint_{\Delta S_c}X_i u^* \mathrm{d}S$$

这样就得到

$$W^* - W = \iint_{S_f}X_i(u_i^* - u_i)\mathrm{d}S + \frac{1}{2}\iiint_{\Delta S_c}X_i u_i^* \mathrm{d}S + \iiint_{V}f_i(u_i^* - u_i)\mathrm{d}V$$

将上式代入式（12－76）最后最：

$$\Delta\Pi = \frac{1}{2}\iint_{\Delta S_c}X_i u_i^* \mathrm{d}S \tag{12-77}$$

上式即**贝克纳尔公式**。利用它可以计算裂纹扩展 ΔS_c 后系统总势能的增量，进而求得能量释放率：

$$G = \lim_{\delta S_c \to 0} - \frac{\delta\Pi}{\delta S_c} = \lim_{\delta S_c \to 0}\frac{-1}{2\delta S_c}\iint_{\delta S_c}X_i u_i^* \mathrm{d}S \tag{12-78}$$

对于平面裂纹，设板厚为 B，裂纹长为 l，则

$$G = \lim_{\delta S_c \to 0}\frac{-1}{2\delta l}\int_0^{\delta l}X_i u_i^* \mathrm{d}l \tag{12-79}$$

这也称贝克纳尔公式。

三、G 与 K 之间的关系

根据贝克纳尔公式可简便地求出 G 与 K 之间的关系。

1. Ⅰ型裂纹

参看图 12－22 及式（12－25）、（12－27），可得：

$$X_i = \sigma_{yy} = K_{\mathrm{I}} / \sqrt{2\pi r} \tag{12-80}$$

$$u_i^* = v = K_{\mathrm{I}} (\kappa + 1) \sqrt{\delta a - r} / 2\mu \sqrt{2\pi} \tag{12-81}$$

将式（12－80）、（12－81）代入式（12－79）并注意到力与位移方向相反及裂纹有上下两个表面等因素，积分后得

$$G_{\mathrm{I}} = K_{\mathrm{I}}^2 / E' \tag{12-82}$$

其中

$$E' = \begin{cases} E & （平面应力） \\ E/(1-\nu^2) & （平面应变） \end{cases} \tag{12-83}$$

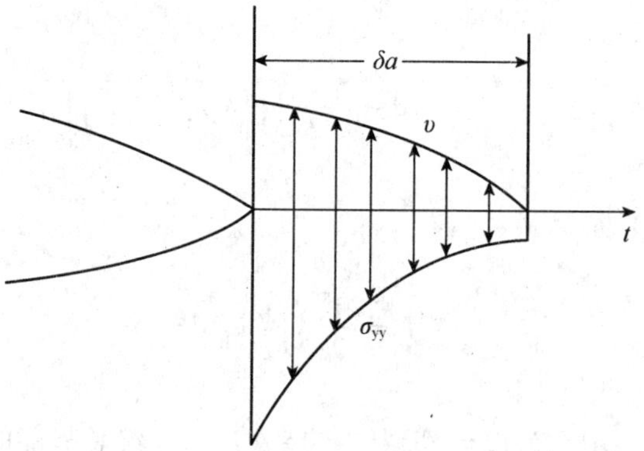

图 12－22

2. Ⅱ型裂纹

同理可得：

$$G_{\mathrm{II}} = K_{\mathrm{II}}^2 / K' \tag{12-84}$$

3. Ⅲ型裂纹

同理可得：

$$G_{\mathrm{III}} = \frac{1+\nu}{E} K_{\mathrm{III}}^2 \tag{12-85}$$

对于复合型裂纹：

$$G = G_{\mathrm{I}} + G_{\mathrm{II}} + G_{\mathrm{III}} = \frac{K_{\mathrm{I}}^2}{E'} + \frac{K_{\mathrm{II}}^2}{E'} + \frac{1+\nu}{E} K_{\mathrm{III}}^2 \tag{12-86}$$

因为 G 与 K 之间存在上述关系，所以断裂力学准则 $K_{\mathrm{I}}=K_{\mathrm{Ic}}$ 及 $G_{\mathrm{I}}=G_{\mathrm{Ic}}$ 二者是一致的。

但必须强调指出式（12－82）～（12－86）都是在裂纹沿自身平面内扩展的前提下推导出来的。若裂纹的扩展不沿自身平面，则上述公式不能应用。对于纯Ⅱ型裂纹及混合型裂纹常不沿自身平面扩展（有时称之为拐折扩展），这时上述公式不能成立。此外对于非弹性情况上述公式也不能成立。

四、裂纹应变能

一个含裂纹板中所贮存的弹性应变能 U^*，与其他条件（载荷、几何形状、材料）均相同但不含裂纹的板中的应变能 U_0 的差称之为裂纹应变能 U_c。根据上述内容可很容易求得 U_c（图 12－21e）。

Ⅰ型裂纹：

$$U_c = 2B\int_0^a G\mathrm{d}a = 2B\int_0^a \frac{K_{\mathrm{I}}^2}{E'}\mathrm{d}a = \frac{2B}{E'}\int_0^a \sigma^2 \pi a \mathrm{d}a = \frac{B\pi}{E'}\sigma_0^2 a^2 \tag{12-87}$$

式中，

$$E' = \begin{cases} E & （平面应力）\\ E/(1-\nu^2) & （平面应变）\end{cases} \tag{12-88}$$

B 为板厚。同理可得：

Ⅱ型裂纹：

$$U_c = \frac{B\pi}{E'}\tau_0^2 a^2 \tag{12-89}$$

Ⅲ型裂纹：

$$U_c = \frac{B\pi}{E}(1+\nu)\tau_0^2 a^2 \tag{12-90}$$

第十三章　复合型裂纹的脆性断裂理论

对于纯Ⅰ、Ⅱ、Ⅲ型裂纹，很自然地采用

$$K_J = K_{JC} \tag{13-1}$$

这样的断裂准则。

但是实际上更常遇到的是复合型裂纹，即 K_{I}、K_{II}、K_{III}中有两个或三个不为零的裂纹。对于复合型裂纹的断裂准则，必须回答下面两个问题：①裂纹沿什么方向扩展？②在怎样的条件下裂纹开始失稳扩展？

线弹性断裂力学中关于脆性断裂的理论可分为两类：一类是应力场参数法，以应力场的某一特征量为参数。认为当此特征量达到某特定值时，裂纹即开始扩展。这一类理论中较常用的是最大周向应力理论及应变能密度理论。另一类是基于能量观点的最大能量释放率理论。

§13－1　最大周向应力理论

厄多根与薛昌明基于复合型裂纹在垂直于最大周向拉应力方向的平面内扩展这一实验观测结果，提出了最大周向拉应力准则。

将式（12－25）及（12－32）中各相应的应力分量相加，可得到裂纹前缘极坐标中的应力分量表达式：

$$\left.\begin{aligned}
\sigma_{rr} &= \frac{1}{2\sqrt{2\pi r}}\left[K_{\mathrm{I}}(3-\cos\theta)\cos\frac{\theta}{2}+K_{\mathrm{II}}(3\cos\theta-1)\sin\frac{\theta}{2}\right]\\
\sigma_{\theta\theta} &= \frac{1}{2\sqrt{2\pi r}}\cos\frac{\theta}{2}\left[K_{\mathrm{I}}(1+\cos\theta)-3K_{\mathrm{II}}\sin\theta\right]\\
\sigma_{r\theta} &= \frac{1}{2\sqrt{2\pi r}}\cos\frac{\theta}{2}\left[K_{\mathrm{I}}\sin\theta+K_{\mathrm{II}}(3\cos\theta-1)\right]
\end{aligned}\right\} \tag{13-2}$$

最大周向拉应力准则认为：

（1）裂纹沿 $\sigma_{\theta\theta\max}$的平面扩展，即沿满足条件

$$\frac{\partial\sigma_{\theta\theta}}{\partial\theta}=0,\quad \frac{\partial^2\sigma_{\theta\theta}}{\partial\theta^2}<0$$

的平面扩展。

对式（13－2）中第二式对 θ 微分后，并令其等于零可得：

$$\cos\frac{\theta}{2}[K_{\mathrm{I}}\sin\theta + K_{\mathrm{II}}(3\cos\theta - 1)] = 0$$

上式的一个解为

$$\cos\frac{\theta}{2} = 0,\quad \theta = \pm\pi$$

但此解无意义，所以断裂角 θ_0（图 13－2）决定于方程

$$K_{\mathrm{I}}\sin\theta_0 + K_{\mathrm{II}}(3\cos\theta_0 - 1) = 0 \qquad (13-3)$$

比较式（13－3）与（13－2）中第三式可知 $\sigma_{\theta\theta\max}$ 最大的平面上 $\sigma_{r\theta}=0$，也即该平面为主平面。

θ_0 的值取决于 $K_{\mathrm{II}}/K_{\mathrm{I}}$，见图 13－1。

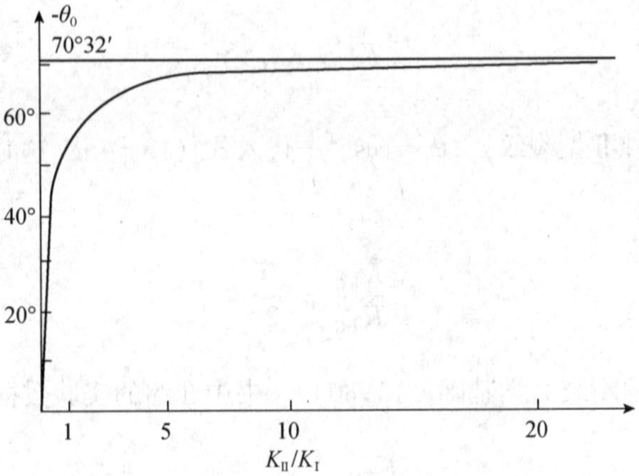

图 13－1　断裂角 θ_0 与比值 $K_{\mathrm{II}}/K_{\mathrm{I}}$ 的关系

当 $K_{\mathrm{II}}=0$（纯Ⅰ型裂纹）时，$\theta=0$，即裂纹沿自身平面扩展。当 $K_{\mathrm{II}}\neq 0$，而有不大的值时，$|\theta_0|$ 即急剧增加。

当 $K_{\mathrm{I}}=0$（纯Ⅱ型裂纹），即 $K_{\mathrm{II}}/K_{\mathrm{I}}\to\infty$ 时，

$$\theta_0 = \cos^{-h}\frac{1}{3} = -70°32'$$

这与实验结果基本上是相符的。

（2）当 $\sigma_{\theta\theta\max}$ 达到一定临界情况时，裂纹开始失稳扩展。

由于当 $r\to 0$ 时，$\sigma_{\theta\theta\max}$ 趋近于无限值，所以不能用具体的临界值来表征。如利用纯Ⅰ型裂纹进行比较。

则 $$K_{\mathrm{II}}=0,\ \theta_0=0$$

由式（13－2）可得

$$\sigma_{\theta\theta C}=\frac{1}{\sqrt{2\pi r}}K_{\mathrm{Ic}}$$

因而一般情况下的裂纹失稳准则为

$$\frac{1}{2\sqrt{2\pi r}}\cos\frac{\theta_0}{2}[K_{\mathrm{I}}(1+\cos\theta_0)-3K_{\mathrm{II}}\sin\theta_0]=\frac{K_{\mathrm{Ic}}}{\sqrt{2\pi r}}$$

即

$$\frac{1}{2}\cos\frac{\theta_0}{2}[K_{\mathrm{I}}(1+\cos\theta_0)-3K_{\mathrm{II}}\sin\theta_0]=K_{\mathrm{Ic}} \tag{13-4}$$

从某种意义上，可以认为，对于Ⅰ型＋Ⅱ型的复合型裂纹，可以转化成一个等效的纯Ⅰ型裂纹，其等效的应力强度因子为

$$K_e=\frac{1}{2}\cos\frac{\theta_0}{2}[K_{\mathrm{I}}(1+\cos\theta_0)-3K_{\mathrm{II}}\sin\theta_0]$$

而其裂纹失稳准则为

$$K_e=K_{\mathrm{IC}}$$

利用 $K_{\mathrm{I}}=0$（即纯Ⅱ型裂纹），$\theta_0=\cos^{-1}\frac{1}{3}$代入式（13－4），这时式中的 $K_{\mathrm{II}}=K_{\mathrm{IIC}}$，由此可得

$$\frac{K_{\mathrm{IIC}}}{K_{\mathrm{IC}}}=\frac{\sqrt{3}}{2}$$

按布洛克著《工程断裂力学基础》（1980）一书中介绍的实验数据，

$$\frac{K_{\mathrm{IIC}}}{K_{\mathrm{IC}}}\approx 0.75$$

考虑到断裂力学中的许多参数的测量结果分散度均较大，则理论与实验结果应当大体相符。

在研究复合型裂纹的断裂准则时，经常采用如图 13－2 所示的带斜裂纹的平板模型。因为

$$\left.\begin{aligned}\sigma_N&=\sigma\sin^2\beta\\ \tau_N&=\sigma\sin\beta\cos\beta\end{aligned}\right\} \tag{13-5}$$

故

$$\left.\begin{aligned}K_{\mathrm{I}}&=\sigma_N\sqrt{\pi a}=\sigma\sqrt{\pi a}\sin^2\beta\\ K_{\mathrm{II}}&=\tau_N\sqrt{\pi a}=\sigma\sqrt{\pi a}\sin\beta\cos\beta\end{aligned}\right\} \tag{13-6}$$

以式（13－6）代入式（13－3），可得到断裂角 θ_0 与裂纹角 β 间的关系式为

$$\sin\theta_0+(3\cos\theta_0-1)\cot\beta=0 \tag{13-7}$$

$$\tan\beta=\frac{(1-3\cos\theta_0)}{\sin\theta_0}$$

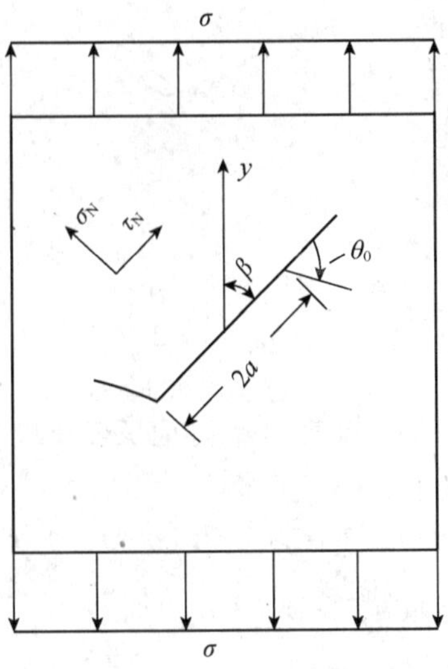

图　13－2

θ_0 与 β 间的关系如图 13－4a 中虚线所示。从现有的一些实验结果看来，理论结果与实验结果基本相符。

将式（13－6）代入式（13－4）可得到临界应力 σ_C，

$$\sigma_C=\frac{2K_{IC}}{\sqrt{\pi a}\cos\frac{\theta_0}{2}\left[(1+\cos\theta_0)\sin^2\beta-3\sin\theta_0\sin\beta\cos\beta\right]} \tag{13-8}$$

§13－2　应变能密度因子理论

薛昌明于 1972 年提出应变能密度因子断裂判据，目前得到比较广泛的应用。

一、应变能密度因子的概念

我们讨论最普遍的复合型裂纹——K_{I}、K_{II}、K_{III} 均不为零的情形。这时裂纹端部各应力分量为（参考式（12－47））：

$$\left.\begin{aligned}
\sigma_{xx}&=\frac{K_{\mathrm{I}}}{\sqrt{2\pi r}}\cos\frac{\theta}{2}\left(1-\sin\frac{\theta}{2}\sin\frac{3}{2}\theta\right)-\frac{K_{\mathrm{II}}}{\sqrt{2\pi r}}\sin\frac{\theta}{2}\left(2+\cos\frac{\theta}{2}\cos\frac{3}{2}\theta\right)\\
\sigma_{yy}&=\frac{K_{\mathrm{I}}}{\sqrt{2\pi r}}\cos\frac{\theta}{2}\left(1+\sin\frac{\theta}{2}\sin\frac{3}{2}\theta\right)+\frac{K_{\mathrm{II}}}{\sqrt{2\pi r}}\sin\frac{\theta}{2}\cos\frac{\theta}{2}\cos\frac{3}{2}\theta\\
\sigma_{xy}&=\frac{K_{\mathrm{I}}}{\sqrt{2\pi r}}\sin\frac{\theta}{2}\cos\frac{\theta}{2}\cos\frac{3}{2}\theta+\frac{K_{\mathrm{II}}}{\sqrt{2\pi r}}\cos\frac{\theta}{2}\left(1-\sin\frac{\theta}{2}\sin\frac{3}{2}\theta\right)
\end{aligned}\right\} \tag{13-9a}$$

$$
\left.\begin{aligned}
\sigma_{xz} &= -\frac{K_{\mathrm{III}}}{\sqrt{2\pi r}}\sin\frac{\theta}{2} \\
\sigma_{yz} &= \frac{K_{\mathrm{III}}}{\sqrt{2\pi r}}\cos\frac{\theta}{2} \\
\sigma_{zz} &= \begin{cases} 0 & \text{（平面应力）} \\ 2\nu\left[\dfrac{K_{\mathrm{I}}}{\sqrt{2\pi r}}\cos\dfrac{\theta}{2} - \dfrac{K_{\mathrm{II}}}{\sqrt{2\pi r}}\sin\dfrac{\theta}{2}\right] & \text{（平面应变）} \end{cases}
\end{aligned}\right\} \tag{13-9b}
$$

由式（3－37），单位体积内的应变能（又称应变能密度）为

$$
\begin{aligned}
W = \frac{1}{2E}\big[&(\sigma_{xx}^2+\sigma_{yy}^2+\sigma_{zz}^2)-2\nu(\sigma_{xx}\sigma_{yy}+\sigma_{yy}\sigma_{zz}+\sigma_{zz}\sigma_{xx}) \\
&+2(1+\nu)(\sigma_{xy}^2+\sigma_{yz}^2+\sigma_{zx}^2)\big]
\end{aligned}
$$

将式（13－9）代入上式，得到裂纹端部各点的应变能密度 W 为

$$
W = \frac{1}{r}(a_{11}K_{\mathrm{I}}^2 + 2a_{12}K_{\mathrm{I}}K_{\mathrm{II}} + a_{22}K_{\mathrm{II}}^2 + a_{33}K_{\mathrm{III}}^2) \tag{13-10}
$$

式中，

$$
\left.\begin{aligned}
a_{11} &= \frac{1}{16\pi\mu}[(3-4\nu-\cos\theta)(1+\cos\theta)] \\
a_{12} &= \frac{1}{16\pi\mu}(\cos\theta-1+2\nu)\cdot 2\sin\theta \\
a_{22} &= \frac{1}{16\pi\mu}[4(1-\nu)(1-\cos\theta)+(1+\cos\theta)(3\cos\theta-1)] \\
a_{33} &= \frac{1}{4\pi\mu}
\end{aligned}\right\} \tag{13-11}
$$

由式（13－10）可知：W 在裂纹端部呈 $1/r$ 的奇异性，若将式（13－10）改写为

$$
W = S/r \tag{13-12}
$$

则

$$
S = a_{11}K_{\mathrm{I}}^2 + 2a_{12}K_{\mathrm{I}}K_{\mathrm{II}} + a_{22}K_{\mathrm{II}}^2 + a_{33}K_{\mathrm{III}}^2 \tag{13-13}
$$

式中，S 称为应变能密度因子，显然 $S=S(\theta)$。

二、应变能密度因子理论的基本假设

（1）裂纹沿 $S=S_{\min}$ 的方向扩展。

即裂纹沿满足如下条件的方向扩展。

$$
\frac{\partial S}{\partial\theta}=0,\quad \frac{\partial^2 S}{\partial\theta^2}>0
$$

（2）当 S_{min}达到某一临界值，裂纹开始扩展，

即 $$S_{min} = S(\theta_0) = S_C$$

三、应用

现在讨论 S 理论在几种典型情形的应用结果。

1. 纯Ⅰ型裂纹

这时 $K_{\mathrm{II}} = K_{\mathrm{III}} = 0$，

$$S = \frac{K_{\mathrm{I}}^2}{16\pi\mu}[(3-4\nu-\cos\theta)(1+\cos\theta)] \tag{13-14}$$

$$\frac{\partial S}{\partial \theta} = \frac{K_{\mathrm{I}}^2}{8\pi\mu}\sin\theta(\cos\theta - 1 + 2\nu)$$

$$\frac{\partial^2 S}{\partial \theta^2} = \frac{K_{\mathrm{I}}^2}{8\pi\mu}[\cos2\theta - (1-2\nu)\cos\theta]$$

令 $$\frac{\partial S}{\partial \theta} = 0$$

可得到 $$\left.\begin{aligned}\theta &= 0\\ \cos\theta &= 1-2\nu\end{aligned}\right\} \tag{13-15}$$

其中 $\theta = 0$ 这个解使 $\frac{\partial^2 S}{\partial \theta^2} > 0$。所以是问题的解。

即 $$S|_{\theta_0=0}S_{min} = \frac{(1-2\nu)\sigma^2 a}{4\mu} = S_C$$

这样可求得临界应力

$$\sigma_C = \left[\frac{4\mu S_C}{(1-2\nu)a}\right]^{\frac{1}{2}}$$

及 $$S_C = \frac{1-2\nu}{4\pi\mu}K_{\mathrm{IC}}{}^2 \tag{13-16}$$

由式（13－16）可通过 K_{IC}求得 S_C。

2. 纯Ⅱ型裂纹

在这种情况下，$K_{\mathrm{I}} = K_{\mathrm{III}} = 0$，

$$S = \left(\frac{K_{\mathrm{II}}^2}{16\pi\mu}\right)[4(1-\nu)(1-\cos\theta) + (1+\cos\theta)\cdot(3\cos\theta - 1)] \tag{13-17}$$

$$\frac{\partial S}{\partial \theta} = \left(\frac{K_{\mathrm{II}}^2}{16\pi\mu}\right)(1-2\nu-3\cos\theta)\sin\theta$$

$$\frac{\partial^2 S}{\partial \theta^2} = \left(\frac{K_{\mathrm{II}}^2}{16\pi\mu}\right)[(1-2\nu)\cos\theta - 3\cos2\theta]$$

由$\dfrac{\partial S}{\partial \theta}=0$，可以得到两个解：

$$\left.\begin{aligned}\theta &= 0\\ \cos\theta &= (1-2\nu)/3\end{aligned}\right\} \tag{13-18}$$

后者满足$\dfrac{\partial^2 S}{\partial \theta^2}>0$，使 S 取极小值，所以是我们所需要的解；由此得

$$\theta_0 = \arccos\left(\frac{1-2\nu}{2}\right)$$

由此式可以看出开裂角与 ν 有关。

ν	$-\theta_0$	ν	$-\theta_0$
0.0	70.5°	0.3	82.3°
0.1	74.5°	0.4	86.2°
0.2	78.5°	0.5	90.0°

以 $\cos\theta_0=(1-2\nu)/3$ 代入式（13－17）得

$$S_{\min} = K_{\mathrm{II}}^2\,\frac{2(1-\nu)-\nu^2}{12\pi\mu} \tag{13-19}$$

这种情况下断裂准则为

$$\frac{2(1-\nu)-\nu^2}{12\pi\mu}K_{\mathrm{II}C}^2 = S_C \tag{13-20}$$

如与同一材料在纯 I 型情况下的断裂实验值作比较，则得

$$S_C = \frac{2(1-\nu)-\nu^2}{12\pi\mu}K_{\mathrm{II}C} = \frac{1-2\nu}{4\pi\mu}K_{\mathrm{I}C}$$

因而，

$$\frac{K_{\mathrm{II}C}}{K_{\mathrm{I}C}} = \left[\frac{3(1-2\nu)}{2(1-\nu)-\nu^2}\right]^{\frac{1}{2}} \tag{13-21}$$

3. 混合型裂纹

仍以带有斜裂纹的平板进行分析（图 13－3）。

对于图 13－3a、b 两种情况：

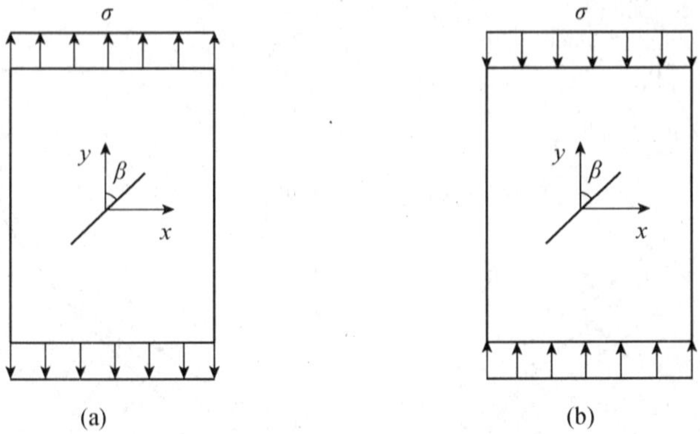

图 13-3

$$\left.\begin{aligned}\sigma_{\mathrm{N}} &= \pm\sigma\sin^2\beta \\ \tau_{\mathrm{N}} &= \pm\sigma\sin\beta\cos\beta\end{aligned}\right\} \tag{13-22}$$

因此，

$$\left.\begin{aligned}K_{\mathrm{I}} &= \sigma\sqrt{\pi a}\sin^2\beta \\ K_{\mathrm{II}} &= \sigma\sqrt{\pi a}\sin\beta\cos\beta\end{aligned}\right\} \tag{13-23}$$

将上式代入式（13-13）得

$$S = \sigma^2\pi a\sin^2\beta(a_{11}\sin^2\beta + 2a_{12}\sin\beta\cos\beta + a_{22}\cos^2\beta) \tag{13-24}$$

$$\frac{\partial S}{\partial\theta} = \left(\frac{\sigma^2\pi a}{16\mu}\right)\sin^2\beta[2(1-2\nu)\sin(\theta-2\beta) - 2\sin2(\theta-\beta) - \sin2\theta] \tag{13-25}$$

令$\frac{\partial S}{\partial\theta}=0$，得

$$2(1-2\nu)\sin(\theta_0-2\beta) - 2\sin2(\theta_0-\beta) - \sin2\theta_0 = 0$$
$$\beta\neq0$$

给定β后从上式可求得θ_0。

薛昌明认为，因为应变能密度因子 S 的表达式（13-24）中只出现 σ^2 项，所以式（13-24）~（13-26）同时适用于图 13-3a、b 两种情况。

对同一个β，方程（13-26）有两个根，根据实验结果他断定：$-\theta_0$ 对应于拉伸情形，$+\theta_0$ 对应于压缩情形，如图 13-4a、b 所示。

以方程（13-26）的计算结果代入式（13-24）进行数值计算后的结果（对应于拉伸情形）示于图 13-5 中。

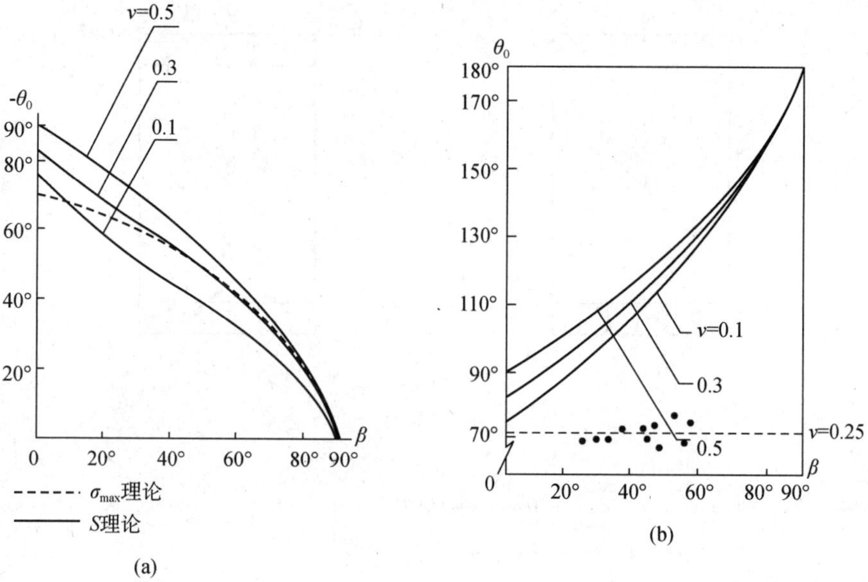

图　13－4

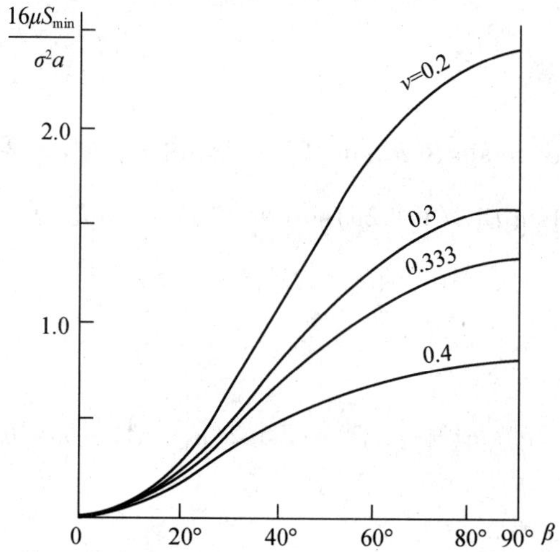

图　13－5

令

$$\frac{16\mu S_{\min}}{\sigma^2 a} = \eta(\beta) \tag{13-26}$$

则

$$\sigma^2 a = 16\mu S_{\min}/\eta(\beta)$$

按 S 理论，$S_{\min}$ 的临界值 S_{cr} 为材料的抗脆断能力的材料常数。

$$\sigma_{cr}^2 a = 16\mu S_{cr}/\eta(\beta) \tag{13-27}$$

这说明当 η 值越大时，在其他条件相同的情况下 σ_{cr} 越小。对拉伸情况而言，η 是 β 的单调增函数（β 在［0，$\pi/2$］区间内），$\beta=\dfrac{\pi}{2}$ 时 η 为最大，因而 σ_{cr} 最小。实验结果证明了这一点，见图 13-6。

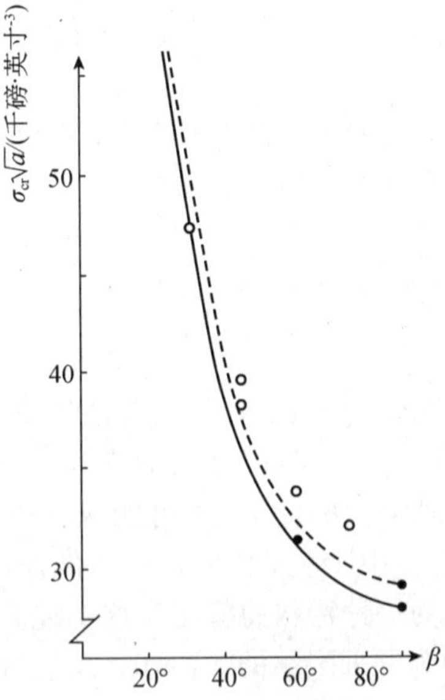

图 13-6　$\sigma_{cr}\sqrt{a}$ 与裂纹角的关系

虚线——（$\sigma_{cr}\sqrt{a}$）$|\ \pi/2=29.2$；实线——（$\sigma_{cr}\sqrt{a}$）$|\ \pi/2=28.2$；$\nu=\dfrac{1}{3}$ 平面应变

四、讨论与说明

下面就几个问题作一些讨论与说明。

（1）应变能密度因子理论的物理基础。

应变能密度因子理论的两条基本假设是：裂纹沿应变能密度因子取最小值 S_{min} 的方向扩展；且仅当 S_{min} 达到某一临界值（材料常数）时，裂纹开始扩展。

人们很自然地会提出如下的问题：S 与材料的破坏（裂纹扩展）之间有什么物理上的本质联系？尤其是，为什么裂纹在 $S=S_{min}$ 的方向上扩展？……对这些问题，薛昌明本人曾经作过一些解释，但是这些解释不能令人满意，由此引起了一些讨论，但至今还没有得到统一的结论。所以这还是一个值得深入研究的课题。

尽管如此，由于 S 理论应用比较方便，与实验结果对比符合得也比较好（压缩的情形例外），适用范围也比较广泛，因此，到目前为止，S 理论在实际上采用得比较多。

（2）关于受压闭合裂纹问题的一些分析讨论。

薛昌明认为，由于在 S 的表达式（13-23）中只出现应力的平方项（σ^2），所以，式（13-23）及其推论式（13-24）、（13-25）同时适用于拉伸及压缩（图 13-3a、b）两种情形。初看起来，这似乎是有道理的。但是，如果仔细分析一下就会发现，这样的处理是值得商榷的。

图 13-3a、b 所示的两种情形，实际上是有本质差别的。在拉伸情况下（图 13-3a），两个裂纹表面是互相分离的。因此，在裂纹面上，没有应力相互作用（$\sigma_n=\tau_n=0$，n 为裂纹面的法线）；而对于压缩情形，裂纹面因受压而相互闭合，在裂纹面间产生相互作用。在力学上，可以用正应力 σ_n 及剪应力 τ_n 来表示这一作用。σ_n 与 τ_n 的分布规律很复杂，是一个至今仍然吸引着不少科学家在研究的课题。但是，由于 σ_n 及 τ_n 的存在，式（13-22）、（13-23）就不再适用了，由它们所导出的一系列结论也就不再适用了。

在薛昌明的处理中，认为 σ 为拉伸应力或压缩压力仅仅是符号上的差别，所以式（13-23）在 σ 为压应力时仍适用。实际上，当 σ 为压应力时

$$K_{\mathrm{I}}=\sigma\sqrt{\pi a}\sin^2\beta=-|\sigma|\sqrt{\pi a}\sin^2\beta$$

这意味着 K_{I} 取负值。

本书作者早在中国地球物理学会 1980 年苏州会议的论文中就已指出：K_{I} 不可能取负值。因为，$K_{\mathrm{I}}<0$ 必然导致裂纹端部某些区域造成互相重叠现象（参看 §14-3，图 14-5），而这在物理上显然是不合理的，因此 K_{I} 不可能取负值；另一方面，对于压缩的情况下，当然也不能取正值。实际上，由于裂纹面间压应力的作用，使受压闭合裂纹端部的 $K_{\mathrm{I}}\equiv0$。于是，受压闭合裂纹就成为一种特殊的剪切裂纹（纯Ⅱ型、纯Ⅲ型或Ⅱ+Ⅲ型。但以下均以Ⅱ型裂纹进行讨论），因为这种裂纹的 $K_{\mathrm{I}}\equiv0$，所以称之为纯Ⅱ型裂纹；但是，它又不同于一般的（非闭合）Ⅱ型裂纹。因为含有受压闭合Ⅱ型裂纹的材料的抗断裂能力，不仅取决于材料的 $K_{\mathrm{II}c}$，而且还取决于裂纹面的相互作用，尤其是裂纹面上的摩擦剪应力 τ_n。τ_n 不仅与正应力 σ_n 及表面状态（几何状态、物理化学状态等）有关，还与裂纹面间的相对滑移量、滑移速度有关。

但是不管受压闭合裂纹裂纹面间剪应力的分布规律如何复杂，它终究是一种纯Ⅱ型裂纹，因此它的断裂角 θ_0 是一个常数［按最大周向拉应力理论 $\theta_0=-70°32'$，按 S 理论 $\theta_0=\arccos\left(\frac{1-2\nu}{3}\right)$］，而与裂纹角 β 无关。1983 年，在本书作者的指导与参加下，李世愚、李红与王敏等同志，进行了玻璃、有机玻璃及大理石平板试件在不同 β 角时的断裂实验，实验结果示于图 13-4 中，它们基本上处于一条水平直线（图中虚线）的周围，因此证实了我们以上的分析。实验结果说明，我们的理论结果与实验结果的符合程度远比薛昌明的理论结果好（李世愚等，2010）。

§13-3　最大能量释放率理论

在 §12-4 中我们讨论过能量释放率 G。它实际上是格里菲斯理论的进一步发展。在讨论复合型裂纹的断裂准则时，很自然会想到用能量释放率 G 来作为断裂判据，即

$$G\geqslant G_{\mathrm{C}} \tag{13-28}$$

式中，

$$G=\frac{K_{\mathrm{I}}^2}{E'}+\frac{K_{\mathrm{II}}^2}{E'}+\frac{1+\nu}{E}K_{\mathrm{III}}^2 \tag{12-86}$$

而

$$E' = \begin{cases} E & （平面应力）\\ E/(1-\nu^2) & （平面应变）\end{cases}$$

但是，在§12－4 中，我们曾经指出过，式（12－86）成立的前提是裂纹沿自身方向扩展。但是对于复合型裂纹（特别是当 $K_{II} \neq 0$ 的情形），裂纹往往不沿自身扩展，而沿与原裂纹方向偏转 θ_0（θ_0 称为断裂角）拐折扩展，如图 13－7 所示。所以式（13－86）就不再适用了。

帕兰尼斯威米于 1972 年在其博士论文中提出一种新的看法，他认为：

（1）裂纹沿产生最大能量释放率的方向扩展。

（2）裂纹当最大能量释放率 G_{max} 达到某临界值时开始扩展。

从物理上考虑，这一思路无疑是正确的。但是问题在于：如何计算对于如图 13－7 所示的裂纹的能量释放率 $G(\theta)$？到目前为止，不同的作者给出了不同的结果，至今没有统一的结论。下面介绍几个有代表性的结果。

（1）纽斯曼（Nuismer，1975）的连续变化方法。

如图 13－7 所示，设分支裂纹长度为 Δa，断裂角 θ_0。以原裂纹端点 O 为原点的裂纹顶端坐标系仍以 r、θ 表示；而以分支裂纹端点为原点的坐标系以 $\hat{r}$、$\hat{\theta}$ 表示，而且其他与支裂纹端点相关的物理量，也都加上符号“^”表示。

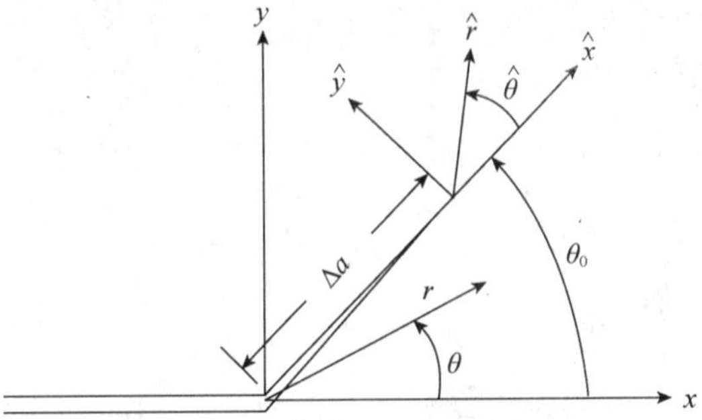

图 13－7　分支裂纹 $G(\theta_0)$ 的计算简图

下面只讨论Ⅰ型与Ⅱ型的复合裂纹，这时

$$\hat{G}(\theta_0、\Delta a) = \frac{1}{E'}(\hat{E}_{I}^2 + \hat{E}_{II}^2) \tag{13-29}$$

但是计算 $\hat{E}_{I}$、$\hat{E}_{II}$ 是很复杂的。好在现在考虑的是裂纹的起始扩展问题，即 $\Delta a \to 0$ 的情形。所以式（13－29）可写成：

$$\hat{G}_0 = \frac{1}{E'}(\hat{K}_{I0}^2 + \hat{E}_{II0}^2) \tag{13-30}$$

上式中角标“0”表示 $\Delta a \to 0$ 时，相应的量的极限值。当 $\Delta a \to 0$ 时，分支裂纹端部的应力场趋近于原裂纹端部的应力场，即

$$\left.\begin{aligned}\lim_{\Delta a\to 0}\hat{\sigma}_{yy} &= \sigma_{\theta\theta}\mid_{\theta=\theta_0}\\ \lim_{\Delta a\to 0}\hat{\sigma}_{xy} &= \sigma_{r\theta}\mid_{\theta=\theta_0}\end{aligned}\right\}\tag{13-31}$$

于是，由式（13－2）得

$$\left.\begin{aligned}\hat{K}_{\mathrm{I}0} &= \lim_{\Delta a\to 0}\hat{K}_{\mathrm{I}} = \frac{1}{2}\cos\frac{\theta_2}{2}[K_{\mathrm{I}}(1+\cos\theta_0)-3K_{\mathrm{II}}\sin\theta_0]\\ \hat{K}_{\mathrm{II}0} &= \lim_{\Delta a\to 0}\hat{K}_{\mathrm{II}} = \frac{1}{2}\cos\frac{\theta_0}{2}[K_{\mathrm{I}}\sin\theta_0+K_{\mathrm{II}}(3\cos\theta_0-1)]\end{aligned}\right\}\tag{13-32}$$

将式（13－30）对 θ_0 作偏导数得

$$\frac{\partial G_{\theta 0}}{\partial\theta_0}=\frac{1}{E'}\left(\hat{K}_{\mathrm{I}0}\frac{\partial\hat{K}_{\mathrm{I}0}}{\partial\theta_0}+\hat{K}_{\mathrm{II}0}\frac{\partial\hat{K}_{\mathrm{II}0}}{\partial\theta_0}\right)$$

比较上式及式（13－2）后，可以将上式改写为

$$\left(\sigma_{\theta\theta}\frac{\partial\sigma_{\theta\theta}}{\partial\theta}+\sigma_{r\theta}\frac{\partial\sigma_{x\theta}}{\partial\theta}\right)\Bigg|_{\theta=\theta_0}=0\tag{13-33}$$

再由式（13－2）可得下列关系

$$\frac{\partial\sigma_{\theta\theta}}{\partial\theta}=-\frac{3}{2}\sigma_{r\theta}\tag{13-34}$$

将上式代入式（13－33）后得

$$\left[\sigma_{r\theta}\left(\frac{\partial\sigma_{r\theta}}{\partial\theta}-\frac{3}{2}\sigma_{\theta\theta}\right)\right]_{\theta=\theta_0}=0$$

因而

$$\left(\frac{\partial\sigma_{r\theta}}{\partial\theta}-\frac{3}{2}\sigma_{\theta\theta}\right)_{\theta=0}=0\tag{a}$$

或

$$\sigma_{r\theta}\mid_{\theta=\theta}=0\tag{b}$$

由式（a）得出的解为

$$\frac{\theta_0}{2}=\arctan(K_{\mathrm{I}}/K_{\mathrm{II}})$$

$$G_{\theta 0}=\frac{1}{E'}\left(\frac{K_{\mathrm{II}}^4}{K_{\mathrm{I}}^2+K_{\mathrm{II}}^2}\right)$$

显然

$$G_{\theta 0}\leqslant G_0=\frac{1}{E'}(E_{\mathrm{I}}^2+E_{\mathrm{II}}^2)$$

式中，G_0 表示沿裂纹原方向扩展（即 $\theta_0=0$）时的能量释放率。K_{I}、K_{II} 表示不存在分支裂纹时，原裂纹的应力强度因子。上式表明，式（a）的解，不使 $G_{\theta 0}$ 取最大值，因此不是所需要的解，而问题的解为式（b）。根据式（13－34），

$$\sigma_{r\theta}\mid_{\theta=\theta_0}=0$$

必然导致

$$\left.\frac{\partial\sigma_{\theta\theta}}{\partial\theta}\right|_{\theta=\theta_0}=0$$

这说明，能量释放率 $G_{\theta 0}$ 最大的方向与 $\sigma_{\theta\theta}$ 的最大方向一致。

（2）侯赛因研究了如图 13－7 所示的拐折裂纹的能量释放率 $G(\theta_0)$ 为（当支裂纹长度 $\Delta a\to 0$ 时）

$$\begin{aligned}G(\theta_0)&=\frac{4}{E}\left(\frac{1}{3+\cos^2\theta_0}\right)^2\left(\frac{1-\theta_0/\pi}{1+\theta_0/\pi}\right)^{\theta_0/\pi}\\&\quad\times\left[(1+3\cos^2\theta_0)K_{\mathrm{I}}^2+8\sin\theta_0\cos\theta_0K_{\mathrm{I}}K_{\mathrm{II}}+(9-5\cos^2\theta_0)K_{\mathrm{II}}^2\right]\end{aligned}\quad(13-35)$$

式中，θ_0 为支裂纹与主裂纹间夹角；K_{I}、K_{II} 为没有支裂纹时，原裂纹端部的应力强度因子。

根据条件

$$\frac{\partial G(\theta_0)}{\partial\theta_0}=0,\quad\frac{\partial^2G(\theta_0)}{\partial\theta_0^2}<0$$

可求得使 $G(\theta_0)$ 取最大值的方向 θ_0。

薛昌明得到纯Ⅲ型裂纹出现支裂纹时的能量释放率为

$$G(\theta_0)=\frac{K_{\mathrm{III}}^2}{2\mu}\left(\frac{1-\theta_0/\pi}{1+\theta_0/\pi}\right)^{\theta_0/\pi}\quad(13-36)$$

同一函数 $\left(\frac{1-\theta_0/\pi}{1+\theta_0/\pi}\right)^{\theta_0/\pi}$ 再次出现，是值得注意的。

复合型裂纹的断裂准则是一个重要而至今没有完全解决的问题。我国学者王自强等的有关工作受到好评。有兴趣的读者请参考其专著（王自强、陈少华，2010）。

第十四章　弹塑性断裂力学及流变介质中裂纹的扩展

在前面两章中，我们研究了理想脆性体的断裂问题。所谓理想脆性材料，即材料直到断裂前其应力-应变关系一直服从胡克定律。但是，许多实际材料不能应用理想脆性体这样过于简单的模型。尤其是地球介质，由于其本身性质的极端复杂性（不完整性、多相性、非弹性及非均匀性等），再加上环境因素（高温、高压、长时期作用、化学腐蚀等）的影响，使介质性质与理想脆性体模型偏离很大。此外，有些材料即使其宏观性质接近弹性体，但是，由于裂纹端部的应力集中程度很高，因此势必产生或多或少的塑性变形，存在着或大或小的塑性区。不过由于材料性质不同，工作环境各异，裂纹端部塑性区的大小差别很大。如果令 r_p 表示塑性区的特征尺寸，则比值 r_p/a 表征着塑性区的相对大小。当 $r_p/a \ll 1$ 时，称之为小规模屈服。在这种情况下，除了裂纹端部极小的区域内产生塑性变形以外，大部分区域仍处于弹性范围。对于这种情况，进行适当修正后，线弹性断裂力学仍然适用。如果不满足这一条件，则问题属于弹塑性断裂力学范畴。所以我们在本章中首先讨论塑性区大小的估算。

此外，地壳介质在长期载荷作用下，表现出流变性质，在这类介质中，裂纹的扩展具有某些特点，在本章最后将简要予以讨论。

§14－1　裂纹端部塑性区大小的估算及欧文修正

一、塑性区尺寸的一级估算

先介绍一种估算裂纹端部塑性区大小的简单方法。以Ⅰ型裂纹为例，裂纹端部的两个面内主应力为：

$$\left.\begin{aligned}\sigma_1 &= \frac{K_{\mathrm{I}}}{\sqrt{2\pi r}}\cos\frac{\theta}{2}\left(1+\sin\frac{\theta}{2}\right)\\ \sigma_2 &= \frac{K_{\mathrm{I}}}{\sqrt{2\pi r}}\cos\frac{\theta}{2}\left(1-\sin\frac{\theta}{2}\right)\end{aligned}\right\} \tag{14-1}$$

对于平面应力情形，另一个主应力为

$$\sigma_3 = 0 \tag{14-2}$$

设材料服从米塞斯屈服条件

$$(\sigma_1-\sigma_2)^2+(\sigma_2-\sigma_3)^2+(\sigma_3-\sigma_1)^2 = 2\sigma_y^2 \tag{14-3}$$

式中，σ_y 为单轴拉伸实验时材料的屈服极限。

将式（14-1）、(14-2）代入式（14-3）中，可得到塑性区边界的极坐标形式的曲线方程。方程为

$$r = \frac{K_{\mathrm{I}}^{2}}{2\pi\sigma_{\mathrm{y}}^{2}}\cos^{2}\frac{\theta}{2}\left(1 + 3\sin^{2}\frac{\theta}{2}\right) \tag{14-4}$$

此曲线的形状如图 14-1 所示。图 14-1 中以裂纹端点为极坐标原点，坐标 r 以无量纲量 r/r_0 表示。r_0 为 $\theta=0$（即裂纹延长线上）时的塑性区尺寸。由式（14-4）得

$$r_0 = (K_{\mathrm{I}}/\sigma_{\mathrm{y}})^2/2\pi \tag{14-5}$$

对于平面应变情形，另一个主应力为

$$\sigma_3 = \nu(\sigma_1 + \sigma_2) = 2\nu K_{\mathrm{I}}\cos\frac{\theta}{2}/\sqrt{2\pi r} \tag{14-6}$$

将式（14-1）、(14-6）代入式（14-3）中，可以得到塑性区边界的曲线方程为

$$r = \frac{K_{\mathrm{I}}^{2}}{2\pi\sigma_{\mathrm{y}}^{2}}\left[\frac{3}{4}\sin^{2}\theta + (1-2\nu)^{2}\cos^{2}\frac{\theta}{2}\right] \tag{14-7}$$

上式所表示的曲线如图 14-1a 中虚线所示。可见，在其他条件相同的前提下，平面应变情况下的塑性区，明显地小于平面应力情况下的塑性区。

以 $\theta=0$ 时的塑性区尺寸 r_0' 作为平面应变条件下塑性区的特性尺寸。则以 $\theta=0$ 代入式（14-7）可得

$$r_0' = \frac{K_{\mathrm{I}}^{2}}{2\pi\sigma_{\mathrm{y}}^{2}}(1-2\nu)^{2} \tag{14-8}$$

比较式（14-5），(14-8）可得

$$\frac{r_0}{r_0'} = \frac{1}{(1-2\nu)^2}$$

当 $\nu=1/4$ 时，$r_0/r_0'=4$

当 $\nu=1/3$ 时，$r/r_0'=9$

Ⅱ、Ⅲ型裂纹的塑性区如图 14-1b、c 所示。

二、塑性区应力松弛的影响——塑性区尺寸的二级估算

上面讲的方法，显然仅仅是一种近似的估计。因为它建立在用线弹性断裂力学求得的应力分布的基础上。要得到严格的塑性区边界，必须求解弹塑性断裂问题。但这是非常困难的课题。下面我们仍然用近似的方法，考虑由于塑性区内的应力松弛而引起的效应。仍然以Ⅰ型裂纹为例进行分析。

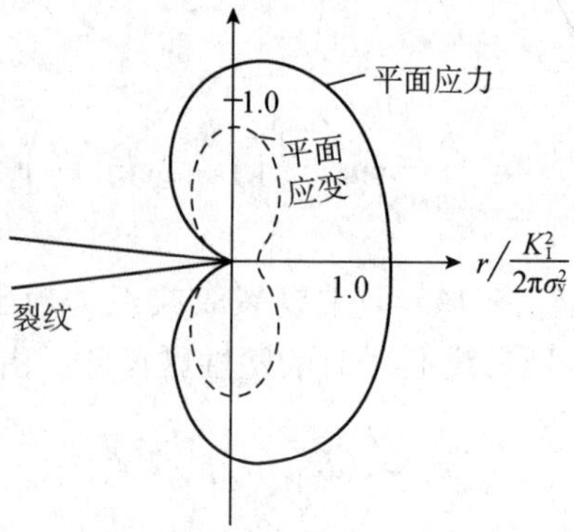

(a) Ⅰ型

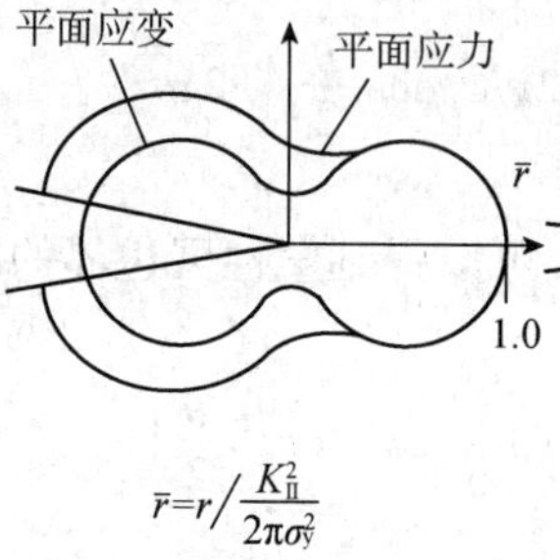

(b) Ⅱ型

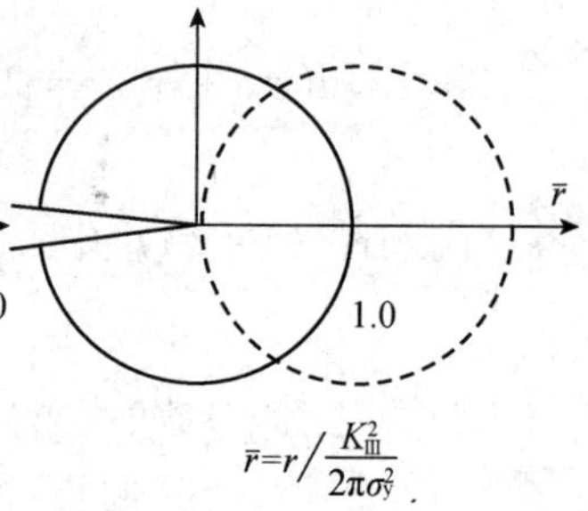

(c) Ⅲ型

图 14－1　裂纹端部塑性区大小及形状的估算

（a）Ⅰ型裂纹；（b）Ⅱ型裂纹；（c）Ⅲ型裂纹$\left(按\ \nu=\frac{1}{3}计算\right)$

如图 14－2 所示，虚线 AB 为无塑性区时裂纹端部的弹性应力场。Ⅰ型裂纹的主要应力分量

$$\sigma_{yy} = K_{\mathrm{I}} / \sqrt{2\pi r}$$

但是，在 $r < r_0$ 范围内发生塑性屈服，

$$\sigma_{yy} = \sigma_y$$

塑性区（$r < r_0$）内的应力松弛还必然影响弹性区（$r > r_0$）内的应力分布。如果近似地假定，曲线 EF 下面的面积与 DB 下面的面积相等，则由 y 轴方向上力的平衡要求 CE 下的面积（矩形）应等于曲线 AD 下的面积，即

$$\sigma_y r_p = \int_0^{r_0} \sigma_{yy} \mathrm{d}r = \int_0^{r_0} \frac{K_{\mathrm{I}}}{\sqrt{2\pi r}} \mathrm{d}r = K_{\mathrm{I}} \sqrt{\frac{2r_0}{\pi}}$$

将式（14－5）代入上式得

$$r_p = 2r_0 = \frac{1}{\pi}\left(\frac{K_I}{\sigma_y}\right)^2 = a\left(\frac{\sigma}{\sigma_y}\right)^2 \tag{14-9}$$

上述结果与实验结果符合得相当好。

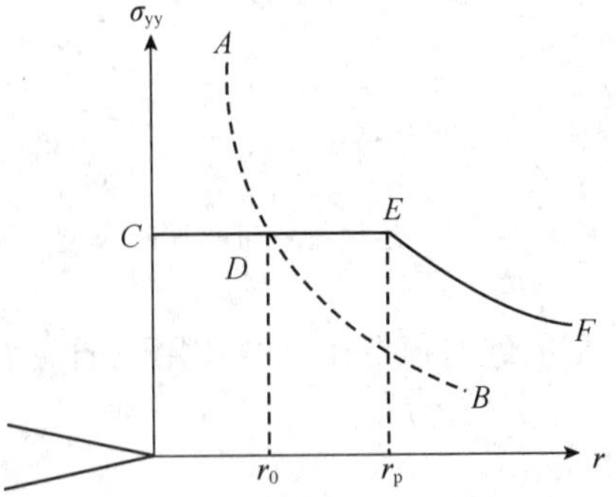

图 14－2　塑性区尺寸的二级估算

三、欧文的等效裂纹修正

从式（14－5）、（14－8）及（14－9）可得出结论：

塑性区尺寸正比于 $a\left(\frac{\sigma}{\sigma_y}\right)^2 = \frac{1}{\pi}\left(\frac{K_I}{\sigma_y}\right)^2$。

对于高强度钢及某些脆性材料，其 K_{IC}较小，而 σ_y 很高，因而塑性区尺寸≪a。这种情况称为小规模屈服。欧文提出，只需在计算应力强度因子 K 时，以等效裂纹长度 $2c$ 代替原裂纹长度 $2a$，则线弹性断裂力学的结论仍然有效。等效裂纹长度 $2c$ 选取如下：

$$c = a + r_0 \tag{14-10}$$

因此，

$$K = Y\sigma\sqrt{\pi(a + r_0)} \tag{14-11}$$

§14－2　达格德尔（D－M）模型

达格德尔于 1960 年提出的模型，可以用来计算塑性区的尺度。达格德尔也认为，裂纹端部产生塑性区后，可以用一个等效裂纹所代替，如图 14－3 所示。裂纹 AB 长为 $2a$，等效裂纹 $A'B'$的长度为 $2c$，而

$$c = a + \rho$$

式中，ρ 为塑性区尺度。

在塑性区内裂纹实际上没有张开，这一段内的 $\sigma_{yy} = \sigma_y$。由于 AA'、BB'段实际并未裂开，所以等效裂纹端点 A'及 B'处的应力强度因子 K_I 应该为零。

在塑性区内裂纹面间相互作用着均匀的拉应力 σ_y。σ_y 产生的应力强度因子 K'为负值，

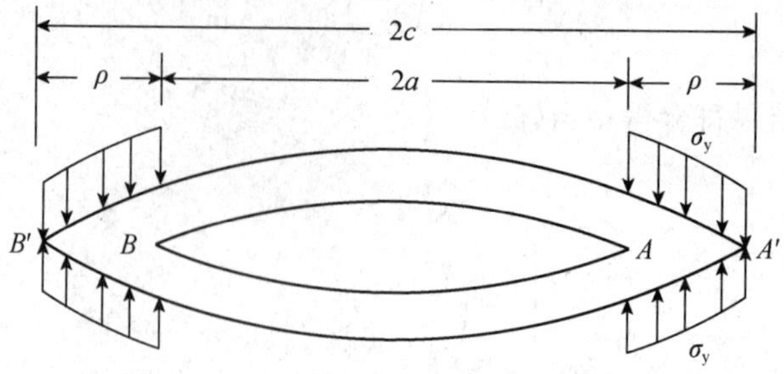

图 14－3　达格德尔带状屈服模型

因为它的作用是使裂纹闭合。K'的绝对值等于外载作用下的应力强度因子 K''。

由 §10－3，

$$K' = -\int_a^c \frac{\sigma_y \cdot 2\sqrt{c}\,\mathrm{d}x}{\sqrt{\pi}(c^2 - x^2)}$$

积分后得

$$K' = -2\sigma_y \sqrt{\frac{a+\rho}{\pi}} \arccos\left(\frac{a}{a+\rho}\right)$$

而

$$K'' = \sigma \sqrt{\pi(a+\rho)}$$

令 $|K'| = K''$得

$$\frac{a}{a+\rho} = \cos\frac{\pi\sigma}{2\sigma_y} \tag{14-12}$$

如果 $\sigma/\sigma_y \ll 1$，则可将 $\cos\frac{\pi\sigma}{2\sigma_y}$按级数展开后的高次项略去。从而得

$$\rho = \frac{\pi K_I^2}{8\sigma_y^2} \tag{14-13}$$

将上式与式（14－9）比较可知，二者非常接近。

图 14－3 中塑性区呈狭长条形，所以有人称之为带状屈服模型。此外，达格德尔分析这种模型的数学方法，主要是根据木斯海里斯维里所建立的方法，所以有时又简称 D－M 模型。

§14－3　巴伦布拉特内聚力模型

巴伦布拉特（Barenblatt G. I.，1962）从 1959 年起，发表了一组论文，提出了著名的内聚力模型。这一模型在有些方面与 D－M 模型有些相似，但物理思想更深刻，应用范围也更

广泛。下面将会看到，可以把 D－M 模型看作是内聚力模型的一种特殊情形。

巴伦布拉特从分析裂纹端点的应力奇异性出发。他认为，从物理上考虑，应力奇异性的出现是不合理的。应力奇异性的出现，是人们所采用的模型的不完善所引起的，不是不可避免的。为了消除裂纹端点的应力奇异性，他提出了如图 14－4 所示的内聚力模型。在裂纹端部的小区域内，两裂纹面间距离很近，所以两表面间原子或分子间的内聚力 $g(x)$ 是不能忽略的。

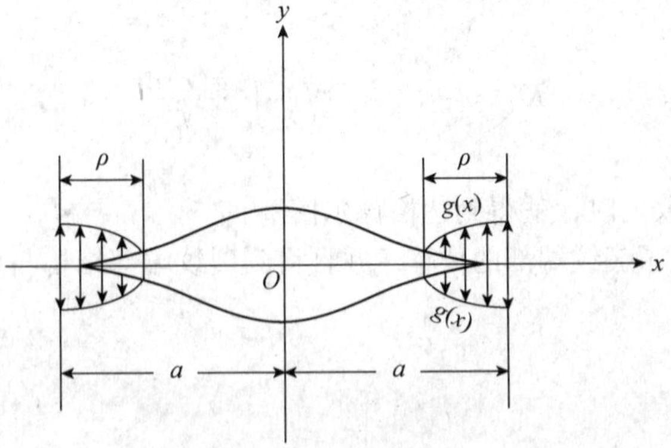

图 14－4　巴伦布拉特的内聚力模型

内聚力 $g(x)$ 所对应的应力强度因子 K'_{I}，按式（12－61）为

$$K'_{\mathrm{I}} = \frac{-2\sqrt{a}}{\sqrt{\pi}}\int_0^a \frac{p(x)\,\mathrm{d}x}{\sqrt{a^2 - x^2}}$$

上式中

$$\sqrt{a^2 - x^2} = \sqrt{(a + x)(a - x)}$$
$$p(x) = g(x)$$

但 $g(x)$ 只在端部很小的局域 ρ 里存在，且

$$\rho \ll a$$

因此

$$r \leqslant \rho \leqslant a$$
$$a + x = 2a - r \approx 2a$$
$$a - x = r$$
$$\sqrt{(a + x)(a - x)} = \sqrt{2ar}$$

将上述公式代入式（12－61），并变换积分变量得

$$K'_{\mathrm{I}} = -\sqrt{\frac{2}{\pi}}\int_0^{\rho}\frac{g(r)\,\mathrm{d}r}{\sqrt{r}}^{*} \tag{14-14}$$

为了消除应力奇异性，外载荷所产生的应力强度因子 K''_{I} 与 K'_{I} 之和（代数和）必须为零。因此得

$$K_{\mathrm{I}} = K'_{\mathrm{I}} + K''_{\mathrm{II}} = 0$$

由此得

$$K''_{\mathrm{I}} = -K'_{\mathrm{I}} = \sqrt{\frac{2}{\pi}}\int_0^{\rho}\frac{g(r)\,\mathrm{d}r}{\sqrt{r}} \tag{14-15}$$

当 $g(r)=\sigma_{\mathrm{y}}$（常数）时，就得到达格德尔模型。

巴伦布拉特还研究了裂纹端部的位移，并且得到裂纹端部结构与应力强度因子 K_{I} 的关系，如图 14－5 所示。

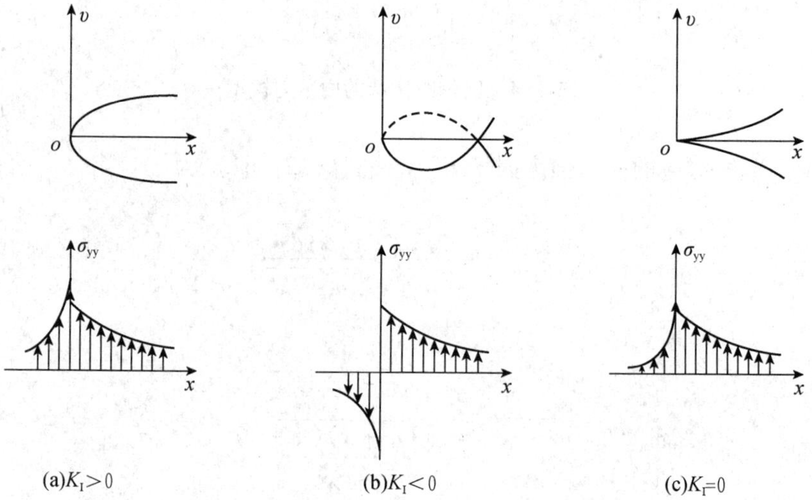

(a)$K_{\mathrm{I}}>0$　(b)$K_{\mathrm{I}}<0$　(c)$K_{\mathrm{I}}=0$

图 14－5　裂纹端部位移、应力 σ_{yy} 及 K_{I} 间的关系

因此，对于处于平衡状态的裂纹，K_{I} 必须为零。而裂纹端部的构造如图 14－5c 所示，上下两裂纹面在端点处相切。

注：在巴伦布拉特的原著中，采用 N 代表应力强度因子。但他所定义的应力强度因子 N 与本书中的 K（也是比较通用的定义）相差因子 $\sqrt{2\pi}$，即 $N=K/\sqrt{2\pi}$。另外在薛昌明的有关著作中，包括他编的断裂力学及应力强度因子手册中，也采用与众不同的定义。请注意不要混淆。

§14－4 裂纹扩展阻力 R

在前面几节中，我们讨论了裂纹端部塑性区的尺度。现在转而讨论在弹塑性条件下的断裂准则。

首先从能量观点来讨论这个问题。在§12－4中，我们曾经介绍过能量释放率 G 及裂纹扩展力 R 的概念。对于理想脆性体，其断裂准则为

$$G \geqslant R \tag{14-16}$$

式中，

$$R = \Gamma = 常数 \tag{14-17}$$

而能量释放率 G（以Ⅰ型裂纹为例）则为

$$G = \frac{K_{\mathrm{I}}^2}{E'} = \frac{\pi a \sigma^2}{E'} \tag{14-18}$$

所以一旦加载至 $G = R$。裂纹即开始扩展。此后，随着裂纹的扩展，G 不断增大，而 R 保持不变。因此必然发生失稳断裂。用这样的材料进行断裂实验时，其 P（载荷）－a（裂纹半长）曲线如图14－6a所示。当载荷 P 小于某一临界值 P_c 时，裂纹不扩展；而当 P 达到 P_c 时，裂纹即失稳扩展。

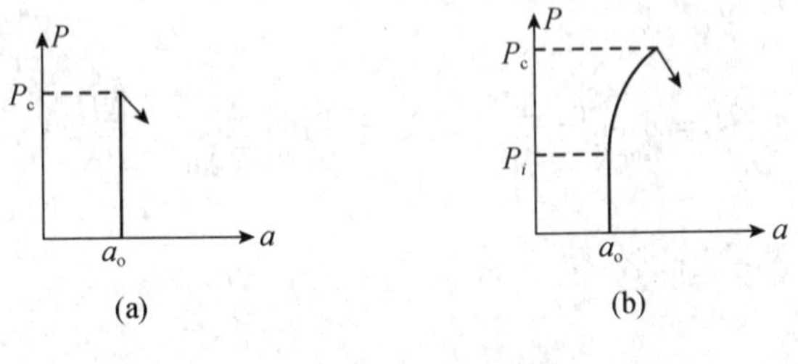

图14－6 不同断裂类型的 $P-a$ 曲线

但是，对于通常的韧性材料（如中低碳结构钢），特别是试件厚度很薄，成为平面应力状态时（在§14－1中已经讨论过，在其他条件相同的前提下，平面应力状态下的裂纹端部塑性区比平面应变状态下的塑性区要大得多，参看图14－1），用这样的试件进行断裂实验，其 $P-a$ 曲线如图14－6b所示（在实际实验中，更常用的是 $P-\Delta$ 曲线，Δ 为位移，这里为概念清楚起见，改用 $P-a$ 曲线进行说明）。它与图14－6a显然不同。当载荷达到某一载荷 P_i 时，裂纹开始扩展。当裂纹扩展很小一段长度 Δa 后，如果不进一步增大载荷 P，裂纹就不再继续扩展。只有不断增大 P，裂纹才随之不断扩展。这种扩展属于亚临界扩展。当载荷 P 达到临界载荷 P_c 时，裂纹才开始失稳扩展。

在亚临界扩展阶段，必定有关系：

$$G = R \tag{14-19}$$

因为如果 $G<R$，则裂纹不可能扩展（包括亚临界扩展）；如果 $G>R$，则裂纹将加速扩展。

随着裂缝扩展，a 不断增大，因而 K 及 G 也不断增大［式（14－18）］。因此，由式（14－19）可知，在亚临界扩展阶段，阻力 R 必定随 a 不断增大，也就是说，在亚临界扩展时，R 不是常数，而是 a 的函数。

R 随着裂纹长度增大的主要原因，在于裂纹端部塑性区的尺度随着 a 的增加而增大式（14－9）。

根据热力学第一定律，在裂纹扩展面积 ΔS_c 的过程中，

$$\Delta A = \Delta U_E + \Delta U_s + \Delta U_d \tag{14-20}$$

试中，ΔA 为外力功；ΔU_E 为弹性应变能增量；ΔU_s 为裂纹表面能增量；ΔU_d 为在此过程中所耗损的机械能（主要是塑性功 ΔA_P）。

对于平面情形，$\Delta S_C = B \cdot \Delta a$，$B$ 为试件厚度。以 ΔS_c 除式（14－20）中各项，并引入

$$\Delta \Pi = \Delta U_E - \Delta A$$

得

$$\frac{-\Delta \Pi}{B\Delta a} = \frac{\Delta A}{B\Delta a} - \frac{\Delta U_E}{B\Delta a} = \frac{\Delta U_s}{B\Delta a} + \frac{\Delta U_d}{B\Delta a}$$

将上式取极限（$\Delta a \to 0$）得

$$G = \lim_{\Delta \alpha \to 0} \frac{-\Delta \Pi}{B\Delta a} = R = \lim_{\Delta \alpha \to 0} \left(\frac{\Delta U_s}{B\Delta a} + \frac{\Delta U_d}{B\Delta a} \right) \tag{14-21}$$

由上式可知，R 由两项组成，第一项为

$$\lim_{\Delta \alpha \to 0} \frac{\Delta U_s}{B\Delta a} = \Gamma(\text{材料常数})$$

第二项主要是裂纹扩展单位面积时所消耗的塑性功。塑性功的大小主要与塑性区的体积有关（此外还和材料的加工硬化有关）。塑性区体积 $\propto r_p^2$，而 $r_p \propto a$［式（14－9）］，所以，R 随着 a 的增加而增加。有人从理论上探讨过 $R(a)$ 的解析表达式，但还不够成熟。所以到目前为止，主要还是从实验方法测定材料的 $R(a)$，称之为阻力曲线。典型的阻力曲线的形状，如图 14－7 中实线所示。

图 14－7 中三条通过原点的虚线，代表不同应力水平下的能量释放率（或裂纹扩展力）G 随 a 的变化情况。按式（14－18），$G=(\pi\sigma^2/E)a$，所以它是通过原点的直线。但是，这个公式是线弹性断裂力学的结论。当裂纹端部产生塑性区后，严格说来，它可能不适用。不过对于小规模屈服的情形，应该仍然近似适用。所以在图中我们仍然画成直线。由图中可知，当应力不够大时（如图中的 $G(\sigma_1)$、$G(\sigma_2)$），虽然裂纹可能扩展，但只能是亚临界扩展。因为裂纹扩展 Δa 后，$G<R$。当应力增大至某一临界值 σ_c 时，它所对应的 $G(a)$ 曲线

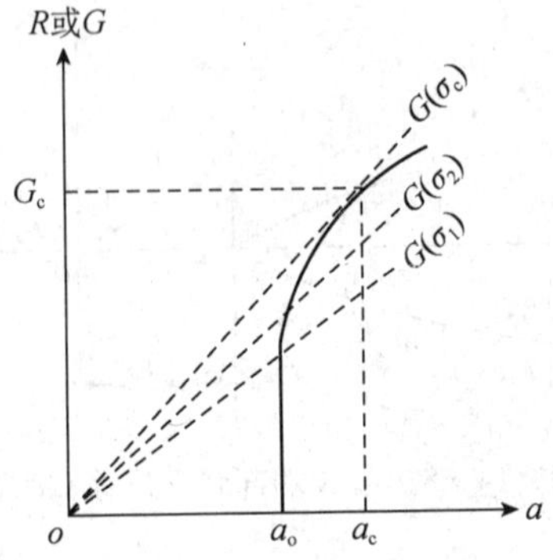

图 14－7　阻力（R）曲线

与 $R(a)$ 曲线相切。除切点外，$G>R$，所以裂纹将发生失稳扩展。

综上所述，裂纹失稳扩展的条件为：

$$\left.\begin{aligned} G &\geqslant R \\ \frac{\partial G}{\partial a} &\geqslant \frac{\partial R}{\partial a} \end{aligned}\right\} \tag{14-22}$$

§14－5　裂纹端部张开位移 δ（CTOD）

裂纹端部张开位移（Crack Tip Opening Displacement）简称 CTOD，是指裂纹端部二裂纹面间张开的距离。现常常叫做裂纹张开位移（COD），通常以符号 δ 表示。

威尔斯提出，每种材料存在着一个 COD 的临界值 δ_c。当裂纹的 COD 达到这一临界值时，裂纹将失稳扩展。所以，按照他的提法，裂纹断裂判据为

$$\delta = \delta_c \tag{14-23}$$

COD 或 CTOD 到底指裂纹端部哪一点的位移，至今还有争议。本书中采用弹塑性区交界点上裂纹面间的张开距离作为 CTOD，以后简称 COD。

在 §14－1 中已经介绍过，按欧文的方法，引入长为 $2c$ 的等效裂纹后，裂纹前缘坐标的端点也从 O 点（原裂纹端点）移至等效裂纹端点 O' 点。在原来的裂纹端点 O 处，裂纹面上沿 y 轴方向产生位移 v_0（图 14－8）。定义

$$\delta = 2v_0 \tag{14-24}$$

为 CTOD。

由式（12－27a）

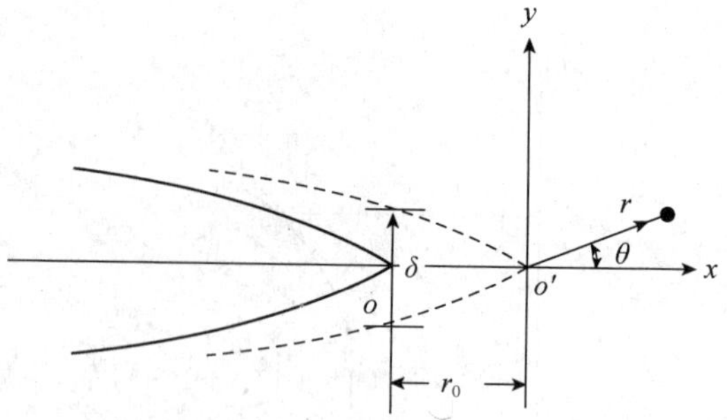

图 14－8　裂纹端部张开位移 CTOD

$$v_0 = \frac{K_{\mathrm{I}}}{4\mu}\sqrt{\frac{r}{2\pi}}\left[(2\kappa+1)\sin\frac{\theta}{2} - \sin\frac{3\theta}{2}\right]$$

令 $r = r_0 = \frac{1}{2\pi}\left(\frac{K_{\mathrm{I}}}{\sigma_y}\right)^2$，$\theta=\pi$ 及 $\kappa = \left(\frac{3-\nu}{1+\nu}\right)$（平面应力）代入上式得

$$\delta = 2v_0 = \frac{4K_{\mathrm{I}}^2}{\pi E\sigma_y} = \frac{4}{\pi}\cdot\frac{G_{\mathrm{I}}}{\sigma_y} \tag{14-25}$$

由此可见，δ 与 K_{I} 及 G_{I} 有非常密切的关系。因此，在小规模屈服的条件下，下述断裂准则

$$K_{\mathrm{I}} = K_{\mathrm{IC}}$$
$$G_{\mathrm{I}} = G_{\mathrm{IC}}$$

与

$$\delta = \delta_c$$

是一致的。因此，δ_c 也和 K_{IC} 与 G_{IC} 一样，是表征材料抗断裂能力的材料常数。

当塑性区尺度接近或超过裂纹长度时，称之为大规模屈服。在这种情况下，线弹性断裂判据已不再适用。威尔斯认为，COD 判据式（14－23）仍然适用。

在大规模屈服条件下，欧文的塑性区修正理论已不再适用了，这时可以用 D－M 模型作一些分析。利用第十二章中的知识，可以求得裂纹面上在（a，O）点的相对位移为

$$\delta = \frac{8\sigma_s a}{\pi E}\ln\left(\sec\frac{\pi\sigma}{2\sigma_y}\right) \tag{14-26}$$

当 $\sigma/\sigma_y \ll 1$ 时，将上式按级数展开，并略去高次项后可得

$$\delta = \frac{\sigma^2\pi a}{E\sigma_y} = \frac{E_{\mathrm{I}}^2}{E\sigma_y} = \frac{G_{\mathrm{I}}}{\sigma_y} \tag{14-27}$$

比较式（14－25）与（14－27），可见二者只差一与 1 很接近的因子（$4/\pi$）。

按照上述 CTOD 的定义，显然它只适用于Ⅰ型裂纹。但经过修正后，这一方法也能用之于Ⅱ、Ⅲ型裂纹。这时 δ 的定义应分别为

$$\left.\begin{aligned}\delta &= 2u_0 \quad (\text{Ⅱ 型})\\ \delta &= 2w_0 \quad (\text{Ⅲ 型})\end{aligned}\right\} \tag{14-28}$$

及

此处 u_0 及 w_0 分别代表弹塑性交接处，二裂纹面沿 x 轴及 z 轴（按图 14－8）方向的相对位移。这时的 δ 应该称之为裂纹端部滑开位移（Ⅱ型）及裂纹端部撕开位移（Ⅲ型）。

COD 准则应用范围远不及 J 积分，所以不多加介绍。

§14－6 *J* 积分

赖斯于 1968 年提出，可以用式（14－29）所定义的 J 积分作为弹塑性断裂的判据。J 积分的提出是断裂力学的重要进展，在许多方面得到广泛的应用。现简要介绍如下：

一、*J* 积分的定义

J 积分的定义如下：

$$J = \int_{\Gamma}\left(W\mathrm{d}y - T_i \frac{\partial u_i}{\partial x}\mathrm{d}s\right) \tag{14-29}$$

式中，W 为应变能密度，

$$W(\varepsilon_{ij}) = \int_0^{\varepsilon_{ij}} \sigma_{kl}\mathrm{d}\varepsilon_{kl}$$

Γ 是积分回路，是从裂纹下表面上一点起，沿逆时针方向，绕过裂纹端点，止于裂纹上表面上一点的任一光滑曲线，如图 14－9 所示。

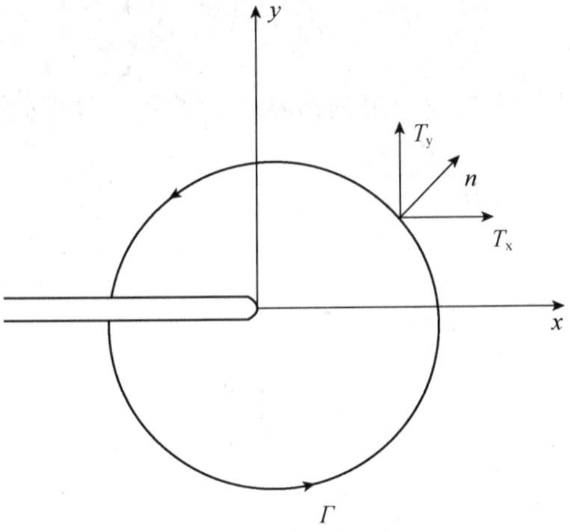

图 14－9　定义 J 积分用的简图 $T(T_x,\ T_y)$ 是 Γ 上任一点的应力矢量；n 是 Γ 上任一点的外法线；ds 是 Γ 上的线元

二、J 积分的守恒性

现在我们来阐明 J 积分的守恒性，即 J 积分与所选的积分回路 Γ 无关。J 积分的守恒性是 J 积分可能成为一个有意义的物理量的前提。

先计算如下的积分 I：

$$I = \int_C \left(W \mathrm{d}y - T_i \frac{\partial u_i}{\partial x} \mathrm{d}s \right) \tag{a}$$

式中，C 为单连通域 D 的周界。

先计算式（a）中 I 的第二项。由柯西关系式（1－7）

$$T_i = \sigma_{ij} n_j$$

所以

$$\int_C T_i \frac{\partial u_i}{\partial x} \mathrm{d}s = \int_C \sigma_{ij} n_j \frac{\partial u_i}{\partial x} \mathrm{d}s$$

应用格林公式

$$\int_C [P\cos(n,x) + Q\cos(n,y)] \mathrm{d}s = \iint_D \left(\frac{\partial P}{\partial x} + \frac{\partial Q}{\partial y} \right) \mathrm{d}x\mathrm{d}y$$

得

$$\int_C T_i \frac{\partial u_i}{\partial x} \mathrm{d}s = \iint_D \frac{\partial}{\partial x_i} \left(\sigma_{ij} \frac{\partial u_i}{\partial x} \right) \mathrm{d}x\mathrm{d}y \tag{b}$$

再来计算式（a）中 I 的第二项。根据格林公式的另一种形式：

$$\int_C (P\mathrm{d}x + Q\mathrm{d}y) = \iint_D \left(\frac{\partial Q}{\partial x} - \frac{\partial P}{\partial y} \right) \mathrm{d}x\mathrm{d}y$$

可得

$$\int_C W \mathrm{d}y = \iint_D \frac{\partial W}{\partial x} \mathrm{d}x\mathrm{d}y$$

上式中的被积函数

$$\frac{\partial W}{\partial x} = \frac{\partial W}{\partial \varepsilon_{ij}} \cdot \frac{\partial \varepsilon_{ij}}{\partial x} = \sigma_{ij} \frac{\partial \varepsilon_{ij}}{\partial x} = \sigma_{ij} \frac{\partial}{\partial x} \left[\frac{1}{2} (u_{i,j} + u_{j,i}) \right]$$

由于 $\sigma_{ij} = \sigma_{ji}$ 及对 u_i 的微分运算可以交换次序，所以

$$\frac{\partial W}{\partial x}=\sigma_{ij}\frac{\partial}{\partial x}(u_{i,j})=\sigma_{ij}\frac{\partial}{\partial x_j}(u_{i,x})=\frac{\partial}{\partial x_j}(\sigma_{ij}u_{i,x})-(\sigma_{ij,i})u_{i,x}$$

当体力为零时，由平衡方程得

$$\sigma_{ij,i}=0$$

所以可得

$$\frac{\partial W}{\partial x}=\frac{\partial}{\partial x_j}(\sigma_{ij}u_{i,x}) \tag{c}$$

将式（b）、（c）代入式（a）中得

$$I=\int_C\left(W\mathrm{d}y-T_i\frac{\partial u_i}{\partial x}\mathrm{d}x\right)=0$$

现在取 C 为如图 14－10 所示的积分路线，

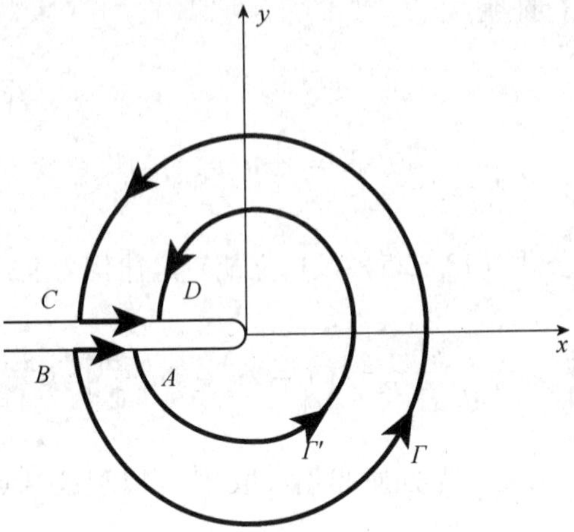

图 14－10　证明 J 积分守恒性的积分路线图

$$C=\Gamma+\overline{CD}-\Gamma'+\overline{AB}$$

$$\int_{(\Gamma+\overline{CD}-\Gamma'+\overline{AB})}\left(W\mathrm{d}y-T_i\frac{\partial u_i}{\partial x}\mathrm{d}s\right)=0$$

由于在$\overline{CD}$及$\overline{AB}$段上 $\mathrm{d}y=0$，$T_i=0$，因而得

$$\int_{\Gamma-\Gamma'}\left(W\mathrm{d}y-T_i\frac{\partial u_i}{\partial x}\mathrm{d}s\right)=0$$

即

$$\int_{\Gamma}\left(W\mathrm{d}y - T_i\frac{\partial u_i}{\partial x}\mathrm{d}s\right) = \int_{\Gamma'}\left(W\mathrm{d}y - T_i\frac{\partial u_i}{\partial x}\mathrm{d}s\right)$$

前面讲过，Γ 及 Γ'是围绕裂纹端点两条任意的分段光滑曲线，所以 J 积分与积分路径无关。

在上面关于 J 积分守恒性的证明中，应用了关系式

$$\sigma_{ij} = \frac{\partial W}{\partial \varepsilon_{ij}}$$

这个关系式是弹塑性全量理论的结果。而全量理论仅适用于简单加载情形。

三、J 积分与 K 及 G 的关系

前面证明了 J 积分的守恒性。但 J 这个量到底有什么物理意义？自 J 积分提出后有不少关于它的物理意义的解释。在这里，我们首先证明，在线弹性的条件下

$$J = G \tag{14-30}$$

我们仅以 I 型裂纹为例进行证明。

由第三章可知

$$W = \frac{1}{2}\sigma_{ij}\varepsilon_{ij}$$

以 I 型裂纹端部的应力场公式（12－25）及广义胡克定律代入上式（按平面应变）得

$$W = \frac{K_{\mathrm{I}}^2}{2\pi r}\frac{(1+\nu)}{E}\left(1-2\nu+\sin^2\frac{\theta}{2}\right)\cos^2\frac{\theta}{2} \tag{14-31}$$

由于 J 积分与路径 Γ 无关，为方便起见，取 Γ 为以裂纹端点为圆心，半径为 r 的圆，则 J 积分中的第一项为

$$\int_{\Gamma}W\mathrm{d}y = \int_{-\pi}^{\pi}Wr\cos\theta\mathrm{d}\theta$$

将式（14－31）代入上式并积分后得

$$\int_{\Gamma}W\mathrm{d}y = \frac{(1+\nu)(1-2\nu)}{E}K_{\mathrm{I}}^2 \tag{14-32}$$

再计算 J 积分的第二项

$$\int_{\Gamma}T_i\frac{\partial u_i}{\partial x}\mathrm{d}s = \int_{\Gamma}\left(T_x\frac{\partial u}{\partial x} + T_y\frac{\partial v}{\partial x}\right)\mathrm{d}s$$

根据柯西关系式（1－7）及式（12－25）得

$$T_x = \frac{K_I}{\sqrt{2\pi r}}\left(\frac{3}{2}\cos\theta - \frac{1}{2}\right)\cos\frac{\theta}{2}$$

$$T_y = \frac{K_I}{\sqrt{2\pi r}}\left(\frac{3}{2}\sin\theta\cos\frac{\theta}{2}\right)$$

Ⅰ型裂纹（平面应变）端部的位移分量为

$$u = \frac{2(1+\nu)}{E}K_I\sqrt{\frac{r}{2\pi}}\left(1 - 2\nu + \sin^2\frac{\theta}{2}\right)\cos\frac{\theta}{2}$$

$$v = \frac{2(1+\nu)}{E}K_I\sqrt{\frac{r}{2\pi}}\left(2 - 2\nu - \cos^2\frac{\theta}{2}\right)\sin\frac{\theta}{2}$$

将上述应力矢量及位移分量的表达式代入 J 积分的第二项并积分，得到

$$\int_\Gamma T_i\frac{\partial u_i}{\partial x}\mathrm{d}s = \frac{\nu(1+\nu)}{E}K_I^2 \tag{14-33}$$

将式（14－32）、（14－33）相减后得

$$J_I = \frac{1-\nu^2}{E}K_I^2 = G_I \tag{14-34}$$

式中，J_I 表示对Ⅰ型裂纹的 J 积分。

式（14－34）表明，在线弹性条件下，J 积分代表着能量释放率。赖斯进一步证明了在非线性弹性及弹塑性加载条件下

$$J = G \tag{14-35}$$

但这个证明演算过程很长，限于篇幅，只得割爱。有兴趣的读者请参阅赖斯的原著（Rice J. R.，1968）。

对于 J 积分的物理意义，还有一些其他的解释与研究，如 J 积分与能通率的关系，与裂纹端部应力场的奇异性的关系，与试样应变能的关系等等。

总之，J 积分在弹塑性断裂力学中是一个很重要的物理量。虽然到目前为止，其守恒性还只是用弹塑性全量理论进行了证明，而全量理论仅适用于比例加载的情形。当裂纹扩展时，必然有某些区域卸载。因此，严格说来，J 积分不能用于裂纹扩展问题，而只能用作裂纹扩展前的断裂判据。但是已有人将 J 积分用于解决裂纹扩展中的某些问题。

§14－7　关于断裂力学在地震学中的应用问题的探讨

地震（至少构造地震）实质上是地壳（或岩石圈）介质的大规模快速断裂（剪切断裂），在断裂的同时辐射应力波（地震波），从而引起地表的震动。因此，断裂力学这一固

体力学的新分支，在地震学中显示了强大的生命力，得到广泛的重视与应用。

但是，由于地球介质性质与环境的特殊性，使地壳介质中的断裂问题具有一系列特点。由于这些特点，现在研究得比较多的，以工程技术为主要应用对象的工程断裂力学中的不少现成的结果，往往不能直接用来解决地震学中的问题，必须针对地学的特点，将原有的断裂力学加以改进和发展，才能更好地使断裂力学与地震学互相渗透，使断裂力学成为解决地震学中许多问题的有力工具。

作者认为，下面几个问题是首先值得讨论研究的。

（1）对于工程结构来说，最危险的是张开型（Ⅰ型）裂纹，它常常是导致许多恶性工程事故的祸根。因此，在以往的断裂力学中，重点始终在对于Ⅰ型裂纹的研究。而对于Ⅱ、Ⅲ型裂纹则研究得较少。例如，对于K_{IC}的测定，已经有了完整的技术文件，我国有《金属材料平面应变断裂韧度实验方法草案》（1978）。在美国则有《金属材料平面应变断裂韧度标准实验方法》（ASTME 399－74）。但是，到目前为止，却还没有见到关于K_{IIC}及K_{IIIC}的标准方法。

但是，在地壳中，压应力占优势，而且随着深度的增加，压应力越来越大。因此，在地壳中，很少遇到张性裂纹。在这里，重要的是剪切裂纹（Ⅱ型和/或Ⅲ型）。而且这是一种特殊形式的剪切裂纹。因为在压力的作用下，裂纹的两个表面互相闭合，产生相互作用。这种作用可以用裂纹面间的正应力与剪应力（或称摩擦应力）来表征。但是，其间的关系是极其错综复杂的（参看§14－8）。从物理上看，问题的机理及影响因素，至今还研究得很不够。由于摩擦力与裂纹面间的相对滑移量及滑移速度有关；而后者又由前者所制约，互相影响、耦合，使问题具有强烈的非线性。

（2）介质的流变性质：本章开头已提到过这个问题。地壳介质具有极其复杂的性质，诸如其不完整性（其中包含着许多大小不等、形态各异的断层、节理、裂隙、孔穴等）、多相性（岩石孔隙中含有油、气、水等）、非弹性等等；加上工作条件的特殊性（高温、高压及载荷长期作用、化学腐蚀等），使介质的流变性质显得非常突出，因而时间因素不可避免地出现，使其中的裂纹的扩展具有不少特点。

在下面的两节中，将分别介绍与这两个问题有关的某些问题。

§14－8　滑动弱化模型

一、基本概念

在上节中已经提及，受压闭合裂纹的裂纹面间的摩擦应力对断层的扩展有着重要的影响，所以我们首先分析摩擦应力的变化规律。

按库伦定律，最大静摩擦应力τ_{p}正比于摩擦面上的压应力σ_{n}。

$$\tau_{\mathrm{p}} = f_{\mathrm{s}}\sigma_{\mathrm{n}}$$

当接触面开始滑动后，静摩擦应力立即降至动摩擦应力τ_{f}。

$$\tau_f = f_{\mathrm{d}}\sigma_{\mathrm{n}}$$

如果用图解表示，则如图 14－11 中纵轴上的点 A 及实线 BC 所示。

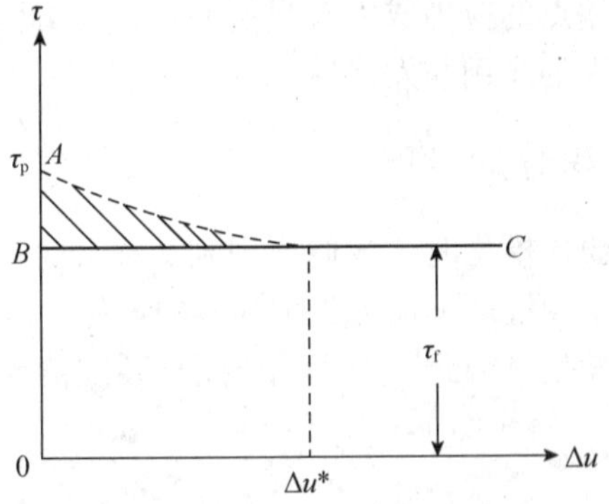

图 14－11　滑动弱化示意

图 14－11 中，横轴表示接触面间相对滑动距离 Δu，纵轴表示摩擦应力。当 $\Delta u=0$ 时，$\tau=\tau_p$，与图中的 A 点相对应。一旦开始滑动，$\Delta u>0$，τ 立即下降到 $\tau=\tau_f$（图中的水平实线 BC）。这种变化是不连续的。从物理上考虑，这显然是不尽合理的。帕尔默和赖斯（Palmer A. C. and Rice J. R.，1973）提出：当接触面开始相互滑动时，剪应力 τ 不是立即从 τ_p 突然减至 τ_f，而是随着滑动距离 Δu 的增加而逐步地减少（如图 14－11 中虚线所示），当 Δu 达到某一临界值 Δu^* 时，τ 才从 τ_p 减小至 τ_f，此后则保持不变。τ_p、τ_f 的值及曲线的形状则可由实验测定。这就是滑动弱化模型的基本概念。

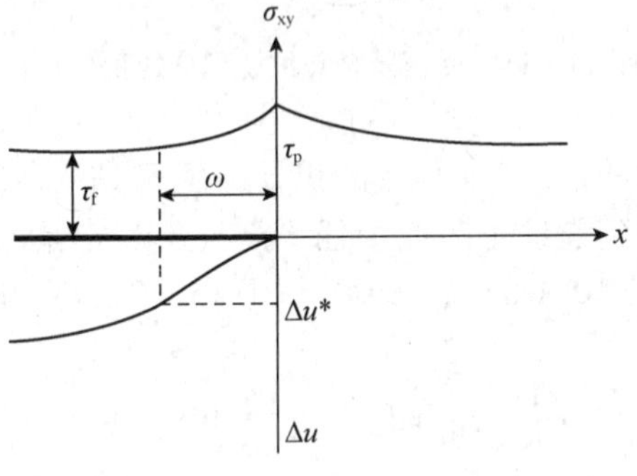

图 14－12　滑动弱化模型裂纹端部应力与位移的分布

二、滑动弱化模型与内聚力模型

现在以Ⅱ型裂纹为例进行一些分析（讨论Ⅱ型裂纹的原理与方法也适用于Ⅲ型裂纹）。

在裂纹端点，Δu 必定为零，所以该点的剪应力 σ_{xy} 等于 τ_p，随着距端点距离的增加，Δu 逐渐增大，τ_p 则按图 14－11 的规律逐渐减小。至离端点距离 ω 处，Δu 达到 Δu^*，此区域称为滑动弱化区。在此区域内，σ_{xy} 从 τ_p 降低至 τ_f。在此区域以外，裂纹面上的剪应力 σ_{xy} 恒为 τ_f。

滑动弱化模型与内聚力模型在概念上是相承的。滑动弱化区与内聚力作用区是相对应的。在滑动弱化模型中，由于裂纹面上存在着摩擦力，尤其是滑动弱化区内的高摩擦应力，产生负值的应力强度因子（$K_{Ⅱ}$），与外载产生的应力强度因子（正值）相抵，从而消除了裂纹端点的应力奇异性，使端点的应力成为有限值（τ_p）。因此，可以说，滑动弱化模型是内聚力模型在剪切裂纹情况下的应用与发展。

三、受压闭合裂纹 *J* 积分的修正

在进一步深入分析滑动弱化模型时，我们要用到 *J* 积分这一工具。在 §14－6 中证明 *J* 积分的守恒性时，我们利用了裂纹面上应力矢量为零的条件。但是，对于受压闭合裂纹，裂纹面上应力自由的条件不再满足。因此，对于受压闭合裂纹情况下，*J* 积分概念有必要作一些修正。

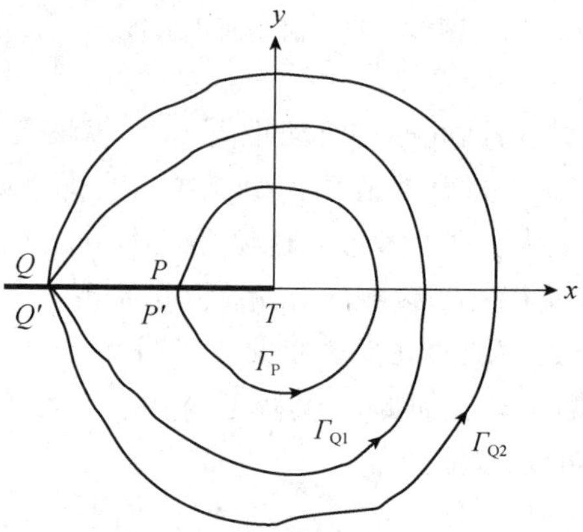

图 14－13　受压闭合裂纹 *J* 积分的积分路径

对于裂纹表面应力自由的情况，*J* 积分的积分路径 Γ 是从裂纹下表面上任一点开始，逆时针绕裂纹端点一周，再回到裂纹上表面上任一点（不一定是原来的那一点）的任意曲线（图 14－10）。由于在图 14－10 中的 *CD* 及 *AB* 线上 $dy=0$，$T_i=0$，因此

$$\int_{\overline{CD}+\overline{AB}}\left(W\mathrm{d}y - T_i\frac{\partial u_i}{\partial x}\right)\mathrm{d}s = 0$$

由此才导致 *J* 积分的守恒性。

但是对于受压闭合裂纹，在其裂纹上虽然 $dy=0$，但是 $T_i\neq 0$。所以，按照 §14－6 中所选择的任意积分回路 Γ，*J* 积分不再具有守恒性 *J*。不过可以证明，由裂纹下表面上一点（例如图 14－13 中的 Q'点），绕裂纹端点一周，回至上表面的对应点（*Q* 点），*J* 积分仍具有守恒性。例如，从 Q'开始，沿两条任意选择的积分路径 Γ_{Q1} 与 Γ_{Q2}，再回到 *Q* 点，则有

$$\int_C\left(W\mathrm{d}y - T_i\frac{\partial u_i}{\partial x}\mathrm{d}s\right) = \int_{\Gamma_{Q1}-\Gamma_{Q2}}\left(W\mathrm{d}y - T_i\frac{\partial u}{\partial x}\mathrm{d}s\right) = 0$$

因此

$$\int_{\Gamma_{Q1}}\left(W\mathrm{d}y - T_i \frac{\partial u_i}{\partial x}\mathrm{d}s\right) = \int_{\Gamma_{Q2}}\left(W\mathrm{d}y - T_i \frac{\partial u_i}{\partial x}\mathrm{d}s\right) = J_{\mathrm{Q}}$$

但是，对于不同点上按上述方法定义的 J 积分则并不相等。由图 14－13 可知：

$$\int_{\Gamma_{Q}+QP-\Gamma_{P}+\overline{P'Q'}}\left(W\mathrm{d}y - T_i \frac{\partial u_i}{\partial x}\mathrm{d}s\right) = 0$$

在$\overline{QP}$及$\overline{P'Q'}$线上 $\mathrm{d}y=0$，但 $T_i\neq0$，所以

$$J_{\mathrm{Q}} - J_{\mathrm{P}} + \int_{\overline{QP}+\overline{P'Q'}}\left(- T_i \frac{\partial u_i}{\partial x}\mathrm{d}s\right) = 0$$

利用柯西关系式（1－7）$T_i=\sigma_{ij}\cdot n_j$，并且考虑到对于裂纹上表面有 $n_{\mathrm{x}}=0$，$n_{\mathrm{y}}=-1$；对裂纹下表面有 $n_{\mathrm{x}}=0$，$n_{\mathrm{y}}=1$，于是上式可写为

$$J_{\mathrm{P}} = J_{\mathrm{Q}} + \int_{Q}^{P}\sigma_{\mathrm{xy}}\frac{\partial(\Delta u)}{\partial x}\mathrm{d}x \tag{14-36}$$

令 T 表裂纹端点，Δu 为上下裂纹面的水平位移（x 方向的位移）差。令 $P\rightarrow T$，则

$$J_{\mathrm{P}} = G \quad （裂纹的能量释放率）$$

从而得

$$G = J_{Q} + \int_{Q}^{T}\sigma_{\mathrm{xy}}\frac{\partial(\Delta u)}{\partial x}\mathrm{d}x = J_{Q} + \int_{(\Delta u)_{\mathrm{Q}}}^{0}\sigma_{\mathrm{xy}}\cdot\mathrm{d}(\Delta u) \tag{14-37}$$

对于裂纹面上作用以均匀的剪应力 $\sigma_{\mathrm{xy}}=\tau_{\mathrm{f}}$的弹性裂纹模型，上式可表为

$$G = J_{\mathrm{Q}} - \tau_{\mathrm{f}}(\Delta u)_{\mathrm{Q}} \tag{14-38}$$

式中，$(\Delta u)_{\mathrm{Q}}$ 表示 Q 点处上下裂纹面上位移 u 的差值。

四、剪切断裂能

现在再来讨论滑动弱化模型。因为裂纹端点的应力奇异性已经消除，所以 $J_{\mathrm{P}}=0$，由式（14－36）得

$$J_{\mathrm{Q}} + \int_{Q}^{T}\sigma_{\mathrm{xy}}\frac{\partial(\Delta u)}{\partial x}\mathrm{d}x = 0$$

如果 Q 点取在滑动弱化区以外（以下的讨论都按这一条件进行），则上式成为

$$J_{\mathrm{Q}} - \int_{0}^{\Delta u^*}\sigma_{\mathrm{xy}}\mathrm{d}(\Delta u) = J_{\mathrm{Q}} - \tau_{\mathrm{f}}(\Delta u)_{\mathrm{Q}} - \int_{0}^{\Delta u^*}(\sigma_{\mathrm{xy}} - \tau_{\mathrm{f}})\mathrm{d}(\Delta u) = 0$$

由此得

$$J_Q - \tau_f(\Delta u)_Q = \int_0^{\Delta u^*} (\sigma_{xy} - \tau_f) d(\Delta u) \tag{14-39}$$

由式（14－38）可知，上式左侧代表相对应的弹性裂纹的能量释放率；式（14－39）右侧正好是图14－11中画阴影线部分的面积，赖斯等人称之为剪切断裂能，以符号 G_F 表示。

剪切断裂能 G_F 是应用滑动弱化模型时最基本的物理参量。它可以由室内岩石试样的假三轴试验中的破坏后应力位移曲线测得。实验结果表明，对于花岗岩、石英等类岩石，G_F 的值大约为 $10^4 J/m^2$ 的数量级。由于实验条件（围压、温度）的变化，G_F 的值的变化可达一个数量级。另外由地震资料也可估算 G_F，结果为从 $10^2 \sim 10^8 J/m^2$。黄庭芳的一篇论文（Wong Teng-fong，1982）对此作了很好的评述。

五、滑动弱化模型的进一步发展

滑动弱化模型是描述闭合裂纹的一种比较简单的模型。它认为裂纹面间的摩擦应力只是相对滑移量 Δu 的函数。实际上，根据最近的实验摩擦应力还与滑动速率、接触时间等一系列因素有关。这方面的新进展，可参考德莫斯卡和赖斯的一篇综述性论文（Dmowska R. and Rice J. R.，1983）。

§14－9 流变介质中裂纹的扩展与地震孕育过程的流变断裂模式

流变介质断裂力学的研究，近年来受到人们的关注。克劳斯的论文（Knauss，W. G.，1973）作了全面的综述。这方面的工作，也如同断裂力学中其他领域里的情况一样，人们的注意力主要放在Ⅰ型裂纹的研究。尹祥础与郑天愉研究了粘弹性介质中Ⅱ型裂纹的亚临界扩展，并以此说明地震的孕育过程和断层的震前蠕动及其他运动形式。下面简要地介绍其主要思路及结果。

采用如图14－14所示的Ⅱ型裂纹模型。介质为粘弹性介质。裂纹面间的相互作用采用滑动弱化模型或内聚力模型（正如上一节中已经指出的那样，二者在本质上是一致的）。为

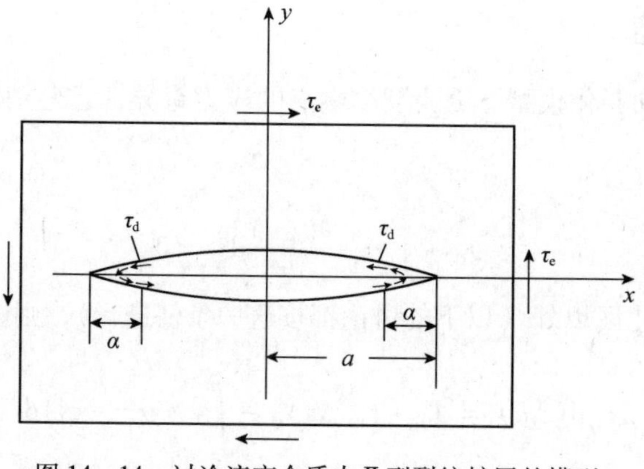

图14－14 讨论流变介质中Ⅱ型裂纹扩展的模型

了数学处理上的方便，裂纹面上剪应力中的τ_f部分转化外载荷（图 12-9），而只考虑$\sigma_{xy}-\tau_f$这一部分。在裂纹面上的大部分区域$\tau_d=\sigma_{xy}-\tau_f=0$，只在端部的局部区域内$\tau_d\neq 0$，这一区域称之为过渡区。设过渡区的尺度为$\alpha$，$\frac{\alpha}{a}\ll 1$。

在弹性介质中，当边界载荷τ_e不变时，介质内（包括裂纹端部）各点的应力、应变以及由此决定的应变能密度也都保持不变。因此，当$K_{\text{II}}=\tau_e\sqrt{2\pi a}<K_{\text{II}C}$时，裂纹不扩展；一旦$K_{\text{II}}\geqslant K_{\text{II}C}$时，裂纹则失稳扩展。

在流变介质中情况就大不相同。当τ_e不变时，虽然由对应原理可知，介质内的应力分布不随时间发生变化。但是应变及位移却随时间逐渐增加。因之，裂纹端部的能量也在不断积累。故而，当$K_{\text{II}}<K_{\text{II}C}$，但却达到某一比$K_{\text{II}C}$小的阈值$K'_{\text{II}C}$时，裂纹虽然不发生失稳扩展，却开始亚临界扩展。随着裂纹长度a的增大，K_{II}也增大，至$K_{\text{II}}=K_{\text{II}C}$时，裂纹发生失稳扩展。如用裂纹模拟地震断层，则上述裂纹的亚临界扩展过程对应于地震的孕育过程；裂纹的失稳扩展，对应于地震的发生。在整个亚临界扩展期间，由于介质的流变以及断层长度的增加而引起的断层两侧介质的相对错动，又解释了断层的震前蠕动。

断层的亚临界扩展规律，取决于介质的流变性质及边界载荷τ_e随时间的变化情况。

我们采用了两种流变模型：

（1）根据米勒近年来的实验资料，岩石的蠕变柔度$J(t)$采用：

$$J(t)=c_0+c_1t^m \tag{14-40}$$

式中，

$$\frac{1}{3}\leqslant m\leqslant\frac{1}{2}$$

式（14-40）与 § 10-1 中修正的罗姆尼茨定理很相近。

（2）标准线性固体，其蠕变柔度为

$$J(t)=J_0+(J_\infty-J_0)[1-\exp(-t/T)] \tag{14-41}$$

采用这两种流变模型所得的结果定性上是相同的。

当采用式（14-40），并设τ_e为常数时，断层的扩展速度为

$$\dot{a}=\frac{\mathrm{d}a}{\mathrm{d}t}=\frac{\pi}{2}\left[\frac{\lambda_m A(\nu)c_1}{8G_F-A(\nu)c_0K_{\text{II}}^2}\right]^{1/m}\frac{K_{\text{II}}^{2\left(1+\frac{1}{m}\right)}}{I\tau_m^2} \tag{14-42}$$

式中，G_F为岩石的剪切断裂能；

$$A(\nu)=\begin{cases}4(1-\nu^2) & （平面应变）\\ 4 & （平面应力）\end{cases}$$

$$\lambda_m=\frac{3}{2}\beta\left(\frac{3}{2},m+1\right)\qquad（\beta 为 Beta 函数）$$

τ_d为过渡区内裂纹面间相互作用的剪应力；τ_m为τ_d的最大值；

$$I = \int_0^1 \frac{F(\alpha l)}{\sqrt{l}} \mathrm{d}l$$

$$F = \tau_d(\xi)/\tau_m$$

$$l = \xi/\alpha$$

由式（14－42）并根据1976年唐山地震的有关参数得到的断层长度随时间的变化规律如图14－15所示。

由图14－15可知，1976年唐山地震的孕震时间大约为47～78年。由此估算的震前蠕动约为4m。这与陈运泰、黄立人等（1979）所得的结果是大体相符的。

至于$\tau_e(t)$随时间的变化情况对断层亚临界扩展的影响，通过下面几种典型情况进行了讨论。

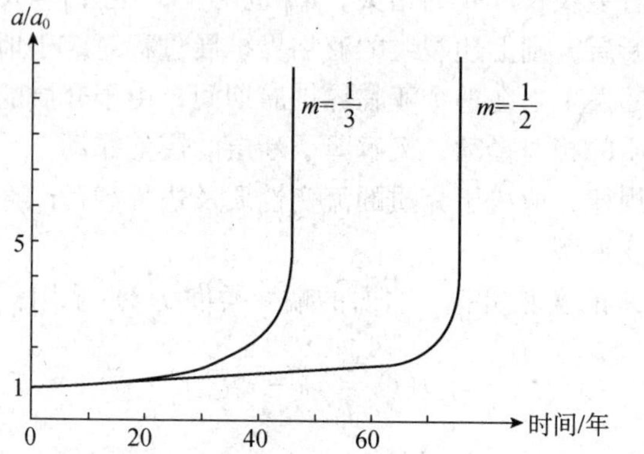

图14－15　理论计算得到的唐山地震前的$a(t)$图。a_0为原始断层长度

（1）构造力随时间成线性变化。

$$\bar{\tau}_e(\bar{t}) = \begin{cases} 0 & t \leqslant 0 \\ \tau_e(0)(1+\eta\bar{t}) & t \geqslant 0 \end{cases} \tag{14-43}$$

式中，$\bar{t}=t/T$，T为特征时间；$\bar{\tau}_e=\tau_e/\tau_e(0)$。

式（14－43）实际上代表三种情形：

①$\eta=0$，说明τ_e不随时间变化。

②$\eta>0$，说明τ_e随时间线性增大。

③$\eta<0$，说明τ_e随时间线性减小。

与此相应，对于不同的η值，其$\bar{a}(t)=a(t)/a(0)$曲线如图14－16a所示。它说明当$\eta<\eta_c$（某一临界值，根据计算η_c在－0.4～－0.375之间）时，断层的亚临界扩展最终将停止。当$\eta>\eta_c$时，亚临界扩展将不断加速，最终转变为临界扩展。

（2）$\tau_e(t)$随时间作周期性变化的情况。

设

$$\tau_e(\bar{t}) = A + B\sin(\bar{t}-\alpha)$$

在这样的应力作用下，其对应的$a(\bar{t})$曲线，如图14－16b所示。

图14－16中由理论计算得到的各种断层运动形态，在实际观测中都得到了证实，如图14－17所示。

由此可见，断层的蠕动形式是多种多样的，断层蠕动并不一定导致地震，二者之间有密切而又相当复杂的关系。但断层蠕动的持续增加，则是值得密切关注的前兆信息。

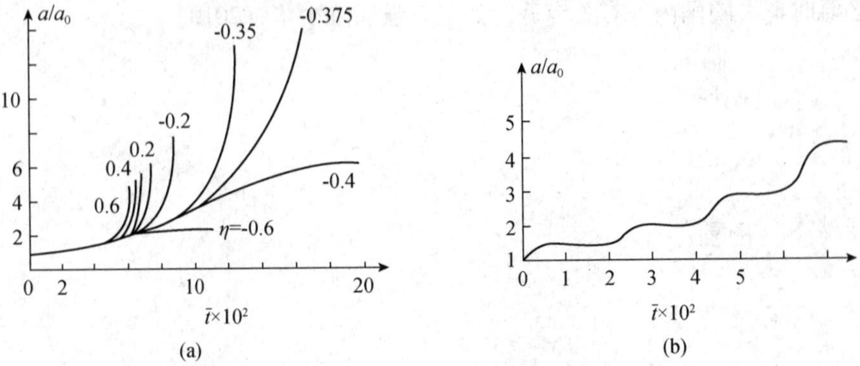

图 14－16　断层亚临界扩展的理论曲线

（a）作用力不变及线性增加或减少的情况；（b）作用力随时间作周期性变化的情况

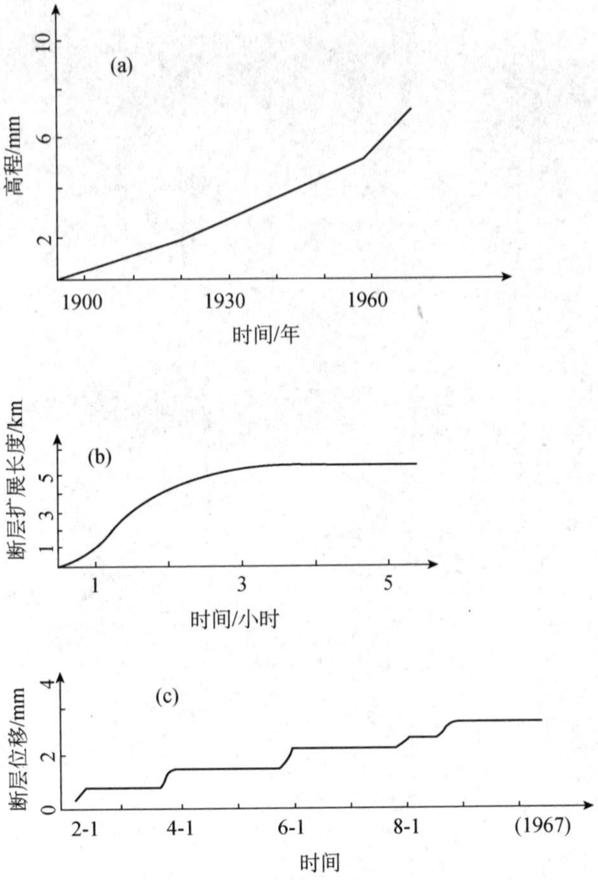

图 14－17　实际观测的断层扩展示意

（a）日本松代町地区水准测量记录；（b）夏威夷断层蠕动曲线；

（c）圣安德烈斯断层的蠕变记录（1976）

虽然断裂力学是固体力学中一个非常年轻的分支，但是由于它在许多领域中显示出了强大的生命力，因此受到了广泛的重视，发展极为迅速，内容非常丰富。本书中只介绍了其中最基本的内容。有许多比较专门的内容（如动力学问题、三维问题、实验问题等）我们没有涉及。必要时请参阅国内外有关专著，如王自强、陈少华（2010）。

习　　题

第一章　习　　题

习题1-1： 已知一点在直角坐标系中的应力分量为$\begin{pmatrix}\sigma_{11} & \sigma_{12} & \sigma_{13}\\ \sigma_{21} & \sigma_{22} & \sigma_{23}\\ \sigma_{31} & \sigma_{32} & \sigma_{33}\end{pmatrix}$，求其在柱坐标系（$r$，$\theta$，$z$）中的应力分量。

习题1-2: 已知一点的应力张量为$\begin{pmatrix}1 & 1 & 1\\ 1 & 1 & 1\\ 1 & 1 & 1\end{pmatrix}$，求其主应力$\sigma_1$、$\sigma_2$、$\sigma_3$及相应的主方向。

习题1-3: 已知一点的三个主应力为σ_1、σ_2、σ_3，求与三个主方向等倾斜面上$\left(\alpha_1=\alpha_2=\alpha_3=\pm\frac{1}{\sqrt{3}}\right)$的应力分量。

习题1-4: 作出如下应力状态的三维应力圆

（A）$\begin{pmatrix}1 & 1 & 1\\ 1 & 1 & 1\\ 1 & 1 & 1\end{pmatrix}$，（B）$\begin{pmatrix}1 & 0 & 0\\ 0 & 1 & 0\\ 0 & 0 & 1\end{pmatrix}$，（C）$\begin{pmatrix}0 & 1 & 1\\ 1 & 0 & 1\\ 1 & 1 & 0\end{pmatrix}$

（A）题可参考习题1-2。

习题1-5: 已知一点在直角坐标系中的各应力分量σ_{xx}、σ_{yy}、σ_{zz}、σ_{xy}、σ_{yz}、σ_{zx}，求其在球坐标系中的应力分量。

习题1-6: 试证明下列关系式：

$$J_2=-I_2+3\sigma_0^2$$
$$J_3=I_3-J_2\sigma_0+2\sigma_0^3$$

习题1-7: 试证明应力的三个主方向互相垂直。

第二章　习　　题

习题2-1: 设某物体内各点的位移为

$$u_1=a_0+a_1x_1+a_2x_2+a_3x_3$$
$$u_2=b_0+b_1x_1+b_2x_2+b_3x_3$$

$$u_3 = c_0 + c_1x_1 + c_2x_2 + c_3x_3$$

求：(1) 各点的变形张量及转动张量。

(2) 将应变张量分解为球张量及偏斜张量。

(3) 求体积变形。

并证明：(1) 平面在变形后仍为平面。

(2) 平行平面变形后仍互相平行。

(3) 球面变形后成为椭球面。

习题2-2：某物体内的应变场为

$$\varepsilon_{11} = c(x_1^2 + x_2^2),\ \varepsilon_{22} = cx_2^2,\ \varepsilon_{33} = 0$$
$$\varepsilon_{12} = cx_1x_2,\ \varepsilon_{23} = 0,\ \varepsilon_{31} = 0$$

验证它们满足变形协调条件。

习题2-3：已知物体内的位移场为

$$u_1 = \omega_2x_3 - \omega_3x_2 + u_0$$
$$u_2 = \omega_3x_1 - \omega_1x_3 + v_0$$
$$u_3 = \omega_1x_2 - \omega_2x_1 + w_0$$

式中，u_0、v_0、w_0、ω_1、ω_2、ω_3 为常数，求应变场。

习题2-4：已知一点在直角坐标系 $Ox_1x_2x_3$ 中的九个应变分量 $\begin{pmatrix} \varepsilon_{11} & \varepsilon_{12} & \varepsilon_{13} \\ \varepsilon_{21} & \varepsilon_{22} & \varepsilon_{23} \\ \varepsilon_{31} & \varepsilon_{32} & \varepsilon_{33} \end{pmatrix}$

求在柱坐标系 $(r,\ \theta,\ z)$ 及球坐标 $(r,\ \theta,\ \phi)$ 中的应变分量。

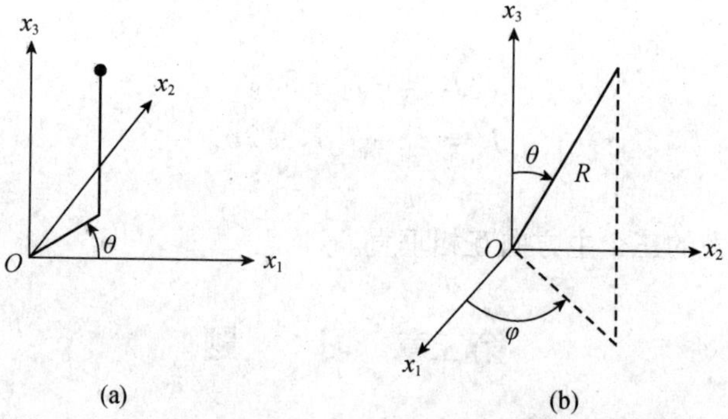

题2-4　附图

习题2-5：已知一点的主应变 ε_1、ε_2、ε_3，求八面体上的线应变与剪应变。并求它们与应变张量不变量之间的关系。

习题2-6：已知一点的三个最大剪应变 γ_{12}、γ_{23}、γ_{31} 及体积变形 θ，画出这点的应变圆。

第三章　习　　题

习题3-1：对于各向同性弹性体，体内一点应力张量的主方向与其应变张量的主方向一致吗？对于各向异性弹性体情况又如何？

习题3-2：证明正交各向异性弹性体内任一点的应力张量的主方向与应变张量的主方向一致。

习题3-3：对于各向同性弹性体应力摩尔圆与应变摩尔圆之间有什么关系？已知材料的剪切模量为 μ，体积弹性模量为 K。试求下列应力状态下的应力摩尔圆及应变摩尔圆。

$$(A)\begin{pmatrix}\sigma_0 & 0 & 0\\ 0 & \sigma_0 & 0\\ 0 & 0 & \sigma_0\end{pmatrix},(B)\begin{pmatrix}0 & \sigma_0 & \sigma_0\\ \sigma_0 & 0 & \sigma_0\\ \sigma_0 & \sigma_0 & 0\end{pmatrix},(C)\begin{pmatrix}\sigma_0 & \sigma_0 & \sigma_0\\ \sigma_0 & \sigma_0 & \sigma_0\\ \sigma_0 & \sigma_0 & \sigma_0\end{pmatrix}$$

习题3-4：证明线弹性体的应变能密度为

$$w = \frac{1}{2}C_{ijkl}\varepsilon_{ij}\varepsilon_{kl}$$

习题3-5：讨论各向同性线弹性体内一点的 w_F 与 J_2、τ_0（八面体上的剪应力）、ν_0、J'_2 之间的关系。

习题3-6：讨论各弹性常数的变化范围。如已知一种弹性材料的杨氏弹性模量 E（$0<E<\infty$），求当其泊桑比 $\nu=0$，$\frac{1}{4}$，$\frac{1}{2}$时其余各弹性常数的值（用 E 表示）。

习题3-7：如图所示为环形板的一部分，厚度为1，材料为各向同性弹性材料，压缩模量为 K。将此板放入一压力为 p 的高压容器中，求 ΔR 及 Δr。

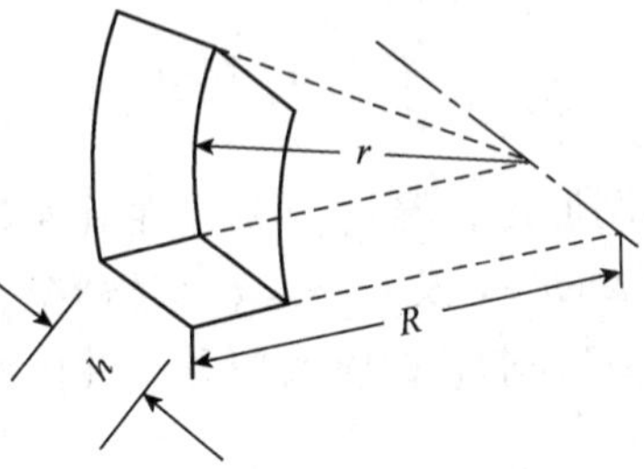

题3-7　附图

第四章　习　　题

习题4－1：厚壁筒内径为$2a$，外径为$2b$，在内压p作用下内壁的径向位移为（参照§5－8）

$$U_r = \frac{p_1 a}{E(b^2 - a^2)}[(1-\nu)a^2 + (1+\nu)b^2]$$

求厚壁筒内的弹性应变能。

习题4－2：无限大弹性介质中有半径为R的球形空腔，腔壁受压力p作用时，其径向位移为

$$U_R = pR/4\mu$$

求整个无限介质中的应变能。

习题4－3：一弹性球半径为R，体积压缩模量为K，受到三个力的作用。这三个力大小均为F，作用线都通过球心，且互相平衡。求球体的体积变化ΔV。

第五章　习　　题

习题5－1：试求如图所示的平面弹性力学问题的解。

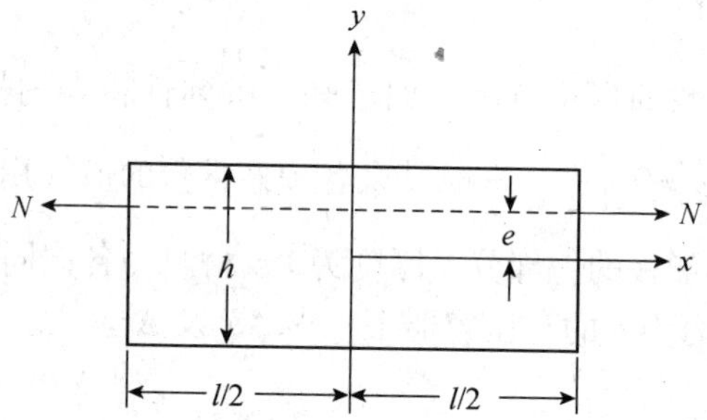

题5－1　附图

习题5－2：一悬臂梁，尺寸如图所示，厚度为$2c$，在其左端作用有力P及力偶M。求其应力函数及应力分布。对于$l \gg h \gg c$及$c \gg l \gg h$两种情况，有何异同?

习题5－3：试取应力函数$U = Ax^4$，求其相应的位移。并由此体会U必须为双调和函数的几何意义。

习题5－4：一厚壁筒嵌于一绝对刚性介质内，承受内压p。求其应力σ_{rr}、$\sigma_{r\theta}$及$\sigma_{\theta\theta}$。并且对于平面应力及平面应变两种情形，画出内壁上一点的三维应力圆。

习题5－5：一单位厚度板，长为l，宽为b，板料密度为ρ，上端悬挂。求在自重作用下板内的应力分布。

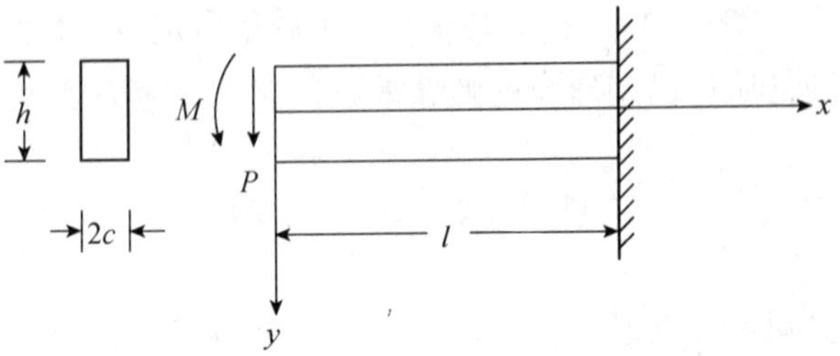

题5－2　附图

习题5－6：已知复应力函数 $\varphi(z)$ 及 $\psi(z)$ 如下：

（1）$\varphi = Az$，$\psi = Bz$。

（2）$\varphi = Az^2$，$\psi = Bz^2$。

（3）$\varphi = A/z$，$\psi = B/z$。

（4）$\varphi = A\ln z$，$\psi = B\ln z$。

求相应的应力分布。

习题5－7：一环形平板，如附图所示，内径为 a，外径为 b。内外壁均受到均匀分布的剪应力的作用，这些剪应力在内外壁上组成大小相等、转向相反的力偶 M。求其复应力函数 $\varphi(z)$、$\psi(z)$ 及应力分布。

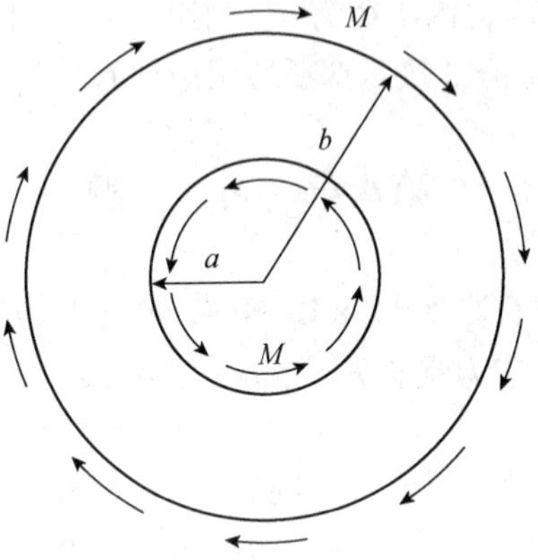

题5－7　附图

习题5－8：试求拉梅问题（厚壁筒）解的复应力函数。

第六章　习　　题

习题6－1：任意形状的弹性体，处于静水压 p 的作用下，求体内的应力分布。

习题6－2：一圆柱试样，受轴压 p_1，围压 p_2。试求试样内应力分布。

习题6－3：将地球看作一均匀弹性球体，密度 $\rho = 5.5\text{g/cm}^3$，半径 $R = 6370 \times 10^3\text{m}$，拉梅弹性常数 $\lambda = \mu = 2 \times 10^5\text{MPa}$。如大气压变化 $\Delta P = 1 \times 10^{-3}\text{MPa}$。求由此引起的地球径向位

移的变化。

习题6－4：一弹性球壳（图6－3），内半径为a，外半径为b；外壁受均匀压力p作用，内部填充着绝对刚性的物质；已知球壳的弹性常数，求壳内应力公布。

第七章 习 题

习题7－1：已知应力空间中一点$P(\sigma_1, \sigma_2, \sigma_3)$（图7－15），求其中线段$ON$及$NP$的长度，并讨论其物理含义。

习题7－2：已知一点的三个主应力为σ_1、σ_2、σ_3。求证：$\tau_0 = (\sigma_1 - \sigma_3)f(\mu_\sigma)$，并求出$f(\mu_\sigma)$的函数形式，由此讨论中间主应力对屈服条件的影响。

习题7－3：一厚壁筒如图5－15所示（设外压P_2为零）分别就平面应力及平面应变两种情况，用屈瑞斯卡塑性条件及米塞斯塑性条件，求开始发生塑性变形时内壁压力P_1的值。

习题7－4：一薄壁圆筒平均半径$R=10\text{cm}$，$t=0.5\text{cm}$，受到轴向拉力$2\times10^5\text{N}$，内压10MPa，筒体材料的$\sigma_y=200\text{MPa}$。求σ_{zz}、σ_{rr}、$\sigma_{\theta\theta}$、μ_σ，并用屈斯瑞卡条件及米塞斯条件检验筒体是否发生塑性变形。

习题7－5：如上题中同一材料及尺寸的筒体承受轴向拉力$F=2\times10^5\text{N}$，力偶$7\times10^4\text{N}\cdot\text{m}$，求$\sigma_1$、$\sigma_2$、$\sigma_3$、$\mu_\sigma$，并用米塞斯条件检验是否满足塑性条件。

习题7－6：一球形容器外半径$b=1.6\text{m}$，内半径$a=1.5\text{m}$。材料的$\sigma_y=300\text{MPa}$。求按屈瑞斯卡条件开始发生塑性变形时的内压P。

习题7－7：一厚壁筒外半径为b，内半径为a，内压为P_1，外压为P_2，$P_1/P_2=a$，已知材料的τ_3，求开始屈服时的P_1值（按米塞斯屈服条件）。

第八章 习 题

习题8－1：设某种线性硬化材料之$E=2\times10^5\text{MPa}$，$E_1=2\times10^4\text{MPa}$，$\sigma_y=300\text{MPa}$，$\nu=1/3$，此材料顺序经过如下三种应力状态$\tilde{\sigma}^{(1)}$、$\tilde{\sigma}^{(2)}$、$\tilde{\sigma}^{(3)}$：（单位：MPa）

$$\tilde{\sigma}^{(1)} = \begin{pmatrix} 400 & 0 & 0 \\ 0 & 300 & 0 \\ 0 & 0 & 400 \end{pmatrix}, \tilde{\sigma}^{(2)} = \begin{pmatrix} 800 & 0 & 0 \\ 0 & 600 & 0 \\ 0 & 0 & 800 \end{pmatrix}, \tilde{\sigma}^{(3)} = \begin{pmatrix} 400 & 0 & 0 \\ 0 & 300 & 0 \\ 0 & 0 & 300 \end{pmatrix}$$

根据全量理论求与此三个应力状态相应的应变状态。

习题8－2：长厚壁筒（$\varepsilon_{zz}=0$）如图8－9所示，由幂硬化材料$\tau_0=T\gamma_0^m$制成，$b/a=5/3$。当筒的外壁受压力q作用且$m=\frac{1}{2}$及1时，用全量理论求$\sigma_{rr}(r)$和$\sigma_{\theta\theta}(r)$。

第九章 习 题

习题9－1：求胡克固体、牛顿流体、马克斯威尔体及开尔文体的初始弹性模量E_0及渐近弹

性模量 E_∞。

习题9－2：求§9－4例1中的 $\sigma-\varepsilon$ 曲线。

习题9－3：求图9－15b所示流变模型的本构方程。

习题9－4：一开尔文本受到矩形脉冲应力（应力大小为 σ_0，作用时间为 $0\sim T$）作用时，求其 $\varepsilon(t)$。

习题9－5：求图9－18b所示流变模型的本构方程，并和图9－18a的本构方程相比较。

习题9－6：求出表9－2后四行所示模型的本构方程及其蠕变特性与松弛特性。

习题9－7：求图9－17a、b、c所示三种模型的本构关系及其渐近弹性模量 E_∞。

习题9－8：求D－K模型的本构微分方程，并证明如下不等式：$p_1q_1>q_2$。

习题9－9：求图9－17中所示的三种模型的本构关系（提示：设滑块处的最大摩擦力为 σ_0，分别为 $\sigma<\sigma_0$ 及 $\sigma>\sigma_0$ 两种情形列出其本构方程）。

第十章　习　　题

习题10－1：求D－K模型的 $J(t)$ 及 $G_1(\omega)$、$G_2(\omega)$ 及其 Q 值。

习题10－2：利用记忆积分求习题9－4的解。

习题10－3：求K－M模型的松弛模量 $Y(t)$ 及复柔度的实部、虚部。

习题10－4：求表10－1倒数第一、二行所代表的流变材料的 Q 值。

习题10－5：材料的初始模量 E_0 及渐近模量 E_∞ 与材料的蠕变柔度之间有什么关系？求习题10－1中D－K模型的 E_0 及 E_∞。

第十一章　习　　题

习题11－1：一流变材料构成的柱体，在 $t=0$ 时开始铅直悬挂，柱体长度为 L。此柱体材料的体积变形是弹性的；畸变部分的本构关系为开尔文体。已知此问题相应的弹性解为

$$\sigma_{zz}=\rho gz,\sigma_{xx}=\sigma_{yy}=\sigma_{xy}=\sigma_{yz}=\sigma_{zz}=0$$

柱体轴线上各点的位移为

$$w=-\frac{\rho g}{2E}(L^2-z^2)$$

式中，ρ 为柱体材料密度；z 轴铅直向上。取柱体下端点为原点，求此柱体的 σ_{ij} 及轴线上各点的 w。

习题11－2：一厚壁筒，内径为 a，外径为 b，两端封闭，受内压 p。设筒体材料的体积变形部分为弹性的，畸变部分为标准线性固体。求其 σ_{ij} 及筒体长度的变化。

习题11－3：如图6－3所示的球壳，外压 p_2 为零，设壳体材料的体积变体部分是弹性的，畸变部分为开尔文体，求 σ_{rr}、$\sigma_{\theta\theta}$ 及内壁的径向位移。

习题11－4：§11－6 中图 11－1 所示问题中，如材料的体积变形部分为弹性的，畸变部分为开尔文体。求 σ_{xx}随时间的变化。

第十二章　习　　题

习题12－1：无限大平板中有长为 $2a$ 的穿透裂纹、边缘受垂直于平板的均匀剪应力$\tau_{yz}=\tau_0$作用（x、y 轴位于平板面内，z 轴垂直于板面，裂纹平行于 x 轴）。试证明：

$$z_{\mathrm{III}} = \frac{\tau_0 z}{\sqrt{z^2 - a^2}}$$

为此问题的解，并求裂纹端部的应力场。

习题12－2：上题中，如裂纹长度由 $2a_0$ 准静态地扩展为 $2.1a_0$（设扩展过程中τ_0不变，板厚为单位厚度）。求在此扩展过程中，外力的功、物体应变能的增量及形成新裂纹表面所消耗的能。

习题12－3：一无限大平板中有一长为 1cm 的穿透Ⅱ型裂纹，板边受均匀剪应力$\tau=10\mathrm{MPa}$ 作用，设材料的剪切弹性模量$\mu=8\times10^4\mathrm{MPa}$，$\nu=0.25$，求裂纹面间的相对滑移量随坐标变化的规律。

参考文献

白以龙、柯孚久、夏蒙芬，损伤断裂的确定性随机行为和对初始位形的敏感性，科学通报，39（10），892~895，1994
布洛克著，王克仁、何明元、高桦译，工程断裂力学基础，科学出版社，1980
褚武扬，断裂力学基础，科学出版社，1979
陈运泰、黄立人等，地球物理学报，22卷，第4期，336~345，1979
陈篪、蔡其巩、王仁智，工程断裂力学（上），国防工业出版社，1979
傅承义，地球十讲，科学出版社，1974
范天佑，断裂力学基础，江苏科技出版社，1978
宫本博讲授，杨秉宪、王幼复编译，弹塑性断裂力学，山西人民出版社，1983
胡海昌，物理学报，第10卷，259，1954
依留辛著，王振常译，塑性，建筑工业出版社，1958
雅可布斯著，吴佳翼、陈养正等译，地球学教程，地震出版社，1979
约翰逊著，张之立、李兴才译，地质学中的物理过程，科学出版社，1983
李灏等编，断裂力学，山东科技出版社，1980
李世愚、和泰名、尹祥础，岩石断裂力学导论，中国科学技术大学出版社，2010
雷讷著，郭友中等译，理论流变学讲义，科学出版社，1965
马德林，力学学报，第2期，1978
木斯海里斯维里著，赵惠元译，数学弹性力学的几个基本问题，科学出版社，1958
潘立宙，地应力测量的原理与应用，地质出版社，1981
钱令希，中国科学，第1卷，449，1950
钱伟长、叶开源，弹性力学，科学出版社，1956
孙训方、方孝淑、陆耀洪，材料力学，人民教育出版社，1972
王龙甫，弹性理论，科学出版社，1979
王铎主编，断裂力学，广西人民出版社，1982
王仁、丁中一，天文地球动力学文集（上海天文台编），第8页，1979
王仁、丁中一、殷有泉，固体力学基础，地质出版社，1979
王仁、熊祝华、黄文彬，塑性力学基础，科学出版社，1982
王仁、黄文彬、黄筑平，塑性力学引论，北京大学出版社，1999
王自强、陈少华，高等断裂力学，科学出版社，2010
吴永礼，计算固体力学方法，北京，科学出版社，2003
王新华、尹祥础，滕春凯，地球物理学报，第27卷，第2期，1984
徐芝纶，弹性力学，人民教育出版社，1982
徐秉业主编，弹性与塑性力学——例题和习题，机械工业出版社，1981
徐秉业、陈森灿，塑性理论简明教程，清华大学出版社，1981
尹祥础、郑天愉，中国科学（B辑），第10期，921~930，1982
殷有泉、曲圣年、刘钧，地质科学，第3期，236~251，1979
余寿文、冯西桥，损伤力学，清华大学出版社，1997
郑天愉、尹祥础，科学通报，第28卷，第21期，1325~1328，1983
中国航空研究院，应力强度因子手册，科学出版社，1981
Atkinson B. K.，Fracture Mechanics of Rock，Academic press，London，1987
岩石断裂力学（中译本），尹祥础、修济刚等译，地震出版社，1992

Aki K. Seismolcgy of Earthquake and Volcano Prediction，中译本为：预测地震和火山喷发的地震学，尹祥础等译，英文版与中译本合为一卷，由科学出版社在北京出版，2009

Alfrey J.，Quart. Appl. Math.，vol. 2，p. 113，1944

Bai Y. L.，Xia M. F.，Ke F. J. et al.，Analysis and simulation of evolution induced catastrophe，Chinese Phys Lett，10；155，1993

Bai Y. L.，LU C. S.，Ke F. J. et al.，Evolution induced catastrophe，Phys Lett，A185；196，1994

Bai Y. L.，Xia M. F.，Ke F. J.，Li H. L.，Statistical Microdamage Mechanics and Damage Field Evolution，Theoretical and Applied Fracture Mechanics，37，pp1 – 10，2001

Barcnblatt. G. I.，Advances in Appl. Mech.，vol. 7，p. 55，1962

Bland D. R.，The Theory of Linear Viscoelasticity，Pergamon Press，1960

Broberg K. B.，Arkiv Fyrik，vol. 18，p. 159，1960

Dieterich，J. H. 1，AMD 42，p. 21，ASME，1980

Dmowska R. and Rice，J. R.，Fracture Theory and Its Seismological Applications，A chapter of Continuum Theories in Solid Earth Physics，Edited by R. Teisseyre，Elservier Publ. Co. 1983

Dugdale D. S.，J. Mech. Phys. Solids，vol. 8，p. 100，1960

EngeLder，T. Stress Regime in the Lithosphere，Princeton University press，Princeton，New Jersey，1992

Erdogan F.，Sih G. C.，Journal of Basic Engineering，vol. 85，p. 519，1957

Eshclby J，D.，Progress in Solid Mechanics，Edited by I. Sneddon and R. Hill，Prentice-Hall，Inc. vol. 2，p. 89，1957

Flugge W.，Viscoelasticity，2nd Edition，Springer Verlag，1975

Fung Y. C.，Fondations of Solid Mechanics，Prentice-Hall，INC. 1965

Graham G. A. C.，Quart. Appl. Math.，vol. 27，p. 497，1969

Griffith A. A. [1]，Phil. Trans. Roy. Soc.，London，Ser. A，vol. A221，p. 163，1920

Griffith A. A. [2]，Proceedings of the 1st International Congress for Applied Mechanics，Delft，Waltman，p. 55，1924

Hill R.，Mathematical Theory of Plasticity，Claredon Press，1950

Irwin G. R.，J. Appl. Mech. vol. 24，p. 361，1957

Jackson D. D. and Anderson D. L.，Review of Geophysics，vol. 8，p. 1，1970

Jaeger J. C. and Cook N. G. W.，Fundamentals of Rock Mechanics，Hohn Wiley and Sons，Inc.，New York，1976

Knauss W. G.，Applied Mechanics Review，vol. 26，p. 1，1973

Kostrov B. V.，Appl Mech. Math (trans. PMM)，vol. 30，p. 1242，1966

Lawn B. R. and Wilshaw B. R.，Fracture of Brittle Solids，Cambridge，1975

Lee E. H.，Quart. Appl. Math.，vol. 13，p. 183，1956

Liebowite H. ed.，Fracture，vol. 1-7；Academic Press，1968

Love A. E. H.，Mathematical Theory of Elasticity，4th Edition，Oxford，1944

Mott N. F.，Engineering，vol. 165，p. 16，1948

Murakami Y.，Stress Intensity Factors Handbook Pergamum Press

Nuismer R. J.，International Journal of Fracture Mechanics，vol. 11，p. 245，1978

Palmer A. C. and Rice J. R.，Proc. R. Soc. London，Ser. A，vol. 332，p. 527，1973

Rice J. R. [1]，Fracture，vol. 2，p. 191，Liebowitz，H. ed.，Acadmic Press，1968

Rice J. R. [2]，J. Applied Mech. vol. 35，p. 379，1968

Rice J. R. [3]，The Mechnics of Earthquake Rupture，in Physics of the Earth's Interior，ed. A. M. Dziewonski and E. Boschi North Holland Publ. Co.，1980

Rooks D. P. , Cartwright D. J. , Stress Intensity Factors, 1976

Sih G. C. （薛昌明）［1］, Mechanics of Fracture, vol. 1-4, Noordhoff International Publishing, 1973

Sih G. C. ［2］, Hand Book of Stress Intensity Factor, Noordhoff International Publishing, 1974

Sih G. C. , Paris P. C. and Erdogan F. , J. of Mech. , vol. 29, p. 306, 1962

Tada H, Paris P C, Irwin G R, The Stress Analysis of Crack Handbook, Academic Press, 1973

Timoshenko S. P. and Goodier H. N. , Theory of Elasticity, 3rd Edition, McGraw-Hill, 1970

Tsien H. S. （钱学森）, Quart. Appl. Math. vol. 8, p. 104, 1950

Wang Zi-qiang, Scientia Sinica, vol. 21, p. 457, 1977

Williams M. L. , J. Appl. Mech. vol. 6, p. 109. 1957

Wong Teng-fong（黄庭芳）, J. of Geophys. Res. vol. 87, p. 990, 1982

Yin X. C. , Chen Xue-zhong, Song Zhi-ping and Yin Can, A New Approach to Earthquake Prediction-The Load/Unload Response Ratio（LURR）Theory, PAGEOPH, vol. 145, Nos 3/4, 701 – 715, 1995

Yin X. C. , Zhang L. P. , Zhang H. H. , YIN C. , Wang Y. C. , Zhang Y. X. , Peng K. Y. , Wang H. T. , Song Z. P. , Yu H. Z. , Zhuang J. C. , LURR'S Twenty Years and Its Perspective. Pure and Applied Geophysics, Vol. 163, 2343 – 2352, 2006

Zoback M. D. , State of Stress in the Lithosphere, Review of Geophysics and Space Physics, vol. 21, p. 1503, 1983

Zoback, M. L. , et al. , Global Patterns of tectonic Stress, Nature, 341: 291 – 298, 1989